AF410716

HISTOIRE NATURELLE

DES

ANIMAUX SANS VERTÈBRES.

—

TOME SIXIÈME.

IMPRIMERIE D'HIPPOLYTE TILLIARD, RUE SAINT-HYACINTHE, 30.

HISTOIRE NATURELLE

DES

ANIMAUX SANS VERTÈBRES,

PRÉSENTANT

LES CARACTÈRES GÉNÉRAUX ET PARTICULIERS DE CES ANIMAUX,
LEUR DISTRIBUTION, LEURS CLASSES, LEURS FAMILLES, LEURS
GENRES, ET LA CITATION DES PRINCIPALES ESPÈCES QUI S'Y
RAPPORTENT;

PRÉCÉDÉE

D'UNE INTRODUCTION

Offrant la détermination des caractères essentiels de l'Animal; sa distinction du végétal et des
autres corps naturels; enfin, l'exposition des principes fondamentaux de la Zoologie.

PAR J. B. P. A. DE LAMARCK,

MEMBRE DE L'INSTITUT DE FRANCE, PROFESSEUR AU MUSÉUM D'HISTOIRE NATURELLE.

Nihil extrà naturam observatione notum.

DEUXIÈME ÉDITION,

REVUE ET AUGMENTÉE DE NOTES PRÉSENTANT LES FAITS NOUVEAUX DONT
LA SCIENCE S'EST ENRICHIE JUSQU'A CE JOUR;

Par MM.
G. P. DESHAYES ET H. MILNE EDWARDS.

TOME SIXIÈME.
HISTOIRE DES MOLLUSQUES.

PARIS.

J. B. BAILLIÈRE, LIBRAIRE,

RUE DE L'ÉCOLE DE MÉDECINE, 13 BIS;

A LONDRES, MÊME MAISON, 219, REGENT STREET.

1835.

AVERTISSEMENT.

En me chargeant de revoir la partie de l'ouvrage de Lamarck, qui traite des mollusques, je n'ignorais pas que j'aurais quelques difficultés à vaincre ; mais j'avais pris la résolution de n'épargner ni travail ni recherches pour les surmonter autant que cela dépendrait de moi.

Plusieurs choses importantes étaient à faire pour rendre mon travail utile à côté de celui du célèbre auteur de l'*Histoire des animaux sans vertèbres :* des additions devenaient indispensables aux généralités sur les groupes de divers degrés, ordres, familles, genres, etc., pour indiquer les changements, les améliorations que les progrès de la science y ont rendus nécessaires.

Des genres nouveaux ont été proposés par divers zoologistes : je n'ai pas eu la prétention de les introduire tous dans cet ouvrage ; il fallait choisir les plus utiles, les plus importants, pour les intercaler à la place où les aurait sans doute mis Lamarck dans sa méthode, s'il les avait connus ou s'il eût jugé convenable de les adopter. Les coquilles qui ont servi de type à la plupart de ces genres n'ont pas été inconnues à Lamarck ; mais leur trouvant des caractères à peu près en rapport avec ceux des genres déjà créés, il les confondit parmi les espèces qu'ils renferment.

Puisque Lamarck rangeait telle espèce dans tel genre, à plus forte raison aurait-il placé le genre fait pour cette espèce dans le voisinage de celui où elle était d'abord confondue. Ceci a déterminé l'ordre des intercallations des nouveaux genres, et cela se comprendra mieux par un exemple. Je trouve parmi les Anatines une coquille dont M. Schumacher a fait son genre Périplome. Je m'assure qu'en effet ce genre est fondé sur de bons caractères, et dès lors je le mentionne à la suite des Anatines, et ainsi des autres.

Une autre partie de mon travail devait me présenter beaucoup plus de difficulté, c'est celle relative aux espèces. Après les avoir reconnues, il a fallu vérifier toute leur synonymie, pour celles qui en ont une, et la compléter par la citation des ouvrages principaux qui ont été publiés depuis celui de Lamarck ; et j'espère que ces additions puisées sur-tout dans les auteurs allemands et anglais, rendront l'ouvrage utile en présentant dans la synonymie une concordance plus complète qu'autrefois. Un assez grand nombre d'espèces nouvelles très intéressantes, tant vivantes que fossiles, ont été publiées, soit dans des

traités particuliers, soit dans des recueils académiques
ou des journaux scientifiques. J'ai pensé qu'il ne
serait point inutile de les ajouter à celles de Lamarck,
lorsque leur description est accompagnée de bonnes
figures. Ces espèces indiquées par un signe particulier sont placées à la fin des genres. Lamarck avait
négligé d'indiquer à la suite de l'espèce le nom de
l'auteur qui le premier l'a fait connaître. J'ai réparé
ces omissions, et j'ai indiqué dans des notes les changements qu'il faudra faire subir à cette partie de la
nomenclature.

Parmi les espèces inscrites par Lamarck dans cet
ouvrage, un certain nombre ne peut être reconnu
parce qu'elles manquent de synonymie. J'avais l'espé-
rance en commençant cette nouvelle édition de pouvoir les examiner toutes, soit dans la collection du
Muséum, soit même dans celle de Lamarck. Je vou-
lais donner sur elles des renseignements utiles, ou y
ajouter en synonymie la citation des ouvrages dans
lesquels elles ont été figurées depuis quelques années
sous des noms nouveaux. Peu s'en est fallu qu'il me
fût impossible de faire l'examen nécessaire dans l'une
et l'autre de ces collections. Cependant celle du
Muséum a été mise à ma disposition ; et comme presque toutes les espèces de la classe des conchifères ont
été nommées par Lamarck et les noms écrits de sa
main, cette collection m'a été d'un très grand secours,
et je me plais à témoigner ici à MM. les professeurs
administrateurs de ce bel établissement, la juste

reconnaissance que j'éprouve des facilités qu'ils ont bien voulu m'accorder pour favoriser ce travail.

Je n'ai pu obtenir la même faveur pour l'examen de la collection de Lamarck; ce qui me fait vivement regretter qu'elle n'appartienne pas à l'un des établissements scientifiques de Paris. Comme les étrangers qui s'occupent d'histoire naturelle et qui viennent à Paris sont accueillis avec distinction dans le magnifique cabinet du possesseur actuel de la collection de Lamarck, comme il leur a été possible d'y prendre des notes, d'examiner et de comparer les objets de leur étude; en supposant que les mêmes facilités m'ont été accordées, ils pourraient peut-être espérer trouver dans mes observations relatives aux espèces dont il est question, des renseignements qui ne peuvent malheureusement se trouver dans cet ouvrage. Mais ne voulant pas que cette imperfection de mon travail soit attribuée à une négligence qui de ma part eût été inexcusable, je dois déclarer que j'ai vainement sollicité la faveur d'examiner dans la collection de Lamarck les espèces qu'il est impossible de connaître autrement.

DESHAYES.

Paris, 22 février 1835.

HISTOIRE NATURELLE

DES

ANIMAUX SANS VERTÈBRES.

CLASSE ONZIÈME.

LES CONCHIFÈRES. (Conchifera.)

Animaux mollasses, inarticulés, toujours fixés dans une coquille bivalve; sans tête et sans yeux; ayant la bouche nue, cachée, dépourvue de parties dures, et un manteau ample, enveloppant tout le corps, formant deux lobes laminiformes : à lames souvent libres, quelquefois réunies par-devant. Génération ovo-vivipare; point d'accouplement.

Branchies externes, situées de chaque côté entre le corps et le manteau. Circulation simple; le cœur à un seul ventricule. Quelques ganglions rares; des nerfs divers, mais point de cordon médullaire ganglionné.

Coquille toujours bivalve, enveloppant entièrement ou en partie l'animal; tantôt libre, tantôt fixée : à valves le plus souvent réunies d'un côté par une charnière ou un ligament. Quelquefois des pièces testacées, accessoires et étrangères aux valves, augmentent la coquille.

Animalia mollia, inarticulata, in testâ bivalvi perpetuò affixa; capite oculisque nullis; ore nudo, abs-

*condito, partibus solidis destituto; pallio amplo, cor-
pus totum amplectante, lobos duos laminiformes for-
mante : laminis vel liberis vel anticè coadunatis. Ge-
neratio ovo-vivipara; copulatio nulla.*

*Bra chiæ externæ, intrà corpus et pallium recon-
ditæ. Circulatio simplex; cor uniloculare. Gangliones
aliquot rari; nervi varii; at chorda medullaris nodosa
nulla.*

*Testa semper bivalvis, animal penitùs vel partìm
recondens, modò libera, modò affixa : valvis sæpissi-
mè cardine vel ligamento marginali unitis. Partes tes-
taceæ, accessoriæ, valvis alienæ, testam interdùm am-
plificant.*

Observations. Lorsqu'on a commencé à instituer des
classes pour diviser les animaux, particulièrement ceux
qui sont sans vertèbres, on a d'abord considéré nécessairement les plus grandes généralités qui les distinguent; et
nos premières coupes, quoique justement limitées par les
caractères choisis pour les circonscrire, ont embrassé des
plans d'organisation vraiment différents. C'est ainsi que,
pour déterminer la classe des insectes, on n'a d'abord
considéré, parmi les animaux sans vertèbres, que ceux
qui ont des pattes articulées. Dès lors, les arachnides et les
crustacés se trouvèrent rangés parmi les insectes. Linné
porta même singulièrement loin la généralisation; car ayant
déterminé les insectes, comme je viens de le dire, tous les
autres animaux sans squelette et privés de pattes articulées
furent considérés, par lui, comme ne formant qu'une
seule classe, celle des *vers :* classe énorme, qu'il partagea
en cinq sections : les intestinaux, les mollusques, les testacés, les lithophytes et les zoophytes. Comme section des
vers, les mollusques de Linné embrassaient effectivement
de vrais mollusques, toutes les radiaires, des annelides,
des cirrhipèdes; tandis que d'autres vrais mollusques en
étaient séparés, parce qu'ils ont une coquille. Cette mauvaise détermination est encore celle qu'on trouve dans le
Systema natura.

Trouvant cet ordre de choses établi, j'en commençai le changement dans mon premier cours au Muséum; je plaçai les mollusques avant les insectes, après en avoir écarté les radiaires et les polypes; et, peu d'années après, profitant des observations anatomiques de M. *Cuvier*, pour les caractériser convenablement, les mollusques furent nettement distingués, parmi les autres animaux sans vertèbres, comme étant les seuls qui sont à la fois inarticulés, doués d'un système de circulation et d'un système nerveux dépourvu de cordon médullaire ganglionné dans sa longueur. De cette détermination, résulta une rectification qui parut suffire, parce que les animaux qu'elle associait, tenaient réellement les uns aux autres par des rapports au moins très généraux.

Cependant, le caractère choisi pour déterminer les mollusques, porte encore sur une généralité si grande, qu'elle embrasse deux plans d'organisation tout-à-fait différents; car celui des *conchifères*, dont je vais parler, n'est assurément pas le même que celui des vrais mollusques. Jusques-là, je m'étais borné à les distinguer comme un ordre parmi les mollusques; mais considérant enfin les particularités importantes de l'organisation de ces animaux, je les en séparai entièrement dans mon cours de 1816, et les présentai, comme classe particulière, sous la dénomination que je conserve ici. (1)

____

(1) Il n'y a qu'un très petit nombre de zoologistes qui aient admis la séparation établie ici par Lamarck, entre les conchifères et les mollusques. Sans revenir à l'opinion de Linné, sans adopter celle de Cuvier qui nous semble moins heureuse, nous pensons que le grand type des animaux mollusques, doit constituer une des grandes classes du règne animal, et qu'il peut être ensuite divisé en deux embranchements dont la jonction se fait a l'aide de quelques genres réellement intermédiaires. Ces genres ne furent pas assez complètement connus de Lamarck pour qu'il en appréciât bien la valeur : il est à présumer qu'il serait revenu à sa première opinion, s'il avait pu examiner les animaux dont il s'agit.

1*

Cette coupe était déjà exposée comme classe, par M. *Cuvier*, sous la dénomination d'*acéphales* ou de mollusques acéphales; dénomination subordonnée que je ne pus adopter, parce qu'elle est contraire aux principes convenables et de tout temps admis, sur la manière de diviser les productions de la nature.

En effet, ce savant n'attache plus au mot *classe*, l'idée qu'on en avait eue généralement avant et depuis *Linné*, celle de réunir toutes les races d'un groupe naturel sous une dénomination générale et commune; puisque maintenant le groupe d'animaux auxquels il donne le nom commun de mollusques, est divisé, par lui, en six classes, qui ne sont que des coupes secondaires. Aussi ses *acéphales* se trouvent-ils être la quatrième division de ses *mollusques* (Cuvier, *Règne animal*, Paris 1817, vol. 2, p. 453).

Lorsqu'on ne veut pas bouleverser tout ce qui a été fait en histoire naturelle, ni détruire l'ordre si simple, établi dans la manière de subordonner les divisions, on ne forme point des *classes* dans une classe. Si quelqu'un avait la fantaisie de donner le nom de classe à chacun des ordres des insectes, et conservait néanmoins le nom d'insectes aux animaux de toutes ces coupes, je dirais que, dans le fait, les insectes seraient encore une véritable classe pour lui; et je pense la même chose des mollusques de M. *Cuvier*. Pour moi les conchifères sont tout-à-fait étrangers aux mollusques.

Ces animaux, véritablement particuliers, n'ont effectivement point de tête distincte, jamais d'yeux, jamais de vrais tentacules. Leur bouche, toujours cachée sous le manteau, entre les points de réunion de ses deux lobes, n'offre ni trompe, ni mâchoires, ni dents cornées, en un mot, aucune partie dure, et ne paraît propre qu'à donner entrée aux aliments, dans l'organe de la digestion. Cette bouche, qui n'est que l'orifice d'un œsophage court, est assez grande, et présente quatre feuillets minces, triangulaires, qui paraissent tenir lieu de lèvres, mais qui ne sont point des tentacules. (1)

______

(1) Ces quatre feuillets sont trop constants pour qu'ils

Ces mêmes animaux ont un cœur placé vers le dos ; des vaisseaux artériels et des vaisseaux veineux ; par conséquent, la circulation en eux est complétement établie. Néanmoins leur cœur est petit, caché, plus difficile à apercevoir que celui des mollusques. (1)

Il n'y a pas de doute que les animaux dont il s'agit, n'aient réellement un cerveau, et qu'ils ne jouissent du sentiment. Mais ce cerveau, qui paraît ici très imparfait, est dans sa nature essentiellement unique et indivisé; ce qui est évident pour ceux qui se sont fait une juste idée de sa fonction. Cependant M. *Cuvier* le dit formé de deux ganglions séparés, savoir, un sur la bouche et un autre vers la partie opposée; ajoutant que ces deux ganglions sont réunis par deux cordons nerveux qui embrassent un grand espace (*Anat. comp.* Paris, an VIII, *vol. 2. p.* 309). Il me paraît probable qu'un seul de ces ganglions, celui qui est au-dessus de la bouche, est le véritable *cerveau*, et qu'il contient le foyer ou centre de rapport pour les sensations. Si ce cerveau est si peu développé, c'est qu'en effet, dans les animaux dont il est question, le sentiment est encore très obscur, ce que l'observation d'une huître, d'une moule, etc., atteste suffisamment. Au reste, il n'y a dans ces animaux, non plus que dans tous ceux de la série à laquelle ils appartiennent, ni cordon médullaire ganglionné, ni moelle épinière. (2)

---

soient sans usage ; leur surface interne est striée ou foliacée, et ils reçoivent de nombreux filets nerveux. Il est très probable qu'ils goûtent les matières alimentaires : on leur donne le nom de palpes labiales; elles se distinguent bien des lèvres dont elles sont cependant la continuation.

(1) Le cœur dans le plus grand nombre de ces animaux est symétrique : le ventricule placé sur la ligne dorsale et médiane, correspond au bord cardinal de la coquille : il embrasse si complétement le rectum, que cet intestin semble passer à travers.

(2) En conservant les définitions rigoureuses, exactes des anatomistes, on reconnaîtra facilement que les mollusques

Tous les *conchifères* paraissent privés de sens particuliers, et réduits à très peu près au sens général du *toucher*. Dans beaucoup d'entre eux néanmoins, ce sens paraît se particulariser dans les filets tentaculaires qui bordent les lobes du manteau, ou seulement certains endroits de leur bord. Ces filets tentaculaires, qui paraissent très sensibles, qui sont au moins très-irritables, sont nombreux en général, courts, très-fins, et s'agitent quelquefois avec une vitesse extrême.

Il résulte toujours de cette réduction des sens à un seul, que les *conchifères* sont inférieurs en perfectionnement et en facultés aux vrais mollusques; mais ils sont les seuls qui s'en rapprochent par leurs rapports généraux.

Les *conchifères* semblent aussi avoir certains rapports avec les *tuniciers*, et néanmoins ils en sont éminemment distingués par leurs caractères, par le plan même de leur organisation. J'ose dire plus, les conchifères sont moins rapprochés des tuniciers qu'on ne l'a pensé; car, outre leur forme tout-à-fait particulière, la nature et la situation de leur organe respiratoire, n'offrent rien d'analogue ni de comparable dans les tuniciers; et, quelque faible que soit le sentiment en eux, on ne saurait douter qu'ils en jouissent, tandis qu'il est plus que probable que les tuniciers en sont privés.

Tous les *conchifères* se reproduisent sans accouplement et paraissent être hermaphrodites. Sans doute ils se suffisent à eux-mêmes, ou bien ils se fécondent les uns les autres par la voie du fluide environnant qui sert de véhicule aux matières fécondantes.

Leur corps, enveloppé dans un ample manteau, n'a pu

---

ni aucun autre animal invertébré, n'ont de cerveau; mais seulement des ganglions diversement disposés. Dans un certain nombre de ces animaux, quelques ganglions rapprochés à la partie antérieure du corps, servent probablement de centre de sensation, sans cependant remplacer un véritable cerveau et en remplir les fonctions.

développer sa tête, et des yeux, nécessairement sans usage, n'ont pu s'y former. L'ample manteau de ces *conchifères* nous offre quelques particularités remarquables, qui caractérisent certaines familles de ces animaux. Tantôt il est ouvert par-devant, et offre deux grands lobes bien séparés, et tantôt il l'est seulement aux deux extrémités, imitant un fourreau cylindracé, ouvert aux deux bouts, Ce même manteau fournit, dans plusieurs familles, des replis prolongés, conformés en tubes, plus ou moins saillants au-dehors, et auxquels on a donné le nom de *trachées* ou de *siphons*. De ces trachées, qui sont au nombre de deux, l'une conduit l'eau aux branchies et à la bouche de l'animal, l'autre lui sert pour ses déjections.

Les *conchifères* ont un foie volumineux, qui embrasse l'estomac et une grande partie du canal alimentaire. En général, on peut dire que le système des parties paires semblables est presque aussi marqué à l'intérieur qu'à l'extérieur, dans ces animaux.

Leurs branchies sont externes: elles paraissent plus particulièrement telles dans ceux qui ont le manteau ouvert par-devant; car étant placées au-dehors, sous le manteau, ou peut les observer sans détruire aucune partie de l'animal, en soulevant les lobes qui les recouvrent. Ces branchies sont opposées, plus grandes que celles des mollusques, et offrent, dans leur situation et leur forme, des caractères qui leur sont particuliers. Ce sont de grands feuillets vasculeux, ordinairement taillés en croissant, placés de chaque côté sous le manteau, et qui recouvrent le ventre de l'animal, sur les côtés duquel ils sont le plus souvent attachés deux à deux. Ces feuillets, dont souvent la largeur égale presque celle du corps, sont formés par un tissu de petits vaisseaux repliés, serrés les uns contre les autres, et disposés à-peu-près comme des tuyaux d'orgue.

Tous les *conchifères* sont des animaux testacés. Ils sont revêtus d'une enveloppe solide, qui est toujours formée de deux pièces, soit uniques, soit principales. Ces pièces sont opposées l'une à l'autre, et constituent la coquille tout-à-fait particulière de ces animaux.

Ainsi, la coquille des *conchifères* est essentiellement bivalve. Elle est composée de deux pièces opposées, presque toujours jointes ensemble, près de leur base, par un ligament coriace, un peu corné, qui, par son élasticité, tend sans cesse à faire ouvrir les valves. Le point d'union des deux valves a lieu sur une partie de leur bord, représente une charnière, et le plus souvent se trouve, en outre, affermi par les dents ou protubérances testacées qui sont à cette charnière.

Les deux valves d'un conchifère sont tantôt inégales entre elles : elles forment alors une coquille dite *inéquivalve*; et tantôt, au contraire, ces valves se ressemblent entièrement par leur forme générale et leur grandeur : on dit, dans ce second cas, que la coquille est *équivalve*.

Parmi les coquilles équivalves, on en trouve qui, lorsque les deux valves sont fermées, offrent néanmoins, vers leurs extrémités latérales, une ouverture ou un bâillement plus ou moins considérable. Dans celles où le bâillement est considérable, on a observé que l'animal a presque toujours le manteau fermé par-devant.

La coquille des *conchifères* est si particulière aux animaux de cette classe, que, lorsqu'on en observe une dont l'animal n'est pas connu et de quelque pays qu'elle nous soit apportée, on peut toujours déterminer, en la voyant, non-seulement la classe à laquelle appartient l'animal qui l'a formée, mais même quelle est celle des principales familles de cette classe à laquelle cet animal doit être rapporté.

Le ligament des valves est tantôt extérieur et tantôt intérieur. Dans les deux cas, il sert non-seulement à contenir les valves, mais en outre à les entr'ouvrir, Lorsque ce ligament est extérieur, si la coquille est fermée, il est alors tendu. Dans ce cas, si le muscle qui tient les valves fermées se relâche, l'élasticité seule du ligament suffit pour les ouvrir. Lorsqu'au contraire le ligament est intérieur, il se trouve comprimé tant que la coquille est fermée; mais dès que le muscle qui tient les valves fermées se relâche, l'élasticité du ligament comprimé suffit encore pour ouvrir ces valves.

Les *conchifères* ne rampent jamais sur un disque ventral, comme beaucoup de mollusques (1); mais, parmi eux, il y en a qui possèdent un corps musculeux, contractile, souvent comprimé et lamelliforme, que l'animal fait sortir et rentrer à son gré. Ce corps leur sert à se déplacer avec leur coquille, quelquefois à exécuter une espèce de saut (2), quelquefois encore à attacher des fils tendineux, pour se fixer aux corps marins.

Comme leurs moyens de mouvement se trouvent à peu près réduits à ceux de leurs muscles d'attache et de leur manteau musculeux, ces deux sortes de parties ont obtenu chez eux un grand développement. L'épaisseur du muscle qui attache l'huître à sa coquille, et l'ampleur du manteau de tous les conchifères, sont assez connues. Considérons d'abord les muscles qui attachent ces animaux à leurs coquille, parce qu'ils fournissent des caractères utiles à employer dans la détermination des rapports.

Il y a des conchifères qui, comme l'huître, n'ont qu'un seul muscle qui leur traverse en quelque sorte le corps, pour s'attacher aux valves de la coquille, ce qu'*Adanson* a observé.

D'autres en ont deux, tels que les vénus, les tellines, etc.; et ces muscles, écartés entre eux, traversent les deux extrémités du corps de l'animal, pour s'attacher aux extrémités latérales de la coquille. Il y en a même parmi ces derniers, comme dans les mulettes, les anodontes, qui semblent se diviser et paraissent avoir trois ou quatre muscles d'attache. (3)

---

(1) Il paraît cependant qu'il existe quelques exceptions : à en croire quelques observateurs les nucules auraient un pied propre à ramper : nous n'avons pu jusqu'à présent vérifier le fait.

(2) D'où vient la dénomination de *Molusca subsilientia* que le célèbre anatomiste Poli a donné à toute cette classe des conchifères de Lamarck.

(3) Il est nécessaire d'observer que tous les mollusques

Ces muscles ont ordinairement beaucoup d'épaisseur. Ils sont composés de fibres droites, verticales, et, à l'endroit où ils s'unissent à la coquille, ils acquièrent une dureté remarquable. Leur usage est de fermer les valves en se contractant ; lorsqu'ils se relâchent, le ligament de ces valves suffit, par son élasticité, pour les ouvrir.

Pendant la vie de l'animal, ces muscles changent réellement de place, sans cesser un instant d'attacher l'animal à sa coquille. Ils s'oblitèrent, se dessèchent et se détachent insensiblement et successivement d'un côté, tandis qu'ils s'accroissent ou se multiplient de l'autre côté, par l'addition de nouvelles fibres, de manière à garder toujours la même position, relativement aux parties de la coquille à mesure qu'elle accroît son volume. Lorsque l'animal est enlevé, ces muscles d'attache laissent, sur la face interne de la coquille, des impressions qui font connaître leur situation, leur nombre et les déplacements qu'ils ont éprouvés. (1)

Dans les *conchifères*, l'animal n'a jamais de coquille,

---

conchifères, ne se rangent pas toujours facilement dans ces deux catégories. On conteste encore si certains genres sont monomyaires ou dimyaires : on remarque, en effet, que le muscle antérieur diminue successivement de volume, devient rudimentaire dans les moules, les modioles, etc. et finit par disparaître entièrement. Cette disparition par degrés insensibles de l'un des muscles, rend difficile la séparation des deux ordres, et ôte beaucoup de la valeur attribuée par Lamarck à ce caractère ; cependant il peut être utilement conservé, en l'appuyant sur d'autres caractères tirés de l'organisation des animaux envisagée d'une manière plus profonde.

(1) Ce déplacement est des plus remarquables dans certaines coquilles ; c'est ainsi que dans les grandes huîtres, par exemple, l'animal s'est avancé dans sa coquille de sept à huit pouces, depuis son jeune âge jusqu'à l'instant de la mort : l'examen attentif de l'une de ces coquilles en apprendra plus à cet égard que toutes les descriptions.

ni de parties dures à l'intérieur. Son corps est toujours molasse, toujours enveloppé, souvent ovale, plus ou moins comprimé, et sa bouche est ordinairement située vers la partie la plus basse de la coquille, au côté gauche de sa charnière.

Tous les *conchifères* sont aquatiques : aucun ne saurait vivre habituellement à l'air libre, comme beaucoup de mollusques. Quelques races vivent dans les eaux douces ; toutes les autres vivent dans les eaux marines. La plupart sont libres, d'autres sont fixées sur les corps marins par leur coquille, et d'autres encore s'y attachent par des filaments cornés, auxquels on a donné le nom de *byssus.*

Comme la *coquille* n'est pas le propre d'animaux d'une seule classe ; que beaucoup de mollusques, d'annelides et tous les cirrhipèdes en sont munis ; que d'ailleurs, je suis obligé, par mon plan, de me resserrer considérablement dans cet ouvrage, je n'en ferai pas ici l'exposition, non plus qu'en traitant des mollusques. Je renvoie, pour tout ce qui concerne la coquille, aux articles *conchifères, conchyliologie* et *coquille*, que j'ai publiés dans le Dictionnaire d'Histoire Naturelle, édition dernière de Deterville (1).

Maintenant que nous savons que les *conchifères* appartiennent à la branche des animaux inarticulés ; qu'ils sont en quelque sorte intermédiaires entre les mollusques et les tuniciers, quoique très différents des uns et des autres ; qu'ils ne se lient point aux cirrhipèdes, malgré les apparences de rapports qu'offrent les brachiopodes et les cirrhipèdes pédonculés ; enfin, que les conchifères sont

---

(1) Nous devons prévenir que Lamarck, à l'exemple de Linné et de Bruguière, place la coquille renversée pour en déterminer les parties, ce qui n'est pas rationnel : la manière de M. de Blainville doit être préférée. Ce savant zoologiste en effet détermine les parties de la coquille d'après la position que lui donne l'animal marchant devant l'observateur.

les seuls qui offrent généralement une coquille bivalve, presque toujours articulée en charnière, nous allons faire l'exposition de ceux de leurs genres qui nous sont connus, ainsi que des principales espèces qui appartiennent à ces genres, sans les décrire.

Nous divisons cette classe en dix-neuf familles, que nous partageons en deux ordres, de la manière suivante.

DIVISION DES CONCHIFÈRES.

—

ORDRE Ier. *Conchifères dimyaires.*

Ils ont au moins deux muscles d'attache. Leur coquille offre intérieurement deux impressions musculaires séparées et latérales.

(1) Coquille régulière, le plus souvent équivalve.

(a) Coquille en général béante aux extrémités latérales, ses valves étant rapprochées.

(*) *Conchifères crassipèdes.* Leur manteau a ses lobes réunis par-devant, entièrement ou en partie ; leur pied est épais, postérieur ; le bâillement de leur coquille est toujours remarquable, souvent considérable.

Les Tubicolées.
Les Pholadaires.
Les Solénacées.
Les Myaires.

(**) *Conchifères ténuipèdes.* Leur manteau n'a plus ou presque plus ses lobes réunis par-devant ; leur pied est petit, comprimé ; le bâillement de leur coquille est souvent peu considérable.

(+) Ligament intérieur, avec ou sans complication de ligament externe.

Les Mactracées.
Les Corbulées.

(++) Ligament uniquement extérieur.

Les Lithophages.
Les Nymphacées.

(b) Coquille close aux extrémités latérales , lorsque les valves sont
fermées.

Conchifères lamellipèdes. Leur pied est aplati, lamelliforme,
non postérieur.

Les Conques.
Les Cardiacées.
Les Arcacées.
Les Nayades.

(2) Coquille irrégulière, toujours inéquivalve.

Les Camacées.

ORDRE IIe. *Conchifères monomyaires.*

Ils n'ont qu'un muscle d'attache. Leur coquille
offre intérieurement une seule impression musculaire
subcentrale.

(1) Coquille transverse et équivalve.

Les Bénitiers.

(2) Coquille, soit longitudinale , soit inéquivalve.

(a) Ligament marginal, alongé sur le bord , sublinéaire.

Les Mytilacées.
Les Malléacées.

(b) Ligament resserré dans un espace court sous les crochets,
toujours connu et point conformé en tube.

Les Pectinides.
Les Ostracées.

(c) Ligament, soit inconnu , soit formant un tube tendineux sous
la coquille.

Les Rudistes.
Les Brachiopodes (1).

---

(1) Cette distribution méthodique des conchifères, pro-

CONCHIFÈRES DIMYAIRES.

Leur coquille offre intérieurement deux impressions musculaires séparées et latérales.

Cet ordre embrasse la principale et la plus grande portion des *conchifères*, et comprend des animaux testacés, attachés à leur coquille par deux muscles au moins, qui sont fort écartés, et s'insèrent vers les extrémités latérales des valves. Lorsque l'animal n'est plus dans sa coquille, ces muscles laissent à l'intérieur des valves, des impressions plus ou moins marquées,

---

posée par Lamarck depuis bientôt seize années, ne peut plus être adoptée sans modifications. De nombreuses observations ont été faites ; des genres nouveaux sont connus ; des genres établis d'après la coquille seule doivent être supprimés depuis que les animaux ont été étudiés avec plus de soin. La même étude des animaux a conduit à perfectionner les rapports généraux des familles et des genres, de sorte que tout en admettant les principes généraux qui ont guidé Lamarck, et en y apportant les perfectionnements que l'état de la science exige, la méthode devra subir des changements assez considérables. Nous ne pouvons ici faire l'histoire de ces perfectionnemens, mais on en sentira l'importance à mesure que l'on prendra connaissance des annotations que nous mettons à chacune des grandes divisions de la méthode.

qui font reconnaître leurs points d'attache et l'ordre
de la coquille.

Je rapporte à cet ordre treize familles toutes assez
distinctes, auxquelles appartiennent les plus belles coquilles bivalves connues. Sauf la dernière de ces familles, toutes les autres offrent des coquilles régulières
dont les valves sont parfaitement égales et semblables
entre elles.

Pour en faciliter l'étude, je partage les *conchifères
dimyaires* ou à deux muscles, en quatre sections;
savoir :

Ire SECTION. Conchifères *crassipèdes*.

IIe SECTION. Conchifères *ténuipèdes*.

IIIe SECTION. Conchifères *lamellipèdes*.

IVe SECTION. Conchifères ambigus, ou les *Camacées* (1).

––––––––

(1) Nous avons vu dans une note précédente, qu'il était
difficile de séparer nettement les dimyaires des monomyaires, et qu'il ne fallait pas s'en rapporter seulement à
la présence bien évidente des deux impressions musculaires sur la coquille; les doutes sur certains genres sont
levés par l'examen du système nerveux; il est dans toutes
ses parties parfaitement symétrique dans les dimyaires,
même dans les dimyaires irréguliers; il n'est pas complétement symétrique dans les vrais monomyaires. C'est d'a-
près ces considérations, que nous avons cru nécessaire
d'introduire la famille des tridacnées dans l'ordre des dimyaires.

Les quatre sections que Lamarck établit dans ce groupe d'après la forme du pied, sont peu naturelles et fort difficiles à circonscrire, parce que l'organe locomoteur est
un des plus variables et celui dont les variations, quant à
la forme, ont le moins d'influence sur le reste de l'organisation.

CONCHIFÈRES CRASSIPÉDES.

Leur manteau est entièrement ou en partie fermé par devant ; leur pied est épais, postérieur ; leur coquille fermée est bâillante par les côtés.

Par les rapports qui semblent les lier entre eux, les *conchifères crassipèdes* me paraissent constituer une coupe assez naturelle, dont je forme la première section des *dimyaires*. Ces animaux ne se déplacent point ou presque point, quoiqu'ils ne soient pas fixés; ils vivent habituellement dans le même lieu où ils se sont enfoncés, les uns dans la pierre ou dans le bois qu'ils ont percé, les autres dans le sable. Ceux qui ont été observés ont les deux lobes du manteau plus ou moins complétement réunis par-devant. Les deux siphons qui sont saillants à l'opposé du pied, sont réunis dans ceux que l'on connaît, sous une enveloppe commune que fournit le manteau.

Dans ceux encore dont on connaît le pied, il est épais, gros ou petit, subcylindrique, plus généralement postérieur et plus propre à des mouvements verticaux ou en avant de la coquille, qu'à ceux de translation ou de locomotion ordinaires. Ce pied ne présente point un corps aplati sur les côtés en forme de lame, comme dans les conchifères ténuipèdes et lamellipèdes, où il sort par l'ouverture des valves pour se fixer sur les corps marins, afin de déplacer la coquille en se contractant. Je divise ces conchifères en quatre familles, de la manière suivante.

DIVISION DES CONCHIFÈRES CRASSIPÈDES.

(1) Coquille, soit contenue dans un fourreau tubuleux distinct de ses valves, soit entièrement ou en partie incrustée dans la paroi de ce fourreau, soit saillante au dehors.

Les Tubicolées.

(2) Coquille sans fourreau tubuleux.
  (a) Ligament extérieur.
    (*) Coquille, soit munie de pièces accessoires, étrangères à ses valves, soit très bâillante antérieurement.

Les Pholadaires.

    (**) Coquille sans pièces accessoires, et bâillante seulement aux extrémités latérales.

Les Solénacées.

  (b) Ligament intérieur.

Les Myaires.

LES TUBICOLÉES.

Coquille, soit contenue dans un fourreau testacé, distinct de ses valves, soit incrustée, entièrement ou en partie, dans la paroi de ce fourreau, soit saillante en dehors.

D'après la manière dont la nature procède dans ses productions, l'on doit toujours trouver à l'entrée, comme à la fin de chaque classe, des objets plus différents, et en quelque sorte plus singuliers que ceux qui forment la masse principale de la classe même; et ici, comme dans les autres classes que nous avons établies, ces différences sont très marquées, puisque nous commençons nos conchifères par les arrosoirs, et que nous

les terminons par la lingule, dernier genre des brachiopodes.

Les *tubicolées*, dont il s'agit ici, sont assurément des
conchifères, mais d'une singularité si grande, que certaines d'entre elles ont été rapportées à d'autres classes
par des naturalistes modernes, quoique très éclairés. Il
est en effet bien singulier de trouver une coquille bivalve enfermée dans un tube testacé, et bien plus singulier encore, de la voir incrustée dans la paroi de ce
tube concourant à compléter cette paroi.

La singularité des *tubicolées*, ainsi que celle des pholades, a fait méconnaître ce que les coquilles qui y
appartiennent ont réellement d'essentiel; savoir : deux
valves semblables, égales, régulières et articulées en
charnière. Comme parmi les coquilles des tubicolées,
il y en a qui ont des pièces accessoires, étrangères à
leurs valves, ainsi qu'on en voit dans les pholades, on
les a prises pour des coquilles multivalves; ce qui a
donné lieu à des associations bizarres, comme nous le
montrerons en traitant des pholadaires.

Ici, les doutes, relativement aux rapports classiques
des *tubicolées*, et à ceux qu'elles ont avec les pholadaires, sont évidemment levés par les caractères de
transition qui lient les arrosoirs aux clavagelles, celles-
ci aux fistulanes, et bientôt ensuite aux tarets qui,
eux-mêmes, tiennent aux pholades.

Les coquillages de cette famille sont térébrants, s'enfoncent dans la pierre, dans le bois, et même dans les
coquilles à test épais; quelques-uns cependant restent
dans le sable. Voici les six genres que nous rapportons
à cette famille (1).

---

(1) La famille des tubicolées, proposée depuis long-temps
par Lamarck, est une preuve de la sagacité profonde de ce
savant zoologiste : il sut deviner avec une grande justesse,

ARROSOIR. (Aspergillum.)

Fourreau tubuleux, testacé, se rétrécissant insensiblement vers sa partie antérieure, où il est ouvert, et grossissant en massue vers l'autre extrémité. La massue ayant, d'un côté, deux valves incrustées dans sa paroi. Disque terminal de la massue convexe, percé de trous épars, subtubuleux, ayant une fissure au centre.

Animal inconnu.

Vagina tubulosa, testacea, antice sensìm attenuata, apice pervia, versùs alteram extremitatem in clavam ampliata : clavá uno latere, valvis duabus in pariete incrustatis. Clavœ discus terminalis convexus, foraminibus sparsis subtubulosis instructus, centro fissurá notatus.

Animal ignotum (1).

OBSERVATIONS. L'*arrosoir,* connu depuis long-temps dans les collections, toujours assez rare et recherché, est sans

dans un temps où ils étaient rejetés, les rapports qui lient incontestablement les différents genres de cette famille. Il nous a paru possible, depuis long-temps, de l'améliorer en la simplifiant. Les genres arrosoir, clavagelle, fistulane, doivent la former à eux seuls, tandis que les trois autres genres cloisonnaire, trédine et taret, ont la plus grande analogie avec les pholades par l'ensemble des caractères ; les coquilles sont de formes analogues ; elles ont un appendice dans les crochets, ce qui se voit aussi dans les pholades ; elles n'ont point de véritable ligament. Ces trois derniers genres passent donc dans la familles des pholadaires.

(1) M. Ruppel a rapporté un animal de ce genre ; c'est celui de l'*Aspergillum vaginiferum,* qui vit dans la mer rouge ; il paraît qu'il a beaucoup d'analogie avec celui des pholades.

contredit le fourreau testacé d'un conchifère, mais des plus singuliers. Il constitue un genre remarquable, qui a, jusqu'à présent, fort embarrassé les naturalistes pour le classer et assigner son véritable rang parmi les animaux testacés. *Linné* le rangeait parmi les serpules, c'est-à-dire, parmi les annelides testacées, et j'ai été moi-même fort indécis à cet égard, le considérant néanmoins comme appartenant à la classe des mollusques.

Depuis, j'ai enfin reconnu que ce genre est très voisin des *fistulanes*, et que sa coquille, véritablement bivalve et équivalve, existe toujours, mais se trouve adhérente au fourreau, complétant, par ses deux valves ouvertes et enchâssées, une partie du tube qui contient l'animal. Le genre qui suit, n'offrant plus qu'une valve enchâssée dans la paroi du fourreau, fournit une preuve en faveur du rapport attribué à *l'arrosoir*.

C'est sans doute par erreur qu'on a dit et représenté *l'arrosoir*, comme étant fixé sur les rochers, par son extrémité la plus petite. Il est nécessairement ouvert à cette extrémité, comme les clavagelles et les fistulanes, et ne doit pas être plus fixé que ces coquillages.

ESPECES (1).

1. Arrosoir de Java. *Aspergillum Javanum*. Lamk.

> *A. vaginâ lævi; disco postico, fimbrio, radiato, circumdato.*
> *Serpula penis.* Lin. Syst. nat. p. 1267.
> * Schroter Einl. in Conch. t. 2. pag. 554, n° 16.
> * Rumph. amb. tab. 41. fig. 7.

---

(1) Voulant ajouter quelques espèces intéressantes à celles de Lamarck, nous les indiquerons par ce signe †.

Plusieurs ouvrages importants ayant été publiés depuis celui-ci, tant en France qu'en Allemagne et en Angleterre, nous ajouterons à la synonymie l'indication des meilleures figures. Ces additions seront indiquées par ce signe *.

* Valentyn. Amb. t. 10. fig. 89.
Gualt. Conch. tab. 10. fig. M.
Martin. Conch. 1. t. 1. fig. 7.
* *Penicillus Javanus.* Brug. Encyc. méth. p. 128. *Syno. ple-*
risque exclusis.
* *Serpula aquaria.* Dilwin. Cat. t. 2. p. 1083. n° 35.
* S. Brookes intr. to the stud. of Conch. pl. 9. fig. 130.
* Blainv. Malac. pl. 81. fig. 2.
* *Aspergillum sparsum.* Sow. Genera of Shells. n° 27. fig. 3.
4. 5.
Habite l'Océan des grandes Indes. Mus. n. Mon cabinet.

2. Arrosoir à manchettes. *Aspergillum vaginiferum.* Lamk.

A. vaginá longissimá, subarticulatá, ad articulos vaginis
foliaceis auctá; fimbriá disci postici brevissimá.
An phallus testaceus marinus? List. Conch. t. 548. f. 3.
* Savigny. Grand ouvrage d'Égypte. Part. d'hist. nat. Pl. 70.
fig. 91 à 99.
* Desh. Encycl. méth. vers. t. 2. pag. 72. n. 1.
Sow. Gener. of Shells. n. 27. fig. 1. 2.
Habite la mer Rouge. Mon cabinet. M. Savigny en a receuilli
de grandes portions de la partie antérieure du tube. Il doit
avoir plusieurs pieds de longueur. Le dernier article postérieur que je possède est long de 22 centimètres.

3. Arrosoir de la Nouvelle Zélande. *Aspergillum No-væ Zelandiæ.* Lamk.

A. vaginá nudá, posticè clavatá; clavæ disco terminali parvo,
fimbriá destituto.
Favan. Conch. pl. 79. fig. E.
Habite la Nouvelle Zélande. Espèce très rare, moins grande
et plus en massue que les précédentes. Son disque postérieur
est aussi poreux, mais n'est plus entouré par une fraise
rayonnante.

4. Arrosoir agglutinant. *Aspergillum agglutinans.* Lamk.

A. vaginá variè curvá, subclavatá, corpora aliena agglutinante;
clavæ disco nudo, tubulis distinctis echinato.
Desh. Encycl. méth. vers. t. 2. pag. 73. n.° 2.
Mus. n.°

Habite les mers de la Nouvelle Hollande. *Péron* et *Lesueur*. Plus grêle et à massue moins grosse que dans l'espèce précédente, son disque postérieur est aussi sans fraise rayonnante, mais ce disque, au lieu d'être simplement percé de pores, offre des tubes saillants, séparés, inégaux, et une fissure au centre. Partout au dehors, à l'exception du disque, ce tuyau testacé est recouvert de fragments de sable, de coquilles et de madrépores. Longueur, 72 millimètres ; mais ce tuyau n'est pas entier.

† 5. Arrosoir de Leognan. *Aspergillum Leognanum*. Hœning.

A. vaginá subclavatá; corpora aliena agglutinante ; disco tubulis frequentibus echinato, etiam corpora aliena agglutinante, fimbriá et fissurá destituto.

Hœning. Descr. d'une arr. foss. fig. 1, 2.
Desh. Encycl., méth. vers. t. 2, pag. 74, n 3.

CLAVAGELLE. (Clavagella.)

Fourreau tubuleux, testacé, atténué et ouvert antérieurement, et terminé en arrière par une massue ovale, sub-comprimée, hérissée de tubes spiniformes. Massue offrant d'un côté une valve découverte enchâssée dans sa paroi ; l'autre valve libre dans le fourreau.

Vagina tubulosa, testacea, anticè attenuata et aperta, posticè in clavam ovatam, subcompressam, tubulis spiniformibus echinatam terminata : clavá hinc valvam detectam in pariete fixam prodiente ; altera in tubo libera.

OBSERVATIONS. Les *clavagelles* sont évidemment moyennes, par leurs rapports, entre les arrosoirs et les fistulanes. Dans les arrosoirs, les deux valves de la coquille sont ouvertes, fixées et enchâssées dans la paroi de la partie postérieure du fourreau, et paraissent au-dehors ; dans les

clavagelles, une seule des deux valves est enchâssée dans
la paroi du fourreau, et se montre aussi au-dehors, tandis
que l'autre valve est libre dans l'intérieur du foureau;
enfin dans les fistulanes, aucune valve n'est fixée; la coquille est tout-à-fait libre au fond du fourreau. Si la massue des arrosoirs offre de petits tubes disposés en frange
circulaire autour du disque postérieur, la massue des *clavagelles* présente aussi de petits tubes saillants qui la rendent
hérissée et comme épineuse, soit sur un de ses côtés, soit à
son sommet; et ces petits tubes, ni les pores tubuleux du
disque, ne se retrouvent plus dans les fistulanes. Par-tout,
c'est la partie postérieur du fourreau qui est la plus large,
et qui contient la coquille bivalve et équivalve, celle-ci
n'enveloppant que la partie postérieure de l'animal,
comme dans le taret; tandis que la partie antérieure du
fourreau va toujours en se rétrécissant, et se trouve ouverte pour le passage des deux siphons de l'animal.

[* Le premier, nous avons fait connaître une clavagelle
qui établit bien plus intimement les rapports de ce genre
avec les arrosoirs. Dans la *clavagella coronata*, en effet, le
tube est terminé par un disque, à la circonférence duquel naissent des tubulures dichotomes, distantes et beaucoup moins nombreuses que celles des arrosoirs; le centre du disque n'est point criblé de trous, mais il offre
une fente qui descend vers les crochets des valves, en se
bifurquant.

Lamarck ne connut que des espèces fossiles de clavagelles. M. Sowerby, dans son *Genera*, en décrit une vivante
fort remarquable, dont le tube est court et largement
évasé. M. Rang, dans son Manuel de conchyliologie, en a
indiqué une seconde espèce qui, comme la première, vit
enfoncée dans l'epaisseur des corps sous-marins.]

ESPÈCES.

† 1. **Clavagelle couronnée.** *Clavagella coronata.* **Desh.**

C. tub) recto, elongato, clavato, spinis furcatis coronato; disco

*minimo; valvâ inclusâ subundulatâ, ovatâ, alterâ majore;
cardine augusto, subuni-dentato.*

Desh. Desc. des Coq. foss. des env. de Paris. t. 1. p. 8. nº 1.
pl. 3. fig. 9. 10.
Idem. Encycl. méth. vers. t. 2. pag. 239. nº 1.
Sow. Min. conch. pl. 480. fig. 1. 2. 3.
Rang et Desmoulins. Bull. de la Soc. d'hist. nat. de Bord.
t. 3. 5ᵉ livr. fig. 1-5.

✝ 2. Clavagelle bacillaire. *Clavagella bacillaris.* Desh.

*C. tubo subrecto, elongato, angusto, postice vaginis foliaceis
sæpe terminato, antice disco plano, fisso spinis dichotomis
coronato; valvâ liberâ ovato-elongatâ, tenuissimâ, depressâ,
margaritaceâ; cardine edentulo.*
Desh. Encycl. méth. vers. t. 2. p. 239. nº 2.

3. Clavagelle hérissée. *Clavagella echinata.* Lamk.

*C. vaginæ clavâ ventricosâ, uno latere aculeis tubulosis
undiquè echinatâ.*
Fistulana echinata. Annales du Mus. vol. 7. p. 429. nº 3. et
vol. 12. pl. 43. f. 9.
* Desh. Desc. des Coq. foss. t. 1. pag. 9. nº 2. pl. 1. fig. 7.
8. 9.
Habite.... Fossile de Grignon. Cabinet de M. *de Roissy.*

4. Clavagelle à crête. *Clavagella cristata* (1).

*C. vaginæ clavâ utroque latere muticâ; fimbriâ verticali é
tubulis spiniformibus distinctis cristam œmulante.*
Habite... Fossile de Grignon. Mon cabinet.

----

(1) Ces deux espèces de clavagelles doivent être réunies
en une seule ; elles ne diffèrent que par la taille et par
l'âge.

La valve libre de cette clavagelle, ou de la tibiale, a
été placée parmi les glycimères par Lamarck, sous le nom
de glycimère nacrée.

5. Clavagelle tibiale. *Clavagella tibialis*. Lamk.

C. vaginæ clavá muticá, subcompressá, valvam testæ detectam hinc prodiente.

Fistulana tibialis. Annales du Mus. vol 7. p. 428. n° 2. et vol. 12. pl. 43. f. 8.

* Desh. Desc. des Coq. foss. t. 1. p. 11. n° 5. pl. 1. f. 6 et 10.

Habite... Fossile de Grignon. Cabinet de M. *de France*. Sa massue n'ayant plus de tubes spinuliformes, cette espèce fait le passage aux fistulanes.

6. Clavagelle de Brocchi. *Clavagella Brocchii*. Lamk.

C. vaginá pyriformi; clavá hinc tubulis brevibus inæqualibus subprominulis asperatá.

Teredo echinata. Brocch. Conch. vol. 2. p. 270. t. 15. f. 1.

Habite... Fossile d'Italie.

+ 7. Clavagelle ouverte. *Clavagella aperta*. Sow.

C. vaginá abbreviatá, valdè clavatá, postice latissimè apertá; aperturá vaginis foliaceis, undulosis, infundibuliformibus instructá; testá valvis triangularibus hiantissimis, margaritaceis; valvá liberá, crassá, transversim rugosá.

Sow. Gener. of Shells. n. 13. fig. 1. 2. 3. 4.

Desh. Encycl. méth. vers. t. 2. pag. 240. n° 5.

FISTULANE. (Fistulana.)

Fourreau tubuleux, le plus souvent testacé, plus renflé et fermé postérieurement, atténué vers son extrémité antérieure, ouvert à son sommet, contenant une coquille libre et bivalve. Les valves de la coquille égales et bâillantes lorsqu'elles sont fermées.

Animal.... ayant, à sa partie antérieure, deux calamules cyathifères.

*Vagina tubulosa, sæpiùs testacea, posticè turgidior
et clausa, versùs extremitatem anticam attenuata, apice
aperta, testam liberam bivalvem includens; valvis testœ
æqualibus, in conjugatione hiantibus.*

*Animal. . . . anticá parte calamulis duobus cyathi-
feris instructá.*

OBSERVATIONS. J'ai exposé, dans les *Annales du Muséum*,
à l'article fistulane (vol. 7. p. 425), les difficultés [que
j'avais rencontrées pour caractériser convenablement ce
genre de coquillage, parce que je prenais, comme tous
les naturalistes, le fourreau tubuleux qui renferme l'a-
nimal et sa coquille, pour la coquille elle-même. Mais aper-
cevant enfin que le fourreau dont il s'agit est une pièce
tout-à-fait étrangère à la coquille, je reconnus bientôt
les rapports qui lient entre eux les divers genres de la famille des *tubicolées* à celle des *pholadaires*; j'exposai ces
rapports dans mon cours de l'an X, tels qu'ils me paraissent encore actuellement, et j'en insérai, à l'article cité
des Annales, quelques-unes des principalesconsidérations
auxquelles je renvoie le lecteur.

Les *fistulanes*, voisines des clavagelles et des arrosoirs,
ont leur coquille libre dans l'intérieur de leur fourreau,
et aucune des valves de cette coquille ne se trouve plus
enchâssée dans la paroi de ce tube, comme dans les deux
genres précédents. Dans quelques-unes, le fourreau offre à
l'intérieur, des cloisons commencées, en quart de voûte, et
à l'ouverture antérieure, deux petits tubes non saillants au-
dehors, et qui sont formés par une cloison longitudinale
peu prolongée. Ces fistulanes indiquent leur voisinage de
notre genre *clavagelle*.

On ne connaissait aucune partie de l'animal des *fistulanes*, et l'on supposait seulement sa grande analogie
avec celui du taret. Mais, d'après des observations récemment communiquées par M. *Lesueur*, pendant son voyage
en Amérique, nous savons que l'animal d'une fistulane
qu'il a observée, quoique dans l'état sec, est muni de
deux calamules qui font saillie en avant, par la partie ou-

verte du fourreau testacé qui le contient, c'est-à-dire, par l'extrémité grêle de ce fourreau. Ces calamules sont de longs appendices filiformes, fistuleux, calcaires, terminés chacun par cinq à huit godets-infundibuliformes, semi-cornés ou calcaires, empilés les uns au-dessus des autres, et qui peuvent s'écarter, puisqu'ils se séparent dans l'état sec. Ils font paraître la partie supérieure de chaque calamule comme verticillée. (1)

Ces appendices ou calamules, que M. *Lesueur* n'a observés que sur une espèce, existent sans doute dans toutes les autres, avec les modifications qui tiennent aux différences spécifiques. Ce sont pour nous, les branchies ou plutôt les supports des branchies de l'animal. Ils sont analogues aux deux palmules observées par M. *Cuvier,* dans un taret. Ce ne sont point des bras articulés, analogues à ceux des cirrhipèdes, puisque leur pédicule filiforme, fistuleux et calcaire, est sans articulations; ce ne sont pas non plus les deux palettes pierreuses des tarets ici changées, car la fistulane, munie des calamules citées, n'en a pas moins ces deux palettes : elles sont demi-circulaires, striées, avec une dent triangulaire.

Il était nécessaire que, dans les fistulanes, les calamules (comme branchiales) fussent transportées vers l'extrémité ouverte du fourreau testacé, puisque ce fourreau est fermé à l'autre extrémité. Mais dans les tarets, où le four-

---

(1) Cette observation faite par M. Lesueur, ne s'applique pas à une fistulane, mais à un véritable taret. Ce qui fait l'erreur de la plupart des conchyliologues, c'est qu'ils supposent gratuitement que tous les tarets vivent dans le bois; que leur tube n'est jamais libre, et toutefois qu'ils observent un tube libre, ils l'attribuent aux fistulanes. Une autre source de leur erreur provient de ce que l'on donne pour caractère aux tarets, d'avoir le tube ouvert aux deux extrémités : il n'en est rien cependant. Tous les tarets ferment leur tube du côté le plus élargi, lorsqu'ils ont pris tout leur accroissement.

reau calcaire est ouvert aux deux bouts, cette nécessité n'a point lieu. (1)

Les *fistulanes* vivent dans le sable, dans le bois, dans les pierres et même dans l'épaisseur de quelques autres coquilles qu'elles savent percer. On prétend qu'il y en a dont l'animal, après avoir percé une coquille étrangère, y vit sans autre fourreau que les parois du trou qu'il a creusé. Peut-être qu'alors son fourreau, très mince et appliqué contre les parois du trou, n'a pu être remarqué. Les valves de certaines de ces coquilles ressemblent un peu à celles des modioles.

[Quoique Lamarck ait rendu le genre fistulane plus naturel, il a laissé cependant plus d'une erreur qu'il est nécessaire de rectifier. Nous avons observé depuis long-temps, que le genre gastrochène de Spengler, était le même que celui nommé fistulane par Lamarck, avec cette différence cependant, que ce genre de Spengler était plus naturel. Lamarck a conservé un genre gastrochène dans la famille des pholadaires, mais il ne peut être maintenu, et voici pourquoi : il existe certaines fistulanes (*fistulana clava*) qui se font un tube complet et toujours libre comme celui des arrosoirs; d'autres espèces vivent tantôt dans le sable, et se font un tube complet; tantôt s'enfoncent dans l'épaisseur des corps sous-marins, et leur tube sert d'en-

---

(1) Il est évident que Lamarck s'est complétement mépris en supposant que les calamules, qu'il croit exister dans les fistulanes, sont destinées à porter les organes de la respiration; cette erreur est rendue certaine par deux moyens : 1° c'est que les vraies fistulanes, quoique fermées d'un coté n'ont jamais de calamules; 2° c'est que ces calamules appartiennent exclusivement aux tarets, et les tarets ont leurs branchies disposées comme dans tous les conchifères et non dépendantes de ces calamules. Il est donc certain que ces parties n'ont pas l'usage que Lamarck suppose; elles sont destinées à clore l'entrée du tube, comme une sorte d'opercule.

duit à la cavité qu'elles habitent (*fistulana ampullaria*) ;
enfin, il existe une troisième sorte de fistulanes : elles s'enfoncent toujours dans l'épaisseur des madrépores, des grosses
coquilles ou des rochers calcaires tendres ; leur tube revêt
la cavité qu'elles occupent : mais comme ce n'est qu'en
brisant ces corps que l'on obtient les coquilles, des observateurs peu attentifs ont cru qu'elles étaient dépourvues de
tube, et c'est pour ces espèces incomplétement connues
que Lamarck a conservé le genre gastrochène. Pour nous
qui avons observé avec beaucoup de soin toutes les espèces
des deux genres, et qui avons reconnu l'identité de leurs
caractères génériques, quelle que soit leur manière de vivre
dans un tube libre ou inclus, nous croyons que l'un des
deux genres doit être supprimé.

A ces observations générales, nous en ajouterons quelques autres relatives à plusieurs espèces admises par Lamarck au nombre des fistulanes :

1° *Fistulane corniforme* : les tubes calcaires, qui, dans
la collection de Lamarck portent ce nom, appartiennent sans
exception au genre taret, et l'un d'eux se rapproche beaucoup
de la figure citée de Favanne. Quant à la figure de l'Encyclopédie ajoutée à la synonymie de cette espèce, nous ne savons
comment Lamarck a pu tomber dans une pareille erreur :
cette figure en effet, représente l'animal complet de la fistulane en paquet sorti de son tube avec sa coquille et ses
calamules, laquelle, comme nous le verrons, appartient au
genre taret.

2° *Fistulane en paquet* : si la structure de la coquille
doit l'emporter sur celle du tube qui la contient, pour décider de son genre, il est bien certain que cette espèce doit
appartenir aux tarets. Lorsque l'on retire de son tube con-
tourné, la coquille de cette espèce, on la trouve très courte,
sans ligament et offrant dans les crochets, comme cela a
lieu dans les tarets et les pholades, un grand cuilleron recourbé : avec cette coquille tout-à-fait analogue à celle des
tarets, on trouve quelquefois les deux calamules, qui, au
lieu d'être simples et en palettes, comme dans le taret
commun, sont alongées, dentelées et striées ; ces calamules
n'existent jamais dans les vraies fistulanes ; elles appar-

tiennent exclusivement au genre taret et le caractérisent de la manière la moins équivoque . Quant au véritable genre de l'espèce qui nous occupe, son animal représenté entier dans l'Encyclopédie (pl. 167, fig. 16) ne laisse aucun doute à cet égard ; c'est celui d'un taret ; et cependant Lamarck, comme nous venons de voir, le cite comme le tube calcaire de la fistulane corniforme.

3° *Fistulane lagénule* : nous n'avons point vu la coquille intérieure de cette espèce ; elle pourrait bien aussi appartenir au genre taret, mais cela est encore douteux.

4° *Fistulane ampullaire* : cette espèce est une vraie fistulane, mais remarquable en cela, que selon les circonstances, elle fait un tube libre enfoncé dans le sable, ou perfore les corps calcaires, et son tube sert d'enduit à la cavité qu'elle habite ; cette espèce appartiendrait donc aux fistulanes dans le premier cas et au genre gastrochène dans le second, si ce genre était conservé.

5° *Fistulane poire* : nous ne connaissons pas complétement cette espèce ; mais d'après la forme de son tube, elle appartient très probablement aux fistulanes ; il serait possible que ce fût la même espèce accidentellement libre, que celle nommé *Pholas hyans* par Brocchi, elle serait alors comme la précédente, un exemple de plus de l'inutilité du genre gastrochène.]

ESPÈCES.

1. Fistulane massue. *Fistulana clava*. Lamk.

> *F. vaginâ tereti-clavatâ , rectâ ; testœ valvis elongatis, extremitatibus subfornicatis.*
> Encyclop. pl. 167. f. 17-22.
> Favan. Conch. pl. 5. fig. K.
> * Gastrochena, Spengler. Nov. Act. Dani. t. 2. pag. 174. fig. 1-7.
> * Blainv. Malac. pl. 81. f. 3.
> * Sow. Genera. n° 27. f. 1-5.
> * Desh. Encycl. méth. vers. t. 2 pag. 140. n° 1.
> Habite l'Océan des Grandes Indes. Mus. n°. Mon cabinet:

2. Fistulane corniforme. *Fistulana corniformis*. Lamk.

*F. vaginâ tereti-clavatâ, undato-tortuosâ; aperturâ anticâ
tubulis duobus inclusis divisâ.*

Encyclop. pl. 167. f. 16.

Favan. Conch. pl. 5. fig. N.

(*b*) *Var. vaginâ longiore, magis contortâ; posticè septis aliquot fornicatis.*

Habite l'Océan des Grandes Indes. Mon cabinet. D'après un
dessin envoyé, il paraît que c'est l'animal de cette espèce
que M. Lesueur a observé, et dont il a vu et fait passer
les deux calamules. Nous les avons maintenant sous les
yeux.

3. Fistulane en paquet. *Fistulana gregata*. Lamk.

*F. vaginis pluribus clavatis, aggregatis; testæ valvis an-
gustis arcuatis; aliis duabus unguiculatis, serrulatis.*

* *Teredo clava.* Gmel. p. 3748.

Teredo. Schroet. Einl. in Conch. 2. p. 574. t. 6. f. 20.

Encycl. pl. 167. f. 6-16.

Guetard. Mém. vol. 3. t. 70. f. 6-9.

* *Teredo clava.* Dilw. Cat. p. 1090. n° 4.

Habite... Mus. n°. Mon cabinet. Cette fistulane a les palettes
dentelées, munies d'une dent subulée.

4. Fistulane lagénule. *Fistulana lagenula*. Lamk.

*F. nanâ, latere affixâ; vaginâ lagenœformi, segmentis trans-
versis articulatâ.*

Encyclop. pl. 167. f. 23.

Habite... Mus. n°. Sur une valve d'anomie, où il s'en trouve
deux individus. Elle est représentée, sur une valve de peigne, dans l'Encyclopédie.

5. Fistulane ampullaire. *Fistulana ampullaria*. Lamk.

*F. arenulis obductâ; vaginâ ampullaceâ continuâ; aperturâ
intùs bicarinatâ.*

Fistulane ampullaire. Annales du Mus. vol. 7. p. 428.

Faujas. Géologie. vol. 1. p. 93. pl. 3. f. 1-5.

* Desh. Descript. des Coq. foss. t. 1. pag. 15. n° 2. pl. 1. f. 17.
18. 20. 21.

Habite... Fossile de Grignon et Beynes.

6. Fistulane poire. *Fistulana pyrum.* Lamk.

F. vaginâ pyriformi nudâ.

Mus. n°.

Habite... Fossile de Sienne en Italie. *Cuv.* (1)

CLOISONNAIRE. (Septaria.)

Animal. . . .

Tube testacé très long, insensiblement atténué vers sa partie antérieure, et comme divisé intérieurement par des cloisons voûtées, la plupart incomplètes. Extrémité antérieure du tube terminée par deux autres tubes grêles, non divisés intérieurement.

Animal. . . .

Tubus testaceus longissimus, antice sensìm attenuatus, septis fornicatis plerisque, incompletis internè subdivisus. Tubi extremitas anterior tubulis duobus aliis gracilibus, intùs indivisis terminata.

OBSERVATIONS. Quoiqne l'animal et la coquille de la *cloisonnaire* ne me soient pas connus, les grandes portions de son fourreau testacé que j'ai vues, m'ont convaincu que l'animal est analogue à celui des fistulanes, qu'il n'en diffère principalement que par sa taille, et parce que ses deux siphons antérieurs sont fort longs et se sont formés chacun un fourreau particulier testacé. Cet animal doit donc avoir postérieurement une coquille bivalve, qui a échappé à ceux qui ont recueilli le grand tube ou les por-

---

(1) Ajoutez ici les trois espèces du genre Gastrochêne; ajoutez aussi celles que nous avons décrites dans notre ouvrage sur les *fossiles des environs de Paris.*

tions qu'on en voit dans les cabinets. Je n'ai vu que des cloisons rares, inégalement distantes et toutes incomplètes. Quelques fistulanes ont aussi des cloisons en voûte dans la partie postérieure de leur fourreau; mais la partie menue ou antérieure de ce fourreau n'offre point de tubes particuliers saillans au-dehors. Au reste, la *Cloisonnaire* n'est guères qu'une fistulane exagérée, et mérite à peine d'être distinguée comme genre. (1)

ESPÈCE.

1. Cloisonnaire des sables. *Septaria arenaria.* Lamk.

Serpula polythalamia. Lin. Syst. nat. p. 1269.
* *Teredo gigantea.* Dilw. Catal. t. 2. p. 1087. n° 1.
* *Serpula gigantea.* Schroter Einl. t. 2. p. 557. n° 4.
Solen arenarius. Rumph. Mus. tab, 41. fig. D. E.
Seba Mus. 3. tab. 94. (*tubi duo majores*).
Martini. Conch. 1. tab. 1. f. 6 et 11.
* *Teredo gigantea.* Sir Eve. Home. Trans. Phil. 1806. p. 276. pl. 10. 12. f. 1 à 7.
Habite l'Océan des Grandes Indes, dans le sable. Mus. n°.

---

(1) Si, à la place du mot *fistulane*, on substitue celui de *tarets*, dans les observations relatives aux cloisonnaires elles seront parfaitement justes. Ce genre que l'on croyait propre à la mer des Indes, a été trouvé, il y a quelques années dans la Méditerranée. M. Mathéron a publié sur l'animal de la cloisonnaire méditerranéenne, une notice dans les *Annales des sciences et de l'industrie du midi de la France.* (Marseille 1832, tom. 2. pag. 312), dans laquelle il prouve que cet animal est semblable a celui des tarets; cette ressemblance que nous avions supposée depuis long-tems, confirme l'opinion que nous avons sur la nécessité de réunir les cloisonnaires aux tarets.

TÉRÉDINE. (Teredina.)

Fourreau testacé, tubuleux, cylindrique, à extrémité postérieure fermée, montrant les deux valves de la coquille; à extrémité antérieure ouverte.

Vagina testacea, tubulosa, cylindrica; extremitate posticá testæ valvas duas prodiente; anticá extremitate apertá.

OBSERVATION. Comme il s'agit ici d'une modification particulière, différente de celles qu'offrent les genres précédents, j'ai cru devoir distinguer, comme genre, les deux coquillages que j'y rapporte, quoiqu'on ne les connaisse que dans l'état fossile. (1)

ESPÈCES

1. Térédine masquée. *Teredina personata.* Lamk.

> *T. tubo recto tereti-clavato; clavá sinubus lobulisque larvam simulante.*

---

(1) Le genre curieux des térédines, n'a pas été bien connu de Lamarck, sans cela il lui aurait donné des caractères plus complets. La térédine est une véritable pholade globuleuse fixée à l'extrémité d'un tube; cette coquille a en effet, les caractères extérieurs des pholades, elle porte un écusson sur les crochets, et à l'intérieur elle est pourvue de ces appendices qui distinguent si facilement les tarets et les pholades des autres genres. La coquille est toujours extérieure et soudée par l'extrémité postérieure de ses valves, à la partie antérieure du tube. Ce tube est fort épais et terminé par une partie noirâtre d'une apparence cornée dont la surface intérieure est quelquefois divisée en huit carènes régulières.

Fistulana personata. Annales du Mus. 7. p. 429. n° 4.
Ibid. vol. 12. pl. 43. f. 6-7.
* *Teredo antenautæ.* Sow. Min. Conch. tab. 102. fig. 3.
* *An eadem spec.?* Sow. tab. 102. fig. 1. 2. 2*, 4.
* Desh. Desc. des Foss. t. 1. p. 18. n. 1. pl. 1. f. 23.
26. 28.
* *Idem.* Encycl. méth. vers. t. 3. pag. 1031. n. 1.
* Blainv. Malac. pl. 81. f. 5.
* Sow. Genera of Shells. n. 29. fig. 1. 2. 3. 4.
Habite... Fossile de Courtagnon, de Champagne.

2. Térédine bâton. *Teredina bacillum.* Lamk.

T. testá solidá ; tubo recto tereti, vix infernè crassiore.
Teredo bacillum. Brocch. Conch. 2. p. 273. tab. 15. f. 6.
Habite... Fossile des environs de Plaisance, en Italie.
[Cette coquille n'est pas de ce genre : d'après la description et
la figure de Brocchi ce ne peut être qu'une clavagelle ou
une fistulane ; ce n'est pas cependant la clavagelle tibiale,
comme l'a cru M. de Blainville.]

TARET. (Teredo.)

Animal fort alongé, vermiforme, couvert d'un tube
testacé, perçant le bois; faisant saillir antérieurement
deux tubes courts et deux corps operculifères adhérents
aux côtés des tubes, et faisant sortir postérieurement
un muscle court, reçu dans une coquille bivalve à laquelle il est attaché.

Tube testacé, cylindrique, tortueux, ouvert aux deux
extrémités, étranger à la coquille et recouvrant l'animal.
Coquille bivalve, située postérieurement en dehors du
tube.

Animal prælongum, vermiforme, tubo testaceo ves-
titum, lignum terebrans; anticè tubulos duos breves
exerens, corporaque duo operculifera lateribus tubu-

*lorum adhœrentia; postice musculum breve testá bivalvi
receptum et affixum emittens.*

*Tubus testaceus, cylindricus, flexuosus, utráque
extremitate pervius, à testá alienus, animal vestiens.
Testa bivalvis, posticè extrà tubum disposita.*

OBSERVATIONS. Les *tarets* sont de véritables conchifères, qui appartiennent, comme les cinq genres qui précèdent, à la famille des tubicolées. Ils ont encore, comme
les animaux de ces genres, un fourreau testacé qui les enveloppe, qui est étranger à leur coquille, et qu'on ne retrouve plus dans les pholades. Mais ici, le fourreau est
ouvert aux deux extrémités; et non-seulement la coquille,
au lieu d'être intérieure, se montre au-dehors, mais
elle n'est plus immobile, adhérente, fermant le fourreau
postérieurement. (1)

---

(1) Nous pensons que l'on a donné trop d'importance à
ce caractère, de percer le bois, que l'on attribue aux tarets :
les pholades ont la même faculté, et il pourrait se faire que
certains tarets vécussent dans le sable, ou s'appuyassent
sur des corps mous comme des éponges, ou pussent, comme certaines fistulanes, vivre, selon les circonstances, dans
un tube libre ou dans un tube inclus. L'observation confirme ce que nous disons : la fistulane corniforme est un
taret, la fistulane en paquet appartient également à ce
genre; la cloisonnaire n'est elle-même qu'un taret gigantesque, de sorte que sous ce rapport de la manière de vivre,
les caractères du genre doivent être réformés. Nous trouvons dans ces caractères génériques un autre sujet d'observations : il est dit que la coquille bivalve est située
postérieurement au dehors du tube. Cette assertion n'a
rien de bien fondé ; cela est juste pour les individus jeunes des tarets, car les vieux, ceux qui ont atteint tout
leur développement, ferment leur tube postérieurement,
et dès lors la coquille y est entièrement contenue, comme
cela a lieu dans les fistulanes.

La coquille des *tarets* se compose de deux valves qui, dans l'espèce commune, sont presque en losange, concaves, munies chacune d'une pièce subulée en dedans, et qui portent sur leur dos l'empreinte bien marquée de deux palettes pinnées, tout-à-fait semblables à celles mentionnées dans la deuxième espèce. Ces palettes existent donc dans les deux espèces, et toujours à l'extrémité postérieure de l'animal. La coquille dont il s'agit n'est pas sans doute proportionnée à la grandeur de l'animal; mais c'est le propre des coquilles de cette famille, d'être incapables de renfermer complétement le corps auquel elles adhèrent. A l'orifice antérieur du fourreau, l'animal présente deux petits tubes ou siphons qu'il tient à l'entrée du trou qu'il habite, et deux corps particuliers opposés qui semblent operculifères. Les palmules ou palettes pinnées, nous paraissent branchiales. (1)

Il nous semble que de toutes les observations qui précèdent, sur les différens genres de la famille des tubicolés, on peut conclure avec nous, que cette famille caractérisée trop exclusivement, dans le but d'y rassembler tous les acéphalés vivant dans un tube, contient en effet deux sortes de genres qui se distinguent très nettement d'après la coquille: dans les uns, la coquille a un ligament extérieur, et n'a jamais d'appendices dans l'intérieur des crochets; dans les seconds, il n'y a point de ligament, et les crochets à l'intérieur, sont pourvus d'appendices recourbés : ces derniers genres se lient aux pholades et doivent faire partie d'une même famille.

(1) D'après cela il semblerait que les tarets ont à la fois des palettes operculifères et des palmules pinnées, mais il n'en est rien : tous les tarets ont des palettes simples, striées, pinnées ou infundibuliformes selon les espèces, lesquelles sont destinées à fermer l'extrémité postérieure du tube. Quant à la supposition que les palmules sont branchiales, elle n'a rien de fondé, et pour la faire, il a fallu que Lamarck, oubliât entièrement les travaux de Sellius, d'Adanson, et de plusieurs autres, qui ont donné la des-

Les tarets font beaucoup de tort en perçant les bois des vaisseaux, les pieux qui sont sous l'eau dans les ports, en ruinant les digues, etc.

ESPÈCES.

1. Taret commun. *Teredo navalis*. Lin.

T. anticè palmulis duabus brevibus , simplicibus, callo oper-culiformi terminatis.

Teredo navalis. Lin. Syst. nat. p. 1267.

* Schroter Einl. in Conch. t. 2. pag. 572. no 7.

* Sellius Hist. nat. Teredinis. tab. 1 et tab. 2. f. 1-9.

* Blainv. Malac. pl. 81. fig. 6. a. b,

* Sow. Genera of Shells. n° 29.

* *Fossile.* Brocchi Conch. subapp. t. 2. pag. 269. no 1. foss. Italie.

* Desh. Encycl. méth. vers. t. 3. p. 1003. no 1.

* Sow. Min. Conch. tab. 102. fig. 5. 6. 7. 8. Fossile du Crag, Angleterre.

Le Taret. Adans. Sénég. p. 264. pl. 19.

Encycl. pl. 167. f. 1-5.

* Dilw. Cat. t. 2. p. 1089. no 2.

Habite en Europe, dans les bois enfoncés sous les eaux ma-rines.

2. Taret des Indes. *Teredo palmulatus*. Lamk.

T. palmulis longiusculis, pinnato-ciliatis, subarticulatis.

Adans. Act. de l'Acad. des Sciences, 1759. pl. 9. f. 12.

Teredo bipalmulata. Syst. des anim. sans vert. p. 129.

Cuv. Règn. anim. vol. 2. p. 494.

* Blainv. Malac. pl. 80. fig. 8. a. b.

Habite l'Océan des Grandes Indes, les mers des pays chauds.

Ce *taret*, dont nous n'avons vu ni le tube ni la coquille, ne

---

cription de l'organe branchial des tarets, organe placé de chaque côté du corps comme dans tous les autres acéphalés de cet ordre.

diffère peut-être du précédent que par sa taille plus grande, et parce que ses palmules, plus longues, ont été facilement observées. (1)

Obs. Le ropan d'Adanson (Sénég. pl. 19. f. 2.) appartient à cette famille. Sa coquille est enfermée dans un fourreau mince qui reste attaché au corps pierreux dans lequel il est enfoncé. Nous ne le connaissons pas (2).

———

LES PHOLADAIRES. (3)

Coquille sans fourreau tubuleux , soit munie de pièces accessoires , étrangères à ses valves, soit très báil- lante antérieurement.

Nous ne rapportons que deux genres à cette famille; mais l'un d'entre eux, fort nombreux en espèces, est

———

(1) D'après les observations précédentes sur les fistula- nes et les cloisonnaires, on peut ajouter à ces espèces :

1° Taret corniforme, *Teredo corniformis*, Nob. ; *Fistu- lana corniformis*, Lamarck.

2° Taret en paquet, *Teredo gregatus*, Nob. ; *Fistulana gregrata*, Lamarck. (*voyez* le genre Fistulane.)

3° Taret des sables, *Teredo arenarius*, Nob. ; *Septaria arenaria*, Lamarck. (*voyez* le genre Cloisonnaire.)

(2) M. Rang , habile conchyliologue, de retour d'un voyage au Sénégal, où il put observer le ropan d'Adan- son , reconnut que cette coquille curieuse n'appartenait ni aux tarets , comme le croit Lamarck, ni aux pholades, comme le dit Bosc, et encore moins aux gastrochènes, comme le suppose M. de Blainville : c'est une modiole dé- jà connue, *modiola caudigera*.

(3) La famille des pholadaires ne peut plus actuelle- ment rester telle que Lamarck l'a faite. Les gastrochènes sont, comme nous l'avons vu, de véritables fistulanes, et, soit que l'on adopte de préférence l'un de ces genres, l'au-

extrêmement singulier, en ce que la coquille est munie de pièces accessoires, étrangères à ses valves; c'est le genre des *pholades*.

Il est, en effet, fort singulier de trouver en dehors, sur la charnière des pholades, des pièces particulières attachées, couvrant et cachant le ligament, et d'en observer d'autres en dedans, fixées sous les crochets. Dans un temps où l'on donnait fort peu d'attention à l'importance des rapports, on n'a considéré, dans la coquille des pholades, que le nombre des pièces qu'elle présentait; on l'a regardée comme une coquille multi-valve, et, lui associant celle des anatifes, des balanes et des oscabrions, on en a formé une division à part parmi les coquilles. Cette association est assurément tellement disparate que maintenant personne n'oserait la reproduire.

On reconnaît actuellement que toutes les pholades sont des coquilles bivalves, équivalves, régulières; que leurs valves sont réunies ou articulées en charnière, et que toutes conséquemment sont des conchifères. Mais, outre ces deux valves toujours existantes, ces coquilles présentent des pièces singulières, que l'on doit regarder comme accessoires, car leur nombre varie selon les es-pèces, et l'on sait que les deux valves essentielles se retrouvent toujours enveloppant immédiatement l'a-nimal. Parmi ces pièces accessoires, quelque adhérence qu'aient, avec l'animal, les deux pièces isolées qui sont situées en dedans sous les crochets, ces pièces ne cons-tituent nullement le ligament des valves, celui-ci étant

---

tre doit disparaître; le genre pholade resterait donc seul dans cette famille, si les rapports évidents qui le lient aux genres taret et térédine, ne rendaient nécessaire la réunion de ces trois genres en une seule famille na-turelle.

réellement extérieur, quoique caché par l'équipage des pièces testacées qui le recouvrent (1).

Les *pholadaires* sont térébrantes, s'enfoncent dans la pierre, le bois et les masses madréporiques, où elles vivent solitairement. Quoique leur famille soit peut-être assez nombreuse en genres divers, nous n'y rapportons encore que les genres pholade et gastrochène; ce dernier même paraissant déjà très différent des pholades.

------

(1) Il nous semble naturel de supposer, que ces pièces accessoires extérieures des pholades ne sont autre chose que des vestiges du tube complet des tarets : cette opinion pourrait s'appuyer sur ce fait, que les pièces accessoires sont d'autant plus grandes, que la coquille est plus bâillante postérieurement et les parties extérieures de l'animal plus grandes; aussi voit-on que la coquille des tarets, ne pouvant recouvrir qu'une très petite partie de l'animal, il y supplée par un grand tube : à mesure, au contraire, que la coquille des pholades est mieux close, le nombre et la grandeur des pièces diminuent.

Lamarck dit que ces pièces recouvrent le ligament qui est extérieur. Nous sommes convaincu, d'après les observations de Poli, aussi bien que d'après les nôtres, que les pholades n'ont pas un véritable ligament : il en est de même dans les tarets. Une partie du muscle antérieur vient s'insérer sur les callosités cardinales et remplace le ligament. Une expansion postérieure du manteau se glisse entre ces callosités, pénètre dans le tissu poreux placé au-dessous des callosités, et vient former au dehors une surface charnue plus ou moins grande, sur laquelle sont fixées les pièces postérieures. Quant aux appendices intérieurs, partant des crochets et qui ont un peu la forme de cuillerons, ils s'enfoncent dans l'épaisseur de l'animal et embrassent dans leur concavité une partie du foie, le cœur et l'intestin.

PHOLADE. (Pholas.)

Animal habitant une coquille bivalve, dépourvu de fourreau tubuleux; faisant saillir antérieurement deux tubes réunis, souvent entourés d'une peau commune, et postérieurement faisant sortir un pied ou un muscle court, très épais, aplati à son extrémité.

Coquille bivalve, équivalve, transverse, bâillante de chaque côté; ayant des pièces accessoires diverses, soit sur la charnière, soit au-dessous. Bord inférieur ou postérieur des valves, recourbé en dehors.

Animal testam bivalvem inhabitans, vaginâ tubulosâ destitutum; tubulos duos coalitos, tegumento communi sœpè vestitos, anticè exerens; posticè pedem vel musculum brevem crassissimum, apice retusum emittens.

Testa bivalvis, æquivalvis, transversa, utroque latere hians; accessoribus testaceis variis suprà vel infrà cardinem adjunctis. Margo inferior aut posterior valvarum supernè reflexus.

Observations. Quelque singulière que paraisse la coquille des *pholades* par les pièces accessoires qui se trouvent à sa charnière, elle n'en est pas moins parfaitement conforme au caractère de toutes les coquilles bivalves dont l'essentiel est d'avoir les deux valves réunies en charnière, en un point de leur bord. Mais ici, outre les deux valves qui constituent la coquille, l'on voit des pièces particulières, diversement situées, en nombre variable, et toujours plus petites que les véritables valves. Dans les *pholades*, la coquille enveloppe elle-même, en grande partie, le corps de l'animal, et alors il n'a pas besoin de fourreau pour le défendre ou le garantir; mais, dans les genres précédents, le corps de l'animal étant fort alongé

et n'ayant sa coquille bivalve qu'à son **extrémité** postérieure, il lui a fallu un fourreau pour le garantir des
accidents, et c'est celui qu'on observe en effet.

Les *pholades* sont, la plupart, des coquillages térébrants. Elles percent les pierres, le bois, ou s'enfoncent
dans le sable (1); elles vivent, comme stationnaires, dans
les trous ou les conduits qu'elles se sont pratiqué. Leur
coquille est en général mince, fragile, blanche, à côtes
ou stries dentées, rudes au tact. Leur genre est assez nombreux en espèces ; on en mange plusieurs.

ESPÈCES.

1. Pholade dactyle. *Pholas dactylus*. Lin.

> *Ph. testá elongatá, posticè angustato - rostratá; costis
> posticalibus dentato - muricatis; latere antico mutico por-
> recto.*
>
> *Pholas dactylus*. Lin. Syst. nat. p. 1110.
> List. Conch. tab. 433.
> Pennant. Zool. brit. 4. tab. 39. f. 10.
> Chemn. Conch. 8. tab. 101. f. 859.

---

(1) Parmi les espèces qui vivent dans les bois, il en est
une qui s'y enfonce profondément: elle est très courte,
globuleuse et sa pièce postérieure est très petite. S'appuyant sur ces caractères peu importants, M. Turton a cru
nécessaire d'établir pour elle, un genre *Xylophaga* qui,
nous le pensons, doit être rejeté comme inutile.

Un autre genre proposé dans le Bulletin de la Soc.
linn. de Bordeaux par M. Desmoulins, sous le nom de
Jouannetia, ne doit pas être conservé non plus; il a été
établi, pour une pholade très globuleuse: très courte, et
ayant une seule pièce dorsale très grande. Si des genres
aussi peu caractérisés que ceux-ci étaient adoptés, il y aurait autant de raison de faire de chacune des espèces de
pholades un genre particulier.

* Poli. Test. des Deux-Siciles. t. 1. pl. 7. fig. 1-11. pl. 8. fig. 1-11.
* Bonanni. Rect. part. 2. f. 252.
* Born. Mus. pl. 1. f. 7.
* Sow. Gener. of Shells. n° 24. f. 1.
* Dilw. Cat. t. 1. p. 35. n° 1.
* Desh. Encycl. vers. t. 3. p. 753. n° 1.

Encycl. pl. 168. f. 2-4.

(*b*) *Var. costis posticalibus crebrioribus plicato-sqammulosis; latere antico abbreviato.*

Habite les mers d'Europe, dans les rochers marins. Mus. n°. Mon cabinet. La variété (b) est moins alongée, plus écailleuse postérieurement.

2. Pholade orientale. *Pholas orientalis.* Gmel.

Ph. testá elongatá, posticè rotundatá, non rostratá; costis posticalibus exquisitè dentatis; latere antico mutico.

List. Conch. tab. 431.

Encycl. pl. 168. f. 10.

Chemn. Conch. 8. tab. 101. f. 860.

* An. *Phol. Chiloensis.* Lin. Gmel. p. 3217. n° 10?
* *Pholas orientalis.* Gmel. p. 3216.
* Dilw. Cat. t. 1. p. 36. n° 2.

Habite les mers orientales, celles de l'Inde. Mon cabinet. Elle ressemble un peu à la ph. dactyle; mais elle n'est point rostrée postérieurement.

3. Pholade scabrelle. *Pholas candida.* Lin.

Ph. testá oblongá, posticè non rostratá; undiquè costis striisque transversis denticuliferis.

Pholas candidus. Lin. Syst. p. 1111.

Encycl. pl. 168. f. 11.

Gualt. Conch. tab. 105. fig. E.

Pennant. Zool. brit. tab. 39. f. 11.

Chemn. Conch. 8. tab. 101. f. 861.

* Lister. Hist. anim. tab. 5. f. 39.
* Schroter. Einl. in Conch. t. 3 p. 539. n° 4.
* Dilw. Cat. t. 1. p. 36. n° 4.
* Desh. Encycl. vers. t. 3. p. 753. n° 2.
* *Fossile. Phol. cylindricus.* Sow. Min. Conch. pl. 198. fig. 1. 2. super.

(b) *Eadem minor et angustior.*

Habite l'Océan d'Europe, les côtes de France, dans la Manche, et offre quelques variétés. On la trouve enfoncée dans la vase ; quelquefois elle se loge dans le bois des bords de la mer. Sa taille est médiocre ou petite. Mon cabinet.

4. Pholade dactyloïde. *Pholas dactyloides* (1). Lamk.

Ph. testá parvá, ovali-oblongá, posticè sinuato-rostratá, vix costatá; sulcis transversis denticulatis.
An Pennant. Zool. brit. 4. pl. 40. f. 13 ?
Habite l'Océan britannique. Mon cabinet. Communiqué par M. *Leach*, sous le nom de *pholas parva*, Montag.

5. Pholade silicule. *Pholas silicula*. Lamk.

Ph. testá oblongo-angustá, subpellucidá, costellis dentiferis radiatá; dente calloso in utráque valvá.
Habite à l'île de France. Mon cabinet. Longueur, 24 milli-mètres.

6. Pholade grande taille. *Pholas costata*. Lin.

Ph. testá magná, oblongo-ovatá, costis dentatis elevatis undi-què striatá; latere postico rotundo.
Pholas costatus. Lin. Syst. nat. p. 1111.
List. Conch. pl. 434.
Gualt. Conch. t. 105. fig. G.
Chemn. Conch. 8. tab. 101. f. 863.
* Schrot. Einl. in Conch. t. 3. p. 537. nº 2.
Encycl. pl. 169. f. 1. 2.
* Dilw. Cat. t. 1. p. 36. nº 3.
* Blainv. Malac. pl. 99. fig. 6.
* Sow. Gen. of Shells. nº 23. pl. 1.
* Desh. Encycl. vers. t. 3. pag. 754. n. 3.
Habite l'Europe australe, les mers d'Amérique, sur les rochers des côtes. Mon cabinet. Mus. nº. Grande espèce très dis-tincte. Les côtes de son côté postérieur sont plus élevées et plus écartées que les autres.

---

(1) L'examen que nous avons fait de cette espèce dans la collection Lamarck, nous a convaincu qu'elle n'est qu'une variété peu importante de la *Pholas dacty-lus*, nº 1.

7. Pholade crêpue. *Pholas crispata.* Lin.

Ph. testá ovali, hinc obtusiore, hiantissimá, crispato-striatá ; sulco longitudinali unico, submediano.

Pholas crispata. Lin. Syst. nat. p. 1111.

* *Solen crispus.* Gmel. p. 3228.

* Lister. Hist. Conch. pl. 436.

* Lister. Hist. anim. t. 5. fig. 38.

* Sibaldt. Scotia. illustr. tab. 20. f. 1. 2. 3.

* Schrot. Einl. in Conch. t. 3. pag. 541. n° 6.

* Dilw. Cat. t. 1. p. 40. n° 11.

* Olaffsen. Isl. t. 11. fig. 4 à 6.

Pennant. Zool. brit. 4. pl. 40. f. 12.

Chemn. Conch. 8. tab. 102. f. 872—874.

Encycl. pl. 169. f. 5—7. Copiée de Chemnitz.

Habite l'Océan d'Europe, les côtes de la Manche. Mus. n°. Mon cabinet. L'animal devient fort gros, à siphons réunis, longs, avancés.

8. Pholade calleuse. *Pholas callosa.* Lamk.

Ph. testá ovato-oblongá, sinuatá, posticè crispato-striatá; latere antico lœvi; valvarum callo cardinali prominulo globoso.

* Lister. Hist. Conch. tab. 433.

* *Pholas dactylus.* Brookes, Introd. of Conch. pl. 1. fig. 7. 8.

Mon cabinet.

Habite aux environs de Bayonne.

9. Pholade en massue. *Pholas clavata.* Lamk.

Ph. testá posticè turgidá, obtusissimá, anticè elongato-com-pressá; striis clavœ arcuato-divaricatis : partis posticalis decussato-denticulatis.

(a) *Pholas clavata major. Pholas striata.* Lin.

Gualt. Conch. tab. 105. fig. F.

Chemn. Conch. 8. tab. 102. f. 867—869.

* Dilw. Cat. t. 1. p. 37. n° 5.

* Sow. Gener. of Shells. n° 24. pl. 1. f. 2.

(b) *Pholas clavata media.*

Chemn. Conch. 8. tab. 102. f. 870. 871.

(c) *Pholas clavata minima. Pholas pusillus.* Lin.

Brown. Jam. 417. tab. 40. f. 11.

Chemn. Conch. 8. tab. 102. f. 864—866.

Encycl. pl. 169. f. 8—10.
Habite les mers de l'Europe australe et d'Amérique. Mus. n°.
Mon cabinet (1).
Etc. Voyez la *pholade julan.* Adans. Sénég. pl. 19. f. 1. En-
cycl. p. 169. f. 3. 4. Elle se rapproche de la ph. crépue.

† 10. Pholade xilophage. *Pholas xilophaga.* Desh.

P. testá globulosá, lœvigatá, luteo virescente, anticè hiante ;
margine cardinali parte anteriore producto ; umbonibus
turgidis, subcallosis ; zonulá interiore, incrassatá, tuberculo
terminatá circumdante hiatu valvarum.

Xilophaga dorsalis, Turton.
Idem.   Sow. Genera of Shells. n° 29. tab. 101.

Espèce très intéressante, courte et globuleuse, à coquille
mince, soutenue à l'intérieur par une côte décurrente
transverse, placée un peu au-dessous du bâillement des
valves. L'écusson est très petit et divisé en deux parties.
Cette coquille fait le passage des tarets aux pholades, mais
elle appartient à ce dernier genre, parce qu'elle n'a pas de
tube et qu'elle a un écusson. Elle vit dans le bois en
s'y creusant des galeries profondes et sinueuses, ce que ne
font pas les autres pholades vivant dans le bois.

† 11. Pholade de Jouannet. *Pholas Jouanneti.* Desh.

Ph. testá sphœricá, scuto magno, bipartito anticè clausá,
posticè caudigerá appendiculatá, intùs appendice cardinali
septiformi divisá ; striis tenuibus, regularibus, crispatis, in
medio angulatis ; cardine calloso, callo dilatato. Nob.

Jouannetia semi-caudata. C. Desmoulins. Bull. d'hist. nat.
de la Soc. linn. de Bord. t. 2. p. 244. fig. 1-13.
Habite fossile dans les faluns de Mérignac, près Bordeaux,
dans les pierres et les polypiers qu'elle perfore. Coquille

---

(1) N'ayant pas sous les yeux les trois coquilles que Lamarck réunit sous le nom de *Pholas clavata* et jugeant d'a-
près les figures seulement, nous croyons qu'il a confondu
au moins deux espèces, que Linné avait très bien distinguées, sous le nom de *Pholas striata* et *Pholas pusillus.* Il
est nécessaire de les rétablir dans les Catalogues.

singulière: son écusson, très grand, recouvre, comme une calotte hémisphérique, tout le bâillement antérieur des valves; celles-ci sont très courtes et terminées postérieurement par un appendice caudiforme. Les cuillerons cardinaux sont soudés dans toute leur longueur et forment une sorte de cloison en arc-boutant.

GASTROCHÈNE. (Gastrochœna.)

Coquille bivalve, équivalve, presque cunéiforme, très bâillante, à ouverture antérieure très grande, ovale, oblique; la postérieure presque nulle. Charnière linéaire, marginale, sans dents.

Testa bivalvis, œquivalvis, subcuneiformis, hiantissima; aperturâ anticâ maximâ, ovali, obliquâ; posticâ subnullâ. Cardo linearis. marginalis, edentulus.

Observations. Le genre *gastrochène* de Spengler tient de très près aux pholades et semble néanmoins appartenir à une famille différente. On dit que l'animal a les deux lobes du manteau libres et non réunis par-devant, et qu'il fait saillir antérieurement, par la grande ouverture de la coquille, deux gros tubes ou siphons réunis. Son pied, qui est à l'opposé, paraît petit, et ne pouvoir sortir qu'en écartant un peu les valves. Quant à la coquille, elle n'a point de pièces accessoires, et elle est térébrante. (1)

---

(1) Il est évident que Lamarck a eu sur ce genre des renseignements très erronés. L'animal a deux siphons postérieurs très courts, lorsqu'il est contracté; les lobes du manteau sont réunis jusqu'au bâillement des valves et même un peu plus haut; ce bâillement des valves ainsi que l'écartement des lobes du manteau, donnent passage à un gros pied court et cylindrique comparable à celui des pholades : cette ouverture n'est pas du tout destinée au passage des siphons, comme le supposait Lamarck.

ESPÈCES.

1. Gastrochêne cunéiforme. *Gastrochœna cuneiformis.* Lamk.

G. testâ cuneiformi, tenui, subpellucidâ; valvarum striis transversis arcuatis.

Gastrochœna. Spengl. Nov. Act. Dan. 2. f. 8—11.

Cuv. Règn. anim. 2. p. 490.

Pholas hians. Chemn. Conch. 10. p. 364. tab. 172. f. 1678—1681.

Gmel. p. 3217.

* *Pholas hians.* Dilw. Cat. t. 1. p. 39. n° 10.

* Blainv. Malac. pl. 79. fig. 5. 5. a.

* *Pholas pusilla. An eadem species?* Poli. Test. des Deux-Siciles. t. 1. pl. 7. fig. 12. 13.

* Sow. Genera of Shells. n° 11. fig. 3. 4. 5.

Habite à l'île de France, aux îles d'Amérique, dans les rochers calcaires. Mus. n°. Couleur d'un blanc grisâtre.

2. Gastrochêne mytiloïde. *Gastrochœna mytiloides.* Lamk.

G. testâ ovatâ; valvis areâ longitudinali pyramidatâ distinctis : rugis transversis fuscis.

Mus. n°.

Habite à l'île de France.

3. Gastrochêne modioline. *Gastrochœna modiolina.* Lamk.

G. testâ parvulâ; natibus ante basim prominulis.

Mya dubia. Pennant. Zool. brit. 4. pl. 44. f. 19.

Encycl. pl. 219. f. 3. 4. *Non bene.*

* Sow. Genera of Shells. n° 11. fig. 1. 2.

Habite près de la Rochelle et sur les côtes d'Angleterre. Elle est petite, très fragile; ses valves séparées sont très difficiles à réunir, à cause du bâillement considérable qui doit résulter de leur réunion. Mon cabinet.

LES SOLÉNACÉES.

*Coquille alongée transversalement, sans pièces acces-
soires, et bâillante seulement aux extrémités latérales. Ligament extérieur.*

Les *solénacées* ne sont plus des coquillages térébrants,
comme les pholadaires et les tubicolées qui percent les
pierres et le bois, mais elles s'enfoncent dans le sable où
elles vivent solitairement, ou du moins sans se déplacer. Par leur pied épais, subcylindrique, souvent fort
long, et par les deux lobes de leur manteau réunis par
devant et ouverts aux deux extrémités, ces coquillages
présentent des rapports, d'une part, avec les pholadaires, et de l'autre, avec les myaires.

La plupart des *solénacées* sont fort remarquables par
la singularité de forme que nous offre leur coquille. Ce
sont des coquilles bivalves, équivalves, souvent très
alongées transversalement, et qui chacune ressemblent
à un bâton ou à un cylindre droit ou arqué, ouvert et
bâillant aux extrémités latérales. Plusieurs cependant
sont plus ou moins aplaties, élargies même, et néanmoins toujours transversales. En général, leurs crochets
sont petits, peu saillants, à peine visibles.

Les dents cardinales des *solénacées* sont très variables,
suivant les espèces. Il y en a qui n'en ont aucune; et
dans celles qui en possèdent, on n'en trouve pas plus
de cinq entre les deux valves. On en voit tantôt une
seule sur chaque valve, tantôt une sur une valve et
deux sur l'autre, tantôt enfin deux sur l'une et trois
sur l'autre valve. Le point de réunion des valves ou le
lieu de la charnière varie aussi beaucoup, selon les espèces. Après en avoir séparé quelques genres que l'on

confondait parmi les solens, nous réduisons cette famille aux trois genres qui suivent : *solen*, *panopée*, *glycimère*. (1)

———

SOLEN. (Solen.)

Coquille bivalve, équivalve, alongée transversalement, bâillante aux deux bouts ; à crochets très petits, non saillants.

Dents cardinales petites, en nombre variable, quelquefois nulles, rarement divergentes, plus rarement s'insérant dans des fossettes. Ligament extérieur.

Testa bivalvis, œquivalvis, transversìm elongata, utroque latere hians ; natibus minimis, sœpè vix perspicuis.

Dentes cardinales parvi, numero variabiles, interdùm nulli, rarò divaricati, in foveas rariùs intrantes. Ligamentum externum.

Animal à manteau fermé par devant, faisant sortir, par une extrémité de sa coquille, un pied subcylindrique, et par l'autre, un tube court contenant deux tubes réunis.

————

(1) Plusieurs autres genres doivent venir se ranger dans la famille des solénacées ; celui des *Pholadomyes* établi par M. Sowerby et celui des *Solécurtes* fait par M. de Blainville aux dépens des solens, pour ceux qui, tels que le *Strigilatus*, ont dans la coquille et l'animal, des caractères distinctifs suffisants. Un troisième genre pourrait encore venir s'y placer dans des rapports plus naturels que ceux donnés par Lamarck. Les solémyes en effet, par l'animal, se rapprochent beaucoup des solens. Nous donnerons ici en note les caractères des deux premiers genres cités tels qu'ils ont été établis par leurs auteurs.

4*

OBSERVATIONS. Les solens, vulgairement appelés *manche à couteau*, sont des coquilles bivalves, marines, transversalement oblongues, c'est-à-dire, fort étendues en largeur, tandis que ce que l'on doit prendre pour leur longueur, est extrêmement borné. Elles sont obtuses ou arrondies aux extrémités; et offrent, de chaque côté, une ouverture ou un bâillement plus ou moins considérable et représntant un tuyau un peu aplati, ayant quelquefois la figure d'un manche de couteau. Les unes sont droites et les autres un peu courbées.

Ces coquilles singulières sont composées de deux valves égales, réunies par une charnière, plutôt latérale que située au milieu du bord inférieur. Souvent même cette charnière se trouve très près de l'une des extrémités. Les crochets sont très petits, peu renflés, quelquefois à peine apparents. Enfin, le ligament est extérieur et situé près de la charnière.

En ouvrant les valves, ou aperçoit deux ou trois petites dents cardinales, qui ne sont point divergentes. Ces dents se joignent latéralement lorsque les valves sont fermées, et ne s'enfoncent point dans des cavités préparées pour les recevoir. (1)

----

(1) On remarque aussi deux impressions musculaires, dont la forme doit être étudiée avec soin, parce qu'elle est d'un grand secours pour distinguer des espèces très voisines, et que l'on pourrait prendre pour les variétés d'un seul type : ces impressions sont très rapprochées du bord cardinal; l'antérieure est presque toujours très étroite et fort longue; la postérieure est ovalaire. L'impression palléale a une échancrure postérieure peu profonde, mais placée assez haut dans la coquille. Poli dans son bel ouvrage : *Testacés des Deux Siciles*, a donné des détails très étendus sur l'anatomie des solens auxquels nous renvoyons. Plusieurs conchyliologues ont pensé qu'il était nécessaire de démembrer le genre solen de Lamarck. M. de Blainville dans son Traité de malacologie n'a admis dans les solens que la 1re section de Lamarck, et quelques es-

Les solens vivent sur les bords de la mer, dans le sable, où ils s'enfoncent quelquefois jusqu'à deux pieds de profondeur, dans une position verticale.

Ainsi, lorsque l'animal est vivant, ce coquillage est toujours situé perpendiculairement sur un des côtés de sa coquille, et présente supérieurement, c'est-à-dire, vers l'entrée de son trou, le côté de la coquille où ses deux tuyaux peuvent sortir. Toute la manœuvre de ce coquillage consiste à remonter, du fond de son trou, jusqu'à la superficie du sable ou même au-dessus, et à rentrer ensuite dans son trou, au moyen des extensions et contractions de son pied musculeux, qui se trouve à l'extrémité la plus enfoncée de sa coquille. Voyez les *Mémoires de l'Académie des Sciences*, année, 1712, p. 116.

ESPÈCES.

Dents cardinales contiguës au bord antérieur.

1. Solen gaîne. *Solen vagina.* Lin. (1)

> *S. testá lineari, rectá; extremitate alterá marginatá; cardinibus unidentatis.*
> *Solen vagina.* Lin. Syst. nat. p. 1113. Gmel. n° 1.
> Lister. Conch. tab. 409. f. 255. et tab. 412. f. 1.
> Gualt. Conch. tab. 95. fig. D.
> Encycl. pl. 222. f. 1. a. b. c?
> * Poli. Test. des Deux-Siciles. t. 1. pl. 10. f. 5-15. pl. 11. f. 1-11.

---

pèces des seconde et troisième sections : il a fait son genre *solételline* dont nous parlerons par la suite, et son genre *solécurte* qui doit être conservé.

(1) Quelques observations sont nécessaires à l'égard de cette espèce : nous en avons vu autrefois les types dans la collection Lamarck : nous pouvons assurer que les trois variétés constituent trois espèces distinctes. Nous pouvons ajouter que, trompé par une ressemblance, dans la forme extérieure, Lamarck a donné comme analogue fossile de la

* Blainv. Malac. pl. 79. f. 2.
* Brookes. Introd. of Conch. pl. 2. f. 13.
* Sow. Genera of Shells. n. 32. f. 2.
* *Fossile*. Brocchi. Conch. subap. t. 2. p. 496. n° 1.
(a) *Solen vagina major*. Chemn. Conch. t. 6. t. 4. f. 28.
(b) *Solen vagina abbreviata*. Rumph. M. t. 45. f. M.
Chemn. Conch. t. 4. f. 26.
* Lister. Conch. t. 410. 256.
* Dilw. Cat. t. 1. p. 57. n. 1.
* Blainv. Malac. pl. 79. f. 2.
(c) *Solen vagina minor, maculis variis picta*. Mon cab.
Habite l'Océan d'Europe, d'Amérique et de l'Inde. Commun
dans les collections. Il offre différentes variétés de colora-
tion et de taille. La var. B se trouve fossile à Grignon.

2. Solen corné. *Solen corneus*. Lamk.

*S. testâ parvâ, lineari, rectâ, immaculatâ; cardinibus uni-
dentatis.*
Mus. n°.
Habite à l'île de Java. *Laichenau*. Mon cabinet. Couleur de
corne. Longueur, 50 millimètres.

3. Solen vaginoïde. *Solen vaginoides*. Lamk.

*S. testâ lineari, subarcuatâ, rubellâ; cardinibus uniden-
tatis.*
Mus. n°.
Habite au canal d'Entrecastaux, et à toutes les îles de la
Nouvelle Hollande. Très commun; il est un peu courbé.
Largeur, 85 millimètres.

---

variété B, une espèce qui en est parfaitement distincte
aussi bien que des autres. Ainsi, en réalité, quatre espèces,
dont une fossile, se trouvent confondues et réunies sous la
seule dénomination de *Solen vagina*. Nous devons ajouter qu'il serait injuste d'attribuer cette confusion à Lamarck; il l'a prise de Linné. Nous rétablissons la synonymie, de manière à ce que le nom de l'espèce demeure à
celle qui vit si abondamment dans l'Océan d'Europe et la
Méditerranée.

4. Solen silique. *Solen siliqua.* Lin.

S. testâ lineari, rectâ; cardine altero bidentato.
Solen siliqua. Lin. Syst. nat. p. 1113. Gmel. n° 2.
* Lister. Anim. angl. t. 5. f. 37.
(a) *Solen siliqua major.* Pennant. Zool. brit. 4. pl. 45. f. 20.
List. Conch. t. 413 ?
Chemn. Conch. 6. pl. 4. f. 29. et Litt. d.
Knorr. Vergn. 6. t. 7. f. 1.
* Oliv. Zool. Adriat. p. 97. n° 2.
* Dilw. Cat. t. 1. p. 58. n° 4.
Encycl. p. 222. f. 2. a. b. c.
(b) *Solen siliqua minor.* Mon cabinet.
Habite les mers d'Europe. Commun dans les collections.
Schroeter en cite une var. de l'Inde. Einl. in Conch. 2. t. 7.
f. 6. La coq. semble un peu courbée. On confond aisément
cette espèce avec la première, lorsque les dents cardinales
ne sont pas en bon état.

5. Solen sabre. *Solen ensis.* Lin.

S. testâ lineari, subarcuatâ; cardine altero bidentato.
Solen ensis. Lin. Syst. nat. p. 1114. Gmel. n° 3.
(a) *Solen ensis major.*
* Lister. Anim. angl. App. t. 2. f. 9.
Schroet. Einl. Conch. 2. p. 626. t. 7. f. 6. 7.
Chemn. Conch. 6. t. 4. f. 29. 30.
Encycl. p. 223. f. 3.
* Dilw. Cat. pag. 59. n. 6.
(b) *Id. minor et angustior.*
List. Conch. t. 411. f. 257.
* Favanne. Conch. pl. 55. f. A. 3.
* Olivi. Zool. Adriat. pag. 97. n. 3.
Encycl. pl. 223. f. 1. 2.
* Poli. Test. des Deux-Siciles. t. 1. pl. 11. f. 14.
Pennant. Zool. br. 4. pl. 45. f. 22.
* Donovan. Brit. Shells. t. 2. tab. 50.
* Dorset. Cat. pag. 28. tab. 4. f. 3.
* Brocchi. Conch. subap. t. 2. pag. 497. n° 2. (*Fossile.*)
* Payreaudau. Cat. pag. 27. n° 32.
* Desh. Encycl. méth. vers. t. 3. p. 959. n° 3.
Habite les mers d'Europe et d'Amérique. Très commun dans
les collections.

Dents cardinales un peu écartées du bord antérieur.

6. Solen nain. *Solen pygmœus.* Lamk.

S. testá minimá , lineari, subarcuatá ; cardinibus subbiden-
tatis.
Solen pellucidus. Pennant. Zool. brit. 4. pl. 46. f. 23.
Solsn minutus. Montag. ex. D. Leach.
* Dilw. Cat. t. 1. p. 60, nᵒ 7.
(b) *Var. cardine altero unidentato.*
Habite l'Océan d'Europe , sur les côtes de France et d'An-
gleterre. Mon cabinet.

7. Solen ambigu. *Solen ambiguus.* Lamk.

S. testá lineari, subrectá, pallidá, obscurè radiatá; cardinibus
unidentatis.
* Desh. Encycl. méthod. vers. t. 3. p. 960. nᵒ 4.
Mon cabinet. Mus. nᵒ.
Habite... Je le crois des mers d'Amérique. On le prendrait
pour le *S. vagina;* mais sa charnière est bien plus reculée,
et il a des rayons blancs et obliques sur un fond fauve pâle.
Longueur, un décimètre.

8. Solen coutelet. *Solen cultellus.* Lin.

S. testá tenui, ovali-oblongá , subarcuatá , maculosá ; car-
dine altero bidentato.
Solen cultellus. Lin. Syst. nat. p. 1114. Gmel. nᵒ 5.
* Schroter. Einl. in Conch. t. 2. p. 628. nᵒ 5.
* Gualt. Ind. Test. tab. 90. f. E.
* Favanne. Conch. pl. 55. f. O.?
Rumph. Mus. t. 45. fig. F.
Chemn. Conch. 6. t. 5. f. 36. 37.
Encycl. pl. 223. f. 4. a. b. (vulg. la gousse de pois.)
* Dilw. Cat. t. 1. p. 61. nᵒ 9.
* Blainv. Malac. pl. 79. f. 3.
* Desh. Encycl. méth. vers. t. 3. pag. 960. nᵒ 5.
Habite les mers de l'Inde. Espèce jolie , très distincte ; com-
mune dans les collections.

9. Solen plat. *Solen planus.* Lamk.

S. testá planulatá , lineari , rectá; extremitatibus rotundatis ;
cardinibus bidentatis.

Solen maximus. Gmel. n° 15.

Chemn. Conch. 6. tab. 5. f. 35.

Encycl. pl. 223. f. 5.

* Dilw. Cat. t. 1. p. 61. n° 11.

* Desh. Encycl. méth. vers. t. 3. pag. 960. n° 6.

[Il serait convenable de rendre à cette espèce le nom de *Solen maximus* que, long-temps avant Lamarck, Gmelin et Chemnitz lui avaient donné.]

Habite les mers de l'Inde. Mon cabinet. Espèce rare, plus aplatie que les autres. Les deux dents cardinales de la valve gauche sont obliques et divergentes.

10. **Solen double côte.** *Solen minutus* (1).

S. *testá minimá, transversim oblongá; latere antico costis duabus serratis; cardinibus unidentatis.*

Solen minutus. Lin. Syst. nat. p. 1115.

* Schroter Einl. in Conch. t. 2. p. 632. n° 10.

Montag. Test. Brit. 1. 53. t. 1. f. 4. Ex D. Leach.

Chemn. Conch. 6. t. 6. f. 51. 52.

Habite l'Océan britannique. Mon cabinet. Communiqué par M. *Leach*, sous le nom de *Biapholius spinosus*.

Dents cardinales (ou charnière) *plus voisines du milieu que du bord antérieur.*

11. **Solen gousse.** *Solen legumen.* Lin.

S. *testá lineari-ovali, rectá; cardinibus mediis bidentatis; altero bifido.*

Solen legumen. Lin. Syst. nat. p. 1114. Gmel. n° 4.

* Schroter. Einl. in Conch. t. 2. p. 627. n° 4.

Planc. Conch. tab. 3. f. 5.

Born. Mus. p. 25. tab. 2. f. 1. 2.

---

(1) Cette coquille n'appartient point au genre solen; c'est une saxicave byssifère dont Lamarck a fait le type de son genre hyatelle. En consultant la synonymie de l'*Hyatella arctica*, on y trouvera le *Solen minutus* de Linné et de Chemnitz; Lamarck ne s'étant pas aperçu sans doute de cette répétition fâcheuse.

Chemn. Conch. 6. tab. 5. f. 32—34.

Encycl. pl. 225. f. 3.

* Gualt. Ind. tab. 91. f. A.

* Olivi. Zool. Adriat. pag. n⁰ 4.

* Poli. Test. tab. 11. f. 15.

* Donov. Brit. Shells. tom. 2. t. 53.

* Dorset. Cat. p. 29. t. 4. f. 4.

* Dilw. Cat. t. 1. pag. 61. n⁰ 9.

* *Solecurtus legumen.* Blainv. Malac. pl. 80. f. 1.

* Desh. Encycl. méth. vers. t. 3. p. 961. n° 7.

(b) *Var. testâ transversim longiore ; cardine altero tridentato.*

Habite la Méditerranée, l'Océan atlantique. La variété b, que
je possède, me paraît être le *chama subfusca* de Lister
Conch. tab. 420. f. 264.

12. Solen de Dombey. *Solen Dombeii.* Lamk.

*S. testâ lineari-ovali, rectâ, radiatâ ; cardinibus mediis subbi-
dentatis : dente altero breviore obsoleto.*

Encycl. pl. 224. f. 1. a. b. c.

Habite les mers de l'Amérique méridionale, les côtes du Pérou. *Dombey.* Mus. n°.

Mon cabinet.

13. Solen de Java. *Solen Javanicus.* Lamk.

*S. testâ lineari, rectâ, transversim angustâ ; alterius valvœ
cardine bidentato, alterius unidentato : medio bifido.*

* *An Solen bidentatus ?* Chem. Conch. t. 11. tab. 198.
f. 1939.

* An *Solen fragilis ?* Dilw. Cat. t. 1. p. 65. n. 19.

Mon cabinet.

Habite à l'île de Java. M. *Laichenau.* Largeur ou longueur
transversale, 60 millimètres. Couleur jaune à épiderme
rembruni.

14. Solen des Antilles. *Solen caribœus.* Lamk.

*S. testâ oblongo-ovali, rectâ, pallidè fulvâ ; alterius valvœ
cardine bidentato, alterius dente unico bifido.*

List. Conch. tab. 421. f. 265.

* Solen Guineensis. Chemn. Conch. t. 11. tab. 198. f. 1937.

* Klein. Ten. Ostr. pl. 11. f. 68. a. b.

* Le Tagal. Adans. Seneg. p. 255. pl. 19. f. 1.
* Solen guineensis. Dilw. Cat. t. 1. p. 62. n° 13.
Encycl. pl. 225. f. 1.
Habite l'Océan des Antilles. Coq. non radiée; couleur fauve
pâle; des stries d'accroissement ou transverses, et point
d'autres. Mon cabinet.

15. Solen sublamelleux. *Solen antiquatus.* Lamk. (1).

S. testá oblongo-ovali, sub epiderme albidá; striis trans-
versis, ad latera basimque sublamellosis; cardinibus biden-
tatis.
Solen cultellus. Pennant. Zool. brit. 4. pl. 46. f. 25.
Solen antiquatus. Montag. ex D. Leach.
Habite l'Océan britannique, la Méditerranée. Mon cabinet.
Communiqué par M. *Leach.*

16. Solen resserré. *Solen constrictus.* Lamk.

S. testá albá, tenui, oblongá, subrectá, lœviusculá, extremi-
tatibus rotundatis; medio subconstricto.
Mus. n°.
Habite les mers de la Chine ou du Japon. *Péron.*

17. Solen rétréci. *Solen coarctatus.* Gmel.

S. testá ovali-oblongá, transversè striatá, medio coarctatá,
utrinque rotundatá, cardine altero bidentato.
* Lin. Gmel. p. 3227. n° 16.
* Cemn. Conch. t. 6. tab. 6. f. 45.
* Schroter. Flus. Conch. tab. 9. f. 17.
* Dilw. Cat. t. 1. p. 64. n° 18. *Syn. plerisque exclusis.*
* Desh. Encycl. méth. vers. t. 3. pag. 961. n° 9.
* *Solen coarctatus.* Brocch. Conch. 2. p. 497. n° 3.
Habite...Fossile d'Italie, envoyé par M. Bonelli. Mus. n°.
Largeur, 27 millimètres. Dents cardinales obliques; une
sur une valve et deux sur l'autre, insérées dans une fos-
sette.

---

(1) Cette espèce est la même que le *Solen coarctatus* de
Gmelin, inscrite ici sous le n° 17; elle fait double emploi,
et doit être retranchée. Il est donc nécessaire de réunir
sous un seul nom toute la synonymie de ces deux *Solen*
antiquatus et *coarctatus.*

18. Solen rose. *Solen strigilatus.* Lin.

> S. *testá ovali-oblongá, valdè convexá, roseá; radiis binis albis; striis obliquis insculptis.*

Solen strigilatus. Lin. Syst. nat. p. 1115. Gmel. n° 7.

List. Conch. t. 416. f. 260.

Gualt. Conch. t. 91. fig. c.

* Bonanni. Conch. part. 2. f. 77.

* Le Golar. Adans. Sénég. pl. 19. f. 2.

Chemn. Conch. 6. tab. 6. f. 41. 42.

Encycl. pl. 224. f. 3.

* Olivi. Zool. Adriat. pag. 97. n° 5.

* Poli. Test. t. 1. pl. 12 et pl. 13.

* Dilw. Cat. f. 1. p. 64. n° 17.

* *Solecurtus strigilatus.* Blainv. Malac. pl. 79. f. 4.

* Desh. Encycl. méth. vers. t. 3. pag. 962. n° 10.

(b) *Id. minor; cardinis dente unico recto.*

Habite la Méditerranée, l'Océan atlantique. Mus. n°. Mon cabinet. On le trouve fossile près de Bordeaux et à Dax.

19. Solen radié. *Solen radiatus.* Lin.

> S. *testá oblongo-ovali, rectá, violaceá; radiis quatuor albis.*

Solen radiatus. Lin. Syst. nat. p. 1114. Gmel. n° 6.

List. Conch. tab. 422. f. 266.

Gualt. test. tab. 91. fig. b.

* Schroter Einl. in Conch. t. 2. p. 628. n° 6.

* Rumph. Amb. tab. 45. f. E.

Chemn. Conch. 6. t. 5. f. 38. 39.

Encycl. pl. 225. f. 2.

* Dilw: Cat. t. 1. p. 63. n° 16.

* Desh. Encycl. méth. vers. t. 3. pag. 962. n° 11.

Habite l'Océan asiatique et les Grandes Indes. Mus. n°. Mon cabinet.

20. Solen violet. *Solen violaceus.* Lamk.

> S. *testá oblongo-ovali, extremitatibus rotundatá, violaceá; radiis binis; cardinibus unidentatis; nymphis prominentibus.*

* *Psammobia violacea.* Desh. Encycl. méth. vers. t. 3. pag. 852. n° 6.

Mon cabinet.

Habite l'Océan des Grandes Indes. Je l'ai d'abord pris pour le *Solen diphos*; mais il est moins grand, et n'est point rostré antérieurement. Il a l'épiderme vert, et deux rayons blanchâtres au-dessous. Son test est violet en dedans comme en dehors.

21. **Solen rostré.** *Solen rostratus.* Lamk. (1).

S. *testá transversim oblongá, violaceá; radüs pluribus obscuris; latere antico attenuato rostrato; cardine altero bidentato.*

Solen diphos. Chemn. Conch. 6. p. 68. t. 7. f. 53. 54.

Gmel. n° 13. Encycl. pl. 226. f. 1.

An solen virens ? Lin. Syst. nat. p. 1115.

* Valentyn. Amb. pl. 13. fig. 5.

* Dilw. Cat. t. 1. p. 63. n° 15. S. diphos.

* *Soletellina radiata.* Blainv. Malac. pl. 77. f. 5.

* *Psammobia rostrata.* Desh. Encycl. méth. vers. t. 3. pag. 853. n° 7.

Habite l'Océan des Grandes Indes. Mus. n°. Mon cabinet. Espèce très distincte de la précédente, ayant de même l'épiderme vert, et les nymphes ou les callosités du ligament saillantes en dehors.

Etc. Voyez le *Solen diphos chinensis* de Chemn. Conch. XI. p. 200. tab. 198. f. 1933. Voyez aussi le *Solen linearis.* Chemn. Conch. XI. p. 198. t. 198. f. 1931. 1932.

[M. de Blainville, en établissant son genre solécurte, donna comme type principal de ce nouveau genre le *Solen strigilatus* de Linné : en effet cette espèce, par tous ses caractères, mérite cette distinction ; mais M. de Blainville y joignit la plupart des solens de la 3ᵉ section de Lamarck ; et c'est d'après cet ensemble qu'il caractérisa les solécurtes. Ayant étudié avec soin les animaux des *Solen legumen*,

---

(1) Ces deux dernières espèces appartiennent au genre solételline de M. de Blainville. Pour nous, elles doivent entrer dans le genre psammobie, d'après les caractères des coquilles seulement, car les animaux ne sont pas connus.

caribœus et *coarctatus*, et les ayant comparés avec ceux des *Solen vagina* et *ensis*, d'une part, et celui du *Solen strigilatus*, de l'autre, nous avons reconnu que ces trois espèces sont très analogues aux deux autres, qu'elles appartiennent au même groupe générique et qu'elles s'y lient par des nuances insensibles. Le *Solen strigilatus*, au contraire, est séparé de toutes les autres espèces, par des caractères particuliers; c'est pour cette raison qu'en adoptant le genre solécurte de M. de Blainville, nous le réduisons à deux ou trois espèces qui ont toutes les mêmes caractères que le *strigilatus*. Le genre dont il s'agit peut être caractérisé de la manière suivante :

Genre SOLÉCURTE. *Solecurtus*. Blainv.

Coquille ovale-oblongue, transverse, couverte de stries onduleuses, obliques et longitudinales, bâillante à ses deux extrémités. Charnière médiane, deux dents cardinales sur une valve, une, rarement deux sur l'autre, non intrantes; nymphes calleuses, épaisses, portant un ligament externe épais et bombé; impression palléale très profondément sinueuse.

Animal beaucoup trop grand pour sa coquille ; les lobes du manteau épais en avant, soudés dans leur moitié postérieure et prolongé, de ce côté, en deux gros siphons inégaux réunis jusque près de leur sommet ; pied linguiforme, gros, fort épais; palpes labiales très longues et étroites; branchies étroites très longues, s'étendant dans toute la longeur du siphon branchial.

OBSERVATIONS. Lorsque dans nos articles Solen et Solécurte de l'Encyclopédie méthodique, nous rejettions le genre solécurte comme peu nécessaire, nous ne connaissions pas les animaux d'autres espèces, et nous supposions que les *Solen carybœus, Dombeyi*, etc., viendaient servir de liaison; mais il n'en est rien. Nous avons vu les animaux des trois espèces vivantes, du genre qui nous occupe, et nous n'avons observé aucune variation importante dans leurs caractères. Nous revenons donc aujourd'hui à une autre opinion, et nous adoptons le genre solécurte, en le restreignant aux quatre espèces dont les noms suivent :

1° Solen rose, *Solen strigilatus*, Linné.

2° Solen blanc, *Solen candidus*, Renieri.

Brochi Conch. foss. subap. t. 2. pag. 497. n° 4.

Chemn. Conch. t. 6. tab. 6. f. 43.

Vivant dans la Méditerranée. Fossile en Sicile et en Italie.

3° Solen de Quoy. *Solen Quoyi*. Desh.

Solen *candidus*. Quoy. Voy. de *l'Astrolabe*, pl. 83. f. 11. 12.

Mart. Conch t. 6. tab. 6. f. 44.

Vivant dans l'Océan pacifique austral : plus petite et proportionnellement plus large que la précédente.

4° Solen parisien. *Solen parisiensis*. Desh.

Solen strigilatus. Lamarck. *Ann. du Mus.* t. 7. pag. 428. n° 4, et t. 12. pl 43. f. 5. a. b.

Id. Desh. *Descr. des coq. foss.* t. 1. pag. 28. pl. 2. f. 22. 23.

A l'exemple de Lamarck, nous avons confondu cette espèce avec le *strigilatus* de Linné, quoiqu'il en différât constamment par sa taille, toujours plus petite, la sinuosité de ses valves, la finesse et le grand nombre de ses stries. Il est fossile aux environs de Paris, Grignon, Courtagnon, Mouchy, Parnes, etc.

PHOLADOMYE. (Pholadomya.)

Coquille mince, transparente, blanche ou jaunâtre, transverse, ventrue, ovale ou cordiforme, inéquilatérale, bâillante des deux côtés ; charnière ayant une petite fossette alongée, subtrigone, et une nymphe marginale, saillante sur chaque valve; ligament externe, court, inséré sur les nymphes ; crochets protubérants très rapprochés; impression palléale profondément sinueuse postérieurement.

Observations Depuis long-tems on avait observé, dans

les terrains secondaires, de nombreux moules de coquilles bivalves, que l'on ne pouvait avec certitude rapporter à un genre connu ; aussi ceux des conchyliologues qui, dans l'intérêt de la géologie, les mentionnèrent dans leurs ouvrages, les placèrent uniquement d'après des rapports trompeurs de leur forme extérieure, les unes dans les myes, les autres dans les lutraires, quelques-unes dans les cardites, dans les mulettes, et même parmi les trigonies. La découverte faite, il y a quelques années, d'une coquille vivante, semblable pour la forme et les autres caractères à la plupart des espèces fossiles, détermina M. Sowerby à créer le genre qui nous occupe dans le n°19 de son *Genera*. Depuis ce moment il n'existe plus d'incertitude sur la place que doivent occuper les moules fossiles dont nous venons de parler. Ils se groupent très naturellement dans le genre pholadomye, lequel est réellement voisin des pholades par la nature du test, et très rapproché des panopées par la charnière.

ESPÈCES.

Pholadomye obtuse. *Pholadomya obtusa.* Sow.

P. testâ antice truncatâ, undatâ, subtransverso-trigonâ longitudinaliter costatâ; costis rotundatis subtuberculatis, primâ eminentiore, latiore.

Cardita obtusa. Sow. Min. Conch. pl. 197. fig. 2.
Pholadomya obtusa. id. t. 6. pag. 86.

Pholadomye angulifère. *Pholadomya angulifera.* Desh.

Mya angulifera. Sow. Min. Conch. tab. 224. fig. 6. 7. Knorr. Petrif. tom. 4. suppl. pl. 5. c. fig. 2.
Mya angulifera Zieten, Petrif. du Wurt. pl. 54. f. 4. a. b. c.
Var. è Nob. Mya litterata. Zieten. Loc. cit. pl. 54. f. 5. a. b. c.

Pholadomye à grands crochets. *Pholadomya producta.* Sow.

> *P. testá oblongá , transversá, utrinque rotundatá , gibbosá ;
> umbonibus magnis , productis ; costis sex septemve longitu-
> dinalibus, latis, depressis, simplicibus ; lateribus hyantibus;
> latere antico depresso plano.*
> Cardita ? producta. Sow. Min. Conch. pl. 197. f. 1.
> *Pholadomya producta.* Id. t. 6. pag. 86.

Pholadomye blanche. *Pholadomya candida.* Sow.

> *P. testá transversim oblongá , anticè brevissimá , rotundatá ;
> medianá parte striis divaricatis, decussatis, ab umbone de-
> currentibus ; posticè elongatá , subquadratá.*
> Sow. Genera of Shells. n° 19.
> Desh. Encyclop. méth. vers. t. 3. pag. 756.
> *Id.* Dict. class. d'hist. nat. t. 13. p. 397.

PANOPÉE. (Panopæa.)

Coquille équivalve, transverse, inégalement bâillante sur les côtés. Une dent cardinale conique sur
chaque valve, et à côté une callosité comprimée,
courte, ascendante, non saillante en dehors. Ligament
extérieur sur le côté alongé de la coquille, fixé sur
les callosités.

*Testa æquivalvis , transversa, lateribus inæquali-
ter hians. Dens cardinalis unicus, conicus, in utráque
valvá, et hìnc callum breve , compressum, ascendens,
non exsertum. Ligamentum externum , callis affixum,
in latere productiore testæ.*

Observations. C'est avec raison que M. *Ménard de la
Groye* a établi le genre des *panopées.* Ces coquilles sont
distinguées des glycimères par leur charnière munie
de dents, et par leur ligament situé sur leur côté

alongé. Elles avoisinent plus encore les solens; mais leurs crochets sont très protubérants. La situation du ligament des valves ne permet pas de les associer aux myes. Je ne citerai que l'espèce non fossile, n'ayant pas l'autre sous les yeux, et qui d'ailleurs n'en est peut-être qu'une variété. (1)

ESPÈCES.

† 1. Panopée abrupte.   *Panopœa abrupta*. Desh.

P. *testá ovato-transversá, inæquilaterá, postice breviore, angustiore, subtruncatá, anticè rotundatá, quadricostatá; costis in mediæ testo, radiantibus, distantibus.*

Pholadomya abruptá. Conrad. Foss. Shells of North America. n° 2. pag. 26. pl. 12.

Habite fossile aux environs de New Yorck, Amér. sept., dans le terrain tertiaire.

Cette coquille, que M. Conrad place dans les pholadomyes, est pour nous une véritable panopée : elle est très remarquable, petite, transverse et munie dans son milieu de quatre côtes longitudinales très divergentes.

† 2. Panopée zélandaise.   *Panopœa zelandica*. Quoy.

P. *testá regulariter ovato-oblongá, subœquilaterá, transversim et irregulariter rugosá, posticè hyantissimá, anticè sub-clausá, umbonibus minimis vix prominentibus.*

---

(1) Le genre panopée doit en effet être conservé; il est très voisin des solens et sur-tout des solécurtes : l'animal n'étant pas encore connu, ces rapports que nous indiquons pourraient être modifiés par la suite; mais dans de courtes limites. Lorsque Lamarck publiait cette partie de son ouvrage, il ne connaissait qu'une seule espèce de panopée. Depuis, en examinant la collection du célèbre professeur, nous reconnûmes que sa glycimère arctique était une panopée. Quatre autres espèces, tant vivantes que fossiles, se joignent à ces deux-ci pour compléter le genre.

Quoy et Gaym. Voyage de l'Astrolabe. pl. 83. f. 7. 8. 9.

Habite la Nouvelle Zélande.

Espèce fort curieuse, rapportée, pour la première fois, par MM. Quoy et Gaymard : elle est bien distincte ; elle se rapproche des lutraires par la forme et la grandeur ; ses crochets sont très petits ; elle est aussi large d'un côté que de l'autre.

† 3. Panopée australe. *Panopœa australis.* Sow.

P. testá ovato-oblongá, transversá, antice latiore, postice obliquè subtruncatá.

Sow. Genera of Shells. nº 40. f. 2.

An eadem Panopœa reflexa. Say. Journ. de l'Acad. de Philad.

4. Panopée d'Aldrovande. *Panopœa Aldrovandi.* Lamk.

Aldrovande de ex Ang. pag. 473. 474. *Chama Glycimeris.*

*Bonanni. Recreat. t. 2. f. 59.

Lister. Conch. t. 414. f. 258.

* Gualtier. Ind. tab. 90. f. A.

* Klein. Ostrat. tab. 11. f. 72.

Born, Mus. Cæs. vind. Test. tab. 1. f. 8.

Chemn. t. 6. p. 33. tab. 3. f. 25.

Mya Glymeris. Lin. Gmel. p. 3222. nº 17.

Panopœa Aldrovandi. Ménard. Ann. du Mus. t. 9. pag. 131. nº 1.

Eadem species fossilis. Panopœa Faujasi. Menard. *Ibid.* nº 2. pl. 12.

* *Mya glycimeris.* Dilw. Cat. t. 1. p. 41. nº 1.

* Blainv. Malac. pl. 80. f. 2.

* *Mya Panopœa.* Brocchi. Conch. subapp. t. 2. pag. 532. nº 4.

* Desh. Encycl. méth. vers. t. 3. pag. 698.

* *Panopœa Faujasi.* Sow. Genera of Shells. nº 40. f. 1.

Habite la Méditerranée. Mon cabinet. La panopée fossile se trouve près de Parme, en Italie. Elle est figurée, table 12, au lieu cité des Annales, et appartient à *Faujas de Saint-Fond.* M. *Ménard* la considère comme une espèce distincte.

5*

GLYCIMÈRE. (Glycimeris.)

Coquille transverse, très bâillante de chaque côté. Charnière calleuse, sans dent. Nymphes saillantes au dehors. Ligament extérieur.

Testa transversa, utroque latere valdè hians. Cardo callosus; dente nullo. Nymphæ extùs prominentes. Ligamentum externum.

OBSERVATIONS. Le petit nombre de coquilles connues qui appartiennent à ce genre, a été rapporté au genre des myes ; mais ces coquilles n'ont ni la charnière des myes, ni celle des mulettes dont on faisait des myes.

Les *glycimères* ont beaucoup de rapports avec les solens et avec les saxicaves; mais elles en diffèrent par le ligament situé sur le côté court de la coquille, et en outre se distinguent des solens par leur charnière sans aucune dent.

[Aux caractères donnés par Lamarck aux glycimères, il faudrait en ajouter quelques autres, au moyen desquels ce genre n'admettrait plus qu'une espèce, la seule en effet qui doive y rester: ces caractères se trouveraient facilement dans le grand bâillement des valves, l'épiderme épais et débordant la partie calcaire

---

(1) Nous avons examiné les coquilles comprises par Lamarck dans le genre glycimère ; la première seule appartient au genre, la seconde est une véritable panopée, et la troisième est une valve détachée et trouvée libre d'une clavagelle de Grignon, sans qu'il nous soit possible, quant à présent, de dire si c'est de l'hérissée ou de la tibiale qu'elle provient.

de la coquille, dans la forme et la position des impressions musculaires et du manteau. Dès 1830, nous avions fait ces rectifications dans l'Encyclopédie méthodique, lorsque M. Audouin leva tous les doutes à l'égard des glycimères, en donnant une très bonne figure et des détails anatomiques complets sur l'animal, qui jusqu'alors était resté inconnu. Nous rendons plus entière la connaisance du genre en donnant ici les caractères de l'animal d'après le mémoire de M. Audouin.

Animal alongé, épais, cylindracé, ayant les lobes du manteau très épais, ouverts seulement à l'extrémité antérieure pour le passage d'un petit pied cylindrique; terminés postérieurement en deux siphons réunis en une seule masse cylindrique très charnue et ne pouvant jamais entrer dans la coquille; bouche médiocre ovale, accompagnée de chaque côté de deux grandes palpes égales, triangulaires, soudées par leur base au muscle adducteur antérieur. Branchies longues et épaisses, deux de chaque côté presque égales.]

ESPÈCES.

1. **Glycimère silique.** *Glycimeris siliqua.* **Lamk.**

Gl. testá transversim oblongá, epiderme nigrá; natibus decorticatis; valvis intùs disco calloso incrassatis.

Mya siliqua. Chemn. Conch. tom. 11. p. 192. pl. 198. fig. 1934.

* Favann. Conch. pl. 62. f. E. E.

Glycimeris incrassata. Lamk. Syst. des anim. sans vert. pag. 126.

* Bosc. Hist. nat. des Coq. tom. 3. pag. 5. pl. 17. f. 1. 2.

* *Cyrtodaria.* Daudin. Bull. des scienc. Nivose an 7. n° 22.

* Roissy. Buff. de Sonnini. t. 6. p. 428. pl. 70. f. 3.

* *Mya siliqua.* Dilw. Cat. t. 1. p. 49. n° 21.

* Blainv. Malac. pl. 80. f. 3

* Sow. Genera of Shells. n° 8.

* Desh. Encycl. méth. vers. t. 2. p. 171.

* Audouin. Ann. des sc. nat. 1833. pl. 14. 15. 16.

Habite les mers du nord. Terre Neuve. Mus. n° Mon
cabinet.

2. Glycimère arctique. *Glycimeris arctica.*

*Gl. testâ ovatâ, ventricosâ, anticè truncatâ, transversé
striatâ; costis duabus obtusis.*

Habite l'Océan arctique, la Mer Blanche. Mon cabinet. Ce
n'est point le *mya arctica* d'Oth. Fabricius. A l'extérieur,
cette glycimère ressemble au *mya truncata.*

3. Glycimère nacrée. *Glycimeris margaritacea.*

*Gl. testâ ovatâ, anticè truncatâ, tenui, intùs margari-
taceâ.*

Mon cabinet.

Habite... Fossile de Grignon. Coq. très bâillante antérieurement. Valves minces, fragiles. Largeur, 30 millimètres.
Etc. Voyez le *mya edentula* de Pallas. Iter. 1. p. 26. n° 87.

––––––

LES MYAIRES.

*Ligament intérieur. Une dent élargie et en cuilleron,
soit sur chaque valve, soit sur une seule, donnant
attache au ligament. La coquille est bâillante aux
deux extrémités latérales ou à une seule.*

Les *myaires* nous ont paru devoir suivre immédiatement les solénacées, venir après les glycimères, et conduire naturellement aux mactracées. Néanmoins elles
diffèrent éminemment des solénacées par la situation du
ligament de leurs valves; celui-ci étant tout-à-fait intérieur, et reçu tantôt sur une seule dent élargie en
cuilleron et saillante en dedans, tantôt sur deux dents
semblables et intérieures. L'animal fait saillir antérieurement un gros tube formé de la réunion de deux
autres qu'il enveloppe, et postérieurement un pied qui

n'est plus cylindrique comme celui des solens, mais comprimé et de taille médiocre (1). Voici les deux genres que nous rapportons à cette famille : *Mye*, *Anatine* (2).

MYE. (Mya.)

Coquille transverse, bâillante aux deux bouts. Valve gauche munie d'une dent cardinale grande, comprimée, arrondie, saillante presque verticalement. Une fossette cardinale à l'autre valve. Ligament intérieur s'insérant sur la dent saillante et dans la fossette de la valve opposée.

---

(1) Le manteau des myaires est fermé dans presque tout son contour; il ne laisse qu'une très petite ouverture antérieure pour le passage du pied; celui-ci est très petit; il forme un petit mamelon court ou cylindracé, à l'extrémité d'une masse abdominale assez considérable, de chaque côté de laquelle s'etendent les feuillets branchiaux.

(2) La distinction faite par Lamarck entre les conchifères crassipèdes et ténuipèdes, l'a porté, sur des caractères peu importants, à éloigner certains genres qui ont entre eux beaucoup d'analogie. Les anatinès se rapprochent beaucoup des myes; mais les lutraires ont avec elles non moins de rapports, et les corbules en ont encore plus; de sorte que si l'on voulait supprimer la division des conchifères crassipèdes et ténuipèdes, et que l'on rétablît des rapports plus naturels, on pourrait former un petit groupe des myaires. (Mye, Corbule, Pandore), un autre des anatines (Anatine, Thracie, Périplome, etc), qui seraient intermédaires entre les myaires et les mactracés (Lutraire, Mactre, etc).

Testa bivalvis, transversa, utrinque hians. Dens cardinalis unicus, magnus, dilatato-compressus, rotundatus, verticaliter prominens ad valvam sinistram. Fovea cardinalis in alterá valvá. Ligamentum internum, dente prominulo, foveáque alteræ valvæ insertum.

Conchifère à manteau fermé par devant, ayant à une extrémité un pied court, comprimé et assez épais, et faisant sortir, à l'autre extrémité, un grand tube qui en contient deux autres, l'un pour l'entrée de l'eau, et l'autre pour l'anus.

OBSERVATIONS. Les *myes* sont des coquilles marines bivalves, transverses, inéquilatérales, imparfaitement équivalves, et ouvertes plus ou moins aux deux extrémités latérales comme les solens. Elles n'ont qu'une seule dent à la charnière, mais qui est extrêmement remarquable. Cette dent, qui tient à la valve gauche, est grande, relevée presque perpendiculairement au plan de la valve, élargie, comprimée, obronde, et creusée d'un côté comme un cuilleron pour recevoir le ligament. Elle ferme l'entrée de la fossette cardinale de l'autre valve, lorsque les deux valves sont resserrées.

Le ligament des valves est intérieur, court et épais. Il s'attache d'une part à la dent saillante, et de l'autre part dans la fossette de la valve droite.

Le pied de l'animal est court, suborbiculaire.

Linné a confondu mal à propos, dans le même genre, les *myes* avec les mulettes, qui sont des coquilles d'eau douce, et dont la charnière est fort différente.

Les *myes* se tiennent enfoncées dans le sable, à travers lequel elles font saillir le long tube qui enveloppe ses deux tuyaux.

[En appréciant, mieux que ne l'a fait Lamarck, les caractères de quelques coquilles, on peut déterminer plus naturellement les rapports des myes avec les genres environnants. Dans les myes comme dans les lutraires, il y a en réalité deux cuillerons pour le ligament, leur position seule est différente : dans les myes le cuilleron de la valve gauche se relève perpendiculairement sur le bord cardinal, la coquille étant posée à plat sur un plan horizontal ; celui de la valve droite s'enfonce au contraire perpendiculairement dans la cavité du crochet : cette disposition reste la même, avec une très faible différence dans la forme du cuilleron, dans un certain nombre de corbules dont M. Turton a fait son genre sphène. Il y a quelques espèces qui lient tellement les myes aux sphènes, qu'on ne peut déterminer leur genre qu'arbitrairement. Nous citerons, par exemple, les *mya plana, subangulata, gregaria* de M. Sowerby (Myn. conch.) à l'appui de ce que nous venons de dire. Entre les sphènes et les corbules proprement dites, il existe une transition insensible qui permet encore moins que pour les myes, de séparer les deux groupes. C'est en examinant avec toute l'attention nécessaire plus de quarante espèces de corbules, tant vivantes que fossiles actuellement connues, que l'on découvre les rapports avec les myes tels que nous venons de les exposer.

Si l'on suppose que les cuillerons d'une mye sont devenus flexibles, et qu'il a été possible de les amener à la position horizontale, de perpendiculaires qu'ils étaient, on aura évidemment une charnière de lutraire ; mais en arrêtant le mouvement de torsion des cuillerons sous un angle de quarante-cinq degrés environ, on aura la charnière de la *mya tugon* d'Adanson (*anatina globulosa*, Lamarck), qui est en effet intermédaire entre les myes et les lutraires.]

ESPÈCES.

1. **Mye tronquée.** *Mya truncata.* Lin.

M. testâ ovatâ, ventricosâ, anteriùs truncatâ ; cardinis dente antrorsùm porrecto rotundato integerrimo.
Mya truncata. Lin. Syst. nat. p. 1112. Gmel. n° 1.

* Schroter. Einl. in Conch. t. 2. p. 600. n° 1.
* Lister. Conch. tab. 428. f. 269.
* Lister. Hist. anim. tab. 5. f. 36.
Gualt. Conch. t. 91. fig. D.
* Olaffsen. Isl. tab. 11. f. 1. 2.
Chemn. Conch. 6. t. 1. f. 1. 2.
* Olivi. Adriat. pag. 95. n° 2.
Pennant. Zool. brit. 4. pl. 41.
Encycl. pl. 229. f. 2. a. b.
* Dilw. Cat. t. 1. p. 42. n° 2.
* Brookes. Intr. of Conch. pl. 1. f. 10.
* Desh. Encycl. méth. vers. t. 2. p. 591.
Habite l'Océan d'Europe. Mon cabinet.

2. Mye des sables. *Mya arenaria.* Lin.

M. testâ ovatâ, anteriùs rotundatâ ; cardinis dente denticulo laterali acuto.

Mya arenaria. Lin. Syst. nat. p. 1112. Gmel. n° 2.
* Lister. Conch. pl. 418. f. 262.
Bast. Op. subs. 2. p. 69. t. 7. f. 1.
* Favanne. Zoom. pl. 72. f. H.
Chemn. Conch. 6. t. 1. f. 3. 4.
Encycl. pl. 229. f. 1. a. b.
Pennant. Zool. brit. 4. pl. 42.
* Dilw. Cat. t. 1. p. 42. n 3.
* Blainv. Malac. pl. 77. f. 1.
* Sow. Gener. of Shells. n° 32.
* *Id.* Min. Conch. pl. 364. *Fossilis.*
* Desh. Encycl. méth. vers. t. 2. p. 592.
Habite l'Océan d'Europe ; commune dans la Manche, sur les côtes de France. Mon cabinet.

3. Mye érodone. *Mya erodona.* Lamk. (1).

M. testâ ovatâ, anticè subrostratâ ; cardinis dente nudo recto.

---

(1) La coquille qui, dans la collection Lamarck, porte ce nom, est une grande et magnifique corbule vivante, au moins aussi grande qne les plus grands individus de la *Corbula gallica.*

La *Tellina guinaica* de Chemnitz nous paraît être une

Erodona mactroides. Daud. Bosc. Hist. des Coq. vol. 2. pl. 6. f. 1.

Roissy. Hist. des Coq. vol. 6. p. 431. t. 69. f. 5.

An tellina guinaica? Chemn. Conch. 10. p. 348. t. 170. f. 1651—1653.

Habite... probablement les côtes d'Afrique.

4. Mye solémyale. *Mya solemyalis.* Lamk. (1).

M. testâ transversìm oblongâ, tenui, pellucidâ; extremitatibus obtusâ; latere postico brevissimo: antico productiore, obliquè radiato.

Mus. n°.

Habite les mers de la Nouvelle Hollande. Coquille blanchâtre, singulière, un peu bâillante antérieurement, et qui serait une solémye si chaque valve était munie d'une dent élargie et saillante. Largeur, 20 à 22 millimètres.

ANATINE. (Anatina.)

Coquille transverse, subéquivalve, bâillante aux deux côtés ou à un seul. Une dent cardinale nue, élargie, en cuilleron, saillante intérieurement, insérée sur chaque valve et recevant le ligament. Une lame ou une côte en faux, adnée, obliquement courante sous les dents cardinales, dans la plupart.

Testa transversa, subœquivalvis, utrinque vel uno latere hians. Dens cardinalis nudus, dilatatus, cochleariformis, internè prominulus in utrâque valvâ ligamentum excipiens. Lamella vel costa falcata, adnata, infrà dentes cardinales obliquè decurrens, in plurimis.

---

autre espèce bien distincte, appartenant aussi au genre corbule, à la section de celles qui sont irrégulières.

(1) Cette coquille n'est point une mye; elle appartient à notre genre ostéodesme, dont nous donnons les caractères à la suite des anatines.

OBSERVATIONS. Les *anatines* sont bien distinguées des myes, puisqu'elles ont une dent en cuilleron sur chaque valve, tandis que les myes n'en ont qu'une en tout. Elles semblent faire le passage aux lutraires, et lier les myaires aux mactracées. Chaque cuilleron des *anatines* est comme soutenu par une lame dans les unes, ou par une côte dans les autres, qui est obliquement courante sur la coquille. Le ligament est intérieur, et s'attache dans le creux de chaque cuilleron des valves. Souvent, à côté de chaque crochet, part une fissure décurrente qui forme quelquefois une saillie, imitant une seconde lame courante.

[Il y a peu de genres qui méritent une réforme aussi complète que celui-ci ; il semble que Lamarck en ait fait, à dessein, une sorte d'*incertæ sedis*, dans lequel il a mis toutes les espèces de l'ordre qu'il ne pouvait placer dans leur véritable genre. Des observations nombreuses nous ont convaincu que le genre anatine pouvait être divisé en plusieurs groupes très bien caractérisés. Ayant découvert qu'il existe à la charnière de plusieurs des anatines de Lamarck, ainsi qu'à celle d'autres espèces qu'il ne connut pas, un osselet caduc, libre, retenu seulement par une partie du ligament, nous avons circonscrit des genres, fondés sur la forme et la position de cet osselet, parce que nous avons reconnu que cette forme et cette position, entraînaient des modifications dans les autres caractères des coquilles ; c'est ainsi que dans les trois premières espèces de Lamarck, il existe un osselet tricuspide appuyé sur le côté antérieur des cuillerons ; deux branches de l'osselet atteignent au crochet et y occasionent une fente naturelle et constante, fermée par une membrane très mince ; le cuilleron est étroit et soutenu en dessous par une lame en arc-boutant. Ces coquilles sont excessivement minces et très bâillantes postérieurement. Dans l'anatine trapézoïde, dont Bruguière faisait une corbule et avec laquelle M. Schumacher a fait son genre Périplome, l'osselet cardinal est en forme de coin, placé entre le bord dorsal et le cuilleron ; le crochet n'est pas fendu, et la coquille fort inéquivalve n'est point bâillante. Une plaque osseuse quadrangulaire appliquée le long du bord et soutenue entre des cuillerons très étroits non saillants, caractérise un autre genre auquel nous avons donné le nom d'ostéodesme ; l'anatine longirostre n° 4 en fait partie. Enfin l'*Anatina myalis*, Lamarck, paraît n'avoir point d'osselet à la charnière, mais son ligament et ses cuillerons ont une forme particulière. M. Leach a établi pour elle·son genre Thracie, que nous avons adopté et rendu plus complet en y ajoutant plusieurs espèces. Nous réduisons les anatines à trois espèces seulement, et nous introduisons à la suite de ce genre , les genres Périplome, de M. Schumacher, Ostéodesme de Nous, et Thracie de M. Leach.]

ESPÈCES.

1. Anatine lanterne. *Anatina lanterna.* Lamk.

A. testá ovatá, tenuissimá, pellucidá, fragili, utrinque rotundatá.

An mya anserifera? Chemn. Conch. XI. p. 193. Vign. 26. litt. A. B. *mala.*

* Born. Mus. Cæs. Vind. pag. 23. Vign. f. 6.

* Desh. Encycl. méth. vers. 2. p. 39. n° 1.

Habite l'Océan des Grandes Indes. Mon cabinet. Elle est renflée, n'est point rostrée antérieurement. On la connaît sous le nom de *lanterne.* Elle est très rare·

2. Anatine tronquée. *Anatina truncata.* Lamk.

A. testá ovatá, tenui, transversè striatá, anticè subtruncatá, punctis prominulis minimis extùs asperatá.

* Sow. Genera of Shells. n° 33. fig. 1.

* Desh. Encycl. méth. vers. t. 2. p. 40. n° 3.

Mon cabinet.

Habite dans la Manche , près de Vannes. Communiquée par M. *Aubry* , médecin. Le Muséum en possède un individu un peu plus grand, plus transparent, assez semblable d'ailleurs, qui vient de l'île Saint-Pierre et Saint-François, à la Nouvelle Hollande (1).

3. Anatine subrostrée. *Anatina subrostrata.* Lamk.

> *A. testá ovatá, membranaceá; antico latere attenuato, subrostrato.*
>
> *Solen anatinus.* Lin. Gmel. n° 8.
> * Schroter. Einl. in Conch. t. 2. p. 631. n° 8.
> Rumph. Mus. t. 45. fig. O.
> Chemn. Conch. 6. t. 6. f. 46—48.
> Encycl. pl. 228. f. 3. a. b.
> * Blainv. Malac. pl. 76. f. 6.
> * Desh. Encycl. méth. vers. t. 2. pag. 40. n° 2.
> Habite l'Océan Indien, les mers de la Nouvelle Hollande. Mus. n°.

4. Anatine longirostre. *Anatina longirostris.* Lamk. (2).

> *A. testá ovato-oblongá, membranaceá, pellucidá, fragili; latere antico longiore attenuato rostriformi; dente cardinali minuto excavato.*
>
> * *Tellina cuspidata.* Olivi. Zool. Adriat. pag. 101. t. 4. f. 3.
> * *Mya rostrata.* Dilw. Cat. t. 1. p. 45. n° 9.
> *Mya rostrata?* Chemn. Conch. XI. p. 195. Vign. 26. litt. C. D.
> Habite... Mus. n°. L'exemplaire du Muséum est jeune, moins

---

(1) Nous avons comparé les individus de la Nouvelle Hollande rapportés par M. Quoy, avec celui de la collection Lamarck, et nous avons reconnu des différences suffisantes pour en faire deux espèces.

(2) Cette coquille n'est pas du genre anatine; c'est une belle espèce de corbule qui vit dans la Méditerranée; la figure citée de Chemnitz représente un individu très grossi, ou gigantesque s'il est de grandeur naturelle. Nous avons vu cette coquille dans la collection des espèces de la Méditerranée rapportée de Naples par M. Bertrand Geslin. Olivi l'avait figurée sous le nom de *Tellina cuspidata* : nous en avons plusieurs individus fossiles de la Sicile.

grand que dans la fig. citée, et un peu fruste. Il provient probablement des mers australes.

5. Anatine globuleuse. *Anatina globulosa.* Lamk. (1).

A. testá subglobosá, decussatim striatá, albá, pellucidá; latere antico brevissimo hiante.

Mya anatina. Gmel. p. 3221. n° 11.

Le *tugon.* Adans. Seneg. t. 19. f. 2.

Chemn. Conch. 6. t. 2. f. 13—16.

Encycl. pl. 229. f. 3. a. b.

* *Mya anatina.* Dilw. Cat. p. 44. n° 6.

* *Fossilis. Mya ornata.* Bast. Mém. de la Soc. d'Hist. nat. de Paris. t. 2. p. 95. pl. 4. f. 21.

* *Mya tugon.* Desh. Encycl. méth. vers. t. 2. p. 592. n° 3.

Habite sur les côtes d'Afrique, à l'embouchure des fleuves.

6. Anatine trapézoïde. *Anatina trapezoides.* Lamk. (+)

A. testá rotundato-quadratá, convexá, tenui, pellucidá, lævi-gatá; dente cochleari obliquato.

Corbula. Encycl. pl. 230. f. 6. a. b.

* *Periploma Inæquivalvis.* Sohum. Essai d'un Syst. de Conch. p. 115. pl. 5. f. 1. a. b.

* *Osteodesma trapezoïdalis.* Blainv. Malac. pl. 75. f. 8.

* *Periploma trapezoides.* Desh. Encycl. méth. vers. t. 3. p. 739.

Habite... Mus. n°. Mon cabinet. Elle est un peu inéquivalve. La coquille de Petiver (Gazoph. t. 94. fig. 4. c. 51.) y ressemble un peu.

7. Anatine ridée. *Anatina rugosa.* Lamk.

A. testá rotundato-subquadratá, convexá, tenui, pellucidá; rugis obliquis insculptis.

Mon cabinet.

---

(1) Nous croyons qu'il conviendrait de rendre à cette espèce le nom qu'Adanson le premier lui avait donné. Ce n'est point une pholade comme ce savant auteur le croyait, mais bien une véritable mye intermédiaire, par la position oblique de ses cuillerons, entre ce genre et les lutraires.

Habite à Saint-Domingue. Elle est un peu plus grande que la
précédente. Ses cuillerons sont moins isolés.

8. Anatine imparfaite, *Anatina imperfecta*. Lamk.

*A. testâ ovatâ, subinæquivalvi, tenui, lævigatâ; latere
antico abbreviato ; dente cardinali angusto, margini
adnato.*

Mus. n°.

Habite à la Nouvelle Hollande, dans la baie des Chiens marins.
Blanche, mince, transparente, ayant une côte antérieure.
Largeur, 35 millimètres.

9. Anatine myale. *Anatina myalis*. Lamk. (++)

*A. testâ magnâ, ovatâ, ventricosâ, inæquivalvi, punctis
minutissimis asperatâ; cochlearibus brevibus rotundatis,
unidentatis.*

Mya declivis. Pennant. Zool. brit. 4. p. 66. n° 15.

Ligula pubescens. Montag.

Habite aux îles Hébrides. Mon cabinet. Communiquée par
M. *Leach.* Coquille assez semblable au *Mya arenaria* par
son aspect extérieur, plus grande même , assez solide, et
néanmoins demi-transparente. Elle habite aussi la Méditerranée et se trouve fossile en Sicile.

10. Anatine rupicole. *Anatina rupicola*. Lamk. (1).

*A. testâ parvâ, ovato-oblongâ, extùs transversim sulcatâ;
latere antico longiore, truncato.*

Rupicole. Extr. du cours, etc. p. 108.

Habite aux environs de la Rochelle, dans les rochers, comme
les lithophages. M. *Fleuriau-de-Bellevue*. Largeur, 12
millim.

[(+)Cette espèce est la seule connue jusqu'a présent qui
appartienne au genre *Periploma* de M. Schumacher (Essai
d'un Système de conch., pag. 115). Avant de connaître
l'ouvrage de cet auteur, nous avions aussi établi un genre
pour la même coquille. Nous avons adopté le nom donné par

---

(1) Cette coquille appartient aux corbules lithophages
dont nous connaissons déjà plusieurs espèces fossiles ayant
eu cette même propriété de perforer les pierres.

M. Schumacher, parce qu'il était antérieur au nôtre. Dans les dernières additions et corrections à son traité de malacologie, M. de Blainville crut, à tort, que nous faisions de cette coquille notre genre ostéodesme, et a conservé ce nom au genre, en y ajoutant l'anatine rupicole, qui est une corbule perforante. Nous adoptons le genre périplome, et nous rendons ses caractères plus complets, parce que nous possédons l'osselet cardinal qui était resté inconnu.

Genre PÉRIPLOME. *Periploma*. Schum.

Coquille ovalaire, très inéquivalve et très inéquilatérale; le côté postérieur court, subtronqué et à peine bâillant; la charnière ayant sur chaque valve un cuilleron étroit, oblique, formant avec le bord supérieur une profonde échancrure dans laquelle est enclavé un petit osselet triangulaire qui adhère par une partie du ligament; impression musculaire antérieure très étroite et submarginale, la postérieure très petite et arrondie.

OBSERVATIONS. Le périplome est une coquille singulière; elle est nacrée, très inéquivalve comme les corbules, et très inéquilatérale: son côté antérieur est arrondi, le postérieur est très court et subtronqué. La charnière présente, sur chaque valve, un cuilleron étroit, horizontal, et laissant entre lui et le bord supérieur une échancrure profonde, dans laquelle l'osselet triangulaire vient s'enclaver; il complète par une de ses faces la cavité du cuilleron, et reçoit une partie du ligament qui le retient en place. L'impression musculaire antérieure est alongée, étroite, placée le long du bord; la postérieure est petite, arrondie, l'échancrure palléale est peu profonde.

Nous ne connaissons qu'une seule espèce à laquelle nous donnons le nom suivant:

PÉRIPLOME TRAPEZOÏDE, *Periploma trapezoïdes*. Desh.

C'est la même coquille que *l'anatina trapezoïdes* de Lamk., n. 6, à laquelle nous renvoyons pour la synonymie.

TOME V.   6

┼++ Le genre thracie dans lequel cette coquille doit venir se placer avec six autres espèces, soit vivantes, soit fossiles, a été établi par M. Leach, et depuis adopté par nous dans le Dictionnaire classique d'histoire naturelle, ainsi que par M. de Blainville, dans son traité de malacologie, et par M. Rang, dans son Manuel : il est, par ses caractères, très voisin des myes, des anatines et des corbules. Nous ignorons si toutes les thracies ont un osselet caduc à la charnière ; nous sommes certains du moins, pour l'avoir vu, qu'il existe toujours dans une des espèces ; et l'on peut conclure, par analogie, qu'il se trouve aussi dans les autres ; cet osselet est cylindrique, arqué en demi-cercle et placé à l'extrémité des cuillerons, de manière à être retenu par une petite partie du ligament. L'animal a été communiqué à M. de Blainville par M. de Gerville : c'est de lui dont il est question à la page 659 du Traité de malacologie, et donné pour caractériser le genre Ostéodesme, que M. de Blainville suppose, à tort, être le même que le périplome de M. Schumacher. D'après M. de Blainville l'animal de l'*Anatina myalis* « a le manteau épais, ouvert seulement à la partie antérieure pour le passage d'un pied médiocre et comprimé. Une sorte de gaîne, qui entoure une sorte de repli du manteau, contient l'osselet cardinal. Les lobes du manteau, réunis postérieurement, forment un seul tube assez court. » M. Rang dit, qu'à son sommet, ce tube se divise en deux siphons très courts. La bouche est petite, ovale ; les palpes labiales sont larges et foliacées ; les branchies sont grandes, striées très obliquement, et chaque paire est complétement séparée. Quant aux coquilles, voici les caractères du genre :

Genre THRACIE. *Thracia.* Leach.

Coquille ovale, oblongue, subéquilatérale, corbuliforme, inéquivalve, un peu bâillante aux extrémités ; charnière ayant sur chaque valve un cuilleron plus ou moins grand, horizontal, recevant un ligament interne dont le côté postérieur donne attache et retient fortement un osselet en demi-anneau, impression musculaire anté-

rieure, étroite, réunie à la postérieure, petite et arrondie
par une impression palléale profondément échancrée postérieurement.

OBSERVATIONS. Les coquilles du genre thracie sont
minces, fragiles et la plupart épidermées ; elles sont très
inéquivalves et ressemblent, par cela, aux corbules. Les
cuillerons de la charnière sont étroits ; il semble que ce
soit les nymphes un peu rentrées à l'intérieur, le ligament
qu'ils recoivent est étroit et paraît un peu en dehors. Nous
ajouterons ici l'indication de trois espèces de ce genre :
elles sont bien caractérisées et peuvent en donner une idée
suffisante.

Thracie corbuloïde. *Thracia corbuloides*. Desh.

> *T. testâ ovato-transversâ, griseâ, inæquivalvi, inæquilaterâ,
> bisinuatâ ; umbonibus magnis , inferiore emarginato.*
> Thracia corbuloides. Desh. Dict. class. d'hist. nat. tom. 16.
> atlas, 6ᵉ liv. fig. 4.
> De Blainv. Malac. pag. 565. pl. 76. f. 7.
> Desh. Encycl. méth. vers. t. 3. p. 1039. n°. 1.
> On la trouve dans la Méditerranée, quelquefois dans la rade
> de Toulon. Elle est fossile en Sicile.

Thracie pubescente. *Thracia pubescens*. Leach.

> *T. testâ ovato oblongâ, subdepressâ, inæquivalvi, æquilaterâ,
> albo-griseâ, anticè rotundatâ, posticè truncatâ et angulatâ ;
> cardine foveolis internis instructo.*
> Mya pubescens. Pennant. Zool. brit. *Thracia pubescens.* De
> Blainv. Malac. pag. 565.
> Desh. Encycl. méth. vers. t. 3. pag. 1039. n° 2.
> Vivant dans la Manche, dans la Méditerranée, et fossile en
> Sicile.

Thracie plissée. *Thracia plicata*. Desh.

> *Th. testâ ovato-oblongâ, transversâ, æquilaterâ, inæquivalvi,
> depressâ, transversim plicatâ, compressâ, albâ.*
> Desh. Encycl. méth. vers. t. 3. p. 1039. n° 3.
> Vivant probablement dans les mers du Sénégal. Nous n'en
> connaissons que deux valves dans cet état. Fossile à Bor-
> deaux. Elle est très mince, fragile, d'un blanc de lait.

6*

[Le troisième genre qui doit venir à la suite des anatines, parce qu'il y est lié intimement, est celui que nous avons nommé Ostéodesme. Composé de coquilles transverses très minces, il est particulièrement caractérisé par l'osselet cardinal réduit en une petite plaque quadrangulaire, appuyée par ses deux bouts sur des cuillerons très étroits, enfoncés au-dessous du bord supérieur des valves.

Genre Ostéodesme, *Osteodesma*, Desh.

Coquille oblongue, transverse, trigone, mince, inéquivalve, un peu bâillante à ses extrémités. Charnière linéaire ayant sur chaque valve un cuilleron très étroit, accolé profondément le long du bord supérieur ou dorsal des valves, un osselet quadrangulaire maintenu entre les cuillerons par le ligament auquel il adhère par toute sa face supérieure. Impressions musculaires très petites, l'antérieure alongée, la postérieure arrondie. Impression palléale échancrée postérieurement.

OBSERVATIONS. Nous ne connaissons encore que cinq espèces appartenant à ce genre curieux : toutes sont vivantes, nacrées, fort minces, fragiles, couvertes d'un épiderme très mince dans la plupart des espèces, quelquefois assez épais et débordant. Les cuillerons de la charnière ressemblent beaucoup à ceux de certaines amphidesmes ; ils sont plus étroits, plus enfoncés sous les crochets ; ils sont adhérents dans toute leur longueur. Lorsqu'on réunit les valves, on voit ces cuillerons s'écarter depuis leur origine sous le crochet jusqu'à leur extrémité. Cette disposition s'accorde très bien avec la forme de l'osselet qui, bien que quadrangulaire, est cependant plus étroit à son extrémité antérieure.

Nous n'indiquons ici qu'une seule espèce, parce qu'elle est la seule qui, jusqu'à présent, ait été mentionnée et figurée. Une autre espèce a été confondue par Lamarck avec les myes. La *mya solemyalis* est une véritable ostéodesme à laquelle nous donnons le nom d'*osteodesma solemyalis*.

Ostéodesme corbuloïde. *Osteodesma corbuloides.*
Desh.

> *O. testâ ovato oblongâ, inæquivalvi , tenui ; latere postico*
> *longiore, angulato , truncato ; sub epiderme longitudinaliter*
> *tenue-striatâ.*
>
> *Mya norvegica.* Chemn. Conch. t. 10. p. 345. tab. 170.
>   f. 1647. 1648.
>
> *Amphidesma corbuloides.* Lamk. Anim. s. vert. t. 5. p. 492.
>   nº 12.
>
> Gmelin. pag. 3222. nº 24.

CONCHIFÈRES TÉNUIPÈDES (1).

Leur manteau n'a plus ou presque plus ses lobes réunis
par devant. Leur pied est petit, comprimé. Le bâil-
lement latéral de leur coquille est le plus souvent peu
considérable.

Je rapporte ici un assez grand nombre de coquillages
qu'il a jusqu'à présent été fort difficile de ranger convenablement selon l'ordre de leurs rapports, parce
qu'ils appartiennent à des familles qui, dans l'ordre
de leur production, ne forment point une série simple.
Les uns parurent tenir de très près aux solens , et même
y furent réunis; quoiqu'il soit probable que l'animal,
et sur-tout son pied , aient une forme, des proportions
et même une disposition très différentes. D'autres fu-

---

(1) Dans une note précédente , nous avons déjà dit ce
que cette division des crassipèdes et des ténuipèdes a de dé-
fectueux. Nous ne la croyons pas susceptible de recevoir
des améliorations, parce que le caractère principal est trop
exclusif, et que pour le suivre rigoureusement dans son
application , il faudrait rompre des rapports très naturels
qui lient certains genres, quoique le pied reste dans sa
forme.

rent rangés parmi les myes ; d'autres le furent parmi les tellines et les vénus ; enfin quantité de ces coquillages restèrent dans les collections sans détermination et sans trouver, dans les cadres déjà formés, de rang convenable.

Obligé d'augmenter le nombre de ces cadres, afin de faciliter le placement de quantité d'objets qui eussent embarrassé ailleurs, et effacé les limites des familles, ma division des *conchifères ténuipèdes* comprend quatre coupes distinctes, dont une seule (les *lithophages*) paraît plus artificielle que les autres, sans néanmoins cesser d'être utile : voici la citation de ces coupes.

(a) Ligament intérieur, avec ou sans complication de ligament externe.

Les Mactracées.
Les Corbulées.

(b) Ligament uniquement extérieur.

Les Lithophages.
Les Nymphacées (1).

— — —

LES MACTRACÉES.

L'animal a le pied petit, mais comprimé et propre à des mouvements de déplacement.

---

(1) Ces quatre familles sont actuellement insuffisantes et ont dû subir des changements assez importants à mesure que de nouvelles observations ont été faites. Les genres qu'elles renferment sont liés d'ailleurs d'une manière insensible aux conchifères lamellipèdes ; de telle sorte qu'il est impossible de séparer cette section de celle qui précède, ou de celle qui suit, si ce n'est arbitrairement. Il faut donc réunir tout cela en un seul grand ordre, dans lequel il est facile de disposer convenablement des familles naturelles.

*Coquille équivalve, le plus souvent bâillante aux ex-
trémités latérales. Ligament intérieur, avec ou sans
complication de ligament externe.*

Les *mactracées* tiennent évidemment de très près
aux myaires; neanmoins, comme l'animal a le pied petit, comprimé et propre à ramper ou changer de lieu,
elles appartiennent à une coupe différente, qui doit
suivre celle des myaires. Elles ont effectivement,
comme les myaires, le ligament intérieur, et cette
situation du ligament se retrouve encore la même dans
les corbulées qui en sont très distinctes. Après les corbulées, le ligament des valves est uniquement extérieur dans le reste des conchyfères dimyaires.

Si l'on n'en excepte quelques lutraires, la coquille des
mactracées n'offre à ses extrémités latérales qu'un bâillement médiocre, très petit, même postérieurement,
quelquefois presque nul ou tout-à-fait nul. Je rapporté
ici sept genres, savoir :

(1) Ligament uniquement intérieur.
  (a) Coq. bâillante sur les côtés.

Lutraire.
Mactre.

  (b) Coq. non bâillante sur les côtés.

Crassatelle.
Erycine.

(2) Ligament se montrant au-dehors, ou étant double, l'un
interne et l'autre externe.

Onguline.
Solémye.
Amphidesme (1).

---

(1) Nous avons adopté la famille des mactracées, mais

LUTRAIRE. (Lutraria.)

Coquille inéquilatérale, transversalement oblongue ou arrondie, bâillante aux extrémités latérales. Charnière ayant une dent comme pliée en deux, ou deux dents dont une est simple, et une fossette adjointe, deltoïde, oblique, saillante en dedans. Dents latérales nulles. Ligament intérieur, fixé dans les fossettes cardinales.

Testa inœquilatera, transversìm oblonga, vel rotundata, extremitalibus lateralibus hians. Cardo dente unico subcomplicato, vel dentibus duobus : altero simplici, cum foveâ adjectâ, deltoideâ, obliquâ, intùs prominente. Dentes laterales nulli. Ligamentum internum, in foveis affixum.

OBSERVATIONS. Les *lutraires* sont éminemment distinguées des mactres, parce qu'elles manquent de dents laté-

___

en la modifiant selon que l'exigeait l'état des observations.

Les sous-divisions que Lamarck y a établies, peuvent être supprimées, sur-tout si l'on admet notre genre mésodesme, qui lie les mactres aux crassatelles, et si l'on éloigne les ongulines très rapprochées des lucines, et les solémyes plus voisines des solens que de tout autre genre. Les amphidesmes réduites à celles qui sont minces, sont à peine distinctes des érycines et ne doivent pas faire partie de deux groupes distincts d'une même famille. Nous devons ajouter que les deux sections principales fondées sur la disposition du ligament, ne sont pas établies sur des faits incontestables, car il est certain que dans toutes les coquilles à ligament intérieur, il y a une petite partie extérieure très distincte, semblable à celle des amphidesmes.

rales, et elles offrent une transition aux myaires par leurs rapports avec les anatines. Leur charnière présente en effet, sur chaque valve , une protubérance comprimée, creusée en fossette en dessus, et , à côté, une ou deux dents, dont une est comme pliée en deux , tandis que l'autre est simple. Ces coquilles, sur-tout celles qui sont transversalement oblongues , sont plus bâillantes que les mactres. L'animal fait sortir par le côté antérieur de sa coquille, qui est le plus ouvert, deux siphons , et par le côté opposé un pied petit, comprimé. (1)

---

(1) Quoi qu'en dise Lamarck, les lutraires ne sont point aussi nettement distinguées des mactres, qu'on pourrait le croire. D'abord , il existe entre les animaux des deux genres une ressemblance telle, qu'isolés de leur coquille , il serait impossible de les reconnaître. Si l'on examine les coquilles elles-mêmes , on trouve entre les lutraires et les mactres un passage insensible.

Dans les deux premières espèces de lutraires , on trouve d'abord un cuilleron et la dent cardinale en forme de V, comme dans les mactres : les dents latérales sont effacées ou rudimentaires ; mais dans la troisième espèce, *Lutraria rugosa*, les dents latérales, quoique très courtes, se montrent cependant aussi fortes que dans plusieurs espèces de mactres ; et si nous faisons suivre cette espèce conservant la forme extérieure des lutraires , de la mactre striatelle et de quelques autres, nous aurons établi le passage des deux genres ; car il sera devenu impossible de trouver dans les charnières de ces espèces , des caractères génériques suffisants.

Si ces trois premières espèces de lutraires passent insensiblement aux mactres, il n'en est pas tout-à-fait de même de la plupart de celles de la seconde section qui , par leurs caractères généraux , ont plus de rapports avec les amphidesmes. Cependant ces espèces conservent avec les lutraires quelques traits de ressemblance qu'il ne faut pas négliger, pour les placer d'une manière naturelle. L'animal de ces espèces se rapproche plus de celui des tellines par la forme

ESPÈCES.

Coquille transversalement oblongue.

1. Lutraire solénoïde. *Lutraria solenoides.* **Lamk.**

> L. *testâ oblongâ; striis transversis rugœformibus; latere an-
> tico prælongo, apice rotundato, valdè hiante.*
>
> * *La Coquille longue.* Rondelet. liv. 1. Des poiss. couverts
> d'un test dur, pag. 15.
>
> * *Concha longa.* Aldrov. test. p. 453.
>
> *Mya oblonga.* Gmel. p. 3221.
>
> Gualt. test. t. 90. fig. A. 2.
>
> * Rumph. Amb. tab. 45. f. N.?
>
> *Dacosta.* Conch. brit. p. 30. t. 17. f. 4.
>
> Chemn. Conch. 6. tab. 2. f. 12.
>
> * De Roissy. Buff. de Sonnini. Conch. t. 6. pag. 354. n° 1.
>
> * *Mactra hians.* Dilw. Cat. t. 1. p. 146. n° 38.
>
> * *Lutricola solenoides.* Blainv. Malac. tab. 77. f. 3.
>
> * Sow. Genera of Shells. n° 24. f. 1.
>
> * Desh. Encycl. méth. vers. t. 2. p. 387. n° 1.
>
> * *Fossilis.* Brocchi. Conch. subap. t. 2. p. 336. n° 4.
>
> Habite l'Océan d'Europe. Mus. n°. Mon cabinet. Grande
> coquille d'un blanc sale ou roussâtre, très bâillante, ven-
> true, à côté postérieur court, arrondi. Deux dents à côté de
> la fossette. Largeur, un décimètre et 10 millimètres. On la
> trouve fossile au *Mont Marius*, près de Rome.

2. Lutraire elliptique. *Lutraria elliptica.* **Lamk.**

> L. *testâ ovali-oblongâ, lœviusculâ; striis transversis exiguis;
> lateribus rotundatis : antico longiore.*
>
> *Mactra lutraria.* Lin. Gmel. p. 3259.
>
> * Schroter. Einl. t. 3. p. 79. n° 8. (*Mactra lutraria.*)
>
> * Lister. Hist. anim. t. 4. f. 19.

---

et la longueur des siphons, que de celui des lutraires et des
mactres ; de sorte qu'en attendant que les rapports soient
définitivement fixés, il serait peut-être bon de conserver
le genre ligule institué par Leach pour elles.

List. Conch. t. 415. f. 259.
* Bonanni. Récr. class. 2. f. 19.
Chemn. Conch. 6. t. 24. f. 240. 241.
Pennant. Zool. brit. 4. pl. 52. f. 44.
* De Roissy. Buff. de Sonn. Conch. t. 6. pag. 355. n° 2.
* Brookes. Intr. of Conch. tab. 2. f. 20.
* *Mactra lutraria.* Dilw. Cat. t. 1. p. 146. n° 37.
* *Fossilis.* Scill. de corp. mar. tab. 17. f. 1.
* Brocch. Conch. subap. t. 2. p. 336. n° 5.
* Desh. Encycl. méth. vers. t. 2. p. 387. n° 2.
(b) *Var. antico latere attenuato, obtusè acuto.*
Habite l'océan d'Europe, dans le sable des côtes. Mon cabinet.
Elle est presque aussi grande que la précédente, un peu
moins bâillante, à crochets petits. On la trouve fossile en
Italie.

3. Lutraire ridée. *Lutraria rugosa.* Lamk.

L. testá ovatá, albido-flavescente ; striis longitudinalibus ele-
vatis, transversas minùs elevatas decussantibus.
Mactra rugosa. Gmel. p. 3261.
Chemn. Conch. 6. tab. 24. f. 236. 237.
Encycl. p. 254. f. 2. a. b.
(b) *Var. striis longitudinalibus posticis rarioribus, magis*
elevatis.
* Desh. Encycl. méth. vers. t. 2. p. 387. n° 3.
Mus. n°.
Habite l'Océan européen, où elle paraît rare. Mon cabinet.
La variété b vient de Saint-Domingue.

Coquille orbiculaire ou subtrigone.

4. Lutraire comprimée. *Lutraria compressa.* Lamk.

L. testá tenui, compressá, rotundato-trigoná, squalidá,
transversè striatá.
Pectunculus latus, etc. List. Conch. t. 253. f. 88.
Dacosta. Conch. brit. p. 200. tab. 13. f. 1.
Encycl. pl. 257. f. 4. *Ligula compressa,* ex D. Leach.
An mactra Listeri ? Gmel. p. 3261 ?
Habite dans la Manche, sur les côtes de France, où elle est
très commune. Mon cabinet. Elle est d'un gris sale, quel-
quefois jaunâtre ou roussâtre.

5. Lutraire calcinelle. *Lutraria piperata.* Lamk. (1).

> *L. testá ovatá, compressá, transversè striatí: dentibus mi-*
> *nimis; foveolá magná obliquatá.*
> Poiret, voyage en Barb. 2. p. 15.
> *Mactra piperata.* Gmel. p. 3261.
> * List. Hist. anim. pl. 4. f. 23.
> * *Cacinella.* Adans. Seneg. p. 232. t. 17. f. 18.
> Chemn. Conch. 6. t. 3. f. 21.
> * *Mactra piperata.* Dilw. Cat. .t. 1. p. 142. n° 26.
> * *Lutricola compressa.* Blainv. Malac. pl. 77. f. 2.
> Habite dans la Méditerranée. Mon cabinet. Cette lutraire est
> plus aplatie et moins arrondie que la précédente. Elle
> est assez mince, transparente, jaunâtre, quelquefois très
> blanche.

6. Lutraire tellinoïde. *Lutraria tellinoides.* Lamk.

> *L. testá ovatá, tenui, pellucidá, albá, striis transversis inœ-*
> *qualibus tenuibus; latere postico brevi, subplicato.*
> *An mactra pellucida ?* Gmel. p. 3260.
> Habite... On la dit des côtes de la Guinée. Mon cabinet.
> Cette lutraire et les cinq suivantes sont difficiles à caracté-
> riser, étant également blanches, minces et transparentes.

7. Lutraire blanche. *Lutraria candida.* Lamk.

> *L. testá ovatá, tenui, pellucidá, candidá; striis transversis*
> *inœqualibus; latere postico anticum superante.*
> Mus. n°.
> Habite... C'est peut-être à celle-ci qu'appartient le *Mactra*
> *pellucida,* cité ci-dessus. Les deux espèces sont néanmoins
> très distinctes.

---

(1) Nous avons fait observer dans l'Encyclopédie, à l'art.
lutraire, qu'il n'y avait pas de caractères suffisants pour
distinguer la *Lutraria compressa* de la *piperata.* Toutes deux
appartiennent à une même espèce vivant depuis les mers
du Nord jusqu'au Sénégal et dans toute la Méditerranée.
Comme toutes celles qui vivent à des latitudes si diverses,
cette espèce est très variable, et il n'est pas étonnant qu'à
défaut d'observations suffisantes, on ait fait deux espèces
pour deux variétés.

8. Lutraire papyracée. *Lutraria papyracea.* Lamk.

> *L. testá ovato-rotundatá, tenui, pellucidá, transversim striatá; latere antico patulo-hiante, lineá elevatá longitudinali utrinque distincto.*
>
> *Mactra papyracea ?* Gmel. n° 3.
>
> Chemn. Conch. 6. t. 23. f. 231 ?
>
> Encycl. pl. 257. f. 2. a. b ?
>
> * *An lutraria lineata ?* Say. Amér. Conch. t. 1. n° 1. pl. 9.
>
> Habite l'Océan indien. Mus. n°. Mon cabinet. Elle a, près de son côté antérieur, des stries longitudinales très fines, en une place isolée. En vieillissant, elle devient très bâillante.

9. Lutraire petits-plis. *Lutraria plicatella.* Lamk.

> *L. testá ovato-rotundatá, tenui, pellucidá, albá; plicis tenuibus transversis, crebris ; latere antico brevi subangulato.*
>
> *An mactra papyracea ?* Gmel. p. 3257.
>
> Chemn. Conch. 6. t. 23. f. 231 ?
>
> Habite...Probablement l'Océan indien. [Elle vit sur les plages sablonneuses de l'Amérique septentrionale.] Mus. n°.

10. Lutraire gros-plis. *Lutraria crassiplica.* Lamk.

> *L. testá ovato-rotundatá, tenui, pellucidá, albá, convexá; plicis transversis, majusculis, compositis; latere postico brevissimo.*
>
> * *An mactra vitræ ?* Chemn. Conch., t. xi. t. 200. f. 1959. 1960.
>
> * *Id.* Dilw. Cat. t. 1. p. 133. n° 4.
>
> (b) *An ejusd. var. ?* Encycl. pl. 255. f. 2. a. b.
>
> Habite.... probablement l'Océan indien. Mus. n°. Largeur, 30 millimètres.

11. Lutraire aplatie. *Lutraria complanata.* Lamk.

> *L. testá ovatá, tenui, arcuatim plicatá; plicis transversim striatis.*
>
> *Mactra complanata.* Gmel. p. 3261.
>
> Chemn. Conch. 6. t. 24. f. 238. 239.
>
> Encycl. pl. 258. f. 4.
>
> * *Mya planata.* Dilw. Cat. t. 1. p. 145. n° 36.

Habite l'Océan indien. Je n'ai point vu cette espèce; et, quoiqu'elle soit sans doute très voisine de la précédente, elle est différente et plus alongée transversalement.

12. Lutraire dent épaisse. *Lutraria crassidens.* Lamk.

L. testâ ovatâ, solidâ, opacâ, transversè substriatâ; dente cardinali crasso; foveâ ligamenti non prominente.

* *An lutraria sanna ?* Bast. Mém. de la Soc. d'hist. nat. de Paris. t. 2. p. 94. n° 1. pl. 7. fig. 13.

* Desh. Encycl. méth. vers. t. 2. pag. 389. n° 8.

Mon cabinet.

Habite.... Fossile des faluns de la Touraine.

† 13. Lutraire sabre. *Lutraria ensis.* Quoy.

L. testâ elongato-ovatâ, angustâ, transversâ, inæquilaterâ, arcuatâ, luteo-griseâ, transversim irregulariter sulcatâ; latere antico brevissimo, rotundato.

Quoy et Gaym. Voy. de l'Astrolabe, Moll. pl. 83. f. 5. 6.

† 14. Lutraire très large. *Lutraria latissima.* Desh.

L. testâ ovato-ellipticâ, complanatâ, inæquilaterâ, anticè rotundatâ, posticè subangulatâ, transversim tenuiter striatâ; cardine producto, dente laterali postico minuto instructo.

Desh. Encycl. méth. Hist. nat. des vers. pag. 389. n° 7.

Fossile des environs de Bordeaux. Il y a une lutraire vivante au Cap de Bonne-Espérance qui en est le sub-analogue.

† 15. Lutraire de Cottard. *Lutraria Cottardi.* Payraud.

L. testâ ovali, trigonâ, compressâ, pellucidâ, nitidâ; subæquilaterâ, posticè subangulatâ anticè rotundatâ, albâ, transversim læviter striatâ; umbonibus acutis, minimis; fossulâ ligamenti minimâ, obliquâ; dentibus cardinalibus obsoletis.

Payraudeau. Cat. des annel. et des moll. de Corse, pag. 28. n° 35. pl. 1. fig. 1. 2.

Desh. Encycl. méth. des vers. t. 2. pag. 389. n° 6.

Habite la Méditerranée, la Corse, la Sicile, etc.

† 16. Lutraire grimace. *Lutraria sanna.* Bast.

L. testâ ellipticâ, transversim elongatâ, inæquilaterâ, irregu-

lariter striatá, anticè rotundatá, posticè attenuatá, infernè
arcuatá; cardine dentibus lateralibus obsoletis instructo.
Bast. Mém. sur les env. de Bordeaux. Mém. de la Soc. d'hist.
nat. de Paris. tom. 2. p. 94. n° 1. pl. 7. fig. 13.
Desh. Encycl. méth. des vers. t. 2. pag. 389. n° 8.
Fossile de Bordeaux et de Dax.

[Dans le 40ᵉ numéro de son Genera, M. Sowerby a proposé deux genres qui, s'ils étaient adoptés, viendraient se placer, le premier, *Anatinella*, entre les lutraires et les thracies, et le second, *Cumingia*, entre les lutraires de la seconde section et les amphidesmes. De ces deux genres, celui des anatinelles nous semble fondé sur de meilleurs caractères que le second, et, selon que l'animal lorsqu'il sera connu, aura plus de rapports avec les thracies qu'avec les lutraires, le genre sera placé dans l'une ou l'autre famille. Nous donnons ici les caractères de ce genre.

Genre ANATINELLE, *Anatinella*. Sow.

Animal inconnu.
Coquille ovale, transverse, subéquilatérale, mince, subnacrée à l'intérieur. Charnière offrant sous le crochet un cuilleron alongé, étroit, profond, fort saillant à l'intérieur de la coquille et sur chaque valve deux très petites dents cardinales à la partie antérieure du cuilleron. Impression musculaire antérieure, étroite, alongée; la postérieure petite, arrondie. Impression palléale simple, non sinueuse postérieurement.

OBSERVATIONS. Nous ne connaissons que la seule espèce figurée par M. Sowerby *Genera of Shells* n° 40. Nous en possédons une valve, n'ayant pu jusqu'à présent nous procurer un individu complet. Cette coquille est très mince, fragile, subnacrée à l'intérieur; son cuilleron horizontal est étroit, profond, et présente sur son bord antérieur deux petites dents obliques et divergentes.]

MACTRE. (Mactra.)

Coquille transverse, inéquilatérale, subtrigone, un peu bâillante sur les côtés, à crochets protubérants.

Une dent cardinale comprimée, pliée en gouttière sur chaque valve, et auprès une fossette en saillie. Deux dents latérales rapprochées de la charnière, comprimées, intrantes. Ligament intérieur, inséré dans la fossette cardinale.

Testa transversa, inœquilatera, subtrigona, lateribus paulisper hians ; natibus prominentibus.

Dens cardinalis in utráque valvá compressus, plicato-canaliculatus, cum adjectá foveolá intùs prominulá. Dentes laterales duo compressi, utrinque propè cardinem admoti, inserti. Ligamentum internum, in foveolá cardinali insertum.

OBSERVATIONS. Les *mactres* débarrassées des lutraires qui en obscurcissaient le caractère ou le rendaient inexact, constituent un très beau genre, assez nombreux en espèces. Ce sont des coquilles marines, souvent un peu grandes, presque toujours trigônes, légèrement bâillantes sur les côtés, soit lisses, soit ridées ou sillonnées transversalement. Le caractère de leur charnière est assez singulier : on voit sur chaque valve, sous les crochets, une dent comprimée, pliée en gouttière, quelquefois comme divisée en deux pièces divergentes ; et à côté se trouve une fossette subcordiforme oblique, qui donne attache au ligament des valves. On remarque en outre deux dents latérales comprimées et intrantes ; l'une rapprochée plus ou moins de la fossette du ligament, et l'autre de la dent cardinale.

Quand la fossette est fort large, comme cela a lieu dans certaines espèces, la dent cardinale est très oblique, rétrécie, et même en partie avortée ; mais les dents latérales existent toujours. (1)

Par un des côtés de sa coquille (2), l'animal fait sortir deux tubes qu'il forme avec son manteau, et par l'autre, un pied musculeux , comprimé.

ESPÈCES.

1. Mactre géante. *Mactra gigantea.* Lamk.

> M. *testá magná , solidá, albido-fulvá, transversim sub-striatá , intrà nates hiante ; foveá cardinali maximá cordatá.*
> Encycl. pl. 259. f. 1.
> *Mactra solidissima.* Chemn. Conch. 10. t. 170. f. 1656.
> * *Mactra solidissima.* Dilv. Cat. t. 1. p. 140. n° 22.
> * Desh. Encycl. méth. vers. t. 2. p. 394. n° 1.
> Habite les mers de l'Amérique septentrionale. Mus. n°. Mon cabinet. Le bâillement entre les crochets est ici dans le sens de l'ouverture des valves, et en cela fort différent de celui de l'espèce suivante.

2. Mactre de Spengler. *Mactra Spengleri.* Lin.

> M. *testá trigoná, lœvi; vulvá planá ; natibus distantibus, aperturá lunatá separatis.*
> *Mactra Spengleri.* Gmel. p. 3256.
> * Schroter. Einl. in Conch. t. 3. p. 72. n° 1.
> * Spengl. Cat. t. 3. f. 1. 2. 3.

---

(1) Il existe des mactres dans lesquelles les dents latérales elles-mêmes sont très réduites ; cela se remarque surtout dans les espèces très inéquilatérales : elles servent ainsi de passage vers les lutraires. D'autres espèces ont le test plus épais, la charnière est plus solide et les dents latérales moins lamelleuses : celles-là forment le passage vers notre genre mésodesme ; mais ce dernier genre est plus nettement tranché par rapport aux mactres , que celui des lutraires.

(2) Par le côté postérieur.

Chemn. Conch. 6. t. 20. f. 199—201.
Encycl. pl. 252. f. 3. a. b.
* Dilw. Cat. t. 1. p. 132. n° 1.
* Sow. Genera of Shells. n° 24. f. 1.
* Desh. Encycl. méth. vers. t. 2. p. 394. n° 2.
Habite les mers du Cap de Bonne-Espérance. Mus. n°. Mon
cabinet. Espèce peu commune, recherchée et très distincte
par ses caractères.

3. Mactre striatelle. *Mactra striatella*. Lamk.

*M. testá magná, pellucidá, albá, convexá ; vulvá obliqué
striatá, angulo obtuso circumscriptá; natibus substriatis.*
Encycl. pl. 255. f. 1. a. b.
* *Fossilis.* Bast. Mém. de la Soc. d'hist. nat. de Paris. t. 2.
pl. 7. f. 2. a. b.
* *Mactra albina.* Desh. Encycl. méth. vers. t. 2. p. 395.
n° 4.
Habite.... les mers de l'Inde? Mus. n°. Mon cabinet. Je crois
que cette espèce a été confondue avec la suivante, dont elle
est bien distincte. Elle devient plus grande.

4. Mactre carinée. *Mactra carinata*. Lamk.

*M. testá trigoná, pellucidá, albá, convexá; vulvá angulis la-
mellá elevatá carinatis circumscriptá; natibus lœvibus.*
Gualt. Test. tab. 85. fig. F.
Knorr. Vergn. 6. t. 34. f. 1.
* Fav. Conch. pl. 48. f. C.
Encycl. pl. 251. f. 1. a. b. c,
An mactra striatula? Gmel. p. 3257 (1).
Habite.... la Méditerranée? l'Océan des Indes? Mus. n°.
Mon cabinet. La planche 251. f. 2. et celle 252. f. 1. de
l'Encyclopédie, représentent une mactre à angles du cor-
selet aigus, mais point carinés. Je crois que ce n'est qu'une
variété.

---

(1) La *mactra striatula* de Linné est la même que celle‑ci;
il faut seulement en ôter la figure qu'il cite de Chemnitz
(pl. 21, f. 205, 206), figure qui représente une autre
espèce.

5. **Mactre fauve.** *Mactra helvacea.* Chemn.

> *M. testâ ovato-trigonâ, pallidè albâ, fulvo-radiatâ; vulvâ
> lunulâque convexis, rufis; dentibus lateralibus remotis.*
> *Mactra glauca.* Gmel. *Excluso Bornii synonymo.*
> *Mactra helvacea.* Chemn. Conch. 6. p. 234. t. 23. f. 232. 233.
> Encycl. pl. 256. f. 1. a. b.
> Poli Test. 1. t. 18. f. 1—3.
> * Donovan. Br. Conch. t. 4. tab. 125.
> * Payraud. Cat. p. 29. n° 36.
> * Desh. Encycl. méth. vers. t. 2. p. 395, n° 6.
> Habite les côtes d'Espagne, de l'Italie. Mus. n°. Mon cabinet.
> Elle devient fort grande; ses crochets sont lisses. Les vieux
> individus sont roux, obscurément rayonnés.

6. **Mactre rostracée.** *Mactra grandis.* Chemn.

> *M. testâ trigonâ, anticè productiore subrostratâ, lævi, cer-
> vinâ, pallidè radiatâ; natibus tumidis, fusco-violaceis.*
> *Mactra grandis.* Gmel. n° 12.
> Chemn. Conch. 6. t. 23. f. 228.
> Encycl. pl. 253. f. 1. a. b. *Bona.*
> * Dilw. Cat. t. 1. p. 139. n° 19.
> Habite.... Ses rapports avec la suivante, dont elle est cepen-
> dant très distincte, font présumer qu'elle vit dans l'Océan
> atlantique et peut-être européen. Mon cabinet.

7. **Mactre lisor.** *Mactra stultorum.* Lin. (1)

> *M. testâ ovato-trigonâ, lævi, subdiaphanâ, pallidè fulvâ;
> radiis albidis obsoletis; facie internâ albido-purpuras-
> cente.*
> *Mactra stultorum.* Gmel. n°. 11.
> * Dacosta. Brit. Conch. tab. 12. f. 3.

---

(1) Nous possédons depuis peu de temps la mactre du
Sénégal à laquelle Adanson a donné le nom de *Lisor*. La
localité est certaine, et tous ses caractères s'accordent parfaitement avec la description d'Adanson. La comparaison
minutieuse de la coquille du Sénégal avec celle de nos
côtes, à laquelle Linné a donné le même nom, nous a
convaincu qu'elles appartenaient à deux espèces bien distinctes qu'il conviendra de séparer et de bien décrire.

7*

* Gualt. Index. tab. 71. f. C.
* Born. Mus. pag. 50 ; vignette.
* Schrot. Einl. in Conch. t. 3. p. 77. n° 6.
* Brookes. Intr. of Conch. pl. 2. f. 21.
* Olivi. Zool. Adriat. p. 105. n° 2.
* Fav. Conch. pl. 48. f. M. I ?
Lisor. Adans. Seneg. tab. 17. f. 16.
Chemn. Conch. 6. t. 23. f. 224. 225.
Encycl. pl. 256. f. 2. a. b.
Poli. Test. 1. t. 18. f. 10—12.
* Roissy. Buff. de Sonn. Moll. 6. p. 352. pl. 65. f. 5.
* Blainv. Malac. pl. 73. f. 5.
* *Fossilis*. Brocchi. Conch. Foss. subapp. t. 2. p. 535. n° 2.
* Desh. Encycl. méth. vers. t. 2. p. 396. n° 7.
* Payr. Cat. p. 29. n° 37.
* Dilw. Cat. t. 1. p. 138. n° 18.
(b) *Var. testâ minore, pallidiore; natibus albidis.*
Habite la Méditerranée, l'Océan d'Europe et l'Atlantique.
Mus. n°. Mon cabinet. Les individus parfaits ont les cro-
chets violets, comme dans la M. rostracée, mais leur côté
antérieur ne s'avance pas de la même manière.

8. Mactre mouchetée. *Mactra maculosa*. Lamk.

*M. testâ ovato-trigonâ, spadiceo-rufâ, radiis maculisque
albis variegatâ ; natibus vulvâ lunulâque subviolaceis.*

Mus. n°.

Habite... Elle est plus brillante, plus vivement colorée et
moins trigone que la précédente. Intérieurement, elle a
trois taches pourprées dans la partie inférieure de ses
valves.

9. Mactre paillée. *Mactra straminea*. Lamk. (1).

*M. testâ ovato-trigonâ, tenui, lœvi, subirradiatâ; natibus
obsoletè rufis.*

Mactra nitida. Schroet. Einl. in Conch. 3. t. 8. f. 2.
* *Mactra nitida.* Gmel. p. 3258.

---

(1) Il nous semble qu'il conviendrait de rendre à cette
espèce le nom que Schroter lui donna le premier; car il
est bien certain que cette mactre paillée est la même que
celle de l'auteur allemand.

Mon cabinet.

Habite... Je soupçonne qu'elle n'est qu'une variété de la M. lisor ; mais elle est singulière, presque unicolore et luisante.

10. Mactre australe. *Mactra australis.* **Lamk.** (1).

M. *testâ trigonâ, solidâ, albâ; striis transversis tenuibus, subfurcatis; facie internâ; maculis violaceis nebulosis.*

* *Mactra glabrata.* Lin. Syst. nat. p. 1125.

* Schroter. Einl. t. 3. p. 75.

An mactra glabrata? Gmel. n° 7. Chemn. Conch. 6. t. 22. f. 216. 217.

* Dilw. Cat. t. 1. p. 136. n° 12.

* Desh. Encycl. méth. t. 2. p. 396. n° 8.

Mus. n°.

Habite les mers de la Nouvelle Hollande, au port du Roi Georges. Largeur, 39 millimètres.

11. Mactre violette. *Mactra violacea.* **Chemn.**

M. *testâ ovato-trigonâ, tenui, intùs extùsque violaceâ; natibus saturioribus; vulvâ anoque albidis.*

Mactra violacea. Gmel. n° 18.

Chemn. Conch. 6. t. 22. f. 213. 214.

* Schroter. Einl. t. 3. p. 82.

Encycl. pl. 254. f. 1. a. b.

Dilw. Cat. t. 1. p. 135. n° 9. *Variet. exclusa.*

Habite l'Océan Indien, sur la côte de Tranquébar. Mus. n°. Mon cabinet. Elle est très obscurément rayonnée.

12. Mactre fasciée. *Mactra fasciata.* **Lamk.**

M. *testâ trigonâ, lœvi, tenui, subdiaphanâ, albâ; zonis distantibus violaceis; vulvâ striatâ.*

Gualt. Conch. t. 71. fig. B.

An mactra corallina? Gmel. n° 9.

(b) *Var. testâ radiis pallidè fulvis ornatâ.*

Habite... probablement l'Océan atlantique. Mon cabinet.

---

(1) L'examen que nous avons fait attentivement de la *Mactra australis* nous a convaincu qu'elle était de la même espèce que la *Mactra glabrata* de Linné. Il serait donc juste de rendre à cette coquille le nom que Linné lui imposa.

Coquille, dont je ne connais pas de figure passable, toujours
ornée de zones violettes, d'un blanc violet intérieurement,
ventrue, rare dans les collections.

13. Mactre enflée. *Mactra turgida.* Gmel.

*M. testâ ovato-trigonâ, tumidâ, tenui, lœvi, albâ; natibus
rubescentibus; vulvâ eleganter striatâ.*

List. Conch. t. 263. f. 99 ?
Chemn. Conch. t. 21. f. 210. 212.
* Schroter. Einl. t. 3. p. 81. n° 3.
Mactra turgida. Gmel. n° 17.
Encycl. pl. 255. f. 3. a. b.
* Dilw. Cat. t. 1. p. 134. n° 8.
* Sow. Genera of Shells. n° 24. f. 2.
Habite les mers de l'Inde. Mus. n°. Elle a une tache rouge
pourprée sous chaque crochet.

14. Mactre plicataire. *Mactra plicataria.* Chemn.

*M. testâ albâ, diaphanâ, transversè rugoso-plicatâ; vulvâ
planiusculâ; ano depresso, oblongo.*

* Schroter. Einl. in Conch. t. 3. p. 73. n° 2.
* Dilw. Cat. t. 1. p. 132. n° 2.
Chemn. Conch. 6. t. 20. f. 202—204.
Encycl. pl. 255. f. 2. a. b.
Mactra plicataria. Gmel. pag. 3257. n° 2.
* Desh. Encycl. méth. vers. t. 2. p. 396. n° 9.
Habite l'Océan Indien. Mon cabinet.

15. Mactre rufescente. *Mactra rufescens.* Lamk.

*M. testâ ovato-trigonâ, tumidâ, basi lœvigatâ fulvo-rufes-
cente; supernè striato-plicatâ.*

Mus. n°.
Habite à la Nouvelle Hollande, dans la baie des chiens marins. La pointe des crochets est violette. Largeur, 55 millimètres.

16. Mactre tachetée. *Mactra maculata.* Lin.

*M. testâ obtusè trigonâ, inflatâ, tenui, albidâ; maculis spa-
diceo-rufis; ano impresso.*

* Lin. Gmel. p. 3260. n° 16.
Chemn. Conch. 6. tab. 21. f. 208. 209.

* Encycl. méth. pl. 254. f. 3. a. b.
* Dilw. Cat. t. 1. p. 134. n° 7.
Habite les mers de l'Inde. Mon cabinet.

17. Mactre subplissée. *Mactra subplicata*. Lamk. (1).

M. testâ trigonâ, tenui, albâ; lateribus baseos subplicatâ: disco lœvi; cardinis dente laterali bilobo.
* *Mactra lœvis.* Chemn. Conch. t. 6. pl. 21. f. 205. 206.
Mus. n°.
Habite... Le corselet est circonscrit de chaque côté par un angle, comme dans la M. plicataire; néanmoins sa forme et son aspect la distinguent.

18. Mactre triangulaire. *Mactra triangularis*. Lamk.

M. testâ triangulari, solidâ, albâ, transversè plicatâ; maculis spadiceis sparsis: superioribus majoribus.
Encycl. pl. 253. f. 3. a. b. c.
Habite... Mus. n°. Mon cabinet. Coquille très rare.

19. Mactre lactée. *Mactra lactea*. Poli. (2).

M. testâ ovato - trigonâ, subturgidâ, tenui, pellucidâ, albâ; fasciis lacteis; striis transversis tenuissimis.
Poli. Test. 1. tab. 18. f. 13. 14.
An Mactra lactea? Gmel. n° 10.
* *Mactra solida.* Payr. Cat. p. 30. n° 28.

---

(1) Grande et belle espèce, intermédiaire entre la mactre carinée et la striatelle, mais bien distincte par sa charnière. Nous croyons que la figure citée de Chemnitz la représente; et si nous ne nous trompons pas, elle serait la même que la *Mactra striatula* de Linné, Syst. nat., p. 1125.

(2) Nous avons vu dans la collection du Muséum le type de la *Mactra solida*, déposé par M. Payradeau et étiquetée de sa main : c'est incontestablement un individu de la mactre lactée, et nous avons dû réunir à cette espèce les deux synonymies de l'auteur.

Il n'est pas certain que la *Mactra lactea* de Chemnitz et de Gmelin soit la même que celle-ci, à en juger du moins par la figure de Chemnitz.

* Payraud. Cat. p. 3o. n. 3g.
* Desh. Encycl. méth. vers. t. 2. p. 397. n° 10.
Habite la Méditerranée, au golfe de Tarente. Mon cabinet.
Coquille très blanche. Largeur, 35 millimètres.

20. Mactre raccourcie. *Mactra abbreviata.* Lamk.

*M. testâ obtusè trigonâ, transversim abbreviatâ, albâ; ano vul-
váque eleganter plicatis.*
Mus. n°.
Habite les mers de la Nouvelle Hollande, au port Jackson.
Largeur, 34 millimètres.

21. Mactre ovaline. *Mactra ovalina.* Lamk.

*M. testâ ovatâ, tenui, pellucidâ, supernè tenuissimè striatâ;
vulvâ angulo circumscriptâ; natibus lævissimis.*
Mon cabinet.
Habite... l'Océan Indien? Elle est blanchâtre. Largeur, 35
millimètres.

22. Mactre blanche. *Mactra alba.* Lamk.

*M. testâ obtusè trigonâ, turgidâ, subpellucidâ, albâ; striis
transversis minimis; lineis longitudinalibus raris, obso-
letis.*
An mactra lactea, etc. Chemn. Conch. 6. t. 22. f. 220. 221.
Encycl. pl. 254. f. 5?
* Desh. Encyc. méth. vers. t. 2. p. 397: n° 11.
Habite... les mers de l'Inde. Mus. n°.

23. Mactre solide. *Mactra solida.* Lin.

M. testâ trigonâ, opacâ, læviusculâ, subantiquatâ.
Mactra solida. Lin. Syst. nat. p. 1126. Gmel. n° 13.
* Schroter. Einl. in Conch. t. 3. p. 78. n° 7.
(a) *Testa unicolor, albido-cinerascens aut flavescens.*
List. Conch. t. 253. f. 87.
Pennant. Zool. brit. 4. t. 51. f. 43. A.
Encycl. pl. 258. f. 1.
Chemn. Conch. 6. t. 23. f. 230.
* Donovan. Brit. Conch. t. 2: tab. 61.
* Dorset. Cat. p. 32. tab. 6. f. 6.
(b) *Var. testâ cingulis olivaceis fuscis aut cœruleis picta.*

Dacosta. Test. brit. tab. 15. f. 1.

Knorr. vergn. 6. t. 8. f. 5.

Chemn. Conch. 6. t. 24. f. 229.

* Dilw. Cat. t. 1. p. 140. no 21.

* Desh. Encycl. méth. vers. t. 2. p. 397. no 12.

* Sow. Genera of Shells. no 24. f. 3.

Habite l'Océan d'Europe. Très commune dans la Manche.
  Mus. n°. Mon cabinet. J'en ai une variété à zones élevées,
  pliciformes, de la Manche.

24. Mactre marron. *Mactra castanea.* Lamk. (1).

*M. testá parvulá, trigoná, opacá, subantiquatá, saturaté
castaneá..*

Mus. n°.

Habite... Elle fut envoyée de Lisbonne, et vient peut-être
  du Brésil. On pourrait la regarder comme une variété de la
  précédente; mais elle est proportionnellement moins élevée.
  Largeur, 34 millimètres.

25. Mactre rousse. *Mactra rufa.* Lamk. (2).

*M. testá ovato-trigoná, turgidá, tenui, lœvi, fulvo-rufá; ra-
diis albidis obsoletis; natibus subviolaceis.*

Mus. n°.

Habite... Elle est bombée et fort différente de la M. lisor.
  Largeur, 40 à 42 millimètres.

26. Mactre sale. *Mactra squalida.* Lamk.

*M. testá subtrigoná, tumidá, inœquilaterá, fulvo-squalidá;
latere antico maculá fuscá tincto.*

---

(1) Cette espèce doit être retranchée : elle a été faite avec
quelques valves roulées dans la vase de la *Mactra solida*,
variété un peu comprimée, de la partie méridionale des
mers d'Europe.

(2) Celle-ci, comme la précédente, a été établie sur les
valves roulées et altérées dans leur couleur par leur long
séjour dans la vase. Malgré ce qu'en dit Lamarck, et si les
individus que nous avons examinés dans la collection du
Muséum, sont les mêmes que ceux qu'il a vus, nous pouvons affirmer que cette espèce est un double emploi de la
Mactra lisor.

Mus. n°;

Habite... Elle est d'un blanc jaunâtre, obscurément tachetée
de fauve, sans ressembler à la M. tachetée. Largeur 47 millimètres.

27. Mactre du Brésil. *Mactra Brasiliana.* Lamk.

*M. testâ ovato-ellipticâ, subtrigonâ, albâ, lœviusculâ; vulvâ
striis longitudinalibus obliquè divaricatis, epidermc fuscâ
tectis.*

* *Mactra fragilis.* Chemn. Conch. t. 6. tab. 24. f. 235 ?

* Lin. Gmel. p. 3261. n° 22.

Mus. n°.

Habite à Rio Janeiro. Lalande fils. Largeur, 71 millimètres.
Elle est presque équilatérale.

28. Mactre donacie. *Mactra donacia.* Lamk. (1).

*M. testâ solidâ, transversè striatâ; latere postico brevissimo,
subtruncato; antico valdè productiore.*

Mus. n°.

Habite... Elle est très différente de la lutraire solénoïde, et
presque aussi grande. Je n'en ai vu qu'une valve.

29. Mactre déprimée. *Mactra depressa.* Lamk.

*M. testâ subovatâ, tenui, pellucidâ, candidâ, convexâ; disco
lœvi depresso; lateribus striato-plicatulis.*

Chemn. Conch. 6 tab. 24. f. 234.

* Desh. Encycl. méth. vers. t. 2. p. 398. n° 13.

Habite... les mers de l'Inde.? Mus. n°. Largeur, 48 millim.

30. Mactre lilacée. *Mactra lilacea.* Lamk.

*M. testâ ovato-trigonâ, solidâ, albo-violacescente, supernè
eleganter plicatâ, infernè lævigatâ; cingulis natibusque
violaceis.*

Mus. n°.

Habite... Elle vient de Lisbonne, peut-être rapportée du
Brésil. Elle offre, à l'intérieur, une grande tache fauve sous
chaque crochet. Largeur, 43 millimètres.

---

(1) Cette coquille n'est point une mactre; elle appartient à notre genre mésodesme : nous en donnons les caractères dans les notes relatives au genre amphidesme.

31. Mactre trigonelle. *Mactra trigonella*. Lamk.

> *M. testâ trigonâ, inœquilaterâ, albâ; dentibus cardinalibus obsoletis, subnullis.*
>
> Encycl. pl. 259. f. 2. a. b. c. ?
> Habite à la baie des chiens marins. Mus. n°.

32. Mactre deltoïde. *Mactra deltoides*. Lamk. (2).

> *M. testâ ovato-trigonâ, inœquilaterâ, albâ; latere postico breviore; vulvâ anoque eleganter plicatis.*
>
> Mus. n°.
> * Desh. Desc. des Coq. foss. t. 1. p. 31. n° 1. pl. 4. f. 7 à 10.
> * *Idem*. Encycl. méth. vers. t. 2. p. 398. n° 14.
> (b) *Eadem testâ majore, fossil.* de Grignon.
> (c) *Eadem testâ multo minore, fossil.* de Bordeaux.
> Habite... La variété b. fossile est large de 34 millimètres.

33. Mactre crassatelle. *Mactra crassatella*.

> *M. testâ trigonâ, solidâ, umbonibus tumidâ, transversè striatâ, subantiquatâ; dentibus lateralibus crassiusculis.*
>
> *Mactra truncata*. Montag. ex. D. Leach.
> Habite l'Océan britannique. Mon cabinet. Communiquée par M. *Leach*. Couleur fauve, avec quelques zones rousses ou livides.

† Mactre mince. *Mactra delumbis*. Conrad.

> *M. testâ ovato-oblongâ, transversâ, subœquilaterâ, lœvigatâ, tenui, fragili, antice angustiore, rotundatâ, postice latiore, subangulatâ; cardine angusto; dente cardinali antico obsoleto.*
>
> Conrad. Foss. Shells of north Amer. t. 1. p. 26. pl. 11.
> Fossile à Claiborne. Amér. sept.
> Grande et belle espèce mince, fragile, lisse, ayant la dent latérale antérieure presque nulle; l'impression palléale a postérieurement une sinuosité étroite et peu profonde.

† Mactre élégante. *Mactra elegans*. Sow.

> *M. testâ rotundato-trigonâ, tumidâ, tenui, posticè acute cari-*

---

(2) La variété C nous paraît bien distincte de celle des environs de Paris : elle doit constituer une espèce à part.

*natâ, superficie eleganter concentricè sulcatâ; sulcis rotun-
datis; dentibus lateralibus brevibus.*
Sow. Cat. de la coll. Tenk. p. 11. n° 116. pl. 1. f. 3.

† Mactre déprimée. *Mactra depressa.*

*M. testâ trigonâ, depressâ; umbonibus subprominulis, dente
cardinali simplici, non plicato, dentes laterales admoti
cardine; lunula depressa non striata. N.*
Desh. Descr. des Coq. foss. de Paris. t. 1. pl 4. fig. 11. 12.
13. 14.

CRASSATELLE. (Crassatella.)

Coquille inéquilatérale, suborbiculaire ou transverse,
à valves closes. Deux dents cardinales subdivergentes
et une fossette à côté. Ligament intérieur, inséré dans
la fossette de chaque valve. Dents latérales nulles ou
obsolètes.

*Testa inœquilatera, suborbicularis vel transversa,
clausa.*

*Dentes cardinales subbini, cum foveâ laterali ad-
jectâ : laterales nulli aut obsoleti. Ligamentum internum, foveolâ cardinali insertum.*

Observations. Les *crassatelles* ont beaucoup de rapports
avec les *mactres* et avec les *lutraires*; et en effet, dans chacun de ces trois genres, le ligament des valves est intérieur et attaché dans la fossette cardinale de chaque valve.
Mais, dans les crassatelles, les valves réunies sont tout-à-
fait closes, au moins sur les côtés; ce qui n'est pas ainsi
dans les mactres ni dans les lutraires.
Il n'y a que deux dents cardinales apparentes dans les
crassatelles, parce que la fossette un peu large a fait avor-
ter la troisième; ce qui fait que cette fossette se trouve à
côté des dents cardinales. Dans certaines espèces, le liga-

ment, quoique intérieur, se montre un peu à l'extérieur, mais moins que dans les amphidesmes. (1)

Toutes les crassatelles sont des coquilles marines, régulières, équivalves, inéquilatérales, libres, ou qui n'adhèrent point aux corps marins. La plupart des espèces acquièrent avec l'âge beaucoup d'épaisseur.

ESPÈCES.

Coquille non fossile.

1. Crassatelle de King. *Crassatella Kingicola*. Lamk.

> *C. testá ovato-orbiculatá, subgibbá, albido-flavescente, obsoletè radiatá; striis transversis exiguis; natibus plicatis.*
> Mus. n°. Annales, vol. 6. p. 408.
> * Sow. Genera of Schells. n° 3. pl. 2.
> * Desh. Encycl. méth. vers. t. 2. p. 20. n° 1.
> Habite les mers de la Nouvelle Hollande, à l'île King. *Péron* et *Lesueur.* Son épiderme est brun, manque à la base de la coquille. Largeur, 75 millimètres.

---

(1) En réduisant le genre crassatelle aux seules espèces qui ont deux dents cardinales et à côté d'elles la fossette du ligament large et superficielle, on le rendra beaucoup plus naturel que Lamarck ne l'a fait; dès lors le nombre des espècs vivantes se réduira à sept ou huit actuellement connues, et les autres qui ont la fossette du ligament médiane, profonde, et de chaque côté une dent cardinale, se placeront convenablement dans notre genre mésodesme. Les coquilles des deux genres se distingueront encore au moyen de l'impression palléale toujours simple dans les crassatelles, toujours sinueuse postérieurement dans les mésodesmes. Ces coquilles sont d'ailleurs si différentes des crassatelles véritables, que M. Sowerby n'ayant pas connu les vraies érycines, donna dans son *Genera*, comme type de ce genre, plusieurs des crassatelles de Lamarck, avec lesquelles nous complétons actuellement notre genre mésodesme.

2. Crassatelle donacine. *Crassatella donacina*. Lamk.

C. testá ovato-trigoná, valdè inæquilaterá, gibbá; striis trans-
versis exiguis; natibus lævibus.

Mus. nº. Annales, vol. 6. p. 408.

(b) *Eadem natibus plicato-rugosis.* Mon cabinet.

Habite les mers de la Nouvelle Hollande. Épiderme mince,
brun roussâtre. Le côté postérieur plus court et arrondi;
l'anus et le corselet enfoncés.

3. Crassatelle sillonnée. *Crassatella sulcata.* Lamk. (1).

C. testá ovato-trigoná, valdè inæquilaterá, gibbá, trans-
versim sulcato - plicatá; latere antico angulato produc-
tiore.

Mus. nº. Annales, vol. 6. p. 408.

(b) *Eadem testá minore fossili.*

Crassatelle sillonnée. Annales du Mus. vol. 6. p. 409. nº 2.
* Blainv. Malac. pl. 73. f. 4.

(c) *Var. testá magis depressá, elegantissimè plicatá.*

Habite les mers de la Nouvelle Hollande, à la baie des chiens
marins. Elle est partout élégamment plissée et sillonnée
transversalement; ses crochets néanmoins sont presque
lisses. Taille des précédentes. La coquille (b) se trouve
aux environs de Beauvais. La variété (c) se trouve à l'île
aux Kanguroos. Voyez. Chemn. Conch. vol. 10. tab. 172.
f. 1668-1669. C'est de cette espèce que paraît se rapprocher
notre crassatelle renflée fossile.

4. Crassatelle rostrée. *Crassatella rostrata.* Lamk.

C. testá crassá, ovato-trigoná, lævigatá, rostratá; latere an-
tico productiore subangulato; intùs margine crenulato.

---

(1) Sur un examen incomplet, Lamarck a regardé comme
analogues les individus fossiles à Beauvais et ceux vivant à
la Nouvelle Hollande. Nous avons pu nous convaincre
que, quoique très voisins par leurs rapports, ces individus doivent constituer deux espèces bien distinctes. La
figure citée de Chemnitz ne représente pas l'espèce vivante,
mais bien la valve droite d'une grande espèce de corbule.
Quant à la *Crassatella tumida*, elle se rapproche plus de la
Kingicola que de toute autre.

Mus. n°. Annales, vol. 6. p. 408. Mon cabinet.
* Encycl. pl. 253. f. 2. a. b.
* Sow. Genera of Shells. n° 3, pl. 1. f. 3.
Habite l'Océan des Antilles, de l'Amérique méridionale. Épiderme brun ; test fauve ou jaunâtre à l'extérieur , finement rayonné par des lignes verticales peu apparentes.

5. Crassatelle polie. *Crassatella glabrata.* Lamk. (1).

C. testâ trigonâ, solidâ, supsrnè anticèque sulcatâ ; natibus umbonibusque glabratis.
Mactra. Encycl. pl. 257. f. 3.
Crassatella glabrata. Annales du Mus. 6. p. 408.
An mactra glabrata ? Gmel. p. 3258.
Habite... l'Océan d'Afrique? de l'Inde? Mus. n°. Mon cab.

6. Crassatelle subrayonnée. *Crassatella subradiata.* Lamk.

C. testâ trigonâ, subæquilaterâ, transversè sulcatâ, griseofulvâ; radiis albis interruptis, obsoletis.
Cabinet de M. Valenciennes.
Habite l'Océan austral. Rapportée par **M.** *Milbert,* du voyage de Baudin. Petite coquille formant presque une transition à l'espèce suivante. Largeur, 16 à 17 millimètres. Le *Mactra striata,* Chemn. Conch. 6. t. 22. f. 222, en offre un peu l'aspect.

7. Crassatelle de Guinée. *Crassatella contraria.* Lamk.

C. testâ trigonâ, tumidâ, albâ aut fulvo-rubescente , maculis spadiceis variâ; anticè striis transversalibus, posticè longitudinalibus.
Vénus. Chemn. Conch. 6. p. 318. t. 30. f. 317-319.
Crassatella undulata. Annales du Mus. 6. p. 408. *Venus contraria.* Gmel.
(a) *Testâ albâ, maculis rufis flexuosis pictâ; natibus lividis.*
(b) *Testa fulvo-rubescens ; maculis fuscis variis ; natibus rubris.*

---

(1) Cette espèce n'est point une vraie crassatelle ; elle a tous les caractères de notre genre mésodesme : *voyez* la note à la suite du genre amphidesme.

Habite l'Océan d'Afrique, les côtes de Guinée. **Mon cabinet.**
Cette *crassatelle* obtusément trigone, renflée dans les deux
variétés , est crénelée au bord interne des valves. Ses crochets sont colorés.

8. Crassatelle en coin. *Crassatella cuneata.* Lamk. (1).

C. testâ solidâ, transversâ, lœvi, subcuneatâ; *latere postico
brevissimo subtruncato.*
Mus. n°.
Habite les mers de la Nouvelle Hollande, à l'île aux Kanguroos. Forme d'un *donax*; couleur blanchâtre. Largeur,
27 millimètres.

9. Crassatelle érycinée. *Crassatella erycinœa.* Lamk.

C. testâ trigonâ , lœvigatâ , fulvo-virescente , depressiusculâ;
natibus decorticatis.
Mus. n°.
Habite les mers australes. **Mon cabinet.** Communiquée par
M. *Labillardière.* Largeur, 18 à 20 millimètres.

10. Crassatelle cycladée. *Crassatella cycladea.* Lamk.

C. testâ obtusè trigonâ, gibbâ, tenui; *striis transversis exiguis*;
dentibus lateralibus longiusculis.
Mus. n°.
Habite les mers australes. Voyage de *Péron.* Taille et forme
de la cyclade cornée. Couleur, gris rougeâtre.

11. Crassatelle striée. *Crassatella striata.* Lamk.

C. testâ trigonâ, compressâ; *striis transversis, crassis, sulcifor-
mibus* ; *umbonibus lœvigatis.*
Mactra striata. Gmel. p. 3257.
Chemn. Conch. 6. tab. 22. f. 222—223.
* *Mactra.* Schroter. Einl. t. 3. p. 83. n° 7.
Encycl. pl. 254. f. 4.
* *Erycina striata.* Sow. Genera of Shells. n° 10. f. 2.
* *Mesodesma striata.* Quoy et Gaym. Astrol. Moll. pl. 82.
f. 15. 16. 17.
Habite... Cabinet de M. Valenciennes. Mus. n°. Coq. blan-

---

(1) Ces quatre dernières espèces appartiennent aussi à
notre genre mésodesme.

châtre. Largeur, 25 millimètres. On la dit de la Nouvelle
Hollande.

Coquille fossile.

12. Crassatelle renflée. *Crassatella tumida*. Lamk.

*C. testâ ovato-trigonâ, œtate gibbâ crassissimâ ; antico latere
angulato ; natibus transversè sulcatis ; margine intùs denticulato.*

* *Venus.* Schroter. Einl. t. 3. p. 173. n° 51.
Annales du Mus. vol. 6. p. 408, et tom. 9. pl. 20. fig. 7. a. b.
* Bosc. Buff. de Deterv. t. 3. pl. 20 fig. 5.
* De Roissy. Buff. de Sonn. t. 6. pl. 65. f. 4.
Chemn. Conch. 7. t. 69. litt. a. b. c. d.
Venus ponderosa. Gmel. p. 3280.
Encycl. pl. 259. f. 3. a. b. *An mactra cycnus ?* Gmel.
* *Venus plombea.* Dilw. Cat. t. 1. p. 191. n° 75.
* Sow. Gener. of Shells. n° 3. pl. 1. f. 1.
Habite... Fossile de Grignon. Mus. n°. Mon cabinet. Son
analogue vivante paraît être la crassatelle sillonnée, n° 3.
Elle est striée et, dans certains individus, tout-à-fait sil-
lonnée transversalement.

13. Crassatelle sinuée. *Crassatella sinuata*. Lamk.

*C. testâ obliquè trigonâ, tumidâ, transversè sulcatâ; latere
antico subangulato sinuato.*
Mus. n°.
Habite... Fossile des environs de Bordeaux.

14. Crassatelle striatule. *Crassatella striatula*. Lamk.

*C. testâ ovato-trigonâ ; striis sulcisve transversis , crebris ,
tenuibus.*
Habite... Fossile du cabinet de M. Valenciennes, trouvé près
de Saint-Brieux.

15. Crassatelle comprimée. *Crassatella compressa*.
Lamk.

*C. testâ ovato-orbiculatâ , planiusculâ , anticè angulatâ ;
sulcis transversis tenuibus, scalariformibus, ad nates eminentioribus.*

TOME V. 8

Cr. compressa. Annales du Mus. vol. 6. p. 410. n° 4, et tom. 9. pl. 20. fig. 5. a. b.

* Sow. Gener. of Shells. n° 3. pl. 1. f. 2.

* Desh. Coq. foss. de Paris. t. 1. pag. 37. n° 6. pl. 3. f. 8. 9.

* *Idem.* Encycl. méth. vers. t. 2. p. 22. n° 10.

Habite... Fossile de Grignon et de Courtagnon. Mon cabin. Mus. n°. Le bord interne des valves est finement crénelé.

16. Crassatelle lamelleuse. *Crassatella lamellosa.* Lamk.

C. testá transversim oblongá, planiusculá, anticè angulatá; cingulis transversalibus erectis, remotis, lamelliformibus.

Crass. lamellosa. Annales du Mus. vol. 6. p. 410, et tom. 9. pl. 20. f. 4. a. b.

Brander. Foss. h. tab. 7. f. 69. pro. 89. *Tellina sulcata.*

(b) *Var. testá turgidiore, transversim breviore.*

* Desh. Desc. des Coq. de Paris. t. 1. p. 34. pl. 4. f. 14. 15.

* *Idem.* Encycl. méth. vers. t. 2. p. 24. n° 5.

Habite... Fossile de Grignon. Mus. n°. Mon cabinet. Elle a aussi le bord interne des valves finement crénelé.

17. Crassatelle trigonée. *Crassatella trigonata.* Lamk.

C. testá parvulá, orbiculato-trigoná, transversim eleganterque sulcatá; natibus lœviusculis; margine integerrimo.

Crassatella triangularis. Annales du Mus. 6. p. 411. et tom. 9. pl. 20. f. 6. a. b.

* Desh. Desc. des Coq. foss. de Paris. t. 1. n° 5. pl. 3. f. 4. 5.

* *Idem.* Encycl. méth. vers. t. 2. pag. 22. n° 9.

Habite... Fossile de Grignon et de Magnitot. Mon cabinet. Etc. Ajoutez la Cr. lisse et la Cr. bossue des Annales, dont je n'ai pas d'exemplaire sous les yeux.

18. Crassatelle large. *Crassatella latissima.* Lamk.

C. testá ellipticá, compressá, maximá, transversim inœqualiter sulcata; latere antico subangulato; margine integro.

Cabinet de M. *Faujas de Saint-Fond.*

Habite... Fossile de Saint-Iriès, près de Boulenne, département de Vaucluse. Elle est large, plate et d'une taille extraordinaire. Largeur, 132 millimètres.

† 19. **Crassatelle rayonnée.** *Crassatella radiata.* Sow.

> *C. testâ arcuatâ, anticè, acutè rostratâ, carinatâ superficie
> arcuato-sulcatâ, maculis spadiceis interruptis radiatâ.*
> Sow. Cat. Tank. Coll. ij. n° 121. pl. 1. f. 2.

† 20. **Crassatelle bossue.** *Crassatella gibbosula.* Lamk.

> *C. testâ ovatâ, tumido-gibbosâ; angulo antico eminentissimo ;
> lamellis transversis, exiguis, prominentibus et posticè tu-
> berculo minimo seriatim interceptis; lunulâ profundè lanceo-
> latâ.*
> Lamarck. Ann. du Mus. t. 6. pag. 410. n° 5.
> Desh. Descr. des Coq. foss. de Paris. t. 1. pl. 5. fig. 5. 6. 7.
> n° 7.

† 21. **Crassatelle scutellaire.** *Crassatella scutellaria.*
Desh.

> *C. testâ ovato-trigonâ, depressâ, angulatâ, ir 'gulariter sul-
> catâ, lunulâ lanceolatâ, profundâ; umbonibus minimis.*
> *Crassatella scutelleria.* Desh. Dict. class. d'hist. nat.
> Desh. Descr. des Coq. foss. de Paris. t. 1. pl. 5. fig. 1. 2.
> n° 11.
> *Idem.* Encycl. méth. vers. t. 2. pag. 21. n° 3.

† 22. **Crassatelle lisse.** *Crassatella lævigata.* Lamk.

> *C. testâ suborbiculatâ, transversâ, lævissimâ; natibus subacu-
> tis, erectiusculis.*
> Lamarck. Ann. du Mus. t. 6. pag. 411.
> Desh. Desc. des Coq. foss. de Paris. t. 1. pl. 5. fig. 11. 12.
> n° 10.

† 23. **Crassatelle à fines stries.** *Crassatella tenui-stria.*
Desh.

> *C. testâ ovato-transversâ, tenui, subgibbosâ; striis tenuibus,
> regularibus; umbonibus depressis; lunulâ ovatâ.*
> Desh. Descr. des Coq. foss. de Paris. t. 1. pl. 5. fig. 13. 14.
> n° 9.

† 24. **Crassatelle sinueuse.** *Crassatella sinuosa.* Desh.

> *C. testâ ovato-inflatâ, anticè angulatâ, sinuatâ; sulcis nume-
> rosis, irregularibus, lævibus; margine crenato ; lunulâ pro-
> fundâ, ovatâ.*

8*

Desh. Descr. des Coq. foss. de Paris. t. 1. pl. 5. fig. 8. 9 et 10. n° 8.

† 25. **Crassatelle épaisse.** *Crassatella alta.* **Conrad.**

> *C. testâ ovato-trigonâ, crassâ, tumidâ, irregulariter striatâ; umbonibus lamellosis, acutis; lunulâ lanceolatâ, profundâ; ano angusto, profundissimo; cardine lato; foveolâ ligamenti minimâ, brevi; dente cardinali crasso, uncinato, altero minore subbifido; marginibus crenulatis.*

Conrad. Foss. Shells. of North. Amér. t. 1. p. 21. pl. 7.

Fossile à Claiborne. Amér. sept.

Grande coquille épaisse, assez semblable à la *Cr. tumida* des environs de Paris, mais plus longue et à charnière moins fortement articulée.

ERYCINE. (Erycina.)

Coquille transverse, subinéquilatérale, équivalve, rarement bâillante. Deux dents cardinales inégales, divergentes, ayant une fossette interposée. Deux dents latérales oblongues, comprimées, courtes, intrantes. Ligament intérieur, fixé dans les fossettes.

Testa transversa, subinæquilatera, æquivalvis, rarò hians. Dentes cardinales duo, inæquales, divaricati, cum foveolá interpositá. Dentes laterales duo, oblongi, compressi, breves, inserti. Ligamentum internum, in foveolis affixum.

OBSERVATIONS. Les *érycines* sont des coquilles en quelque sorte équivoques, dont le vrai caractère de la charnière est assez difficile à juger. On y aperçoit deux dents inégales divergentes entre lesquelles est une fossette. Mais l'une de ces dents se réunissant avec la base de la dent latérale de ce côté, on la prend quelquefois pour une dent bifide, et l'on croit voir dans son lobe externe, l'élément de la dent pliée des mactres. Néanmoins l'enfoncement qui, dans l'autre valve, correspond à ce lobe, suffit pour montrer l'erreur. Je ne citerai ici qu'une espèce, parce que celles que j'ai indiquées dans les Annales du Muséum ne sont plus sous mes yeux. (1)

---

(1) Ce petit genre n'a pas été bien compris par quelques auteurs, et cela n'est pas surprenant, puisque Lamarck le caractérisa d'après une seule espèce, et qu'il négligea de revoir celles qu'il décrivit à l'état fossile, dans les Annales du Muséum; il est cependant indispensable pour se faire une juste idée du genre érycine, d'en examiner plusieurs espèces, parce que les caractères génériques ne se retrouvent pas d'une constance absolue dans toutes les espèces; qu'ils sont variables dans des limites, qui, du reste ne dépassent pas celles des autres genres.

Les érycines sont de petites coquilles minces, transparentes, fragiles, très rapprochées des amphidesmes par plusieurs de leurs caractères. Aussi, sans s'en apercevoir, Lamarck a mis parmi ces dernières (*amphidesma physoïdes*) une véritable érycine. Leur charnière offre quelques variations selon les espèces: le ligament est petit, placé dans une fossette intérieure triangulaire, tantôt submédiane comme dans les mactres, tantôt obliques et s'approchant du bord, comme dans les amphidesmes. De chaque côté du ligament se trouve une dent latérale, soit comprimée et sublamelleuse, soit en forme de tubercule. L'une de ces dents, l'antérieure, est en général plus rapprochée du ligament que la postérieure. Les impressions musculaires et du manteau sont difficiles à distinguer dans les espèces minces et transparentes. Dans celles qui sont un peu plus épaisses et plus opaques, on trouve les impressions musculaires presque égales, oblongues, réunies par une impression palléale, profondément sinueuse postérieurement. Il y a quelques espèces, et notamment celles dont les dents sont en forme de tubercule, qui paraissent avoir l'impression palléale simple, comme dans les lucines, et, comme chez elles le ligament est oblique, peut-être ces caractères seront-ils suffisants pour l'établissement d'un genre lorsqu'ils pourront être confirmés par ceux de l'animal.

ESPÈCES.

1. Erycine cardioïde. *Erycina cardioides*. Lamk.

> *E. testâ ovato-orbiculari, parvulâ, decussatìm striatâ: striis transversis remotis, longitudinalibus, creberrimis.*
> * Blainv. Malac. pl. 73. f. 77. a.
> * Desh. Encycl. méth. vers. t. 2. p. 117. n° 1.
> Mus. n°.
> Habite les mers de la Nouvelle Hollande, au port du Roi Georges. Trouvée sur le sable. Largeur, 9 ou 10 milli-mètres.

† 2. Erycine de Geoffroy. *Erycina Geoffroyi*. Payr.

> *E. testâ, parvâ ovato-trigonâ, tenui, compressâ, niveâ, pellu-cidâ, nitidâ, subæquilaterâ, transversim læviter striatâ; lineis parvulis, fuscis longitudinalibusque concisis ornatâ.*
> Payr. Cat. des annel. et des moll. de Corse. p. 30. n° 40. pl. 1. f. 3. 4. 5.
> Habite la Méditerranée.
> Coquille petite, mince, blanche, transparente, lisse, brillante et subtrigone.

† 3. Erycine miliaire. *Erycina miliaria*. Lamk.

> *E. testâ ovato-trigonâ obliquâ, minimâ inflatâ, lœvi; cardine unidentato.*

Si, en caractérisant le genre érycine dans son *Genera of Shells*, M. Sowerby avait consulté notre ouvrage sur les coquilles fossiles des environs de Paris, il aurait pu fa-cilement éviter la méprise dans laquelle il est tombé, et n'aurait pas donné, comme il l'a fait, pour exemple d'un genre qu'il ne connaissait point en nature, deux crassa-telles et une amphidesme de Lamarck : bien que ces trois coquilles ne doivent pas rester dans les genres où La-marck les avait placées, cependant elles diffèrent d'une ma-nière notable des véritables érycines ; ce qui nous a porté à les comprendre dans notre genre mésodesme.

Ce genre est composé actuellement de douze espèces, parmi lesquelles deux seulement sont vivantes.

Lamk. Ann. du Mus. t. 6. pag. 415. n° 10, et t. 9. pl. 31.
fig. 7. a. b.
Desh. Descr. des Coq. foss. de Paris. pl. 6. fig. 22. 23. 24. 25.

† 4. Erycine tellinoïde. *Erycina tellinoides*. Desh.

*E. testá ovatá, pellucidá, lœvigatá, fossulá obliquá minimá,
dentibus cardinalibus adjectá*. Lamk.
Tellina pusilla. Lamk. Ann. du Mus. t. 7. p. 237. n° 8, et
tom. 12. pl. 42. fig. 2. a. b.
Desh. Descr. des Coq. foss. de Paris. pl. 6. fig. 27. 28. 29. 30.

† 5. Erycine orbiculaire. *Erycina orbicularis*. Desh.

*E. testá pellucidá, radiatim subcostulatá, orbiculatá, tenuis-
simá; dentibus cardinalibus, brevibus, lateralibus nullis;
altero complicato.*
Erycina pellucida. Lamk. Ann. du Mus. t. 6. pag. 415. n° 8.
Desh. Descrip. des Coq. foss. de Paris. pl. 6. f. 27. 28. 29. 30.
n° 7.

† 6. Erycine transparente. *Erycina pellucida*. Lamk.

*E. testá ovato-orbiculatá, nitidá, subpellucidá; cardine biden-
tato; dente laterali distincto..*
Lamk. Ann. du Mus. t. 6. pag. 413. n° 2.
Def. Dict. des scienc. t. 15.
Desh. Descrip. des Coq. foss. de Paris. pl. 6. fig. 19. 20. 21.
n° 6.

† 7. Erycine élégante. *Erycina elegans*. Desh.

*E. testá ovato-transversá pellucidá, eleganter tenuissimè
striatá; cardine bidentato; dentibus lateralibus obsoletis.*
Desh. Descr. des Coq. foss. de Paris. pl. 6. fig. 13. 14. 15.
n° 5.

† 8. Erycine fines stries. *Erycina tenui-striata*. Desh.

*E. testá ovato-transversá, pellucidá; striis tenuissimis, crebris;
cardine bidentato; dentibus lateralibus binis.*
Desh. Descr. des Coq. foss. de Paris. pl. 6. fig: 7. 8. 9. n° 4.

† 9. Erycine elliptique. *Erycina elliptica*. Lamk.

*E. testá subrotundá, depressiusculá, tenuissimè striatá; striis
lamellosis; dentibus cardinalibus binis.*

Lamk. Ann. du Mus. tom. 6. pag. 418, n° 6, et t. 9. pl. 31. fig. 6. a. b.

Def. Dict. des scienc. tom. 15.

Desh. Descrip. des Coq. foss. de Paris, pl. 6. fig. 16. 17. 18.

† 10. Erycine rayonnée. *Erycina radiolata.* Lamk.

E. testá ovato-compressá; natibus minimis; striis longitudinalibus radiatis; cardine bidentato, foveola in medio ; dentibus lateralibus subperspicuis ; margine crenato.

Lamk. Ann. du Mus. tom. 6. pag. 418. n° 11, et t. 9. pl. 31. fig. 8. a. b.

Def. Dict. des scienc. nat. t. 15.

Desh. Descrip. des Coq. foss. de Paris. pl. 6. fig. 1. 2. 3. n° 2.

† 11. Erycine fragile. *Erycina fragilis.* Lamk.

E. testá ovato-transversá, pellucidá, lœvi, nitidá; cardine bidentato.

Lamk. Ann. du Mus. tom. 6. pag. 413. n° 5.

Def. Dict. des sc. nat. tom. 15. pag. 264.

Desh. Descrip. des Coq. foss. de Paris. pl. 6. fig. 4. 5. 6. n° 1.

† 12. Erycine obscure. *Erycina obscura.* Lamk.

E. testá rotundatá-trigoná , obliquá, lœvi, cardine bidentato.

Lamarck. Ann. du Mus. t. 6. pag. 414. n° 9, et t. 9. pl. 31. fig. 9. a. b.

Desh. Descr. des Coq. foss. de Paris. pl. 6. fig. 26. n° 10.

ONGULINE. (Ungulina.)

Coquille longitudinale ou transverse, arrondie supérieurement, presque équilatérale ; à valves closes. Les crochets écorchés.

Une dent cardinale courte et subbifide sur chaque valve, et à côté une fossette oblongue, marginale, divisée en deux par un étranglement. Ligament intérieur s'insérant dans les fossettes.

*Testa longitudinalis aut subtransversa, supernè ro-
tundata, subœquilatera; valvis non hiantibus. Nates
decorticati.*

*Dens cardinalis in utráque valvá, brevis, subdivisus,
cum adjectá foveá oblongá, marginali, medio angustato
divisá. Ligamentum internum foveis insertum.*

OBSERVATIONS. Ce genre, établi par *Daudin*, est remarquable par la fossette qui reçoit le ligament. Elle est oblongue et comme divisée en deux fossettes l'une au bout de
l'autre. Quoique le ligament soit intérieur, on l'aperçoit
au-dehors, à cause, de la situation presque marginale des
fossettes. Les *ongulines* sont sillonnées au-dehors, et teintes de rouge en dedans. (1)

---

(1) Il nous semble que les caractères de ce genre n'ont
pas été bien appréciés par Lamarck; ce qui est cause, sans
aucun doute, qu'il ne l'a pas mis dans ses rapports naturels. Si l'on vient à le comparer avec les lucines, on reconnaîtra qu'il en est extrêmement voisin. Le ligament n'est
pas intérieur comme Lamarck l'a cru, mais extérieur et
reçu comme cela a lieu pour plusieurs lucines et cythérées,
sur des nymphes très aplaties, séparées dabord par un sillon profond, dans lequel s'insère la partie la plus superficielle de ce ligament. Quant à la seconde partie de la
fossette dont parle Lamarck, elle est produite par l'extrémité de la nymphe sur laquelle s'étale une petite portion
du ligament; mais cette partie étalée ne sert pas à augmenter les points d'attache des valves entre elles. Les dents
cardinales sont peu saillantes et obsolètes, comme dans
la plupart des lucines; la valve gauche en offre une pyramidale, épaisse, fendue à son sommet; la valve droite en a
deux divergentes. Les impressions musculaires sont très
alongées, étroites et tout-à-fait semblables à celles des
lucines. Elles sont réunies par une impression palléale
simple.

Des observations nouvellement faites par M. Rang, ont

ESPÈCES.

1. Onguline alongée. *Ungulina oblonga.*

> *U. testá fulvo-fuscá, arcuatim rugosá, supernè rotundatá,
> longitudine latitudinem superante.*
>
> *Ungulina.* Daud. Bosc. Hist. nat. des Coq. 3. p. 76. pl 20.
> f. 1. 2.
>
> * *Ungulina rubra.* De Roissy. Buff. de Sonn. Moll. t. 6. p. 76.
> pl. 20. f. 1. 2.
>
> * Sow. Gen. of. Shells. n° 10.
>
> * Blainv. Malac. pl. 73. f. 6.
>
> * Desh. Encycl. méth. vers. t. 3. pag. 665.
>
> Habite... Patrie inconnue. [Elle vit dans les mers du Séné-
> gal, d'après M. Rang.] Mon cabinet. Longueur, 27 mill.
> Coquille convexe, enflée, arrondie dans sa jeunesse, s'alon-
> geant avec l'âge.

2. Onguline transverse. *Ungulina transversa* (1).

> *U. testá rotundato-transversá, rugosá, fulvo-fuscá.*
>
> Mus. n°.
>
> Habite... Cette onguline n'est peut - être qu'une variété de
> la précédente. Elle est seulement un peu plus large que
> longue.

---

appris que les ongulines sont des coquilles perforantes, ce
que nous savions déjà pour une espèce fossile des environs
de Bordeaux. Cette manière de vivre explique les variations nombreuses dans la forme de ces coquilles, et justifie
l'opinion que nous avons publiée dans l'Encyclopédie, sur
la nécessité de réunir en une seule les deux espèces de
Lamarck.

(1) Cette espèce de Lamarck n'est en réalité qu'une
variété de la précédente, et nous les réunissons.

***

SOLÉMYE. (Solemya.)

Coquille inéquilatérale, équivalve; alongée transversalement, obtuse aux extrémités, à épiderme luisant, débordant. Crochets sans saillie, à peine distincts. Une dent cardinale sur chaque valve, dilatée, comprimée, très oblique, légèrement concave en dessus, recevant le ligament. Ligament en partie intérieur et en partie externe.

Testa inæquilatera, æquivalvis, transversìm oblonga, extremitatibus obtusa, epiderme nitido marginem prominente. Nates non prominuli, vix distincti. Dens cardinalis in utráque valvá, dilatatus, compressus, perobliquus, supernè subconcavus, ligamentum excipiens. Ligamentum partìm internum, partìm externum.

[Nous pouvons ajouter ici les caractères de l'animal, que nous avons pu observer dans l'espèce de la Méditerranée.

Animal ovale, transverse; lobes du manteau réunis dans leur moitié postérieure, terminés par deux siphons courts et inégaux; pied proboscidiforme, tronqué antérieurement par un disque ou une sorte de ventouse, dont les bords sont frangés ; une seule branchie de chaque côté en forme de plumule, dont les barbes sont isolées jusqu'à la base ; l'anus terminal non flottant.]

OBSERVATIONS. Au premier aspect, les *solémyes* ressemblent à des modioles, et néanmoins leurs caractères les rapprochent des solens et plus encore des anatines. Ce sont des coquilles minces, transversalement oblongues, presque cylindriques ou cylindriques, déprimées, obtuses aux extrémités, et munies de rayons écartés, divergents, qui partent des crochets et vont se terminer au bord supérieur des valves, ainsi qu'à leurs extrémités latérales. Elles sont recouvertes d'un épiderme brun, très luisant, qui déborde la coquille en se déchirant, sur-tout vers son côté antérieur. Ces coquilles ne sont point bâillantes postérieurement, mais elles le sont un peu à leur côté antérieur. Les deux dents cardinales qui reçoivent le ligament ont une callosité courante au-dessous de chacune d'elles ; mais ce ligament resserré entre la dent et le bord de chaque valve, se montre en outre au-dehors, enveloppant le bord de la valve. (1)

ESPÈCES.

1. **Solémye australe.** *Solemya australis.* Lamk.

> S. *testâ oblongâ, fuscâ, nitidâ, radiatâ ; valvis propè nates emarginatis.*
> Mus. n°. *Mya margini pectinata.* Péron.
> * Blainv. Malac. pl. 79. f. 1.
> * Desh. Encycl. méth. vers. t. 3. p. 957.
> Habite les mers de la Nouvelle Hollande, au port du Roi Georges. Largeur, 40 à 50 millimètres.

---

(1) C'est dans l'Encyclopédie, que nous avons décrit pour la première fois l'animal singulier des solémyes. La description en est trop longue pour que nous la reproduisions ici. Elle offre la preuve que Lamarck a mis ce genre dans des rapports qui ne sont pas naturels, quoiqu'il les ait en quelque sorte pressentis. Parfaitement caractérisé par la structure de la branchie, il se rapproche plus des solens que de tout autre genre, par le reste de son organisation. Nous avions pensé, avant que l'animal du genre glycymère fût aussi complètement connu et en nous appuyant sur les rapports des coquilles, qu'il fallait mettre les deux genres glycimère et solémye au commencement de la famille des solénacés.

2. **Solémye méditerranéenne.** *Solemya mediterranea.*
Lamk.

> *S. testá oblongá, fuscá, nitidá, flavo-radiatá; valvis ad nates indivisis.*
>
> Poli. Test. 2. p. 42. et vol. 1. tab. 15. f. 20.
> Solen. Encycl. pl. 225. f. 4.
> * Sow. Genera of Shells. n° 7. f. 1. 2.
> * Desh. Encycl. méth. vers. t. 3. p. 957.
> Habite la Méditerranée, dans le sable. Cabinet de M. *Valenciennes.*

AMPHIDESME. (Amphidesma.)

Coquille transverse, inéquilatérale, subovale ou arrondie, quelquefois un peu bâillante sur les côtés. Charnière ayant une ou deux dents, et une fossette étroite, pour le ligament intérieur. Ligament double : un externe court; un autre interne, fixé dans les fossettes cardinales.

Testa inæquilatera, transversa, subovalis vel rotundata, interdùm lateribus subhians. Cardo dente unico vel dentibus duobus, cum foveolá angustá ligamento interno idoneá. Ligamentum duplex : externum breve; internum in foveolis cardinalibus affixum.

OBSERVATIONS. Les *amphidesmes* semblent, par leur réunion, former un groupe artificiel, et néanmoins ils se tiennent tous par ce rapport singulier, d'avoir deux ligaments : un extérieur qui maintient les valves, et un autre intérieur, fixé dans les fossettes de la charnière. Quelques-uns offrent, outre les dents cardinales, des dents latérales plus ou moins saillantes. Depuis assez long-temps, j'avais établi ce genre dans mes cours, sous le nom de donacille (extrait du cours, etc. p. 107), parce que l'espèce que j'ai connue d'abord avait l'aspect d'une donace.

Ces coquillages font une sorte de transition des mactracées aux conchifères dimyaires à ligament extérieur. La
plupart sont de petite taille.

ESPÈCES.

1. Amphidesme panaché. *Amphidesma variegata.* Lamk.

A. *testá suborbiculatá, convexo-depressá, tenui, albido-pur-*
purascente; maculis liturœformibus spadiceis ; natibus con-
tiguis, radiatis.
Tellina. Encycl. pl. 291. f. 3.
* Sow. Gen. of Shells. n° 9. f. 1.
* Desh. Encycl. vers. t. 2. p. 24. n° 1.
(b, *An ejusd. var. Mactra achatina?* Chemn. Conch. XI. t.200.
f. 1957. 1958.
H bite… les côtes d'Afrique ? Mon cabinet et celui de M. *Re-*
gley. La coquille de Chemnitz vient de l'Inde. Plis des tellines. Largeur, 42 millimètres.

2. Amphidesme donacille. *Amphidesma donacilla.* Lamk.

A. *testá ovato-trigoná, posteriùs breviore obtusá, albido, fulvo*
fuscoque variegatá, subirradiatá.
Mon cabinet. *Mactra cornea.* Poli. Test. 2. tab. 19. f. 9—11.
Habite la Méditerranée, dans le golfe de Tarente. Coquille
petite, très variable dans ses couleurs. Largeur, 20 millim.
(c'est une mésodesme.)

3. Amphidesme lacté. *Amphidesma lactea.* Lamk. (1).

A. *testá rotundato-ellipticá, tenui, albá, nitidá; latere antico*
subhiante ; striis transversis tenuissimis.

---

(1) Nous ferons observer que pour cette espèce et l'*Am-*
phidesma lucinalis n° 6, Lamarck a fait un double emploi fort
singulier ; ici il met ces coquilles parmi les amphidesmes
et établit deux espèces, ayant chacune leur synonymie,
tandis qu'il les réunit en une seule dans le genre lucine

Tellina lactea. Poli. Test. 1. tab. 15. f. 28. 29.

Habite la Méditerranée , dans le golfe de Tarente. Mon cab.
La coquille est moins orbiculaire que le *Tellina lactea* de
Linné. Ses fossettes plus courtes, plus larges.

4. Amphidesme corné. *Amphidesma cornea.* Lamk.

*A. testâ ovato-trigonâ, posteriùs brevissimâ, corneo-rufescente,
immaculatâ.*

Habite... les mers de l'Ile de France ? Largeur , 26 millimèt.
Il semble avoisiner les crassatelles. (Elle appartient à notre
genre mésoderme.)

5. Amphidesme albelle. *Amphidesma albella.* Lamk. (1)

*A. testâ ellipticâ, tenui, pellucidâ , lævigatâ ; dente cardinali
foveâque minimis.*

Mus. n°.

Habite... les mers australes. Voyage de *Péron.* Blanc, luisant,
transparent. Largeur, 20 à 22 millimètres.

6. Amphidesme lucinale. *Amphidesma lucinalis.* Lamk.

*A. testâ orbiculatâ, gibbâ, albâ, pellucidâ, lævi ; foveis cardi-
nalibus angustis, perobliquis.*

Tellina lactea. Lin. Gmel. n° 69.

Gualt. Test. tab. 71. fig. D.

Chemn. Conch. 6. t. 13. f. 125.

Lucina. Encycl. pl. 286. f. 1. a. b. c.

Habite l'Océan d'Europe. Commun dans la Manche. Mon
cabinet.

---

sous le nom de *Lucina lactea* ; lucine pour laquelle il
rassemble la synonymie partagée ici entre les deux amphidesmes dont il est question. Le fait est que ces deux
espèces sont distinctes, mais appartiennent réellement aux
lucines et non aux amphidesmes.

(1) Nous avons vainement cherché cette espèce dans la
collection du Muséum. Nous ne pouvons donner aucun
renseignement à son égard.

7. Amphidesme de Boys. *Amphidesma Boysii.* Lamk.

A. testâ ovatâ, glabrâ, albâ; foveolis cardinalibus breviusculis.
Mactra Boysii. Maton, Act. Soc. linn. 8. p. 72. nº 10.
Wood, Act. Soc. linn. 6. t. 18. f. 9. 12.
* *Mactra Boysii.* Dilw. Cat. t. 1. p. 143. nº 28.
Habite les côtes d'Angleterre, etc. Largeur, 18 millimètres.

8. Amphidesme exigu. *Amphidesma tenuis.* Lamk.

A. testâ minimâ orbiculato-trigonâ, subœquilaterâ; dentibus lateralibus remotis.
* Montag. Test. p. 572. t. 17. f. 7.
* *Mactra tenuis.* Dilw. Cat. p. 142.
Mactra tenuis. Maton, Act. Soc. linn. 8. p. 72. nº 8.
Abra tenuis. Leach.
Habite les mers d'Angleterre. Communiqué par M. *Leach.*

9. Amphidesme sinué. *Amphidesma flexuosa.* Lamk. (1).

A. testâ parvulâ, subglobosâ, tenerrimâ; sinu ab umbone ad marginem decurrente.
Tellina flexuosa. Maton, Act. Soc. linn. 8. p. 56. nº 16.
* *Venus flexuosa.* Donovan. tab. 42. f. 2.
* *Tellina flexuosa.* Dilw. Cat. p. 99. nº 64.
Thyasira flexuosa. Leach.
Habite les mers d'Angleterre. Communiqué par M. *Leach.*

10. Amphidesme mince. *Amphidesma prismatica.* Lamk.

A. testâ ovato-oblongâ, submembranaceâ, pellucidâ; dentibus cardinalibus subnullis; lateralibus remotiusculis.
Ligula prismatica. Montag. Test. brit. suppl. 23. t. 26. f. 3. *Ex D. Leach.*
* *Mya prismatica.* Dilw. Cat. pag. 47. nº 16.
Abra prismatica. Leach.
Habite les côtes d'Angleterre. Communiqué par M. *Leach.*

---

(1) Il est à présumer que cette coquille est la même que la pandore flexueuse de Sow., mentionnée plus loin.

11. **Amphidesme phaséoline.** *Amphidesma phaseolina.*
Lamk.

A. testá ovatá, subdepressá, tenui, albá; latere antico brevi, angulato, truncato.

Mon cabinet et celui de M. *Valenciennes.*

Habite à Cherbourg, dans la Manche. Coquille blanche, à fossettes cardinales, étroites. Dents cardinales fortes; les latérales nulles. Largeur, 20 millimètres.

12. **Amphidesme corbuloïde.** *Amphidesma corbuloides* (1).

A. testá ovato-oblongá, inœquivalvi, tenui; latere antico longiore, angulato, truncato; epiderme longitudinaliter striatá.

Mya Norwegica. Chemn. Conch. 10. p. 345. t. 170. f. 1647. 1648.

Habite la mer du Nord, et dans la Manche. Mon cabinet et celui de M. Regley.

13. **Amphidesme glabrelle.** *Amphidesma glabrella* (2).
Lamk.

A. testá subovali, albá, subpellucidá; striis transversis exiguis; latere antico breviore, obliqué truncato.

Mus. n°.

Habite les mers de la Nouvelle Hollande, à l'île aux Kanguroos. Largeur, 24 millimètres.

14. **Amphidesme pourpré.** *Amphidesma purpurascens.*
Lamk.

A. testá ovali, tenui, obsoletè transversìm striatá, parvulá, albido-purpurascente.

---

(1) Nous avons mentionné cette espèce et nous avons complété sa synonymie en la donnant comme exemple de notre genre ostéodesme, auquel elle appartient incontestablement.

(2) Cette coquille a tous les caractères des mésodesmes, et nous la comprenons dans ce genre.

Habite les côtes de France, près de Cherbourg. Cabinet de M. de France.

15. Amphidesme nucléole. *Amphidesma nucleola.* Lamk.

A. testâ minimâ, rotundatâ, inœquilaterâ, convexâ, albidâ; lateribus puniceis.

Habite les côtes de France, aux environs de Cherbourg. Cabinet de M. de France. Largeur, 5 ou 6 millimètres.

16. Amphidesme physoïde. *Amphidesma physoides* (1). Lamk.

A. testâ orbiculato-globosâ, hyalinâ, vesiculari.
Mus. n⁰.
Habite au port du roi Georges. *Péron.* Taille d'un pois ordinaire.

[Ce genre tel que Lamarck l'a conçu ici, mérite d'être examiné avec attention ; il est peu naturel et ne doit être conservé qu'après avoir subi les réformes nécessaires. Après avoir créé le genre donacille, Lamarck crut nécessaire de le supprimer et de le réunir aux amphidesmes ; mais il ne s'aperçut pas que plusieurs autres coquilles qu'il mit parmi les mactres et les crassatelles, avaient absolument les mêmes caractères que la donacille, et différaient, dans leur ensemble, de la plupart des amphidesmes, des mactres et des crassatelles. Pour rendre ces genres plus naturels, il fallut donc en retirer les espèces dont il est question, et ce qui

---

(1) Cette espèce appartient au genre érycine.

C'est après avoir examiné avec toute l'attention nécessaire, toutes les espèces du genre amphidesme de Lamarck, que nous avons reconnu la nécessité des changements que nous y proposons : nous y trouvons en effet, 1° deux lucines ; 2° une ostéodesme ; 3° une érycine ; 4° trois mésodesmes, c'est-à-dire, que sur seize espèces, il en faut retrancher sept, et sur les neuf restantes plusieurs sont encore très douteuses.

est remarquable, c'est que, rapprochées, elles constituent un genre très naturel et parfaitement distinct de tous les autres. C'est à la suite de ces observations que nous avons créé le genre mésodesme; d'abord, d'après les coquilles seulement et ensuite d'après l'animal que M. Quoy voulut bien nous communiquer au retour de son dernier voyage de circumnavigation. C'est ainsi complété dans l'ensemble de ses caractères, que nous le publiâmes dans le tome deux des Mollusques de l'Encyclopédie méthodique. Ses caractères sont les suivants :

Genre MÉSODESME. *Mesodesma*. Nob.

Animal ovalaire ou subtrigone, aplati; les lobes du manteau réunis dans les deux tiers postérieurs de leur longueur et pourvus, à leur extrémité postérieure, de deux siphons courts, prolongés en dedans par une membrane très mince; pied très aplati, quadrangulaire, en partie caché par les branchies, celles-ci courtes, tronquées et soudées postérieurement, la paire externe, plus petite et subauriculée.

Coquille ovale, transverse ou triangulaire, épaisse et ordinairement close. Charnière ayant une fossette en cuilleron, étroite et médiane pour le ligament, et de chaque côté une dent oblongue et simple.

OBSERVATIONS. Les coquilles de ce genre sont facilement reconnaissables; elles ont toujours le test plus épais que les mactres : elles sont plus comprimées, mieux fermées, et sous ce rapport se rapprochent des crassatelles. Leur charnière est particulièrement remarquable : au milieu du bord, et immédiatement au-dessous du crochet, est placée une fossette en cuilleron, triangulaire, profonde, et dont le bord fait saillie dans l'intérieur des valves, comme cela a lieu dans la plupart des lutraires. De chaque côté de ce cuilleron, dans lequel le ligament s'insère, on voit sur chaque valve une grande dent épaisse, simple, et derrière, une fossette pour recevoir la dent de la valve opposée. Les impressions musculaires sont inégales, l'antérieure est la plus grande, elle est alongée; la postérieure est obronde.

L'impression palléale dans les espèces qui se rapprochent des mactres, offre une sinuosité postérieure médiocre ; on voit cette sinuosité s'amoindrir de plus en plus à mesure que les espèces ont plus de rapports avec les crassatelles ; cependant cette sinuosité persiste dans toutes les espèces du genre.

D'après les caractères que nous venons d'exposer, il nous semble évident que les mésodesmes diffèrent des mactres par leur ligament, l'épaisseur de leurs dents, et sur-tout par l'absence à leur charnière de la dent en forme de V. Elles diffèrent des crassatelles, en ce que dans celles-ci le ligament est toujours à côté des dents cardinales, et que ces dents sont toujours à la partie antérieure de la charnière. L'impression palléale des crassatelles est constamment simple ; elle est toujours sinueuse dans les mésodesmes. Enfin, les différences entre les amphidesmes et les mésodesmes sont encore plus grandes. Les amphidesmes sont des coquilles minces orbiculaires pour le plus grand nombre ; elles ont sur le côté postérieur un pli irrégulier comme celui des tellines. La fossette du ligament est étroite, fort longue, très oblique et couchée le long du bord postérieur et supérieur ; à l'extrémité antérieure de la fossette se trouvent deux dents cardinales très minces, divergentes sur la valve droite et une seule sur la gauche ; de chaque côté de cette charnière, et à peu près à la même distance s'élève une dent latérale courte, aplatie et triangulaire. Les impressions musculaires sont grandes, arrondies, et l'impression palléale très profondément échancrée du côté postérieur est quelquefois irrégulièrement sinueuse dans son contour.

La conclusion qu'il est naturel de tirer des observations qui précèdent, c'est que les mésodesmes constituent un genre distinct plus différent des amphidesmes que des mactres et des crassatelles. Nous proposons de le placer dans la méthode, entre ces genres, pour leur servir d'intermédiaire ou de point de jonction, servant ainsi à confirmer les rapports établis par Lamarck, entre les mactres et les crassatelles ; rapports que plusieurs zoologistes ont voulu détruire sans raisons suffisantes.

Les espèces que Lamarck a confondues avec les mactres, les crassatelles et les amphidesmes, et qui appartiennent inconstestablement à celui-ci, sont les suivantes :

1. Mésodesme donacie. *Mesodesma donacia.* **Desh.**

> *Mactra donacia.* Lamk. n° 28.
> *Mesodesma donacia.* Desh. Encycl. méth. vers. t. 1. p. 442. n° 1.

2. Mésodesme polie. *Mesodesma glabrata.* **Desh.**

> *Crassatella polita.* Lamk. n° 5.
> *Erycina complanata.* Sow. Gen. of Shells. n° 10. f. 1.
> La figure citée de l'Encyclopédie appartient à une autre espèce voisine de celle-ci.

3. Mésodesme en coin. *Mesodesma cuneata.* **Desh.**

> *Crassatella cuneata.* Lamk. n° 8.

4. Mésodesme cycladée. *Mesodesma cycladea.* **Desh.**

> *Crassatella cycladea.* Lamk. n° 10.
> Petite coquille assez ventrue, subnacrée à l'intérieur.

5. Mésodesme striée. *Mesodesma striata.* **Desh.**

> *Crassatella striata.* Lamk. n° 11.
> *Mesodesma striata.* Desh. Encycl. méth. vers. t. 2. p. 443. n° 4.
> (Voyez le reste de la synonymie au n° 11 des Crassatelles.)

6. Mésodesme donacille. *Mesodesma donacilla.* **Desh.**

> *Amphidesma donacilla.* Lamk. n° 2.
> *Erycina plebeia.* Sow. Genera of Shells. n° 10. fig. 3.
> Desh. Encycl. méth. vers. t. 2. p. 444. n° 5.
> Payr. Catal. des Moll. de Corse. p. 31. n° 42.

7. Mésodesme corné. *Mesodesma cornea.* **Desh.**

> *Amphidesma cornea.* Lamk. n° 4.

8. Mésodesme glabrelle. *Mesodesma glabrella.* **Desh.**

> *Amphidesma glabrella.* Lamk. n° 13.
> *Ib.* Blainv. Malac. pl. 78. f. 6.

    An. Mesodesma Gaymardi. Desh. Encycl. méth. vers. t. 2.
        p. 444. n° 6?

9. Mésodesme érycinée. *Mesodesma erycinœa.* Desh.

    Crassatella erycinœa. Lamk. n° 9.
    Mésodesme de Diemen, Quoy et Gaym. Astrol. pl. 82.
        f. 12. 13. 14.

10. Mésodesme de Chemnitz. *Mesodesma Chemnitzii.* Desh.

    Testâ ovato-oblongâ, transversâ, subœquilaterâ , crassâ, so-
    lidâ; luteo virescente, lœvigatâ, intùs albâ; cardine incras-
    sato; fossulâ ligamenti profundâ, basi productâ; dentibus
    cardinalibus subœqualibus.
    Desh. Encycl. méth. vers. t. 2. p. 443. n° 2.
    Quoy et Gaym. Astrol. moll. pl. 82. f. 9. 10. 11.
    Mya australis. Gmel. p. 3321 .
    Mya Novæ Zelandiœ. Chem. Conch. t. 6. tab. 3. f. 19. 20.
    Mya. n° 6. Schroeter. Einl. t. 3. p. 616.
    Mactra australis. Dilw. Cat. p. 141. n° 25.]

LES CORBULÉES.

Coquille inéquivalve. Ligament intérieur.

L'inégalité des valves n'est point uniquement le
propre des coquilles irrégulières : elle se rencontre
aussi dans certaines coquilles véritablement régulières;
c'est-à-dire, dont tous les individus d'une espèce se
ressemblent entièrement, aux différences près des âges.
On en trouve effectivement des preuves dans quelques
bucardes et autres, qui sont néanmoins des coquilles
régulières, et c'est aussi le cas des *corbulées* qui, comme
coquilles régulières, ne doivent point faire partie de la
famille des camacées.

Ainsi, les *corbulées* sont des coquilles régulières,

inéquivalves, inéquilatérales et transverses. Elles avoisinent évidemment les mactracées, et tiennent aux crassatelles et aux érycines par leurs rapports ; mais comme coquilles inéquivalves, elles s'en distinguent et constituent une petite famille à part.

Les *corbulées* sont des coquilles marines, en général de petite taille ou de taille médiocre. Elles ne sont point sensiblement bâillantes sur les côtés, et l'un de leurs crochets est toujours plus protubérant que l'autre. Je ne rapporte à cette petite famille que deux genres, savoir : celui des corbules et celui des pandores (1).

* * *

CORBULE. (Corbula.)

Coquille régulière, inéquivalve, inéquilatérale, point ou presque point bâillante. Une dent cardinale sur chaque valve, conique, courbée, ascendante et, à côté, une fossette. Point de dents latérales. Ligament intérieur fixé dans les fossettes.

Testa regularis, inæquivalvis, inæquilatera, subclausa. Dens cardinalis in utráque valvá, conicus, curvus, ascendens, cum foveá laterali adjectá. Dentes

---

(1) La famille des corbulées dans le cas où on l'adopterait telle que Lamarck l'a donné, n'est point ici à sa place, comme nous l'avons fait observer dans une note relative aux myaires : plus on observe d'espèces de myes et de corbules, et plus on est embarrassé pour trouver une séparation rationnelle entre ces genres. Ces rapports nous ont déterminé à rapprocher les corbules et les pandores des myes, et à former de ces trois genres la famille des myaires, après en avoir écarté les lutraires qui se placent naturellement dans la famille des mactracés.

*laterales nulli. Ligamentum internum in foveis in-
sertum.*

OBSERVATIONS. *Bruguière* ne connaissait point les *corbules* en formant son tableau des genres des coquilles ; mais
quoiqu'il n'en ait pas donné les caractères, il les reconnut
et leur assigna un nom générique, lorsqu'il fit dessiner les
bivalves. Ces coquilles avoisinent l'onguline et les crassatelles par leurs rapports ; mais elles s'en distinguent éminemment par l'inégalité de leurs valves, et par cette dent
cardinale forte et relevée qui les caractérise. On en connaît déjà un assez grand nombre d'espèces. Leur taille est
médiocre ou petite.

[Les corbules ne sont pas les seules coquilles qui soient
inéquivalves et régulières, les myes et presque toutes les
coquilles de notre famille des ostéodesmes le sont également ; ce caractère n'est que d'une valeur secondaire dans
l'établissement des rapports naturels des genres. Les corbules sont des coquilles variables quant à la forme extérieure et à la manière de vivre; elles sont en général sub-
globuleuses, courtes, épaisses, quelquefois triangulaires ;
d'autres sont plus alongées, plus minces, et se rapprochent
assez bien des ostéodesmes par leurs caractères extérieurs.
Presque toutes les espèces connues sont marines. M. Dor-
bigny nous a appris que quelques-unes vivent dans les
eaux douces, et parmi les marines nous en connaissons
plusieurs qui ont veçu dans l'intérieur des pierres qu'elles
ont perforé à la manière des saxicaves. Malgré ces modifications nombreuses des corbules, les caractères de leur
charnière peuvent les faire reconnaître assez facilement ,
quoiqu'ils varient eux-mêmes dans certaines limites. En établissant les rapports entre les espèces et en prenant d'abord
celles qui se rapprochent le plus des myes, pour passer à
celles qui constituent les corbules proprement dites ; voici
ce que l'on observe à la charnière : sur la valve gauche,
qui est la plus petite , s'élève une dent en cuilleron très
mince, lamelliforme, ordinairement triangulaire ; une dépression ou plutôt une impression se voit dans le crochet

de l'autre valve, destinée à correspondre au cuilleron.
Ces deux surfaces reçoivent le ligament, dont on voit au-
dehors une très petite partie, par une échancrure triangulaire, entaillée dans toute l'épaisseur du bord cardinal de
la valve droite. La plupart des espèces qui ont la charnière
constituée de cette manière, sont minces et triangulaires.
M. Turton a cru nécessaire de former avec elles un genre
Sphène, lequel est inadmissible, comme nous allons le
voir. En effet, en continuant l'examen des corbules, ou
voit la dent lamelleuse de la valve gauche s'épaissir peu
à peu dans des espèces plus globuleuses ; la surface correspondante dans la valve droite s'enfonce dans l'épaisseur d'un bord cardinal plus épais ; bientôt après naît à
côté de la fossette un petit tubercule, lequel s'accroît progressivement d'espèce en espèce à mesure qu'elles deviennent plus épaisses et plus globuleuses, et finit par devenir
cette dent en crochet si remarquable de la valve droite de
la *corbula gallica*, et autres espèces analogues. Les impressions musculaires sont petites; l'antérieure un peu alongée
vers le bord, la postérieure est arrondie, l'impression palléale est très faiblement échancrée du côté postérieur, et
cependant l'animal est pouvu de ce côté de deux siphons
assez longs. Aux observations qui précèdent, nous devons
ajouter que, pour ne pas introduire dans le genre corbule
des coquilles qui lui sont étrangères, il faut se souvenir
de la position du ligament toujours intérieur comme dans
les myes, fixé sur la dent perpendiculaire de la valve gauche et dans la fossette correspondante de la valve droite.
Ce que nous venons de dire prouve, ce nous semble,
d'une manière suffisante les rapports des myes et des corbules ; ces rapports sont tels, que Lamarck a compris au
nombre des myes une grande et belle espèce de corbule,
comme nous l'avons fait remarquer au sujet de la *mye
érodone*.

Nous devons rappeler que l'*anatina longirostris* de Lamarck est une corbule.]

ESPÈCES.

1. Corbule australe. *Corbula australis.* **Lamk. (1).**

> *C. testâ ovatâ, valdè inœquilaterâ, lateribus subhiante;
> striis transversis undatis ; latere antico longiore, an-
> gulato.*
> * *Corbula australis.* Blainv. Malac. pl. 78. f. 3.
> **Mus. n°.**
> (b) *Var. testâ minore, anteriùs magis depressâ.* Mus. n*.
> Habite les mers de la Nouvelle Hollande, au port du Roi
> Georges, et ailleurs. Elle semble se rapprocher de la *Venus
> monstrosa*, que Bruguière a rangée parmi **ses** corbules
> (Encycl. pl. 230. f. 2. a, b. c.) ; mais la nôtre est diffé-
> rente. Coquille blanchâtre, à côté postérieur **très court.**
> Largeur, 35 millimètres.

2. Corbule sillonnée. *Corbula sulcata.* **Lamk.**

> *C. testâ subcordatâ, transversìm sulcatâ, obsolètè radiatâ;
> natibus gibbis purpurascentibus.*
> * *Valvulæ solitariæ ignoti et dubii generis.* Chemn. t. 10.
> p. 358. pl. 172. fig. 1668 à 1671.
> *Corbula.* Encycl. pl. 230. f. 1. a. b. c.
> *Corbula sulcata.* Syst. des anim. sans vert. p. 137.
> Habite l'Océan indien ? Mon cabinet. Largeur. 20 à 22 mill.

3. Corbule dent-rouge. *Corbula erythrodon.* **Lamk.**

> *C. testâ ovatâ, transversìm sulcatâ; latere antico productiore
> subacuto, margine interno purpurascente.*
> Mus. n°. Une valve.
> Habite... On la dit des mers de la Chine et du Japon. [Elle
> est des mers du Pérou et du Chili.] Largeur, 30 millim.

---

(1) Cette coquille n'est point une corbule, c'est une
saxicave, dont une variété a été donnée plus loin par Lamarck sous le nom de *Saxicava australis*, n° 4. Lamarck a
été entraîné à cette erreur, parce qu'il n'a pas fait attention
que dans sa corbule australe le ligament est extérieur, les
valves sont bâillantes, peu régulières, inégales, et la charnière a une dent saillante, comme cela se voit dans la plupart des saxicaves.

4. Corbule ovaline. *Corbula ovalina.* Lamk.

C. testá ovatá, parvulá, transversè sulcatá, rubro-radiatá; latere antico subacuto.

Mus. n°.

Habite les mers de la Nouvelle Hollande. Largeur, 8 ou 9 millimètres.

5. Corbule de Taïti. *Corbula Taïtensis.* Lamk.

C. testá ovato-trapeziformi, biangulatá, radiatá; sulcis transversis scalariformibus; interstitiis longitudinaliter striatis.

Mus. n°.

Habite à l'île de Taïti. M. *Patersoon.* Largeur, 12 ou 13 mill.

6. Corbule noyau. *Corbula nucleus.* Lamk.

C. testá globoso-trigoná, transversim striatá, subantiquatá; umbone altero gibbosiore.

* *Tellina gibba Olivi.* Zool. Adriat. pag. 101.
* *Mya inæquivalvis.* Montagu. Test. p. 38. t. 26. f. 7.
* *Id.* Maton et Racket. Lin. Trans. t. 8. p. 40. tab. 1. f. 6.
* *Id.* Turton. pag. 39. tab. 3. fig. 8. 9. 10.
* *Id.* Dilw. Cat. pag. 55. n° 36.
* *Corbula.* Encycl. pl. 230. fig. 4. a. b. c. d.
* Payr. Cat. pag. 32. n° 44.
* Sow. Genera of Shells. n. 18. f. 1.
* Desh. Encycl. méth. vers. t. 2. p. 8. n. 2.
* *Fossilis.* Corbula gibba. Brocchi. Conch. subap. t. 2. p. 517. n. 15.

Habite l'Océan d'Europe, la Méditerranée. Fossile en Italie, en Sicile, à Dax et en Touraine.

7. Corbule enfoncée. *Corbula impressa.* Lamk. (1).

C. testá ovato-trigoná, turgidá, transversim sulcatá; pube planá; ano profundè impresso.

Mus. n°.

Habite.... Petite coquille d'un gris rougeâtre ou pourpré. Largeur, 12 millimètres.

---

(1) Cette coquille ne se distingue pas de la corbule ovaline, dont elle n'est qu'une variété. Nous ne donnons cette opinion qu'après un examen attentif.

8. Corbule porcine. *Corbula porcina.*

*C. testá transversim oblongá, albidá, lœviusculá; latere postico
rotundato; antico angulato, subrostrato, truncato.*
Corbula. Encycl. pl. 230. f. 3. a. b. c.
Habite... On la dit des mers australes (1). Mus. n°. Mon
cabinet. Par sa forme elle tient de l'amphidesme corbuloïde.

9. Corbule graine. *Corbula semen.* Lamk. (2).

C. testá perpurvá, ovato-trigoná, tenui, pellucidá, lœviusculá.
Mus. n°.
Habite les mers australes, au port du roi Georges. Largeur,
7 à 8 millimètres.

Espèces fossiles.

10. Corbule gauloise. *Corbula gallica.* Lamk.

*C. testá ovato-transversá; valvá majore turgidá, ad nates
tenuissimè striatá; umbone lœviusculo.*
Corbula gallica. Mus. Annales, vol. 8. p. 466.
Encycl. tab. 230. f. 5. a. b. c?
* Corbule unie. Bosc. Buff. de Sonn. t. 2. pl. 8. f. 6.
* Sow. Genera of Shells. n° 18. f. 2. 3.
* Desh. Coq. foss. de Paris. t. 1. p. 49. pl. 7. f. 1. 2. 3.
* *Id.* Encycl. méth. vers. t. 2. p. 8. n° 4.
Habite... Fossile de Grignon. Mus. n°. Commune. Je n'ai vu
qu'une valve.

11. Corbule petites-côtes. *Corbula costulata.* Lamk. (3).

*C. testá ovato-trigoná; valvá minore, costellis longitudinalibus
radiatá : nate lœvi.*

---

(1) Elle n'est point des mers australes, elle est de la
Méditerranée et se trouve sur-tout dans les sables de Ri-
mini.

(2) Cette espèce, la précédente et la *Corbula complanata,*
Sow. fossile, ont des rapports avec les pandores et établissent le passage des deux genres.

(3) Cette espèce est en réalité établie pour la valve supé-

Mus. n°.

Habite... Fossile de Grignon. J'avais pris la valve de celle-ci, comme étant la supérieure de l'espèce précédente.

12. Corbule ridée. *Corbula rugosa.* Lamk.

C. testá trigoná, ventricosá, subgibbá; sulcis transversis grossiusculis; latere antico angulato, subacuto.

Corbula rugosa. Mus. Annales, vol. 8. p. 467. n° 2.

* Desh. Coq. foss. de Paris. t. 1. p. 51. pl. 7. f. 16, 17, 22. *Syn. exclus.*

* *Id.* Encycl. méth. vers. t. 2. p. 10, n° 11.

(b) *Var. testœ sulcis scalariformibus.* Mus. n°. (1)

(c) *Var. testá sublœvigatá.* Mus. n°. Mon cabinet.

Habite... Fossile de Grignon. La variété b se trouve aux environs de Bordeaux et en Italie. La variété c est de Grignon.

13. Corbule striée. *Corbula striata.* Lamk.

C. testá ovato-transversá, subrostratá; striis transversis tenuibus elegantissimis.

Corbula striata. Mus. Annales, vol. 8. p. 467. n° 3.

* Desh. Coq. foss. de Paris. t. 1. p. 53. n° 8. pl. 8. f. 1, 2, 3. et pl. 9. f. 1 à 5.

* *Id.* Encycl. méth. vers. t. 2. p. 10. n° 9.

Habite... Fossile de Grignon et de Courtagnon. Mon cabinet.

Etc. Voyez dans le vol. 8 des Annales du Muséum, p. 468, 469, d'autres espèces que je n'ai point sous les yeux.

† 14. Corbule à gros sillons. *Corbula exarata.* Desh.

C. testá ovato-transversá, tumidá, valvá inferiore sulcis profundis exaratá, superiore sublœvigatá; costulis subprominulis longitudinalibus radiatá.

Corbula exarata. Desh. Dict. class. d'Hist. nat. t. 5. 5e liv. pl. 5. fig. 4.

---

rieure de la corbule gauloise : nous l'avons prouvé dans notre ouvrage sur les Coq. foss. des environs de Paris.

(1) Nous avons cru, comme Lamarck, que cette variété dependait de cette espèce : un examen minutieux sur un très grand nombre d'individus nous a convaincu qu'elle devait former une espèce distincte.

Idem. Desc. des foss. pl. 7. fig. 4, 5, 6, 7, et pl. 8. fig. 4.
Habite... Fossile des environs de Paris à Mouchy-le-Châtel,
Château-Rouge.

† 15. Corbule ombonelle. *Corbula umbonella*. Desh.

C. *testá ovato-transversá, crassá, globosá, anticè rostratá; natibus magnis, recurvis, prominentibus; striis scalariformibus grossiusculis.*
Desch. Desc. des Foss. de Paris. pl. 7. fig. 18. 19. n° 7.
Habite... Fossile aux environs de Paris à Château-Rouge, Abbecourt près Beauvais.

† 16. Corbule naine. *Corbula minuta*. Desh.

C. *testá minimá, subquadratá, depressá, æquilaterali, tenui, lævigatá, anticè biangulatá; cardine unidentato, altero bidentato.*
Desch. Desc. des Foss. de Paris. pl. 8. fig. 31, 32, 33, 34, 35. n° 13.
Habite... Fossile à Valmondois.

† 17. Corbule disparate. *Corbula dispar*. Desh.

C. *testá ovato-acutá, tenuissimá, anticè biangulatá, rostratá; valvá dextrá sulcatá, sinistrá lævigatá.*
Desch. Desc. des Foss. de Paris. t. 1. p. 57. pl. 8. fig. 36, 37, 38. n° 17.
Habite... Fossile du bassin de Paris à Parnes.

† 18. Corbule rayonnante. *Corbula radiata*. Desh.

C. *testá fragili, subrostratá, costis minimis, radiantibus ornatá; margine crenato; cardine unidentato; dente conico, compresso.*
Desch. Desc. des Foss. de Paris. pl. 9. fig. 11, 12. n° 20.
Habite... Foss. des environs de Paris à Grignon.

† 19. Corbule aplatie. *Corbula complanata*. Sow.

C. *testá ovato-subtrigoná, transversá, depressá, lævigatá; umbonibus subnullis; dente valvæ inférioris, conico solido, superioris, depresso minimo.*
Sow. Minéral. Conch. t. 3. p. 86. pl. 362. fig. 7. 8.
Erycina trigona. Lamk. Ann. du Mus. t. 6. p. 413. n° 3.

Desch. Desc. des Coq. foss. de Paris. pl. 7. fig. 8, 9, 13, 14.
n° 5.
Habite... Fossile dans le crag d'Angleterre, à Bordeaux, dans
les faluns de la Touraine, et aux environs de Paris.

PANDORE. (Pandora.)

Coquille régulière, inéquivalve, inéquilatérale,
transversalement oblongue, à valve supérieure aplatie,
et l'inférieure convexe.

Deux dents cardinales oblongues, divergentes et
inégales à la valve supérieure; deux fossettes oblongues
à l'autre valve. Ligament intérieur.

Testa regularis, inæquivalvis, inæquilatera, trans-
versìm oblonga; valvá superiore planulatá; inferiore
convexá.

Dentes cardinales duo oblongi, divaricati, inæquales,
in valvá superiore; foveolæ duæ oblongæ ad valvam
alteram. Ligamentum internum.

OBSERVATIONS. Par leur charnière, les *pandores* semblent
se rapprocher des placunes; mais elles ont deux impressions musculaires, et, quoique inéquivalves comme les camacées, leur coquille régulière et libre les en éloigne et
les rapproche des corbules.

[Les pandores sont de petites coquilles marines, nacrées,
très aplaties, à valves inégales; leur charnière a beaucoup
d'analogie avec celle de certaines corbules, très aplaties.
Dans les corbules la valve droite est la plus grande et la
plus profonde; l'inverse a lieu dans les pandores, aussi
pour bien reconnaître l'analogie qui existe entre ces deux
genres, il faut comparer les valves du même côté : alors
on verra que la dent saillante et recevant le ligament
de la valve gauche des corbules, forme, dans la pan-

dore, par suite de l'aplatissement considérable de la coquille, une cicatricule étroite, une peu saillante et oblique,
sur laquelle s'insère également le ligament. A côté de cette
cicatricule et antérieurement, se voit un fossette ou échancrure triangulaire destinée à recevoir la dent de la valve
opposée. Si nous comparons de la même manière la valve
droite des corbules et des pandores, nous trouverons dans
l'une et dans l'autre, une dent triangulaire plus ou moins
épaisse sur le côté antérieur, et à côté une fossette profonde dans la corbule dont la cavité est profonde, superficielle dans la pandore, parce que la valve est très aplatie,
quelquefois même bombée en dedans. Cette ressemblance
incontestable entre les coquilles des deux genres; l'analogie non moins incontestable des corbules et des myes;
les rapports qui existent entre l'animal des pandores et
celui des myes et des mactres, justifient le rapprochement
que nous avons proposé de ces deux genres avec les myes
pour les rassembler dans une même famille, celle des
myaires; arrangement qui fait voir l'inutilité de la famille
des corbulées. Les impressions musculaires des pandores
sont petites, arrondies, peu écartées, et fort rapprochées
du bord cardinal; une impression abdominale courte et
simple s'étend de l'une à l'autre. Lamarck n'a connu que
deux espèces vivantes de pandores. Depuis, M. Sowerby,
dans son *Species conchyliorum*, en a fait connaître sept
espèces de plus, et M. Say dans sa Conchyliologie améri-
caine en a décrit une septième; enfin M. Quoy dans le
voyage de l'Astrolabe en a décrit et figuré une espèce bien
intéressante par sa forme et ses autres caractères. A ces six
espèces vivantes, nous pourrions en ajouter deux fossiles,
l'une des environs de Paris, et l'autre d'Italie : de sorte
qu'il existe maintenant douze espèces dans un genre peu
recherché, et dans lequel on n'en connaissait que deux il
y a quelques années.]

ESPÈCES.

1. Pandore rostrée. *Pandora rostrata.* Lamk.

P. testâ latere antico longiore, attenuato, rostrato, hinc in utrâque valvâ angulato.

Tellina inæquivalvis. Lin. Syst. nat. p. 1118. Gmel. n⁰ 2.

* Donovan. Conch. t. 2. tab. 41. f. 1.

* Dilw. Cat. p. 86. n⁰ 32.

* Payraud. Cat. des An. et des Moll. p. 33. n⁰ 46.

Poli. Test. 1. tab. 15. f. 5, 6, 7 et 9.

Chemn. Conch. 6. tab. 11. f. 106. a. b. c.

Pandora. Encycl. pl. 250. f. 1. a. b. c.

Pand. margaritacea. Syst. des Anim. sans vert. p. 137.

* Sow. Gen. of Shells. n⁰ 2. f. 1, 2, 3.

* Sow. Spec. Conch. *Gen. pandora.* p. 2. n⁰ 2. f. 7, 8, 9.

* Blainv. Malac. pl. 78. f. 6. a. b.

* Desh. Encyc. méth. vers. t. 3. p. 697. n⁰ 1.

Habite la Méditerranée et dans la Manche, sur nos côtes. Mon cabinet.

2. Pandore obtuse. *Pandora obtusa.* Lamk.

P. testâ latere antico versùs extremitatem dilatato, obtusissimo, hinc obsoletè angulato.

Pandora obtusa. Leach.

* Payrau. Cat. p. 34. n⁰ 47.

* Desh. Encycl. méth. vers. t. 3. p. 697. n⁰ 2.

* Sow. Spec. Conch. Genre pand. p. 2. n⁰ 1. f. 1, 2, 3.

Habite... l'Océan britannique? Mon cabinet. Communiqué par *M. Leach.* Espèce plus petite et très distincte de la précédente,

† 3. Pandore oblongue. *Pandora oblonga.* Sow.

P. testâ elongatâ, latere postico subrostrato, margine superiore rectiusculo, dente in valvâ planulatâ ligamentoque minimis.

Sow. Spec. Conch. Pandora. fig. 10. p. 2.

Habite la Méditerranée, les côtes de Sicile, mince, transparente, proportionnellement plus étroite que la Rostrée.

† 4. Pandore déprimée. *Pandora depressa*. Sow.

P. testâ ovatâ, depressâ, latere postico dilatato, dentibus in valvâ planulatâ duobus validis, in valvâ alterâ unico maximo, margine superiore subarcuato, leviter recurvo.

Sow. Spec. Conch. Pandora. fig. 11 à 12. p. 3.

* *Anomia tabacea.* Gronovius, Zooph. tab. 18. f. 3.

Habite les îles de l'Océan pacifique. Coquille courte, très inéquilatérale, presque aussi longue que large et très déprimée.

† 5. Pandore glaciale. *Pandora glacialis*. Sow.

P. testâ anticè subproductâ, obtusè angustatâ, umbone subcentrali; margine superiore rectiusculo. Dente in valvâ planulatâ minimo.

Sow. Spec. Conch. part. 1. Pandora fig. 4, 6. p. 3.

Habite les mers du Nord sur les côtes de la Norvège. Ce n'est peut-être qu'une variété un peu moins inéquilatérale de la *pandora obtusa*.

† 6. Pandore flexueuse. *Pandora flexuosa*. Sow.

P. testâ oblongâ, gibbosiore, subrostratâ; margine inferiore flexuoso, superiore bicarinato, subarcuato, recurvo; laminâ internâ, submarginali postico, elongatâ, in valvâ planulatâ.

Sow. Spec. Conch. part. 1. pandora fig. 13 à 15. p. 3.

Sow. Genera of Shells. no 2. f. 4, 5.

Payraud. Cat. des Ann. et des Moll. de Corse. p. 34. no 48.

Habite le golfe persique, Sow. la Méditerranée en Corse et en Sicile.

† 7. Pandore onguiforme. *Pandora unguiculus*. Sow.

P. testâ oblongâ, depressiusculâ, posticè subrostratâ; margine superiore rectiusculo, extùs obtusè bicarinato; anticè rotundato vel subtruncato.

Sow. Spec. Conch. part. 1. Pandora. fig. 16, 17. p. 3.

Habite... Espèce très voisine de la précédente et dont elle n'est probablement qu'une variété.

† 8. Pandore à long-bec. *Pandora nasuta*. Sow.

P. testâ elongatâ, flexuosâ, posticè rostratâ, margine superiore posticè arcuato, recurvo; anticè subalato; dente valido, et

*lamina interna submarginali, postica, elongata, in valva
planulata.*

Sow. Spec. Conch. part. 1. Pandora. fig. 18—19. p. 3.
An pandora trilineata. Say. Conch. Amer. nº 1. pl. 2?
Habite... L'espèce de M. Say paraît peu distincte de celle-ci;
cependant, s'il faut avoir confiance dans les figures, la
charnière présenterait des différences assez grandes pour
justifier la séparation des deux espèces.

9. Pandore trilinéolée. *Pandora trilineata.*

*P. testa ovato-oblonga, inæquilatera, anticè obtusa, posticè
arcuata, rostrata, pellucida, lævigata; rostro bicarinato.*
Say. Amer. Conch. nº 1. pl. 2.
Habite les côtes de la Géorgie et des Florides; elle est mince,
brunâtre en dehors; elle a beaucoup d'analogie avec la *Pandora nasuta.* Ce n'est peut-être qu'une variété de cette
espèce.

† 10. Pandore striée. *Pandora striata.* Quoy.

*P. testa ovato-trigona, solidula, transversìm striato-plicata,
depressa, anticè obtusa, posticè subangulata, subæquilatera;
apice acuto, emarginato.*
Quoy. Voy. de l'Astrol. Moll. pl. 83. f. 10.
Habite la Nouvelle Zélande. Coquille singulière, aplatie,
épaisse, presque équilatérale et subtrigone; les valves sont
couvertes de stries ou plutôt de petits plis concentriques.

11. Pandore de Defrance. *Pandora Defrancii.*

*P. testa minima, elliptica, depressa, anticè subangulata, mar-
garitacea, ad cardinem angulata, cardine bidentato.*
Desh. Desc. des Foss. de Paris pl. 9. fig. 15, 16, 17. nº 1.
Idem, Encycl. méth. vers. t. 3. p. 697. nº 3.
Habite..... Fossile de Grignon. Petite coquille très déprimée, remarquable par un petit bec à son extrémité antérieure.

LES LITHOPHAGES.

*Coquilles térébrantes, sans pièces accessoires, sans
fourreau particulier, et plus ou moins bâillantes à*

leur côté antérieur. Le ligament des valves est extérieur.

Les animaux de ces coquilles savent percer les rochers calcaires, s'y établissent à demeure, et y vivent habituellement. Ils s'y enfoncent de manière que leur extrémité antérieure, placée vers l'entrée du trou qui les contient, est toujours à portée de recevoir l'eau dont ils ont besoin.

Ces coquillages bivalves restent ainsi cachés toute leur vie dans des trous assez profonds qu'ils se sont creusé dans les rochers. On ne connaît pas encore les particularités de l'organisation de ces animaux; mais leurs habitudes étant analogues à celles de la plupart des pholadaires, ils nous avaient d'abord paru devoir s'en rapprocher au moins sous ce rapport : depuis, nous les en avons écartés.

Cependant nous n'entendons pas rassembler ici toutes les coquilles bivalves térébrantes, ou qui percent les pierres; car nous ferions en cela un assemblage évidemment disparate. Nous connaissons effectivement des coquilles pareillement térébrantes, qu'on ne peut écarter les unes des vénus, les autres des modioles, les autres des lutraires, les autres enfin des cardites, et ce n'est point de celles-là dont il est maintenant question.

Parmi les conchifères térébrants, nos *lithophages* sont des coquilles plus ou moins bâillantes antérieurement, à côté postérieur court, arrondi ou obtus, à ligament des valves toujours extérieur, qui vivent habituellement dans les pierres, et dont, quant à présent, nous ne connaissons point de famille particulière à laquelle il soit plus convenable de les rapprocher. Nous citerons néanmoins parmi elles quelques espèces dont les habitudes ne nous sont pas connues (1).

---

(1) Par ce motif qu'il ne serait pas rationnel d'établir un

M. *Fleuriau de Bellevue* nous a fait connaître la plupart de ces coquillages, en a traité dans le *Journal de physique* de l'an 10, et dans le *Bulletin des Sciences de la Soc. Philom.*, n° 62. Il pense que les coquilles térébrantes ne percent point les pierres à l'aide d'un frottement de la coquille contre la pierre; mais au moyen d'une liqueur amollissante ou dissolvante que l'animal répand peu à peu.

Par la réduction que nous exécutons parmi nos *lithophages*, leurs genres se bornent aux trois qui suivent.

[Depuis long-temps on discute sur cette singulière propriété dont jouissent quelques mollusques acéphalés. Quelques auteurs ont supposé que le frottement des valves contre la pierre suffisait pour l'user peu à peu, et qu'ainsi l'animal y formait une loge suffisante pour le contenir. Olivi, qui partageait cette opinion, l'a appuyée sur ce fait qu'il prétend avoir observé que les mollusques perforants peuvent attaquer des laves ou autres roches non calcaires. Depuis cette assertion de l'auteur italien, aucune observation bien faite n'est venue l'appuyer, tandis qu'au contraire on a rassemblé un très grand nombre de preuves, que les mollusques perforants ne se logent jamais que dans les pierres calcaires. Cette manière de vivre rend très probable l'opinion de M. Fleuriau de Bellevue, qui croit l'animal pourvu d'une sécrétion acide, au moyen de laquelle il dissout, à mesure qu'il s'accroît, les parois de la

genre ou une famille pour les modioles ou les cardites qui percent les pierres, de même il ne serait pas convenable de rejeter de la famille des lithophages des coquilles qui ne sont pas perforantes, et dans lesquelles on retrouve cependant tous les autres caractères essentiels des espèces qu'elle contient. C'est pour cette raison qu'il convient de rapprocher les byssomies et les hyatelles des saxicaves, et de laisser dans ces genres des espèces qui ne sont point perforantes.

cavité qu'il habite. Une observation qui nous est propre, c'est que le plus grand nombre des mollusques perforants sont contenus dans des loges trop justes et peu faites pour permettre des mouvements de rotation; qu'elles sont ovales lorsque la coquille a cette forme; et l'on voit presque toujours s'élever entre les crochets des valves une crête calcaire qui ne permet aucun mouvement de rotation.

Plusieurs zoologistes ont cru qu'il était peu nécessaire de conserver la famille des lithophages. M. de Ferussac met les saxicaves dans le voisinage des gastrochènes et des solens, et il place les vénérupes près des vénus. M. de Blainville a adopté une opinion presque semblable : nous ne l'admettons pas plus que celle de M. Ferussac, et nous conserverons la famille des lithophages de Lamarck ; telle que ce savant l'a établie dans cet ouvrage. Nous appuyons notre opinion sur la connaissance de plusieurs animaux appartenant aux trois genres saxicaves, pétricoles et vénérupes ; ils sont liés par des rapports communs ; c'est ainsi que le manteau à peine ouvert pour le passage d'un pied rudimentaire dans certaines saxicaves, s'ouvre un peu plus dans les pétricoles et plus encore dans les vénérupes ; le pied suit un développement à peu près analogue, tout en restant cependant proprotionnellement plus petit que dans les autres mollusques chez lesquels cet organe est indispensable à la locomotion.]

SAXICAVE. (Saxicava.)

Coquille bivalve, transverse, inéquilatérale, bâillante antérieurement et au bord supérieur. Charnière presque sans dents. Ligament extérieur.

Testa bivalvis, transversa, inæquilatera, anticè marginique superiore hians. Cardo subedentulus. Ligamentum externum.

Observation. Les *saxicaves*, que M. Fleuriau de Bellevue

nous a d'abord fait connaître, sont des lithophages remarquables par leurs charnières, en ce qu'elles sont tantôt dépourvues de dents cardinales, et que tantôt elles offrent deux tubérosités écartées, relevées, obsolètes, à peine dentiformes. Ces coquilles sont transverses, à côté postérieur court et obtus; à côté antérieur plus alongé, moins renflé, souvent tronqué. Elles percent les rochers. Taille petite ou médiocre.

[Lamarck n'a connu qu'un très petit nombre de saxicaves et il n'en a pas mentionné de fossiles; il en existe cependant aussi : on compte actuellement dans ce genre onze ou douze espèces. Lorsque l'on examine les coquilles des byssomies et qu'on les compare à celles des saxicaves, on ne trouve entre elles aucune différence, tandis que dans les animaux il en existe beaucoup plus, puisque les byssomies ne sont point perforantes, et portent en arrière d'un pied rudimentaire, un byssus comme celui des moules; le manteau est fermé dans une grande partie de sa longueur, et se prolonge en arrière en deux siphons accolés jusqu'au sommet. Si l'on veut apprécier ces différences à leur juste valeur, on s'apercevra facilement qu'elles ne sont pas d'une aussi grande importance qu'elles le paraissent; car un byssus est un moyen de vivre en un même point aussi bien que la faculté de percer les pierres. Il a fallu que le caractère du byssus dans les byssomies fût considéré comme de peu de valeur; car le plus grand nombre des zoologistes ont réuni ce genre aux saxicaves. Il sera nécessaire de réunir aussi aux saxicaves le genre Hyatelle de Lamarck, placé par lui dans la famille des cardiacées. Nous ferons observer au sujet de l'hyatelle arctique, que Lamarck a compris la même espèce dans deux genres très différents : ainsi, son *solen minutus* et l'*hiatella arctica*, sont une seule et même coquille; et pour s'en convaincre il suffit de comparer les synonymies. Le fait est que la coquille dont il s'agit ici n'est point un solen, et ne doit pas non plus constituer un genre particulier, car elle appartient aux saxicaves byssifères, comme nous nous en sommes assuré par l'examen de l'animal.

ESPECES.

1. **Saxicave ridée.** *Saxicava rugosa.* Lamk. (1)

> *S. testá rudi, ovatá, utráque extremitate obtusá, transversè striatá.*
> * Lister Anim. Angl. t. 4. f. 21.
> * Schroter Einl. tom. 3. t. 9. f. 14.
> * Sow. Genera of Shels. n° 25. f. 1. 2. 3. 4.
> * Desh. Encycl. méth. vers. t. 3. p. 927 n° 1.
> *Mytilus rugosus.* Lin. Syst. nat. p. 1156.
> Pennant. Zool. brit. 4. pl. 63. f. 72.
> Habite l'Océan du Nord, les mers britanniques. Communiquée par M. *Leach.*

2. **Saxicave gallicane.** *Saxicava gallicana.* Lamk.

> *S. testá ovato-oblongá, transversè striatá; latere antico productiore, compresso, truncato.*
> Mon cabinet.
> Habite la Manche, sur les côtes de France, à Saint-Vallery et à la Rochelle. M. Fleuriau de Belle-Vue. Elle est moins grande et moins renflée que la précédente.

3. **Saxicave pholadine.** *Saxicava pholadis.*

> *S. testá oblongá, rudi, transversim rugosá; posticè obtusiore.*
> *Mytilus pholadis.* Lin. Mant. Gmel. p. 3357.
> Mull. Zool. Dan. 3. tab. 87. f. 1—3.
> *Mya byssifera.* O. Fabr. Faun. Groënl. p. 408. n° 409.
> * Chemn. Conch. t. 8. pl. 82. f. 735?
> * Schroter. Einl. t. 3. p. 448.
> * Blainv. Malac. pl. 80. fig. 5.
> * Desh. Encycl. méth. vers. t. 3. p. 927. n° 2.
> Byssomie. Cuv. Règn. anim. 2. p. 490.
> Habite la mer du Nord, dans les fentes des rochers, et perçant les pierres.

---

(1) Des deux premières espèces *Saxicava rugosa* et *gallicana*, l'une doit être supprimée n'étant en réalité qu'une variété peu importante de l'autre.

4. Saxicave australe. *Saxicava australis.* (1)

*S. testá ovatá, turgidá, transversim striatá; latere antico,
costá obliquá subangulato.*

* *Saxicava australis.* Blainv. Malac. pl. 80. f. 4.

Mus. n°. *Mactra crassa.* Péron.

Habite à l'île des Kanguroos. *Péron.*

Etc. Le *mytilus rugosus* de Schroeter. Einl. in Conch. 3.
p. 429. t. 9. f. 14, paraît être de ce genre.

5. Saxicave vénériforme. *Saxicava veneriformis.*

S. testá transversim oblongá; striis transversis variis.

Mus. n°.

Habite... Elle est beaucoup plus grande que les autres.

† 6. Saxicave de Guérin. *Saxicava Guerini.* Desh.

*S. testá transversim elongatá, compressiusculá tenui, pellu-
cidá, albo-flavescente æquivalvi inæquilaterá; latere postico
longiore, rotundato; cardine bidentato; impressione pallii,
simplici.*

Byssomya Guerinii. Payr. Cat. des A. et des Moll. de Corse.
p. 32. n° 45. pl. 1. f. 6, 7, 8.

Habite la Méditerranée. Coquille mince, jaunâtre, transparente, souvent irrégulière.

† 7. Saxicave rhomboïde. *Saxicava rhomboïdes.* Desh.

*S. testá rhomboideá, convexiusculá, hyante, inæquilaterá,
distortá, irregulariter transversim striatá; latere antico*

---

(1) Toutes les coquilles qui, comme celles de ce genre et
des deux suivants, sont souvent gênées dans leur développe-
pement, prennent des formes diverses qui peuvent en impo-
ser aux observateurs les plus habiles, sur-tout lorsque l'on
n'a à examiner qu'un très petit nombre d'individus. C'est ce
qui est arrivé à Lamarck, qui pour une même coquille a
fait la corbule australe, la saxicave australe et la saxicave
vénériforme; de sorte que dans un catalogue bien fait, il
faudra réunir sous un même nom ces trois espèces, et leur
faire prendre place parmi les saxicaves.

brevissimo, postico lato, biseriatim obliquè aculeis instructo;
cardine altero bidentato.

Donax rhomboides. Poli. Test. t. 2. p. 81. et t. 1. pl. 14.
  f. 16. pl. 15. f. 12, 13, 16.

Solen minutus. Linn. Sys. nat. 12. p. 1115. n° 42.

Chemn. Conch. t. 6. tab. 6. fig. 51. 52.

Schroter. Einl. t. 3. p. 632. n° 10.

Lin. Gmel. p. 3226. n° 11.

Montagu. Test. p. 53. tab. 1. f. 4.

Lamarck. Anim. s. vert. t. 5. p. 453. n° 10. *Solen minutus.*

Hiatella arctica. Lamk. Loc. cit. t. 6. p. 30.

Dilw. Cat. t. 1. p. 69. n° 30.

Fossile. *Mya elongata.* Brocchi. Conch. subap. t. 2. pl. 12.
  fig. 14. a. b.

† 8. Saxicave de Grignon. *Saxicava Grignonensis.* Desh.

S. testâ ovatâ, gibbosâ, subsinuatâ, transversim irregulariter
  striatâ, hiante; cardine unidentato; umbonibus prominulis
  subcordatis.

Desh. Descrip. des Coq. foss. des env. de Paris. pag. 64.
  pl. 9. fig. 18. 19.

Idem. Encycl. méth. vers. t. 3. p. 928. n° 3.

Habite... Fossile à Grignon. Coq. non perforante et cependant irrégulière, assez voisine par sa forme de la saxicave
  de Guérin, mais plus épaisse et plus solide.

† 9. Saxicave vaginoïde. *Saxicava vaginoïdes.* Desh.

S. testâ ovato-elongatâ, subcylindricâ, substriatâ; umbonibus
  minimis; cardine unidentato.

Desh. Descrip. des Coq. foss. des env. de Paris. pag. 66.
  pl. 9. fig. 25. 26.

Idem. Encycl. méth. vers. tom. 3. pag. 928. n° 7.

Habite... Fossile à Acy, dans un madrépore; petite, fragile,
  très mince, une seule dent cardinale sur chaque valve.

† 10. Saxicave modioline. *Saxicava modiolina.* Desh.

S. testâ ovatâ, transversâ, tenuissimâ, pellucidâ, transversim
  tenuissime striatâ; cardine unidentato, umbonibus produc-
  tioribus.

Desh. Mém. de la Soc. d'hist. nat. tom. 1. pag. 254. n° 3.

pl. 15. fig. 11 ; et Descrip. des Coq. foss. des env. de Paris. pag. 65. pl. 9. fig. 27. 28. 29.

Idem. Encycl. méth. vers. tom. 3. pag. 928. n° 4.

Habite... Fossile de Valmondois, dans les madrépores. Coquille très mince, élégamment striée.

† 11. Saxicave aplatie. *Saxicava depressa.* Desh.

S. testá subrotundatá, compressá, submargaritaceá, hiante, irregulariter sulcosá; cardine unidentato.

Desh. Mém. de la Soc. d'hist. nat. tom. 1. pag. 254. n° 2. pl. 15. fig. 10. et Descrip. des Coq. foss. des env. de Paris, pag. 66. pl. 9. fig. 20. 21.

Idem. Encycl. méth. vers. t. 3. pag. 928. n° 6.

Habite... Fossile de Valmondois, dans les pierres calcaires et les madrépores. Elle est mince, très déprimée et nacrée à l'intérieur. Elle est très rare.

† 12. Saxicave nacrée. *Saxicava margaritacea.* Desh.

S. testá ovato-depressá, tenuissimá, irregulariter striatá, margaritaceá, hiante, cardine subunidentato.

Desh. Mém. de la Soc. d'hist. nat. t. 1. pag. 254. n° 1. pl. 15. fig. 9. et Descrip. des Coq. foss. des env. de Paris. pag. 65. pl. 9. fig. 22. 23. 24.

Idem. Encycl. méth. vers. t. 3. pag. 928. n° 5.

Habite... Fossile de Valmondois, dans les pierres calcaires et les madrépores. Elle ressemble à la vaginoïde, mais elle est nacrée à l'intérieur.

PÉTRICOLE. (Petricola.)

Coquille bivalve, subtrigone, transverse, inéquilatérale; à côté postérieur arrondi; l'antérieur atténué, un peu bâillant. Charnière ayant deux dents sur chaque valve ou sur une seule.

Testa bivalvis, subtrigona, transversa, inœquilateralis; latere postico rotundato; antico attenuato, paulùm hiante. Cardo dentibus duobus in utráque valvá, vel in unicá.

Observations. Je réunis ici mes genres pétricoles et rupellaires. Le caractère du premier était d'offrir deux dents sur une valve et une seule sur l'autre ; celui du second, de présenter deux dents sur chaque valve ; mais ayant trouvé quelque variation à cet égard, et la forme de la coquille étant à peu près la même de part et d'autre, il y a de l'avantage à les réunir. (1)

Les *pétricoles* dont il s'agit maintenant sont térébrantes, du moins celles dont l'habitation est connue, et constituent un genre assez nombreux en espèces. Il me serait assez difficile de leur assigner ailleurs une place plus convenable.

ESPÈCES.

1. Pétricole lamelleuse. *Petricola lamellosa*. Lamk.

> *P. testâ ovato-trigonâ, obliquâ ; lamellis transversis ; reflexo-erectis ; interstitiis tenuissimé striatis.*
> *An donax irus ?* Lin. Syst. nat. p. 1128.
> *An venus rupestris ?* Brocch. Conch. 2. t. 14. f. 1.
> * Payr. Cat. des Moll. de Corse. p. 34. no 49.
> * Desh. Encycl. méth. vers. t. 3. p. 746. n° 1.
> Habite la Méditerrancée. Mon cabinet. Rapportée d'Italie, dans l'état fossile, par M. *Faujas.* Elle est plus grande que l'*irus.* Largeur, 24 millimètres. Deux dents sur une valve, et une seule sur l'autre. J'ai une autre coquille que je rapporte à l'*irus.*

-----

(1) Lamarck a très bien senti qu'il était nécessaire de réunir ses genres rupellaire et pétricole, qui, en effet, ont si peu de différence, qu'une même espèce aurait pu se placer dans l'un ou l'autre, selon l'état de conservation ou de développement de la charnière. Peut-être que l'on sera obligé par la suite de faire la même réunion entre les genres pétricole et vénérupe, qui en réalité diffèrent très peu l'un de l'autre. Cette ressemblance existe non-seulement entre les coquilles, mais encore entre les animaux qui les habitent.

2. Pétricole ochroleuque. *Petricola ochroleuca*. Lamk.

> **P.** *testá tenui, ovato-trigoná, albo-lutescente; striis transversis remotiusculis; ad interstitia striis exilioribus verticalibus.*

* *Tellina fragilis.* Linné. Syst. nat. p. 1117.

* Chemn. Conch. t. 6. pl. 9. f. 84.

* Schrotter. Einl. t. 2. p. 646.

* Lin. Gmel. p. 3230. n° 6.

* *Tellina fragilis.* Dilw. Cat. t. 1. p. 78. n° 14.

* *Petricola ochroleuca.* Payr. Cat. p. 34. n° 56. pl. 1. f. 9. 10.

* *Poli. Testa.* t. 1. pl. 15. f. 22. 24.

* Sow. Genera of Shels. n° 15. f. 4.

* Desh. Encycl. méth. vers. t. 3. p. 747. n° 2.

Mon cabinet.

Habite toute la Méditerranée, l'Océan d'Europe, la Manche, la mer du Nord, etc. Fossile en Italie, en Sicile, etc. Envoyée de Bordeaux. Largeur, 26 millimètres. Deux dents sur une valve, et une en cœur sur l'autre.

3. Pétricole demi-lamelleuse. *Petricola semi-lamellata*. Lamk.

> **P.** *testá tenui, albá, trigoná; sulcis transversis remotiusculis; superioribus lamellosis; interstitiis longitudinaliter striatis.*

Mon cabinet.

Habite aux environs de la Rochelle, dans les pierres, d'où je l'ai retirée. Elle est petite, demi-transparente. Deux dents sur une valve et une sur l'autre.

4. Pétricole lucinale. *Petricola lucinalis*. Lamk. (1).

> **P.** *testá suborbiculari, inflatá, margine superiore subdepressá; striis transversis arcuatis, aliisque longitudinalibus interpositis variè inflexis.*

---

(1) Cette coquille pourrait aussi bien faire partie du genre vénérupe par quelques individus qui ont trois dents à la charnière; mais la plupart n'en ont que deux. La *Venus divaricata* de Chemnitz est bien la même espèce; elle se trouve aussi dans l'épaisseur des polypiers rapportés de l'Ocean Indien.

* *Venus divaricata*. Chemn. Conch. t. 10. p. 357. tab. 172.
f. 1666. 1667.

Mus. n°.

Habite à la Nouvelle Hollande, au port du roi Georges. *Péron.* Deux dents sur une valve et une sur l'autre. Largeur de l'ongle.

5. Pétricole striée. *Petricola striata.* Lamk.

P. *testâ ovato-trigonâ, sulcis longitudinalibus creberrimis striatâ; striis transversis raris; latere antico compresso.*
* Payr. Cat. des Moll. de Corse. p. 35. n° 51.

Mon cabinet.

Habite près de la Rochelle, dans les pierres. *Fleuriau de Belle Vue.* Deux dents sur une valve et une dent bifide sur l'autre.

6. Pétricole costellée. *Petricola costellata.* Lamk.

P. *testâ inflatâ, trigonâ; costellis longitudinalibus, crebris, undatis subacutis.*
* Payr. Cat. des Moll. de Corse. p. 35. n° 52.

Mon cabinet.

Habite près de la Rochelle, dans les pierres. *Fleuriau de Belle Vue.* Une dent large et deux petites sur une valve; une seule sur l'autre.

7. Pétricole roccellaire. *Petricola roccellaria.* Lamk.

P, *testâ ovato-trigonâ, sulcis longitudinalibus radiatim rugosâ; striis transversis raris.*
* Payr. Cat. des Moll. de Corse. p. 35. n° 53.
* *An Poli.* Test. pl. 7. f. 14. 15?

Mon cabinet.

Habite près de la Rochelle, dans les pierres. *Fleuriau de Belle Vue.* Deux dents sur une valve; une dent obsolète sur l'autre.

8. Pétricole menue. *Petricola exilis.* Lamk.

P. *testâ minimâ, subellipticâ; striis transversis remotis, longitudinalibus, crebris, tenuissimis.*

Mon cabinet.

Habite:... Fossile des environs de Pont-Levois, à huit lieues de Blois. *Tristan.*

9. Pétricole ruperelle. *Petricola ruperella*. Lamk.

P. testá ovato-trigoná; latere postico inflato, lœvi; antico longitudinaliter rugoso.

Ruperelle striée. Fleuriau de Belle-Vue.

(b) *Var, undiquè sulcis longitudinalibus rugosa.*

* Desh. Encycl. méth. vers. t. 3. p. 747. n° 3.

Habite aux environs de la Rochelle, dans les rochers cal-
càires. Deux dents sur chaque valve, dont une au moins
est bifide. La variété (b) vient des environs de Bayonne.

10. Pétricole chamoïde. *Petricola chamoides*. Lamk.

P. testá ovatá, inflatá, crassá; rugis longitudinalibus marginem superum lamelloso-crispis; latere antico latiore.

* *An Venus lithophaga?* Var. Brocc. Conch. Foss. pl. 13.
f. 15. a. b?

Mon cabinet.

Habite... Fossile d'Italie, communiqué par M. *Faujas*. Deux
dents sur chaque valve. Largeur, 30 millimètres.

11. Pétricole pholadiforme. *Petricola pholadiformis*. Lamk.

P. testá transversìm elongatá; latere postico brevissimo, sulcis longitudinalibus lamelloso-dentatis utrinque radiato; antico subglabro.

* Sow. Genera of Shells. n° 15. f. 1. 2.

* Desh. Encycl. méth. vers. t. 3. p. 747. n° 4.

Mon cabinet.

Habite... Coquille très rare, non fossile, provenant du cabinet
de madame de Bandeville, et ayant, à l'extérieur, l'aspect
d'une pholade. Deux dents cardinales à chaque valve. Côté
antérieur un peu bàillant. Largeur, 46 millimètres.

12. Pétricole fabagelle. *Petricola fabagella*. Lamk.

P. testá ovali, striis longitudinalibus exilibus transversisque; aliquot decussatá.

Mus. n°.

Habite à la Nouvelle Hollande, dans les madrépores.

13. Pétricole languette. *Petricola linguatula*. Lamk. (1).

> P. *testâ parvâ, transversim oblongâ; latere postico brevissimo;
> antico elongato subtruncato.*
>
> Mus. n°. *Mya solenoides*. Péron.
> Habite à la Nouvelle Hollande, port du Roi Georges.
> Etc. Voyez *Venus lithophaga*. Gmel. n° 145. et Brocch.
>   Conch. 2. t. 13. f. 15. Voyez aussi *Venus lapidica*. Gmel.
>   n° 148. Chemn. Conch. 10. t. 172. f. 1665. 1666.

† 14. Pétricole élégante. *Petricola elegans*. Desh.

> P. *testâ transversâ, eleganter anticè lamellosâ, striis radian-
> tibus ornatâ, posticè glabrâ, hiante; latere postico brevis-
> simo; cardine bidentato, dentibus sublamellosis, obliquis-
> simis.*
>
> Desh. Mém. de la Soc. d'hist. nat. de Paris. tom. 1. pag. 255.
>   pl. 15. fig. a. b. c.
> *Idem.* Encycl. méth. vers. t 3. p. 748. n° 5.
> Habite... Fossile à Valmondois, dans les pierres. Coquille
>   étroite, cylindracée, assez semblable à la P. pholodiforme,
>   mais parfaitement distincte par la charnière.

† 15. Pétricole coralliophage. *Petricola coralliophaga.*
           Desh.

> P. *testâ ovato-transversâ, inæquilaterâ, lævigatâ; umbonibus
> minimis; cardine bidentato, altero unidentato.*
>
> Desh. Desc. des foss. des env. de Paris. t. 1. pag. 68. pl. 10.
>   fig. 8. 9. 10.
> *Idem.* Encycl. méth. vers. t. 3. pag. 748. n° 6.
> Habite.... Fossile à Parnes et à Chaumont, dans les madré-
>   pores. Elle est petite, ovale, mince, déprimée et à peine
>   de la grandeur de l'ongle. Elle est très rare.

---

(1) Espèces très semblables à la *Saxicava rugosa*, dont
elle a la forme, la couleur et l'irrégularité. S'il existe entre ces deux coquilles des caractères spécifiques, il n'y en a
point de génériques, et nous croyons que la *Petricola linguatula* doit se ranger parmi les saxicaves.

VÉNÉRUPE. (Venerupis.)

Coquille transverse, inéquilatérale, à côté postérieur fort court, l'antérieur un peu bâillant.

Charnière ayant deux dents sur la valve droite, trois sur la valve gauche, quelquefois trois sur chaque valve : ces dents étant petites, rapprochées, parallèles et peu ou point divergentes. Ligament extérieur.

Testa transversa, inæquilateralis; latere postico brevissimo, antico subhiante. Cardo dentibus duobus in valvá dextrá, tribus in sinistrá, interdùm tribus in utráque : omnibus parvis, approximatis, parallelis, vix divaricatis. Ligamentum externum.

OBSERVATIONS. Les *vénérupes* ou *vénus de roches*, semblent effectivement avoir une charnière analogue à celle des vénus, et cependant leurs dents cardinales, un peu différemment disposées, suffisent pour faire reconnaître leur genre. Ce sont des coquilles lithophages ou perforantes, très inéquilatérales, et qui ne sont distinguées de nos pétricoles que parce qu'elles ont trois dents cardinales, au moins sur une valve.

[La plupart des vénérupes diffèrent à peine des pétricoles: elles offrent le plus souvent trois dents cardinales sur une valve, deux et rarement trois sur l'autre. Lorsque dans quelques individus l'une de ces dents est avortée, ce qui se voit assez souvent, la même espèce pourrait être comprise à la fois dans les deux genres. Les animaux des vénérupes perforantes se distinguent à peine de ceux des pétricoles; le manteau est seulement un peu plus fendu et le pied est un peu plus grand. Dans les vénus ces parties sont différentes; et cela prouve qu'il était nécessaire de maintenir assez éloignés deux genres que Cuvier et M. de Blainville ont cru nécessaire de réunir ou de rapprocher. Nous ne prétendons pas contester cependant l'analogie

qui se montre d'une manière évidente entre certaines vénérupes et les vénus. Nous pensons que les vénérupes seules doivent être retirées du genre et placées parmi les vénus, parce que les animaux sont en effet semblables ;
seulement les uns s'enfoncent dans la vase durcie, tandis
que les autres vivent dans le sable. Et quand même ils
jouiraient de la faculté de perforer la pierre, ce ne serait
pas une raison suffisante pour les rejeter des vénus, puisque nous avons vu que dans un grand nombre de genres
appartenant à des familles très éloignées, il existait des
espèces perforantes ; aussi nous concevons très bien qu'il
y ait des vénus perforantes, mais cela ne nous empêche
pas d'admettre un genre vénérupe dont les caractères nous
paraissent suffisants.]

ESPÈCES.

1. Vénérupe perforante. *Venerupis perforans*. Lamk.

> *V. testâ ovato-rhombeâ, transversim striatâ latere antico pro-*
> *ductiore, lamelloso, subtruncato.*
> *Venus perforans.* Montag. Test. brit. p. 127. t. 3. f. 6.
> Mat. Act. Soc. linn. 8. p. 89.
> * Dilw. Cat. t. 1. p. 206. n° 110.
> * Desh. Encycl. méth. vers. t. 3. p. 1110. n° 1.
> (b) *Eadem minor et angustior ; lamellis substriatis.*
> Habite sur les côtes d'Angleterre, dans les pierres. Mon ca-
> binet. Communiquée par M. *Leach.* Largeur, 38 millim.
> La variété b. se trouve sur les côtes de France. M. *Fleuriau*
> *de Belle-Vue.*

2. Vénérupe noyau. *Venerupis nucleus*. Lamk.

> *V. testâ ovatâ, extremitatibus obtusâ, ad umbones lævigatâ;*
> *striis transversis; latere antico lamelloso.*
> Mon cabinet.
> Habite dans les pierres, aux environs de la Rochelle. M. *Fleu-*
> *riau de Belle-Vue.* Trois dents sur une valve et deux sur
> l'autre. Largeur, 12 millimètres.

3. Vénérupe lamelleuse. *Venerupis irus*. Lamk.

V. testá ovali, anticè longiore, latiore, subangulato, lamellis transversis cinctá; interstitiis longitudinaliter striatis.

Donax irus. Lin. Syst. nat. p. 1128. Gmel. nº 11.

* Schroter. Einl. t. 3. p. 100.

Gualt. Test. t. 95. fig. A.

Chemn. Conch. 6. t. 26. f. 268—270.

* Dacosta. Brit. Conch. p. 204. tab. 15. f. 6.

* *Venus lithophaga.* Olivi. Adri. p. 108.

* Donov. t. 1. tab. 29. f. 2.

* Dorset. Cat. p. 34. tab. 12. f. 6.

* Brookes. Introd. of Conch. tab. 2. f. 22.

* Dilw. Cat. t. 1. p. 156. nº 21.

Poli. Test. 2. t. 19. f. 25. 26. Encycl. pl. 262. f. 4.

* Payr. Cat. des Moll. de Corse. p. 35. nº 54.

* Desh. Encycl. méth. t. 3. p. 1110. nº 2.

(b) *Eadem minor, fucis adhœrens.*

Habite la Méditerranée et s'enfonce dans les pierres. Mon cabinet (1).

4. Vénérupe étrangère. *Venerupis exotica*. Lamk.

V. testá ovali-oblongá, extremitatibus obtusá, lamellis transversis cinctá ; interstitiis transversim striatis, localiter subdecussatis.

Mus. nº.

Habite... Elle est du voyage de *Péron*. Largeur, 17 mill.

---

(1) Nous devons faire observer, pour éviter des erreurs aux personnes qui étudient le Traité de malacologie, que M. de Blainville a donné sous le nom de *Vénérupe lamelleuse*, une coquille qui n'est pas la même que celle-ci, elle nous paraît une variété de la *Vénus decussata*, et cependant M. de Blainville lui donne en synonymie la fig. 4 de la pl. 262 de l'Encyclopédie; figure qu'il cite sans doute de mémoire, puisqu'elle n'a aucune ressemblance avec l'espèce qu'il représente sous le même nom (Malac., pl. 76. f. 1.) Il suffit de comparer les deux figures pour se convaincre que notre observation est juste.

11*

5. Vénérupe distante. *Venerupis distans.* Lamk.

> *V. testâ ovato-rhombeâ, albâ, fulvo-maculatâ; striis lon-*
> *gitudinalibus tenuibus; lamellis transversis, raris, distan-*
> *tibus.*
> Mus. n°.
> Habite les mers australes, aux îles St.-Pierre et St.-François.
> *Péron.* Cette espèce et les précédentes ont des rapports avec
> l'*irus.*

6. Vénérupe crénelée. *Venerupis crenata.*

> *V. testâ ovatâ, longitudinaliter transversimque sulcatâ, intùs*
> *violaceâ; sulcis superioribus lamellosis, crenatis.*
> Mus. n°.
> Habite les mers de la Nouvelle Hollande. Voyage de *Péron.*
> Largeur, 40 millimètres.

7. Vénérupe carditoïde. *Venerupis carditoides.*

> *V. testâ ovato-oblongâ, extremitatibus obtusâ, albâ, lamellis*
> *transversis cinctâ; interstitiis longitudinaliter costatis.*
> Mon cabinet.
> Habite les mers de la Nouvelle Hollande. *Péron.* Largeur,
> 32 millimètres.

† 8. Vénérupe de Lajonkaire. *Venerupis Lajonkairii.* Payr.

> *V. testâ orbiculari, subæquilaterâ, gibbâ, albâ transversim*
> *sulcatâ, longitudinaliter striatâ; umbonibus tumidis nati-*
> *bus approximatis uncinatis; ano subcordato.*
> Payr. Cat. Desc. et méth. des annelides et des moll. de l'île
> de Corse. p. 36. n° 55. pl. 10. f. 11. 12.
> Habite la Méditerranée (Corse, Sicile). Globuleuse, striée,
> blanche.

† 9. Vénérupe globuleuse. *Venerupis globosa.* Desh.

> *V. testâ ovato-globosâ, obliquâ, subcordatâ, tenuè striatâ,*
> *pellucidâ, posticè hiante; cardine tridentato, altero bi-*
> *dentato.*

Desh. Mém. de la Soc. d'hist. nat. de Paris. tom. 1. p. 256.
n° 1. pl. 15. fig. 13. 14.
Id. Descr. des Coq. foss. des env. de Paris. tom. 1. pag. 69.
pl. 10. fig. 3. 4. 5.
Idem. Encycl. méth. Hist. nat. des vers. pag. 1111. n° 3.
Habite... Fossile de Valmondois, dans les pierres tendres.
Coq. globuleuse, mince, très fragile, finement striée. Elle
est de la grosseur d'un noyau de cerise.

† 10. Vénérupe striatule. *Venerupis striatula.* Desh.

V. testâ ovato-transversâ, inœquilaterâ, globulosâ, tenuis-
simé et irregulariter striatâ; striis obsoletis; cardine triden-
tato, altero bidentato; umbonibus minimis.
Desh. Descript. des Coq. foss. des environs de Paris. tom. 1.
pag. 70. pl. 10. fig. 6. 7.
Idem. Encycl. méth. d'hist. nat. vers. pag. 1111. n° 4.
Habite.... Fossile de Senlis. Coquille plus grande que la
précédente, mince, fragile, couverte de stries inégales et
obsolètes.

LES NYMPHACÉES.

Deux dents cardinales au plus sur la même valve.
Coquille souvent un peu bâillante aux extrémités
latérales. Ligament extérieur; nymphes, en général,
saillantes au dehors.

Sous la coupe des *nymphacées*, je rassemble différents coquillages qui furent en quelque sorte vacillants,
pour les naturalistes, entre les solens et les tellines,
dont effectivement plusieurs d'entre eux furent rapportés, les uns aux solens, et les autres au genre des
tellines, et cependant dont aucun n'appartient réellement ni au premier, ni au second de ces genres (1).

---

(1) Cette famille des nymphacées est assez naturelle, et
les genres qu'elle renferme sont placés dans des rapports

Les *nymphacées* avoisinent plus les conques par leurs rapports que les solénacées. L'animal de ces coquillages a le pied petit, souvent comprimé, et non conformé ni disposé comme dans les solénacées et les myaires. Si la coquille est bâillante aux extrémités latérales, c'est en général de peu de chose. Les dents cardinales sont rarement divergentes, et on n'en voit jamais trois sur la même valve. Ces coquillages sont littoraux.

Toutes les *nymphacées* s'avoisinent par leurs rapports, et les différents genres établis parmi elles ne paraissent, dans leurs caractères distinctifs, que les résultats de changements successifs et presque insensibles survenus parmi ces coquillages. Je les partage en deux coupes, de la manière suivante :

(1) Nymphacées solénaires.

Sanguinolaire.
Psammobie.
Psammotée.

(2) Nymphacées tellinaires.

---

assez convenables. Nous ferons remarquer que plusieurs genres ont besoin d'être réformés, et d'autres entièrement supprimés, parce qu'ils sont mieux connus que du temps de Lamarck. C'est ainsi que les psammotées peuvent être réunies aux psammobies, les tellinides aux tellines, les capses aux donaces. C'est ainsi que les crassines, en réalité plus voisines des vénus que des tellines, doivent passer dans la famille des conques. En admettant ces changements, nous proposerions de former deux familles à la place de celle-ci : dans la première nous mettrions les genres sanguinolaire, psammobie (psammotée), telline (tellinide), et donace (capse). Dans la seconde nous placerions les corbeilles, les lucines et les ongulines.

(a) Des dents latérales : une ou deux.

> Telline.
> Tellinide.
> Corbeille.
> Lucine.
> Donace.

(b) Point de dents latérales.

> Capse.
> Crassine.

SANGUINOLAIRE. (Sanguinolaria.)

Coquille transverse, subelliptique, un peu bâillante aux extrémités latérales; à bord supérieur arqué, non parallèle à l'inférieur; charnière offrant sur chaque valve deux dents rapprochées.

Testa transversa, subelliptica, ad latera paulisper hians ; margine supero arcuato, inferiori non parallelo. Cardo dentibus duobus approximatis in utráque valvá.

Observations. Quoique les coquilles dont il s'agit ici paraissent tenir de très près aux solens, dont même on ne les a point distinguées, elles n'en ont plus la forme générale et commencent à s'en éloigner. Elles n'offrent plus effectivement cette forme transversalement alongée, ayant le bord supérieur parallèle à l'inférieur, comme dans la plupart des solens. Elles ne sont plus que médiocrement bâillantes aux extrémités latérales, et il est probable que l'animal de ces coquilles n'a plus ce pied cylindrique tout-à-fait postérieur des solens ; que les deux lobes de son manteau ne sont plus qu'en partie fermés ou réunis par devant, peut-être même ne le sont point du tout.

[Le genre sanguinolaire a été créé par Bruguière sous le nom de capse, dans les planches de l'Encyclopédie. Lamarck ayant réuni ces capses de Bruguière à ses sanguinolaires, supprima par le fait le genre capse ; mais plus tard il reprit cette dénomination pour l'appliquer à un genre que Bruguière confondait avec les donaces.

Des quatre espèces introduites dans ce genre par Lamarck, une seulement, selon nous, doit y rester, c'est la dernière, les trois autres sont des psammobies.

M. Sowerby a bien senti aussi que ce genre avait besoin d'être réformé : il a conservé comme type des sanguinolaires, le *Solen sanguinolentus* de Linné, auquel il a joint ceux des solens dont M. de Blainville avait fait ses solétellines, tandis qu'il met au nombre des psammobies les deux espèces qui selon nous sont les vraies sanguinolaires. Nous n'admettons pas l'opinion de M. Sowerby, non-seulement parce qu'elle est postérieure à la nôtre; mais encore parce que nous croyons que les sanguinolaires de cet auteur ont tous les caractères des psammobies ; ce qui n'est pas pour l'espèce que nous conservons dans le genre qui nous occupe. Cette espèce, en effet, n'est point comprimée et tellinoïde ; elle est épaisse, régulière, assez bien close; des nymphes très longues et fort épaisses donnent insertion à un ligament extérieur très bombé et très épais. Les dents cardinales au nombre de deux sur chaque valve sont inégales, les plus grosses sont bifides et cordiformes; les impressions musculaires sont presque égales, arrondies, et l'impression palléale forme, du côté postérieur, une sinuosité étroite et peu profonde.

ESPÈCES.

1. Sanguinolaire soleil-couchant. *Sanguinolaria occidens*. Lamk.

S. testâ subellipticâ, transversim striatâ, albo rubelloque radiatâ et maculatâ; nymphis prominentibus.
Sol occidens. Chemn. Conch. 6. p. 74. t. 7. f. 61.
Solen occidens. Gmel. n° 21.

Encycl. pl. 226. f. 2. a. b.
* *Solen occidens.* Dilw. Cat. t. 1. p. 68. n° 26.
* *Sanguinolaria occidens.* Blainv. Malac. pl. 78. f. 4.
Habite.... Mus. n°. Mon cabinet. Grande et belle coquille très rare. Elle est un peu renflée ou ventrue, à crochets légèrement protubérants. Elle a près d'un décimètre de largeur.

2. Sanguinolaire rosée. *Sanguinolaria rosea.* Lamk.

S. testá semi-orbiculatá, leviter convexá, albá ; natibus roseis; striis transversis, arcuatis.
List. Conch. t. 397. f. 236.
Knorr. Vergn. 4. t. 3. f. 4.
Chemn. Conch. 6. t. 7. f. 56.
Solen sanguinolentus. Gmel. p. 3227.
* Schroter. Einl. t. 2. p. 636. n° 5.
* Encycl. pl. 227. f. 1.
* *Tellina rosea.* Gmel. p. 3238. n° 58.
* *Sanguinolaria rosea.* Sow. Genera of Shells. n° 25. f. 1. 2.
* *Solen sanguinolentus.* Dilw. Cat. t. 1. p. 67. n° 25.
* Brookes. Introd. t. 2. f. 14.
* *Psammobia rosea.* Desh. Encycl. méth. vers. t. 3. p. 832. n° 5.
Habite à la Jamaïque. Mus. n°. Mon cabinet. Elle est bien connue.

3. Sanguinolaire livide. *Sanguinolaria livida.* Lamk. (1).

S. testá semi-orbiculatá, tenui, violacescente, lœvigatá ; latere postico subirradiato.
Mus. n°.
Habite à la Nouvelle Hollande, baie des Chiens marins. *Péron.* Largeur, 55 millimètres Elle a trois rayons blanchâtres sur le côté postérieur.

____

(1) Cette coquille est la même que la *Psammobia flavicans*, n. 8. Nous renvoyons à la note qui concerne cette espèce.

4. Sanguinolaire ridée. *Sanguinolaria rugosa*. Lamk.

S. testá ovatá, ventricosá, longitudinaliter rugosá, posteriùs, violaceá; nymphis violaceo-nigris; ano nullo.

* *Venus deflorata*. Lin. Syst. nat. 12. p. 1133. n° 132.

Id. Lin. Gmel. p. 3274. n° 24.

* *Id*. Schroter. Einl. t. 3. p. 131. n° 21.

Lister. Conch. t. 425. f. 272. 273.

* Knorr. Vergn. t. 2. tab. 20. f. 5. t. 5. tab. 2. f. 2.

Chemn. Conch. t. 6. tab. 9. f. 79 à 83.

* Rumph. Mus. amb. tab. 45. f. C.

* Gualt. Index. Test. tab. 86. f. B. C.

* Fav. Conch. t. 49. f. P.

* Encycl. méth. pl. 231. f. 3. 4.

* Brooks. Introd. p. 66. tab. 3. f. 28.

* *Venus deflorata*. Dilw. Cat. t. 1. p. 186. n° 65.

* *Eadem species Venus versicolor*. Gmel. p. 3281. n° 63.

*　　　*Id*.　　　*Venus purpurata*. Gmel. p. 3289. n° 100.

* *Sanguinolaria rugosa*. Desh. Encycl. méth. t. 3. p. 925. n° 1.

* *Psammobia rugosa*. Sow. Gen. of Shells. n° 35. f. 1.

(b) *Var. testá extùs roseá, non radiatá.*

Habite les mers de l'Inde et celles de l'Amérique. Mus. n°. Mon cabinet. La coquille b. semble devoir être distinguée comme espèce.

PSAMMOBIE. (Psammobia.)

Coquille transverse, elliptique ou ovale-oblongue, planiuscule, un peu bâillante de chaque côté, à crochets saillants. Charnière ayant deux dents sur la valve gauche, et une seule dent intérieure sur la valve opposée.

Testa transversa, elliptica aut ovato-oblonga, planiuscula, utroque latere paulisper hians; natibus pro-

minulis. Cardo dentibus duobus in valvâ sinistrâ ; dente unico inserto in oppositâ.

OBSERVATIONS. Comme les sanguinolaires , les *psammobies* semblent tenir aux solens parce qu'elles sont un peu bâillantes par les côtés, et plusieurs y ont été effectivement réunies. Néanmoins elles en diffèrent par leur forme qui se rapproche plus de celle des tellines. Outre qu'elles sont bâillantes par les côtés, elles n'ont point le pli irrégulier du côté antérieur des tellines, quoiqu'elles aient souvent, sur ce côté, un angle ou un pli qui est symétrique sur les deux valves. Ces coquilles sont assez jolies, souvent ornées de couleurs vives, et leurs espèces sont assez nombreuses (1).

ESPÈCES.

1. Psammobie vergetée. *Psammobia virgata.* Lamk. (2).

P. testâ ovatâ, anticè subangulatâ, albidâ, radiis roseis pictâ ; rugis transversis crassiusculis.

---

(1) Genre utile à conserver : voisin des tellines par ses rapports, il en diffère plus par la coquille qui n'a pas le pli postérieur irrégulier, que par l'animal, du moins, si l'on s'en rapporte uniquement à celui figuré par Poli ; car l'espèce que nous a fait connaître MM. Quoy et Gaymard dans le Voyage de l'Astrolabe présenterait des caractères particuliers que n'ont pas offert jusqu'à présent les tellines. Cet animal a les lobes du manteau très épais, dentelés et débordant au-dessus de la coquille qui devient ainsi demi-intérieure. Il existe, comme dans l'espèce de la Méditerranée, deux longs siphons postérieurs, grêles isolés et inégaux.

(2) Nous avons peine à comprendre comment Lamarck a été entraîné à la confusion qui existe parmi les psammobies et les psammotées : il est probable que s'il avait examiné avec toute l'attention convenable, un grand nombre

An tellina angulata ? Born. Mus. p. 3o. t. 2. f. 5. Encycl.
pl. 227. f. 5.
* Blainv. Malac. pl. 78. f. 1.
(b) *Eadem ? transversè longior; rugis tenuioribus.* Mus. n°.
Habite l'Océan indien. Mon cabinet. Il semble que le *Solen
striatus* de Gmelin ait des rapports avec cette espèce ; mais
on ne lui attribue qu'une dent cardinale.

2. Psammobie boréale. *Psammobia feroensis.* Lamk.

*P. testâ oblongo-ovatâ, subtiliter transversim striatâ, albâ,
radiis roseis pictâ; areâ anguli antici decussatim striatâ.*
Tellina feroensis. Gmel. p. 3235.
* Lister. Conch. t. 394. f. 241.
* *Tellina Borni.* Gmel. p. 3231.
* *Tellina radiata.* Dacosta. Brit. Conch. tab. 14. f. 1.
Tellina incarnata. Pennant. Zool. brit. pl. 47. f. 31.
* *Tellina angulata.* Born. Mus. p. 3o. t. 2. f. 5.
* Fossile. *Tellina feroensis.* Brocchi. Conch. Subap. t. 2.
p. 512. n° 6.
* *Eadem junior. Tellina muricata.* Brocchi. Loc. cit. n° 4.
pl. 12. f. 2.

---

d'individus de plusieurs espèces, il aurait supprimé l'un
des deux genres, et il est à présumer aussi qu'il aurait réduit
le nombre des espèces et aurait été moins embarrassé pour
leur rapporter leur synonymie. C'est ainsi que nous ne
devinons pas le motif qui a déterminé la séparation de la
psammobie vergetée, de la psammobie vespertinale et de
la psammobie fleurie. Nous ne voyons là que les variétés
d'une même espèce, et nous pouvons l'affirmer d'autant
mieux que nous avons sous les yeux des individus des
localités citées par Lamarck. Si l'on veut comparer dans
la synonymie de la *Psammobia virgata*, la figure de Born
et celle de l'Encyclopédie, on reconnaîtra qu'elles n'appartiennent pas à la même espèce ; la première représente
une variété de la *Psammobia feroensis*, tandis que la seconde se rapporte évidemment au *Solen vespertinus* de
Linné, c'est-à-dire, au type duquel nous réunissons les
trois espèces ci-dessus mentionnées.

Habite les mers du Nord. Mon cabinet. Communiquée par
M. Leach. Ce n'est presque qu'une variété de la précédente. Cependant ses stries sont plus fines sur les deux
facettes de son côté antérieur; elle est treillissée près des
crochets.

3. Psammobie vespertinale. *Psammobia verspertina.* Lamk. (1).

*P. testâ ovali-oblongâ, albidâ; natibus fulvo-violaceis;
radiis violaceo-rubellis; rugis transversis, anticè eminentioribus.*

Solen vespertinus. Gmel. p. 3228.
* *Tellina albida.* Dilw. Cat. t. 1. p. 78. no 16.
* *Psammobia vespertina.* Turton. Conch. t. 6. f. 10.
* Donovan. t. 2. tab. 41.
* Dorset. Cat. p. 29. t. 5. f. 1.
* Payr. Cat. p. 37. no 56.
* Desh. Encycl. méth. vers. t. 3. p. 851. n° 1.
* *Psammocole vespertinale.* Blainv. Malac. p. 77. f. 4.
Chemn. Conch. 6. t. 7. f. 59. 60.
(b) *Eadem magis violacea; radiis intensioribus.* Mus. n•.
Born. Mus. tab. 2. f. 6. 7.

Habite la Méditerranée, l'Océan atlantique. Mon cabinet.
La variété b. tout-à-fait violette à l'intérieur, se trouve
dans les lagunes de Venise, près de Chioggia. Mon
cabinet.

----

(1) Il est bien à présumer que sous les noms de *Tellina
alba*, *Tellina Gari* et *Solen vespertinus*, Linné et Gmelin
ont compris deux espèces seulement dont ils n'ont pas
bien su distinguer les variétés : il était d'ailleurs difficile
d'éviter ces erreurs, puisqu'ils ne pouvaient citer que des
figures médiocres ou mauvaises. Quoique M. Dilwyn
dans son excellent Catalogue ait cherché à mettre de l'har-
monie dans la synonymie de cette espèce, nous ne pensons pas qu'elle doive être adoptée dans son entier, parce
qu'elle comprend plusieurs figures qu'il est impossible
d'appliquer exactement.

4. Psammobie fleurie. *Psammobia florida*. Lamk.

> *P. testâ ovali-oblongâ, lutescente; radiis rubris, albo ma-*
> *culatis.*

Mon cabinet. *Tellina*. Poli. Test. 1. tab. 15. f. 19. 21. 23.

* Payr. Cat. p. 37. n° 57.

Habite dans les lagunes de Venise, près de *Chioggia*, et dans le golfe de Tarente.

5. Psammobie maculée. *Psammobia maculosa*. Lamk. (1).

> *P. testâ ovali, rubellâ; radiis spadiceis interruptis; maculis*
> *albis variis; rugis transversis striisque obliquis decus-*
> *santibus.*

An Encycl.? pl. 228. f. 2.

(b) *Eadem major, testâ vix radiatâ.* Mon cabinet.

Habite les mers de l'Inde. Mus. n°. Belle espèce remarquable par des stries fines, très obliques, qui traversent les rides transverses. Ces rides, sur le côté antérieur, sont relevées presque en lames.

6. Psammobie bleuâtre. *Psammobia cœrulescens*. Lamk. (2)

> *P. testâ ovali-oblongâ, anticè angulatâ, subviolaceâ; rugis*
> *transversis, tenuibus, furcatis, anastomosantibus; lineolis*
> *verticalibus minimis.*

---

(1) M. Dilwyn rapporte la figure citée de l'Encyclopédie à la *Tellina albida*, *Psammobia vespertina*, Lamk., quoiqu'elle constitue une espèce bien distincte, ce que Lamarck a très bien senti.

(2) Il est presque impossible de rapporter d'une manière exacte la *Tellina Gari* de Linné à une espèce bien déterminée. Cette dénomination de *Tellina Gari*, est empruntée à Rumphius qui l'avait appliquée à une coquille figurée, tab. 45, fig. D, dans son Muséum d'Amboine. Lorsque Linné inscrivit cette coquille dans la dixième édition du *Systema naturæ*, il ajouta à la figure de Rumphius, celle de

An Tellina Gari? Lin. Gmel. p. 3229.

Chemn. Conch. 6. p. 100. t. 10. f. 92. 93.

* Sow. Genera of Shells. n° 35. f. 3.

(b) *Eadem multiradiata.* Mus. n°.

Habite les mers de l'Inde. Mon cabinet. Sa couleur est d'un
violet rougeâtre ou gris de lin. Son pli antérieur est régulier, et ne ressemble point à celui des tellines.

---

la pl. 25, fig. 1 de d'Argenville. Cette figure de d'Argenville
représente une autre espèce que celle de Rumphius, de
sorte que dès l'origine il y eut de l'incertitude pour bien déterminer cette espèce. La figure de d'Argenville se rapporte
assez bien à la psammobie vespertinale, tandis que celle
de Rumphius a plus d'analogie avec la psammotée violette
(*V.* la note relative à cette espèce).Six ans après Linné dans
le Muséum de la princesse Ulrique donna ladescription de la
Tellina Gari. Cette description n'a presque point de rapports avec les figures citées; et les quatre variétés placées à
la fin appartiennent à d'autres espèces que celle décrite. La
même confusion resta dans la douzième édition de Linné.
Chemnitz s'en aperçut, et confiant dans la description, il
rejeta la synonymie; il fit représenter (pl. 10, fig. 92, 93)
les deux coquilles dont les caractères s'accordent le mieux
avec la description de Linné. Ces deux coquilles appartiennent à deux espèces bien distinctes. Les auteurs qui
vinrent après Chemnitz, jetèrent de nouveau la confusion
dans cette espèce. Schroter ordinairement si exact, aux
figures de Chemnitz et de Knorr, continue d'ajouter celle
de d'Argenville et en donne une (pl. 7, fig. 9), qui est
encore différente des précédentes. Gmelin a conservé
toutes ces erreurs de synonymie, et n'a même pas rejeté
la figure si douteuse de Rumphius. M. Dilwyn n'a guère
été plus heureux puisqu'il accepte dans l'espèce de Linné,
presque toute la synonymie de Gmelin. D'après ce qui
précède, il est facile de concevoir pourquoi Lamarck, pour
sa psammobie bleuâtre, n'a cité qu'avec doute la *Tellina
Gari* de Linné.

7. **Psammobie alongée.** *Psammobia elongata.* **Lamk.**

> *P. testâ ovato-elongatâ, pallidâ violaceo-radiatâ; natibus fulvis, tumidis.*
>
> Mon cabinet.
>
> Habite dans la mer Rouge. Largeur, 70 à 80 millimètres.

8. **Psammobie jaunâtre.** *Psammobia flavicans.* **Lamk. (1).**

> *P. testâ ellipticâ, carneo-flavescente; striis transversis exiguis.*
>
> * Var. A. Desh. *Sanguinolaria livida.* Lamk. An. s. vert. 5. p. 511. n° 3.
>
> Mus. n°.
>
> Habite à la Nouvelle Hollande, port du Roi Georges. *Péron.* Mon cabinet. Largeur, 60 à 64 millimètres.

9. **Psammobie écailleuse.** *Psammobia squamosa.* **Lamk.**

> *P. testâ ovali-oblongâ, violaceâ, transversim rugosâ, obliquè striatâ; costis posticis imbricato-squamosis.*
>
> Mon cabinet.
>
> Habite... Coquille mince, comme le *Solen bullatus* de Linné, dont nous faisons un *Cardium*, qui a aussi son bord postér. crénelé, mais qui est un peu plus petite et plus étroite. Elle est très rare, et nous la croyons des mers des grandes Indes. Largeur, 33 millimètres.

10. **Psammobie blanche.** *Psammobia alba.* **Lamk. (2).**

> *P. testâ ovali, albâ, subirradiatâ, tenui; striis transversis minimis.*

---

(1) Nous nous sommes assuré par un examen attentif des individus de la collection du Muséum, que la sanguinolaire livide est une variété de cette psammobie; il faut donc supprimer la sanguinolaire, car les caractères de la coquille ne s'accordent point avec ceux du genre dans lequel elle était placée. On concevra d'après cela que la réforme du genre sanguinolaire telle que nous l'avons proposée était indispensable.

(2) Elle est très voisine, par sa forme, de la *Psammobia flavicans* dont elle n'est peut-être qu'une forte variété.

Mus. n°.

Habite à la Nouvelle Hollande, port du Roi Georges. Voyage
de Péron. Largeur, 3o millimètres.

11. Psammobie de Cayenne. *Psammobia Cayennensis.* Lamk.

> *P. testá ovali, albá, posticè rotundatá; latere antico angus-
> tiore, subrostrato.*

Solen *constrictus.* Brug. Cat. Mém. de la Soc. d'hist. nat.
p. 1a6. n° 3.

Habite à Cayenne. Mon cabinet. Communiquée par M. *Le
Blond.* Voyez Encycl. pl. aa7. f. 1. Elle lui ressemble un
peu.

12. Psammobie lisse. *Psammobia lœvigata.* Lamk. (1).

> *P. testá ovatá, lœvi, posticè latiore rotundatá, anticè angus-
> tiore; natibus pallidè roseis.*

Mus. n°.

Habite... Elle est blanche, avec une légère teinte rose vers les
crochets. Largeur, 44 millimètres.

13. Psammobie tellinelle. *Psammobia tellinella.* Lamk. (2).

> *P. testá oblongá, subœquilaterá, transversìm striatá, albidá;
> radiis rubris interruptis.*

Habite dans la Manche, près de Cherbourg. Cabinet de
M. *Valenciennes.* Ce n'est point le *Tellina donacina.* de
Linné. Point de dents latérales.

14. Psammobie gentille. *Psammobia pulchella.* Lamk.

> *P. testá ovali-oblongá, tenui, rubro-violacescente, elegan-
> tissimè striatá; striis lateris anticis cum aliis discordan-
> tibus.*

---

(1) La coquille qui porte ce nom dans la collection du
Muséum est une véritable telline très voisine, pour la
forme et la taille, de la telline nymphale, n°5o.

(2) Par suite d'une erreur de copiste, c'est cette espèce
que nous avons décrite dans l'Encyclopédie (t. 3. p. 851,
n° 2) sous le nom de *Psammobia florida.*

Tome v.   12

Mus. n°.

Habite... Du voyage de *Peron*. Largeur, 22 millimètres. Un angle, en ligne oblique, sépare les stries transverses de celles du côté antérieur.

15. (*) Psammobie orangée. *Psammobia aurantia.* Lamk.

P. *testâ ovato-oblongâ, parvulâ, tenui, pellucidâ, supernè hiante.*

Mus. n°.

Habite à l'île de France. M. Mathieu. Petite coquille d'un jaune orangé, dont les valves réunies sont bâillantes au bord supérieur. Largeur, 13 à 14 millimètres.

16. Psammobie fragile. *Psammobia fragilis.* Lamk.

P. *testâ ovali-oblongâ, purpureo-violascente, tenuissimâ, fragilissimâ; striis transversis exiguis lineolisque verticalibus minimis interruptis.*

Habite la Méditerranée? Cabinet de M. *Valenciennes.* Coquille très mince, transparente. Largeur, environ 30 millimètres.

17. Psammobie livide. *Psammobia livida.* Lamk.

P. *testâ oblongâ, anticè angulatâ, carneo-lividâ, transversè striatâ; lineolis longitudinalibus, exiguis, interruptis; vulvâ angustâ inœquali.*

Mus. n°.

Habite les mers de la Nouvelle-Hollande, à la baie des Chiens marins. Elle est luisante, et à son corselet, l'une de ses valves est plus sillonnée que l'autre. Largeur, 30 millimètres.

18. Psammobie Galatée. *Psammobia Galatœa.* Lamk. (1).

P. *testâ ellipticâ, depressâ, lacteâ, striis minimis reticulatâ; aliis transversis, aliis longitudinaliter perobliquis.*

Mus. n°.

---

(1) Les espèces de ce genre auxquelles nous n'avons point ajouté de synonymie, ou sur lesquelles nous n'a-

Habite... les mers australes ? Coquille toute blanche, tant à l'intérieur qu'au dehors. Son côté antérieur obliquement tronqué, n'a point de réticulation. Largeur, 36 millimèt.

[(*) Petite coquille fort intéressante et qui doit faire partie d'un genre établi par M. Turton, sous le nom de GALEOMMA, dans le Zoological Journal (n° 7, octobre 1825, p. 361). Ce petit genre est fort remarquable par deux caractères principaux : la charnière est sans dents et le ligament est intérieur ; le bord inférieur de la coquille est coupé de telle sorte qu'il offre un grand bâillement ovalaire alongé, par lequel on voit l'intérieur des valves : voici les caractères de ce genre.

Genre GALEOMMA. Turton.

Animal inconnu.

Coquille transverse, équilatérale, équivalve. Le bord inférieur largement bâillant ; bâillement ovale, oblong. Charnière sans dents, calleuse, ayant sous le crochet une petite fossette pour un ligament sub-intérieur. Deux impressions musculaires très petites, très écartées. Impression palléale simple.

OBSERVATIONS. Il est assez difficile d'établir convenablement les rapports naturels de ce genre avec ceux déjà connus. Le bâillement des valves et la position de ce bâillement, l'écartement des impressions musculaires, la forme de l'impression palléale, sa largeur relative et les rides dont elle est chargée, tout annonce que les coquilles de ce genre appartiennent à un animal qui ne peut y être entièrement contenu. La charnière est calleuse, les crochets petits, à peine saillants, et le ligament très court est placé dans une petite fossette sub-intérieure. Il existe un genre qui offre la plupart des caractères que nous venons de

vons pas fait d'observations, sont bien distinctes, doivent être conservées dans les Catalogues, mais ne paraissent pas avoir été figurées.

12*

mentionner, c'est celui des glycimères, et nous croyons
que ce sera dans son voisinage que devra se placer celui-
ci. Les glycimères, comme on le sait, sont bâillants; leur
charnière est calleuse, les impressions musculaires sont
écartées, et l'impression palleale est simple quoique l'animal soit terminé par deux siphons réunis en un masse
cylindrique très épaisse. Les différences qui existent entre
les deux genres, c'est que dans l'un, les glycimères, la coquille est couverte d'un épiderme épais et débordant; ce
qui n'a pas lieu dans les galéomma, et que le ligament est
extérieur au lieu d'être sub-intérieur : ces différences sont,
à ce qu'il nous semble, d'une moindre importance que les
ressemblances que nous venons de faire remarquer. On
ne connaît encore dans ce genre que les deux espèces suivantes.

1. Galeomma de Turton. *Galeomma Turtoni.* Sow.

> *G. testá ovato-oblongá, transversá, albá, tenuissimè et lon-*
> *gitudinaliter striatá ; cardine incrassato : impressione pallii*
> *rugoso, simplici.*
> Sow. Zool. Journal. n° 7. p. 361. pl. 13. f. 1.
> *Id.* Gen. of Shells. f. 1. 2. 3.
> Habite l'Océan britannique. Petite coquille, blanche, mince,
> couverte de stries longitudinales onduleuses. Elle est pres-
> que équilatérale. Sa largeur est de 10 à 12 millimètres.

2. Galeomma orangé. *Galeomma aurantia.* Desh.

> *G. testá ovato-oblongá, parvulá, tenui, pellucidá, aurantiá,*
> *subæquilaterá, lœvigatá ; cardine calloso : impressione*
> *pallii simplici.*
> *Psammobia aurantia.* Lamk· An. sans vert. t. 5. p. 515.
> n° 15.
> *Galeomma maritiana.* Sow. Gen. of. Shells. f. 2. 5.]

PSAMMOTÉE. (Psammotæa.)

Coquille transverse, ovale ou ovale-oblongue, un
peu bâillante sur les côtés; une seule dent cardinale
sur chaque valve, quelquefois sur une seule valve.

*Testa transversa, ovata vel ovato-oblonga, ad latera
paulisper hians. Dens cardinalis unicus in utráque
valvá, interdùm in valvá unicá.*

OBSERVATIONS. Les *psammotées* ne sont que des spam-
mobies dégénérées : elles n'en ont plus les trois dents cardinales [deux sur une valve et une seule sur l'autre]; car
la valve gauche qui devrait offrir deux dents, n'en présente
plus qu'une; quelquefois l'une des valves est sans dents,
et l'autre valve en montre deux. Ces coquilles ne sont
point des solens, n'en ont point la véritable forme, et ont
les crochets protubérants. Leur ligament est extérieur,
s'attache sur des nymphes un peu saillantes, et leur côté
antérieur n'offre point le pli irrégulier des tellines. (1)

ESPÈCES.

1. Psammotée violette. *Psammotœa violacea*. Lamk. (2).

> P. *testá ovato-oblongá, subventricosá, albido-radiatá; striis
> transversis.*
> * Blainv. Malac. pl. 78. f. 2.
> Mus. nº.
> Habite les mers de la Nouvelle-Hollande. Voyage de *Péron.*
> Largeur, environ 50 millimètres.

---

(1) Ce genre, comme nous l'avons vu, ne peut-être conservé. Comme Lamarck lui-même le dit ici, les psammotées ne sont que des psammobies dégénérées; ce sont donc
des psammobies, car l'altération des caractères ne porte
que sur ceux d'une moindre importance.

(2) Cette coquille est, selon nous, une véritable sanguinolaire : en admettant les réformes que nous avons proposées pour ce genre, elle a tous les caractères de la sanguinolaire ridée, et elle ressemble beaucoup aux individus
artificiellement polis de cette dernière. Cette coquille,
comme la sanguinolaire ridée, est très variable dans ses
couleurs; tantôt elle est d'un violet foncé, tantôt de la

2. **Psammotée zonale.** *Psammotœa zonalis.* Lamk.

> *P. testâ ovato-oblongâ, planiusculâ, albido-lutescente; zonis lividis transversis.*
>
> Mon cabinet.
>
> Habite... Elle est striée transversalement, et offre des linéoles verticales, blanches, interrompues, très fines. Largeur, 42 millimètres.

3. **Psammotée solénoïde.** *Psammotœa solenoides.* (1). **Lamk.**

> *P. testâ oblongo-ellipticâ, lævigatâ; natibus subprominulis; cardinibus mediis, unidentatis.*
>
> Mon cabinet.
>
> Habite... Fossile de Grignon.

4. **Psammotée transparente.** *Psammotœa pellucida.* **Lamk.**

> *P. testâ ovali-oblongâ, depressâ, pellucidâ; latere antico lanceolato, subangulato, plicato.*
>
> Mon cabinet.
>
> Habite... Deux dents cardinales sur une valve; aucune sur l'autre. Coquille mince, blanchàtre. Largeur, 45 millimètres.

5. **Psammotée sérotinale.** *Psammotœa serotina.* **Lamk.**

> *P. testâ ovali-oblongâ, subdepressâ, pallidè violaceâ; natibus albis; radiis binis albidis, obsoletis.*
>
> * *Psammobia violacea.* Sow. Genera of Shells. n° 35. f. 2.

---

même couleur avec quelques rayons d'un violet moins intense; ces rayons deviennent blancs, beaucoup plus nombreux, et on arrive par une série de variétés à des individus blancs rayonnés de violet. De ces individus Lamarck a fait sa psammotée sérotinale, qui est pour nous un double emploi de la psammotée violette.

(1) Cette coquille fossile est une variété du *Solen effusus* de Lamarck, lequel appartient en réalité au genre psammobie.

Habite... On la dit des mers de l'Inde. Cabinet de M. Regley. Elle est mince, violacée à l'intérieur. Largeur, 48 millimètres.

Mus. n°.

6. Psammotée blanche. *Psammotœa candida.* Lamk. (1).

P. testá ovali-oblongá, tenui, pellucidá; latere antico brevissimo, angulato; striis transversis, exilissimis, longitudinalibusque aliquot radiantibus.

An Chemn. Conch. 6. t. 11. f. 992. *Tellina hyalina.*

Habite les mers de la Nouvelle-Hollande, à l'île aux animaux.

Mus. n°.

La dent cardinale de chaque valve est bifide.

Largeur, 50 millimètres.

7. Psammotée tarentine. *Psammotœa tarentina.* Lamk.

P. testá orbiculato-ovatá, subdepressá, albidá, decussatá; striis transversis, arcuatis, tenuibus: verticalibus exilissimis; natibus flavis.

Mon cabinet.

Habite la Méditerranée au golfe de Tarente. Coquille à côté postérieur arrondi et plus court. Largeur, 26 millimètres.

8. Psammotée donacine. *Psammotœa donacina.*

P. testá ovatá, subdepressá, albidá; radiis rubris remotis; striis transversis, exiguis, elegantissimis.

Habite..... l'Océan d'Europe? Mon cabinet. Largeur, 22 millimètres.

---

(1) L'espèce désignée sous ce nom par Lamarck, n'est point une psammotée ni une psammobie, mais bien une telline de la section sans dents latérales. La figure citée de Chemnitz ne représente pas l'espèce : nous ne connaissons aucune figure qui puisse s'y rapporter exactement.

—

NYMPHACÉES TELLINAIRES.

Ces nymphacées sont plus nombreuses que celles que j'ai nommées *solénaires*, peu ou point bâillantes aux extrémités latéralés, et n'offrent aussi presque jamais plus de deux dents cardinales sur la même valve.

Les animaux de ces coquillages ont tous le manteau à deux lobes libres, sauf les plications qu'il forme pour les deux siphons antérieurs, soit réunis, soit séparés, qu'on leur connaît. Leur pied, qu'ils font sortir de la coquille, lorsqu'ils veulent se déplacer, est en général aplati en lame plus ou moins large, et néanmoins il est quelquefois étroit, alongé et en cordelette.

Dans les coquilles de cette division, le ligament des valves est extérieur; mais il est quelquefois plus ou moins enfoncé, et il arrive que lorsque les bords de l'écusson se trouvent trés rapprochés, il paraît intérieur. Ces coquillages vivent dans le sable, à peu de distance des côtes.

Parmi les genres qui appartiennent à ces nypmhacées, nous allons d'abord exposer ceux qui, outre leurs dents cardinales, quelquefois presque effacées, offrent une ou deux dents latérales; tels que les *tellines*, *tellinides*, *corbeilles*, *lucines* et *donaces*. Nous présenterons ensuite les *capses* et les *crassines*, qui n'ont point de dents latérales (1).

---

(1) Cette famille des nymphacées tellinaires est peu naturelle et doit être réformée; les tellines en effet, se lient d'une manière presque insensible d'un côté aux psammobies, et d'un autre aux donaces; ces rapports s'établissent non-seulement d'après les caractères des coquilles, mais sur-tout d'après ceux que fournissent les animaux. Dans

TELLINE. (Tellina.)

Coquille transverse ou orbiculaire, en général aplatie, à côté antérieur anguleux, offrant, sur le bord,

---

les tellines, les tellinides, les donaces et les capses, on remarque dans la coquille une impression palléale profondément échancrée postérieurement; cette échancrure indique que l'animal à les deux lobes du manteau réunis postérieurement, et prolongés en deux siphons contractiles, fort alongés; dans les autres genres, au contraire, corbeille, lucine, crassine, l'impression palléale est simple, ce qui annonce dans ces animaux une organisation différente. Ce caractère de la forme de l'impression palléale, a plus d'importance sans doute, que celui des dents latérales à la charnière que Lamark a préféré. On voit en effet, les dents latérales des tellines et des donaces, s'amoindrir de plus en plus, et finir par disparaître complétement sans que cependant, dans l'un et l'autre genre, les caractères les plus essentiels aient subi d'altération. Lorsque les dents latérales ont disparu dans les donaces, Lamarck croit nécessaire d'établir le genre capse. Le genre tellinide est établi sur un caractère d'une très faible importance, le pli irrégulier des tellines disparaît non moins insensiblement que les dents latérales, et nous pourrions en trouver la preuve dans nos observations précédentes, qui nous ont appris que Lamarck avait confondu plusieurs tellines avec les psammobies et les psammotées, ce qui n'aurait pas eu lieu si le pli postérieur n'avait été à peine sensible. Ainsi ces deux genres dont la suppression nous paraît nécessaire devraient, du moins dans le cas de leur conservation, avoir d'autres rapports. C'est ainsi que les tellines, les tellinides, les donaces et les capses se suivraient et formeraient un groupe, tandis que les lucines, les corbeilles et les crassines en constitueraient un autre;

un pli flexueux et irrégulier. Une seule ou deux dents cardinales sur la même valve. Deux dents latérales souvent écartées.

Testa transversa vel orbicularis, ut plurimùm pla-nulata; latere antico angulato, margine inflexo, aut plicaturá irregulari flexuosá insignito. Dens cardinalis unicus vel dentes cardinales duo in eádem valvá. Dentes laterales duo, sæpe remoti.

OBSERVATIONS. Le genre des *tellines*, établi par Linné, est naturel, et n'avait besoin que d'un peu plus de précision dans ses caractères, afin d'être débarrassé de quelques coquilles qui lui sont étrangères et qui y furent réunies. Les *tellines* tiennent de très près aux *nymphacées solénai-res* par leurs rapports, et d'un peu plus loin aux solens. Le pli flexueux qu'on remarque sur leur bord supérieur, près de leur côté court, les rend facilement reconnaissables. Presque toutes d'ailleurs ont des dents latérales qui, sur une valve, sont aplaties. On les distingue des conques, non-seulement par leur pli irrégulier, mais parce qu'on ne leur voit pas trois dents cardinales sur la même valve. Ces coquilles sont marines, littorales, point ou peu bâillantes sur les côtés, souvent lisses, quelquefois écailleuses, et en général d'un aspect agréable par les couleurs vives qui les ornent.

Dans les *tellines*, comme dans les donaces et les capses, c'est le côté le plus court de la coquille qui porte le liga-

---

mais nous pensons que puisqu'il est nécessaire d'apporter des changements dans la distribution des genres de cette famille, il vaut mieux sur-le-champ adopter les réformes que réclame l'état actuel de l'observation, et nous avons vu précédemment ce qui nous a paru convenable de proposer : ces changements seront justifiés par l'ensemble des observations sur tous les genres de la grande famille des nymphacés de Lamarck.

ment des valves ; ce ligament est uniquement extérieur. Quoique ces coquilles soient équivalves dans leur circonscription, les deux valves du même individu ne se ressemblent pas toujours parfaitement. Quelquefois une valve est plus bombée que l'autre ; quelquefois encore les stries d'une valve, ou de l'un de ses côtés, ne sont point semblables à celles de l'autre. Dans quelques espèces , la charnière ressemble à celle des capses : mais le pli du bord l'en distingue (1).

Ce genre est fort nombreux en espèces, et souvent elles sont assez difficiles à caractériser. Des figures ne suffisent pas toujours ; on en a peu de bonnes, et il faudrait des descriptions ; mais nous n'en pouvons donner ici.

ESPÈCES.

Coquille transversalement oblongue.

1. **Telline soleil-levant.** *Tellina radiata.* **Lin.**

> *T. testâ oblongâ, longitudinaliter subtilissimè striatâ, nitidâ, albâ ; radiis rubris.*
>
> *Tellina radiata.* Lin. Syst. nat. p. 1117.
> Gmel. p. 3232. n° 21.
> * Sow. Gen. of Shells. n° 31. f. 3.
> * Lister. Conch. t. 393. f. 240.
> * D'Argenv. Conch. pl. 22. f. A.
> * Favann. Conch. pl. 49. f. A.
> * Schroter. Einl. in Conch. t. 2. p. 650.

---

(1) Ce que nous avons dit de la famille des nymphacées en général , nous laisse peu d'observations à faire sur le genre telline en particulier ; il est très naturel et mieux caractérisé par le pli irrégulier postérieur que par la charnière : ce pli fort remarquable est très prononcé dans quelques espèces , il diminue peu à peu et finit par disparaître presque entièrement. Si faible qu'il soit on l'aperçoit toujours assez bien pour ne laisser aucun doute pour la classification des espèces.

Gualt. Test. tab. 89. fig. 1.
* Born. Mus. cæs. p. 34.
* Klein. Ost. tab. 11. f. 60.
Chemn. Conch. 6. tab. 11. f. 100—102.
* Brooks. Intr. p. 161. t. 2. f. 17.
* Dilw. Cat. t. 1. p. 83. n° 26.
* Blainv. Malac. pl. 71. f. 4.
* Desh. Encycl. méth. vers. t. 3. p. 100. n° 1.
Encycl. pl. 289. f. 2.
Habite l'Océan d'Europe et d'Amérique. Mus. n°. Mon
 cabinet. Belle et assez grande espèce, commune dans les
 collections.

2. Telline unimaculée. *Tellina unimaculata.* Lamk. (1).

*T. testá oblongá, longitudinaliter subtilissimè striatá, subpo-
 litá, albá; natibus purpureis; intùs flavescente.*
Encycl. pl. 289. f. 3.
Habite l'Océan d'Amérique. Mus. n°. Mon cabinet. Quoique
 très voisine de la précédente, elle en est constamment
 distincte. Dans tous les âges, elle est sans rayons.

3. Telline semizonale. *Tellina semizonalis.* Lamk.

*T. testá oblongá, angustá, longitudinaliter subtilissimè striatá,
 albido-violacescente, subzonatá; intùs purpureá.*
Mon cabinet.
Habite... Cette espèce, moins grande et plus etroite que les
 précédentes, est pourprée intérieurement, avec deux
 rayons blanchâtres très obliques au côté antérieur.

4. Telline maculée. *Tellina maculosa.* Lamk.

*T. testá oblongá, anticè rostratá, transversim striatá, sub-
 scabrá, albidá; maculis litturiformibus spadiceis; pube
 lamellosá.*

---

(1) Nous sommes actuellement convaincu que cette espèce ne doit pas être conservée : c'est une variété blanche
de la *Tellina radiata*; car à l'exception de la couleur, tous
les autres caractères plus essentiels que celui-là restent
les mêmes dans tous les individus des deux espèces de
Lamarck.

List. Conch. t. 399. f. 238.

Chemn. Conch. t. 8. f. 73.

Favan. Conch. t. 49. fig. F. 1.

Encycl. pl. 288. f. 7.

* *Tellina interrupta.* Dilw. Cat. t. 1. p. 75. n° 6.

* Desh. Encycl. méth. vers. t. 3. p. 1008. n° 3.

(b) *Var. testâ albo-radiatâ.*

(c) *Var. testâ albidâ, immaculatâ.* Mus. n°. (1)

Chemn. Conch. 6. t. 11. f. 104. Encycl. pl. 288. f. 5.

Habite... Elle est toujours plus alongée que la *Tellina virgata.* Je la crois des mers de l'Inde et de l'île de France. Mus. n°. Mon cabinet. Vulg. la pince de chirurgien.

5. Telline vergetée. *Tellina virgata.* Lin.

T. *testâ ovali, anticè angulatâ, transversìm striatâ, radiis virgatâ; maculis nullis.*

Tellina virgata. Lin. p. 1116. Gmel. p. 3229.

* Born. Mus. cæs. p. 30.

* Schroter. Einl. in Conch. t. 2. p. 642.

* Gualt. Test. tab. 86. f. G.

Rumph. Mus. tab. 45. fig. H.

* Favan. Conch. pl. 49. f. F. 2. F. 3.

Chemn. Conch. 6. t. 8. f. 67—71.

Encycl. pl. 288. f. 2—4.

* Dilw. Cat. t. 1. p. 74. n° 5.

* Desh. Encycl. méth. vers. t. 3. p. 1008, n° 4.

(a) *Testâ albâ; radiis rubris.*

(b) *Testâ flavâ; radiis rubris.*

(c) *Testâ rubrâ; radiis albis.*

Habite l'Océan indien. Mus. n°. Mon cabinet. Elle est commune dans les collections, qu'elle orne par ses variétés.

6. Telline staurelle. *Tellina staurella.* Lamk. (2).

T. *testâ ovali, anticè angulatâ, transversè striatâ, albidâ obsoletè radiatâ; natibus sæpe cruce purpureâ notatis.*

---

(1) Cette variété peut être admise; mais il est évident que les figures citées ne la représentent pas; celle de Chemnitz sur-tout qui se rapporte bien mieux à la *Tellina sulphurea,* n° 11.

(2) Cette coquille diffère très peu de la précédente; il

(a) *Testa cruce radiisque ornata.*
* Chemn. Conch. t. 6. tab. 8. f. 66.
(b) *Testa crucigera; radiis nullis.*
(c) *Testa subradiata; cruce nullâ.*
Habite les mers de la Nouvelle-Hollande. Voyage de *Péron.* Quoique voisine de la précédente, elle en paraît très distincte. Largeur, 52 millimètres. Mus. n°.

7. Telline porte-croix. *Tellina crucigera.* Lamk.

T. *testâ ovato-oblongâ, subrostratâ, transversè tenuissimèque striatâ, candidâ; natibus cruce purpureâ insignitis.*
Mus. n°.
Habite... Du voyage de Péron. Celle-ci n'est point rayonnée, et diffère de la précédente par sa forme. Largeur, 45 millimètres.

8. Telline de Spengler. *Tellina Spengleri.* Chem.

T. *testâ angusto-elongatâ, transversim striatâ, subtùs utroque latere angulatâ: laterum angulis serratis.*
Tellina Spengleri. Gmel. p. 3234.
Chemn. Conch. 6. tab. 10. f. 88—90.
* Schroter. Einl. in Conch. t. 3. p. 4. n° 8.
* Spengler. Besch. Berl. natur. t. 1. p. 387. tab. 9. f. 1. 2. 3.
* Dilw. Cat. t. 1. p. 80. n° 19.
Encycl. pl. 287. f. 5. a. b.
* Desh. Encycl. méth. vers. t. 3. p. 1009. n° 5.
(b) *An ejusd. var.?* List. Conch. t. 398. f. 237. (1)
Habite aux îles de Nicobar. Mus. n°. Mon cabinet. Espèce tranchée et fort remarquable. Elle est blanche, un peu rose près des crochets.

---

est bien à présumer qu'elle n'en est qu'une variété : nous n'osons pas encore décider la chose, parce qu'il existe en effet des différences, sur-tout dans l'impression palléale, ainsi que dans la largeur relative du bord cardinal ; il est large dans la *Tellina virgata*, fort étroit dans la *T. staurella.*

(1) La coquille figurée par Lister appartient à une autre espèce qui se trouve à la Martinique, mais que Lamark n'a

9. Telline rostrée. *Tellina rostrata.* Lin.

T. testá oblongá, puspurascente, nitidá, anteriùs angulato-
rostratá; rostro recto, supernè sinu separato.

An tellina rostrata? Lin. Gmel. n° 22.
List. Conch. t. 382. f. 225.
Rumph. Mus. t. 45. fig. L.
Gualt. Test. t. 88. fig. T.
Chemn. Conch. 6. tab. 11. f. 105.
Knorr. Vergn. 4. t. 2. f. 3 et 5.
* D'Argenv. Conch. pl. 22. f. O.
* Dilw. Cat. t. 1. p. 84. n° 28.
Encycl. pl. 289. f. 1.
* Desh. Encycl. méth. vers. t. 3. p. 1009. n° 6.
Habite l'Océan indien. Mus. n°. Mon cabinet. Elle est mince,
fragile, à stries très fines, d'un pourpre plus foncé aux
crochets.

10. Telline latirostre. *Tellina latirostra.* Lamk.

T. testá oblongá, purpurascente, subradiatá, anteriùs sinuato-
angulatá; rostri margine infimo ascendente.
* Encycl. pl. 288. f. 6.
Mon cabinet.
Habite.... les mers de l'Inde. Espèce voisine, mais distincte
de la précédente.

11. Telline sulfurée. *Tellina sulphurea.* Lamk. (1).

T. testá oblongá, citriná vel albido-lutescente, anteriùs sinua-
to-angulatá; ligamento immerso.

---

point connue. M. Dilwyn donne cette même figure de
Lister dans la synonymie de sa *Tellina pallescens*; mais il
est évident qu'elle ne lui appartient pas davantage, car
cette *pallescens* est la même que la *sulphurea* de Lamarck,
laquelle est toute lisse, tandis que celle-ci est striée.

(1) Nous avons pu examiner un assez grand nombre
d'individus de deux espèces de Lamarck, n°s 10 et 11, et
nous nous sommes assuré qu'elles devaient être réunies
en un seule. En effet, tous les individus ont la même

* Chemn. Conch. t. 6. p. 112. tab. 11. f. 104.

Tellina. Born. Mus. tab. 2. f. 12.

* Dilw. Cat. t. 1. p. 84. n° 27. *Tellina pallescens.*

* Desh. Encycl. méth. t. 3. p. 1009. n° 7.

(b) *Var. testá majore, albidá, basi pallidè fulvá.*

Habite l'Océan indien. Mus. n°. Mon cabinet. La variété (b)
est blanchâtre, un peu fauve vers les crochets, et teinte
d'orangé en dedans. Elle se trouve dans la baie de tous les
Saints.

12. Telline langue-d'or. *Tellina foliacea.* Lin.

*T. testá ovali, tenui, valdè depressá, aureo-fulvá; rimá
serratá.*

Tellina foliacea. Lin. Syst. nat. p. 1117.

Gmel. n° 18.

* Schroter. Einl. in Conch. t. 2. p. 647.

Rumph. Mus. t. 45. fig. K.

Chemn. Conch. 6. t. 10. f. 95.

* D'Argenv. Conch. tab. 22. f. E.

* Favan. Conch. pl. 49. f. S 1. S 2.

* Dilw. Cat. t. 1. p. 80. n° 20.

Encycl. pl. 287. f. 4.

* Desh. Encycl. méth. vers. t. 3. p. 1010.

Habite l'Océan indien. Mus. n°. Mon cabinet. Valves très
minces. Dents latérales fort rapprochées des cardinales.

13. Telline bicolore. *Tellina operculata.* Gmel.

*T. testá ovato-oblongá, purpureá, albo-fasciatá; latere antico
productiore, subrostrato; valvá alterá convexiore.*

Tellina operculata. Gmel. p. 3235. n° 32. *Var. exc.*

---

forme, la même charnière, les mêmes accidents extérieurs,
et seulement les uns sont d'un jaune pâle (*Tellina sulphurea*), les autres ont les sommets un peu rosâtres et
subrayonnés; d'autres ont des rayons d'un rose très pâle,
mais larges et de toute la longueur de la coquille; enfin
la coquille devient d'un rose plus foncé et elle est rayonnée de blanc jaunâtre : cette dernière variété a été nommée
Tellina latirostra.

Tellina rufescens. Chemn. Conch. 6. t. 11. f. 97.

* Schroter. Einl. t. 3. p. 5. nº 11.

* *Tellina rufescens.* Dilw. Cat. t. 1. p. 85. nº 29.

* *Tellina opercularis.* Sow. Genera of Shells. nº 31. f. 1.

* Desh. Encycl. méth. vers. t. 3. p. 1010. nº 9.

Habite l'Océan des Antilles. Mus. nº. Cabinet de M. Dufrène. Les dents latérales nulles. Stries fines et croisées vers le bord supérieur. Deux callosités blanches, à l'intérieur, près du pli de ce bord. Largeur, 66 millimètres.

14. Telline rose. *Tellina rosea.* Lamk. (1).

T. *testá ovatá, trigoná, albido-roseá; propè nates magis coloratá; striis decussatis obsoletissimis.*

Mus. nº.

Habite... Elle est grande, plus rose en dedans qu'en dehors, un peu convexe. C'est peut-être la *Tellina rosea*, Gmel. nº 53. Mais la figure qu'il cite de Knorr, n'en donne pas une idée. Largeur, 72 millimètres; longueur, 48.

15. Telline chloroleuque. *Tellina chloroleuca.* Lamk. (2).

T. *testá ovali, tenui, pellucente, albidá, tenuissimè striatá; latere postico majore rotundato; natibus purpureis.*

(b) *Eadem testá, radiis rubris obsoletis.*

Habite... Mus. nº. Espèce assez grande, à valves très minces, teintes en dedans d'un jaune faible et verdàtre. Largeur, 65 millimètres.

16. Telline elliptique. *Tellina elliptica.* Lamk.

T. *testá oblongo-ellipticá, tenui, albidá, tenuissimè striatá, intùs aurantiá; natibus subpurpureis.*

---

(1) Cette telline n'est pas la même que la *Tellina rosea* de Gmelin; celle-ci est une grande et belle espèce qui n'a point encore été figurée; celle-là est un double emploi du *Solen sanguinolentus* de Linné, *Sanguinolaria rosea*, Lamarck.

(2) L'examen de cette coquille dans la collection du Muséum nous a convaincu qu'elle était une variété jeune et un peu plus oblongue de la *Tellina lævigata,* nº 36.

Gualt. Test. tab. 89. fig. G. (1)

Habite... Mus. n°. Cette espèce avoisine beaucoup la précédente; mais sa forme, sa taille et ses couleurs sont différentes. Elle est un peu teinte d'orangé ; une de ses valves est plus colorée que l'autre. Largeur, 76 millimètres.

17. Telline albinelle. *Tellina albinella*. Lamk.

T. *testá ovato-oblongá , tenui, pellucidá , albá; latere antico attenuato, subangulato ; umbonibus absoletè corneis.*

Mus. n°.

Habite les mers de la Nouvelle Hollande , à l'île St.-Pierre, St.-François. *Péron.* Elle est fort aplatie. Largeur , 43 millimètres.

18. Telline perle. *Tellina margaritina*. Lamk.

T. *testá ovali, tenui , pellucidá , nitidá , margaritaceá ; latere antico attenuato.*

Mus. n°.

Habite à la Nouvelle Hollande , au port du Roi Georges. *Péron.* Largeur, 17 à 18 millimètres.

19. Telline zonelle. *Tellina strigosa*. Gmel.

T. *testá ovato-oblongá , extùs intùsque candidá , obscurè zonatá ; dente cardinali in utráque valvá subunico.*

An Tillina strigosa? Gmel. p. 3239. n° 64.

* Schroter. Einl. t. 3. p. 24. n° 86.

Vagal. Adans. Seneg. t. 17. f. 19.

* Dilw. Cat. t. 1. p. 82. n° 23.

 * *Fossilis. Tellina zonaria.* Lamk. 4.

* *Id.* Bast. Mém. de la Soc. d'hist. nat. de Paris. t. 2. p. 75, n° 1. pl. 5. f. 5.

 * *Tellina planata.* Dubois de Montpéreux. Conch. Foss. de Podolie. p. 54. pl. 5. f. 1. 2.

---

(1) Nous ferons observer que Lamarck cite la même figure de Gualtiéri dans la synonymie de la *Tellina planata*, n° 20. Elle ne peut cependant convenir à toutes deux à la fois, et le fait est qu'elle ne représente exactement ni l'une ni l'autre ; elle se rapproche néanmoins plus de la *Tellina elliptica* que de la *planata*.

* Desh. Encycl. méth. vers. t. 3. p. 1010. n° 10.

Habite sur les côtes occidentales de l'Afrique. Mus. n°. Mon cabinet. Elle est très blanche, avec quelques zônes obscures, pâles, grisâtres, quelquefois jaunâtres; planiuscule striée transversalement. Largeur, 70 millimètres.

20. Telline aplatie. *Tellina planata*. Lin. (1).

T. testâ ovatâ, compressâ, transversim substriatâ, albidâ; umbonibus lœvibus fulvo-rubellis: intùs pallidè roseâ.

Tellina planata. Lin. Syst. nat. p. 1117.

Gmel. pag. 3232. n° 19.

Tellina complanata. Gmel. p. 3239. n° 60.

* Schroter. Einl. t. 3. p. 22. n° 80.

* Olivi. Adriat. p. 100.

Gualt. Test. tab. 89. fig. G. Poli. Test. 1. t. 14. f. 1 à 15.

Born. Mus. tab. 2. f. 9.

An. Chemn. Conch. 6. t. 11. f. 98?

Encycl. pl. 289. f. 4?

* Dilw. Cat. t. 1. p. 81. n° 22.

* Payr. Cat. de Corse. p. 38. n° 59.

* Desh. Encycl. méth. vers. t. 3. p. 1011. n° 11.

* *Fossilis*. Brocchi, Conch. Foss. subap. t. 2. p. 510. n° 1.

Habite la Méditerranée. Mon cabinet. Espèce grande, fort aplatie, très distincte.

---

(1) Dès sa dixième édition Linné a donné dans la synonymie de cette espèce la fig. G de la pl. 89 de Gualtiéri; il est évident que cette figure ne représente pas l'espèce; on devrait plutôt la rapporter à la *Tellina unimaculata*, n° 2 de Lamarck. En copiant Linné, les auteurs ont conservé cette mauvaise indication, et nous avons vu que Lamarck citait cette même figure pour sa *Tellina elliptica*, n° 16. Si dans l'ouvrage de Gualtiéri il y a un figure qui puisse se rapporter à l'espèce dont il est question, ce serait pl. 86, fig. D. La figure 98 de Chemnitz appartient à cette espèce: elle représente une variété striée que nous avons vue plusieurs fois.

13*

21. Telline pourprée. *Tellina punicea*. Born.

*T. testâ ovatâ, subtrigonâ, planulatâ, transversim densê
striatâ; dentibus cardinalibus bifidis.*

Tellina punicea. Born. Mus. tab. 2. f. 2.

* Schroter. Einl. t. 3. p. 22. n° 79.

* *Tellina angulosa*. Gmel. p. 3244. n° 90.

Gmel. p. 3239. n° 59. Encycl. pl. 291. f. 2.

* Chemn. Conch. t. 10. tab. 170. fig. 1654. 1655. *Tellina
striata.*

* Dilw. Cat. t. 1. p. 90. n° 44.

* Desh. Encycl. méth. vers. t. 3. p. 1011. n° 12.

Mus. n°.

Habite la Méditerrranée. Elle varie à zônes blanchâtres, inégales. Couleur d'un blanc pourpré au pourpre intense.
Largeur, 40 millimètres.

22. Telline palescente. *Tellina depressa*. Gmel.

*T. testâ ovatâ, inæquilaterâ, planiusculâ, tenuissimè striatâ,
pallidè incarnatâ; umbonibus purpurascentibus.*

Tellina. Gualt. Test. t. 88. fig. L.

Tellina depressa. Gmel. p. 3238. n° 55.

Tellina incarnata. Poli, vol. 1. tab. 15. f. 1. vol. 2. p. 36.

* Donovan. t. 5. tab. 163.

* Dorset. Cat. p. 30. tab. 5. f. 2.

* Dilw. Cat. t. 1. p. 91. n° 45.

* Payr. Cat. p. 39. n° 63.

Desh. Encycl. méth. vers. t. 3. p. 1011. n° 13.

Tellina squalida. Mont. Test. brit. p. 56.

Habite la Méditerranée et l'Océan d'Europe. Mus. n°. Mon
cabinet. Elle a deux rayons blancs sur le côté antérieur.

23. Telline gentille. *Tellina pulchella*. Lamk.

*T. testâ ovato-oblongâ, depressâ, nitidâ, anticè rostratâ,
transversim striatâ, rubrâ; radiis albidis.*

* Chemn. Conch. t. 6. tab. 8. f. 72.

Tellina rostrata. Born. Mus. tab. 2. f. 10.

Poli. Test. 1. tab. 15. f. 8. et vol. 2. p. 38.

* Payr. Cat. p. 38. n° 61.

* Desh. Encycl. méth. vers. t. 3. p. 1012. n° 14.

Habite la Méditerranée, dans le golphe de Tarente. Mus. n°.

Mon cabinet. Espèce petite, jolie, analogue au *Tellina vir-gata*, mais étroite et constante.

24. Telline féverolle. *Tellina fabula*. Gmel.

T'. testâ ovatâ, compressâ, anteriùs subrostratâ; valvâ alterâ lœvi, alterâ obliquè substriatâ; striis reflexis.

* Gronovius. Zooph. p. 263. n° 1111. tab. 18. f. 9.

Tellina fabula. Gmel. p. 3239. n° 61.

Montag. Test. brit. p. 61.

* Donovan. Brit. Conch. t. 3. tab. 97.

Maton. Act. Societ. linn. 8. p. 52. n° 7.

* Dilw. Cat. t. 1. p. 92.

* Desh. Encycl. méth. vers. t. 3. p. 1012. n° 15.

Habite l'Océan boréal d'Europe. Mon cabinet. Communiquée par M. *Leach*. Petite coquille blanche, un peu teinte de fauve. Ses stries obliques sont sur le côté antérieur d'une de ses valves, quelquefois sur la face entière de la valve. Largeur, 15 à 18 millimètres.

25. Telline mince. *Tellina tenuis*. Lamk. (1).

T. testâ ovato-trigonâ, tenui, planiusculâ, tenuissimè striatâ, rubellâ; supernè fasciis angustis albicantibus.

---

(1) Nous ne savons si cette coquille se distingue plus ou moins de la *Tellina incarnata* de Linné; ce qui nous semble le moins incertain, c'est qu'il est presque impossible aujourd'hui de dire à laquelle des espèces connues on doit rapporter la *Tellina incarnata*. Dans la dixième édition du *Systema naturæ*, Linné a cité une figure de Lister et une autre de Gualtiéri; la première ressemble à la *Tellina solidula*, la seconde à la *Tellina tenuis*, Lamk. Linné conserva cette synonymie dans la douzième édition, et Gmelin la compléta à sa manière, c'est-à-dire qu'il y laissa les citations incertaines de Linné et en introduisit d'autres non moins équivoques; de sorte que Gmelin confondit au moins trois espèces. Si nous étudions la phrase caractéristique de Linné, il nous semble qu'elle s'appliquerait avec plus d'exactitude à la *Tellina depressa* de Gmelin qu'à toute autre : il est donc presque impossible de dire à

List. Conch. t. 405. f. 251.
* Born. Mus. p. 36. t. 2. f. 13.
* Chemn. Conch. t. 6. tab. 12. f. 10.
Tellina tenuis. Mat. Act. Soc. Linn. 8. p. 52. n° 8.
* *Tellina incarnata.* Dilw. Cat. t. 1. p. 87. n° 35.
* Desh. Encycl. méth. vers. t. 3. p. 1012. n° 16.

Habite l'Océan britanniqne. Mon cabinet. Elle est très distincte de la *Tellina incarnata* de Linné. Elle a des stries verticales interrompues.

26. **Telline délicate.** *Tellina exilis.* **Lamk.**

T. *testá ovato-trigoná, tenuissimá, compressá, pellucidá, purpurascente; striis transversis subtilissimis.*

Mon cabinet.

* Desh. Encycl. méth. vers. t. 3. p. 1013. n° 17.

Habite… Elle est plus mince et plus délicate que la précédente. Côté antérieur fort court, oblique, obtusément anguleux. Largeur, 12—14 millimètres.

27. **Telline donacée.** *Tellina donacina.* **Lin.**

T. *testá ovatá, compresso-planiusculá, tenuissimè striata, anteriùs obtusissimá, albidá; radiis rubris interruptis.*

Tellina donacina. Lin. Syst. nat. p. 1118.
* Schroter. Einl. t. 2. p. 655.
* Olivi. Zool. Adriat. p. 101.
* Gmel. p. 3234. n° 26.
Tellina variegatà. Poli. Test. 1. tab. 15. f. 10. et vol. 2. p. 45.
Tellina donacina. Mat. Act. Soc. linn. 8. p. 50. t. 1. f. 7.
* Montag. Test. p. 58. t. 27. f. 3.
* Dilw. Cat. t. 1. p. 89. n° 41.
* Payrau. Cat. p. 39. n° 64.
* Desh. Encycl. méth. vers. t. 3. pag. 1013. n° 18.

Habite la Méditerranée et l'Océan d'Europe. Mon cabinet et celui de M. *Valenciennes.*

---

quelle espèce on doit rapporter la *Tellina incarnata.* Aussi M. Dilwyn a eu le soin de ne laisser dans la synonymie que la figure de Gualtiéri et une de Born que Linné ne connut pas. C'est cette *Tellina incarnata* ainsi rectifiée par l'auteur Anglais, que nous admettons dans la synonymie de la *Tellina tenuis.*

28. Telline onix. *Tellina nitida*. Poli.

T. testâ ovato-trigonâ, oblongâ, compressâ, subæquilaterâ, eleganter striatâ, pallidè fulvâ ; zonis lacteis ; intùs aurantiâ.

Tellina nitida. Poli. Test. 1. t. 15. f. 2—4.

* Payr. Cat. de Corse. p. 38. nº 62.

* Desh. Encycl. méth. vers. t. 3. p. 1013. nº 19.

Habite la Méditerranée. Du cabinet de M. *Valenciennes*. Très distincte de la T. zonelle. Largeur, 36 millimètres.

29. Telline scalaire. *Tellina scalaris*. Lamk.

T. testâ ovatâ, compressiusculâ, albo-flavescente, transversìm eleganterque striatâ; latere antico subbiangulato, breviore.

Mus. nº.

Habite... Voyage de Péron? Elle semble avoir des rapports par sa forme et ses stries, avec notre telline scalaroïde, fossile. Largeur, 34 millimètres.

30. Telline psammotelle. *Tellina psammotella*. Lamk.

T. testâ ovatâ, transversìm subtilissimè striatâ, albidâ; latere antico brevi angulato sinuato ; natibus roseo-tinctis.

* *An* Chemnitz. Conch. t. 6. t. 10. f. 87 ?

Mus. nº.

Habite... Elle semble se rapprocher du *T. angulata* de Gmelin. nº 90. Chemn. Conch. 10. t. 170. f. 1654. 1655. Elle offre à l'intérieur des rayons aurores, et d'autres roses ou pourpres, inégaux, incomplets. Largeur, 35 millimètres.

Coquille orbiculaire, ou arrondie-ovale.

31. Telline pétonculaire. *Tellina remies*. Lin. (1).

T. testâ suborbiculatâ, compressâ, crassâ, albidâ ; strüs transversis tenuissimis ; verticalibus interruptis fissuræformibus.

---

(1) Il est évident que, par *Tellina remies*, Linné entendait une telline sillonnée, puisqu'il la caractérise par le mot *rugosa*. Dans sa synonymie il cite deux figures seulement,

Tellina remies? Lin. Gmel. nº 66.
List. Conch. t. 266. f. 102.
* Chemnitz. Conch. t. 6. tab. 12. f. 112.
* *Tellina fausta.* Dilw. Cat. t. 1. p. 94. nº 52.
Born. Mus. tab. 2. f. 11.
Encycl. pl. 290. f. 2.
* *Tellina remies.* Desh. Encycl. méth. vers. t. 3. p. 1014.
nº 20.
Habite l'Océan indien et américain. Mus. nº. Mon cabinet.
Coquille grande, commune dans les colletions. Deux dents
cardinales sur chaque valve.

32. Telline sillonnée. *Tellina sulcata.* Lamk.

*T. testâ suborbiculatâ, convexiusculâ, transversim sulcato-
rugosâ, albâ; natibus lœvibus.*
* *Tellina remies.* Lin. Sys. nat. p. 1119.
* *Id.* Gmel. p. 3239. *Syn. plerisque exclusis.*
An Chemn. Conch. 6. tab. 12. f. 113?
Encycl. pl. 290. f. 3.
* *Id.* Schroter. Einl. t. 2. p. 656.
* Rumph. Amb. tab. 42. f. 1.
* *Tellina remies.* Dilw. Cat. t. 1. p. 94. nº 51:
* *Tellina sulcata.* Desh. Encycl. méth. vers. t. 3. p. 1014.
nº 21.
(b) *Var. testâ fasciis rufis obsoletis.*
Habite la mer des Indes et celle de la Nouvelle Hollande, à

l'une dans Rumphius, qui est une vraie telline, l'autre
dans Gualtiéri représentant sans aucun doute la *Cytherea
concentrica* de Lamarck. Chemnitz supprima bien la figure
de Gualtiéri, mais il introduisit à la place plusieurs autres
synonymies parmi lesquelles quelques-uns appartiennent
à une autre espèce bien distincte; Gmélin suivit cet exemple. Plus tard lorsque M. Dilwyn et Lamarck s'aperçu-
rent de cette confusion et voulurent la rectifier, le premier conserva le nom de *Tellina remies* à l'espèce sillonnée,
et donna le nom de *Tellina fausta* à celle qui est striée.
Lamarck, à tort sans doute, fit le contraire, donna le nom
de *Remies* à la *fausta* de Dilwyn et le nom de *sulcata* à
la veritable *Remies*.

la baie des Chiens marins , ainsi qu'au port Jackson. Mus.
n°. Mon cabinet. Il parait qu'on l'a confondue avec la précédente, dont elle est cependant très distincte.

33. Telline striatule. *Tellina striatula.* Lamk.

> *T. testá suborbiculatá, tenui transversim subtilissimè striatá,
> albidá; valvá alterá dente cardinali unico.*

List. Conch. t. 267. f. 103.
An tellina fausta? Montag. Act. Soc. lin. 8. p. 52.
Habite... l'Océan d'Europe? Mus. n°. Mon cabinet. Elle est
toujours moins grande que la T. pectonculaire, et à valves
minces.

34. Telline râpe. *Tellina scobinata.* Lin.

> *T. testá lenticulari , convexá , scabrá; squamis lunatis quin-
> cuncialibus.*

Tellina scobinata. Lin. Syst. nat. p. 1119.
Gmel. p. 3240. n° 68.
Gualt. Test. tab. 76. fig. E.
Chemn. Conch. 6. t. 13. f. 122—124.
Encycl. pl. 291. f. 4. a. b. c. d.
* Schroter. Einl. t. 2. p. 558.
* Lister. Conch. t. 302. f. 143.
* Favanne. Conch. pl. 46. f. G.
* Dilw. Cat. t. 1. p. 98. n° 61.
* Desh. Encycl. méth. vers. t. 3. p. 1014. n° 22.
* Sow. Genera of Shells. n° 31. f. 2.
Habite l'Océan indien. Mus. n°. Mon cabinet. Coquille un peu
grande, écailleuse, blanche , à taches ferrugineuses , quel-
quefois disposées par rayons.

35. Telline rayonnante. *Tellina crassa.* Penn.

> *T. testá suborbiculatá, incrassatá, transversim sulçatá, albidá,
> roseo-radiatá ; umbonibus purpurascentibus ; intùs sœpe
> sanguineo-maculatá.*

List. Conch. t. 299. f. 136.
Encycl. pl. 291. f. 5.
Tellina crassa. Pennant. Zool. brit. 4. p. 73. t. 48. f. 28.
Venus crassa. Gmel. p. 3288.
* Favanne. Conch. pl. 48. f. O.
* *Venus.* n° 62. Schroter. Einl. t. 3. p. 176.

* Dorset. Cat. p. 3o. t. 7. f. 4.
* Donovan. t. 3. tab. 1o3.
* Dilw. Cat. t. 1. p. 96. n° 57.
* Desh. Encycl. méth. vers. t. 3. p. 1o15. n° 23.
Habite l'Océan d'Europe, etc. Mus. n°. Mon cabinet. Elle
devient assez grande, plus ou moins rayonnée, et est élé-
gamment sillonnée transversalement.

36. Telline doigt-d'aurore. *Tellina lœvigata*. Lin.

*T. testá orbiculato-ovatá, disco lœvigatá, versùs marginem
striato-sulcatá, albidá; radiis margineque aurantiis; nym-
phis inflexis.*
Tellina lœvigata. Lin. Syst. nat. p. 1o3.
Gmel. p. 3232. n° 20.
Chemn. Conch. 6. t. 12. f. 111.
Schroet. Einl. 2. p. 649. t. 7. f. 10.
* Dilw. Cat. t. 1. p. 82. n° 24.
* Desh. Encycl. méth. vers. t. 3. p. 1o15. n° 24.
Habite l'Océan Européen et indien. Mus. n°. Belle espèce,
plus grande que la précédente. Les nymphes font un peu
le cuilleron en-dedans. Couleur blanche à l'intérieur; avec
une teinte citrine de chaque côté.

37. Telline langue de chat. *Tellina lingua felis*. Lin.

*T. testá rotundato-ovatá, anticè obtusissimá, albá, radiis ro-
seis pictá; squamulis lunatis quincuncialibus.*
Tellina lingua felis. Lin. Syst. nat. p. 1116. Gmel. p. 3229.
* Schroter. Einl. t. 2. p. 641.
Rumph. Mus. t. 45. fig. G.
* Born. Mus. c. vind. p. 29.
* Gualt. Conch. t. 76. f. B.
* Klein. Ostr. t. 11. f. 62.
* Fav. Conch. t. 49. f. O.
Knorr. Vergn. 2. t. 2. f. 1.
Chemn. Conch. 6. t. 8. f. 65.
Encycl. pl. 289. f. 6.
* Dilw. Cat. t. 1. p. 73. n° 3.
* Desh. Encycl. méth. vers. t. 3. p. 1o15. n° 25.
Habite l'Océan indien. Mus. n°. Mon cabinet. Jolie espèce,
bien distincte.

38. Telline ridée. *Tellina rugosa.* Born.

T. testâ rotundato-ovatâ, albâ; natibus flavescentibus ; rugis
transversis, undato-flexuosis.
Tellina rugosa. Born. Mus. tab. 2. f. 3. 4.
Chemn. Conch. 6. t. 8. f. 62.
* Schroter. Einl. t. 3. p. 1.
* Gmel. p. 3230.
* Fav. Conch. pl. 49. f. Q.
* Dilw. Cat. t. 1. p. 73. n° 2.
Encycl. pl. 290. f. 1.
Habite les mers de l'Inde et la Nouvelle-Hollande. Mus. n°.
Mon cabinet.

39. Telline contournée. *Tellina lacunosa.* Chemn.

T. testâ rotundato-ovatâ, ventricosâ, tenui, transversim
striatâ, supernè medio depressâ, contorto-lacunosâ; denti-
bus lateralibus nullis.
Tellina lacunosa. Chemn. Conch. 6. t. 9. f. 78.
Tellina papyracea. Gmel. pag. 3231. n° 10.
* *Tellina.* Schroter. Einl. t. 3. p. 2. n° 4.
* *Fossilis. Tellina tumida.* Brocchi. Conch. foss. p. 513. n° 9.
pl. 12 f. 10.
Encycl. pl. 290. f. 14.
* Desh. Encycl. méth. t. 3. p. 1016. n° 26.
Habite les côtes de Guinée. Mus. n°. Cabinet de M. Valen-
ciennes. Coquille blanchâtre. Largeur, 51 millimètres.

40. Telline dentelée. *Tellina gargadia.* Lin.

T. testâ rotundato-ovatâ, compressâ, superiùs anteriùsque
undato-rugosâ, albâ; rimâ dentatâ; natibus lœvibus.
Tellina gargadia. Lin. Syst. nat. p. 1116.
Gmel. p. 3228. n° 1.
* Schroter. Einl. t. 2. p. 641.
Rumph. Mus. t. 42. fig. N.
Chemn. Conch. 6. t. 8. f. 63. 64.
Encycl. pl. 287. f. 2.
* Dilw. Cat. t. 1. p. 72. n° 1.
Habite l'Océan indien. Mus. n°. Mon cabinet. Largeur, 34
millimètres.

41. Telline scie. *Tellina pristis*. Lamk.

> *T. testá rotundato - ovatá, transversim pereleganter striatá, albá ; vulvá lanceolatá concavá ; dentibus exiguis utrinque armatá.*

Encycl. pl. 287. f. 1. a. b.

Habite... l'Océan indien. Mus. n°. Elle est striée, même sur les crochets. Largeur, 38 millimètres. Le *Tellina serrata*, Brocch. Test. 2. p. 510. t. 12. f. 1. paraît avoisiner cette espèce.

42. Telline multangle. *Tellina multangula*. Gmel. (1).

> *T. testá lato-trigoná, subventricosá, transversim striatá, propè marginem subdecussatá, albá ; latere antico longiore, sinuato, subbiangulato.*

Tellina polygona. Chemn. Conch. 6. t. 9. f. 77.

Tellina multangula. Gmel. p. 3230. n° 9.

* Schroter. Einl. t. 3. p. 3. n° 3.

* *Tellina polygona.* Dilw. Cat. t. 1. p. 76. n° 9.

Habite les côtes de Tranquebar. Mus. n°. Point de dents latérales ; les crochets jaunâtres, ainsi que l'intérieur.

43. Telline polygone. *Tellina polygona*. Gmel.

> *T. testá trigoná, ventricosá, transversim striatá, albá ; margine superiore sinuato, flexuoso.*

Tellina guinaica. Chemn. Conch. 10. t. 170. f. 1651 — 1653.

Tellina polygona. Gmel. p. 3244. n° 91.

* *Tellina guinaica.* Dilw. Cat. t. 1. p. 96. n° 55.

Habite les mers de la Nouvelle-Hollande et l'Océan indien.

---

(1) Il nous semble qu'il aurait été convenable de laisser à cette coquille le nom de *Polygona* que Chemnitz le premier lui donna ; et pour ne pas la confondre avec la suivante il aurait fallu conserver à celle-ci le nom de *Tellina guinaica*. La *Tellina multangula* par sa charnière se rapproche beaucoup des vraies sanguinolaires, mais elle a le pli postérieur très profond et doit à cause de cela demeurer parmi les tellines jusqu'à ce que l'animal en soit connu.

Mus. n°. Celle-ci est teinte d'un orangé pâle aux crochets et à l'intérieur ; elle n'a pas de dents latérales. Malgré sa forme , je présume qu'elle n'est qu'une variété de la précédente.

44. Telline capsoïde. *Tellina capsoides*. Lamk.

T. testá lato-trigoná, subœquilaterá , transversim striatá , striis verticalibus subdecussatá ; lateris antici angulo bisulcato.

Mus. n°.

Habite à l'île Saint-Pierre-Saint-François. *Péron.* Coquille blanche, qui semble tenir à la telline multangle , mais qui en est distincte. Largeur , 48 millimètres. Des dents latérales.

45. Telline treillissée. *Tellina decussata*. Lamk.

T. testá orbiculato-trigoná , subœquilaterá, sulcis verticalibus striisque transversis decussatá ; natibus flavescentibus , læviusculis.

Mus. n°.

Habite à la Nouvelle Hollande, au port du Roi Georges. *Péron.* Elle diffère du Pircl d'Adanson (*Tellina cancellata ,* Gmel.) étant presque équilatérale ; couleur blanche ; des dents latérales.

46. Telline du Brésil. *Tellina Brasiliana*. Lamk.

T. testá obovato-trigoná , tenui , albá , margaritaceá ; extùs intùsque fasciá obliquá purpureá ex nate ad latus posticum.

Mus. n°.

Habite l'Océan du Brésil, à Rio-Janeiro. *Lalande.* Largeur, 3o millimètres.

47. Telline oblique. *Tellina obliqua*. Lamk.

T. testá ovali-trigoná , compressá , transversim tenuisimé striatá ; latere antico obliquè attenuato , longiore ; postico brevissimo , rotundato.

An. Tellina Madagascariensis ? Gmel. n° 44.

List. Conch. t. 386. f. 233.

* *An eàdem spec. ? Tellina Madagascariensis.* Dilw. Cat. t. 1. p. 82. n° 25.

Habite.... à Madagascar? Mon cabinet. Couleur grisâtre.
Largeur, 50 millimètres. Inflexion du bord et côté antérieur
à peine sensible.

48. Telline ombonelle. *Tellina umbonella*. Lamk.

*T. testâ ovali, subtrigonâ, convexâ, albidâ, subantiquatâ;
striis tenuissimis; umbonibus hyalinis.*

Mus. n°.

Habite à la Nouvelle Hollande, à l'île King. Le côté antérieur
est plus court et un peu anguleux. Largeur, 39 millimètres.

49. Telline deltoïdale. *Tellina deltoidalis*. Lamk.

*T. testâ orbiculato-trigonâ, compressâ, transversìm striatâ;
latere antico obliquè attenuato, inflexo, valvâ alterâ sulcato.*

* *Tellina lactœa.* Quoy et Gaym. Voy. de l'Astr. Moll. pl. 81,
f. 14. 15. 16.

Mus. n°.

(b) *Var. testâ striis elegantioribus; latere antico vix inflexo.*

Habite les mers de la Nouvelle Hollande, à l'île Saint-Pierre-
Saint-François. Couleur blanche; largeur, 34 millimètres.

50. Telline nymphale. *Tellina nymphalis*. Lamk.

*T. testâ rotundato-ovatâ, supernè transversìm striatâ; latere
antico obliquè attenuato, angulato sulcato; nymphis internis
dilatatis.*

Mus. n°.

Habite.... Elle est blanchâtre, à côté postérieur large, arrondi. Ses crochets sont lisses; une dent sur une valve et
deux fort inégales sur l'autre; point de dents latérales.
Largeur, 41 millimètres.

51. Telline solidule. *Tellina solidula*. Solander.

*T. testâ orbiculato-trigonâ, convexâ, anteriùs subangulatâ,
rubellâ aut flavescente; fasciis concentricis albidis.*

* *Tellina zonata.* Gmel. p. 3238. n° 52.

* Schroter. Einl. t. 3. p. 15. n° 49.

* Lister. Anim. ang. t. 4. f. 25.

* Lister. Conch. t. 405. f. 250.

Bonan. Recr. 2. f. 44.

Petiv. Gaz. t. 94. f. 6.

Tellina carnaria. Pennant. Zool. brit. 4. t. 49. f. 32.

Tellina rubra. Dacosta. Conch. brit. t. 12. f. 14.

Maton. Act. Soc. linn. 8. p. 58.

* *Tellina zonata.* Dilw. Cat. t. 1. p. 100. n° 66.

* Desh. Encycl. méth. vers. t. 3. p. 1016. n° 28.

(b) *Var. testâ minore subglobosâ.*

Habite l'Océan européen, les côtes de France et d'Angleterre. Coquille commune dans les collections, quelquefois rougeâtre, sur-tout sur les crochets, plus souvent jaunâtre, avec des zônes fasciales. Elle tient à la telline mince par ses rapports ; mais elle est moins large, plus convexe et plus solide. Ses dents cardinales varient beaucoup ; néanmoins il n'y en a jamais plus de deux sur la même valve.

52. Telline bimaculée. *Tellina bimaculata.* Lin.

T. testâ triangulo - subrotundâ, latiore, lævi, albidâ; intùs maculis duabus sanguineis.

Tellina bimaculata. Lin, Syst. nat. p. 1120.

Gmel. p. 3240. n° 71.

Chemn. Conch. 6. tab. 13. f. 127.

* Schroter. Einl. t. 2. p. 661.

* Dilw. Cat. t. 1. p. 101. n° 67.

* Desh. Encycl. méth. vers. t. 3. p. 1017. n° 29.

Encycl. pl. 290. f. 9.

Habite l'Océan européen. Cabinet de M. de France. Largeur, 16 millimètres.

53. Telline six-rayons. *Tellina sexradiata.* Lamk.

T. testâ rotundato-trigonâ, inæquilaterâ, albidâ; intùs præsertim radiis sex fusco-cœruleis, subinterruptis.

Chemn. Conch. 6. tab. 13. f. 132. litt. b.

Encycl. pl. 290. f. 10.

* *Tellina bimaculata; varietas.* Dilw. Cat. t. 1. p. 101. n° 67.

Habite l'Océan d'Europe. Cabinet de M. de France. Taille de la précédente, mais distincte.

54. Telline ostracée. *Tellina ostracea.* Lamk.

T. testâ ovato-rotundatâ, complanatâ, tenui, albido-grised; striis transversis elevatis; latere antico obliquè truncato, biplicato.

Encycl. pl. 290. f. 13.

Habite les mers de l'Inde. Mon cabinet. Petite coquille grisâtre, à stries inférieures fines, tandis que les supérieures
sont presque lamelliformes. Taille du *Tellina tenuis.* (1)

† 55. Telline élargie. *Tellina lata.* Quoy.

> *T. testá ovatá, latá, depressá, inœquilaterá, posticè breviore,
> angulatá transversim striatá, albá rubro eleganter radiatá;
> radiis interruptis; umbonibus acutis purpureis; marginibus
> maculis rubris et albis alternis notatis.*

Quoy et Gaym. Voy. de l'Astrolab. Moll. pl. 81. f. 8. 9. 10.

Habite les mers australes; rapportée pour la première fois
par M. Quoy. Grande et magnifique coquille se rapprochant, par sa coloration, de la *Tellina donacina.* Elle est
jaunâtre en dedans.

† 56. Telline élégante. *Tellina pulcherrima.* Sow.

> *T. testá transversim oblongá; latere altero rotundato, altero
> acutangulo; pallidá, roseo radiatá; disco centrali lævius-
> culo, obliquè striato, extremitatibus squamuloso-asperis;
> intùs pallidè aurantiacá.*

Sow. Cat. de la Coll. Tancarville. Appendix. p. 3. n° 150.
pl. 1. f. 1.

Habite... Très belle espèce oblongue, transverse, d'un beau
rose pourpré, rayonné de blanc. Ses extrémités sont chargées de tubercules écailleux, nombreux et rapprochés.

† 57. Telline lozangée. *Tellina clathrata.* Quoy.

> *T. testá, oblongá, transversá inœquilaterá, postice breviore,
> truncatá, striis exilibus transversis et obliquis clathratá,
> tenui, fragili, albá, roseá, rubráve; sinu postico vix per-
> spicuo.*

---

(1) Aux cinquante-quatre espèces vivantes données ici
par Lamarck, on pourrait actuellement en ajouter quinze
à vingt autres qu'il n'a pas connu, et quelques-unes placées dans d'autres genres, quoiqu'elles n'en dépendent pas :
nous mentionnerons particulièrement la *Tellina carnaria*
confondue avec les lucines, et la *Tellina balaustina* que
M. Payraudeau a introduite dans le même genre.

Quoy et Gaym. Voy. de l'Astr. Moll. pl. 81, f. 4. 5. 6. 7.

Habite les mers australes. Petite coquille voisine, par ses caractères, de la *Tellina fabula*, mais présentant les stries obliques sur les deux valves.

† 58. Telline triangulaire. *Tellina triangularis.* Chemn.

T. testá ovato trigoná, albo-griseá, transversá, inœquilaterá, depressá, antice breviore rotundatá, transversim striatá; striis valvœ dextrœ, subito, postice divaricatis; cardine bidentato, dentibus lateralibus nullis.

Chemn. Conch. t. 6. p. 96. pl. 10. f. 85.

Habite le Cap de Bonne-Espérance. Coquille mince, blanche ou grisâtre, comprimée; le côté antérieur est court et arrondi, la surface des valves est striée, et sur le côté postérieur de la valve droite les stries quittent subitement leur direction pour se diriger vers le bord inférieur.

† 59. Telline carnaire. *Tellina carnaria.* Lin.

T. testá orbiculato-trigoná, inœquilaterá, convexo-depressá, extùs intùsque incarnatá; striis tenuibus variis: hinc undato reflexis.

Linné. Syst. nat. p. 1119.

Gmel. pag. 3240. n° 70.

Schroter. Einl. t. 2. p. 660.

Lister. Conch. pl. 339. f. 176.

Chemn. Conch. t. 6. p. 130. tab. 13. f. 126.

Born. Mus. p. 37. t. 2. f. 14.

Donovan. t. 2. t. 47.

Dilw. Cat. t. 1. p. 100. n° 65.

Lucina carnaria. Lamk. A. s. vert. t. 5. p. 541. n° 8.

Id. Payr. Cat. de la Corse. p. 41. n° 68.

Habite... On la dit de la Méditerranée et de l'Océan européen. Nous observons qu'elle n'est inscrite ni dans Olivi, ni dans Poli, et M. Payraudeau seul la mentionne dans son Catalogue de la Corse. Cette coquille est une telline véritable et non une lucine, comme l'a cru Lamarck.

† 60. Telline balaustine. *Tellina balaustina.* Lin.

L. testá parvá, orbiculato-trigoná, pellucidá, albá, nitidá, tumidá, œquilaterá, transversim eleganter striatá, radiis longitudinalibus et transversis rubris ornatá.

Tellina balaustina. Lin. Syst. nat. p. 1119.
Id. Gmel. pag. 3239. n° 65.
Id. Poli. Test. t. 1. pl. 14. f. 17.
Lucina balaustina. Payr. Cat. p. 43. pl. 1. f. 21. 22.
Habite la Méditerranée. Petite coquille suborbiculaire, enflée, élégamment rayonnée de rose sur un fond jaune
pâle. Les caractères donnés par Linné à la *Tellina balaustina* s'accordent parfaitement à ceux de cette coquille, et
il n'en est pas de même à l'égard de la *Tellina balaustina*
de M. Dilwyn et des auteurs anglais : la synonymie prouve
que ce nom a été appliqué à une espèce voisine de la *T.
tenuis*, mais que Linné ne connt pas.

† 61. Telline de Lantivy. *Tellina Lantivyi.* Payr.

*T. testâ ovato-trigonâ, tenui compressâ, albâ, pellucidâ, ni-
tidâ, valdè inæquilaterâ, eleganter transversim striatâ;
latere postico longiore, rotundato; antico abbreviato,
angulato.*
Payr. Cat. des Moll. de Corse. p. 40. n° 65. pl. 1. f. 13.
14. 15.
Habite la Corse. Telline petite, blanche, mince, fragile,
transparente, très comprimée. Son côté postérieur est très
court et tronqué.

† 62. Telline d'Oudard. *Tellina Oudardi.* Payr.

*T. testâ ovatâ, compressâ, nitidâ, pellucidâ, obliquè cancel-
latâ, lineis transversis albisque, rubris parvulis longitudinalibus ornatâ; anticè et posticè radiis luteo-rubescentibus;
intùs et extùs rubrâ.*
Payr. Cat. des Moll. de Corse. p. 40. n° 66. pl. 1. f. 16.
17. 18.
Habite la Corse. Coquille mince, aplatie, brillante, striée.
Elle est ornée de nombreuses linéoles longitudinales et
transverses blanches. Elle est rouge en dedans et en dehors.

Coquilles fossiles.

1. Telline patellaire. *Tellina patellaris.* Lamk.

> *T. testâ ellipticâ, compressiusculâ; striis transversis subœqualibus tenuissimis; cardine bidentato.*
>
> Annales du Mus. 7. p. 232. n° 1. et t. 12. pl. 41. f. 9. a. b.
> * Desh. Desc. des Coq. foss. de Paris. t. 1. p. 77. pl. 11.
> f. 5. 6. 13. 14.
> * *Id.* Encycl. méth. vers. t. 3. p. 1017. n° 30.
> Habite... Fossile de Grignon. Cabinet de M. de France.

2. Telline scalaroïde. *Tellina scalaroides.* Lamk.

> *T. testâ rotundato-ovatâ, compressâ, subangulatâ; striis transversis, elevatis, remotiusculis, tenuibus; cardine bidentato.*
>
> Annales du Mus. 7. p. 233. n° 2. et t. 12. pl. 41. f. 7. a. b.
> * Desh. Descr. des Coq. foss. de Paris. t. 1. p. 81. pl. 12.
> f. 9. 10.
> Habite... Fossile de Grignon. Mon cabinet et celui de M. de France. L'une des deux dents cardinales est canaliculée, comme divisée en deux.

3. Telline rostrale. *Tellina rostralis.* Lamk.

> *T. testâ oblongo-transversâ, angustâ, transversim sulcatâ; latere antico rostrato, subbiangulato.*
>
> Annales du Mus. 7. p. 234. n° 6. et t. 12. pl. 4. f. 10. a. b.
> * Desh. Desc. des Coq. foss. de Paris. t. 1. p. 80. pl. 11.
> f. 1. 2.
> * *Idem.* Encycl. Méth. vers. t. 3. p. 1018. n° 35.
> Habite... Fossile de Grignon et de Parnes. Cabinet de M. de France et le mien.

4. Telline zonaire. *Tellina zonaria.* Lamk. (1).

> *T. testâ ovatâ, complanatâ, transversim subtilissimè striatâ; zonis rufis, inæqualibus; latere antico angulato subacuto.*

---

(1) Cette coquille a l'identité la plus parfaite avec la *tellina strigosa* n° 19; elle fait donc un double emploi qui

14*

Annales du Mus. 7. p. 235. obs.

Habite... Fossile des environs de Dax et de Bordeaux. Mon cabinet. Largeur, 49 millimètres.

Etc. Voyez le septième volume des Annales du Muséum pour d'autres tellines fossiles qui y sont renfermées.

† 5. Telline erycinoïde. *Tellina erycinoides*. Desh.

T. testâ ovato-subtrigonâ, depressiusculâ, eleganter sulcatâ, sulcis transversalibus, planulatis ; valvâ dextrâ profundiore.

Desh. Desc. des Coq. foss. des env. de Paris. t. 1. p. 78. pl. 11. fig. 11. 12.

Idem. Encycl. Méth. Hist. nat. des vers. p. 1017. n° 31.

Habite.... Fossile des environs de Paris à Mouchy, Parnes, Liancourt. Par sa forme elle ressemble à la *T. patellaris* ; elle est élégamment sillonnée en travers.

† 6. Telline élégante. *Tellina elegans*. Desh.

T. testâ ovato-ellipticâ, tenuissimâ, fragilissimâ, striis regularibus transversis ornatâ; cardine bidentato, altero unidentato, dente profundè bifido.

Desh. Desc. des Coq. foss. des env. de Paris. t. 1. p. 78. pl. 11. fig. 7. 8.

Idem. Encycl. Méth. Hist. nat. des vers. p. 1117. n° 32.

Habite... Fossile des environs de Paris à Parnes, Mouchy. Elle est très mince, fragile, ovale, et ses valves sont couvertes de stries fines, élégantes par leur régularité.

† 7. Telline lunulée. *Tellina lunulata*. Desh.

T. testâ suborbiculatâ, complanatâ, posticè retusâ, subplicatâ; striis transversis, subtilissimis.

Donax lunulata. Lamk. Ann. du Mus. t. 7. p. 230 et t. 12. pl. 41. fig. 5. a. b.

Donax lunulata. Def. Dict. des scienc. nat.

---

ne doit plus subsister. C'est en supposant que cette espèce inutile disparaîtra des catalogues, que nous l'avons mentionnée à la *Tellina strigosa*, et que nous en avons alors complété la synonymie.

Desh. Desc. des Coq. foss. des envir. de Paris. p. 79. pl. 11.
fig. 3, 4.

Idem. Encycl. Méth. Hist. nat. des vers. p. 1018. n° 34.

Habite... Fossile des envir. de Paris à Houdau, Lisy, Mary,
Tancrou, etc., espèce singulière, arrondie, aplatie, mince,
presque lisse, à pli postérieur à peine marqué.

† 8. Telline obronde. *Tellina subrotunda.* Desh.

*T. testâ orbiculatâ, profundâ, crassâ, tenuissimè striatâ,
lamellosâ, posticè subplicatâ, cardine bidentato, altero
unidentato; dente laterali unico.*

Desh. Desc. des Coq. foss. des envir. de Paris. p. 81. pl. 12.
fig. 16. 17.

Idem. Encycl. Méth. Hist. nat. des vers p. 1018. n° 37.

An eadem? Tellina filosa. Sow. min. Conch. pl. 402. f. 2.

Habite... Fossile des environs de Paris à Senlis, Valmondois.
Obronde, épaisse, couverte de stries fines, rapprochées et
lamelleuses.

† 9. Telline lamelleuse. *Tellina lamellosa.* Desh.

*T. testâ rotundato-subtrigonâ, lamellosâ; lamellis obtusis,
concentricis, regularibus; sinu postico ferè nullo.*

Desh. Desc. des Coq. foss. des envir. de Paris. p. 31. pl. 12.
fig. 3. 4.

Idem. Encycl. méth. Hist. nat. des vers. p. 1019. n° 38.

Habite... Fossile des environs de Paris à Valmondois. Espèce
curieuse et rare, semblable par sa forme à la *T. lunata.*
Elle est garnie de lames élégantes, très minces et rapprochées.

† 10. Telline biangulaire. *Tellina biangularis.* Desh.

*T. testâ ovato-ellipticâ, tenuissimè striatâ, sublamellosâ,
posticè biangulatâ; striis rectis, lamellosisque inter angulos.*

Desh. Desc. des Coq. foss. des env. de Paris. p. 82. pl. 12.
fig. 1. 2.

Idem. Encycl. Meth. Hist. nat. des vers. p. 1019. n° 40.

Habite... Fossile des environs de Paris à Parnes. Espèce rare,
élégante, ovale, couverte de stries lamelleuses, et présentant deux angles aigus sur le pli irrégulier postérieur.

† 11. **Telline petit-bec.** *Tellina rostralina.* Desh.

> *T. testâ ovato-elongatâ, tenuissimè striatâ; striis anticè sub-lamellosis; cardine unidentato, in utrâque valvâ.*

Desh. Desc. des Coq. foss. des env. de Paris. p. 82. pl. 12. fig. 13. 14. 15.

Idem. Encycl. méth. Hist. nat. des vers. p. 1019. n⁰ 41.

Habite... Fossile des environs de Paris à Parnes, Grignon, Mouchy. Petite coquille mince, étroite, transverse, terminée postérieurement en un bec étroit et court : elle est ornée de stries transverses très fines.

† 12. **Telline lucinale.** *Tellina lucinalis.* Desh.

> *T. testâ rotundatâ, subgibbosâ, lævigatâ, æquilaterâ, latere antico vix sinuato; dente laterali unico.*

Desh. Desc. des Coq. foss. des envir. de Paris. p. 85. pl. 13. fig. 7. 8.

Idem. Encycl. méth. Hist. nat. des vers. p. 1020. n⁰ 45.

Habite... Fossile des environs de Paris à Valmondois, Betz, Tancrou. Petite coquille mince, fragile, ovale, obronde, ayant le pli postérieur à peine marqué, et semblable à une lucine par son aspect extérieur. Elle a, du reste, tous les caractères des tellines; des stries transverses très fines la recouvrent entièrement.

† 13. **Telline oblique.** *Tellina obliqua.* Sow.

> *T. testâ ovato-subtrigonâ, inæquilaterâ, obliquâ, anticè rotundatâ, posticè truncatâ, subangulatâ, irregulariter et transversìm striatâ; cardine bidentato, dentibus lateralibus obsoletis.*

Sow. Min. Conch. pl. 161. f. 1.

Habite... Fossile dans le Crag d'Angleterre. Elle est subtrigone, ovalaire, presque aussi longue que large. Ses stries sont irrégulières et plus nombreuses sur le côté antérieur. Les dents latérales ne se voient bien que sur la valve droite.

† 14. **Telline ovale.** *Tellina ovata.* Sow.

> *T. testâ ovatâ, inæquilaterâ, anticè rotundatâ, posticè truncatâ, subangulatâ, irregulariter striatâ, lævigatâve; cardine bidento, dentibus lateralibus obsoletis; impressione pallii profundissimâ, irregulariter sinuosâ.*

Sow. Min. Conch. pl. 161. f. 2.

Habite... Fossile du Crag d'Angleterre. Coquille plus ovalaire que la précédente, un peu moins bombée, étagée par
des accroissements irréguliers et se distinguant sur-tout
par la forme particulière de l'impression palléale.

† 15. Telline obtuse. *Tellina obtusa.* Sow.

T. testâ ovato-subrotundâ, inœquilaterâ, anticè longiore ob-
tusâ, posticè obscurè inflexâ, transversìm regulariter
striatâ; cardine bidentato; dentibus lateralibus magnis.

Sow. Min. Conch. pl. 179. f. 4.

Habite... Fossile du Crag d'Angleterre. Espèce bien distincte
des deux précédentes; ses stries sont régulières, nombreuses; le pli postérieur est à peine apparent, et les dents
latérales sont bien développées. Cette coquille a beaucoup
d'analogie avec la variété de la *Tellina crassa*, qui vit dans
les mers du Nord.

† 16. Telline épineuse. *Tellina muricata.* Broc.

T. testâ oblongâ, compressâ, subtilissimè striatâ, anticè rotundâ,
obtusâ, posticè truncatâ, angulosâ; pube serrato, muricato;
radiis longitudinalibus strias transversas decussantibus.

Brocchi. Conch. Foss. subap. t. 2. p. 511. n° 4. pl. 12. f. 2.

Habite la Méditerranée, la Sicile. Fossile en Italie et en Sicile;
espèce bien distincte de la *Tellina pristis*, qui a comme elle
des dentelures sur la carène du corselet. Il ne faut pas la
confondre avec la *Tellina muricata* de Chemnitz, laquelle
est une lucine, *Lucina scabra*, Lamarck.

TELLINIDE. (Tellinides.)

Coquille transverse, inéquilatérale, un peu aplatie,
légèrement bâillante sur les côtés; à crochets petits, non
enflés; sans pli irrégulier sur le bord. Charnière à deux
dents divergentes sur chaque valve. Deux dents latérales presque obsolètes, dont une postérieure est rapprochée des cardinales, sur une valve.

Testa transversa, inæquilatera, planulata, lateribus paulisper hians ; natibus parvis, subdepressis ; margine plicaturá irregulari non inflexo. Cardo dentibus duobus divaricatis in utráque valvá. Dentes laterales duo, sub-obsoleti ; unico postico propè cardinem admoto in unicá valvá.

OBSERVATIONS. Je me vois obligé de présenter comme type d'un genre particulier, une coquille qui ne peut être placée convenablement dans aucun de ceux qui l'avoisinent. Elle diffère des psammobies par ses dents latérales, des tellines par son défaut de pli marginal flexueux, des lucines, parce qu'elle est bâillante et qu'elle n'en a point les impressions fasciales intérieures. Une de ses valves paraît avoir trois dents cardinales, à cause de la dent latérale rapprochée de la charnière. (1)

ESPÈCE.

1. Tellinide de Timor. *Tellinides Timorensis.* Lamk.

> * Blainv. Malac. pl. 72. f. 2. 2. a.
> * *An eadem species? Tellinides timorensis*, Sow. Genera of Shells. no 31. f. 2.

---

(1) Dans une note relative à la famille des nymphacées tellinaires, nous avons fait pressentir la nécessité de supprimer le genre Tellinide. Si on examine ses caractères, on reconnaît qu'ils sont exactement semblables à ceux des tellines, moins le pli postérieur irrégulier. Ce pli, constant dans un grand nombre de tellines diminue peu à peu, comme on le voit, dans les *Tellina bimaculata, solidula, psammotella*, et finit par disparaître dans les *Tellina carnaria, balaustina* que l'on pourrait tout aussi bien placer dans le genre Tellinide, que la coquille qui lui sert de type. Pour être conséquent, il faut ou supprimer le genre Tellinide, ce qui nous semble préférable, ou faire entrer dans ce genre des coquilles qui appartiennent sans contestation aux tellines.

Mus. n°. Cabinet de M. *Valenciennes.*

Habite l'Océan des Grandes Indes ou australes, près de Timor. Coquille ovale-elliptique, aplatie, blanche, assez mince, à stries transverses, concentriques, ayant une dépression sur le côté antérieur de chaque valve, et le bord supérieur ondé. Largeur, 55 millimètres.

CORBEILLE. (Corbis.)

Coquille transverse, équivalve, sans pli irrégulier au bord antérieur; ayant les crochets courbés en dedans, en opposition. Deux dents cardinales; deux dents latérales, dont la postérieure plus rapprochée de la charnière. Impressions musculaires simples.

Testa transversa, œquivalvis, anteriùs hinc ad marginem non deformiter flexa; natibus oppositè incurvis. Cardo dentibus duobus. Dentes laterales duo : postico ad cardinem propiùs admoto. Impressiones musculorum simplices.

OBSERVATIONS. Les *corbeilles*, que je réunissais comme Bruguières avec les lucines, en paraissent réellement distinguées, sur-tout par les animaux qui les produisent. Aussi n'ont-elles pas, comme les lucines, une de leurs impressions musculaires prolongée en bandelette. Elles tiennent de plus près aux tellines; mais elles n'ont pas, comme ces dernières, un pli irrégulier au bord antérieur et supérieur des valves. Ainsi, je suivrai M. *Cuvier,* qui vient d'en former un genre à part.

[Le genre corbeille est très bien caractérisé et c'est avec raison que M. Cuvier l'a institué; il se rapproche plus des lucines que des tellines. La coquille est épaisse et solide, comme dans les lucines; elle conserve plus de régularité : la charnière est très différente de celle des vénus, parmi lesquelles Linné la confondait ; elle est plus constante que dans les lucines où l'on voit cette partie varier dans chacune des espèces ; les impressions musculaires sont grandes et presque égales, elles sont très inégales dans le plus grand nombre des lucines ; l'impression palléale est simple et diffère ainsi beaucoup de celle des tellines pour se rapprocher de celles des lucines.

Lamarck ne connut qu'une seule espèce vivante de corbeille : nous en possédons une seconde très rare et très belle ; elle devient plus grande et se rapproche beaucoup par l'ensemble de ses caractères de la corbeille pétoncle, fossile aux environs de Paris ; elle conserve cependant des caractères suffisants pour être distinguée comme espèce.

M. Brongniart, dans son Mémoire sur les terrains *calcaréo-trapécns* du Vicentin, a donné le nom de *Corbis Aglauræ*, à une coquille dont il n'avait pas vu la charnière, et que nous avons reconnue depuis pour une vénus, qui se trouve également fossile aux environs de Bordeaux.]

ESPÈCES.

1. Corbeille renflée. *Corbis fimbriata.* Cuv.

> C. testâ transversè ovali, gibbâ, longitudinaliter striatâ ; sulcis transversis undulatis ; margine crenulato.
> *Venus fimbriatâ.* Lin. Syst. nat. p. 1133.
> * Gmel. p. 3275. n° 25.
> * Schroter. Einl. t. 3. p. 133.
> * Lister. Conch. t. 1056. f. 1.
> * D'Argenv. Conch. pl. 21. f. G. 2.
> * Gualt. test. t. 75. f. C.
> Chemn. Conch. 7. p. 3. Vign. et t. 43. f. 448. 449.
> Encycl. pl. 286. f. 3. a. b. c. *Lucina.*
> * Born. Mus. t. 5. f. 4.
> *Corbis fimbriata.* Cuv. Règn. anim. 2. p. 481.
> * *Venus fimbriata.* Dilw. Cat. t. 1. p. 187. n°. 66.
> * *Idotœa perforata.* Schuma. Conch. t. 18. f. 3.
> * Blainv. Malac. pl. 72. f. 4.
> * Sow. Genera of. Shells. n° 2.
> * Desh. Encycl. méth. vers. t. 2. p. 6. n° 1.

Habite l'Océan indien. Mus. n°. Mon cabinet. Coquille
blanche, grosse, renflée, recherchée dans les collections.
M. *Valenciennes* en possède un individu, ayant, accidentellement un pli sinueux sur le bord du côté postérieur.

2. Corbeille lamelleuse. *Corbis lamellosa.* Lamk.

*C. testâ transversim ellipticâ, cancellatâ; lamellis transversis,
elevatis, remotiusculis ; striis longitudinalibus creberrimis,
intrà lamellas.*

Lucina lamellosa. N. Annales du Mus. vol. 7. p. 237.
Chemn. Conch. 6. t. 13. f. 137. 138.
Encycl. pl. 286. f. 2. a. b. c.
* Desh. Desc. des Coq. foss. t. 1. pl. 14. f. 1. 2. 3.
* *Idem.* Encycl. méth. vers. t. 2. p. 6. n° 3.
Habite... Fossile de Grignon, près de Versailles. Mus. n°.
Mon cabinet. Elle est elliptique, transverse, et a ses lames
simplement dentées du côté postérieur.

3. Corbeille pétoncle. *Corbis petunculus.* Lamk.

*C. testâ rotundatâ, ventricosâ, crassâ, cancellatâ; lamellis
transversis crebris, ad latus posticum plicato-crispis serratis.*

* Desh. Desc. des Coq. foss. t. 1. pl: 13. f. 3. 4. 5. 6.
* *Idem.* Encycl. méth. vers. t. 2. p. 6. n° 2.
Cabinet de M. *Brongniart.*
Habite... Fossile de falunières de Granville, au sud de Va-
logne ; de Parnes, Mouchy, aux environs de Paris.
Coquille grande, ayant à l'extérieur l'aspect d'un grand
pétoncle, treillissé, crépu.

LUCINE. (Lucina.)

Coquille suborbiculaire, inéquilatérale, à crochets
petits, pointus, obliques. Deux dents cardinales divergentes, dont une bifide, et qui sont variables ou disparaissent avec l'âge. Deux dents latérales : la postérieure
plus rapprochée des cardinales. Deux impressions mus-

culaires très séparées, dont la postérieure forme un prolongement en fascie, quelquefois fort long.

Testa suborbicularis, inæquilateralis ; natibus parvis, acutis, obliquis. Cardo variabilis : modò dentibus duobus divaricatis, unâ quorum bipartitâ, ætate evanescentibus ; modò dentibus nullis. Dentes laterales duo, interdùm obsoleti : postico ad cardinem propiùs admoto. Impressiones musculares remotissimæ, laterales : posticâ in fasciam interdùm prælongam productâ. Ligamentum externum.

OBSERVATIONS. Le genre *lucine*, aperçu et nommé d'abord par *Bruguières*, qui en fit graver les principales espèces, me paraît naturel et devoir être conservé, sauf à en séparer les corbeilles. Il est cependant singulier, en ce que, dans ce genre, la charnière est souvent variable. Ce qui semble néanmoins le caractériser, en indiquant des rapports entre les animaux des espèces, ce sont les impressions musculaires, dont une (celle du côté postérieur) se prolonge et forme une bandelette plus ou moins longue, qui s'étend quelquefois jusqu'au milieu de la valve. Ces impressions indiquent un pied analogue à celui de la *loripède* de Poli.

La charnière des *lucines*, quoique variable, offre ordinairement deux dents cardinales divergentes, dont une est comme partagée en deux. Ces dents s'effacent ou disparaissent avec l'âge, au moins dans certaines espèces. Dans une autre, on n'en trouve jamais. Les dents latérales existent dans la plupart des espèces ; et dans certaines, on ne les retrouve point.

Par leur charnière, les *lucines* semblent se rapprocher des tellines, sur-tout à cause de leurs dents latérales ; mais on ne leur voit nullement le pli irrégulier des tellines. Dans les espèces qui offrent un angle sur la coquille, cet angle ne forme jamais, dans le bord, le pli flexueux qui distingue les tellines, ce qui a fait rapporter ces coquilles, par Linné, à son genre *venus*. Toutes nos lucines ont le ligament extérieur ; il y est toujours apparent , quoique quelquefois il soit un peu enfoncé. Il l'est même tellement dans la *telline lactée* , avec les bords de l'écusson rapprochés, qu'il paraît alors tout-à-fait intérieur. Or, comme le pied singulier et en cordelette de l'animal de cette coquille a été observé et décrit par M. Poli, ce savant zoologiste napolitain en a fait un genre particulier, sous le nom de *loripes*. Nous n'avons pas adopté ce genre, quoiqu'il paraisse fondé tant sur un caractère de la coquille, que sur des caractères de l'animal , parce que nous pensons que les rapports de ce coquillage avec les autres lucines, ne permettent pas de l'en écarter, et que les impressions qui s'observent dans la coquille de la plupart des autres lucines, indiquent que leurs animaux ont un pied analogue, sauf les différences qui appartiennent à celles des espèces.

[Comme Lamarck et Bruguières l'ont bien senti , le genre lucine est très naturel ; les coquilles qu'il renferme offrent un *facies* particulier , elles sont orbiculaires, la surface intérieure des valves est ponctuée ou striée quelquefois profondément ; l'impression palléale est toujours simple, ce qui est un caractère essentiel du genre, ainsi que la forme et la position des impressions musculaires. Lorsque l'on étudie le genre sur un grand nombre d'espèces, on s'aperçoit bientôt que la charnière est des plus variable , et que les caractères que cette partie donne pour d'autres familles sont ici de nulle valeur. Il existe des espèces dont la charnière est sans dents, d'autres qui ont une ou deux dents cardinales d'abord obsolètes ou rudimentaires, puis plus grosses et plus constantes. A ces dents cardinales s'ajoute, selon les espèces, la dent latérale antérieure ou la postérieure ; et la charnière n'est complète, c'est-à-dire n'est pourvue des dents cardinales et latérales que dans un petit nombre d'espèces. Malgré ces variations continuelles de la charnière, on reconnaît que les quatre-vingt-six espèces, soit vivantes, soit fossiles, actuellement connues, ont entre elles des rapports si naturels, qu'elles ne pourraient être mieux placées ailleurs et ne pourraient pas non plus constituer d'autres genres. Quelques zoologistes, à l'exemple de Cuvier, conservent à la fois dans la méthode les genres lucine de Bruguières et loripède de Poli. Bien que l'on ne connaisse pas encore les animaux des lucines principales, on peut conclure par analogie et d'après la ressemblance des coquilles, que l'identité des deux genres ne peut être actuellement contestée ; il est donc convenable de n'admettre que l'un des deux genres, et celui de Bruguières étant mieux connu et aussi anciennement établi que celui de Poli, doit être préféré.

Linné confondait la plupart des lucines parmi ses vénus. En séparant ces genres, Bruguières, Lamarck et les autres concyliologues laisserent au nombre de vénus quelques coquilles qui ont tous les caractères des lucines ; il suffit en effet, de rapprocher, comme nous l'avons fait le premier, les *Cytherea punctata* et *tigerina* des lucines, pour voir que l'impression palléale est simple, tandis qu'elle est sinueuse postérieurement dans les cythérées, que le centre des valves est ponctué comme dans les lucines, et qu'enfin les impressions musculaires sont très grandes, l'antérieure alongée étant comme dans les lucines ; il est vrai que la charnière se rapproche assez de celle de quelques cythérées ; mais nous avons vu que la charnière des lucines était très variable, et celle des espèces dont il est question trouvent leurs analogues dans le genre parmi celles qui ont des dents cardinales et une dent latérale antérieure. Le ligament dans les espèces n'est guère moins variable que la charnière elle même ; le plus souvent il est tout-à-fait extérieur, supporté par des nymphes aplaties et peu saillantes. Assez souvent les nymphes s'enfoncent sous les bords du corselet et le ligament tout en conservant sa structure de ligament extérieur, se trouve cependant caché presque entièrement ; c'est ce qui a lieu dans un grand nombre d'espèces à charnière édentée. Dans les espèces dont le bord cardinal est large, la nymphe très aplatie est séparée par un sillon dans lequel le ligament s'insère ; à la terminaison postérieure de ce sillon, s'étale une petite partie du ligament : cela se remarqne dans plusieurs espèces vivantes et fossiles et se voit particulièrement bien dans les ongulines ; et comme dans ce genre, cette petite modification peu importante serait le seul caractère qui resterait, puisque ceux des lucines s'y voient dans leur entier, il s'en suivrait que, même sous ce rapport, ce genre onguline ne devrait pas être conservé. Nous adopterions cette conclusion, si l'animal avait la même manière de vivre que les autres lucines, mais jouissant de la faculté de perforer les pierres, il peut avoir quelques caractères particuliers qu'il sera bon de constater avant de le réunir définitivement aux lucines.]

ESPÈCES.

1. **Lucine de la Jamaïque.** *Lucina Jamaicensis.* Lamk.

> *L. testâ lentiformi, scabrâ, sulcato-lamellosâ, intùs sublutéâ; lamellis brevibus concentricis; latere antico utrinque angulato.*
> List. Conch. t. 300. f. 137.
> *Venus Jamaicensis.* Chemn. Conch. 7. p. 24. t. 39. f. 408. 409.
> * *Venus.* Schroter. Einl. t. 3. p. 168. n° 39.
> * Gualt. Index. Test. t. 88. f. B.
> Encycl. pl. 284. f. 2. a. b. c.
> * *Venus Jamaicensis.* Dilw. Cat. t. 1. p. 194. n° 80.
> * Sow. Genera of Shells. n° 27. f. 3.
> * Desh. Encycl. méth. vers. t. 2. p. 379. n° 21.
> (b) *Eadem, testâ intùs flavâ, scabrâ.*
> (c) *Eadem, testâ minore intùs extùsque candidâ.*
> Habite l'Océan des Antilles. Mus. n°. Mon cabinet. Coquille grande, moins bombée que les suivantes. Le corselet relevé sous l'anus ; les lames transverses écartées. L'abricot.

2. **Lucine épaisse.** *Lucina pensylvanica.* Lamk.

> *L. testâ lentiformi ventricosâ, tumidâ, crassâ, albâ; lamellis concentricis, membranaceis ; ano cordato magno.*
> *Venus pensylvanica.* Lin. Syst. nat. p. 1134.
> Gmel. p. 3283. n° 71.
> * *Venus pensylvanica.* Schroter. Einl. t. 3. p. 138.
> * D'Argenv. Conch. pl. 21. f. N.

* Favanne. pl. 47. f. 1.
* Schuma. Essai de Conch. pl. 16. f. 2.
* *Venus pensylvânica*. Dilw. Cat. t. 1. p. 193. n° 79.
List. Conch. t. 3o5. f. 138.
Born. Mus. t. 5. f. 8.
* Sow. Genera. of Shells. n° 27. f. 4.
* Desh. Encycl. méth. vers. t. 2. p. 383. n° 34.
Encycl. pl. 284. f. 1. a. b. c.
Habite l'Océan d'Amérique. Mus. n°. Mon cabinet. Vulg. *la Bille d'ivoire*. Espèce très distincte ; coquille blanche en dedans et en dehors.

3. Lucine édentée. *Lucina edentula*. Lamk.

L. testâ orbiculato - ventricosâ, subglobosâ, intùs flavescente, edentulâ ; ano ovato ; striis concentricis rugœformibus.

Venus edentula. Lin. Syst. nat. p. 1135.
Gmel. p. 3286. n° 80.
* Schroter. Einl. t. 3. p. 147.
List. Conch. t. 260. f. 69.
Chemn. Conch. 7. p. 34. t. 40. f. 427—429.
Encycl. pl. 284. f. 3. a. b. c.
* *Venus edentula*. Dilw. Cat. t. 1. p. 202. n° 100.
* Desh. Encycl. méth. vers. t. 2. p. 372. n° 1.
Habite l'Océan de l'Amérique, la Jamaïque. Mus. n°. Mon cabinet. Coquille mince, enflée, blanchâtre au dehors, jaune d'abricot en dedans et aussi grande que les précédentes. On en trouve sur nos côtes, une variété toute blanche. Cabinet de M. *Valenciennes*.

4. Lucine changeante. *Lucina mutabilis*. Lamk.

L. testâ orbiculato-ovatâ, obliquâ, compressâ ; intùs valvis radiatìm striatis ; seniorum cardine edentulo.

Venus mutabilis. Annales du Mus. vol. 7. p. 61. et t. 9. pl. 32. f. 9. a. b.
* Defr. Dic. s. nat. t. 27.
* Desh. Descript. des Coq. foss. de Paris. t. 1. p. 92. pl. 14. f. 6. 7.
* *Id*. Encycl. méth. vers. t. 2. p. 573. n° 4.
* Sow. Genera of Shells. n° 27. f. 5.
Habite.... Fossile de Grignon. Mus. n°. Mon cabinet. Coquille singulière, n'ayant des dents cardinales que dans les

jeunes individus. L'une de ces dents, profondément divisée
en deux, donne à une valve l'apparence de trois dents divergentes. Largeur, trois à quatre pouces (1).

5. Lucine ratissoir. *Lucina radula.* Lamk. (2).

*L. testá orbiculatá, lentiformi, convexá, albidá; lamellis con-
centricis numerosis; intùs striis radiantibus obsoletis.*

* *Venus spuria.* Gmel. p. 3284. n° 72.
* Schroter. Einl. t. 3. p. 166. n° 32.
* Chemn. Conch. t. 7. tab. 38. f. 399 ?
Petiv. Gaz. tab. 93. n° 18.
* *Venus spuria.* Dilw. Cat. t. 1. p. 194. n° 81.
* Desh. Encycl. méth. vers. t. 2. p. 379. n° 22.
Tellina radula. Montag. Test. brit. t. 2. f. 1. 2.
Maton. Act. Soc. linn. 8. p. 54. n° 12.
Habite l'Océan britannique. Mon cabinet. Communiquée par
M. *Leach.* Elle se rapproche beaucoup de la suivante.

6. Lucine concentrique. *Lucina concentrica.* Lamk.

L. testá orbiculatá, compresso-convexá; lamellis concentricis,

---

(1) Nous pensons que l'observation de Lamarck relative
à la charnière de cette espèce, n'est pas juste : nous avons
sous les yeux des individus très jeunes dans lesquels il
n'y a pas de dents cardinales. Nous présumons que Lamarck a pris pour les jeunes de cette lucine une espèce
voisine, mais toujours distincte, à laquelle nous avons
donné le nom de *Lucina contorta*, à la charnière de laquelle il y a des dents cardinales à tous les âges.

(2) Il nous semble probable que la *Venus spuria* de
Gmelin est la même coquille que celle-ci. M. Dilwyn a
la même opinion et restitue à l'espèce le nom donné par
l'auteur de la treizième édition du *Systema naturæ.* Cet
exemple doit être suivi, mais il ne faut pas admettre toute
la synonymie de M. Dilwyn dans laquelle il s'est glissé
un peu de confusion. C'est ainsi qu'il prend la lucine concentrique figurée dans l'Encyclopédie et une telline peu reconnaissable de Favanne pour la même que celle-ci.

*elevatis, distinctis ; striis longitudinalibus ad interstitia mi-
nutissimis, interdùm nullis.*

Lucina concentrica. Annales du Mus. vol. 7. p. 238. et
tom. 12. pl. 42. f. 4. a. b.

Encycl. pl. 285. f. 2. a. b. c.

* Def. Dict. des Sc. nat. t. 27.

* Desh. Desc. des Coq. foss. t. 1. p. 88. pl. 16. f. 11. 12.

* *Id.* Encycl. méth. vers. t. 2. p. 380. n° 23.

Habite... Fossile de Grignon. Mus. n°. Mon cabinet. Taille
de la précédente ; mais elle est presque l'analogue fossile
de la L. rotondaire.

7. **Lucine divergente.** *Lucina divaricata.* **Lamk.**

*L. testâ orbiculari, subglobosâ, albâ, antiquatâ, bifariam
obliquè striatâ.*

Tellina divaricata. Linn. Syst. nat. p. 1120.

Gmel. pag. 3241. n° 74.

* Lister. Conch. t. 301. f. 142.

Bonann. Recr. 3. f. 349.

* Schroter. Einl. t. 2. p. 663.

* Petiver. Gaz. t. 156. f. 26.

* Klein. Ostr. t. 9. f. 28.

* Favann. Conch. pl. 48. f. E.

Chemn. Conch. 6. p. 134. t. 13. f. 129.

Encycl. pl. 285. f. 4. a. b.

Poli. Test. 1. pl. 15. f. 25.

* *Tellina divaricata.* Dilw. Cat. t. 1. p. 102. n° 70.

* Payr. Cat. p. 42. n° 69.

* Blainv. Malac. pl. 72. f. 3. 3 a.

* *Fossilis.* Lamk. Ann. du Mus. t. 7. p. 239.

* Def. Dict. des Sc. nat. t. 27.

* Var. *Lucina undulata.* Lamk. Ann. du Mus. t. 7. n° 11.

* Basterot. Mém. de la Soc. d'hist. nat. de Paris. t. 2. p. 86.
n° 2.

* Sow. Min. Conch. pl. 417.

* Desh. Desc. des Coq. foss. de Paris. t. 1. p. 105. pl. 14.
f. 8. 9.

* *Id.* Encycl. méth. vers. t. 2. p. 376. n° 11.

* Dubois de Montp. Conch. Foss. de Volhy. pl. 6. f. 12.

Habite la Méditerranée, l'Océan Américain, les côtes du Brésil. Lalande. Largeur, 30 millimèt. Mus. n°. Mon cabinet.
Bord des valves quelquefois crénelé.

8. Lucine carnaire. *Lucina carnaria*. Lamk. (1).

> *L. testâ orbiculato-trigonâ, inæquilaterâ, convexo-depressâ,
> extùs intùsque incarnatâ; striis tenuibus variis : hìnc undato-
> reflexis.*
>
> *Tellina carnaria.* Lin. Gmel. n° 70.
> List. Conch. t. 339. f. 176.
> Born. Mus. t. 2. f. 14.
> Chemn. Conch. 6. t. 13. f. 126.
> Habite l'Océan d'Europe, la Méditerranée, dans le golfe de
> Venise. Mus. n°. Mon cabinet. Intérieur des valves, rouge
> de sang.

9. Lucine rude. *Lucina scabra*. Lamk.

> *L. testâ orbiculari depresso-convexâ, albâ, subpellucidâ;
> costellis squamosis radiantibus ; intùs punctis impressis.*
> Encycl. pl. 285. f. 5. a. b. c.
> *Tellina muricata.* Chemn. Conch. XI. tab. 199. f. 1945.
> 1946.
> * *Tellina muricata.* Dilw. Cat. t. 1. p. 98. n° 60.
> Habite... les mers d'Amérique ? Mon cabinet.

10. Lucine réticulée. *Lucina reticulata*. Lamk. (2).

> *L. testâ orbiculari, compresso-convexâ, albidâ; lamellis con-
> centricis, distinctis ; interstitiis longitudinaliter striatis ; ano
> ovato impresso.*
> *An tellina reticulata ?* Maton. Act. Soc. linn. 8. p. 54. t. 1.
> f. 9.

---

(1) Cette coquille appartient au genre telline comme
nous l'avons vu ; elle en offre tous les caractères dans la
charnière, les impressions musculaires, l'impression du
manteau, et nous l'avons mentionnée dans le genre telline
auquel nous renvoyons.

(2) D'après la synonymie rapportée ici, il nous semble que deux espèces aient été confondues aussi bien par
Dilwyn que par Lamarck. La figure de Chemnitz, en effet,
représente une véritable amphidesme des mers de l'Inde,
tandis que les figures de Maton, Montagu, se rapportent à

15*

Chemn. Conch. 6. t. 12. f. 118.

Habite les côtes de France, près de Lorient. Mon cabinet.
Ses dents cardinales sont fortes, et une des latérales, rapprochée de la charnière, semble en augmenter le nombre.
Cette coquille ressemble encore beaucoup à la L. rotondaire.

11. Lucine écailleuse. *Lucina squamosa.* **Lamk.**

> *L. testâ suborbiculatâ, tumidâ, inœquilaterali; costellis
> radiantibus imbricato - squamosis; ano vulvâque exca-
> vatis.*

Encycl. pl. 285. f. 3. a. b. c.

* *An lucina reticulata ?* Payr. Cat. p. 43. n° 70.
* *Tellina reticulata.* Poli. Test. tab. 20. f. 14.

Habite.... Cabinet de M. *Valenciennes.* Largeur, 24 millimètres.

12. Lucine lactée. *Lucina lactea.* **Lamk. (1).**

> *L. testâ lentiformi, gibbâ, albâ, pellucidâ, transversìm tenuiter
> striatâ; natibus tumidis, uncinatis.*

Tellina lactea. Lin. Syst. nat. p. 1119. Gmel. p. 3240.
n° 69:

Gualt. Test. t. 71. fig. D.

* Schroter. Einl. t. 2. p. 659.
* Montagu. Test. p. 70. pl. 2. f. 4.

---

une coquille de l'Océan Européen, et qui appartient au
genre lucine. M. Payraudeau dans son Catalogue des an-
nélides et des mollusques de Corse, incertain comme nous
sur l'espèce, a donné le nom de lucine réticulée à une coquille mieux déterminée et reconnaissable par la figure
de Poli ; elle est peut-être la même que la lucine écailleuse, n° 11.

(1) Deux espèces de lucines sont ordinairement confondues dans les collections sous le nom de *Lucina lactœa*; cette
confusion que nous avons aperçue, avait été également reconnue par les auteurs anglais, qui pour la seconde espèce
établirent la *Tellina rotundata.* Ayant voulu faire la même
séparation dans l'Encyclopédie, nous donnâmes à tort le

Poli. Test. 1. tab. 15. f. 28. 29. *Loripes.*

* Encycl. pl. 286. f. 1. a. b. c.
* Dorset. Cat. p. 30. pl. 5. f. 9.
* *Amphidesma lactea.* Lamk. A. s. vert. t. 5. p. 491. n° 3.
* *Tellina lactea.* Dilw. Cat. t. 1. p. 99. n° 62.
* *Lucina lactea.* Payr. Cat. p. 41. n°. 67.
* *Lucina amphidesmoides.* Desh. Encycl. méth. vers. t. 2. p. 375.
* *An. ead. spec. Loripède lactée.* Blainv. Malac. pl. 72, f. 1 ?

(b) *Eadem major, valvis intùs substriatis.*

Habite la Méditerranée. Mon cabinet. Fossile dans les faluns de la Touraine. Largeur, 16 millimètres. Le pied de l'animal est alongé et en cordelettes. La variété *b.* vient des mers de la Nouvelle-Hollande.

13. Lucine ondée. *Lucina undata.* Lamk. (1).

L. testá suborbiculari, convexá, transversim inœqualiter striatá, subundatá, albidá; umbonibus fulvis.

Venus undata. Pennant. Zool. brit. 4. t. 55. f. 51.

Mysia undata. Leach.

An tellina rotundata ? Maton. Act. Soc. linn. 8. p. 56.

* Dilw. Cat. t. 1. p. 197. n° 88. *Venus undata.*

Habite l'Océan britannique et sur les côtes de Cherbourg. Mon cabinet. Communiquée par M. Leach.

---

nom de *Lucina amphidesmoides* à la vraie *lactea* de Linné, réservant ce dernier nom pour la *L. rotundata* de Montagu. Lamarck avait senti lui-même la nécessité de séparer les deux espèces en question ; et c'est ainsi qu'il les plaça dans les amphidesmes sous les noms d'amphidesme lacté et d'amphidesme lucinale : ici il réunit ces deux espèces dans un autre genre, faisant ainsi un double emploi que nous avons fait remarquer ailleurs. Nous rétablissons maintenant la synonymie le plus exactement possible.

(1) Cette coquille se rapproche beaucoup de la *Tellina rotundata* de Maton ; il est probable cependant qu'elle constitue une espèce distincte, car cet auteur lui a conservé le nom de *Venus undata*, la distinguant ainsi de la *Tellina rotundata*.

14. **Lucine circinaire.** *Lucina circinaria.* Lamk. (1).

> *L. testá orbiculatá, anticè subangulatá; striis transversis cre-*
> *berrimis, exiguis; dentibus lateralibus subnullis.*
> Annales du Mus. vol. 8. p. 238. n° 3.
> Habite... Fossile de Grignon, Courtagnon, etc. Mon cab.

15. **Lucine colombelle.** *Lucina columbella.* Lamk.

> *L. testá suborbiculatá, convexo-gibbosá, transversìm sulcatá;*
> *latere sulco magno exarato; natibus prominulis obliquè*
> *arcuatis.*
> * Sow. Genera of Shells. n• 27. f. 6.
> * Basterot. Mém. de la Soc. d'hist. nat. de Paris. t. 2. p. 88.
>   pl. 5. f. 11.
> * Desh. Encycl. méth. vers. t. 2. p. 383. n° 35.
> * Dub. de Mont. Foss. de Volhy. pl. 6. f. 8. 9. 10. 11.
> Mus. n•.
> Habite les mers du Sénégal. Fossile des faluns de la Touraine
>   et des environs de Bordeaux. Mon cabinet.

16. **Lucine sinuée.** *Lucina sinuata.* Lamk.

> *L. testá rotundato-ovatá, tumidá, tenui, albá; latere antico*
> *sulco profundè exarato.*
> *Tellina sinuata.* Montag. Ex. D. Leach.
> *An tellina flexuosa?* Maton. Act. Soc. linn. 8. p. 56.
> * *Tellina flexuosa.* Dilw. Cat. t. 1. p. 99. n° 64?
> Habite l'Océan britannique. Mon cabinet. Communiquée par
>   M. *Leach.* Petite coquille mince, transparente, très voi-
>   sine de la L. colombelle, par sa forme.

17. **Lucine peigne.** *Lucina pecten.* Lamk.

> *L. testá orbiculato-transversá, planulato-convexá, albidá;*
> *costellis rotundatis, transversìm striatis, radiantibus.*
> Mon cabinet.
> Habite sur les côtes du Sénégal. Largeur, 14 millimètres.

---

(1) Nous avons fait observer dans notre ouvrage sur
les Coq. foss. des environs de Paris, que cette espèce ne se
distinguait pas de la *Lucina saxorum* dont elle était un
double emploi : nous persistons ici dans cette opinion..

18. Lucine jaune. *Lucina lutea*. Lamk.

> *L. testá minimá orbiculato-transversá, lœvi, pellucidá, luteo-virente; dentibus lateralibus nullis.*

Mon cabinet.

Habite les mers de l'Ile-de-France. Largeur, 9 ou 10 millim.

19. Lucine digitale. *Lucina digitalis*. Lamk.

> *L. testá parvá, orbiculato-trigoná, albidá; umbonibus tumidis, roseo-pictis; striis tenuibus obliquis elegantissimis.*
> *An tellina digitaria ? Lin. Gmel. n° 75.*

Habite la Méditerranée. Mon cabinet. Petite coquille blanche, teinte de rose.

20. Lucine globulaire. *Lucina globularis*. Lamk.

> *L. testá subglobosá, tenui, albidá, vesiculosá; dentibus lateralibus nullis.*

Mus. n°.

Habite les mers de la Nouvelle-Hollande, au port du Roi Georges. Largeur, 11 millimètres.

† 21. Lucine géante. *Lucina gigantea*. Desh.

> *L. testá latissimá, orbiculatá, lævigatá, aliquando subradiatá, intùs puncticulatá; cardine edentulo; nymphis maximis.*

Desh. Descript. des Coq. foss. des env. de Paris. pag. 91. pl. 15. fig. 11. 12.

Idem. Encycl. méth. hist. nat. des vers. t. 2. pag. 372.

Habite... Fossile aux environs de Paris, Chaumont, Parnes. Elle est aplatie, sans dents à la charnière. Elle a quelquefois 9 à 10 centimètres de diamètre.

† 22. Lucine bossue. *Lucina gibbosula*. Lamk.

> *L. testá ovato-obliquá, subangulatá, gibbosá, lævigatá; cardine subedentulo; dentibus lateralibus nullis.*

Lamk. Ann. du Mus. tom. 7. pag. 239. et tom. 12. pl. 42. fig. 8.

Def. Dict. des scienc. nat. tom. 27.

Desh. Descript. des Coq. foss. des env. de Paris, pag. 98. pl. 15. fig. 1. 2.

Idem. Encycl. méth. hist. nat. des vers. tom. 2. pag. 374. n₀ 5.

Habite... Fossile de Grignon, Parnes, Senlis. Petite coquille irrégulière, ayant une trace de dent à la charnière.

† 23. Lucine rénulée. *Lucina renulata.* Lamk.

L. testá sub-orbiculatá, ventricosá, lœvigatá, œquilaterali; cardine subbidentato; dentibus lateralibus nullis.

Lamk. Ann. du Mus. tom. 7. pag. 239. n° 7. et tom. 12. pl. 42. fig. 7. a. b.

Def. Dict. des scienc. nat. tom. 27.

Desh. Descrip. des Coq. foss. des env. de Paris. pag. 93. pl. 15. fig. 3. 4.

Idem. Encycl. méth. hist. nat. des vers. tom. 2. pag. 374. n° 6.

Habite... Fossile de Grignon. Voisine de la *L. edentula.* Mince, très profonde; aucune dent à la charnière.

† 24. Lucine de Ménard. *Lucina Menardi.* Desh.

L. testá magná, orbiculatá, subventricosá, œquilaterali, lœvigatá; intùs puncticulis raris, irregulariter sparsis; cardine edentulo.

Desh. Descrip. des Coq. foss. des env. de Paris. pag. 94. pl. 16. fig. 13. 14.

Idem. Encycl. méth. hist. nat. des vers. tom. 2. pag. 374. n° 8.

Habite... Fossile de Maulette, près Houdan. Coquille assez grande, ayant l'apparence de la *Lucina jamaicensis,* mais sans dents à la charnière.

† 25. Lucine multilamellée. *Lucina multilamellata.* Desh.

L. testá magná, subrotundá, lentiformi, convexiusculá, striis lamellosis, numerosis, transversis ornatá; umbonibus acutis, recurvis; lunulá minimá profundissimá, lanceolatá; ano sinuoso; marginibus integris; cardine bidentato; dentibus lateralibus nullis.

Desh. Encycl. méth. hist. nat. des vers. tom. 2. pag. 377. n° 13.

Habite... Fossile des environs de Bordeaux. Coquille très rare, grande, lamelleuse, lunule petite, corselet sinueux, deux dents cardinales courtes, point de dents latérales.

† 26, Lucine calleuse. *Lucina callosa*. Desh.

> *L. testâ obliquè trigonâ, lævigatâ, intùs callosâ; umbonibus prominulis, recurvis; lunulâ magnâ, cordatâ, cardine obsoletè bidentato; impressione musculari anticâ transversâ.*

Venus callosa. Lamk. Ann. du Mus. tom. 7. pag. 130, et tom. 9. pl. 32. fig. 6. a. b.

Id. Anim. s. vert. pag. 608. no 5.

Def. Dict. des scienc. nat. tom. 27. pag. 272.

Desh. Descript. des Coq. foss. des env. de Paris. p. 96. . pl. 17. fig. 3. 4. 5.

Idem. Encycl. méth. hist. nat. des vers. t. 2. pag. 378. n² 16.

Habite... Fossile des environs de Paris et d'autres lieux. Lunule grande et cordiforme. L'impression musculaire antérieure est subitement coudée et se dirige en dedans presque transversalement.

† 27. Lucine sillonnée. *Lucina sulcata*. Lamk.

> *L. testâ orbiculatâ, sublongitudinali, transversim sulcatâ; umbonibus uncinatis, recurvis; lunulâ nullâ; dente cardinali unico, variabili; dentibus lateralibus nullis.*

Lamk. Ann. du Mus. t. 7. pag. 240. n° 12. et tom. 12. pl. 42. fig. 9. a. b.

Def. Dict. des scienc. nat. tom. 27.

Desh. Descript. des Coq. foss. des env. de Paris. pag. 97. pl. 14. fig. 12. 13.

Idem. Encycl. méth. Hist. nat. des vers. tom. 2. pag. 378. n° 18.

Habite.... Fossile de Parnes. Plus longue que large et élégamment sillonnée. Une seule dent cardinale; point de dents latérales.

† 28. Lucine divisée. *Lucina bipartita*. Def.

> *L. testâ orbiculatâ, convexâ, lutæâ, bipartitâ; umbonibus inflatis recurvis; lunulâ nullâ; cardine obsoletè bidentato; dentibus lateralibus nullis; callo magno, fusco ad impressionem muscularem anticam.*

Def. Dict. des scienc. nat. tom. 27. pag. 276.

Desh. Descript. des Coq. foss. des env. de Paris. pag. 98. pl. 16. fig. 7. 8. 9. 10.

Idem. Encycl. méth. hist. nat. des vers. tom. 2. pag. 378.
n° 19.

Habite... Foss. de Parnes. Coquille très globuleuse, dont la
couche extérieure se détache facilement. Elle a une callosité épaisse et brunâtre sous l'impression musculaire antérieure.

† 29. Lucine virginale. *Lucina virginea.* Desh.

*L. testâ orbiculari, depressâ, albâ, transversìm striato-lamel-
losâ, longitudinaliter, argutissimè striatâ; umbonibus minimis acutis; lunulâ cordatâ, medio exertiusculâ; ano
simplici, roseo tincto.*

Desh. Encycl. méth. hist. nat. des vers. tom. 2. pag. 379.
n° 20.

Habite Amboine. Communiquée par M. Lesson. Belle lucine,
voisine de la *Radula*, mais plus grande et se distinguant
par la lunule, le corselet et la charnière.

† 30. Lucine contournée. *Lucina contorta.* Def.

*L. testâ orbiculato-subtransversâ, angulatâ, depressâ, striato-
sublamellosâ; striis distinctis, separatis; lunulâ lanceolatâ,
profundâ; pube prominenti; cardine bidentato; dentibus
lateralibus nullis.*

Def. Dict. des scienc. nat. tom. 27.

Var (a) *testâ sublævigatâ, parte anteriore striatâ.*

Var (b) *testâ sublævigatâ, umbonibus minoribus, lunulâ vix
perspicuâ.*

Desh. Descript. des Coq. foss. des env. de Paris. pag. 99. pl. 16.
fig. 1. 2.

Idem. Encycl. méth. hist. nat. des vers. tom. 2. pag. 380.
n° 24.

Habite... Fossile de Parnes, Chaumont, Abbecourt. Il est à
présumer que c'est elle que Lamarck a prise pour le jeune
âge de la *L. mutabilis.* Elle a toujours deux dents cardinales à la charnière.

† 31. Lucine des pierres. *Lucina saxorum.* Lamk.

*L. testâ orbiculatâ, anticè subangulatâ lentiformi; striis
transversis, tenuissimis, vix separatis; umbonibus minimis,
recurvis; cardine bidentato; dentibus lateralibus subnullis;*

nymphis magnis, profundis, tectis; lunulâ et pube promi-
nentibus.

Lucina circinaria. Lamk. Ann. du Mus. tom. 7. pag. 238.

Idem. Def. Dict. des scienc. nat. tom. 27.

Var (a) *testâ compressiore; striis obsoletis.*

Lucina saxorum. Lamk. Ann. du Mus. Loc. cit. n° 4. et
tom. 12. pl. 42. fig. 5. a. b.

Desh. Descript. des Coq. foss. des env. de Paris. pag. 100.
pl. 15. fig. 5. 6.

Idem. Encycl. méth. hist. nat. des vers. tom. 2. pag. 381.
n° 25.

Habite... Fossile des environs de Paris. On en trouve fré-
quemment le moule intérieur dans la pierre à bâtir. Elle
est petite, orbiculaire et chargée de stries très fines, su-
blamelleuses. Les dents latérales sont à peine marquées.

† 32. Lucine ambiguë. *Lucina ambigua.* Def.

L. testâ orbiculatâ, lentiformi, spissâ, striatâ; striis trans-
versis, tenuissimis, distinctis, sublamellosis; umbonibus
minimis, recurvis; cardine subtridentato; dentibus latera-
libus nullis; nymphis profundissimis tectis; lunulâ et pube
lineâ subdepressâ indicatis.

Def. Dict. des scienc. nat. tom. 27.

Desh. Descript. des Coq. foss. des env. de Paris. pag. 102.
pl. 17. fig. 6. 7.

Idem. Encycl. méth. hist. nat. des vers. tom. 2. pag. 381.
n° 28.

Habite... Fossile de Grignon. Rapprochée de la *Lucina con-*
centrica, mais ayant le corselet et la lunule séparés par
un sillon. Deux dents cardinales et une troisième obsolète.
Orbiculaire, lentiforme, peu épaisse.

† 33. Lucine de Fortis. *Lucina Fortisiana.* Def.

L. testâ orbiculatâ, convexâ, obsoletè striatâ, lunulâ et pube
prominentibus, separatis lineâ profundâ; cardine eden-
tulo; impressione pallii plicatâ.

Def. Dict. des scienc. nat. tom. 7.

Desh. Descript. des Coq. foss. des env. de Paris. pag. 102.
pl. 17. fig. 10. 11.

Idem. Encycl. méth. hist. nat. des vers. tom. 2. pag. 382.
n° 29.

Habite... Fossile de Grignon et de Valognes, département de la Manche. Coquille assez grande, orbiculaire, voisine de la précédente. La lunule et le corselet plus saillants; les dents de la charnière obsolètes.

† 34. **Lucine orangée.** *Lucina aurantia.* **Desh.**

> *L. testâ orbiculatâ, convexo turgidâ, transversìm tenuiter striatâ; lunulâ depressâ, ovatâ; ano magno, ovato; marginibus integris; umbonibus albidis; fasciis aurantiis marginibus valvarum.*

Chemn. Conch. tom. 7. tab. 87. fig. 396.

Desh. Encycl. méth. hist. nat. des vers. tom. 2. pag. 384. n° 36.

Habite... Nous la croyons des mers de l'Inde. Épaisse, globuleuse. Chemnitz la confondait avec la *pensylvanica*, dont elle est parfaitement distincte. Elle est d'un beau jaune orangé, intense vers les bords, passant au blanc vers les crochets.

———

DONACE. (Donax.)

Coquille transverse, équivalve, inéquilatérale, à côté antérieur très court, très obtus.

Deux dents cardinales, soit sur chaque valve, soit sur une seule; une ou deux dents latérales plus ou moins écartées. Ligament extérieur, court, à la place de la lunule.

Testa transversa, œquivalvis, inœquilatera; latere antico brevissimo, obtusissimo.

Dentes cardinales duo, vel in utrâque valvâ, vel in alterâ: laterales 1 s. 2 subremoti. Ligamentum externum, breve, posticum, ani loco insertum.

OBSERVATIONS. Les *donaces* se reconnaissent, en général, au premier aspect, par leur forme assez particulière. Ce sont des coquilles transverses, un peu aplaties, très iné-

quilatérales, presque triangulaires, ayant leur côté antérieur fort raccourci, obtus et comme tronqué, ce qui leur
donne assez souvent la forme d'un coin. Leurs valves sont
égales l'une à l'autre; et, dans beaucoup d'espèces, le bord
intérieur de ces valves est dentelé ou finement crénelé.

Ce qui caractérise leur genre, c'est d'avoir à leur charnière, outre les dents cardinales, une ou deux dents latérales, un peu écartées, séparées des cardinales, et qui sont
analogues aux dents latérales des mactres, des lucines, des
tellines, des corbeilles, des cyclades.

Relativement aux conchifères à coquille inéquilatérale,
et qui appartiennent à cette famille, le côté le plus court
de la coquille est toujours le postérieur dans les *vénus* et les
cythérées, tandis que le plus long ou le plus grand, dans
ces coquilles, est celui qui porte le ligament, c'est-à-dire
le côté antérieur. Or, c'est précisément le contraire dans
les *donaces* et les tellines; car le ligament des valves se
trouve sur le côté le plus court de ces coquilles. Ainsi, les
donaces ont plus de rapport avec les tellines qu'avec les
vénus. Elles n'ont point, malgré cela, le pli flexueux des
tellines.

L'animal des donaces fait sortir de sa coquille deux tubes ou siphons disjoints, grêles, fort longs, et un pied en
lame large, quelquefois sécuriforme. (1)

---

(1) Pour rendre à ces observations de Lamarck, leur
valeur naturelle, il faut rappeler encore une fois que ces
dénominations de côté antérieur, de côté postérieur, sont
réellement mal appliquées; car le côté antérieur de Lamarck correspond à cette partie de l'animal qui est opposée à l'ouverture buccale, et qui est conséquemment la
postérieure, et *vice versâ.* Les observations de Lamarck se
réduisent donc à ceci : le côté antérieur des donaces est
proportionnellement plus alongé que dans les vénus, etc.,
et ressemble davantage à celui des tellines, ce qui est vrai;
mais il ne faut pas en conclure, comme certaines personnes,
que les donaces et les tellines ont le ligament sur le côté
antérieur. Adanson a sans doute contribué à accréditer

Les *donaces* sont des coquilles marines, lisses ou finement striées, littorales, et souvent ornées de couleurs vives très agréables (1).

---

cette erreur que les donaces ont le ligament sur le côté antérieur ; car, probablement par inadvertance, en représentant l'animal d'une donace qu'il nomme le pamet, il fait sortir le pied par le côté le plus court, qui porte le ligament et le siphon par le côté le plus long ; il y a deux moyens de prouver l'erreur d'Adanson. Toutes les donaces observées ont les siphons sortant par le côté le plus court de la coquille ; ces animaux très abondants sur nos côtes ont été examinés par un grand nombre de personnes. On sait que la présence des siphons dans un grand nombre de mollusques conchifères, est indiquée sur la coquille par une sinuosité plus ou moins profonde de l'impression palléale. On sait également que cette sinuosité, dirigée postérieurement, montre la position et la direction des siphons: eh bien! dans le pamet d'Adanson et dans la figure donnée par lui-même, on voit cette sinuosité sur le petit côté indiquant que les siphons sortaient par là et non le pied, comme la figure voisine semblerait le faire croire. La conséquence que l'on peut tirer de ce qui précède, c'est que les donaces restent dans la règle commune aux conchifères ; le ligament est sur le côté postérieur par lequel sortent les siphons.

(1) Le genre donace est très naturel et devra être conservé ; quoique fort voisin de celui des tellines, l'animal en est constamment distinct comme les belles anatomies de Poli le prouvent d'une manière suffisante. La charnière n'est pas aussi constante que Lamarck l'a cru : dans un certain nombre d'espèces, on trouve deux dents cardinales sur chaque valve et deux dents latérales ; mais, dans d'autres, on voit l'une des dents latérales disparaître, puis la seconde ensuite : ces espèces conservent cependant la forme trigone des autres donaces ; c'est ainsi que s'établit le passage de ce genre à celui établi en dernier lieu par Lamarck, sous le nom de capse. Les capses ne sont autre

ESPÈCES.

Bord interne des valves entier ou presque entier.

1. **Donace bec-de-flûte.** *Donax scortum.* Lin.

> D. *testâ triangulari, anticè acuta, decussatìm striatâ; vulvâ cordatâ planâ : marginibus submuticis.*
>
> *Donax scortum.* Lin. Syst. nat. p. 1126. Gmel. pag. 3262. n° 1.
> * Schroter. Einl. t. 3. pag. 90.
> List. Conch. tab. 377. f. 220.
> * D'Argenv. Conch. pl. 21. f. L.
> * Fava. Conch. pl. 47. f. F. 2.
> Born. Mus. tab. 4. f. 1. 2. Encycl. pl. 260. f. 2.
> Chemn. Conch. 6. t. 25. fig. 242—247.
> * De Rossy. Buff. de Sonn. Moll. t. 6. p. 361. n° 2.
> * Blainv. Malac. pl. 71. f. 1.
> * Desh. Encycl. méth. vers. t. 2. p. 95. n° 1.
> Sow. Genera of Shells. Genre donace. f. 1.
> Habite l'Océan indien. Mus. n°. Mon cabinet. Coquille blanchâtre, un peu violette; l'une des grandes espèces du genre.

---

chose que dés donaces sans dents latérales, peut-être ce caractère aurait-il plus de valeur s'il s'établissait brusquement. En observant les transitions, il est impossible de déterminer rationnellement la limite des deux genres : ce qui d'ailleurs nous a le plus confirmé dans notre opinion à l'égard des capses, c'est l'examen que nous avons fait de l'animal d'une espèce, lequel s'est trouvé absolument semblable à celui des autres donaces.

Deux coquilles introduites par Lamarck dans le genre qui nous occupe pourraient bien ne pas lui appartenir; les *donax meroe* et *scripta*, en effet, par leurs caractères, se rapprochent beaucoup de certaines cythérées, et viendront probablement se ranger dans ce genre, lorsque leurs animaux seront connus.

2. Donace pubescente. *Donax pubescens.* Lin. (1).

> *D. testâ triangulari, decussatâ, lamellosâ; vulvâ cordatâ,
> planâ : marginibus lamelloso-serratis.*
>
> *Donax pubescens.* Lin. pag. 1127. Gmel. pag. 3262. n°. 2.
> * Schroter. Einl. t. 3. p. 92.
> Chemn. Conch. 6. p. 251. tab. 25. f. 248.
> Encycl. pl. 260. f. 1.
> * Rumph. Amb. t. 43. f. F.
> * Dilw. Cat. t. 1; p. 149. n° 2.
> * Desh. Encycl. méth. vers. t. 2. p. 95. n° 2.
> Habite l'Océan indien. Mon cabinet. Espèce très voisine de la
> précédente, mais distincte et moins grande.

3. Donace en coin. *Donax cuneata.* Lin.

> *D. testâ trigonâ, compressâ, cuneiformi, rufâ, albo ra-
> diatâ; striis longitudinalibus exilissimis ; vulvâ convexâ
> rugosâ.*
>
> *Donax cuneata.* Lin. pag. 1127. Gmel. pag. 3263. n° 7.
> List. Conch. t. 392. f. 231.
> Born. Mus. p. 52. Vign.
> Knorr. Vergn. 6. t. 7. f. 3.
> Chemn. Conch. 6. t. 26. f. 260.
> Encycl. pl. 261. f. 5.
> * Schroter. Einl. t. 3. p. 97.
> * Brooks. Intr. p. 64. t. 2. f. 23.
> * Desh. Encycl. méth. vers. t. 2. p. 96. n° 3.
> * Sow. Genera of Shells. Genre donace. f. 2.
> Habite l'Océan indien. Mus. n°. Mon cabinet. Le Muséum en
> possède une variété de l'Asie australe, à laquelle la figure
> citée de Lister paraît ressembler.

4. Donace comprimée. *Donax compressa.* Lamk.

> *D. testâ cuneiformi, compressâ, basi acutâ, carneo fulvâ, irra-
> diatâ; vulvâ subrugosâ : marginibus angulatis.*
> Encycl. pl. 262. f. 6. a. b. c.

---

(1) Cette espèce nous paraît établie avec une variété
jeune de la précédente ; elle en a absolument tous les caractères essentiels ; elle a les dentelures du corselet plus
grandes, ce qui tient uniquement à un état de conservation
plus parfait dans les jeunes que dans les vieux individus.

* Lister. Conch. tab. 391. f. 238.
* Desh. Encycl. méth. vers. t. 2. p. 96. n° 4.
Habite.... Je la crois des mers de l'Inde. Mon cabinet. Elle est voisine de la précédente ; mais bien distincte.

5. Donace deltoïde *Donax deltoides*. Lamk.

D. testá triangulari, lœviusculá, albido-roseá; vulvá planiusculá, longitudinaliter striatá.
Mus. n°.
Habite à l'île aux Kanguroos. Péron. Elle est plus grande et moins comprimée que la précédente.

6. Donace rayonnante. *Donax radians*. Lamk. (1).

D. testá ovato-trigoná, transversè striatá, albo fulvoque radiatá ; vulvá obliquè striatá.
Donax faba. Chemn. Conch. 6. t. 26, f. 266. 267.
* *Donax faba.* Gmel. p. 3264. n° 8.
* *Donax.* Schroter. Einl. t. 3. p. 102. n° 4.
* *Donax faba.* Dilw. Cat. t. 1. p. 155 n. 16.
Encycl. p. 261. f. 7.
Habite.... Elle est très distincte de la donace en coin, n° 3. Mon cabinet.

7. Donace raccourcie. *Donax abbreviata*. Lamk.

D. testá trigoná, transversìm tenerrimè striatá, antice rugosá, albidá, radiis duobus rufis ; altero cœrulescente.
Cabinet de M. *Faujas de Saint-Fond*.
Habite.... Cette donace est transversalement plus courte que les autres, a le bord interne des valves très entier, et des linéoles sur le sommet des rayons. Largeur, 28 millimètres.

---

(1) Il serait convenable de rendre à cette espèce le nom que Chemnitz lui donna le premier, en adoptant comme variété la fig. 266 de cet auteur : nous avons cette variété, et nous en avons vu plusieurs autres attestant que l'espèce est très variable dans ses couleurs.

8. Donace granuleuse. *Donax granosa*. Lamk. (1).

D. testâ ovato-trigona, tenuissimè striatâ, albidâ : radiis zonis-
que violaceis obsoletis ; vulvâ angulatâ, subgranosâ.

Mus. n°.

Habite.... Elle a des linéoles longitudinales interrompues,
comme dans la donace. Encycl. pl. 262. f. 8, à laquelle elle
ressemble un peu.

9. Donace colombelle. *Donax columbella*. Lamk.

D. testâ ovato-trigonâ, transversè striatâ, albido-violacescente;
zonis obsoletis.

Mus. n°.

(2) *Var. zonis violaceis.*

Habite à la Nouvelle Hollande, au port du roi Georges. Mon
cabinet. Son côté antérieur est court, obliquement tronqué. Largeur, 24 à 26 millimètres. Sa variété est violette
en dedans.

10. Donace vénériforme. *Donax veneriformis*. Lamk.

D. testâ orbiculato-trigonâ, transversè striatâ, griseâ; radiis
obscuris; striis vulvæ crenulatis.

Mus. n°.

Habite.... les mers d'Asie? Du voyage de *Péron*. Largeur, 27
millimètres.

11. Donace australe. *Donax australis*. Lamk.

D. testâ ovato-trigonâ, transversè striatâ, albidâ vel fulvâ,
intùs violaceâ; vulvâ decussatâ, subgranosâ.

* Quoy et Gaym. Voy. de l'Astrol. Moll. pl. 81. f. 20. 21.
22.

* *Donax obscura*. Desh. Encycl. méth. vers. t. 2. p. 98.
n° 13.

Mus. n°.

----

(1) Nous avons vu dans la collection du Muséum la coquille qui porte ce nom : c'est une variété de la *donax*
cuncata ayant les granulations du côté postérieur un peu
plus grosses.

Habite à Timor et à la Nouvelle Hollande. *Péron.* Elle a des rapports avec la donace bicolore. Largeur, 30 millimètres.

12. Donace épidermie. *Donax epidermia.* Lamk.

D. testâ cuneato-trigonâ, anteriùs obtusâ, epiderme viridi-flavicante, læviusculâ; vulvâ longitudinaliter striatâ.
Mus. n°.
Habite à l'île des animaux, à la Nouvelle Hollande. *Péron.* Elle a des rapports avec le *donax lævigata.* (Voyez le genre capse); mais elle est très différente par sa forme plus en coin, et par les dents de sa charnière.

13. Donace bicolore. *Donax bicolor.* Lamk.

D. testâ ovato-cuneatâ, albidâ, fusco tinctâ; striis longitudinalibus exiguis, pauciores transversas decussantibus; anticè sulcis undulato-crispis.
Gualt. Test. tab. 88. fig. S. List. Conch. t. 392. f. 231 ?
An donax bicolor? Gmel. n° 16.
Habite.... Je la crois des mers de l'Inde ou de celles de l'Ile-de-France. Mon cabinet. Elle est tachée de violet à l'intérieur.

14. Donace subrayonnée. *Donax vittata.* Lamk.

D. testâ ovatâ, depressiusculâ transversìm striato-sulcatâ, albidâ; radiis rufis, perpaucis, supernè lutescentibus.
Mon cabinet.
Habite l'Océan britannique. Communiquée par M. *Leach.*

15. Donace triquètre. *Donax triquetra.* Lamk. (1).

D. testâ triangulari, subæquilaterâ, infrà ;ates saccatâ, albidâ; striis transversis exiguis.
Mus. n°.
Habite les mers de la Nouvelle-Hollande, au port du Roi Georges. Coquille petite, luisante, ayant quelques vestiges de rayons, et, à l'intérieur, une tache vio'âtre obscure. Largeur, 15 millimètres.

---

(1) Cette coquille paraît plutôt avoisiner les cythérées que les donaces; elle a beaucoup de rapports avec la *cytherea corbicula* et n'en est peut-être qu'une variété jeune.

Bord interne des valves distinctement crénelé ou denté.

16. Donace grimaçante. *Donax ringens.* Lamk. (1).

> D. *testá magná, ovato-trigoná, albidá, intùs violaceá, vulvá gibbá, undato-rugosá, scabrá : margine serrato-ringente.*
>
> *Donax serra.* Chemn. Conch. 6. tab. 25. f. 251. 252.
> Encycl. pl. 260. f. 3. a. b.
> * Seba. Mus. t. 3. pl. 86. f. 11.
> * *Donax serra.* Dilw. Cat. t. 1. p. 149. n° 4.
> * *Capsa ringens.* Desh. Encycl. méth. vers. t. 1. p. 193. n° 2.
>
> Habite l'Océan indien. Mus. n°. Mon cabinet. Coquille grande, bâillante, grimaçante à l'angle supérieur de son corselet, et constituant une espèce très distincte. Largeur, 74 millimètres.

17. Donace ridée. *Donax rugosa.* Lin.

> D. *testá triangulari, inflatá, anticè obliquè truncatá, sulcis longitudinalibus creberrimis, rugosá; vulvá cordatá : marginibus angulatis.*
>
> *Donax rugosa.* Lin. Syst. nat. p. 1127.
> * Gmel. p. 3262. n° 3.
> * Schroter. Einl. t. 3. p. 93.
> * Lister. Conch. tab. 375. f. 216?
> Gualt. Test. tab. 89. fig. D.

---

(1) A suivre rigoureusement les caractères du genre capse de Lamarck, cette coquille devrait en faire partie puisqu'elle n'a pas de dents latérales. Il aurait été convenable que Lamarck lui conservât le nom que Chemnitz le premier lui imposa, et c'est ce qu'il sera convenable de faire dans les nouveaux catalogues d'espèces. On ne connaissait pas avec certitude la patrie de cette coquille. Depuis le voyage de Lalande au Cap-de-Bonne-Espérance, on sait qu'elle s'y trouve en abondance.

Chemn. Conch. 6. t. 25. f. 250.

Encycl. pl. 262. f. 5. a. b.

* Dilw. Cat. t. 1. p. 149. n° 3.

* Desh. Encycl. méth. vers. t. 2. p. 96. n° 6.

(2) *Var testâ rubente natibus purpureis.* Encycl. pl. 262. f. 3.

Knorr. Vergn. 6. pl. 28. f. 8.

(3) *Var. testâ intùs extùsque violaceâ.* È *Nov. Holl.*

(4) *Var. testâ extùs albâ aut purpurascente ; margine super undatim depresso.* È *Nov. Holl.*

Habite l'Océan d'Amérique, les côtes des Antilles. Mus. n°. Mon cabinet. Cette espèce est fort différente de celle qui précède. Elle est élégamment sillonnée, blanche, ou rougeâtre, ou violette, selon les variétés.

18. Donace de Cayenne. *Donax Caianensis.* Lamk.

D. testâ subtriangulari, purpurascente, anticè obtusissimâ ; sulcis longitudinalibus exiguis ; vulvâ lateribus subbiangulatâ.

Mon cabinet.

Habite l'Océan de la Guiane. Elle est très voisine de la précédente ; mais moins renflée.

19. Donace alongée. *Donax elongata.* Lamk. (1).

D. testâ transversìm elongatâ, longitudinaliter sulcatâ, anteriùs obtusissimâ ; vulvæ sulcis subdenticulatis.

* Seba. Mus. t. 3. tab. 86. f. 10 ?

Pamet. Adans. Sénég. tab. 18. f. 1.

Gualt. Test. tab. 89. fig. F.

An donax spinosa ? Chemn. Conch. 6. t. 26. f. 258.

---

(1) Cette coquille est fort différente du *donax spinosa* de Chemnitz, et nous croyons nécessaire de supprimer la citation que fait Lamarck de cet auteur. Nous connaissons cette donace épineuse et elle a des caractères particuliers ; il sera également nécessaire de retrancher de la synonymie, la figure de Gualtiéri, qui représente, à ce qu'il nous semble, le *donax trunculus.* Gmelin dans la treizième édition du *Syst. nat.* rapporte à tort le pamet au *donax rugosa.*

* Encycl. pl. 262. f. 3.
* Desh. Encycl. méth. vers. t. 2. p. 96. n° 7.
(2) *Var. testâ albido-fulvâ, intùs albâ.*
Habite l'Océan atlantique, les côtes d'Afrique. Mus. n°. Mon
    cabinet. Elle est violette en dedans. La variété 2 est du
    voyage de *Péron.*

20. Donace denticulée. *Donax denticulata.* Lin.

> *D. testâ anteriùs obtusissimâ, albâ, cœruleo aut purpureo
> radiatâ ; striis longitudinalibus impresso-punctatis ; labiis
> transversè rugosis.*

Donax denticulata. Lin. Syst. nat. p. 1127.
Gmel. p. 3263. n° 6.
* Schroter. Einl. t. 3. p. 96.
* Le Mesal. Adans. Seneg. pl. 18. f. 3.
List. Conch. t. 376. f. 218. 219.
Knorr. Vergn. 2. t. 23. f. 2—5.
* Fav. Conch. pl. 49. F. E. 1. E. 3.
* Donavan. t. 1. f. 24.
Chemn. Conch. 6. tab. 26. f. 256. 257.
Encycl. pl. 262. f. 7. a. b. c.
* Dilw. Cat. t. 1. p. 151. n° 8.
* Payr. Cat. p. 45. n° 74.
* Desh. Encycl. méth. vers. t. 2. p. 97. n° 8.
Habite la Méditerranée, l'Océan atlantique. Mus. n°. Mon ca-
    binet. Espèce jolie, distincte, d'une taille médiocre.

21. Donace cardioïde. *Donax cardioides.* Lamk. (1).

> *D. testâ trigonâ, turgidâ, longitudinaliter sulcatâ, posticè
> lœviusculâ, albâ, rufo maculatâ ; vulvâ medio gibbâ.*

* Quoi et Gaym. Voy. de l'Astrol. Moll. pl. 81. f. 17. 18. 19.
Mus. n°.
Habite les mers de la Nouvelle-Hollande, à l'île Saint-
    Pierre-Saint-François. Mon cabinet. Elle est renflée, courte

---

(1) Il serait curieux de voir et d'étudier l'animal de cette
espèce, car il est probable qu'elle n'appartient pas aux
donaces : l'impression palléale n'est point échancrée postérieurement, et sa charnière se rapproche plus de celle du
cardium medium que de celle des donaces.

transversalement, sillonnée comme un *cardium*, maculée de rouge-brun. Largeur, 28 ou 30 millimètres. Une tache orangée à l'intérieur. On en a une variété blanche au dehors.

22. Donace à réseau. *Donax meroe.* Lamk. (1).

D. testá ovato - trigoná, compressá, transversim parallelè striatá; lineis purpureis subreticulatis pictá; vulvá excavatá.

Venus meroe. Lin. Syst. nat. pag. 1132.

Gmel. pag. 3274. n° 22.

* Schroter. Einl. t. 3. p. 130.

List. Conch. t. 378. f. 221.

Chemn. Conch. 7. t. 43. f. 450. 452. 453.

Encycl. pl. 261. f. 1. a. b.

* Fav. Conch. pl. 47. f. A 2?

* Dilw. Cat. t. 1. p. 185. n° 63.

* Desh. Encycl. méth. vers. t. 2. p. 97. n° 9.

Habite l'Océan indien. Mus. n°. Mon cabinet. Jolie coquille, voisine de la suivante; mais bien distincte. Largeur, 50 millimètres.

23. Donace ondée. *Donax scripta.* Lin.

D. testá ovatá, subcompressá, lœvi, scriptá lineis purpureis undatis : vulvá cavá: marginibus acutis.

* Lin. Sys. nat. p. 1127.

* Schroter. Einl. t. 3. p. 98.

* Gmel. p. 3264. n° 9.

* Dilw. Cat. t. 1. p. 154. n° 15.

---

(1) En étudiant avec soin cette espèce et la suivante, on reconnaît qu'elles ont plutôt les caractères des cythérées que des donaces; elles ont trois dents cardinales sur la valve droite, deux sur la gauche, la dent postérieure se confondant avec la nymphe, la disposition de ces dents cardinales est différente de celle des donaces et se rapproche beaucoup de celle des cythérées: ce sont ces motifs qui nous font croire que l'animal de ces espèces appartient au genre des cythérées.

List. Conch. t. 379. f. 222. et t. 380. f. 223.

* Rumph. Amb. t. 42. f. L. M.

Knorr. Vergn. 6. t. 7. f. 4. 5.

Chemn. Conch. 6. t. 26. f. 261—265.

Encycl. pl. 261. f. 2. 3. 4.

Habite l'Océan indien. Mus. n°. Mon cabinet. Moins grande que celle qui précède, elle n'est pas, comme elle, élégamment sillonnée en travers; elle offre plusieurs variétés qu'on pourrait distinguer.

24. Donace tronquée. *Donax trunculus.* Lin.

D. testá transversìm elongatá, striis longitudinalibus minimis, intùs violaceá; latere antico lævi, brevissimo.

Donax trunculus. Lin. Syst. nat. p. 1127.

List. Conch. t. 376. f. 217.

* Lister. Anim. Angl. pl. 5. f. 35.

* Gmel. p. 3263. n° 4.

* Schroter. Einl. t. 3. p. 96.

Adans. Seneg. t. 18. f. 2.

* Fav. Conch. pl. 49. f. E. 2?

Knorr. Vergn. 1. t. 7. f. 7.

Born. Mus. t. 4. f. 3. 4.

Chemn. Conch. 6. t. 26. f. 253. 254.

* Encycl. méth. pl. 262. f. 1.

* Poli. Test. t. 2. pl. 19. f. 12. 13. 14. 15.

* Dilw. Cat. t. 1. p. 150. n° 5.

* Donace des Canards. Blainv. Malac. pl. 71. f. 2.

* Payr. Cat. p. 45. n° 73.

* Desh. Encycl. méth. vers. t. 2. p. 97. n° 10.

* Sow. Genera of Shells. f. 3.

* *Fossilis.* Broch. Conch. t. 2. p. 537. n° 1.

Habite la Méditerranée, au golfe de Tarente (Mon cabinet), l'Océan atlantique. Elle est petite, olivâtre en-dehors, ressemble à la donace alongée par sa forme; mais son côté antérieur est sans rides. On donne son nom à une autre coquille en Angleterre. Cette espèce est assez rare dans les collections.

25. Donace fabagelle. *Donax fabagella.* Lamk.

D. testá transversìm oblongá, nitidá, albido-rubellá, obsoletè radiatá; striis tenerrimis verticalibus transversas decussantibus.

Cabinet de M. Dufresne.

Habite.... Son côté antérieur est court, oblique, convexe, subcariné. Largeur, 26 millimètres.

26. Donace des canards. *Donax anatinum.* Lamk.

D. testâ transversìm oblongâ, nitidulâ, albidâ, corneâ vel pallidè rubente, striis longitudinalibus exilissimis; latere antico obliquè truncato.

An tellina donacina? Lin. Syst. nat. p. 1118.

Gualt. Test. tab. 88. fig. N.

* Poli. Test. t. 2. tab. 19. f. 7.

* Payr. Cat. p. 46. n° 75.

* Desh. Encycl. méth. vers. t. 2. p. 99. n° 17.

(2) *Var. testâ majore; radiis interruptis.*

(3) *Var. testâ penitùs albâ.*

Habite l'Océan d'Europe, la Méditerranée. Mus. n°. Mon cabinet. Coquille commune, dont on ne trouve aucune figure bonne à citer. On en rencontre souvent, par quantité, dans le jabot des canards-macreuses. Elle est tantôt sans rayons, et tantôt obscurément rayonnée. A l'intérieur, elle est légèrement teinte de violet. La var. (2) est de la Méditerranée; elle a jusqu'à 40 millimètres de largeur. Cette espèce n'a rien de commun avec le *tellina donacina.* Maton, Act. soc. linn. 8. t. 1. f. 7. Je crois que celle-ci est la *psammobie tellinelle.*

Etc. Ajoutez les autres espèces qui ne me sont pas connues.

27. Donace de la Martinique. *Donax Martinicensis.* Lamk.

D. testâ ovato-transversâ, complanatâ, transversè striatâ; striis longitudinalibus exilissimis; antico latere obliquè truncato: postico producto rotundato.

Mon cabinet.

Habite les côtes de la Martinique. M. *Moreau de Joannès.* Belle espèce, blanchâtre, teinte de rose, aplatie comme le *tellina planata,* obscurément rayonnée. Largeur, 50 millimètres.

† 28. Donace aplatie. *Donax complanata.*

D. testâ ovato-oblongâ, transversâ, lævigatâ, albidâ sub epidermi virescente, posticè uniradiatâ; radio lutescente:

*duabus lineis fuscis marginato; margine integro, intùs vio-
lacescente.*

Tellina Polita. Poli. Test. t. 2. tab. 21. fig. 14. 15.

Capsa complanata. Sow. Gener. of Shells. n° 10. fig. 8.

Desh. Encycl. méth. Hist. nat. des vers. pag. 98. t. 2.
n° 14.

Habite l'Océan européen, la Méditerranée. Très commune.
Elle n'a que deux dents cardinales et point de latérales ;
aussi M. Sowerby la met au nombre des capses. Elle est
très distincte par sa fascie blanche bordée de taches nuageuses brunes.

† 29. Donace de Lesson. *Donax Lessoni.* Desh.

*D. testá trigoná, depressá, lœvigatá ; subæquilaterá, apice
acutá, pallidè fulvá, multiradiatá ; radiis fuscis, interruptis;
intùs albido fuscá ; margine anticè hiante, integerrimo,
dente laterali antico prælongo.*

Desh. Encycl. méth. Hist. nat. des vers. pag. 99. n° 15.

Habite le Chili. Rapportée par M. Lesson. Coquille assez
grande, aplatie, subéquilatérale, presque aussi longue que
large, et présentant quelques-uns des caractères des cythérées ; mais elle a le ligament très court et deux dents
latérales : la postérieure obsolète.

† 30. Donace corbuloïde. *Donax corbuloides.* Desh.

*D. testá trigoná, gibbosá, æquilaterá, politá cordiformi, albo
roseá, lineis luteis, undatis, pulcherrimè pictá, intùs rubro
fuxescente.*

Desh. Encycl. méth. Hist. nat. des vers. pag. 99. n°. 18.

Habite... Petite coquille trigone, à valves profondes, et rapprochée de la cythérée corbicule. Elle est polie, transverse, d'un rouge obscur à l'intérieur, blanche, ornée de
linéoles transverses, ondées ou anguleuses, d'un roux jaunâtre.

† 31. Donace transverse. *Donax transversa.*

*D. testá ovato oblongá, transversá, angustá, inæquilaterali,
lœvigatá posticè, obliquè truncatá et eleganter obliquè striatá;
margine crenato.*

Desh. Encycl. méth. Hist. des vers. pag. 100. n° 19.

Donax anatinum. Bast. Mém. de la Soc. d'hist. nat. de Paris. tom. 2. pag. 83. pl. 6. fig. 8.

Habite.... Fossile de Bordeaux, Dax et les faluns de la Touraine. Petite espèce très commune et toujours distincte
du *Donax anatinum*, avec laquelle M. Basterot l'a confondue.

† 32. Donace triangulaire. *Donax triangularis*. Bast.

*D. testá triangulari, œquilaterá, sublœvigatá, œtate posticè,
rostratá, utroque latere carinatá; lunulá magná, lineá
superficiali, circumdatá; cardine tridentato, posteriore ca-
riosá, laterali unico, magno, antico.*

Bast. Loc. cit. n° 3. pl. 6. fig. 3.

Desh. Encycl. méth. Hist. nat. des vers. pag. 100. n° 20.

Habite... Fossile de Bordeaux et de Dax. Coquille toute lisse,
dont la forme rappelle un peu celle de la Donace bec de
flûte, le côté postérieur étant tronqué et anguleux : dans les
vieux individus, l'angle postérieur est un peu prolongé en
bec.

† 33. Donace luisante. *Donax nitida*. Lamk.

*D. testá minimá, ovato trigoná, transversá, pellucidá lœvi-
gatissimá, nitidá; latere postico abbreviato, aliquantis-
per striato; dentibus lateralibus perspicuis, cardinalibus
binis.*

Lamk. Ann. du Mus. tom. 7. fig. 231. n° 4. et tom. 12. pl. 41.
fig. 6. a. b.

Def. Dict. des Scienc. nat. tom. 13. p. pag. 424.

Desh. Descript. des Coq. foss. des env. de Paris. pag. 112.
pl. 18. fig. 3. 4.

Idem. Encycl. méth. Hist. nat. des vers. pag. 100. n° 21.

Habite.... Fossile de Grignon, Beauchamp, Damerie. Petite
espèce mince et fragile, transverse, trigone, toujours lisse,
polie, brillante. Elle est rare.

† 34. Donace obtusale. *Donax obtusalis*. Desh.

*D. testá ovatá, subtrigoná, depressá, tenui, fragilissimá;
latere postico, obtuso, longitudinaliter striato; nymphis
magnis.*

Desh. Descrip. des Coq. foss. des env. de Paris. pag. 109.
pl. 18. fig. 7. 8.

Idem. Encycl. méth. Hist. nat. des vers. pag. 101. n° 22.

Habite.... Fossile à Beauchamp, Mary, Tancrou. Coquille

mince et fragile, ovale, trigone, ayant le côté postérieur très
obtus et orné de quelques stries longitudinales.

† 35. Donace émoussée. *Donax retusa*. Lamk.

> *D. testá cuneiformi, truncatá, transversá, transversè subs-*
> *triatá; striis tenuibus, margineinferiore posticè inflexo;*
> *marginibus integerrimis.*

Lamk. Ann. du Mus. tom. 7. pag. 230. n° 1. et tom. 12.
pl. 41. fig. 1. a. b.

Def. Dict. des Scien. nat. tom. 13. pag. 424.

Desh. Descrip. Loc. cit. n° 1. pl. 17. fig. 19. 20.

Idem. Encycl. méth. Hist. nat. des vers. pag. 101. n° 23.

Habite.... Fossile de Valmondois, Tancrou, Mary, Betz.
Belle espèce, la plus grande, connue aux environs de Paris.
Elle est très aplatie, tronquée à la manière de la donace,
alongée. Elle est fort rare.

† 36. Donace de Basterot. *Donax Basterotina*. Desh.

> *D. testá ovato trigoná, compressá, cuneiformi; striis longitu-*
> *dinalibus vix perspicuis, distantibus. latere póstico, pro-*
> *fundioribus; dentibus lateralibus obsoletis; marginibus in-*
> *tegerrimis.*
> *Var. B. testá minimá, lævigatá, dente laterali postico,*
> *perspicuo.*

Desh. Descrip. des Coq. foss. des env. de Paris. pag. 110.
pl. 17. fig. 21. 22.

Idem. Encycl. méth. Hist. nat. des vers. pag. 101. n° 24.

Habite.... Fossile de Maulette, près Houdan. Voisine de la
Donax retusa, mais bien distincte. Son côté postérieur est
moins court et tronqué plus obliquement.

† 37. Donace oblique. *Donax obliqua*. Lamk.

> *D. testá ovato obliquá, inœquilaterali, lævigatá; cardinè bi-*
> *dentato, altero unidentato; marginibus integerrimis; denti-*
> *bus lateralibus obsoletis.*

Lamk. Ann. du Mus. t. 7. pag. 231. n° 6. et t. 12. pl. 41.
fig. 4.

Def. Dict. des Scien. nat. tom. 13. p. 425.

Desh. Descrip. Loc. cit. n° 4. pl. 18. fig. 5. 6.

Idem. Encycl. méth. Hist. nat. des vers. pag. 102. n° 25.

Habite.... Fossile de Grignon. Petite coquille singulière,

ovale, oblique qui, par sa forme, s'éloigne des autres espèces du genre, mais qui doit y être conservée à cause de sa charnière.

† 38. Donace incomplète. *Donax incompleta.* Lamk.

D. testá ovato trigoná, inæquilaterá, lævigatá, latere postico abbreviato, rotundato; dentibus cardinalibus binis, lateralibus nullis.

Lamk. Ann. du Mus. tom. 7. pag. 230. n. 2. et tom. 12. pl. 41. fig. 3. a. b.

Def. Dict. des Scienc. nat. tom. 13. pag. 424.

Desh. Descrip. des Coq. foss. des env. de Paris. pag. 111. pl. 18. fig. 1. 2.

Idem. Encycl. méth. Hist. nat. des vers. pag. 101. n° 26.

Habite.... Fossile de Grignon, Damerie. Elle est petite, presque équilatérale, triangulaire, lisse, aplatie; point de dents latérales. Elle ferait partie des capses, si ce genre devait être conservé.

† 39. Donace tellinelle. *Donax tellinella.* Lamk.

D. testá ovato transversá subtilissimè striatá, tenui pellucidá; dentibus lateralibus perspicuis distantibus.

Lamk. Ann. du Mus. t. 7. p. 230. n° 3. et tom. 12. pl. 41. fig. 2. a. b.

Def. Dict. des Scienc. nat. tom. 13. pag. 424.

Desh. Descrip. des Coq. foss. des env. de Paris. pag. 111. pl. 18. fig. 9. 10. 11.

Idem. Encycl. méth. Hist. nat. des vers. pag. 102. n° 27.

Habite.... Fossile de Grignon, Parnes, Mouchy. Espèce très petite, ovale, oblongue, mince, fragile, striée et qui serait une telline si elle avait un pli postérieur.

CAPSE. (Capsa.)

Coquille transverse, équivalve, close. Charnière ayant deux dents sur la valve droite; une seule dent bifide et intrante sur l'autre valve. Dents latérales nulles. Ligament extérieur.

Testa transversa, æquivalvis, valvis approximatis clausa. Cardo dentibus duobus in valvá dextrá, dente unico bifido et inserto in alterá. Dentes laterales nulli. Ligamentum externum.

OBSERVATIONS. Les *capses* sont des coquilles un peu inéquilatérales, ayant leur ligament sur le côté court, comme dans les tellines et les donaces. Elles appartiennent à la division des tellinoïdes, quoiqu'elles manquent de dents latérales. Elles tiennent aux psammobies et à certaines tellines par les dents de leur charnière; mais elles ne sont presque point bâillantes sur les côtés, et n'ont pas le pli des tellines. (1)

ESPÈCES.

1. **Capse lisse.** *Capsa lœvigata.* **Lamk.**

C. testá triangulari, subœquilaterá, obsoletè striatá, epiderme flavo-virescente, intùs et ad nates violaceá.

---

(1) Bruguière est le créateur du genre capse : il y rassemblait des coquilles auxquelles Lamarck depuis a donné le nom de sanguinolaires, et quelques autres appartenant aux tellines. Puisque Lamarck demembrait ce genre, il aurait fallu qu'il abandonnât le nom de capse et qu'il ne l'appliquât pas à des coquilles que Bruguière plaçait dans les donaces. Ces changements dans les noms, ces substitutions ont cela de fâcheux, qu'ils nécessitent des explications, ou laissent de l'incertitude et de la confusion. Cela n'aura plus lieu pour le genre actuel des capses, si l'on adopte notre opinion; car, comme nous l'avons vu, nous les réunissons aux donaces, parmi lesquelles Lamarck a laissé des espèces dépourvues de dents latérales et qui seraient de véritables capses, si toutes ces coquilles ne présentaient dans leur ensemble les caractères principaux des donaces.

Donax lævigata. Gmel. p. 3265.

Chemn. Conch. 6. p. 253. t. 25. f. 249.

Habite l'Océan indien, à Tranquebar. Mon cabinet. Elle est
à peine déprimée dans le voisinage de son côté antérieur, et
plus équilatérale que la suivante. Largeur, 55 millimètres.

2. Capse du Brésil. *Capsa Brasiliensis.* Lamk.

C. testâ oblongo-trigonâ, inœquilaterâ, propè latus anticum
valdè depressâ, transversìm longitudinaliterque striatâ.

Donax. Encycl. pl. 261. f. 3.

* Blainv. Malac. pl. 71. f. 10.

* Sow. Genera of Shells. Genre Capse. f. 1.

Habite l'Océan du Brésil. *Lalande.* Mus. n°. Mon cabinet.
Elle avoisine la précédente, offre un épiderme semblable;
mais elle devient plus grande, est plus inéquilatérale, presque blanche à l'intérieur, et distincte par ses stries.

CRASSINE. (Crassina.)

Coquille suborbiculée, transverse, équivalve, subinéquilatérale, close. Charnière ayant deux dents
fortes, divergentes sur la valve droite, et deux dents
très inégales sur l'autre valve. Ligament extérieur, sur
le côté le plus long.

Testa suborbiculata, transversa, œquivalvis, subinœ-
quilatera, clausa. Cardo dentibus duobus validis,
divaricatis in valvâ dextrâ ; dentibus duobus inœqua-
lissimis in alterâ. Ligamentum externum, in latere
longiore.

La *crassine* ressemble à une petite crassatelle, par son
aspect, et par l'épaisseur, la solidité et la clôture parfaite
de ses valves dans leur rapprochement ; mais la situation
de son ligament l'en distingue. Elle ne peut être du genre
des *vénus,* puisqu'elle n'a pas plus de deux dents sur cha-

que valve, et qu'elle semble même n'en avoir qu'une seule, très grosse, sur la valve gauche, l'autre dent étant fort peu saillante (1).

---

(1) Ce genre avait été établi par M. Sowerby, dans le *Mineral conchologie*, sous le nom d'astarté avant que Lamarck ne le proposât dans cet ouvrage : il est donc convenable de préférer pour lui le nom que l'auteur anglais lui donna le premier ; nom que Lamarck se serait empressé d'adopter s'il l'eût connu. Avant la séparation de ce genre, les coquilles qui le composent étaient comprises parmi les vénus. Poli en confondit une avec les tellines ; mais c'est en effet avec les vénus qu'elles ont le plus de rapport. Nous avons dit en parlant de la famille des nymphacées, que ce genre serait mieux placé dans celle des conques marines. Si l'on étudie les vénus, on voit, à mesure que les espèces deviennent plus épaisses et plus aplaties, que la charnière se modifie, l'une des trois dents cardinales diminue, finit par disparaître et cette disparition est complète dans la *vénus Brongnarti* (Payr.) par exemple. Une différence principale reste toujours entre ces coquilles ; elle se montre dans l'impression palléale, simple dans les crassines, sinueuse postérieurement dans les vénus: il existe donc dans la forme des coquilles et les caractères de la charnière de grands rapports entre les deux genres que nous venons de mentionner. L'animal des crassines n'est point encore connu; il en existe cependant plusieurs espèces très abondantes dans les mers du Nord et quelques autres dans les mers tempérées : nous n'en connaissons pas jusqu'à présent dans les mers intertropicales. Le nombre des espèces vivantes est fort restreint, celui des fossiles est plus considérable : on en trouve dans presque tous les terrains depuis le *lias*, jusque dans les terrains tertiaires les plus modernes; il n'en existe pas dans le bassin Parisien, du moins nous ne connaissons jusqu'à présent aucune coquille qui puisse s'y rapporter. Ne connaissant pas leur charnière complétement, Lamarck a placé parmi les cypricardes des coquilles fossiles de l'oolite de Caen et d'Angle-

ESPÈCES.

1. Crassine crassatellée. *Crassina danmoniensis.*
Lamk.

> *C. testâ orbiculato-trigonâ, brunneo-fulvâ, transversè ru-*
> *gosâ; rugis parallelè striatis, scalariformibus; intùs albâ.*
> *Venus danmoniensis.* Montag. Sup. p. 45. t. 29, f. 4. *Ex D.*
> *Leach.*
> * *Venus danmonia.* Dilw. Cat. t. 1. p. 167. n° 21.
> * *Astarte danmoniensis.* Sow. Genera of Shells. f. 1. 2. 3.
> * *Venus crassatelle.* Blainv. Malac. pl. 75. f. 7.
> * Desh. Encycl. méth. vers. t. 2. p. 77. n° 1.
> Habite l'Océan britannique. Mon cabinet. Communiquée par
> M. *Leach.* Corselet et anus concaves : le premier, lancéolé;
> le second, presque en cœur; les bords internes des valves
> crénelés. Largeur, 30 millimètres.

† 2. Crassine brune. *Crassina fusca.* **Desh.**

> *C. testâ solidâ, trigonâ, subcordatâ, fuscâ, subœquilaterâ,*
> *transversìm rugosâ, lunulâ impressâ, profundâ, lœvigatâ;*
> *marginibus denticulatis.*
> *Tellina fusca.* Poli. Test. t. 1. pl. 15. fig. 32. 33.
> Habite la Méditerranée. Coquille d'un beau blanc en dedans,
> d'un brun plus ou moins foncé en dehors. Les sillons sont
> gros (douze ou treize), très réguliers : les crénelures des
> bords sont assez grosses. On la trouve fossile en Sicile.

† 3. Crassine épaisse. *Crassina incrassata.* **Desh.**

> *C. testâ solidâ, subtriangulâ, inflatâ; natibus transversim*
> *rugosis; latere antico leviter inflexo, margine sœpius den-*
> *ticulato, cardinis dentibus binis validis, altero in dextrâ*
> *valvâ minimo.*

---

terre, lesquelles sont incontestablement des crassines,
comme nous l'avons reconnu ainsi que M. Sowerby. A la
seule espèce que Lamarck a donnée dans ce genre, nous
allons ajouter l'indication de celles qui sont le plus répandues et le mieux connues.

Venus incrassata. Brocchi. Conch. Foss. Sub App. pag. 557,
n° 23. pl. 14. fig. 7.

Desh. Encycl. méth. Hist. nat. des vers. tom. 2. pag. 708.
n° 6.

Habite.... Nous la connaissons vivante, et nous présumons
qu'elle est de la Méditerranée. Elle est fossile en Italie et
en Sicile; elle est triangulaire, enflée, subcordiforme, toute
lisse, blanche en dedans, d'un brun-marron en dehors.

† 4. Crassine rembrunie. *Crassina castanea.* Say.

C. testâ rotundatâ, depressâ, solidâ, striatâ striis irregulari-
bus, intùs albâ extùs, castaneâ; umbonibus acutis; lunulâ
ovatâ, impressâ; marginibus tenuè crenulatis.

Say. Amér. Conch. n° 1. pl. 1.

Habite les côtes de New Jersey, où elle est rare. Coquille suborbiculaire, à crochets saillants, subcordiformes; blanche
en dedans, recouverte en dehors d'un épiderme brun : la
lunule est ovale, oblongue, déprimée, les dents cardinales
de la valve droite sont inégales.

† 5. Crassine d'Omalius. *Crassina Omalii.* Lajonk.

C. testâ ovato-trigonâ, subcordatâ, lœvigatâ, natibus solùm
rugosâ; lunulâ ovatâ, excavatâ; marginibus crenulatis.

Lajonk. Mém. de la Soc. d'hist. nat. de Paris. tom. 1. p. 129.
pl. 6. fig. 1. a. b.

Desh. Encycl. méth. Hist. nat. des vers. tom. 2. pag. 77.
n° 2.

Habite... Fossile aux environs d'Anvers. Coquille ovale, trigone, subcordiforme : ses crochets sont striés; tout le reste
de la surface est lisse.

† 6. Crassine lisse. *Crassina nitida.* Sow.

C. testâ orbiculato-trigonâ, depressâ, lœvigatâ, nitidâ; na-
tibus prominulis, tenuissimè striatis; marginibus crenu-
latis.

Sow. Miner. Conch. pl. 521. fig. 2.

Desh. Encycl. méth. Hist. nat. des vers. tom. 2. pag. 7.
n° 3.

Habite... Fossile dans le crag de Suffolk, en Angleterre, voisine de l'astarté d'Omalius, mais toujours différente.

† 7. **Crassine bipartite.** *Crassina bipartita.* Sow.

> C. *testá trigonatá, subcordatá, obliquá; natibus acutis, valdè
> recurvis, sulcis regularibus profundis, arcuatis; lunulá
> ovatá, profundá, lœvigatá.*
>
> Sowerby. Miner. Conch. pl. 521. fig. 3.
> *Var. A. testá latiore margine crenato.* Nob.
> *Astarte oblongá.* Sow. Loc. cit. fig. 4.
> Desh. Encycl. méth. Hist. nat. des vers. tom. 2. pag. 78.
> n° 4.
> Habite.... Fossile du Crag, Angleterre. Nous ne trouvons
> point de différence entre l'*astarte oblonga* et la *bipartita*,
> ce qui nous détermine à les réunir.

† 8. **Crassine corbuloïde.** *Crassina corbuloides.*
Lajonk.

> C. *testá subtrigoná, inflatá, cordiformi regulariter sulcatá;
> sulcis prominulis; lunulá excavatá, ovatá, lœvigatá;
> margine crenato.*
>
> Lajonk. Loc. cit. n° 2. pl. 6. fig. 2. a. b. c.
> Desh. Encycl. méth. Hist. nat. des vers. tom. 2. pag. 78,
> n° 5.
> Habite... Fossile aux environs d'Anvers. Coquille d'une taille
> médiocre, subtrigone, enflée, cordiforme; les sillons trans-
> verses assez fins, réguliers; lunule profonde et lisse.

† 9. **Crassine étagée.** *Crassina scalaris.* Desh.

> C. *testá trigoná, depressá; sulcis subregularibus, scalarifor-
> mibus ornatá; umbonibus acutissimis recurvis; cardine an-
> gusto; dente cardinali dextro bifido.*
>
> *Var. A. testá sulcis tenuioribus, numerosioribus.*
> Desh. Encycl. méth. Hist. nat. des vers. tom. 2. pag. 78.
> n. 7.
> Habite... Fossile des environs d'Angers. Espèce trigone, dé-
> primée; le bord cardinal étroit, ayant sur la valve droite
> la dent cardinale bifide; la surface extérieure est assez ré-
> gulièrement sillonnée.

† 10. **Crassine striatule.** *Crassina striatula.* Desh.

> C. *testá orbiculato-trigoná, cordatá, exilissimè striatá; um-*

bonibus magnis, valdè recurvis, acutis; marginibus tenuè crenulatis.

Desh. Encycl. méth. Hist. nat. des vers. tom. 2. pag. 79. n° 8.

Id. Mag. de Conch. de Guérin. 2e liv. pl. 10.

Habite... Fossile des environs d'Angers. Subcordiforme, assez profonde, couverte de stries fines, régulières, transverses, dont les dernières aboutissent obliquement sur le bord.

† 11. Crassine solidule. *Crassina solidula.* Desh.

C. testá orbiculato-trigoná, crassá, solidá, cordato-gibbosá ; umbonibus acutis, recurvis, multisulcatis; tribus quatuorve sulcis latissimis, depressis, valvas obtegentibus.

Desh. Encycl. méth. Hist. nat. des vers. tom. 2. pag. 79. n° 9.

Habite.... les faluns de la Touraine. Petite espèce ovale, subtrigone, fort épaisse. Ses crochets sont striés; le reste de la surface est occupé par trois ou quatre gros sillons transverses lisses.

† 12. Crassine cordiforme. *Crassina cordiformis.* Desh.

C. testá inflato-cordatá, subtrigoná, eleganter striatá, subœquilaterá ; umbonibus magnis recurvis ; lunulá rotundatá, excavatá; marginibus crenulatis.

Desh. Encycl. méth. Hist. nat. des vers. tom. 2. pag. 80. n° 14.

Id. Mag. de Conch. de Guérin. n° 1. pl. 8.

Habite... Fossile de Bayeux. Jolie petite espèce subtrigone, enflée, cordiforme, ayant une lunule presque circulaire et profonde ; sa surface extérieure est finement et régulièrement striée : les bords des valves sont garnis de crénelures assez grosses.

† 13. Crassine trigone. *Crassina trigona.* Desh.

C. testá cordato-trigoná, subangulatá, abbreviatá; striis transversalibus tenuissimis regularibus; anus lunulaque distinctiusculis ; margine crenato.

Cypricardia trigona. Lamk. Loc. cit, n° 7.

Desh. Encycl. méth. Hist. nat. des vers. tom. 2. pag. 80. n° 13.

Habite.... Fossile dans les oolites de Caen et de Bayeux.
Espèce bien distincte, triangulaire, ornée de stries transverses, fines et irrégulières. Lamarck en avait fait une cy
pricarde; mais elle a la charnière des crassines.

† 14. Crassine oblique. *Crassina obliqua.* Desh.

*C. testâ obliquè cordatâ, convexâ, sublævigatâ; margine su-
periore rotundato, alteris intùs subcrenulatis; lunulâ ovatâ
vix depressâ.*

Cypricardia obliqua. Lamk. Loc. cit. n° 6.

Astarte planata. Sow. Min. Conch. Loc. cit. pl. 267.

Astarte modiolaris. Sow. The Genera recent and fossil.
Shells. n° 4. pl. . fig. 4.

Var. A. testâ mimone umbonibus striatis.

Var. B. testâ majore, depressâ, umbonibus minimis.

Var. C. testâ rotundatâ, marginibus non crenulatis.

Desh. Encycl. méth. Hist. nat. des vers. tom. 2. pag. 80.
n° 12.

Habite...: Fossile des oolites de Caen, Bayeux, Angleterre, etc:
Grande espèce, fort commune, que les auteurs prennent
pour la *modiolaris*. Celle-ci est lisse, l'autre est toujours
sillonnée.

† 15. Crassine modiolaire. *Crassina modiolaris.* Desh.

*C. testâ ovato-oblongâ, tumidâ, striis transversis arcuatis
ornatâ; lunulâ ovato-cordiformi, profundâ; margine valdè
crenato.*

Cypricardia modiolaris. Lamk. Anim. s. vert. t. 6. 1re part.
pag. 29. n° 5.

An astarte excavata? Sow. Min. Conch. pl. 233.

Desh. Encycl. méth. Hist. nat. des vers. tom. 2. pag. 79.
n° 10.

Habite.... Fossile des oolites de Caen et de Bayeux. Aussi
grande que la précédente, ayant presque la même forme,
mais toujours couverte de grosses stries transverses ou de
sillons réguliers. Son test est fort épais.

† 16. Crassine de Ménard. *Crassina Menardi.* Desh.

C. testâ ovato-oblongâ, depressiusculâ, striis transversis exi-

libus ornatâ; lunulâ lanceolatâ, superficiali; margine tenuis-
simè crenato.

Desh. Encycl. méth. Hist. nat. des vers. tom. 2. pag. 79.
n° 11.

Habite... Fossile de Bayeux, dans l'oolite. Ovale, oblongue,
plus déprimée que la modiolaire, dont elle approche par
la taille ; ses stries sont beaucoup plus fines, la lunule est
superficielle, tandis qu'elle est enfoncée dans la modiolaire.
Elle est assez rare.

LES CONQUES.

*Trois dents cardinales au moins sur une valve, l'autre
en ayant autant, ou moins. Quelquefois des dents
latérales.*

Les *conques* constituent une des plus belles familles
et des plus nombreuses parmi les conchifères. Elles
offrent des coquilles équivalves, orbiculaires ou transverses, toujours régulières, libres, et en général très
closes, sur-tout sur les côtés. Elles sont plus ou moins
inéquilatérales, et on les voit rarement munies à l'extérieur de côtes véritablement rayonnantes. Leur dernier genre en offre assez généralement de semblables,
parce qu'il est sur la limite, et qu'il fait une transition
des *conques* aux cardiacées.

L'animal des *conques* forme souvent, avec son manteau, deux tubes ou siphons qu'il fait sortir hors de
sa coquille, dont l'un sert pour le passage de l'eau qui
arrive aux branchies et à la bouche, tandis que l'autre
est utile aux déjections. Son pied est éminemmeut lamelliforme. Je divise cette famille en *conques fluviatiles*, dont l'animal a le pied alongé, étroit et peu
saillant ; et en *conques marines*, dont l'animal fait
sortir des sphons alongés, inégaux, et a le pied large,
saillant.

1º *Conques fluviatiles* : coq. ayant des dents latérales, et recouverte d'un faux épiderme.

Cyclade.
Cyrène.
Galathée.

2º *Conques marines :* point de dents latérales dans
la plupart ; rarement un drap marin subsistant et recouvrant toute la coquille, sauf les crochets.

Cyprine.
Cythérée.
Vénus.
Vénéricarde (1).

---

(1) La famille des conques est fort naturelle, et nous
pensons que les deux divisions établies par Lamarck doivent être adoptées ; il serait même avantageux, pour donner une valeur plus égale aux familles, d'élever à ce titre
chacune de ces divisions. Dans la première viendraient se
placer la plupart des coquilles fluviatiles qui sont en dehors de la famille des nayades. Après avoir donné autrefois la description de l'animal de l'iridine, nous avons
conclu qu'il était nécessaire d'introduire ce genre dans la
famille des conques fluviatiles. Les coquilles ne présentent, comme on le sait, que des caractères d'une valeur
secondaire, par rapport à ceux des animaux. Tous les animaux de la famille des conques ont le manteau prolongé
postérieurement en deux siphons. Dans les animaux des
nayades, au contraire, les deux lobes du manteau sont
séparés dans tout leur contour. Les iridines, comme nous
le verrons plus tard avec plus de détail, ont les lobes du
manteau réunis, terminés par deux siphons, mais n'ont
point, pour ces parties, un muscle rétracteur propre,
comme cela a lieu dans les conques.

M. Pfeiffer, dans son ouvrage sur les mollusques de
l'Allemagne, remarquable par un grand nombre d'excel-

CONQUES FLUVIATILES.

Coquilles recouvertes d'un faux épiderme, et ayant à leur charnière des dents latérales.

Les *conques fluviatiles* vivent dans les eaux douces, ainsi que les nayades; mais les premières nous parais-

---

lentes observations, s'aperçut, en étudiant les animaux des cyclades, qu'il y en avait une dont les siphons postérieurs sont beaucoup plus courts que dans les autres espèces, et dépassent à peine les bords de la coquille. Il crut ce caractère suffisant pour justifier la création d'un genre sous le nom de *pisidium*. Nous ne croyons pas qu'il soit utile d'adopter ce genre, ses caractères ayant trop peu de valeur.

Si nous examinons actuellement les conques marines, nous pourrons faire quelques observations : le genre cyprine est réellement intermédiaire entre les cyrènes et les cythérées, et Lamarck a justement apprécié leurs rapports. Nous verrons plus tard que les genres vénus et cythérée pourraient être réunis, non à la manière de Linné qui mettait dans ses vénus des coquilles réellement étrangères à ce genre, mais en établissant dans les vénus deux sections représentant les deux genres de Lamarck. Quant aux vénéricardes, nous avons dit ailleurs, et nous n'avons actuellement aucune raison de modifier notre opinion, que ce genre devait être supprimé et confondu avec les cardites dont il a tous les caractères. Nous verrons dans les notes relatives aux cardites et aux vénéricardes, pourquoi ils doivent être réunis, et pourquoi ils ne peuvent rester ni dans le voisinage des conques ni dans la famille des cardiacées. Les conques marines se réduiraient donc à deux genres, les cyprines et les vénus, en réunissant les cythé-

sent faire partie de la famille des conques, tandis que les nayades s'en éloignent évidemment. Les unes et les autres ont la coquille recouverte d'une espèce d'épiderme verdâtre, qui devient plus ou moins brun, et qui, sur les crochets, est souvent écorché et comme rongé. Ces coquillages habitent les lacs, les étangs, les rivières, se tiennent en général dans la vase et y sont situés de manière que leurs crochets sont en bas et plus ou moins enfoncés dans cette vase.

Ce qui distingue les *conques fluviatiles* des nayades, c'est que les premières tiennent aux conques par l'animal et la charnière de leur coquille; qu'effectivement leur animal fait saillir des siphons, et que la charnière de leur coquille offre des dents cardinales, analogues à celles des vénus; tandis que rien de semblable ne se montre dans l'animal et la coquille des nayades. Néanmoins les conques fluviatiles diffèrent des marines, non-seulement par l'habitation, mais aussi parce que leur charnière présente des dents latérales qui n'existent point dans la coquille des conques marines. Je rapporte à cette coupe les trois genres qui suivent.

CYCLADE. (Cyclas.)

Coquille ovale-bombée, transverse, équivalve; à crochets protubérants. Dents cardinales très petites, quelquefois presque nulles : tantôt deux sur chaque

---

rées à ces dernières. Nous avons précédemment proposé de joindre à ces deux genres celui des *astartés* qui se trouverait mieux placé de cette manière que dans la famille des tellines de Lamarck.

valve, dont une pliée en deux; tantôt une seule pliée ou lobée sur une valve et deux sur l'autre.

Dents latérales alongées transversalement, comprimées, lamelliformes. Ligament extérieur.

Testa ovato-globosa, transversa, æquivalvis; natum umbonibus tumidis. Cardo dentibus minimis, interdùm subnullis : modò duobus in utráque valvá , uno complicato; modò dente unico subcomplicato vel lobato in unicá valvá, et duobus in alterá.

Dentes laterales transversìm elongati, compressi, lamelliformes. Ligamentum externum.

OBSERVATIONS. Les *cyclades*, ici réduites à leur genre naturel, sont très distinctes de nos fluvicoles que *Bruguière* y réunissait. Ce sont de petites coquilles ovales bombées, à valves minces, et qui n'ont jamais trois dents cardinales sur aucune de leurs valves. Leurs crochets d'ailleurs ne sont jamais écorchés ou rongés. Quelques-unes de ces coquilles sont si minces, qu'elles sont transparentes et très fragiles. Elles sont d'un vert grisâtre ou un peu jaunâtre, les unes presque lisses, les autres striées transversalement, offrant quelquefois des bandes légèrement colorées. Les espèces de ce genre sont assez nombreuses, distinctes et cependant difficiles à caractériser. C'est avec l'une d'elles que Linné a formé son *tellina cornea* (1).

---

(1) Le genre cyclade n'est peut-être pas aussi naturel que Lamarck semble le croire, et Bruguière avait fait preuve de sagacité en réunissant en un seul groupe les cyclades et les cyrènes. Sans doute que si l'on examine un petit nombre d'espèces des deux genres, on les trouvera très distinctes; mais si l'on en rassemble un grand nombre, et si on y joint celles qui sont fossiles, on observera plusieurs espèces intermédiaires propres à indiquer le point

ESPÈCES.

1. Cyclade des rivières. *Cyclas rivicola*. Lamk.

C. *testâ subglobosâ, solidulâ, eleganter striatâ, corneo-vi-rescente, intùs cærulescente; sulcis 2 s. 3 transversis, sub-coloratis.*

List. Conch. t. 159. f. 14.

* Sow. Genera of Shells. Genre cyclade.

* Schroter. Fluss. Conchyl. t. 4. f. 3.

* Turton. Dith. p. 248. t. 11. f. 13.

* *Tellina cornea*. Wood. Conch. pl. 46.

* Turton. Manuel. p. 12. n° 1. pl. 1. f. 1.

* Brad. Hist. des Coq. p. 219. pl. 8. f. 2. 3. Cyclade cornée.

* Brooke. Intr. pl. 2. f. 15.

* *Tellina cornea*. Dilw. Cat. 1. p. 104. n° 73. *Syn. plerisque exclusis.*

* *Cyclas rivicola*. Pleif. Syst. anord. p. 121. n° 2. pl. 5. f. 3. 4.

* Kickx. Synop. Moll. Brab. p. 86. n° 106.

* Desh. Encycl. méth. vers. t. 2. p. 36. n° 2.

Cyclas cornea? Draparn H. des Moll. p. 128. pl. 10 f. 1—3.

---

de jonction des deux genres. Ainsi, dans la plupart des cyclades, il n'existe point de dents cardinales, mais des dents latérales seulement. Dans quelques-unes on en voit paraître une sur chaque valve, petite et rudimentaire. Le rudiment d'une seconde dent d'abord sur une valve, puis sur les deux, se montre dans quelques autres espèces, et il en existe un petit nombre sur lesquels deux dents cardinales existent sur chaque valve. En suivant ces observations sur les cyrènes, on voit la troisième dent apparaître rudimentaire d'abord, et devenir égale aux deux autres dans la plupart des espèces. C'est cette troisième dent qui constitue la différence principale entre les cyrènes et les cyclades. Il faut ajouter qu'en général le test des cyclades est proportionnellement beaucoup moins épais que celui des cyrènes.

Encycl. pl. 3o2. f. 5. a. b. c.

Cyclas rivicola. Leach.

Habite en Europe, dans les rivières. Mus. n°. Mon cabinet. Communiquée par M. *Leach*. Elle est assez rare en France, et paraît commune dans la Tamise. Cette espèce est la plus grande connue de ce genre ; elle a deux ou trois indices d'accroissement, qui forment autant de zones étroites, souvent colorées en brun. Largeur, 20 millimètres.

2. Cyclade cornée. *Cyclas cornea*. Lamk.

C. testá subglobosá, tenui, tenerrimè striatá, pallidè corneá ; sulco subunico ; zoná marginali lutescente.

Tellina cornea. Lin. Syst. nat. p. 1120.

* Lister. Hist. anim. t. 2. f. 31.

* Gmel. p. 3241. n° 76. *Syn. plur. exclus.*

* Chemn. Conch. t. 6. tab. 13. f. 133.

* Mull. Verm. Hist. p. 202. n° 387.

* Schroter. Fluss. Conch. t. 4. f. 4.

Gualt. Test. tab. 7. fig. B.

Cyclas rivalis. Draparn. H. des M. p. 129. pl. 10. f. 4. 5.

* Came des ruisseaux. Geoffroy. Coq. des environs de Paris. pl. 3 ?

* Turton. Dith. p. 248. t. 11. f. 14.

* Pfeiff. Syst. anord. p. 120. t. 5. f. 12.

* *Cyclas rivalis*. Brard. Coq. p. 222. pl. 8. f. 4. 5.

* Blainv. Malac. pl. 73. f. 1. a.

* Turton. Man. p. 13. pl. 1. f. 2.

* Nilsson. Hist. Moll. Suec. p. 96. n° 1.

* Kickx. Synop. Moll. Brab. p. 87. n° 107.

* Desh. Encycl. méth. vers. t. 2. p. 37. n° 3.

(2) *Var. testá penitùs globosa.*

(3) *Var. testá magis transversá.*

Habite les petites rivières, les ruisseaux de l'Europe. Espèce fort commune en France, toujours plus mince, moins colorée et moins grande que la précédente. Mus. n°. Mon cabinet. Les deux variétés viennent de l'Amérique septentrionale, rapportées par M. *Michaud*.

3. Cyclade des lacs. *Cyclas lacustris*. Drap.

C. testá subrhombeá, planiusculá, tenuissimè striatá, subinæquilaterá.

Tellina lacustris. Mull. Verm. p. 204.

Cyclas lacustris. Draparn. H. des M. p. 130. pl. 10. f. 6. 7.

* *Tellina lacustris.* Gmel. p. 3242. n° 77.

* Chemn. Conch. t. 6. pl. 13. f. 135.

* Turton. Man. p. 14. n° 4. pl. 1. f. 4.

* Pfeif. Syst. anord. t. 5. f. 6. 7.

* Kickx. Synop. Moll. Brab. p. 88. n° 108.

* Nilsson. Hist. Moll. Sueciæ. p. 98. n° 2.

Habite en Europe, dans les lacs et les marais.

4. Cyclade oblique. *Cyclas obliqua.* Lamk.

C. testá obliquè trigoná, subgibbá, striatá, corneo-virescente; sulcis 2 s. 3 nigrescentibus, zoniformibus.

An tellina amnica? Mull. Verm. p. 205.

Chemn. Conch. 6. tab. 13. f. 134.

* Schroter. Fluss. Conch. p. 194. n° 24.

* *Id.* Einl. t. 3. p. 9.

* *Cyclas palustris.* Drap. Hist. des Moll. p.131. n° 6. pl. 10. f. 15. 16,

* *Cyclas amnica.* Turton. Dith. p. 250. t. 11. f. 15.

* Wood. Conch. p. 153. t. 47. f. 6.

* *Tellina amnica.* Dilw. Cat. t. 1. p. 105.

* Turton. Man. p. 15. n° 5. pl. 1. f. 5.

* *Cyclas obliqua.* Nilsson. Hist. Moll. Sueciæ. p. 99. n° 4.

* *Pisidium obliquum.* Pfeiffer. Syst. anord. t. 5. f. 19. 20. et t. 1. f. 19.

* Kickx. Synop. Moll. Brabant. p. 89. n° 110.

Cyclas amnica. Ex. D. Leach.

Habite en Europe, dans les ruisseaux, les fossés aquatiques. Mon cabinet. Elle est plus oblique et plus bombée que la précédente. Largeur, 8 ou 9 millimètres.

5. Cyclade calyculée. *Cyclas calyculata.* Drap.

C. testá orbiculato-rhombeá, subdepressá, tenui, diaphaná, albo-lutescente; natibus prominentibus, tuberculosis.

Cyclas calyculata. Draparn. H. des M. p. 130. pl. 10. f. 14. 15.

* Pfeiffer. Syst. anord. t. 5. f. 17. 18.

* Nilsson. Hist. Moll. Suec. pl. 99. n° 3.

* Wood. p. 197. pl. 45. f. 5.

* Turton. Man. p. 14. pl. 1. f. 3.

(2) *Var. testá semi-pellucidá, rufescente; natibus nigricantibus, minus prominulis.*

Cyclas stagnicola. Leach.

Habite en France, dans des mares, près de Fontainebleau, *Mauger;* et en Franche-Comté, *Ferrussac.* Mus. n°. Mon cabinet. La variété (2) vient d'Angleterre, et m'a été communiquée par M. *Leach.*

6. Cyclade obtusale. *Cyclas obtusalis.* Lamk.

C. testá ováli, tumidá, subinœquilaterá, pellucidá, fragilissimá; umbone obtusissimo.

* *Pisidium obtusale.* Pfeiffer. Syst. anord. p. 125. t. 5. f. 21. 22.

* *An eadem species?* Nilsson. Hist. Moll. Sueciœ. p. 101. n° 5.

Mon cabinet.

Habite.... Je la crois de France. Elle a des rapports avec la suivante. Largeur, près de 4 millimètres.

7. Cyclade des fontaines. *Cyclas fontinalis.* Drap.

C. testá globosá suôdepressá, subinœquilaterali; umbone subacuto. Dr.

Cyclas fontinalis. Draparn. H. des M. p. 130. pl. 10. f. 9—12.

* Pfeiffer. Syst. anord. p. 125. t. 5. f. 15. 16.

* Nilsson. Hist. Moll. Sueciæ. p. 101. n° 6.

* *Cyclas pusilla.* Turton. Dith. p. 251. t. 11. f. 16. 17.

* *Id.* Turton. Man. p. 16. n° 7. pl. 1. f. 7.

(2) *Var. testá nigrescente.* Drap. *Ibid.* f. 13.

Habite aux environs de Montpellier, dans les fontaines. Mon cabinet. C'est la plus petite des espèces européennes. Elle est très mince, transparente, fragile, grisâtre, et n'a que deux millimètres de largeur.

8. Cyclade australe. *Cyclas australis.* Lamk.

C. testá subcordatá, tumidá, inœquilaterali, transversim striato - sulcatá; umbone prominente; natibus obliquè versis.

Mus. n°.

(2) *Var. testá minimá, subpellucidá.*

Habite à l'île de Timor. Coquille opaque ; largeur, 5—7 millimètres. La variété (2) vient de la Nouvelle-Hollande, au port du Roi Georges, *Péron.* Elle est aussi petite que la cyclade des fontaines.

9. Cyclade sillonnée. *Cyclas sulcata.* Lamk.

C. testá ovali, transversá, subinæquilaterali, fuscatá ; sulcis transversis elevatis, sublamellatis.
Cabinet de M. *Valenciennes.*
Habite le lac Georges, Amérique septentrionale. Largeur, 15 millimètres ; d'un blanc bleuâtre à l'intérieur.

10. Cyclade striatine. *Cyclas striatina.* Lamk.

C. testá rotundato-elliptica, subinæquilaterali, convexá, eleganter striata ; natibus subdecorticatis.
Cabinet de M. *Valenciennes.*
Habite dans l'Amérique septentrionale, avec la précédente. Elle se rapproche de la cyclade cornée ; mais elle est plus inéquilatérale, plus petite, plus striée, etc. Largeur, 7 millimètres.

11. Cyclade de Sarratoga. *Cyclas Sarratogea.* Lamk.

C. testá ovali ; transversá, epiderme fucescente indutá ; striis transversis ; natibus decorticatis et erosis.
Mus. n°.
Habite l'Amérique septentrionale, dans le lac Sarratoga. Largeur, 24 millimètres.

CYRÈNE. (Cyrena.)

Coquille arrondie-trigone, enflée ou ventrue, solide, inéquilatérale, épidermifère, à crochets écorchés. Charnière ayant trois dents sur chaque valve. Les dents latérales presque toujours au nombre de deux, dont une souvent est rapprochée des cardinales. Ligament extérieur, sur le côté le plus grand.

Testa rotundato-trigona, turgida aut ventricosa, inæquilatera, solida, corticata; natibus erosis aut decorticatis. Cardo dentibus tribus in utrâque valvá. Dentes laterales subbini : unico sæpe sub ano posito. Ligamentum externum, latere majore insertum.

OBSERVATIONS. Les *cyrènes* sont des coquillages fluminicoles que l'on a d'abord confondus avec les cyclades, mais qui en sont bien distingués et doivent constituer un genre particulier. Ce sont des coquilles équivalves, solides, la plupart épaisses, d'un volume assez grand, quelquefois même fort grand, et qui toutes sont recouvertes à l'extérieur d'une espèce d'épiderme verdâtre ou rembruni. Presque toutes ont les crochets écorchés et comme rongés. Ces coquilles sont distinguées des cyclades, parce qu'elles ont trois dents cardinales sur chaque valve. Elles ont en outre des dents latérales dont souvent une est placée sous le corselet.

Les espèces de ce genre sont nombreuses et habitent dans les fleuves et les grandes rivières. Il paraît qu'elles sont toutes étrangères à l'Europe (1).

---

(1) Ce que nous avons dit sur la famille des conques, nos observations sur les cyclades, nous laissent peu à faire à l'égard du genre cyrène. Il existe, comme nous l'avons vu, un passage entre les deux genres, mais il arrive un point où les espèces du genre qui nous occupe sont bien distinctes des cyclades par leur épaisseur, et une dent de plus à la charnière. L'animal des cyrènes que nous avons eu occasion de voir, ne diffère pas essentiellement de celui des cyclades, et se rapproche beaucoup de celui des vénus. Il a les lobes du manteau réunis dans leur tiers postérieur et prolongés de ce côté par deux siphons séparés jusqu'à la base. Ils sont munis d'un petit muscle rétracteur qui laisse une impression particulière dans la coquille.

ESPÈCES.

Dents latérales serrulées ou dentelées.

1. Cyrène trigonelle. *Cyrena trigonella.* Lamk.

C. *testâ parvulâ, triangulari, subæquilaterali, fulvâ, lœviusculâ ; natibus subviolaceis.*

Mus. n°.

Habite.... Elle provient du voyage de *Péron.* Largeur, 8 millimètres.

2. Cyrène orientale. *Cyrena orientalis.* Lamk. (1)

C. *testâ trigonâ, olivaceâ ; sulcis transversis remotiusculis ; dentibus lateralibus serrulatis ; natibus violaceis.*

Mus. n°. *È Chinâ.*

(2) *Var. testâ majori ; dente cadinali mediano bifido.*

Ex Oriente. Bruguières.

Habite à la Chine, et sa variété dans les rivières du Levant. Mon cabinet. Elle est un peu violette à l'intérieur, sur-tout sous les crochets. Largeur, 17 millimètres; et sa variété, 20 millimètres.

---

(1) Cette espèce et les deux suivantes doivent être réunies et n'en former à l'avenir qu'une seule à laquelle il conviendra de conserver le nom de *cyrena cor.* Lorsque l'on voudra examiner, comme nous l'avons fait, les types de ces espèces, on y reconnaîtra des variétés d'âge et de localités d'une même espèce, variant comme les autres dans des limites déterminées. Ce qui a contribué à nous affermir dans notre opinion, c'est que, ayant eu occasion de voir un assez grand nombre d'individus d'une même localité, nous y avons retrouvé, avec tous les intermédiaires, les trois variétés principales dont Lamarck a fait trois espèces. Par suite de ces adjonctions, il faudra ajouter dans la synonymie de l'espèce type les *venus fluminalis* et *fluviatilis* de Muller, de Chemnitz et des auteurs linnéens.

3. Cyrène cœur. *Cyrena cor.* Lamk.

> *C. testá elongato-cordatá , inæquilaterá , tumidá , scalariter sulçatá ; natibus prominentibus involutis.*

* Schroter. Flussch. p. 195. n° 20.
* Muller. Hist. verm. p. 205. n° 390. *Tellina fluminalis.*
* *Ibid.* Hist. verm. p. 206. n° 392. *Tellina fluviatilis.*
* Gmel. Syst. nat. p. 3242. *Tellina fluminalis.*
* *Venus.* Schroter. Einl. t. 3. p. 158. n° 11.
* *Venus.* Schroter. Loc. cit. n° 12.
* *Tellina fluminalis.* Dilw. Cat. t. 1. p. 106. n° 78.
* *Tellina fluviatilis. Id.* Loc. cit. n° 80.
* *Cyrena consobrina.* Caillaud. Voy. en Égyp. t. 2. pl. 61. f. 10. 11.
* Desh. Encycl. méth. vers. t. 2. p. 49. n° 10.

Mon cabinet.

Habite... Communiquée par *Olivier*, venant de son voyage. Elle est d'un vert olivâtre en dehors, et violette à l'intérieur. Les dents latérales sont finement dentelées ; ses crochets non écorchés. Largeur, 16 millimètres.

4. Cyrène rembrunie. *Cyrena fuscata.* Lamk.

> *C. testá cordatá, fusco-virente ; sulcis transversalibus, creberrimis, subimbricatis ; intùs et ad nates violaceá.*

Chemn. Conch. 6. p. 320. t. 30. f. 321.

Encycl. pl. 302. f. 2. a. b. c.

(2) *Var. ?* Chemn. *Ibid.* t. 30. f. 320. Encycl. pl. 301. f. 2. a. b.

Habite dans les fleuves de la Chine et du Levant. Mon cabinet. Largeur, 29 millimètres. Les dents latérales sont fort alongées transversalement et dentelées.

5. Cyrène cerclée. *Cyrena fluminea.* Lamk.

> *C. testá cordatá , gibbá , flavo-virente ; sulcis doliaribus circumcinctá, intùs albo violaceoque variegatá.*

Tellina fluminea. Gmel. p. 3243. n° 80.

Venus fluminea. Chemn. Conch. 6. p. 321. t. 30. f. 322. 323.

* *Tellina fluminea.* Mull. Hist. verm. p. 206. n° 391.
* *Tellina fluviatilis.* Schroter. Flussch. p. 193. t. 4. f. 2. a. b.

* *Venus.* Schroter. Einl. t. 3. p. 159. nᵉ 13.
* *Tellina fluminea.* Dilw. Cat. t. 1. p. 107. n° 79.
* Desh. Encycl. méth. vers. t. 2. p. 50. n° 11.
Habite à la Chine, dans les fleuves. Mus. n°. Les dents laté-
rales sont finement dentelées. Largeur, 24 millimètres.

6. Cyrène tronquée. *Cyrena truncata.* Lamk.

C. testâ cordatâ, inœquilaterâ, obliquè truncatâ; sulcis trans-
versis; latere antico angulato.
* Desh. Encycl. méth. vers. t. 2. p. 50. n° 13.
Du cabinet de M. *Valenciennes.*
Habite.... Fossile de l'état de New-Yorck, de l'Amérique.
Largeur, 25 millimètres. Dents latérales dentelées; coquille
oblique, ayant presque la forme d'un *donax.*

7. Cyrène violette. *Cyrena violacea.* Lamk.

C. testâ ovato-ellipticâ, inœquilaterali, transversè sulcatâ, vio-
laceâ, obscurè radiatâ : antico latere convexo, acuto.
* Cyclas. Brug. Encycl. pl. 301. f. 1. a. b.
* Desh. Encycl. méth. vers. t. 2. p. 49. n° 9.
Mon cabinet.
Habite.... Belle et assez grande espèce, à crochets écorchés,
violette, tant à l'extérieur qu'en dedans, ayant les dents
latérales dentelées. Largeur, 38 millimètres.

Dents latérales entières.

8. Cyrène comprimée. *Cyrena depressa.* (1).

C. testâ lenticulari-trigonâ, compressâ, sulcis doliaribus
cinctâ, albidâ; epiderme fulvo; natibus decorticatis.

---

(1) Nous n'avons pas vu cette coquille : si elle se rapportait aux figures citées de Chemnitz, ce serait une vénus.
La figure de l'encyclopédie que Lamarck rapporte avec
certitude, représente, ce nous semble, une espèce bien différente de celle de Chemnitz; elle serait plus probablement
du genre cyrène, puisque Bruguières l'a ainsi placée, mais
comme elle ne montre pas la charnière, nous conservons
du doute.

An venus borealis ? Gmel. p. 3285. Encycl. pl. 302. f. 3.
Chemn. Conch. 7. tab. 39. f. 412—414?
Habite.... Mon cabinet. Quoique un peu anomale, je ne puis
douter que cette coquille ne soit une cyrène ; elle a même
l'aspect du *c. fluminea* ; mais elle a le corselet et la vulve
excavés. Largeur, 25 millimètres.

9. Cyrène de Caroline. *Cyrena caroliniensis.*

*C. testâ cordatâ, turgidâ, inæquilaterâ ; natibus distantibus,
erosis, decorticatis ; vulvâ hiante.*
Cyclas caroliniensis. Bosc. Hist. nat. des Coq. 2 pl. 18. f. 4.
Habite l'Amérique septentrionale, les rivivières de la Caroline. Mon cabinet. Largeur, 46 millimètres.

10. Cyrène du Bengale. *Cyrena Bengalensis.* Lamk.

*C. testâ cordatâ, subtumidâ, inæquilaterâ ; natibus remotius-
culis, decorticatis; nymphis conniventibus.*
Mon cabinet.
Habite au Bengale, dans les rivières. *Massé.* Elle semble
moyenne entre la précédente et celle qui suit. Largeur, 48
millimètres ; les stries transverses fines.

11. Cyrène de Ceylan. *Cyrena Zeylanica.* Lamk.

*C. testâ subcordatâ, tumidâ, inæquilaterâ ; antico latere su-
bangulato ; rimâ hiante.*
Venus ceylanica. Chemn. Conch. 6. p. 333. t. 32. f. 336.
Venus coaxans. Gmel. p. 3278. n° 41.
* Schroter. Einl. t. 3. p. 160. *Venus.* n° 17.
* Rumph. t. 43. F. H.?
Encycl. pl 302. f. 4. a. b.
* Desh. Encycl. méth. vers. t. 2. p. 49. n° 8.
* Blainv. Malac. pl. 73. f. 2.
Habite dans les rivières de l'île de Ceylan. Mus. n°. Mon
cabinet. Elle devient très grande, est presque aussi longue
que large. Crochets rapprochés, épiderme verdâtre,
stries fines et inégales. Elle a jusqu'à 70 millimètres de
largeur.

† 12. Cyrène cyprinoïde. *Cyrena cyprinoides.* Quoy.

*C. testâ magnâ, turgidâ, cordatâ, inæquilaterali, transversim
striatâ ; epiderme viridi, anticè posticèque fucescente ; cardine angusto ; dentibus lateralibus brevibus.*

Quoy et Gaym. Voy. de l'Astrol. Moll. pl. 82. f. 1. 2. 3.
Habite les îles de l'Océan austral. Grande et belle espèce,
fort rare dans les collections. Son test est peu épais; il est
d'un blanc jaunâtre en dedans et revêtu, en dehors, d'un
épiderme vert passant an brun sur les côtés; la charnière
est étroite; deux dents cardinales et une avortée sur la
valve gauche.

† 13. Cyrène de Vanikoro. *Cyrena Vanikorensis.* Quoy.

*C. testâ subrotundâ, depressâ, solidulâ, irregulariter striatâ,
intùs albâ, extùs epiderme fusco vestitâ; umbonibus minimis; cardine angusto, tridentato, dentibus lateralibus angustis, brevibus.*

Quoy et Gaym. Voy. de l'Astr. Moll. pl. 82. f. 4. 5.
Habite l'île de Vanikoro, sur les rescifs de laquelle périt La-
peyrouse. Coquille d'une taille médiocre, suborbiculaire,
déprimée, couverte d'un épiderme brun, blanche en dedans; trois dents cardinales à la charnière; les dents latérales sont courtes, étroites et peu saillantes,

† 14. Cyrène oblongue. *Cyrena oblonga.* Quoy.

*C. testâ ovato-transversâ, turgidulâ, tenui, inœquilaterâ,
posticè subangulatâ; intùs albo-cœruleâ, extùs fuscâ, tenuè
striatâ; cardine angusto, tridentato; dente laterali antico
obsoleto, posticali producto.*

Quoy et Gaym. Voy. de l'Astr. Moll. pl. 82. f. 6. 7. 8.
Habite....
Espèce intéressante, ayant la forme d'une vénus. Elle est
transverse, ovale, oblongue, un peu enflée. Son test est
mince, finement strié, couvert en dessus d'un épiderme
brun, d'un blanc bleuâtre en dedans. L'impression palléale est sinueuse postérieurement.

† 15. Cyrène de Sumatra. *Cyrena Sumatrensis.* Sow.

*C. testâ ovali, gibbosâ, crassâ, intùs albâ aut flavescente,
extùs fusco-virescente; dentibus cardinalibus tribus, duobus majoribus, angulatis, subbifidis; dentibus lateralibus brevibus, tenuissimè rugosis.*

Sow. Genera of Shells. Genre *cyrena.*
Habite Sumatra, où elle paraît assez commune. Coquille
ovale, obronde, enflée, profoundément cariée sur les cro-

chets , blanche ou d'un blanc jaunâtre en dedans, d'un
brun verdâtre , obscur en dehors. Les deux plus grandes
dents cardinales sont tranchantes sur les bords, subbifides
ou plutôt creusées en gouttière en dessus.

† 16. **Cyrène australe.** *Cyrena australis.* **Desh.**

> *C. testâ ovato oblongâ, striatâ , subdepressâ , tenui, fragili,
> fusco virente, intùs aurantiâ, striis tenuissimis, transversa-
> libus.*

Desh. Encycl. méth. Hist. nat. des vers. tom. 2. pag. 5o.
n° 12.

Habite à la Nouvelle-Hollande. Communiquée par M. Quoy.
Petite espèce cycladiforme , couverte de stries transverses
fort irrégulières. Son test est assez mince.

† 17. **Cyrène de Brongniart.** *Cyrena Brongniarti.*
Bast.

> *C. testâ subtrigonâ, obliquâ, inœquilaterâ, inflatâ, cordiformi,
> transversè sulcatâ ; umbonibus magnis , recurvis ; cardine
> subtridentato , dente laterali antico , conico, crasso, abbre-
> viato.*

Bast. Mém. de la Soc. d'Hist. nat. de Paris. tom. 2. pag. 84.
n° 1.

Mactra. Cyrena , Al. Broug. Mém. sur le Vicent. pl. 5.
fig. 10.

Var. B. Nob. *Testâ minore sublœvigatâ.*

Cyrena Sowerbyi. Bast. Loc. cit. n° 2. pl. 6. fig. 6.

Desh. Encycl. méth. Hist. nat. des vers. tom. 2. pag. 51.
n° 14.

Habite.... Fossile de Bordeaux , Dax et le Vicentin. Espèce
subtrigone, très oblique, enflée , cordiforme , ayant le test
mince et fragile. Les stries transverses sont assez régulières
et plus profondes , plus rapprochées sur le côté antérieur.
C'est la plus grande espèce fossile que nous connaissions.

† 18. **Cyrène de Graves.** *Cyrena Gravesii.* **Desh.**

> *C. testâ suborbiculatâ, turgidâ, lœvigatâ; umbonibus magnis ,
> cordatis, recurvis ; dentibus cardinalibus tribus, lateralibus
> elongatis, cardine approximatis.*

Desh. Descript. des Coq. foss. de Paris. t. 1. p. 120. n° 6.
pl. 19. fig. 3. 4.

An cyclas deperdita? Sow. Miner. Conch. tab. 162. fig. 1.
Desh. Encycl. méth. Hist. nat. des vers. tom. 2. pag. 48.
n° 4.

Habite.... Fossile de Guise-la-Mothe. Elle est la plus grande des environs de Paris. Ovale, obronde, cordiforme, oblique, lisse; son test est mince, rarement carié sur les crochets; deux dents cardinales sur chaque valve. La latérale postérieure très alongée et sillonnée.

† 19. Cyrène antique. *Cyrena antiqua.* Fer.

C. testâ trigonâ, cordiformi, inœquilaterâ, crassissimâ, turgidâ, lœvigatâ; umbonibus obliquis, magnis; dentibus cardinalibus tribus, lateralibus magnis striatis.

Cyrena antiqua. Férussac. Hist. des Moll. terr. et fluv. pl. sans n°s. fig. 5.

Ibid. Desh. Descrip. des Coq. foss. de Paris. Loc. cit. n° 5. pl. 18. fig. 19. 20. 21.

Idem. Encycl. méth. Hist. nat. des vers. tom. 2. pag. 47. n° 3.

Habite... Près d'Épernay, à la montagne de Bernon, Aï, Cumières. Coquille cordiforme, ayant plutôt l'aspect d'une vénus que d'une cyrène. Elle est très épaisse, solide, à bord cardinal, épais et élargi; deux dents cardinales sur une valve, trois sur l'autre; nymphes très courtes, enfoncées.

† 20. Cyrène aplatie. *Cyrena compressa.* Desh.

C. testâ ovato-obliquâ, subtrigonâ, depressâ lœvigatâ; dentibus tribus in utrâque valvâ: posticalibus bifidis; dentibus lateralibus magnis, cardine distantibus, lœvigatis.

Desh. Descript. des Coq. foss. Loc. cit. n° 7. pl. 18. fig. 16. 17. 18.

Ibid. Dict. class. d'Hist. nat. *Atlas,* Moll. pl. 3. f. 1.

Idem. Encycl. méth. Hist. nat des vers. tom. 2. pag. 48. n° 5.

Habite... Fossile à Maulette, près Houdan, à Maulle, Vaugirard. Belle espèce assez rare, aplatie, mince, fragile, ovalaire, lisse. Trois dents cardinales sur chaque valve, dont deux bifides.

† 21. Cyrène de Faujas. *Cyrena Faujasii.* Desh.

C. testâ ovato-rotundâ, depressâ, lœvigatâ, substriative ; umbonibus minimis, recurvis; cardine angusto, tridentato; dente laterali antico brevi, angustissimo.

Venus de Mayence. Faujas. Mém. du Mus. tom. 8. p. 158.

Desh. Encycl. méth. Hist. nat. des vers. tom. 2. pag. 51. n° 13.

Habite..... Fossile aux environs de Mayence. Ce n'est point une vénus , mais bien une cyrène qui a beaucoup d'analogie avec une espèce de Dax, *Cyrena Geslini.* Elle est ovalaire , comprimée , mince, trois dents cardinales inégales : la médiane, qui est la plus grosse, est bifide.

† 22. Cyrène de Geslin. *Cyrena Geslini.* Desh.

C. testâ rotundatâ, depressâ, substriatâ, obliquâ, inæquilaterali; umbonibus minimis ; cardine, tridentato , altero bidentato; dentibus bifidis, lateralibus brevibus, compressis.

Desh. Encycl, méthod. Hist. nat des vers. tom. 2. pag. 52. n° 15.

Habite.... Fossile de Dax. Coquille obronde , comprimée, ayant le test assez mince. Deux dents cardinales sur une valve. Nymphe courte , aplatie , enfoncée sous le bord du corselet. Elle est rare.

† 23. Cyrène tellinelle. *Cyrena tellinella.* Ferr.

C. testâ ovato elongatâ , transversâ, inæquilaterâ , lœvigatâ , depressâ ; umbonibus minimis ; dentibus cardinalibus minimis duobus in utrâque valvâ; lateralibus magnis, obliquè striatis.

Ferrussac. Hist. nat. des Moll. terr. et fluv. pl. sans n°. f. 1.

Desh. Encycl. méth. Hist. nat. des vers. tom. 2. pag. 49. n° 6.

Ibid. Descript. des Coq. foss. de Paris. t. 1. p. 123. n° 11. pl. 19. fig. 18. 19.

Habite.... Fossile à Disy, Aï, près Épernay. Elle est la plus transverse des cyrènes connues , inéquilatérale , assez épaisse et solide, toute lisse, deux petites dents cardinales sur chaque valve. Elle est assez rare.

† 24. **Cyrène demi-striée.** *Cyrena semi-striata.* Desh.

> *C. testâ ovato-trigonâ, obliquè cordatâ, inæquilaterâ, posticè angulatâ, anticè regulariter striatâ; striis transversalibus in medio evanescentibus; cardine bidentato; dentibus lateralibus brevibus, conicis, ovatis.*

Desh. Encycl. méth. Hist. nat. des vers. tom. 2. pag. 52. n° 17.

Habite.... Fossile de Klein Spauwen, près de Maestricht. Triangulaire, mince, finement striée sur le côté antérieur, lisse sur le reste de la surface; charnière très étroite; deux dents cardinales, une troisième obsolète.

† 25. **Cyrène perdue.** *Cyrena deperdita.* Desh.

> *C. testâ ovato-ventricosâ, obliquâ, subtrigonâ, lævigatâ substriative; umbonibus magnis inflatis, recurvis; dentibus cardinalibus tribus valvâ sinistrâ, duobus dextrâ; dentibus lateralibus subæqualibus, lævigatis.*

Cyclas deperdita. Lamk. Ann. du Mus. tom. 7. pag. 425.

Def. Dict. des Sc. nat. tom. 12. pag. 280.

Desh. Descript. des Coq. foss. de Paris. tom. 1. pag. 118. n° 3. pl. 19. fig. 14. 15.

Idem. Encycl. méth. Hist. nat. des vers. tom. 2. pag. 47. n° 1.

Habite.... Fossile à Beauchamp et beaucoup d'autres lieux des environs de Paris. Coquille cordiforme, ventrue, oblique, toute lisse; trois dents cardinales sur une valve, deux sur l'autre.

† 26. **Cyrène subovale.** *Cyrena obovata.* Sow.

> *C. testâ ovato-subtrigonâ, obliquè cordatâ, gibbosulâ, crassâ, lævigatâ, posticè angulatâ; cardine bidentato, altero tridentato; dentibus bifidis; dente laterali postico, prælongo.*

Cyclas obovata. Sow. Min. Conch. pl. 162. fig. 4. 5. 6.

Desh. Encycl. méth. Hist. nat. des vers. tom. 2. pag. 52. n° 16.

Habite.... Fossile de l'île de Wight, en Angleterre. Très voisine de la *cyrena deperdita* : ovale, cordiforme, très enflée, lisse. Deux dents cardinales sur une valve; trois sur l'autre : la dent latérale postérieure est très alongée.

† 27. **Cyrène épaisse.** *Cyrena crassa.* **Desh.**

> *C. testá ovato-subtrigoná, crassá, lævigatá; umbonibus pro-*
> *ductioribus, obliquis; cardine tridentato, altero bidentato;*
> *dentibus lateralibus abbreviatis, spissis.*

Desh. Descript. des Coq. foss. de Paris. Loc. cit. n° 4. pl.
  18. fig. 14. 15.

Idem. Encycl. méth. Hist. nat. des Vers. tom. 2. pag. 47.
  n° 2.

Habite…. Fossile à Valmondois, près Pontoise. Petite, triangulaire, à crochets pointus; test épais, solide, lisse; trois
  dents cardinales sur une valve, deux sur l'autre. Dents
  latérales courtes et rapprochées des cardinales.

GALATHÉE. (Galathea.)

Coquille équivalve, subtrigone, recouverte d'un
épiderme verdâtre. Dents cardinales sillonnées : deux
sur la valve droite, conniventes à leur base; trois sur
l'autre valve, l'intermédiaire avancée, séparée. Dents
latérales écartées.

Ligament extérieur, court, saillant, bombé. Nymphes proéminentes.

Testa æquivalvis, subtrigona, epiderme virente in-
duta. Dentes cardinales sulcati : duobus in valvá
dextrá, basi conniventes; tribus in alterá : intermedio
anteriore distincto. Dentes laterales remoti.

Ligamentum externum, breve, prominente, turgi-
dum. Nymphæ prominulæ.

[Animal ayant le corps épais, subtrigone, le manteau
grand, simple, ouvert en dessous et en avant, fermé postérieurement et prolongé de ce côté en deux tubes égaux

séparés jusqu'à la base ; deux branchies inégales , la supérieure ployée en deux, quatre appendices buccaux, triangulaires ; bouche grande ; pied large, oblong , comprimé ,
subanguleux antérieurement.]

OBSERVATIONS. La *Galathée* est une coquille fluviatile ,
très voisine des cyrènes par ses rapports; mais qui s'en
distingue par la conformation particulière de ses dents
cardinales; ce qui a engagé *Bruguières* à en former un
genre à part. Ses dents cardinales sont divergentes. Il y en
a deux sur une valve, qui sont conniventes sous le crochet, et qui ont, en devant, une cavité raboteuse. Sur
l'autre valve, on en voit trois, disposées comme en trian-
gle , l'intermédiaire étant avancée, séparée, grosse et calleuse. Les impressions musculaires sont latérales et paraissent doubles de chaque côté. On ne connaît encore de ce
genre que l'espèce suivante (1).

----

(1) La seule coquille appartenant à ce genre était connue
avant que Bruguières ne l'instituât. Lister en fit représenter une variété dans son grand ouvrage, et depuis, Born et
Chemnitz en donnèrent également la figure. Ces auteurs ,
embarrassés sans doute pour la placer convenablement,
la rangèrent parmi les vénus, en quoi ils furent imités par
Gmélin. Bruguières donna au genre le nom de Galathée,
que Lamarck adopta ; mais M. de Roissy, dans le Buffon
de Sonnini, craignant que ce nom de galathée déjà imposé
à un genre de crustacés, ne devînt un sujet de confusion
dans la nomenclature, proposa celui d'Egérie. Il ne préva-
lut pas, parce qu'en effet les naturalistes distingueront
toujours avec facilité un genre de crustacés d'un genre de
coquilles, quand même ils porteraient le même nom. Si
ces défauts dans la nomenclature doivent être évités soi-
gneusement quand il s'agit d'êtres appartenant à des classes
différentes , ils seraient intolérables pour les genres d'une
même classe, et c'est alors qu'il faudrait réparer une erreur
fâcheuse. Comme il n'y avait en réalité aucun inconvé-

ESPÈCE.

1. Galathée à rayons. *Galathea radiata.* **Lamk.** (1).

> * Lister. Conch. t. 158. f. 13.
> * *Venus reclusa.* Chemnitz. t. 6. p. 326. t. 31. fig. 327 à
> 329.

nient grave à conserver le nom de Bruguières, il a été maintenu dans toutes les nomenclatures. M. Sowerby, cependant, dans son *Genera of Shells*, croyant pouvoir fixer définitivement la nomenclature, rejeta et le nom de Galathée et celui d'Egérie, et y substitua celui de Potamophyle qui n'a pas prévalu : celui de galathée restant toujours le préféré.

Malgré la grande différence qui existe entre les coquilles des cyrènes et des galathées, Cuvier, dans le règne animal, et M. de Blainville, dans le traité de malacologie, n'adoptèrent pas le genre de Bruguières. Il faut ajouter que ce qui les a sur-tout déterminés, c'est que l'animal des galathées était jusqu'alors inconnu. Il fallait un hasard heureux pour le découvrir, car on le croyait des fleuves d'Asie ou de l'Inde, et M. Rang le rencontra en abondance vers l'embouchure des fleuves de la côte de Malaguette en Afrique. M. Rang, avant son voyage en Afrique, avait déjà donné des gages de son savoir et de son excellente méthode d'observation, par la publication de plusieurs mémoires et de son Manuel des mollusques. Le mémoire sur les galathées, inséré dans le tome ving-cinq des Annales des Sciences naturelles, prouve combien ce savant est capable de rendre d'utiles services à la conchyliologie ; car ce travail sous tous les rapports ne laisse presque rien à désirer. La description de l'animal est exacte : nous avons pu nous en assurer par son examen, ayant eu, depuis, l'occasion de nous en procurer plusieurs individus. Nous pouvons donc ajouter, avec confiance, aux caractères génériques donnés par Lamarck, ceux tirés de l'animal.

(1) Nous avons quelques observations à faire sur la sy-

* *Venus paradoxa.* Born. Mus. p. 66. t. 4. fig. 12. 13.
* *Venus.* Schroter. Einl. t. 3. p. 160. n° 16.
* *Id. Ibid.* Loc. cit. p. 193. n° 131.
* *Venus subviridis.* Gmel. Sc. nat. édit. 13. p. 3280. n° 55.
* *Venus hermaphrodita. Id.* Loc. cit. p. 3278. n° 40.
* *Venus meretrix. Var.* Gmel. loc. cit. p. 3273. n. 15.

nonymie de cette espèce. Linné ne la mentionna pas. Gmélin, dans la treizième édition du *Systema naturæ*, releva la figure de Lister, crut qu'elle représentait une espèce particulière, et lui donna le nom de *venus subviridis.* Born, comme nous l'avons vu en faisant représenter plus parfaitement la même coquille que Lister, lui donna le nom de *venus paradoxa.* Gmélin l'inscrivit comme variété de la *venus meretrix*, dans son catalogue, non loin de la *sudviridis.* Chemnitz, de son côté, ayant eu un individu de taille médiocre, encore revêtu de son épiderme de la même coquille, la fit figurer dans son Conchylien cabinet, en fit une description détaillée, indiqua les fleuves de Guinée pour sa patrie, et lui imposa le nom de *venus reclusa.* Gmélin ne s'étant pas aperçu du double emploi que nous venons de signaler, en fit un second en adoptant l'espèce de Chemnitz à laquelle il changea son nom pour celui de *venus hermaphrodita.* Voilà donc trois espèces pour une. On devait s'attendre que ces erreurs seraient relevées par les auteurs qui ont donné des catalogues d'espèces plus ou moins complets. M. Dilwyn, si recommandable par son catalogue descriptif des coquilles vivantes, dans lequel il a relevé un grand nombre des erreurs de ses devanciers, a laissé subsister toutes celles relatives à cette espèce. Ce savant met d'abord la *venus subviridis* parmi les espèces qu'il n'a pu reconnaître ; il adopte ensuite la *venus paradoxa* de Born, ainsi que la *venus hermaphrodita* qu'il plaça à la fin de ses tellines. Lamarck reconnut sans doute quelques-uns de ces double-emplois, et pour éviter à l'avenir la confusion et l'erreur, il donna à l'espèce le nom qu'elle a depuis conservé. C'est après les recherches qui nous ont mis à même de donner la note précédente, que nous pouvons aussi rendre complète la synonymie de l'espèce.

* *Venus meretrix*. Martin. 1. Manigf. 1. p. 402. t. 1. f. 1. 2. (*Ex Gmelin.*)

* *Galathea*. Brug. Encycl. pl. 250. fig. 1.

* *Galathea radiata*. Lamk. Ann. du Mus. t. 5. p. 430. pl. 28.

* *Egeria radiata*. De Roissy. Buff. de Sonnini. Moll. t. 6. p. 327. pl. 64. f. 5.

* *Tellina hermaphrodita*. Dilw. Cat. t. 1. p. 107. n° 81.

* *Venus paradoxa*. Id. Loc. cit. p. 180. n° 49.

* Galathée à rayons. Blainv. Malac. pl. 73. f. 3.

Habite dans les rivières de l'île de Ceylan et des Grandes-Indes. Cabinet de M. *Castellin.* Coquille rare, recherchée, précieuse. Sous l'épiderme, son test est d'un blané de lait, taché de violet vers sa base, et marqué de deux à quatre rayons violets. Largeur, 8 à 10 centimètres (au moins 3 pouces).

CONQUES MARINES.

Point de dents latérales dans la plupart ; rarement un drap marin recouvrant toute la coquille, sauf les crochets.

Les conques marines sont extrêmement nombreuses, variées, souvent élégantes, et la plupart font l'ornement des collections. Linné n'en avait formé qu'un seul genre auquel il assigna le nom de *vénus ;* mais le nombre des espèces s'étant considérablement accru depuis que cet illustre naturaliste l'a institué, il est devenu indispensable, pour l'étude, de le partager en plusieurs genres particuliers. Nous l'avons effectivement divisé en quatre coupes, qui nous paraissent distinctes, et qui constituent pour nous les genres *cyprine*, *cythérée*, *vénus* et *vénéricarde*, dont nous allons faire une exposition rapide, nous bornant à la simple indication des espèces que nous avons sous les yeux, et de leur caractère distinctif.

CYPRINE. (Cyprina.)

Coquille équivalve, inéquilatérale, en cœur oblique,
à crochets obliquement courbés. Trois dents cardinales
inégales, rapprochées à leur base, un peu divergentes
supérieurement. Une dent latérale écartée de la charnière, disposée sur le côté antérieur, quelquefois obsolète. Callosités nymphales grandes, arquées, terminées,
près des crochets, par une fossette. Ligament extérieur,
s'enfonçant en partie sous les crochets.

*Testa æquivalvis, inæquilatera, obliquè cordata;
natibus obliquè curvis. Cardo dentibus tribus inæqualibus, basi approximatis, supernè subdivaricatis. Dens
lateralis à cardine remotus, in antico latere, interdùm
obsoletus. Calli nymphales magni, arcuati, propè nates
lunulá ovatá subterminati. Ligamentum externum,
partìm sub natibus sœpè immersum.*

OBSERVATIONS. Les *cyprines* sont en général d'assez
grandes coquilles de la famille des conques, très voisines
des vénus par leurs rapports, et qui semblent même n'en
être que médiocrement distinguées par les caractères de
leur genre. Cependant ces coquilles sont singulières en ce
qu'elles ont une dent latérale comprimée sur leur côté antérieur; que leurs nymphes sont grandes, presque toujours terminées, près des crochets, par une fossette ovale,
quelquefois d'une grandeur singulière; que le ligament
de leurs valves s'étend jusque sous les crochets, et y remplit la fossette qui termine les nymphes; enfin qu'elles ont
un épiderme ou drap marin, presqu'à la manière des cyrènes. Par leur dent latérale, quelquefois obsolète, et par
leur drap marin subsistant, les *cyprines* tiennent un peu

aux conques fluviatiles, et il est probable que plusieurs
vivent dans la mer, à l'embouchure des fleuves (1).

------

(1) Tous les caractères donnés par Lamarck au genre cyprine ne sont pas d'une égale valeur, et ils méritent, à
cause de cela, un examen attentif avant d'en faire une rigoureuse application. Nous trouvons, comme Lamarck,
dans la charnière, des caractères particuliers qui, appuyés
de ceux des animaux que Muller a fait connaître, sont suffisants pour faire maintenir le genre dans une bonne méthode. Mais pour ce qui est des callosités nymphales
grandes et terminées par une fossette, il faut faire attention
que ces callosités sont en général très grandes dans les vénus et les cythérées dont les valves sont maintenues par
un ligament fort épais. On remarque, dans quelques espèces, et notamment dans celles qui, en vieillissant, deviennent grandes et épaisses, que l'extrémité antérieure
des nymphes se carie peu à peu, ce qui produit une cavité
d'abord petite, s'agrandissant insensiblement, et devenant,
avec l'âge, quelquefois de plusieurs lignes de longueur.
Il ne faut donc pas, comme on le voit, donner à ce caractère une valeur telle qu'il doive l'emporter sur d'autres,
pour introduire des espèces dans le genre, car, en le suivant à la rigueur, on devrait ranger, parmi les cyprines,
des vénus, des cythérées, etc. Il existe un moyen de reconnaître les cyprines, auquel Lamarck ne paraît pas avoir
fait attention. L'animal du genre a les deux lobes du manteau réunis postérieurement et se terminent de ce côté en
deux siphons très courts, ou plutôt en deux perforations
comparables à celles des bucardes. Ces siphons sont trop
courts pour avoir besoin d'un muscle rétracteur propre,
et c'est pour cette raison que dans les vraies cyprines l'impression du manteau est toujours simple. Dans les vénus,
l'animal pourvu de siphons plus longs, est muni d'un
muscle rétracteur qui produit une inflexion plus ou moins
profonde de l'impression palléale; enfin, dans toutes les
cyprines, il doit y avoir une dent latérale postérieure sur
le bord, au-dessous de la terminaison du ligament. Ainsi,

ESPÈCES.

1. **Cyprine géante.** *Cyprina gigas.* Lamk. (1).

> **C.** *testâ maximâ, cordato-rotundatâ; striis tenuissimis sul-*
> *cisque remotioribus transversis; lacunâ natum maximâ;*
> *ano nullo.*

---

si nous avions à caractériser le genre qui nous occupe, la présence de la dent latérale deviendrait indispensable ainsi que la forme de l'impression palléale. Si, après avoir rectifié les caractères génériques des cyprines, nous cherchons à les appliquer aux mêmes espèces que Lamarck, nous serons bientôt convaincu qu'ils ne conviennent qu'à une ou deux espèces. Par une conséquence naturelle, à l'exception de ces deux espèces, toutes les autres doivent sortir du genre, et après les avoir examinées dans la collection du muséum où elles sont étiquetées de la main de Lamarck, nous nous sommes assuré qu'elles appartiennent toutes au genre vénus.

(1) Trompé par le volume considérable de l'individu de la collection du muséum, Lamarck a établi pour lui cette espèce, mais il ne diffère pas, si ce n'est pour la taille, de ceux nommés à tort *venus islandica* par Brocchi, lesquels, dans cet état de jeunesse et sous l'autorité de l'auteur italien, ont été confondus également par Lamarck dans la *cyprina islandica*. Nous ferons encore remarquer d'autres erreurs échappées à Lamarck qui, pour des variétés de cette même cyprine géante, a établi la *cyprina pedemontana*, ainsi que la *cyprina umbonaria*, et qui, de plus, en a confondu une autre avec la *cyprina islandicoides*. C'est ainsi qu'une seule coquille, n'appartenant pas même au genre dans lequel elle se trouve, y a été cependant reproduite cinq fois, soit sous des noms particuliers, soit à titre de variété d'espèces déjà connues. Pour éviter à l'avenir la même confusion, nous proposons de donner le nom de vénus de Brocchi à l'espèce qui fait le

Mus. n°.

Habite..... Fossile des environs de Sienne, en Italie, *Cuvier.*
Coquille très grande, épaisse et pesante; remarquable par
la grande fossette qui avoisine les crochets; sa dent latérale
est presque effacée. Largeur, 15 centimètres.

2. Cyprine d'Islande. *Cyprina Islandica.* Lamk.

C. testá cordatâ, *transversim striatâ, epidermè indutâ; antico
latere subangulato; ano nullo.*
Venus islandica. Lin. Syst. nat. p. 1131. n° 124.
Idem. Gmel. p. 3271. n° 15.
* Schroter. Einl. t. 3. p. 123.
* Lister. Anim. Angl. tab. 4. f. 22.
* Lister. Conch. t. 272. f. 108.
* Chemn. Conch. t. 6. p. 240. tab. 32. f. 341.
* Mull. Zool. Dan. t. 1. p. 29. pl. 28. f. 1—5.
* Donovan. t. 3. tab. 77.
* *Venus bucardium.* Born. Mus. tab. 4. f. 11.
Venus mercenaria. Pennant. Zool. Brit. t. 4. pl. 53.
fig. 47.
Encycl. pl. 301. f. 1. a. b. *Cyclas.*
* *Venus islandica.* Dilw. Cat. t. 1. p. 176. n° 42.
* *Cyprine d'Islande.* Blainv. Malac. pl. 70 *bis.* f. 5.
* Desh. Encycl. Méth. vers. t. 2. p. 46. n° 1.
* *Cyprina vulgaris.* Sow. Genera of Shells. Genre cyprine.
* *Fossilis. Venus æqualis.* Sow. Min. Conch. pl. 21.

Habite l'Océan boréal, à l'embouchure des fleuves. Mus. n°.
Mon cabinet. Elle offre quelques variétés dans la grandeur
et la courbure de ses crochets, dans son ligament plus ou
moins bombé, dans l'angle obtus et plus ou moins sinueux
de son côté antérieur, enfin dans ses crochets plus ou moins
rongés : elle a près d'un décimètre de largeur. On la trouve
fossile aux environs de Bordeaux et en Italie.

---

sujet de nos observations, la rétablissant dans le genre
dont elle porte tous les caractères, et lui donnant pour
synonymie les cinq espèces de Lamarck.

3. Cyprine de Piémont. *Cyprina Pedemontana.* Lamk. (1).

C. testá rotundatá, tenui, transversìm sulcatá; dente laterali obsoleto; ano oblongo.

Mus. n°.

Habite.... Fossile des environs de Turin. *Bonelli.* Largeur, 55 millimètres.

4. Cyprine ridée. *Cyprina corrugata.* Lamk.

C. testá ovato-cordatá; sulcis transversis , infernè sensim remotioribus, ad interstitia verticaliter striatis; ano impresso.

Mon cabinet.

Habite... Fossile d'Italie. Largeur, 11 centimètres.

5. Cyprine tridacnoïde. *Cyprina tridacnoïdes.* Lamk. (2)

C. testá transversìm ovatá, corrugatá; striis verticalibus; limbo superiore undatìm plicato.

List. Conch. t. 499. f. 53.

Mon cabinet.

Habite... Fossile d'Italie. Largeur , 11 centimètres. Coquille singulière, grande , plissée, en son limbe, comme dans les tridacnes, ayant dans les interstices de ses sillons des stries verticales.

6. Cyprine fines stries. *Cyprina tenui-stria.* Lamk. (3)

C. testá longitudinali, ovato-rotundatá , crassá, fulvá, intùs candidá; striis transversis concentricis tenuibus ; margine crenato ; ano nullo.

---

(1) Jeune individu un peu oblong de la cyprine n. 1.

(2) Cette grande coquille est fossile d'Amérique et non d'Italie, comme l'a cru Lamarck. Elle a tous les caractères des vénus.

(3) Cette coquille n'est pas non plus une cyprine : elle a les caractères des vénus; elle était d'ailleurs connue depuis long-temps, Chemnitz l'ayant figurée sous le nom de *Venus chinensis.*

* *Venus chinensis.* Chemn. Conch. t. 10. p. 356. pl. 171. f. 1663.

* *Venus sinensis.* Gmel. p. 3285. n° 91.

* *Venus chinensis.* Dilw. Cat. t. 1. p. 192. n° 77.

Cabinet de M. de France.

Habite.... Belle coquille striée comme la cythérée concentrique, mais plus longue que large, épaisse, fauve ou roussàtre, convexe, ayant quelques stries longitudinales sur le côté antérieur, et une dent latérale obsolète sous l'écusson, outre les trois dents cardinales. Longueur, 60 millimètres; largeur, 54. Comparez la *venus incrassata*, Sowerby. Conch. Min. n° 27. tab. 155. f. 1. 2.

7. Cyprine islandicoïde *Cyprina islandicoides.* (1).

C. *testâ cordato-rotundatâ, supernè transversìm striatâ; antico latere non angulato; ano nullo.*

Brocch. Conch. Foss. pl. 14. f. 5.

Sowerby. Conch. Min. n° 4. p. 59. t. 21 *Venus æqualis.*

Habite..... Fossile d'Italie, des environs de Bordeaux et d'Angleterre. Elle paraît l'analogue ancien de la Cyprine d'Islande, n° 2.

8. Cyprine ombonaire. *Cyprina umbonaria.* (2).

C. *testâ cordato-rotundatâ, subantiquatâ, transversìm tenuiterque striatâ; umbonibus tumidis; ano nullo.*

Mus. n°. *Venus angulata.* Sowerb. Min. Conch. n° 12. t. 65?

Habite.... Fossile du Piémont, donné par M. *Bonelli.* Elle est voisine de la précédente; mais plus grande, plus arrondie, à stries fines et élégantes. Largeur, 96 millimètres.

---

(1) Deux espèces ont été ici confondues : l'*islandica* de Brocchi qui est la même que le n° 1, et la *venus æqualis* de Sowerby, qui est l'analogue fossile de la *cyprina islandica* n. 2. L'une est une vénus, la seconde une cyprine.

(2) Celle-ci est encore une variété de l'espèce n° 1. Ce n'est pas une cyprine, mais une vénus, comme nous l'avons déjà fait observer.

CYTHÉRÉE. (Cytherea.)

Coquille équivalve, inéquilatérale, suborbiculaire, trigone ou transverse.

Quatre dents cardinales sur la valve droite, dont trois divergentes rapprochées à leur base, et une tout-à-fait isolée située sous la lunule.

Trois dents cardinales divergentes sur l'autre valve, et une fossette un peu écartée, parallèle au bord.
Dents latérales nulles.

Testa æquivalvis, inæquilatera, suborbicularis, trigona, vel transversa.

Cardo valvæ dextræ dentibus quatuor, quorum tribus basi convergentibus et approximatis : unico solitario, remotiusculo sub ano.

Cardo alteræ valvæ dentibus tribus divaricatis, basi approximatis, cum foveá remotiusculá, margini parallelá.

Dentes laterales nulli.

OBSERVATIONS. Les *cythérées* offrant quatre dents cardinales sur une valve, et seulement trois dents réunies, mais divergentes, sur l'autre valve, et, en outre, sur la valve qui n'a que trois dents, une fossette isolée, ovale et parallèle au bord de la coquille, se trouvent, par ces caractères, très bien distinguées des *vénus*.

Ces coquilles sont les mêmes que celles que j'ai nommées *méretrices* dans mon *Système des animaux sans vertèbres*, et auxquelles depuis j'ai donné un nom plus convenable, en traitant de ce genre, dans les *Annales du Mu-*

séum (vol. 7. p. 132). Elles ont sans doute les plus grands rapports avec les vénus, et néanmoins les dents de leur charnière les en distinguent éminemment. Il était donc convenable d'employer cette distinction pour en former un genre à part, afin que le genre des vénus, si nombreux en espèces, d'après le caractère que lui assigna Linné, ne fût plus aussi difficile à étudier dans celles qui lui appartiennent réellement.

Toutes les *cythérées* sont des coquilles marines, solides, la plupart fort belles et très diversifiées dans leurs couleurs et les caractères de leur test. Toutes offrent des coquilles libres, régulières, équivalves, inéquilatérales, à crochets égaux, recourbés et médiocrement saillants. La fossette isolée de la valve gauche, et qui correspond à la dent isolée de la valve droite, est ovale, parallèle au bord postérieur de la coquille, et ne se confond nullement avec les cavités qui reçoivent les trois dents cardinales, ces cavités étant différemment dirigées.

Malgré leur séparation des vénus, les espèces de ce genre sont encore fort nombreuses, nuancées entre elles, quelquefois fort difficiles à caractériser. Parmi leurs dents cardinales, deux sont souvent rapprochées entre elles ; et la troisième, plus divergente, est placée du côté antérieur, sous la nymphe. Celle-ci est tantôt simple, et tantôt canaliculée avec des stries dans son canal. Quant à la dent isolée, placée sous la lunule, on reconnaît qu'elle n'est qu'une dégénérescence de dent latérale. Il en résulte que les *cythérées* avoisinent plus les genres précédents que les vénus (1).

---

(1) Si l'on considère les genres comme des groupes entièrement artificiels, créés uniquement pour soulager la mémoire et rendre plus facile la recherche de l'espèce ; si, parce qu'un genre très nombreux en espèces doit être divisé principalement d'après ce motif, appuyé de quelques caractères de peu de valeur, certainement celui des cythérées sera adopté et conservé ; mais si un genre, pour être bon, doit être fondé sur des caractères tirés de l'organisa-

tion, s'il doit rassembler tous les êtres qui offrent ces caractères, si ces caractères ne doivent jamais offrir d'ambiguïté et d'impossibilité dans leur application, dès lors on devra rejeter le genre cythérée, car, selon nous, il ne réunit pas toutes les conditions d'un bon genre. Si nous examinons les animaux des cythérées dans le bel ouvrage de Poli, nous ne leur trouvons presque aucune différence avec ceux des vénus; la seule qui mérite d'être mentionnée, et qui n'appartient qu'à un certain nombre d'espèces des vénus proprement dites, c'est que les bords du manteau sont frangés, tandis qu'ils restent entiers et simples dans les cythérées. Ainsi, si l'on prenait ce caractère pour l'établissement des genres, il faudrait, non-seulement admettre les cythérées, mais encore diviser les vénus, telles que Lamarck les avait réduites. Cette division a été récemment proposée par M. Sowerby, dans son *Genera of Shells*, sous le nom de *pullastra*. La raison qui nous fait rejeter le genre cythérée nous empêche également d'adopter celui du conchyliologue anglais. Il est un autre genre établi depuis long-temps par Poli, sous le nom d'*arthemis*, et qui méritait plus d'être introduit dans la nomenclature que les cythérées et les pullastra. Le pied des arthémis est d'une forme toute particulière, fort différente de celui des vénus; les siphons postérieurs sont soudés dans leur longueur; les coquilles sont toujours orbiculaires, ayant une charnière de cythérée, mais une échancrure triangulaire nette et profonde dans l'impression palléale. Ce que nous disons s'applique, comme on le voit, à la *venus exoleta*, Lin., et aux autres espèces voisines. C'est donc là le seul démembrement qui soit admissible, non dans le genre vénus de Linné, mais dans un groupe qui serait formé de la réunion des vénus et des cythérées de Lamarck. Après avoir examiné rapidement ce qui, d'après les animaux, nous engage à rejeter les genres cythérée et pullastra, voyons si les coquilles conserveront des caractères assez constants pour acquérir une assez grande valeur par cette constance même: nous n'examinerons ici que les caractères propres à chacun des genres. Dans les cythérées, dit Lamarck, il y a constamment quatre dents à la charnière. Cette quatrième dent est très oblique, et toujours comprise dans cette partie du bord qui appartient à la lunule. Cette dent est en effet constante dans un assez grand nombre d'espèces; mais, dans plus de douze, tant vivantes que fossiles, que nous avons pu examiner avec soin, nous avons vu cette dent diminuer peu à peu et devenir tellement rudimentaire, qu'ayant quelquefois échappé à Lamarck, il a compris plusieurs de ces espèces dans les vénus, et les autres au nombre des cythérées. Si ces observations sont justes, comme il sera facile de le vérifier dans une collection nombreuse d'espèces vivantes et fossiles des deux genres, on peut se demander où est leur limite, et quel moyen rationnel on a pour les séparer. Le genre *Pullastra* repose, à ce qu'il nous semble, sur des caractères de moindre importance que celui des cythérées. Ces coquilles n'ont que trois dents à la charnière; elles sont, en général, étroites, rapprochées et peu divergentes; le test est mince. En admettant, avec M. Sowerby, dans son nouveau genre, la plupart des vénérupes, nous trouverons, en effet, un certain nombre d'espèces qui ont les dents petites et rapprochées, mais à mesure que, par analogie, on ajoute d'autres espèces, on voit ces dents devenir de plus en plus divergentes, s'élargir et s'épaissir en proportion; le test lui-même offre de nombreuses modifications et des passages insensibles vers les vénus proprement dites. A cela nous devons ajouter que les animaux des *Pullastra* et des vénus ont entre eux beaucoup plus de ressemblance qu'avec ceux des cythérées; ils ont les bords du manteau frangés, le pied de même forme, et les siphons séparés. Il résulte, pour nous, de toutes les observations précédentes, que l'on doit admettre un grand genre vénus dans lequel les cythérées et les pullastra peuvent devenir des sections, tandis qu'il sera nécessaire d'en retirer le genre arthémis pour l'introduire définitivement dans la méthode.

ESPÈCES.

1. Bord interne des valves très entier.

(a) Dent cardinale antérieure à canal strié, ou à bord dentelé.

1. Cythérée des jeux. *Cytherea lusoria.* Lamk. (1).

> *C. testá ovato-cordatá, lævi, albá; zonis castaneis medio interruptis; dente cardinali antico, canaliculato, striato.*

______

(1) Nous ne pouvons approuver la manière dont Lamarck a procédé pour rectifier la synonymie de la *venus meretrix* de Linné et des autres auteurs ; pour s'en faire une idée et indiquer en même temps comment doit être rétablie cette espèce, nous allons en rapporter le plus briévement l'histoire. Linné la mentionne, pour la première fois, dans la dixième édition du *Systema naturæ* ; là elle est suffisamment caractérisée et rendue reconnaissable par la citation d'une figure fort bonne de d'Argenville. Quelques années après, il la décrit dans le muséum de la princesse Ulrique (p. 5o1, n. 6o). Il n'y ajoute aucune synonymie, et il la reproduit dans la douzième édition, sans addition et sans changements. Voilà donc une espèce bien connue; la description s'accorde parfaitement avec la figure citée : il est impossible de conserver le moindre doute sur la coquille nommée *venus meretrix* par Linné; elle est épaisse, blanche, et le corselet aplati, quelquefois un peu relevé dans le milieu, et d'un brun foncé. Chemnitz reconnut très bien l'espèce de Linné, en compléta très exactement la synonymie, et ayant observé quelques variétés, il les décrivit séparément et en donna de bonnes figures. Schroter, toujours exact, conserve à cette espèce la synonymie qui lui convient. Gmélin se contente de la copier, mais il a la maladresse d'ajouter, à titre de variété, la *venus paradoxa* de Born, qui est le genre galathée de Bruguière, comme nous

* *Venus chione.* Var. β. Gmel. p. 3272. n° 16.

Venus lusoria, Chemn. Conch. 6. p. 337. t. 32. f. 340.

* *Venus lusoria.* Dilw. Cat. t. 1. p. 177. n° 44.

Encycl. pl. 270. f. 1. a. b. *Bona.*

Habite les mers du Japon et de la Chine. Mus. n°. Mon cabinet. Les Chinois et les Japonais s'en servent pour certains jeux ; ils la peignent, en dedans, de diverses couleurs et figures. Largeur, 69 millimètres.

---

l'avons vu précédemment. Rectifiant Gmélin, M. Dilwin revint à la bonne synonymie de Chemnitz et de Schroter.

Lamarck ne suivit en rien ses devanciers : il sembla même avoir été abandonné de cet esprit juste et plein de sagacité qui l'a presque toujours distingué. Il fit une espèce pour chacune des variétés, et comme il leur distribua la plupart des figures, il arriva à ce fait très remarquable qu'il ne lui resta aucune synonymie pour la *venus meretrix,* quoiqu'elle fût reproduite sous cinq noms différents. Ainsi, les *cytherea petechialis* n. 2, *impudica* n. 3, *castanea* n. 4, la variété (2) de la *cytherea zonaria* n. 5, la *cytherea meretrix* n. 6, et enfin la *graphica* n. 7, ne sont pour nous que des variétés d'une même espèce auxquelles nous sommes très porté à joindre la *cytherea lusoria* n. 1, qui ne diffère des autres que par un peu plus de longueur. En laissant cette dernière à part jusqu'au moment où elle sera bien connue, il sera convenable de réunir toutes les autres sous le nom de *venus meretrix,* et d'y établir autant de variétés qu'il sera nécessaire pour éviter toute confusion. On nous demandera sans doute sur quoi nous nous fondons pour faire de tels changements, et nous répondrons sur l'observation : en examinant en effet un grand nombre d'individus parmi lesquels se trouvent toutes ces espèces de Lamarck, nous avons trouvé à la charnière et l'impression palléale des caractères spécifiques constants, et de plus nous avons vu de nombreux passages entre les variétés. Dans quelques individus, nous avons même observé sur une seule coquille les dispositions de couleurs d'après lesquelles Lamarck avait fait deux espèces.

2. Cythérée pétéchiale. *Cytherea petechialis.* Lamk.

C. *testâ ovato-cordatâ, tumidâ, lœvi, albo-glaucescente; maculis fulvis, punctiformibus, subsparsis; latere antico angulato.*

Encycl. pl. 268. f. 5. b. et f. 6.

* *Venus chione.* Var. γ. Gmel. p. 3272. n° 16.

* Sow. Genera of Shells. f. 1.

Habite l'Océan des Grandes Indes. Mon cabinet. Coquille très rare. Son corselet est lisse, un peu glauque; la lunule n'est point marquée; elle est blanche à l'intérieur. Largeur, 70 millimètres.

3. Cythérée impudique. *Cytherea impudica.* Lamk.

C. *testâ cordatâ, lœvi, crassâ, albido-fulvâ, subradiatâ; vulvâ livido-cœrulescente; angulis lateris antici obtusis.*

Chemn. Conch. 6. t. 33. f. 347. 348. et 350.

Encycl. pl. 269. f. 1. a. b.

Habite l'Océan indien. Mus. n°. Mon cabinet. Coquille assez commune dans les collections, confondue avec les deux suivantes. Largeur, 71 millimètres.

4. Cythérée marron. *Cytherea castanea.* Lamk.

C. *testâ cordatâ, lœvi, crassâ, f^{u}sco-castaneâ; vulvâ cœruleo-nigrescente; angulis lateris anticè obtusis.*

Chemn. Conch. 6. t. 33. f. 351.

Encycl. pl. 269. f. 2. a. b.

Habite l'Océan indien. Mus. n°. Mon cabinet. Coquille très voisine de la précédente, et qui paraît néanmoins devoir en être distinguée.

5. Cythérée zonaire. *Cytherea zonaria.* Lamk. (1).

C. *testâ trigonâ, lœvi, albidâ, lineis rufis angulato-flexuosis zonatâ; vulvâ planulatâ, fulvo scriptâ.*

D'Argenv. Conch. t. 21. fig. F.

---

(1) Cette espèce est très distincte, voisine de la corbicule; mais, comme nous l'avons dit, sa variété est encore une *meretrix.*

Favan. pl. 47. fig. E. 1. *Pessima.*
(2) *Var. testá castaneo alboque zonatá.*
Habite l'Océan indien. Mus. n°. Mon cabinet pour la var. (2).
Elle est moins grande que les deux précédentes. Largeur,
54 millimètres.

6. Cythérée courtisane. *Cytherea meretrix.* Lamk.

C. testá trigoná, lævi, albá ; umbonibus maculatis; vulvá oli-
vaceo-cœrulescente ; latere antico angulato.
(2) *Var. testá castaneo zonatá ; lateribus margineque albis.*
Habite.... l'Océan indien ? Cette *cythérée* , ainsi que les trois
précédentes, sont comprises sous le nom de *Venus mere-*
trix , par les auteurs. Celle-ci nous a aussi paru mériter
d'être séparée ; nous n'en connaissóns point de figure.
Mon cabinet.

7. Cythérée graphique. *Cytherea graphica.* Lamk.

C. testá trigono - rotundatá , lævi , griseá , fusco - radiatá
aut lineolis flexuosis pictá; vulvá ovali , glauciná ; ano
oblongo.
An Chemn. Conch. 6. t. 34. f. 359—361 ?
Venus nebulosa? Gmel. n° 46.
Encycl. pl. 266. f. 5. a. b.
Habite l'Océan indien. Mus. n°. Mon cabinet. Elle est tantôt
sans rayons et tantôt à deux rayons bruns , imparfaits ; le
corselet est glauque, un peu élevé au milieu. Largeur , 38
millimètres.

8. Cythérée morphine. *Cytherea morphina.* Lamk.

C. testá trigono-rotundatá , lævi, griseá ; radiis nullis aut
binis fuscis , imperfectis ; vulvá fusco-cœrulescente ; ano
ovato.
Chemn. Conch. 6. t. 34. f. 358.
* Schroter. Einl. t. 3. p. 163. *Venus.* n° 23.
Venus triradiata ? Gmel. n° 45.
Encycl. pl. 266. f. 3. a. b.
* Dilw. Cat. t. 1. p. 181. n° 52.
Habite l'Océan des Grandes Indes et à la Nouvelle Hollande.
M. *Labillardière.* Mon cabinet. Elle est si voisine de la pré-
cédente, qu'elle n'en est peut-être qu'une variété. Largeur,
38 millimètres.

9. Cythérée pourprée. *Cytherea purpurata*. Lamk.

C. testá rotundato-cordatá, purpureá , albido fasciatá ; sulcis transversis inæqualibus : superioribus posticisque eminentioribus ; intùs albá.

Habite... Belle coquille, renflée, pourprée, à crochets grands et bombés, ayant la dent cardinale antérieure dentelée, granuleuse. Mus. n°. Largeur, 52 millimètres. Je la crois des mers du Brésil ou d'Amérique.

10. Cythérée chaste. *Cytherea casta*. Lamk.

C. testá cordato - rotundatá , gibbá , crassá , albá; pube anoque ovatis, convexis, glaucescentibus ; intùs violaceo maculatá.

Venus casta. Gmel. p. 3278. n° 42.

Chemn. Conch. 6. t. 33. f. 346.

* Schroter. Einl. t. 3. p. 162. *Venus.* n° 20.

Habite l'Océan indien. Mon cabinet. Coquille rare, blanche, presque lisse, ayant des stries longitudinales peu apparentes; lunule ovale, grande, à peine circonscrite. Largeur, 45 milimètres.

11. Cythérée corbicule. *Cytherea corbicula*. Lamk.

C. testá trigoná, glabrá, albidá aut fulvá , rufo subradiatá ; umbonibus angustatis ; ano magno subcordato.

Venus corbicula. Gmel. pag. 3278. n° 39.

List. Conch. t. 251. f. 85.

Chemn. Conch. 6. t. 31. f. 326.

* *Venus mactroides.* Born. Mus. p. 65.

* Knorr. Verg. t. 5. tab. 15. f. 2.

* *Venus.* Schroter. Einl. t. 3. p. 159. n° 15.

* Encycl. pl. 269. f. 3. a. b.

* *Venus mactroides.* Dilw. Cat. t. 1. p. 172. n° 33.

* Desh. Encycl. méth. vers. t. 2. p. 54. n° 6.

(2) *Var. testá fulvá, radiis nullis.*

Habite l'Océan atlantique et américain. Mus. n°. Mon cabinet. La dent cardinale antérieure est sillonnée obliquement, ainsi que dans la suivante. Largeur, 45 millimètres.

12. Cythérée tripline. *Cytherea tripla.* Lamk. (1).

> *C. testâ trigonâ, lævi, albidâ aut fulvâ; umbonibus tumidis,*
> *angustatis; radiis subnullis; ano ovato, magno.*
> *Venus tripla.* Lin. Mantissa. p. 545. Gmel. p. 3276. n° 29.
> * Schroter. Einl. t. 3. p. 152.
> List. Conch. t. 252. f. 86.
> Gualt. Test. t. 75. fig. Q?
> Chemn. Conch. 6. t. 31. f. 330—332,
> Encycl. pl. 269. f. 4. a. b.
> (2) Knorr. Vergn. 6. t. 6. f. 4.
> * *Venus tripla.* Dilw. Cat. t. 1. p. 173.
> * Desh. Encycl. méth. vers. t. 2. p. 54. n° 7.
> Habite l'Océan atlantique. **Mus.** n°. Mon cabinet. Moins
> grande que celle qui précède, elle y tient de très près. Son
> intérieur est taché de violet. Largeur, de 35 à 38 millimè-
> tres. La var. (2) est roussâtre.

(b) *Dent cardinale antérieure non striée dans son canal, ni dentelée en son bord.*

13. Cythérée géante. *Cytherea gigantea.* Lamk.

> *C. testâ maximâ, ovatâ, sublividâ; radiis numerosis interruptis*
> *fuscis aut cærulescentibus; ano impresso ovato.*
> *Venus gigantea.* Gmel. pag. 3282. n° 89.
> Chemn. Conch. 10. p. 354. t. 171. f. 1661.
> Encycl. pl. 280. f. 3. a. b.
> ·Favan. Conch. pl. 49. fig. I1.
> * *Venus gigantea.* Dilw. Cat. t. 1. p. 202. n° 102.
> * Desh. Encycl. méth. vers. t. 2. p. 55. n° 8.

---

(1) Cette espèce nous semble bien peu différente de celle
qui précède pour mériter d'en être séparée ; elle a la même
forme ; l'impression palléale offre la même échancrure ; la
charnière est un peu plus étroite, les valves sont plus minces, ce qui tient sans aucun doute à l'âge des individus.
Les jeunes conviendraient mieux à une espèce, les vieux à
l'autre.

Habite l'Océan indien, à l'île de Ceylan. Mon cabinet. Mus. n°.
Coquille rare , la plus grande de son genre. Largeur   22
centimètres.

14. Cythérée cedo-nulli. *Cytherea erycina.* Lamk.

C. testá ovatá , aurantio-fulvá , variegatá , fusco radiatá
sulcis transversis obtusissimis ; ano ovato.
Venus erycina. Lin. Syst. nat. p. 1131.
Gmel. p. 3271. n° 13.
* Schroter. Einl. t. 3. p. 120.
List. Conch. t. 268. f. 104.
Knorr. Vergn. 4. t. 3. f. 5.
Chemn. Conch. 6. t. 32. f. 337.
Encycl. pl. 264. f. 2. a. b.
Favan. pl. 46. fig. F. 2.
* Dilw. Cat. t. 1. p. 175. n° 38.
* *Fossilis.* Brocchi. Conch. Foss. Subap. t. 2. p. 548. n° 11.
* *Id.* Bast. Mém. de la Soc. d'hit. nat. de Paris. t. 2. p. 89.
* Desh. Encycl. méth. vers. t. 2. p. 55. n° 9.
(2) *Var. testá albá; radiis binis, cœruleo-fuscis; pube imma-*
culatá.
* *Venus costata.* Chemn. Conch. t. 11. p. 226. pl. 202.
f. 1975.
(3) *Var. testá albidá, supernè violacescente; radiis numerosis*
fusco-violaceis.
* *Venus chinensis.* Chemn. Conch. t. 11. p. 227. pl. 202.
f. 1976.
* *Venus pacifica.* Dilw. Cat. t. 1. p. 175. n° 40.
Habite l'Océan indien. Mus. n°. Mon cabinet. Coquille fort
belle et qui fait l'ornement des collections. Largeur , 34
millimètres. On la trouve fossile aux environs de Bordeaux.
Les variétés deux et trois viennent des mers de la Nouvelle
Hollande et de la Chine.

15. Cythérée lilacine. *Cytherea lilacina.* Lamk. (1).

Ç. testá ovatá, fulvo-lividá , obscurè radiatá ; margine intùs-
que violacescentibus ; ano livido.

---

(1) Chemnitz, qui a donné une bonne figure de cette
coquille, l'a confondue avec l'espèce précédente. Il a été

Chemn. Conch. 6. t. 32. f. 338. 339.
Encycl. pl. 264. f. 3. a. b.
* Desh. Encycl. méth. vers. t. 2. p. 55. n° 10.
Habite l'Océan des Grandes Indes, celui des Moluques.
Mus. n°. Mon cabinet. Elle est couleur de bois, un peu
livide, et teinte de violet, vers les bords et en dedans. Lar-
geur, 55 millimètres.

16. Cythérée sans pareille. *Cytherea impar*. Lamk.

*C. testâ obliquè cordatâ, albidâ, posticè eminentiùs sulcatâ;
radiis fulvo-violaceis; pube glaucâ.*

An Chemn. Conch. XI. p. 226. t. 202. f. 1975 (1)?
Habite les mers de la Nouvelle Hollande, *Péron*. Mus. n°.
Mon cabinet. Jolie coquille qui tient à la C. cedo - nulli
par ses rapports. Elle est blanche en dedans, avec une
tache de violet - brun sur le côté antérieur. Ses sillons
transverses sont presque effacés antérieurement. Largeur,
48 millimètres.

17. Cythérée érycinelle. *Cytherea erycinella*. Lamk. (2).

*C. testâ ovali, albâ, lineis pallidè violaceis undatis et angu-
latis variegatâ; sulcis transversis, crassis, planulatis; ano
subcordato.*

Habite les mers australes? Mus. n°. Elle a des rappors avec la
variété (2) de la C. cedo-nulli; mais elle en paraît différente.
Largeur, 38 millimètres.

18. Cythérée pectorale. *Cytherea pectoralis*. Lamk. (3).

C. testâ ovatâ, depressâ, transversim sulcatâ, fulvo-violaces-

---

imité par Gmélin et Dilwyn, et cependant elle est parfaitement distincte.

(1) Cette figure de Chemnitz représente une variété
blanche à côtes très larges de la *cytherea erycina* n. 14.

(2) Nous avons vu, dans la collection du muséum, le
type de cette espèce; nous y avons reconnu un jeune individu de la variété blanche de la *cytherea erycina* n. 14.

(3) Nous avons la conviction que cette espèce a été établie avec un jeune individu d'une variété peu importante
de *cytherea lilacina* n. 15.

cente; natibus pube anique marginibus candidis , spadiceo-
lineatis ; ano livido.

Habite... Petite coquille d'une couleur lie de vin un peu pâle,
ayant le corselet, les crochets et les bords de la lunule très
blancs, tachetés ; elle a quelques rayons très obscurs.
Mus. n°. Largeur, 26 millimètres.

19. Cythérée planatelle. *Cytherea planatella.* Lamk.

C. testâ ovatâ, planulatâ, transversìm sulcatâ, albâ; maculis
variis fulvis ; intùs violaceo maculatâ.
Chemn. Conch. 7. t. 43. litt. b?
Habite... Petite coquille très distincte des précédentes; lunule
petite, ovale, fauve. Largeur, 24 millimètres. Mon cabinet
et celui de M. *Valenciennes.*

20. Cythérée fleurie. *Cytherea florida.* Lamk.

C. testâ ovatâ, transversim sulcatâ, albidâ, purpureo-nebulosâ;
radiis binis spadiceis; pube lineolatâ; ano spadiceo.
Habite.... Espèce jolie, petite, nuée de pourpre, avec deux
rayons rouge-bruns, sur un fond blanchâtre ; elle est, à
l'intérieur, d'un pourpre violet. Mon cabinet. Largeur, 23
millimètres.

21. Cythérée nitidule. *Cytherea nitidula.* Lamk.

C. testâ ovato-ellipticâ; lœvigatâ, fulvo-rubente; cingulis trans-
versis subduabus spadiceo-maculatis; natibus albidis.
Habite la Méditerranée. Cabinet de M. *Valenciennes.* A l'intérieur, elle est blanchâtre.

22. Cythérée fauve. *Cytherea chione.* Lamk.

C. testâ ovato-cordatâ, lœvi, fulvâ, subradiatâ; sulcis trans-
versis, obsoletis; ano sublanceolato.
Venus chione. Lin. Syst. nat. p. 1131. Gmel. p. 3272.
n° 16.
* Schroter. Einl. t. 3. p. 124.
List. Conch. t. 269. f. 105.
Gualt. Test. t. 86. fig. A.
Favanne. pl. 47. fig. B.
D'Argenv. Conch. t. 21. fig. C.
Knorr. Vergn. 6. t. 4. f. 1.
Chemn. Conch. 6. t. 32. f. 343.

* Regenfus. t. 1. tab. 8. f. 17.
Encycl. pl. 266. f. 1. a. b.
* Dilw. Cat. t. 1. p. 178. n° 45.
* *Fossilis.* Brocchi. Conch. Foss. Subap. t. 2. p. 547. n° 10.
Poli. Test. 2. t. 20.
* *Venus fauve.* Blainv. Malac. pl. 74. f. 5.
* Desh. Encycl. méth. vers. t. 2. p. 56. n° 11.

Habite la Méditerranée, l'Océan atlantique et d'Europe. Mus. n°. Mon cabinet. Coquille commune dans les collections, d'une assez grande taille, et d'un fauve un peu marron. Largeur, 90 millimètres.

23. Cythérée tachetée. *Cytherea maculata.* Lamk.

C. testâ ovato-cordatâ, lævi, albidâ, rufo tessellatim maculatâ; vulvâ subfasciatâ.

Venus maculata. Lin. Syst. nat. p. 1132. Gmel. p. 3272. n° 17.
* Schroter. Einl. t. 3. p. 125.
List. Conch. t. 270. f. 106.
Gualt. t. 86. fig. I.
* D'Argenv. t. 21. f. H.
* Favanne. Conch. pl. 46. f. F 1.
* Born. Mus. p. 64.
Knorr. Vergn. 2. t. 28. f. 5 et 6. t. 20. f. 3.
Chemn. Conch. 6. t. 33. f. 345.
Encycl. pl. 265. f. 4. a. b.
* Desh. Encycl. méth. vers. t. 2. p. 56. n° 12.
(b) *Var. testâ lineis angulato - flexuosis.* Encyclop. *Ibid.* f. 4. c. d.

Habite les mers d'Amérique. Mus. n°. Mon cabinet. Largeur, 65 millimètres. Deux rayons imparfaits s'observent dans l'arrangement des taches.

24. Cythérée citrine. *Cytherea citrina.* Lamk.

C. testâ cordato-trigonâ, transversim striatâ, citrinâ; latere antico fusco-rufescente; ano subcordato.
* Desh. Encycl. méth. vers. t. 2. p. 56.

Habite les mers de la Nouvelle-Hollande. Mus. n°. Mon cabinet. Espèce bien distincte, tachée de brun au côté antérieur et en dedans, à corselet roussâtre, accompagné de quelques raies longitudinales, de même couleur, sur le côté. Largeur, 44 millimètres.

25. Cythérée albine. *Cytherea albina.* **Lamk.**

> *C. testâ subcordatâ, albâ; umbonibus pallidis; striis trans-*
> *versis exiguis; ano subnullo.*

Habite... l'Océan indien? Mon cabinet. Elle est toute blanche à l'intérieur, et a quelques rapports avec le *pectuncu-*
lus. List. Conch. t. 263. f. 99. Largeur, 42 millimètres.

26. Cythérée tumescente. *Cytherea lœta.* **Lamk.**

> *C. testâ cordatâ, tumidâ, albidâ, semi-radiatâ; radiis flavi-*
> *cantibus, supernè interruptis; ano subovato.*

Venus lœta. Lin. Syst. nat. p. 1132. Gmel. p. 3273. n° 19.
* *Venus affinis.* Gmel. p. 3278. n° 43.
* Schroter Einl. t. 3. p. 127. pl. 8. f. 7?
* *Venus.* Schrot. loc. cit. p. 162. n° 21.
Knorr. Vergn. 4. t. 24. f. 2 et 6. t. 10. f. 5?
Chemn. Conch. 6. t. 34. f. 353. 354.
Encycl. p. 266. f. 4. a. b.
* Dilw. Cat. t. 1. p. 180. n° 50. *Venus lœta.*
* Desh. Encycl. méth. vers. t. 2. p. 56. n° 14.
* *Venus.* Blainv. Malac. pl. 74. f. 1. a.
(b) *Var. testâ albidâ; radiis nullis; maculis rufis minimis ad*
umbones.

Habite l'Océan indien, etc. Mus. n°. Mon cabinet. La lunule
est relevée vers sa pointe, où elle forme un angle. Largeur,
55 à 60 millimètres.

27. Cythérée mactroïde. *Cytherea mactroides.* **Lamk.**

> *C. testâ trigonâ, subæquilatera, depressâ, pallidè fulvâ; ra-*
> *diis albidis raris; ano lanceolato.*

Habite... Elle a des stries transverses, qui s'effacent inférieurement. Corselet planulé, roux ou ferrugineux; crochets
blanchâtres; très blanche à l'intérieur. Largeur, 50 millim.
Mon cabinet.

28. Cythérée trigonelle. *Cytherea trigonella.* **Lamk.**

> *C. testâ parvulâ, trigonâ, lævigatâ, albido-fulvo-purpureo-*
> *que variâ; lineis rufis angulato-flexuosis; intùs maculatâ.*

Habite l'Océan des Antilles. Cabinet de M. *Dufresne.* Largeur, 15 ou 16 millimètres. Elle est quelquefois très vivement colorée et assez jolie.

20*

29. Cythérée sulcatine. *Cytherea sulcatina*. Lamk. (1)

> *C. testá rotundato-trigoná, rufo-fucescente, albido-radiatá; striis transversis, posticè sulciformibus; ano cordato; intùs aureá.*

Chemn. Conch. 6. t. 35. f. 371. 372.

Encycl. pl. 269. f. 3. a. b.

(2) *Var. testá intùs albá, anteriùs pallidè fuscá.*

Habite l'Océan indien. Mon cabinet. Mus. n°. Largeur , 44 millimètres.

30. Cythérée hébraïque. *Cytherea hebrœa.* Lamk.

> *C. testá obliquè cordatá, ventricosá, transversim striatá, albá, fulvo-litturatá; subradiatá; ano nullo.*

Habite... l'Océan indien ? Elle a une tache rouge-brun sous chaque crochet, à l'intérieur. Au dehors, elle offre quelques rayons composés de linéoles fauves, disposées en chaînettes. Largeur, 30 millimètres. Mon cabinet.

31. Cythérée point d'Hongrie. *Cytherœa castrensis.* Lamk.

> *C. testá rotundato-cordatá, ventricosá, albá, lineis angularibus transversis, spadiceis, hinc fimbriatis ; ano cordato.*

Venus castrensis. Lin. Syst. nat. p. 1132. Gmel. p. 3273. n° 20.

* Schroter Einl. t. 3. p. 128.

List. Conch. t. 262. f. 98.

* Rumph. amb. tab. 4. f. K.

Gualt. Test. t. 82. f. H.

D'Argenv. Conch. pl. 21. f. M.

* Fav. Conch. pl. 47. f. H et pl. 48. f. I.

Knorr. Vergn. 1. t. 21. f. 5. 2. t. 20. f. 2. et 6. t. 6. f. 5. 6.

Regenf. Conch. 1. t. 1. f. 3.

Chemn. Conch. 6. t. 35. f. 367. 368 et 370.

* *Venus australis.* Chemn. Conch. t. 10. tab. 171. f. 1662.

* *Venus australis.* Gmel. p. 3282. n° 88.

* Born. Mus. p. 66.

---

(1) Espèce bien distincte de la *venus castrensis* avec laquelle Chemnitz la confondait.

* Bouanni. Recr. part. 3. f. 376. 378 ?
* Dilw. Cat. t. 1. p. 183. no 58.
* Desh. Encycl. méth. vers. t. 2. p. 57. n° 15.
Encycl. pl. 273. f. 1. a. b.
Habite l'Océan indien. Mus. n°. Mon cabinet. Belle coquille,
  peu rare, mais ornant les collections. Largeur, 55 milli-
  mètres. Il faut y réunir, comme variété, la *venus austra-
  lis*, de Chemnitz, Conch. X. tab. 171. f. 1662.

32. Cythérée parée. *Cytherea ornata.* Lamk. (1)

C. *testá rotundato-trigoná, albo-cœrulescente, lineis angularibus longitudinalibus confertis, spadiceis ; pube pictá lutescente.*
Chemn. Conch. 6. t. 35. f. 369. 370.
Encycl. pl. 273. f. 5. a. b.
Habite l'Océan des grandes Indes. Mus. n°. Mon cabinet.
  Coquille rare, moins bombée que la précédente, avec laquelle on l'a confondue, ainsi que celle qui suit. Elle a
  aussi sa lunule en cœur. Largeur, 49 millimètres.

33. Cythérée peinte. *Cytherea picta.* Lamk. (2)

C. *testá rotundato-trigoná, albá ; maculis lineisque rufis aut
spadiceis diversissimè pictá ; intùs lutescente.*
List. Conch. t. 259. f. 95.
Regenf. Conch. 1. t. 1. f. 2. 4.
* *Venus castrensis*, var. Chemn. Conch. 6. t. 35. f. 373 et
  376—381.
Encycl. pl. 273. f. 2. a. b. et fig. 3. a. b.
* *Venus ornata.* Dilw. Cat. t. 1. p. 184. no 61.
* Desh. Encycl. méth. vers. t. 2. p. 57. n° 16.
* *An venus pectunculus.* Gmel. p. 3287.

---

(1) Cette espèce devra être supprimée, car Lamarck l'a
établie avec une variété remarquable de la *cytherea castrensis*.

(2) Il existe de la confusion dans la synonymie de cette
espèce, la plupart des auteurs l'ayant rapportée à la *cytherea castrensis* · dans une collection, il est assez facile de
distinguer ces espèces, mais cela devient très embarras-
sant pour classer les figures données par les auteurs.

* *Idem.* Dilw. Cat. t. 1. p. 184. n° 59. *Syn. plerisque ex-clusis.*

Habite l'Océan indien. Mus. n°. Mon cabinet. En général , plus petite que les deux précédentes , cette cythérée pré-sente quantité de variétés qui en sont néanmoins toujours distinctes. La plupart offrent un réseau plus ou moins serré, et des taches blanches trigones. Il y en a qui sont un peu rayonnées. Elle est plus arrondie que la suivante.

34. Cythérée tigrine. *Cytherea tigrina.* Lamk.

C. testá ovatá, medio lœvi,. lateribus transversìm sulcatá, albá: maculis fusco nigris trigonis ; ano cordato, parvo , fusco.

An Chemn. Conch. 6. t. 35. f. 374. 375 ?

* Valentyn Amb. rar. pl. 15. f. 16.

Habite la mer de l'Inde. Mon cabinet. Ses taches sont petites, inégales, éparses : largeur, 35 millimètres. Si l'on réunit cette cythérée avec les trois précédentes , où s'arrêtera-t-on ?

35. Cythérée vénitienne. *Cytherea venetiana.* Lamk.

C. testá obliquè cordatá , transversìm striatá , albá, luteo seu rufo radiatá ; ano pubeque rufo-fuscis.

* *Venus rudis.* Poli. Test. t. 2. pl. 20. f. 15. 16.

* *Venus pectunculus.* Brocchi. Conch. Foss. subap. t. 2. p. 360. n° 26. pl. 13. f. 12.

Habite dans les lagunes de Chioggia , près de Venise. Petite coquille , ayant quelques rayons jaunes roussâtres, en par-tie composés de taches brisées, anguleuses. Largeur, 19 ou 20 millimètres.

36. Cythérée jouvencelle. *Cytherea juvenilis.*

C. testá orbiculari , convexá , albá , rufo maculatá ; natibus obliquè prominulis ; sulcis transversis concentricis , ante-riùs et posteriùs lamellatis.

Venus juvenilis. Gmel. p. 3287. n° 84.

Venus juvenis. Chemn. Conch. 7. t. 38. f. 405.

* *Venus.* Schroter. Einl. t. 3. p. 167. n° 36.

Encycl. pl. 280. f. 2. a. b.

* Dilw. Cat. t. 1. p. 196. n° 86.

* Desh. Encycl. méth. vers. t. 2. p. 57. n° 17.

Habite la mer de l'Inde. Mus. n°. Mon cabinet. Elle est un
peu rayonnée. Sa lunule est petite, en cœur, enfoncée.
Largeur, 28 millimètres.

37. Cythérée rousse. *Cytherea rufa*. Lamk. (1)

C. *testá lenticulari , convexá , fulvo-rufescente ; radiis binis
saturatioribus ; sulcis transversis concentricis , ad latera
sublamellosis.*
An List. Conch. t. 295. f. 131 ?
Habite... Elle tient à la précédente et en est très distincte ;
lunule petite, en cœur, enfoncée. Largeur, 27 millimètres.
Mon cabinet.

38. Cythérée atlantique. *Cytherea guineensis.* Lamk. (2)

C. *testá obliquè cordatá ; striis transversis elevato-lamellosis ;
ano vulváque saturatè purpureis muticis.*
Venus guineensis. Gmel. p. 3270. n° 10.
(a) *Testa rubens aut purpurascens, albido-radiata.*
List. Conch. t. 306. f. 139.
Venus circinata. Born. Mus. t. 4. f. 8.
* *An eadem? Venus rubra.* Gmel. p. 3288. n° 92.

---

(1) Cette espèce ne restera pas probablement dans les
catalogues ; elle n'est pour nous qu'une variété fauve ou
rousse de la précédente. Nous avons vu plusieurs variétés
intermédiaires qui prouvent que notre observation est
juste.

(2) Il aurait été convenable de conserver à cette espèce
le nom que Born le premier lui imposa. Il la nomma *venus
circinata*, que Dilwyn a très bien fait d'adopter, puisque
celui de *guineensis*, donné par Gmélin , est postérieur. La
figure citée de Lister nous semble bien douteuse ; celle de
la planche 396 du même ouvrage représente l'espèce d'une
manière plus exacte. Admettant dans cette espèce le tosar
d'Adanson , M. Dilwyn met dans sa synonymie la *tellina
senegalensis* de Gmélin ; mais cette coquille, incomplète-
ment décrite et mal figurée , nous semble trop incertaine
pour être mentionnée.

* *Venus.* Schroter. Einl. t. 3. p. 155. n° 4 et 5.
* Le tosar. Adans. Seneg. p. 229. t. 17. f. 14?
* *Tellina senegalensis.* Gmel. p. 3244. n° 89.
* *Venus circinata.* Dilw. Cat. t. 1. p. 169. n° 24.
Chemn. Conch. 6. t. 30. f. 311.
(b) *Testa albida, rubello-radiata.*
Encycl. pl. 265. f. 1. a. b.
(c) *Testá albidá; radiis nullis.*
Habite l'Océan atlantique, sur les côtes occidentales de l'A-
frique. Mus. n°. Mon cabinet. Forme de la C. épineuse,
mais mutique et très distincte.

39. Cythérée épineuse. *Cytherea dione.* Lamk.

C. testá obliqué cordatá, roseo-purpurascente; sulcis trans-
versis, elevato-lamellosis; pube vulváque ad margines spi-
nosis.

Venus dione. Lin. Syst. nat. p. 1128. Gmel. p. 3266. n° 1.
* Schroter. Einl. t. 3. p. 109. n° 1.
List. Conch. t. 307. f. 140.
* Rumph. t. 48. f. 4.
* Petiver. Gazo. t. 31. f. 9.
Gualt. Test. t. 76. fig. D.
D'Argenv. Conch. t. 21. fig. I.
* Fav. Conch. pl. 47. f. E. 3.
Knorr. Vergn. 1. t. 4. f. 3. 4.
* Knorr. Del. chois. t. 1. p. 54. pl. BV. f. 9.
Chemn. Conch. 6. t. 27. f. 271. — 273.
* Born. Mus. p. 58. Vig. p. 57. f. a.
Encycl. pl. 275. f. 1. a. b.
* *Venus dione.* Dilw. Cat. t. 1. p. 158. n° 1.
* Desh. Encycl. méth. vers. t. 2. p. 57. n° 18.
Habite l'Océan américain. Mus. n°. Mon cabinet. Coquille
peu rare, mais recherchée et précieuse, lorsque ses épines
sont bien conservées. Elle est singulière par sa forme, et
célèbre par la belle description métaphorique qu'en a don-
née Linné.

40. Cythérée arabique. *Cytherea arabica.* Lamk. (1)

C. testá rotundato-cordatá, transversè sulcatá et striatá, al-
bidá, rufo vel spadiceo maculatá, subradiatá.

---

(1) Nous rapportons avec certitude à cette espèce les fi-

An Venus cordata? Forsk. Descript. anim. p. 123.

* *Venus lentiginosa.* Chemn. Conch. t. 11. p. 223. pl. 201. f. 1963. 1964.

* *Venus bicolorata.* Idem. Fig. 1965 à 1967.

* *Venus arabica.* Idem. Fig. 1968 à 1970.

Habite la mer rouge. M. *Savigny.* Mon cabinet. Elle offre plusieurs variétés : les unes sans rayons, mais ayant, soit des lignes rouge-brun brisées ou en zig-zag, soit de très petites taches arénuleuses ; les autres avec des rayons divers. A l'intérieur, elle est tachée de violet d'un côté, et a le disque blanchâtre ou rose. Largeur, 25 à 30 millimètres.

41. Cythérée trimaculée. *Cytherea trimaculata.* Lamk.

C. testá obliquè cordatá, supernè transversim sulcatá, castánea ; natibus lævibus anoque violaceis ; intùs albá, trimaculatá.

An Venus phryne ? Gmel. n° 21.

Habite... Mus. n°. Elle a, sur le côté postérieur, trois ou quatre rayons blancs ; et à l'intérieur, trois taches d'un violet-brun et arrondies. Largeur, 25 millimètres.

42. Cythérée sans taches. *Cytherea immaculata.* Lamk.

C. testá rotundato-cordatá, anteriùs breviore et tumidiore, albá ; striis transversis, concentricis ; ano subcordato.

Habite... Elle ressemble un peu au *pectunculus* de Lister. tab. 263. f. 99 ; mais elle est toute blanche au dehors et au dedans. Mus. n°. Largeur, 36 millimètres.

43. Cythérée transparente. *Cytherea pellucida.* Lamk.

C. testá ovali, tenui, pellucidá, albá, lineolis fulvis, litturatis, transversim pictá ; natibus obliquè inflexis, rufis.

Habite les mers de la Nouvelle Hollande. Mus. n°. Elle a une tache violette à la base de la lunule. Largeur, 34 millim.

---

gures 1963 à 1979 de Chemnitz, parce que nous avons sous les yeux une série de variétés dans laquelle existe la liaison insensible des diverses modifications de la coloration. Cette coloration est si variable dans l'espèce, qu'il n'existe pas deux individus semblables sous ce rapport.

44. Cythérée hépathique. *Cytherea hepatica.* Lamk.

C. testâ rotundato-obliquâ, inœquilaterâ, transversim tener-rimè striatâ, albidâ; maculis rufo-violaceis lividis; lineo-lis longitudinalibus, minimis interruptis.

Habite... les mers australes. Mus. n°. Mon cabinet. Elle est tachée et comme livide au dedans et au dehors; sa lunule est presque effacée. Largeur, 22 millimètres.

45. Cythérée lucinale. *Cytherea lucinalis.* Lamk.

C. testâ lenticulari, subœquilaterâ, anteriùs angulatâ, albi-do-violaceâ; natibus rufis; striis concentricis elevatis; ano lineâ impressâ circumscripto.

Habite les mers d'Amérique, à l'île de St.-Thomas. Cabinet de M. *Valenciennes* et le mien. Elle a aussi des linéoles longitudinales, mais non interrompues, et elle est d'une couleur livide à l'intérieur. Largeur, 28 millimètres.

46. Cythérée lunaire. *Cytherea lunaris.* Lamk.

C. testâ suborbiculari, obliquâ, albâ; striis transversis con-centricis; natibus purpureo tinctis; ano cordato.

Venus lupinus. Poli. Conch. 2. tab. 21. f. 8.

* Payr. Cat. p. 48. n° 80.

Habite la Méditerranée, dans le golfe de Tarente. Mon ca-binet. Largeur, 22 millimètres.

47. Cythérée lactée. *Cytherea lactea.* Lamk.

C. testâ minimâ, rotundato-ellipticâ, albâ, pellucidâ; nati-bus subpurpureis.

Habite... Elle est à peine de la taille de la lucine lactée, mais elle est cythérée par sa charnière. Mus. n°. Largeur, 10 millimètres.

48. Cythérée exolète. *Cytherea exoleta.* Lamk.

C. testâ orbiculari, subœquilaterâ, albidâ; maculis lineis radiisve rufis pictâ; striis concentricis, subdetritis; ano cordato impresso, snblamelloso.

Venus exoleta. Lin. Syst. nat. p. 1134. Gmel. p. 3284. n° 75.

* Schroter. Einl. t. 3. p. 142.

List. Conch. t. 291. f. 127. et t. 292. f. 128.

Gualt. Test. t. 75. fig. F.

* Pennaut. Zool. brit. t. 4. p. 94. pl. 54. f. 49. A.

* Donavan. t. 2. pl. 42. f. 1.

* Montagu. Test. p. 116.

Born. Mus. t. 5. f. 9.

Le Cotan. Adans. Sénég. t. 16. f. 4.

Chemn. Conch. 7. t. 38. f. 402. 404.

Maton. Act. Soc. linn. 8. t. 3. f. 1.

Encycl. pl. 279. f. 5. et pl. 280. f. 1. a. b.

Poli. Test. 2. tab. 21. f. 9. 10. 11.

* Dilw. Cat. t. 1. p. 195. n° 84.

* Payr. Cat. pag. 47. n° 78.

* *Venus.* Blainv. Malac. pl. 74. f. 2.

* *Fossilis. Venus lentiformis.* Sow. Mine. Conch. pl. 203.

* Desh. Encycl. méth. vers. t. 2. p. 58. n° 19.

Habite la Méditerranée, l'Océan atlantique, les côtes d'Angleterre. Mus. n°. Mon cabinet. Elle offre différentes variétés, soit dans sa teinte principale, soit dans ses taches,
ses lignes brisées ou ses rayons. Ses stries concentriques
sont moins fines, moins serrées, moins lisses que dans la
suivante.

49. **Cythérée lustrée.** *Cytherea lincta.* **Lamk.** (1)

*C. testâ suborbiculari, obliquâ, inœquilaterâ, albidâ, imma-
culatâ; striis concentricis, confertis, tenuissimis, lœvibus.*

List. Conch. t. 289. f. 125 et t. 290. f. 126.

Maton. Act. Soc. linn. 8. tab. 3. f. 2.

* *Venus concentrica minor.* Chemn. Conch. t. 7. p. 20. pl.
38. f. 403.

* *Venus lupinus.* Lin. Syst. nat., édit. 10 p. 689. n° 123.

* *Venus sinuata. Var.* γ. Gmel. p. 3285. n° 76.

* *Venus exoleta.* Junior. Dilw. Cat. t. 1. p. 196.

---

(1) La plupart des auteurs ont confondu cette espèce
avec la précédente, et il est bien à présumer que Lamarck
a fait un double-emploi en conservant celle-ci et la cythérée lunaire. Cette dernière à laquelle Poli rapporte aussi la
venus lupinus de Linné, n'est, selon toute apparence, que
la variété méditerranéenne de la *cytherea lincta.*

* *Fossilis.* Bast. Mém. de la Soc. d'hist. nat. t. 2. p. 90. pl. 6. f. 10.

* Desh. Encycl. méth. vers. t. 2. p. 58. n° 20.

Habite les côtes d'Angleterre, etc. Mon cabinet. Communiquée par M. *Leach.* Son côté antérieur est oblique, moins arrondi et plus grand que le postérieur. Largeur, 33 mill. Dans celle-ci et la précédente, le ligament est enfoncé, à peine à découvert.

50. Cythérée concentrique. *Cytherea concentrica* Lamk. (1)

C. testá orbiculari, convexo-depressá, subœquilaterá, albá; striis concentricis, confertis; ano cordato impresso, lœvi.

Venus concentrica. Gmel. p. 3286. n° 82.

* Schroter. Einl. t. 3. p. 185. n° 31.

* Gualt. Test. pl. 76. f. F.

List. Conch. t. 261. f. 97 ?? et t. 288. f. 124.

Le Dosin. Adans. Seneg. t. 16. f. 5.

* Fav. Conch. pl. 48. f. F 3.

Born. Mus. t. 5. f. 5.

Chemn. Conch. 7. t. 37. f. 392.

Encycl. pl. 279. f. 2. a. b.

* Dilw. Cat. t. 1. p. 196. n° 85.

* Desh. Encycl. méth. vers. t. 2. p. 58. n° 21.

* Sow. Genera of Shells. Genre *Cytherea.* f. 4.

(2) *Ead. testá antiquatá; ano cordato-oblongo.*

Encycl. pl. 279. f. 4. a. b?

Habite l'Océan américain et atlantique. Mus. n°. Mon cabinet. Coquille blanche, assez grande et élégamment striée ou sillonnée. Le ligament est bien à découvert. La variété (2) vient de la Nouvelle Hollande. Largeur, 78 millim.

------

(1) Plusieurs espèces sont confondues sous cette dénomination. En prenant pour type la figure 124 de Lister, celles de Born, de Chemnitz, Gualtieri, Favanne, et 2 de la pl. 279 de l'Encyclopédie, il faudra en rejeter les autres introduites par Chemnitz, Gmélin et Dilwyn. La variété de Lamarck est une autre espèce bien distincte des autres.

51. Cythérée dentifère. *Cytherea prostrata.* Lamk. (1)

*C. testâ orbiculari, convexo-depressâ, albidâ seu fulvâ ;
striis concentricis, ad latera crassioribus, magis elevatis ;
pube marginibus dentiferis.*

Venus prostrata. Lin. Syst. nat. p. 1133. Gmel. pag. 3283.
n° 70.

Venus excavata. Gmel. n° 83.

Born. Mus. tab. 5. f. 6.

Chemn. Conch. 6. t. 29. f. 298.

Encycl. pl. 277. f. 1. a. b.

* Dilw. Cat. t. 1. p. 192. n° 78.

Habite l'Océan indien. Mon cabinet. Forme et aspect de la
C. concentrique, mais très distincte par ses côtés inégalement ridés, presque écailleux, et par son corselet bordé
de dents calleuses. Lunule enfoncée, cordiforme. Largeur,
38 millimètres.

---

(1) Linné a décrit pour la première fois cette espèce dans
le muséum de la princesse Ulrique (p. 504, n° 66) ; il ne
lui donna aucune synonymie, et l'inscrivit sans additions
dans les dixième et douzième éditions du *Systema naturæ.*
Born est le premier qui ait donné la figure d'une espèce
à laquelle la description de Linné pût convenir en grande
partie. Cependant si la figure est fidèle, elle ne lui convient pas tout-à-fait. Chemnitz fut plus heureux, ce nous
semble, sa figure s'appliquant en tous points à la description linnéenne : il convient donc d'adopter pour type de
la *venus prostrata* la seule figure de Chemnitz. Schroter, et
Gmélin après lui, ont mis dans leur synonymie, avec
celle de Chemnitz, la figure de Born. Plus tard, la figure
de l'Encyclopédie représentant exactement la *venus prostrata* de Chemnitz, fut ajoutée par M. Dilwyn et par Lamarck ; mais ce dernier introduisit à tort la *venus excavata* de Gmélin, laquelle est toujours différente de la *venus prostrata* de Chemnitz.

52. Cythérée interrompue. *Cytherea interrupta.*
Lamk. (1)

> *C. testá suborbiculari, convexá, albá, intùs luteo-virescente,*
> *transversìm sulcatá ; striis longitudinalibus in utroque la-*
> *tere : medio subnullis.*

Encycl. pl. 279 f. 1. a. b.

Habite... l'Océan indien ? Mon cabinet. Elle avoisine la suivante ; mais elle n'est treillissée que sur les côtés. Les stries
longitudinales sont très fines, manquent sur le milieu du
disque. Le bord interne n'est ni rose, ni pourpré. Largeur,
48 millimètres.

53. Cythérée tigérine. *Cytherea tigerina.* **Lamk. (2)**

> *C. testá lentiformi, convexiusculá, decussatìm striatá, albá ;*
> *intùs margine infero purpureo ; ano trigono impresso mi-*
> *nimo.*

Venus tigerina. Lin. Syst. nat. p. 1133. Gmel. p. 3283. n°
69.

List. Conch. p. 337, f. 174.

* Bonanni. Recr. part. 2. f. 69 ?

Rumph. Mus. t. 42. fig. H.

Gualt. Test. t. 77. fig. A.

* D'Argenv. Conch. pl. 21. f. E.

* Fav. Conch. pl. 47. f. D1.

* Knorr. Vergn. t. 4. pl. 2. f. 1. et t. 6. pl. 37. f. 2.

------

(1) Cette coquille n'est point une cythérée, mais bien
une lucine. C'est une variété du Sénégal de l'espèce suivante. Lamarck cite la même figure de l'Encyclopédie
pour la vénus de Dombey n° 21.

(2) Nous avons fait voir, dans le Dictionnaire classique
d'Histoire naturelle, que cette espèce et la suivante n'a-
vaient pas les caractères des cythérées, mais bien ceux des
lucines. Il suffit, pour s'en assurer, d'examiner les impressions musculaires et celles du manteau ; on les trouvera
conformes à celles des lucines. Nous rappellerons que dans
ce dernier genre les impressions musculaires sont très
grandes, et l'antérieure sur-tout. L'impression palléale est
simple et le limbe intérieur est ponctué, ocellé ou strié.

* Le Codok. Adans. Sénég. p. 223. pl. 16. f. 3.

Venus tigerina. Chemn. Conch. 7. p. 6. t. 37. f. 390. 391.

* *Venus tigerina.* Schrot. Einl. t. 3. p. 136. n° 25.

Encycl. pl. 227. f. 4. a. b.

* *Venus tigerina.* Dilw. Cat. t. 1. p. 191. n° 76.

* *Lucina tigerina.* Desh. Encycl. méth. vers. t. 2. p. 384. n° 37.

* *Lucina tigerina.* Sow. Genera of Shells. Genre *Lucina.*

* *Venus.* Blainv. Malac. pl. 74. f. 3.

(2) *Var. testá intùs penitùs alòd.*

(3) *Var. testá exasperatá, subgranosá: striis transversis eminentioribus.*

Habite l'Océan indien et américain. Mus. n°. Mon cabinet. Coquille assez grande, treillissée, blanche en dehors, et à l'intérieur, teinte de rose ou de pourpre en son bord, du côté de la charnière.

54. Cythérée bord-rose. *Cytherea punctata.* Lamk.

C. testá lentiformi, convexiusculá, longitudinaliter sulzatá; sulcis planulatis; limbo interno roseo: disco incrassato subpunctato.

Venus punctata. Lin. Syst. nat. p. 1134. Gmel. p. 3284. n° 74.

* Schrot. Einl. t. 3. p. 140.

Rumph. Mus. t. 43. fig. D.

Gualt. Test. t. 75. fig. D.

Chemn. Conch. 7. p. 15. t. 37. f. 397. 398.

Encycl. pl. 277. f. 3. a. b. c.

* *Lucina punctata.* Desh. Dict. class. d'hist. nat. t. 9.

* *Idem.* Sow. Genera of Shells. f. 1.

* *Idem.* Desh. Encycl. méth. t. 2. p. 385. n° 38.

Habite l'Océan des Grandes Indes. Mus. n°. Mon cabinet. Espèce intéressante, qui avoisine celle qui précède, mais qui en est toujours distincte. Lorsqu'on l'a polie, son bord rose paraît au dehors.

55. Cythérée ombonelle. *Cytherea umbonella.* Lamk.

C. testá cordatá, tumidá, inœquilaterá, basi purpurascente, supernè albá; antico latere lœvi; postico transversè sulcato; umbonibus tessellatis.

Habite... On la dit de la Mer Rouge. Cabinet de M. *Dufresne.*

Grande et belle coquille, à lunule en cœur arrondi, enfoncée; à crochets bombés, parquetés. Elle est blanche à l'intérieur, avec une tache violette au côté de devant. Largeur, 75 millimètres.

56. Cythérée ondatine. *Cytherea undatina.* Lamk. (1)

C. testâ lentiformi, convexo-depressâ, transversìm sulcatâ lineisque ferrugineis undatis pictâ; natibus depressis; ligamento tecto.

Habite l'Océan des Grandes Indes. Mus. n°. Espèce rare, voisine de la suivante; mais qui en est très distincte. Son ligament est caché et intérieur. Son bord antérieur est arqué jusqu'aux crochets. Le corselet et la lunule sont noirs, et très étroits. Largeur, 41 millimètres.

57. Cythérée plate. *Cytherea scripta.* Lamk.

C. testâ lentiformi, complanatâ, basi angulo recto terminatâ, transversìm striatâ, variè pictâ seu litturatâ; natibus compressis; ligamento extùs conspicuo.

Venus scripta. Lin. Syst. nat. p. 1135. Gmel. p. 3286. n° 79.

* Schroter. Einl. t. 3. p. 145.

Rumph. Mus. t. 42. fig. C.

Gualt. Test. t. 77. fig. C. D'Argenv. t. 21. fig. M??

Knorr. Vergn. 5. t. 15. f. 3.

---

(1) Nous avons examiné, avec toute l'attention convenable, cette coquille. En la comparant avec la suivante, nous avons trouvé une ressemblance exacte dans tous les caractères essentiels de la charnière, de l'impression palléale, de la forme générale, et des accidents particuliers de la lunule et du corselet. La coloration extérieure seule diffère, et personne n'ignore maintenant, connaissant les variations si étonnantes des coquilles sous ce rapport, qu'il n'est plus permis d'établir des espèces uniquement sur ce caractère. Nous connaissons d'ailleurs, dans la collection remarquable de M. Lajoye, des variétés qui lient, par nuances insensibles, cette *cytherea undatina* avec la *scripta.*

Chemn. Conch. 7. t. 40. f. 420—426.
Encycl. pl. 273. f. 15. et 274. f. 1.
* Dilw. Cat. t. 1. p. 201. nº 99.
* *Venus Wauaria.* Gmel. p. 3291. nº 123. (*Ex Dilwyn*).
* Regenf. Conch. 1. t. 7. f. 12. (*Ex Gmelin.*)
* Desh. Encycl. méth. vers. t. 2. p. 58. nº 22.
Habite l'Océan indien. Mus. nº. Mon cabinet. Jolie coquille,
la plus aplatie de son genre, quoique légèrement convexe
en son disque, et fort remarquable par ses variétés de
couleurs, par les lignes rouge-brun, anguleuses ou en zig-
zag, dont elle est souvent ornée, sur un fond blanc, quelquefois jaunâtre; lunule et corselets bruns, enfoncés, fort
étroits.

58. Cythérée numuline. *Cytherea numulina.* Lamk.(1)

C. *testâ suborbiculatâ, depressâ, albidâ, basi purpureo-ni-
gricante; striis longitudinalibus bifariam divaricatis; natibus subacutis, prominulis.*
Habite les mers de la Nouvelle Hollande, au port du Roi
Georges. Mus. nº. Les stries longitudinales n'atteignent
point le bord supérieur, et sont un peu treillissées par
d'autres stries transverses. Largeur, 28 millimètres.

59. Cythérée piqûre de mouche. *Cytherea muscaria.* Lamk. (2)

C. *testâ ovali, convexo-depressâ, albidâ, punctis rufis ad-
spersâ; sulcis transversis, et ad latus anticum longitudinalibus, obliquè arcuatis.*
Venus dispar. Chemn. Conch. XI. t. 202. f. 1981. 1982.
Habite... Elle est déprimée supérieurement, toute blanche à
l'intérieur. Sa lunule est oblongue, presque lancéolée, d'un
rouge très brun; son corselet est litturé. Largeur, 29 ou
30 millimètres. Mon cabinet.

---

(1) Nous avons vu cette coquille dans la collection du
muséum, et nous sommes convaincu que ce n'est qu'une
variété de la *cytherea cuneata* nº 68.

(2) Cette coquille, ainsi que la *cytherea pulicaris*,
ne sont que des variétés peu importantes de l'espèce
suivante, *cytherea mixta.*

60. Cythérée pulicaire. *Cytherea pulicaris.* Lamk.

C. testá ovali, convexiusculá, albidá, maculis rufis adsper-
sá ; sulcis transversis, et anticis longitudinalibus rugæfor-
mibus ; ano oblongo fusco.
(2) *Var. testá albo spadiceo violaceoque variegatá.*

Habite... Elle est blanche à l'intérieur, avec une ou deux taches , d'un roux-brun , sous les crochets ; le corselet est
un peu litturé. Largeur, 32 millimètres.

61. Cythérée mixte. *Cytherea mixta.* Lamk.

C. testá ovato-cuneatâ, albo-cœrulescente , spadiceo macula-
tá ; sulcis medianis transversis : laterum longitudinalibus
obliquè curvis ; ano lanceolato.
Encycl. pl. 271. f. 2. a. b.

Habite... Espèce distincte , de taille petite ou médiocre ; ses
sillons divergents et latéraux sont légèrement crénelés. Largeur, 30 millimètres.

62. Cythérée raccourcie. *Cytherea abbreviata.* Lamk.

C. testâ obovatâ , anticè retusá, rufâ , albo-fasciatâ; striis
transversis et in antico latere longitudinalibus obliquis sub-
bifariis.

Habite... l'Océan indien ? Mon cabinet. Elle a une couleur
rousse ou marron , avec deux fascies blanches litturées ,
et a une tache rousse , à l'intérieur, sous les crochets; son
corselet est blanc et itturé. Largeur, 25 millimètres.

2. *Bord interne des valves crénelé ou dentelé.*

63. Cythérée pectinée. *Cytherea pectinata.* Lamk. (1)

C. testá ovatâ , albo spadiceoque variegatá; sulcis granulo-
sis : medianis longitudinalibus ; lateralibus obliquatis, cur-
vis bifidis : ano ovato.

---

(1) Linné confondait deux espèces sous le nom de *venus
pectinata.* Dilwyn le reconnut, et voulut les séparer ; mais
il crut que la *venus discors* de Gmélin était l'espèce con-

Venus pectinata. Lin. Syst. nat. p. 1135. Gmel. p. 3285. n° 78.

* Schroter. Einl. t. 3. p. 144. n° 33.

List. Conch. t. 312. f. 148.

Gualt. Test. t. 72. f. E. F. et t. 75. f. A.

D'Argenv. Conch. t. 21. f. P.

Chemn. Conch. 7. t. 39. f. 418. 419?

Encycl. pl. 271. f. 1. a. b.

* *Venus Discors.* Dilw. Cat. t. 1. p. 199. n° 93. *Syn. plur. exc.*

* Desh. Encycl. méth. vers. t. 2. p. 59. n° 23.

* *Venus.* Blainv. Malac. pl. 74. f. 4.

Habite l'Océan indien. Mus. n°. Mon cabinet. Coquille assez commune, vulgairement nommée l'*amande*, et que l'on a confondue avec la suivante, quoiqu'elle ait toujours les sillons plus grêles, et qu'elle ne soit jamais renflée de même près des crochets. Elle est par-tout panachée de blanc et de rouge-brun. Largeur, 46 millimètres.

64. Cythérée gibbie. *Cytherea gibbia.* Lamk.

C. testâ subcordatâ, œtate gibbosissimâ, albâ, rarò maculatâ; sulcis longitudinalibus crassis, crenatis, antico latere obliquis.

Chemn. Conch. 7. t. 39. f. 415. 416.

List. Conch. t. 313. f. 149. *E specimine juniore.*

Knorr. Vergn. 6. t. 3. f. 3. *Id.*

* Fav. Conch. pl. 46. f. E1.

* Desh. Encycl. méth. vers. t. 2. p. 59. n° 24.

* Sow. Genera of Shells. Genre *Cytherea.* f. 3.

Encycl. pl. 271. f. 4. a. b.

(2) *Var. testâ spadiceo-maculatâ; pube violacescente, lineatâ.*

---

fondue, et dès lors il rangea sous ce nom plusieurs figures des auteurs. En examinant ces mêmes figures, on est surpris que l'auteur anglais leur ait trouvé de l'analogie. Gmélin emprunte le type de sa *venus discors* à Schroter : la figure qu'il en donne a quelque ressemblance avec la cythérée testudniale de Lamarck, mais aucunement avec la *pectinata* et la *gibbia.*

21*

Habite... l'Océan indien ? Mus. n°. Mon cabinet. Soit sur les jeunes , soit sur les vieux individus , cette espèce est toujours reconnaissable par ses rides longitudinales grossières, par la lunule et le corselet colorés , et par le renflement qu'elle acquiert. Largeur, 52 millimètres.

65. Cythérée rauelle. *Cytherea ranella.* Lamk. (1)

C. testâ ovato-rotundatâ, depressâ, albâ ; sulcis longitudinalibus crassiusculis , crenatis ; vulvâ anoque angustatis , coloratis.

Encycl. pl. 271. f. 5. a. b?

Habite... l'Océan indien ? Mus. n°. Mon cabinet. Celle-ci, même grande , est toujours aplatie , et paraît encore distincte : la lunule est ovale, oblongue , violâtre. Le corselet est maculé de rouge-brun.

66. Cythérée divergente. *Cytherea divaricata.* Lamk.

C. testâ cordato-rotundatâ, albidâ , maculis angularibus fulvis aut fuscis variegatâ; striis longitudinalibus confertis, bifariis , supernè divaricatis, transversas decussantibus.

Venus divaricata. Gmel. p. 3277. n° 35.

Chemn. Conch. 6. t. 30. f. 316.

List. Conch. t. 310. f. 146.

* *Venus incrustata.* Born Mus. p. 73.

* Fav. Conch. pl. 46. f. E 2.

Encycl. pl. 273. f. 5. a. b.

* Brooks. Introd. p. 66. pl. 2. f. 24.

* *Venus divaricata.* Dilw. Cat. t. 1. p. 200. n° 96.

Habite l'Océan des Indes orientales. Mus. n°. Mon cabinet. Le corselet et le côté de la lunule sont litturés.

---

(1) Nous ne savons si la coquille nommée ainsi par Lamarck, dans sa collection, constitue une espèce distincte; ce que nous pouvons affirmer, c'est que celle qui porte le même nom dans la collection du muséum, est un jeune âge de la précédente.

67. Cythérée testudinale. *Cytherea testudinalis.* Lamk. (1)

C. testá cordato-rotundatá, depressá, rufo-fuscescente; striis longitudinalibus bifariis, divaricatis, transversas decussantibus; pube angustá, variegatá; radiis obscuris.

Mon cabinet. Encycl. pl. 274. f. 2. a. b.

Habite l'Océan des Grandes-Indes. On pourra considérer cette coquille comme une variété de la précédente; mais elle en est constamment distinguée par les proportions de ses parties et par sa coloration. Largeur, 50 millimètres.

68. Cythérée en coin. *Cytherea cuneata.* Lamk. (2)

C. testá rotundato-cuneatá, convexiusculá, albidá; sulcis transversis, ad umbones longitudinalibus divaricatis, granulosis; ano pubeque purpureo-fuscis.

Habite les mers de la Nouvelle Hollande, au port du Roi Georges. Mus. n°. Largeur, 28 millimètres.

69. Cythérée placunelle. *Cytherea placunella.*

C. testá orbiculato-ellipticá, planulatá, tenui, albidá; sulcis longitudinalibus bifariis, angulatìm divaricatis, transversè striatis.

Chemn. Conch. XI. p. 229. t. 202. f. 1980.

Encycl. pl. 271. f. 3. a. b.

Habite... Mus. n°. Petite coquille mince, transparente. Ses sillons divergents atteignent son bord supérieur; sur le côté antérieur, elle n'a que des stries transverses. Largeur, 8 millimètres.

---

(1) Cette espèce a été établie sur une variété de la précédente; il sera nécessaire de la supprimer.

(2) Nous avons vu, dans la collection du muséum, cette coquille et la suivante; nous croyons qu'elles appartiennent à une seule espèce. La coloration fait leur différence, et on sait combien elle est variable dans le genre cythérée.

70. Cythérée rugifère. *Cytherea rugifera*. Lamk. (1)

C. testâ rotundato-trigonâ , plano-convexâ , albidâ ; sulcis transversis pliciformibus, lineolatis; pube anoque ferrugineis ; natibus depressis, corrugatis.

* *Venus scripta. Var.* β Gmel. p. 3286. n° 79.
* *Venus.* Schroter. Einl. t. 3. p. 169. n° 40.
* *Venus corrugata.* Dilw. Cat. t. 1. p. 201. n° 98. *Bornii excluso synonymo.*

Venus corrugata. Chemn. Conch. 7. p. 25. t. 39. f. 410. 411.

Habite la mer d'Egypte. *Montfort.* Mon cabinet. Elle est aplatie, d'un rouge fauve en dedans. Sa lunule est lancéolée, peinte, ainsi que le corselet, de linéoles ferrugineuses très fines. Largeur, 34 millimètres.

71. Cythérée plicatine. *Cytherea plicatina*. Lamk. (2)

C. testâ rotundato-trigonâ, plano-convexâ, albidâ; lineis spadiceis flexuoso-angulatis ; sulcis transversis pliciformibus ; pube litturatâ.

Habite l'Océan austral, à la Nouvelle Hollande. Mon cabinet. Coquille très voisine de la précédente, mais distincte. Ses crochets sont un peu comprimés, mais sans rides ; elle est blanche en dedans. Largeur, 45 millimètres.

72. Cythérée crénulaire. *Cytherea flexuosa*. Lamk. (3)

C. testâ cordato-trigonâ, latere antico productiore ; rugis transversis subcrenatis; pube anoque impressis, litturatis.

---

(1) Les trois auteurs dont nous ajoutons la citation ont confondu avec cette espèce une coquille qui nous semble fort différente, et que Born a figurée, pl. 5, f. 7.

(2) Celle-ci est en effet différente de celle qui précède : elle a de l'analogie avec la *cytherea scripta*, et n'en est peut-être qu'une forte variété.

(3) Nous sommes persuadé que cette coquille n'est point du genre cythérée de Lamarck : elle n'a que trois dents cardinales à la charnière ; elles sont très divergentes, et l'antérieure est placée dans la direction du bord de la lunule. Malgré cette disposition, elle ne peut être prise pour la dent latérale des cythérées.

Venus flexuosa. Lin. Syst. nat. p. 1131. Gmel p. 3270. n° 12:

* Schroter. Einl. t. 3. p. 119. n° 10.

Romph. Mus. t. 44. fig. M.

Gualt. Test. tab. 83. fig. I.

Born. Mus. t. 4. f. 10.

Chemn. Conch. 6. t. 31. f. 333 et 334.

Encycl. pl. 266. f. 6. a. b.

(2) *Var. testá punctis litturisque fuscis pictá.*

Encycl. pl. 266. f. 7. a. b.

(3) *Var. testá transversim breviore; angulis lateris antici elevatis.*

Encycl. pl. 267. f. 1. a. b.

* Dilw. Cat. t. 1. p. 172. n° 32.

* Desh. Encycl. méth. vers. t. 2. p. 59. n° 25.

Habite l'Océan indien. Mus. n°. Mon cabinet. Coquille commune dans les collections, d'une taille médiocre, blanchâtre, roussâtre ou grisâtre, plus ou moins tachetée, et qui offre des variétés si peu constantes, qu'il est difficile et même inconvenable de les séparer.

73. Cythérée grosse dent. *Cytherea macrodon.* Lamk.

C. *testá cordato-trigoná, flavescente, immaculatá; rugis transversis integris, supernè obsoletis; dente anali maximo.*

Mon cabinet.

Habite... les mers australes? Du voyage de *Péron.* Elle avoisine la précédente; mais elle n'a point ses rides crénelées par des stries longitudinales. Largeur, 29 millimètres.

74. Cythérée lunulaire. *Cytherea lunularis.* Lamk.

C. *testá cordato-trigoná, lividá, transversim sulcatá, supernè radiatá; ano basi maculá triangulari albá.*

Mus. n°.

Habite... l'Océan américain? Elle vient du cabinet de Lisbonne. Largeur, 33 millimètres.

75. Cythérée écailleuse. *Cytherea squamosa.* Lamk. (1)

C. *testá cordato-trigoná, sulcis longitudinalibus transversisque cancellatá; ano rotundato fuscescente.*

____

(1) Cette coquille n'est pas non plus une cythérée : elle

Venus squamosa. Lin. Syst. nat. p. 1133. Gmel. p. 3275. n° 27.

* Schroter. Einl. t. 3. p. 135. n° 24.

* Gualt. Test. pl. 83. f. G.

* Dilw. Cat. t. 1. p. 190. n° 72.

Chemn. Conch. 6. t. 31. f. 335.

Habite les mers de l'Inde. Mus. n°. Mon cabinet. Coquille d'un blanc roussâtre, qui tient, par ses rapports, à la *C. flexuosa.* Largeur, 38 millimètres.

76. Cythérée cardille. *Cytherea cardilla.* Lamk. (1)

C. testâ cordatâ, inæquilaterâ, convexâ, albâ, ferrugineo-litturatâ; sulcis longitudinalibus, radiantibus, strias exiles transversas decussantibus.

Mus. n°.

Habite... Elle vient du cabinet de Lisbonne, et provient peut-être du Brésil. Lunule ovale ; corselet ferrugineux. Largeur, 35 millimètres.

77. Cythérée cygne. *Cytherea cygnus.* Lamk. (2)

C. testâ cordatâ; tumidâ, intùs extùsque albâ ; striis trans-versis elevatis, versùs marginem minoribus ; ano cordato.

Mus. n°.

Habite... Elle est toute blanche, enflée, à crochets recourbés vers la lunule. Largeur, 38 millimètres.

---

n'a jamais, comme la crénulaire, plus de trois dents très divergentes à la charnière.

(1) Lamarck, par inadvertance sans doute, a inscrit une même espèce dans deux genres et sous deux noms différents. La cythérée cardille est en effet une variété d'âge de la vénus cardioïde n° 18; nous conserverons à l'espèce ce dernier nom, et la maintiendrons dans les vénus, parce qu'elle n'a que trois dents très divergentes à la charnière.

(2) Coquille bien distincte. Elle avoisine par ses caractères la *cytherea guineensis*, mais elle en diffère sous plusieurs rapports. Elle a son analogue fossile en Italie et en Sicile, ce qui nous fait présumer qu'elle habite la Méditerranée.

78. Cythérée dentaire. *Cytherea dentaria.* **Lamk.**

> *C. testá triangulari, latè transversá, pallidè fulvá, albo radiatá ; latere antico intùs maculato.*

Mus. n°.

Habite les côtes du Brésil, près de Rio-Janeiro. *Lalande.* Elle a une tache d'un roux-brun au côté antérieur, plus marquée en dedans qu'en dehors. Largeur, 61 millimètres.

Espèces fossiles.

1. Cythérée erycinoïde. *Cytherea erycinoides.* **Lamk.**

> *C. testá ovatá, depressiusculá, albidá, rufo submaculatá ; sulcis transversis obtusissimis ; ano ovato.*

Mus. n°. Mon cabinet.

Habite... Fossile des environs de Bordeaux. Cette coquille paraît l'analogue ancien de la cythérée cedo-nulli, n° 8. Il est très curieux de la trouver fossile en France. On la trouve aussi au Montmarin, près de Rome.

2. Cythérée multilamelle. *Cytherea multilamella.* **Lamk. (1).**

> *C. testá cordato-rotundatá, inæquilaterá ; sulcis transversis distinctis, erectis, lamellæformibus ; ano cordato.*

Mus. n°.

Habite... Fossile du Montmarin, près de Rome, et des environs de Turin. Mon cabinet. Les interstices des lames sont aplatis ; substriés. Elle ressemble un peu à une *venus casina* fossile, et paraît différente de la vénus aphrodite de Brocch. Conch. 2. p. 541. t. 14. f. 2. Largeur, 47 millimètres.

---

(1) Cette coquille a les plus grands rapports avec la *venus rugosa*, Lamk. n° 8. Dans l'une et l'autre espèce, la dent antérieure est très petite, avortée au point que ces coquilles peuvent être aussi convenablement placées dans les cythérées que dans les vénus.

3. Cythérée scutellaire. *Cytherea scutellaria.* Lamk. (1)

C. testâ suborbiculatâ, planiusculâ, tenui; striis transversis distantibus.

Annales du Mus. 7. p. 133. n° 1.

* *Cytherea scutellaria.* Def. Dict. Scienc. nat., t. 12; p. 421.

* *Cyprina scutellaria.* Desh. Dict. class. d'hist. nat., t. 3.

* *Idem.* Descr. des Coq. foss. de Paris. t. 1. pl. 20. f. 1 à 4.

* *Idem.* Encycl. méth. vers. t. 2. p. 46. n° 2.

Habite... Fossile des environs de Beauvais. Cabinet de M. Defrance. Largeur, 60 millimètres.

4. Cythérée demi-sillonnée. *Cytherea semi-sulcata.* Lamk.

C. testâ ovato-trigonâ, subdepressâ, supernè anticoque latere transversim sulcatâ; pube excavatâ: lateribus planatis.

Annales du Mus. 7. p. 133. n° 2.

* Desh. Descr. des Coq. foss. de Paris. pl. 20. f. 4. 5.

Habite.... Fossile de Grignon et de Courtagnon. Mus. n°. Mon cabinet. Elle est plus aplatie, plus trigone que la suivante, et remarquable par son corselet enfoncé, ayant ses côtés comprimés, plats.

5. Cythérée luisante. *Cytherea nitidula.* Lamk.

C. testâ ovatâ, convexâ, inæquilaterali; striis transversis exiguis, interdùm obsoletis.

Annales du Mus. 7. p. 134. n° 3 et t. 12. pl. 40. f. 12.

* Desh. Descr. des Coq. foss. de Paris. pl. 21. f. 3. 4. 5. 6.

* *Idem.* Encycl. méth. vers. t. 2. p. 61. n° 32.

Habite... Fossile de Grignon. Mus. n°. Mon cabinet. Coquille très commune, souvent luisante.

---

(1) En examinant avec attention la charnière de cette coquille, on reconnaîtra avec nous qu'elle doit faire partie du genre cyprine. L'impression palléale simple confirmera la justesse de cette opinion.

6. Cythérée polie. *Cytherea polita.* Lamk.

C. testâ ovatâ, lœvi, planiusculâ; natibus perparvis, recur-
vis, acuminatis.
Annales du Mus. 7. p. 134. n° 4.
* Desh. Desc. des Coq. foss. de Paris. pl. 23. f. 3. 4. 5.
* *Idem.* Encycl. méth. vers. t. 2. p. 62. n° 54.
Habite... Fossile de Houdan. Cabinet de M. Defrance.

7. Cythérée étagée. *Cytherea antiquata.* Lamk.

C. testâ trigonâ, subcordatâ, antiquatâ, transversim striatâ ;
sinu posticali infrà nates.
Mus. n°.
Habite... Fossile de Pontchartrain. Largeur, 35 millimètres.

8. Cythérée lisse. *Cytherea lœvigata.* Lamk.

C. testâ oblongo-transversâ, lœvi, nitidâ ; natibus obtusis,
recurvis.
Annales du Mus. 7. p. 134. n° 5. et t. 12. pl. 40. f. 5. a. b.
* Def. Dict. Scienc. nat. t. 12.
* Desh. Desc. des Coq. foss. de Paris. t. 1. p. 18. n° 1. pl.
20. f. 12, 13.
* *Idem.* Encycl. méth. vers. t. 2. p. 60. n° 26.
Habite... Fossile de Grignon. Courtagnon. Mus. n°. Mon
cabinet.

9. Cythérée tellinaire. *Cytherea tellinaria.* Lamk.

C. testâ obovatâ, trigonâ, lœvi, anteriùs coarctato-sinuatâ ;
lunulâ ovato-oblongâ.
Annales du Mus. 7. p. 135. n° 6. et t. 12. pl. 40. f. 4.
Desh. Descr. des Coq. foss. de Paris. n° 4. pl. 22. f. 4. 5.
Idem. Encycl. méth. vers. t. 2. p. 60. n° 28.
Habite... Fossile de Grignon. Mon cabinet. Taille petite.
Largeur, 15 à 18 millimètres.
Etc. Voyez le 7ᵉ volume des Annales du Mus. p. 135 et
136.

VENUS. (*Venus.*)

Coquille équivalve, inéquilatérale, transverse ou suborbiculaire.

Trois dents cardinales rapprochées sur chaque valve : les latérales divergentes au sommet. Ligament extérieur recouvrant l'écusson.

Testa œquivalvis, inœquilatera, transversa vel suborbicularis.

Cardo dentibus tribus, omnibus approximatis, in utráque valvá : lateralibus apice divergentibus. Ligamentum externum nymphas labiaque obtegens.

OBSERVATIONS. Le genre des *vénus* est un des plus beaux que l'on connaisse parmi les conchifères. Réduit, comme je l'ai fait, aux espèces qui n'ont jamais quatre dents cardinales sur aucune valve, il est encore fort nombreux en espèces, et il l'était beaucoup trop lorsqu'on suivait la détermination faite par Linné.

Les *vénus* ne sont point distinguées par leur forme générale, des cythérées ; en sorte que pour reconnaître leur genre, il faut examiner leur charnière. Cependant elles sont plus généralement transverses qu'orbiculaires. Ce sont des coquilles toutes marines, libres, régulières, très agréablement variées dans leurs couleurs. Leurs dents cardinales sont toutes très rapprochées ; celle du milieu, qui est souvent bifide, est droite, tandis que les latérales sont obliques et divergentes. Il y a néanmoins quelques espèces, en petit nombre, qui ont toutes leurs dents cardinales presque droites.

C'est ici sur-tout que la détermination des espèces est difficile, prête à l'arbitraire, et qu'on est effectivement exposé à donner pour espèces de véritables variétés , ou à prendre pour variété ce qui devrait plutôt être considéré comme espèce; car on est, en général, fort riche en coquilles de ce genre dans les collections.

Afin d'éviter toute méprise, je n'indiquerai que les espèces dont j'ai eu les objets sous les yeux, et je réponds de la réalité des caractères que j'ai cités ; mais pour être plus aisément saisi , il eût fallu des descriptions que le plan resserré de cet ouvrage ne permet pas.

Il paraît que l'animal des *vénus* a le manteau ouvert par devant, donnant lieu à deux siphons plus ou moins saillants au dehors. Son pied est comprimé, lamelliforme, de taille et de forme variables.

Les *vénus* vivent dans le sable, à une médiocre distance des côtes. On en trouve dans toutes les mers, quoiqu'elles soient plus nombreuses et plus variées dans celles des climats chauds (1).

ESPÈCES.

1. *Bord interne des valves, crénelé ou dentelé.*

(a) *Des stries lamelleuses.*

1. Vénus bombée. *Venus puerpera.* Lin. (2)

V. testá cordato-rotundatá, gibbá, subglobosá, albidá vel ferrugineá; striis longitudinalibus confertis; transversis

---

(1) Ce que nous avons dit précédemment sur les conques en général et sur les cythérées en particulier, nous dispense de revenir sur l'adjonction de ce genre avec celui des vénus. Nous renvoyons donc, pour ce qui les concerne, aux notes relatives au genre cythérée.

(2) A suivre rigoureusement la description que Linné donne de cette espèce, il nous paraît évident que la plupart des auteurs ont confondu avec elle des espèces diffé-

*membranaceis remotiusculis; ano cordato; labiis supernè
vulvam occultantibus.*

Venus puerpera. Lin. Mantissa. p. 545. Gmel. p. 3276.
      n° 28.

* Schroter. Einl. t. 3. p. 152.

(1) *Testâ albidâ, ferrugineo maculatâ; lamellis transversis
      brevibus.*

---

rentes, ou ont donné comme type de l'espèce une coquille
qui ne lui appartient pas. Il nous semble que la figure 2
de la planche 278 de l'Encyclopédie convient parfaitement
à la description de Linné. Plusieurs auteurs, et Dilwyn,
l'ont conservée de cette manière. Lamarck, au contraire,
croit que les deux figures de la même planche appartiennent comme variétés à l'espèce qui nous occupe. Si l'on
compare ces deux figures, il semble que cette opinion n'a
rien de fondé ; si l'on compare les coquilles, sur-tout des
individus jeunes, on leur trouve une ressemblance incontestable dans la structure des lames et des stries, dans la
forme de la lunule et du corselet. La forme générale diffère toujours ; les dents de la charnière sont plus étroites
dans la coquille, figure 2, que dans l'autre ; la lame cardinale est moins épaisse ; l'impression palléale est semblable dans les deux coquilles ; enfin, la coloration offre quelques légères différences. A l'intérieur, la coquille fig. 2,
est d'un blanc jaunâtre, avec une tache violacée peu foncée sur l'impression musculaire postérieure. Dans l'autre,
la couleur est d'un rose safrané, quelquefois couleur de
chair, et, dans quelques individus, tout le côté postérieur
est orné d'une grande tache d'un brun-violet. Quant à la
coloration extérieure, elle est trop variable, en général,
pour que nous dussions en tenir compte. Comme on le
voit, la somme des ressemblances est égale à celle des différences. Il nous semble donc convenable de faire deux
espèces de ces deux coquilles, en attendant que de nouvelles observations viennent décider la question à leur
égard. Dès lors il convient de prendre pour type de la
venus puerpera de Linné la coquille que représente la figure 2, planche 278 de l'Encyclopédie.

List. Conch. t. 336. f. 173.
Knorr. Vergn. 6. tab. 15. f. 1.
Chemn. Conch. 6. t. 36. f. 388. 389.
Encycl. pl. 278. f. 1. a. b.

(2) *Var. testá albidá ; lamellis transversis elevatioribus, sub-crispis ; ano magis elongato.*

List. Conch. t. 341. f. 178.
Encycl. pl. 278. f. 2. a. b.
* Fav. Conch. pl. 46. f. B 1.
* *Venus reticulata. Pars.* Dilw. Cat. t. 1. p. 188. n° 67.
* *Venus puerpera. Idem.* n° 68.

Habite l'Océan indien. Mus. n°. Mon cabinet. Grosse coquille épaisse, pesante, blanchâtre ou tachée de rouille, et qui semble réticulée par les stries transverses et lamelleuses, qui croisent celles qui sont longitudinales. Elle est blanche en dedans, quelquefois tachée de rouille ou de violet au côté antérieur. Largeur, 75 à 98 millimètres.

2. Vénus crêpue. *Venus reticulata.* Lamk. (1)

V. testá cordato-rotundatá , tumidá , albá , rufo-maculatá ; striis longitudinalibus distinctis ; transversis , membranaceis , plicato-crispis , subgranulosis.

----

(1) En recherchant l'origine de cette espèce, on trouve que Linné l'avait d'abord fort bien caractérisée dans le muséum de la princesse Ulrique : il dit que la charnière en est rougeâtre, et il cite dans la synonymie la seule figure F de la planche 26 de d'Argenville (première édition). Ceci était une amélioration sensible sur la dixième édition du *Systema naturæ*, dans laquelle on trouvait dans la synonymie de la *venus reticulata* une figure de Rumphius, qui n'a avec elle aucune analogie. Plus tard Linné rendit cette synonymie beaucoup plus défectueuse dans la douzième édition, car à la figure de d'Argenville il en joignit une de Bonanni, une de Lister, une de Gualtierri, et le codok d'Adanson. De ces quatre figures, qui n'ont presque aucune analogie avec celle de d'Argenville, les trois premières sont fort mauvaises, et pourraient s'appliquer assez bien à la *venus tigerina*. Quant au codok, il appartient,

Venus reticulata. Lin. Gmel. p. 3275.
Chemn. Conch. 6. t. 36. f. 382—384.
Favan. Conch. pl. 46. fig. B 1.
(2) *Var. testâ lamellis transversis magis elevatis ; intùs violaceo rubroque tinctâ. È Nov. Hollandiâ.*
* Encycl. pl. 267. f. 7.
Habite l'Océan des Grandes Indes. Mus. n°. Elle est très

---

sans contestation , à cette dernière espèce. Il résulte de ce qui précède, qu'en adoptant la première opinion de Linné sur l'espèce , il faut rejeter presque toute la synonymie de la douzième édition du *Systema naturæ*. C'est en effet ce que Chemnitz fit très sagement, et la figure qu'il donna est suffisante pour ne plus laisser de doute sur l'espèce. La synonymie de Gmélin est assez bonne; il ne faut cependant en prendre que les figures de Knorr et de Chemnitz , les autres n'étant pas assez bien faites pour être admises avec certitude. Schroter a été plus exact que Gmélin, et son exemple n'a point été suivi par Dilwyn qui , probablement, n'avait point à sa disposition une collection qui lui permît de vérifier les descriptions : il confondit plusieurs espèces sous le nom de *venus reticulata*. Lamarck embarrassé, sans doute , de toute cette synonymie , en général mal faite , ne se donna pas le soin de rechercher l'origine des espèces, et il donna le nom de *venus reticulata* à une coquille que Linné ne connut pas , et qui est une jeune de la variété (2) de la *venus puerpera* ; il introduisit à côté d'elle , et à titre de variéte , une autre espèce très distincte que Chemnitz a figurée pl. 29 , figure 306, 307, et imposa le nom de *venus corbis* à la véritable *venus reticulata* de Linné et de Chemnitz; de sorte que, pour rétablir convenablement la *venus reticulata* de Linné . il faudrait épurer la synonymie des auteurs et supprimer la *venus corbis* , pour la rapporter à l'espèce linnéenne. Les observations que nous avons faites à l'égard des espèces de Lamarck sont le résultat de notre examen des coquilles types de ces espèces étiquetées de sa main dans la collection du muséum.

voisine de la précédente ; mais elle devient moins grande.
Sur un fond tout-à-fait blanc, elle est tachée ou rayonnée
d'orangé ou de roux, et ses lames transverses sont toujours
plissées et comme frisées ou crêpues. Largeur , 65 millim.
Dans la variété (2), les plis des lames transverses forment une granulation sur le dos de ces lames. Cette variété indique les rapports de cette espèce avec les suivantes.

3. Vénus pygmée. *Venus pygmæa.* Lamk.

*V. testá ovatá, depressiusculá, subdecussatá, albidá, rufo
aut fusco maculatá ; lamellis transversis undato-crispis ;
pube lamellosá ; natibus roseis.*

Cabinet de M. *Valenciennes.*

Habite la mer des Antilles , à l'île de St.-Thomas. Coquille
extrêmement petite, jolie, qui tient à la précédente par
ses lames transverses, quoique plus couchées ; et à la *V.
marica,* par les lames qui bordent son corselet. Largeur ,
10 millimètres.

4. Vénus corbeille. *Venus corbis.* Lamk.

*V. testá cordato-rotundatá, tumidá, albá, spadiceo-macu-
latá ; striis longitudinalibus, transversisque decussatis ,
granulosis ; cardine croceo.*

* *Venus reticulata.* Lin. Mus. Ulr. p. 503. n° 64. et *Syst.
nat.* Edit. 12. p. 1133. n° 134. *Syn. plerisque exclusis.*

* Schroter. Einl. t. 3. p. 134. n° 23.

List. Conch. t. 335. f. 172.

* Chemn. Conch. pl. 36. fig. 382 à 384.

* Knorr. Vergn. t. 6. pl. 10. f. 3.

Encycl. pl. 276. f. 4. a. b. c.

* Dilw. Cat. t. 1. p. 188. n° 67. *Syn. duobus ultimis exclusis.*

Mon cabinet.

Habite l'Océan des Grandes-Indes. Coquille très rare , que
l'on a confondue avec la précédente , et qui en est très
distincte. Ses lames transverses, tout-à-fait couchées ,
n'offrent qu'une assez fine granulation , et aucune lamelle
en saillie. La crénelure du bord interne des valves ne s'a-
perçoit plus. Elle est blanche en dedans, avec une teinte
aurore ou safranée, qui est très marquée sur la charnière.
On la nomme *Corbeille de l'Inde* ; mais elle n'a point d'a-

nalogie avec notre genre corbeille. Largeur , 60 millimètres.

5. Vénus crénulée. *Venus crenulata.* Chemn.

> *V. testâ cordato-trigonâ , albidâ , radiatim fulvo-maculatâ ;
> striis longitudinalibus obsoletis ; transversis prominulis cre-
> nulatis ; ano latè cordato.*
>
> *Venus crenulata.* Chemn. Conch. 6. p. 370. t. 36. f. 385.
> * *Venus crenata.* Gmel. p. 3279. n° 50. *Varietate exclusâ.*
> * Schroter. Einl. t. 3. p. 164. n° 28.
> * *Venus crenulata.* Dilw. Cat. t. 1. p. 189. n° 69. *Syn.
> plur. excl.*
>
> Habite les mers de l'Inde. Mon cabinet. Elle est toute blan-
> che en dedans. Le bord, sous la lunule , est fortement
> sillonné. Largeur, 45 millimètres.

6. Vénus discine. *Venus discina.* Lamk.

> *V. testâ obovato-rotundatâ , depressâ , albidâ , obsoletè ma-
> culosâ ; lamellis transversis concentricis , ad latus anticum
> majoribus.*
>
> abinet de M. *Valenciennes.*
>
> Habite dans la Manche , sur les côtes du Cotentin. Elle dif-
> fère de la *V. casina* , parce qu'elle est aplatie , et que ses
> lames transverses sont égales, régulièrement espacées. Lu-
> nule en cœur oblong. Largeur, 35 millimètres.

7. Vénus à verrues. *Venus verrucosa.* Lin.

> *V. testâ cordato-rotundatâ , convexâ , albidâ , rufo-macula-
> tâ ; striis longitudinalibus obsoletis , ad latera divaricatis ;
> transversis membranaceis , antrorsùm imprimis verrucosis.*
>
> *Venus verrucosa.* Lin. Syst. nat. p. 1130. Gmel. p. 3269.
> n° 6.
> * Schroter. Einl. t. 3. p. 114.
> * Olivi. Adriat. p. 107. n° 1.
> * *Venus dysera.* Var. D. Lin. Mus. Ulri. p. 498. n° 57.
> * D'Argenv. Conch. édit. 1. pl. 24. f. Q.
> * *Venus dysera.* Var. 2. Lin. Syst. nat. édit. 12. p. 1130.
> List. Conch. t. 284. f. 122.
> Gualt. Test. t. 75. fig. H.
> Born. Mus. t. 4. f. 7.
> Chemn. Conch. 6. t. 29. f. 299—300.
> Pennant. Zool. brit. 4. t. 54. f. 48.

* Favan. Conch. pl. 47. f. E. 9.

* Donovan. Brit. Shells. t. 2. pl. 44.

* Dorset. Cat. p. 34. pl. 8. f. 1.

* Poli. Test. Sicil. t. 2. p. 90. pl. 21. f. 18. 19.

* Payr. Cat. p. 48. n° 81.

* Desh. Encycl. méth. vers. t. 3. pl. 113. n° 4.

* Junior. *Venus Lemani.* Payr. Cat. p. 53. n° 91. pl. 1. f. 29. 30. 31. (1)

* *Fossilis.* Brocchi. Conch. Foss. subap. p. 545. n 7.

(2) *Var. testá minore, magis verrucosâ; verrucis per series longitudinales obliquas dispositis. È Nová Holl.*

(3) *Var. testá minore, planiore, minus verrucosá. Nová Holl.*

Habite les mers d'Europe, des Antilles et Australes. Mus. n°. Mon cabinet. Coquille assez commune dans les collections. La lunule est en cœur; le corselet est maculé d'un côté.

8. Vénus ridée. *Venus rugosa.* Gmel. (2)

V. testá cordatá, tumidá, albá, rufo-maculatá; striis transversis membranaceis crebris; ano latè cordato.

* *Venus dysera.* Var. β. Lin. Syst. nat. édit. 12. p. 1130. n° 115.

Venus rugosa. Gmel. p. 3276. n° 31.

* Lister. Conch. pl. 286. f. 123.

* Schroter. Einl. t. 3. p. 154.

* *Venus rigida.* Dilw. Cat. t. 1. p. 164. n° 13.

* Desh. Encycl. méth. vers. t. 3. p. 1114. n° 5.

Venus rugosa orientalis. Chemn. Conch. 6. t. 29. f. 303.

---

(1) Nous avons vu cette coquille dans la collection du Muséum, et nous avons reconnu que c'était un très jeune individu très bien conservé de la *Venus verrucosa.*

(2) Cette coquille a un rudiment de dent lunulaire à la charnière; elle a aussi une très grande analogie avec la *Cytherea multilamella* (fossile n° 2). Cette dernière a également la dent lunulaire aussi rudimentaire que celle-ci; c'est donc arbitrairement que ces espèces sont rangées plutôt dans un genre que dans l'autre. Ceci vient à l'appui de notre opinion sur la nécessité de réunir les deux genres. *Voyez* les observations à ce sujet, à la suite des généralités des cythérées.

22 *

Encycl. pl. 273. f. 4. a. b.

Habite les mers de l'Inde. Mus. n°. Mon cabinet. Elle est blanche en dedans. Sa charnière est presque celle des cythérées, la quatrième dent paraissant encore, ainsi que sa fossette, sur l'autre valve, quoique très petite. Dans les interstices des stries lamelleuses, on voit d'autres stries transverses non élevées. Les stries longitudinales sont obsolètes. Largeur, 65 millimètres.

9. Vénus chambrière. *Venus casina.* Lin.

V. testá cordato rotundatá, fulvá ; sulcis transversis, inœqualibus, elevatis, lamelliformibus ; ano subcordato.

Venus casina. Lin. Syst. nat. p. 1130? Gmel. p. 3279. n° 7.

List. Conch. t. 286. f. 123 ?? (1)

Pennant. Zool. brit. 4. t. 54. f. 48. A.

Chemn. Conch. 6. t. 29. f. 301. 302.

Schroter. Einl. in Conch. 3. p. 115. t. 8. f. 6.

Maton. Act. soc. linn. 8. p. 79. t. 2. f. 1.

* Encycl. pl. 275. f. 6. a. b.

* Dilw. Cat. t. 1. p. 165. n° 14.

* Payr. Cat. p. 49. n° 82.

* Desh. Encycl. méth. vers. t. 3. p. 1114. n° 6.

* *Junior. Venus Rusterucii.* Payr. Cat. p. 52. pl. 1. f. 26. 27. 28.

Habite l'Océan atlantique européen. Mus. n°. Mon cabinet. Elle est toute blanche en dedans, d'une couleur fauve au dehors, avec une teinte rousse plus foncée aux crochets et sur le côté postérieur. Largeur, 50 millimètres.

10. Vénus crébrisulque. *Venus crebrisulca.* Lamk. (2)

V. testá cordato-rotundatá, albidá, rufo-maculatá ; sulcis transversis crebris, obtusis, ad latus anticum eminentioribus, sublamellosis.

---

(1) Cette citation de Lister convient mieux à l'espèce précédente, cette figure représentant en effet très exactement la *Venus rugosa.*

(2) Cette espèce est en effet bien distincte, mais c'est à tort que Lamarck, à titre de variété, y a compris la fig. 6 de la pl. 275 de l'Encyclopédie. La coquille représentée

Encycl. pl. 276. f. 1. a. b.

(2) *Var. testá minore, sulcis laterum crassioribus subcallosis.*
Encycl. pl. 275. f. 6. a. b.

Habite... l'Océan indien ? Mon cabinet. Belle espèce, très différente de celle qui suit, et avec laquelle il paraît qu'on l'a confondue. La lunule est en cœur oblong, presque lamelleuse, rousse, avec une petite tache blanche à sa base. Le corselet est enfoncé, étroit, bordé de tubercules inégaux, souvent litturé d'un côté. Largeur, 46 millimèt.

11. Vénus lévantine. *Venus plicata.* Gmel.

V. testá subcordatá, anteriùs angulatá, albo-roseá; striis transversis elevato-lamellosis, distantibus; vulvá anoque rubellis.

Venus dysera. Var. Lin Syst. uat. 12. p. 1130
Venus plicata. Gmel. p. 3276. u° 30.
Argenv. Conch. t. 21. fig. K.
Favan. pl. 47. fig. E. 7.
Born. Mus. t. 4. f. 9. *E speciminc juniore.*
Chemn. Conch. 6. t. 28. f. 295—297.
* Valentyn. Rar. Amboi. pl. 15. f. 21.
Encycl. pl. 275. f. 3. a. b.
* Dilw. Cat. t. 1. p. 162. n° 9.
* Desh. Encycl. méth. vers. t. 3. p. 1115. n° 8.

Habite l'Océan indien. Mus. n°. Mon cabinet. Espèce rare, précieuse et fort recherchée dans les collections. Elle es blanche, avec une teinte rose ou pourprée, sur-tout dans les individus jeunes. Le corselet est glabre, enfoncé ; la lunule est en cœur ; le bord interne des valves est très légèrement dentelé. Largeur, 70 millimètres. On la trouve fossile près de Turin. Mus. n°.

12. Vénus cancellée. *Venus cancellata.* Lin. (1)

V. testá cordatá, longitudinaliter sulcatá, cingulis elevatis,

---

est une variété de nos côtes de la *venus casina.* Comme nous possédons ces espèces et variétés, nous en parlons avec certitude.

(1) Il est pour nous évident que cette espèce de Lamarck est la même que la *Venus dysera* telle que Chemnitz l'a rétablie. Linné a donné pour la première fois la *Venus cancellata* sous le nom de *Vénus ziczac,* dans la dixième édi-

remotis, transversim cinctâ, albidâ, spadiceo vel fusco maculatâ; ano cordato.
* *Venus ziczac.* Lin. Syst. nat. édit. 10. p. 689. n° 119.
* *Idem.* Mus. Ulr. p. 506. n° 71.
* *Venus cancellata.* Lin. Syst. nat. édit. 12. p. 1130.

---

tion du *Systema naturæ.* Il la reproduisit sous le même nom dans le muséum de la princesse Ulrique. L'espèce est décrite dans ce dernier ouvrage, mais Linné ne donne aucune synonymie. Ce fut dans la douzième édition du *Systema naturæ,* que Linné donna un autre nom à l'espèce : il lui imposa celui de *Venus cancellata,* conserva les caractères principaux de la description faite dans le Mus. Ulr., et ajouta en synonymie la fig. D de la pl. 88 de Gualtieri. Cette figure comprise dans l'ouvrage que nous venons de citer dans la synonymie de la variété de la *Venus dysera,* ne s'accordant point avec la description, il faut donc s'en tenir à cette dernière, c'est ce que firent en effet Chemnitz et Schroter qui n'hésitèrent point à supprimer la citation de Gualtieri, et la remplacèrent, l'un par de nouvelles figures, l'autre par la citation d'une figure de Knorr. Les figures de Chemnitz appartiennent évidemment à deux espèces distinctes : les unes, 304, 305, pl. 29, représentent, à ce qu'il nous semble, un jeune individu de la *Venus puerpera ;* les autres, 306, 307 de la même planche, donnent exactement la var. (2) de Lamarck de la *Venus reticulata* n° 2 (*voyez* la note relative à cette espèce). Dilwyn et d'autres auteurs ont admis l'espèce de Linné ou plutôt de Chemnitz, mais y ont laissé la confusion que nous venons de signaler. Dilwyn, ordinairement si exact, a complété la synonymie en rapportant toutes les figures qui peuvent s'appliquer avec plus ou moins d'exactitude aux deux espèces confondues par Chemnitz. Lamarck négligea toutes les rectifications à faire pour rendre bonne la synonymie, et trouvant de la ressemblance entre la *Venus dysera* et celle-ci, éprouvant de la difficulté à les distinguer, il les confondit, et attribua à sa *Venus plicata* une partie de la synonymie de la *dysera* qu'il n'inscrivit pas dans son catalogue. Si l'on voulait actuellement conserver, comme

* *Venus dysera*. Var. Lin. Syst. nat. édit. 12. p. 1130.

* Schroter. Einl. t. 3. p. 116.

* Gmel. p. 3270. n° 8.

* Lister. Conch. t. 278. f. 115.

* Bona. Recr. 3. f. 348 ?

* Knorr. Verg. t. 2. pl. 28. f. 3.

* Gronov. Zooph. pl. 18. f. 8.

* Fav. Conch. pl. 47. f. E. 6.

* *Venus dysera. Linnei.* Chemn. Conch. t. 6. p. 294. pl. 28. f. 287 à 290.

* Encycl. pl. 268. f. 1. a. b.

* Dilw. Cat. t. 1. p. 165. n° 15. *Syn. plerisque exclus.*

* Desh. Encycl. méth. vers. t. 3. p. 1115. n° 9.

Habite les mers d'Amérique. Mus. n°. Mon cabinet. Coquille commune dans les collections, qui est fort différente de notre *V. dysera*, et à laquelle il est assez difficile d'assigner le nom que lui a donné Linné. Le bord des valves est crénelé. Largeur, 45 millimètres. Elle offre, dans ses taches et l'écartement de ses petites lames transverses, différentes variétés. A l'intérieur, elles ont une tache brune sur le côté antérieur. La var. (2) est de Cayenne ; elle est sans tache en dedans.

13. **Vénus subrostrée.** *Venus subrostrata.*

> *V. testâ cordatâ, striis longitudinalibus transversisque cancellatâ, albidâ, radiatim rufo maculatâ ; ano cordato.*
> Encycl. pl. 267. f. 7. a. b ? (1)

---

on le doit, dans un *species* bien fait, les espèces de Linné, il faudrait rechercher à quelle coquille doit appartenir le nom de *Venus dysera*, mais en même temps il serait nécessaire de supprimer la *Venus cancellata.* Pour nous, convaincu, d'après sa description, que Linné a donné le nom de *Venus cancellata*, à de jeunes individus, soit de la *Venus puerpera*, soit de la *Venus rugosa*, peut-être même de la *venus casina*, nous croyons qu'il sera convenable de supprimer cette espèce, et de donner un nom spécifique à la variété de Chemnitz, qui est bien distincte.

(1) C'est avec raison que Lamarck a mis un point de doute à cette figure, car elle représente très exactement la variété 2 de la *Venus reticulata*, espèce sur laquelle nous avons déjà fait nos observations.

Habite les mers des Antilles, à l'île St.-Jean. *Richard*. Elle est très voisine de la précédente; mais ses stries transverses sont fréquentes, régulièrement espacées; et à l'intérieur, elle est toute blanche. Largeur, 30 millimètres.

(b) *Point de stries lamelleuses.*

14. Vénus rudérale. *Venus granulata.* Gmel.

V. testá cordato-rotundatá, longitudinaliter sulcatá, striis transversis decussatá, albidá, fusco-maculatá; pube litturatá.

Venus granulata. Gmel. p. 3277. n° 33.

* *Venus violacea.* Gmel. p. 3288. n° 94.

* Schroter. Einl. t. 3. p. 156.

* *Idem.* p. 177. n° 68.

List. Conch. t. 280. f. 118. t. 338. f. 175.

Venus marica. Born. Mus. t. 4. f. 5. 6.

Chemn. Conch. 6. t. 30. f. 313.

Encycl. pl. 272. f. 3. a. b.

(2) *Var.* Encycl. pl. 274. f. 5. a. b.

* *Venus granulata.* Dilw. Cat. t. 1. p. 171. n° 29.

* Desh. Encycl. méth. vers. t. 3. p. 1116. n° 10.

Habite les mers d'Amérique, aux Antilles. Mus. n°. Mon cabinet. Coquille assez commune et néanmoins encore peu connue. Taille petite ou médiocre; couleur grisâtre ou blanchâtre, avec des lignes ou des taches brunes diverses. A l'intérieur, elle est tachée d'un violet noirâtre. Lunule en cœur, souvent colorée. Largeur, 30 à 40 millimètres. Elle a l'aspect d'un petit *cardium.*

15. Vénus pectorine. *Venus pectorina.* Lamk.

V. testá ovato-cordatá, longitudinaliter radiatìmque sulcatá, striis transversis decussatá, pallidè fulvá, intùs immaculatá; pube litturis fuscis ornatá.

Habite... les mers d'Amérique? Très voisine de la précédente. Elle est plus élégamment sillonnée, n'est tachée au dehors que par les litturations de son corselet. Lunule grande, en cœur, incolore. Largeur, 36 millimètres. Mon cabinet.

16. Vénus squamifère. *Venus marica*. Lin.

V. testâ subcordatâ, sulcis longitudinalibus striisque trans-
versis decussatâ, albidâ, fusco maculatâ; pube appendici-
bus squamiformibus utrinque marginatâ.

Venus marica. Lin. Syst. nat. p. 1130. Gmel. p. 3268.
n° 3.

* Schroter. Einl. t. 3. p. 112.

Chemn. Conch. 6. t. 27. f. 282—284.

Encycl. pl. 275. f. 2. a. b.

* Dilw. Cat. t. 1. p. 160. n° 5.

* Desh. Encycl. méth. vers. t. 3. p. 1116. n° 11.

Habite à Timor et dans les mers d'Amérique. Mus. n°. Mon
cabinet. Coquille petite, ayant l'aspect de la V. rudérale,
mais un peu moins renflée, et caractérisée par les appendices qui bordent son corselet. Lunule en cœur oblong.
Largeur, 26 millimètres.

17. Vénus sanglée. *Venus cingulata*. Lamk.

V. testâ cordatâ, valdè convexâ, annulis transversis crenu-
latis cinctâ; striis intermediis tenuissimis; maculis fuscis,
subradiatis.

An venus radiata? Chemn. Conch. 6. t. 36. f. 386?

* *Venus crenata.* Var. β. Gmel. p. 3280. n° 50.

* Schroter. Einl. t. 3. p. 165. n° 29.

Habite... Mus. n°. Elle n'a point de stries longitudinales.
En dehors, elle est blanchâtre, avec des taches brunes en
rayons; et à l'intérieur, elle est toute blanche. Lunule en
cœur. Largeur, 28 millimètres.

18. Vénus cardioïde. *Venus cardioides*. Lamk.

V. testâ orbiculato-trigonâ, albidâ aut fulvâ, radiatim sul-
catâ; striis transversis exilibus sulcos decussantibus; ano
oblongo.

Encycl. pl. 274. f. 3. a. b.

Habite à Cayenne et à la Jamaïque, sur les côtes. Mus n .
Mon cabinet. A l'extérieur, celle-ci a l'aspect d'un *cardium*
ou d'un peigne, par la disposition rayonnante de ses sillons
longitudinaux. Elle est rarement tachée. La lunule est
sans couleur, en cœur oblong. Dans une variété, le corse
let est litturé de rouge-brun. Largeur, 38 millimètres.

19. Vénus grise. *Venus grisea*. Lamk.

V. testâ ovatâ, transversâ, extùs griseâ, intùs violaceo maculatâ, decussatâ; sulcis longitudinalibus eminentioribus; ano ovali.

Habite... Du voyage de Péron? Elle a un peu le port de la *V. decussata*; mais son bord crénelé l'en éloigne. Largeur, 25 millimètres. Mus. n°.

20. Vénus elliptique. *Venus elliptica*. Lamk.

V. testâ ellipticâ, subæquilaterâ, albidâ, immaculatâ; sulcis transversis, confertis; ano lanceolato.

Encycl. pl. 267. f. 5. a. b.

Habite... Mon cabinet. Elle est très distincte des autres par sa forme générale, sans offrir de particularités remarquables. Largeur, 32 millimètres.

21. Vénus de Dombey. *Venus Dombeii*. Lamk.

V. testâ ovato-rotundatâ, crassâ, testaceâ; sulcis planulatis strias transversas decussantibus; intùs albâ, punctis impressis erosâ; ano ovato.

An Encycl. pl. 279. f. 1. a. b? *Non bene* (1).

Habite les côtes du Pérou. *Dombey*. Mus. n°. Mon cabinet. Elle semble tenir de la *Cytherea punctata.*; mais c'est une vénus qui a une forme moins arrondie, plus renflée, et qui offre au dehors une couleur de brique, tandis qu'elle est blanche à l'intérieur, avec des points enfoncés et très irréguliers dans le disque. Largeur, 47 millimètres.

22. Vénus tachée. *Venus mercenaria*. Lin.

V. testâ solidâ, obliquè cordatâ, transversim striato-sulcatâ, stramineâ; ano cordato; intùs violaceo maculatâ.

Venus mercenaria. Lin. Syst. nat. p. 1131. Gmel. p. 3271 n° 14.

* Schrot. Einl. t. 3. p. 122.

---

(1) Il n'est point étonnant que Lamarck trouve cette figure mauvaise relativement à cette espèce, car elle représente la *Cytherea interrupta*, n° 52, où elle se trouve déjà rapportée.

List. Conch. t. 271. f. 107.

Chemn. Conch. 10. p. 352. t. 171. f. 1659. 1660.

Encycl. pl. 263.

* Spengler. in Berlin naturf. t. 6. p. 307. pl. 6. f. 1 à 3.

* Desh. Encycl. méth. vers. t. 3. p. 1117. n° 13.

Habite l'Océan boréal de l'Amérique et de l'Europe. Mus.
n°. Mon cabinet. Coquille assez grosse, solide, pesante, et
qui, à l'extérieur, ressemble à la Cyprine d'Islande ; mais
elle n'a point de dent latérale, et offre complétement le
caractère des vénus. Elle est blanche en dedans, avec une
belle tache bleue ou violette sur le côté antérieur.

23. Vénus gélinotte. *Venus lagopus.* Lamk.

*V. testâ cordato-trigonâ, candidâ, fulvo-maculatâ, intùs roseo
tinctâ; sulçis transversis, erectis, confertis, latere crenulatis;
ano oblongo.*

Mus. n°.

Habite les mers de la Nouvelle - Hollande, au port du Roi
Georges. Jolie coquille, très remarquable par ses sillons
transverses, serrés et crénelés en leur côté supérieur, et qui,
sur le côté antérieur, sont presque lamelleux. Largeur, 40
millimètres.

24. Vénus poule. *Venus gallina.* Lin. (1)

*V. testâ cordato-trigonâ, supernè rotundatâ, albidâ, rufo-
radiatâ; sulcis transversis, elevatis, albo et rufo articulatim
pictis.*

Venus gallina. Lin. Syst. nat. p. 1130. Gmel. p. 3270. n° 9.

* Bona. recreat. part. 2. f. 45.

List. Conch. t. 282. f. 120.

* Schroter. Einl. t. 3. p. 118.

Born. Mus. p. 57. Vign. fig. b.

---

(1) Dans la 12ᵉ édition du *Systema naturœ,* Linné ne
donne, pour cette espèce, qu'une seule synonymie; il cite
les figures 64 et 65 de Bonanni, 2ᵉ partie, mais ces figures
ne s'accordant aucunement avec sa description, puisqu'elles représentent la *Cytherea chione,* doivent être re-
jetées. Chemnitz a assez bien rectifié la synonymie, mais
il y a introduit une figure de Lister et une autre de Gualtieri qui ne lui appartiennent pas.

Chemn. Conch. 6. t. 3o. f. 3o8—310.

Knorr. Vergn. 5. t. 14. f. 2 et 5.

* Klein. Ostrac. t. 10. f. 54.

* *Venus Lusitanica.* Gmel. p. 3281. n° 58.

Encycl. pl. 268. f. 3. a. b.

* Dorset. Cat. p. 35. t. 8. f. 2.

* Dilw. Cat. t. 1. p. 168. n° 23.

* Payr. Cat. p. 49. n° 83.

* Desh. Encycl. méth. vers. t. 3. p. 1117. n° 14.

* *Fossilis. Venus senilis.* Brocchi. Conch. Foss. t. 2. p. 539. n° 2. pl. 13. f. 13.

(2) *Var. sulcis ad latus anticum furcatis.*

Habite l'Océan d'Amérique et les mers d'Europe. Mus. n°. Mon cabinet. Coquille de taille médiocre, assez commune dans les collections. Sa lunule est en cœur oblong ; son corselet est souvent rayé ou litturé de fauve ou de rouge-brun. Elle n'a que trois rayons. Largeur, 32 à 35 millimètres.

25. Vénus poulette. *Venus gallinula.* Lamk.

> *V. testá cordato-ellipticá, albidá, lineis, longitudinalibus rufis subangulatis pictá ; sulcis transversis elevatis scalariformibus.*

Mus. n°.

Habite les mers de la Nouvelle-Hollande, à l'île King. *Péron.* Coquille jolie, élégamment ornée de linéoles rousses, interrompues, et qui tient de la précédente, mais en est très distincte. Lunule ovale ; corselet assez court, un peu étroit. Elle est teinte de pourpre violâtre à l'intérieur. Sa largeur la plus grande est de 35 millimètres.

26. Vénus pectinule. *Venus pectinula.* Lamk. (1).

> *V. testá rotundato-trigoná, albido fulvá, longitudinaliter sulcatá ; sulcis crenulatis, radiantibus ; ano ovato*

* *Venus radiata.* Brocchi. Conch. Foss. subap. t. 2. p. 543. n° 6. pl. 14. f. 3.

---

(1) M. Defrance a eu la bonté de nous communiquer cette espèce et la suivante : dans la première, nous avons reconnu l'analogue vivant de la *Venus radiata* de Brocchi, et dans la seconde, l'analogue vivant d'une espèce intéressante de Crassine, *Crassina incrassata*, Nob., n° .3, p. 257.

Habite la Manche, à Cherbourg. Elle ressemble à la coquille figurée dans les Actes de la Soc. linn. vol. 8. t. 2. f. 5. Cabinet de M. *Defrance.*

27. Vénus sillonnée. *Venus sulcata.* Lamk. (1)

V. testâ rotundato-trigonâ, castaneâ, transversìm sulcatâ; sulcis superioribus obsoletis; natibus subacutis.

Venus sulcata. Maton, Act. Soc. linn. 8. p. 81. t. 2. f. 2.

Habite sur les côtes de France, à Cherbourg. Cabinet de M. *Defrance.* Largeur, 18 millimètres.

[2] *Le bord interne des valves très entier.*

28. Vénus belles lames. *Venus lamellata.* Lamk.

V. testâ ovali, anteriùs angulatâ, albidâ; lamellis trans- versis, distantibus, anticè appendiculatis, latere superiore striatis.

(2) *Var. testâ subdepressâ; lamellis angustioribus, non ap- pendiculatis.*

Habite les mers de la Nouvelle-Hollande, au canal d'En- trecasteaux. *Péron* et *Lesueur.* Mus. n°. Mon cabinet. Belle et rare coquille, voisine de la V. lévantine par ses rapports, mais qui en est très distincte, et qui n'a point le bord des valves dentelé. Elle est singulièrement remar- quable par ses lames transverses élevées, distantes, re- courbées et presque frangées en leur bord supérieur, ayant leurs parois supérieures striées verticalement, et formant, sur le côté antérieur, des appendices en canal. Corselet glabre, à côtés inégaux; lunule sublamelleuse, en cœur oblong. Largeur, 60 millimètres. La variété (2) vient aussi de la Nouvelle-Hollande, et m'a été communiquée par M. *Macleay.*

29. Vénus blanche. *Venus exalbida.* Chemn.

V. testâ ovali, plano-convexâ, extùs intùsque albâ, transversìm sulcatâ; sulcis acutis sublamellosis; ano oblongo.

List. Conch. t. 269. f. 105?

V. exalbida. Chemn. Conch. XI. p. 225. t. 202. f. 1974.

---

(1) Voyez la *Crassina incrassata*, p. 157, n° 3, à la synony- mie de laquelle il faudra, par la suite, ajouter cette *Venus sulcata,*

Encycl. pl. 264. f. 1. a. b.
* Dilw. Cat. t. 1. p. 170. n° 27.
* Desh. Encycl. méth. vers. t. 3. p. 1117. n° 15.
Habite les mers d'Amérique ? Mus. n°. Mon cabinet. Coquille
assez grande, peu rare, d'une couleur partout uniforme,
et qui, sans être fossile, en a l'apparence. Largeur, 90
millimètres.

30. Vénus rousse. *Venus rufa*. Lamk.

*V. testâ ovali, tumidâ, transversìm sulcatâ, rufâ, intùs albâ,
punctis asperatâ; striis longitudinalibus exilissimis.*
Habite les mers australes, *Péron*; et celles du Pérou, *Dombey*.
Mus. n°. Belle et grande coquille, ayant le limbe du bord
supérieur blanchâtre. Largeur, 86 millimètres.

31. Vénus dorsale. *Venus dorsata*. Lamk. (1)

*V. testâ ovali, tumidâ, latere antico elevato, obtusè angulato;
sulcis transversis crebris; superioribus sublamellosis, ano
oblongo fusco.*
(1) *Testâ stramineâ; pube submaculatâ.*
(2) *Testâ subalbidâ, lineis spadiceis litturatâ.*
Habite les mers de la Nouvelle-Hollande, *Péron*. Mus. n°.
Elle est blanche en dedans, avec une teinte couleur de
chair dans le disque. Le corselet est fort étroit. Largeur,
70 millimètres.

32. Vénus hiantine. *Venus hiantina*. Lamk.

*V. testâ ovatâ, inflatâ, anticè angulatâ, albido-rufescente;
sulcis transversis, crebris, irregularibus; ano nullo; vulvâ
hiante.*
Habite les mers australes. Mon cabinet. Elle est blanche en
dedans, et offre au dehors, dans une variété, deux ou trois
rayons obscurs. Largeur, 65 millimètres. Mus. n°.

33. Vénus gros-sillons. *Venus crassisulca*. Lamk.

*V. testâ ovato-oblongâ, anticè subangulatâ, albidâ, immacu-
latâ; sulcis transversis latis subscalariformibus.*

---

(1) Cette coquille ne diffère en rien d'essentiel de la
Venus turgida, n° 39; elle est seulement un peu plus courte.
C'est une variété individuelle ou peut-être de localité.

Mus. n°.

Habite les mers de la Nouvelle-Hollande, à la baie des Chiens
marins. *Péron.* Elle est d'un blanc sale, un peu jaunâtre.
On n'en a qu'une valve. Largeur, 61 millimètres.

34. Vénus rugelle. *Venus corrugata.* Gmel.

*V. testâ ovatâ, exalbidâ; rugis transversis undatis inæquali-
bus; striis longitudinalibus exiguis rugas decussantibus;
ano oblongo.*

(1) *Var. testâ albidâ, intùs flavâ; lateribus violaceo maculatis; ano violacescente.*

(2) *Var. testâ intùs albâ; latere antico violaceo.*

Venus obsoleta. Chemn. Conch. 7. p. 50. t. 42. f. 444.

Venus corrugata. Gmel. p. 3280. n° 52.

* Schroter. Einl. t. 3. p. 172. n° 49.

* *Venus obsoleta.* Dilw. Cat. t. 1. p. 205. n° 107.

Habite les mers de la Nouvelle-Hollande. Mus. n°. La variété
(2) vient de la Méditerranée, selon Gmelin. Je ne l'ai point
vue.

35. Vénus de Malabar. *Venus Malabarica.* Chemn. (1)

*V. testâ oblongo-ovatâ, obscurè radiatâ, cinereâ; sulcis trans-
versis elevatis crebris; ano cordato; vulvâ angustâ.*

Venus Malabarica. Chemn. Conch. 6. t. 31. f. 324. 325.

Venus gallus. Gmel. p. 3277. n° 37.

* Schroter. Einl. t. 3. p. 159. n° 14.

* Dilw. Cat. t. 1. p. 174. n° 36.

Habite l'Océan indien. Mus. n°. Mon cabinet. Coquille rare,
d'un blanc cendré, un peu fauve, luisante, élégamment
sillonnée, ayant quatre rayons obscurs, bruns ou bleuâtres,
et des lignes anguleuses, litturaires, peu apparentes. Largeur, 65 millimètres.

---

(1) La coquille à laquelle Lamarck a donné le nom de
Venus Malabarica, dans la collection du Muséum, diffère
beaucoup de celle de Chemnitz et doit constituer une
espèce distincte. Elle a les sillons gros et larges comme la
Venus papilionacea, et conserve des caractères qui lui sont
propres.

36. Vénus aile-de-papillon. *Venus papilionacea*. L. (1)

V. testâ ovato-elongatâ, transversim sulcatâ, fulvâ; radiis quatuor spadiceis, interruptis; margine violacescente.

* *Venus rotundata*. Lin. Syst. nat. p. 1135.
* Schrot. Einl. t. 3. p. 149.
Chemn. Conch. 7. t. 42. f. 441.
Venus rotundata. Gmel. p. 3294. n° 134.
* Fav. Conch. pl. 49. f. 13.
* Knorr. Vergn. 2. pl. 18. f. 4.
Encycl. pl. 281. f. 3. a. b.
* Dilw. Cat. t. 1. p. 204. n° 105.
* Desh. Encycl. méth. vers. t. 3. p. 1118. n° 16.
* *Pullastra papilionacea*. Sow. Genera of Shells. f. 3.
Habite l'Océan indien. Mus. n°. Mon cabinet. Jolie coquille alongée transversalement, à sillons aplatis, ayant le corselet et la lunule lancéolés, litturés ainsi que le limbe supérieur, et des taches d'un rouge-brun, disposées en rayons. Largeur, 1 décimètre.

37. Vénus lichnée. *Venus adspersa*. Chemn. (2)

----

(1) Il sera convenable et juste de restituer à cette espèce son nom linnéen : Brocchi a cru trouver son analogue fossile en Italie, mais il a été dans l'erreur; la coquille fossile doit constituer une espèce particulière. Les sillons sont plus gros, plus arrondis; elle est moins inéquilatérale et la charnière, ainsi que l'impression du manteau, offrent d'autres différences constantes.

(2) Cette espèce est bien distincte de la *Venus litterata*, avec laquelle Gmélin et Dilwin l'ont confondue. Il nous semble que Lamarck réunit ici deux espèces : les fig. 439 de Chemnitz et 1 de la pl. 282 de l'*Encyclopédie* représentent une coquille fort différente des deux variétés. Si nous consultons Chemnitz, t. 7, p. 44, nous verrons qu'il donne la figure 438 pour la *Venus adspersa*, tandis qu'il impose le nom de *Venus litterata reticulata* à la fig. 439. Nous croyons donc qu'il sera convenable d'ôter de la synonymie de l'espèce qui nous occupe, la fig. 439 de Chemnitz, la fig. 1 de la pl. 282 de l'*Encyclopédie*, ainsi que la var. n° 3.

*V. testâ oblongo-ovatâ, anticè subangulatâ, obtusâ , auran-
tio-fulvâ; sulcis planulatis; radiis quatuor spadiceis interruptis.*

Chemn. Conch. 7. t. 42. f. 438. 439.

Encycl. pl. 282. f. 1. a. b.

(2) *Var. testa maculis spadiceis rarioribus.*

Encycl. pl. 281. f. 4. a. b.

* *Venus litterata.* Var. D. Dilw. Cat. t. 1. p. 203. n⁰ 103.

* Desh. Encycl. méth. vers. t. 3. p. 1118. n° 17.

(3) *Var. testâ albidâ, subpunctatâ; radiis nullis.*

Habite l'Océan indien. Mon cabinet. Mus. n°. Cette coquille
n'est pas moins belle que la précédente ; elle paraît plus
large, par sa hauteur plus grande, n'est point litturée et ne
nous semble point, non plus que la suivante , devoir être
une variété de la *V. litturata.*

38. Vénus ponctifère. *Venus punctifera.* Lamk.

*V. testâ oblongo-ovatâ, anticè subangulatâ , obtusâ; pallidè
straminea; striis transversis, confertis; longitudinalibus
tenuissimis.*

Venus punctata. Chemn. Conch. 7. t. 41. f. 436. 437.

* Valentyn. Verhand. Amb. pl. 15. f. 19.

* *Venus litterata.* Var. C. Dilw. Cat. t. 1. p. 203. n° 103.

* Desh. Encycl. méth. vers. t. 3. p. 1118. n° 18.

Habite l'Océan indien. Mus. n°. Mon cabinet. Celle ci n'a
point transversalement les sillons larges et aplatis de la
précédente; elle est généralement d'une couleur pâle, tantôt
avec des taches en rayons imparfaits et des points épars ,
et tantôt tout-à-fait sans rayons.

39. Vénus renflée. *Venus turgida.*

*V. testâ ovali, turgidâ, transversè sulcatâ, fulvâ, lineis angu-
latis obscurè litturatâ, subbiradiatâ; ano ovato.*

Mus. n°.

Habite l'Océan des Grandes Indes. Elle est , par sa forme,
très distincte de la suivante. Largeur, 73 millimètres.

40. Vénus écrite. *Venus litterata.* Lin.

*V. testâ ovatâ , anteriùs subangulatâ , transversim tenuiterque
sulcatâ, albidâ; lineis angulatis spadiceis aut maculis fuscis
pictâ; natibus lœvibus parvulis.*

TOME VI.   23

Venus litterata. Lin. Syst. nat. p. 1135. Gmel. p. 3293.
    n° 132.
Rumph. Mus. t. 42. fig. B.
Argenv. Conch. t. 21. fig. A.
List. t. 402. f. 245.
Gualt. Test. t. 86. fig. F.
Knorr. Verg. 1. t. 6. f. 4.
Chemn. Conch. 7. p. 37. t. 41. f. 432. 433.
* Fav. Conch. pl. 47. f. A. 1.
* Valentyn. Verhand. Amb. pl. 13. f. 6. pl. 14. f. 13.
* Schrot. Einl. t. 3. p. 148.
* Dilw. Cat. t. 1. p. 203. n° 103. *Var. C. D. exclus.*
* Desh. Encycl. méth. vers. t. 3. p. 1119. n° 19.
Encycl. pl. 280. f. 4. a. b. et pl. 281. f. 1.
(2) *Var. testá litturatá maculisque fusco-rubentibus ornatá.*
Chemn. Conch. 7. t. 41. f. 434.
(3) *Var. testá subalbidá; maculis magnis fusco-nigricantibus.*
Venus nocturna. Chemn. Conch. 7. t. 41. f. 435.
* Valentyn. Verhand. Amb. pl. 14. f. 7. 8. 9. 10. 11. 14.
    pl. 15. f. 17. 18.
* Schrot. Einl. t. 3. p. 170. n° 42.
* *Pullastra litturata.* Sow. Genera of Shells. f. 2.
Habite l'Océan indien. Mus. n°. Mon cabinet. Grande et belle
    espèce, offrant diverses variétés dans sa litturation, et qui,
    dans la variété (3), n'en présente plus de vestige. Les cro-
    chets sont toujours lisses, sans taches. Elle est blanche à
    l'intérieur. Largeur, un décimètre.

41. Vénus sillonnaire. *Venus sulcaria.* Lamk.

*V. testá ovato-oblongá, albidá, litturis fusco-rufis subreticu-
latis pictá; sulcis transversis ad latus anticum sensim latioribus.*

Mus. n°.

Habite... l'Océan des Grandes Indes? Celle-ci, très distincte,
est moyenne entre la précédente et celle qui suit. Ses crochets sont très petits, blancs et lisses. Sa forme est celle de
la suivante ; mais elle est très remarquable par ses sillons
étroits postérieurement, larges et aplatis sur le côté antérieur. Largeur, 70 millimètres.

42. Vénus tissue. *Venus texile.* Gmel.

V. testá ovato-oblongá, glaberrimá, pallidè fulvá; lineis an-

gulato-flexuosis, cœrulescentibus, subobsoletis; ano pubeque litturatis.

Venus textile. Gmel. p. 3280. n° 51.
* Schrot. Einl. t. 3. p. 171. n° 48.
List. Conch. t. 400. f. 239.
* Gualt. Test. t. 86. f. E.
* *Venus undulata.* Born. Mus. p. 67.
* Fav. Conch. pl. 49. f. I 2 ?
Knorr. Vergn. 2. t. 28. f. 4.
Venus textrix. Chemn. Conch. 7. t. 42. f. 442.
* Encycl. pl. 283. f. 1.
* Desh. Encycl. méth. vers. t. 3. p. 1119. n° 20.
Habite les côtes du Malabar, etc. Mus. n°. Mon cabinet. Elle n'est point rare. Largeur, 66 millimètres.

43. Vénus entrelacée. *Venus texturata.* **Lamk.** (1)

V. testâ ovatâ, antiquatâ, albidâ; lineis flavo-rubellis, variis, subreticulatis; striis transversis tenuissimis ; ano ovato.
Chemn. Conch. 7. t. 42. f. 443.
Habite l'Océan indien. Mus. n°. Cette coquille est fort différente de celle qui précède , tant par sa forme, que par ses autres caractères. Sa lunule est plus large , plus courte ; ses crochets sont plus élevés. Largeur , 40 millimètres. Mon cabinet.

44. Vénus géographique. *Venus geographica.* **Chemn.**

V. testâ ovato-oblongâ, valdè inæquilaterâ, albâ, lineis fusco-rufis subreticulatâ ; sulcis transversis; striis longitudinalibus obsoletis.
Venus geographica. Gmel. p. 3293. n° 133.
Chemn. Conch. 7. t. 42. f. 440.
* Schroter. Einl. t. 3. p. 171. n° 47.
* *Venus litterata Linnœi.* Poli. Test. t. 21. f. 12. 13.

(1) Chemnitz a confondu cette espèce avec la précédente; il fut imité par Gmélin et par Dilwyn. Lamarck les sépara d'après de bons caractères ; mais si Lamarck y avait porté toute son attention, il eût vu que cette coquille ne diffère en rien de la *Venus florida,* si ce n'est par la coloration; et nous verrons, à l'occasion de cette *florida,* que rien n'est plus variable que les couleurs.

* Dilw. Cat. t. 1. p. 203. n° 104.

* Desh. Encycl. méth. vers. t. 3. p. 1120. n° 21.

* Payr. Cat. p. 51. n 87.

Encycl. pl. 283. f. 2. a. b. (1).

Habite la Méditerranée. Mus. n°. Mon cabinet. Crochets petits, peu saillants. Largeur, 30 à 38 millimètres.

45. Vénus rariflamme. *Venus rariflamma*. Lamk. (2)

V. testá ovato-oblongá, transversim sulcatá, albidá; flammis fulvis, distantibus, breviusculis.

* Le Pégon. Adans. Seneg. pl. 17. f. 12.

* *Venus dura.* Gmel. p. 3292. n° 126.

* Schroter. Einl. t. 3. p. 196. n° 138.

Encycl. pl. 283. f. 5. a. b.

Habite... les côtes d'Afrique. Mus. n°. Mon cabinet. Coquille de taille médiocre, élégamment sillonnée, à crochets très petits, presque lisses. Outre ses flammes brunes et courtes, accompagnées quelquefois de taches blanches trigones, elle est plus ou moins marquée de linéoles fauves-brunes, très faibles. Lunule alongée, peu distincte. Le *Pégon* d'Adanson, Sénég. pl. 17. f. 12 semble avoir des rapports avec cette espèce.

46. Vénus croisée. *Venus decussata*. Lin.

V. testá ovatá, anteriùs subangulatá, decussatìm striatá : striis

---

(1) Cette figure de l'Encyclopédie n'appartient pas à cette espèce ; elle est sillonnée ; le corselet et la lunule sont différents de ceux de la géographique : elle représente fort exactement une espèce de l'Inde que nous avons sous les yeux.

(2) Nous avons vu, dans la collection du Muséum, la coquille à laquelle Lamarck donne ce nom : tous ses caractères s'accordent exactement avec la description qu'Adanson donne de son *pégon* ; nous croyons, en conséquence devoir rétablir la synonymie de cette espèce curieuse. Nous ferons remarquer que Dilwyn confond cette espèce avec la *Venus virginea,* ce qui a droit de nous étonner, car, pour éviter une telle confusion, il aurait suffi de lire la description d'Adanson.

*longitudinalibus eminentibus ; albidâ; litturis maculis aut
radiis fuscis vel rufis pictâ.*

Venus decussata. Lin. Syst. nat. p. 1135. Gmel. 3294.
n° 135.

* *Venus fusca.* Gmel. p. 3281. n° 57.
* *Venus obscura.* Gmel. p. 3289. n° 99.
* An *Venus sanguinolenta?* Gmel. p. 3295. n° 140.
* *Tellina rhomboides.* Gmel. p. 3237. n° 50. Var. exclus.
* Schroter. Einl. t. 3. p. 150.
* Lister. Anim. Angl. t. 4. f. 20.

List. Conch. t. 423. f. 271.

Gualt. Test. t. 85. fig. L. Born. Mus. t. 5. f. 2. 3.

Chemn. Conch. 7. t. 43. f. 455. 456.

Encycl. pl. 283. f. 4.

* *Venus florida.* Poli. Test. t. 2. pl. 21. f. 16. 17.
* Donovan. Brit. Shells. t. 2. pl. 67.
* Dilw. Cat. t. 1. p. 205. n° 208.
* Payr. Cat. p. 50. n° 85.
* Desh. Encycl. méth. vers. t. 3. p. 1120. n° 22.

(2) *Var. testâ rhombeâ, transversim breviore, cinereâ, immaculatâ.*

Gualt. Test. t. 85. fig. E.

(3) *Var. testâ albido-ferrugineâ; striis longitudinalibus tenuioribus.*

Venus decussata. Maton. Act. Soc. linn. 8. t. 2. f. 6.

(4) *Var. testâ minore, albido-fulvo-fuscoque variâ; pube
lineis oppositis fuscis sectâ. E. Nov. Holl.*

* *Fossilis.* Desh. Coq. foss. de Paris. t. 1. p. 142. pl. 23.
f. 8. 9.

Habite la Méditerranée, l'Océan européen, les Mers australes.
Mus. n°. Mon cabinet. Coquille commune, dont on a une
multitude de variétés et dont on mange l'animal en Pro-
vence et ailleurs. Elle est treillissée par des stries longitudinales et par d'autres transverses ; mais les longitudinales
sont les plus apparentes et les plus serrées.

47. Vénus fines stries. *Venus pullastra.* Montagu.

*V. testâ oblongo-ovatâ, sœpiüs albidâ, delicatissimè decussa-
tim striatâ; striis longitudinalibus subobsoletis.*

* *Venus pullastra.* Mont. Test. p. 124.
* Dorset. Cat. p. 36. pl. 1. f. 8.
* *Venus Senegalensis.* Gmel. p. 3282. n° 67.

* Le Lunot. Adans. Seneg. pl. 17. f. 11.
* *Venus Senegalensis.* Dilw. Cat. t. 1. p. 206. n° 109.
Venus pullastra. Maton. Act. Soc. linn. 8. p. 88. t. 2. f. 7.
Habite l'Océan d'Europe, les côtes de France et d'Angleterre.
   Mon cabinet. Les stries transverses sont les plus apparentes;
elles deviennent lamelleuses sur le côté antérieur.

48. Vénus glandine. *Venus glandina.* Lamk. (1)

*V. testá oblongá, transversá, decussatim tenuiterque striatá;
albo et rufo variá; intùs umbonibus latereque antico sub-
maculatis.*

Habite les mers de la Nouvelle-Hollande. Ce n'est peut-être
qu'une variété de la *V. decussata;* mais son aspect lui est
particulier; elle est lustrée, subrayonnée. Largeur, 25
millimètres. Mus. n°.

49. Vénus tronquée. *Venus truncata.* Lamk. (2)

*V. testá ovatá, albido-fulvá, fusco-cærulescente variá, subde-
cussatá; sulcis longitudinalibus eminentioribus; antico latere
latiore subtruncato.*

Habite.... Elle est du voyage de *Péron.* Son aspect est
celui d'une *V. decussata* raccourcie, élargie et comme tronquée antérieurement. Elle est jaune ou dorée à l'intérieur.
Largeur, 33 millimètres. Mus. n°.

50. Vénus rétifère. *Venus retifera.* Lamk.

V. testá ovato-oblongá, transversim sulcatá, albidá; lineolis

---

(1) Nous avons examiné cette coquille avec beaucoup
d'attention, et nous avons reconnu qu'elle ne diffère en
rien d'une variété commune de la *Vénus géographique,* que
l'on trouve dans la Méditerranée; aussi nous avons peine
à croire que les individus de la collection du Muséum
viennent de la Nouvelle-Hollande. Il est à présumer que
cette indication est le résultat d'une erreur; nous le
croyons d'autant mieux, que nous n'avons vu cette coquille dans aucune collection des mers australes.

(2) Nous pourrions faire sur cette vénus les mêmes observations que sur la précédente : elle nous paraît une variété de la *Venus decussata...*

*subangulatis , fulvis, in radios retiformes coadunatis ; ano
oblongo pubeque fuscis.*

Habite.... les mers d'Europe? Elle est blanche à l'intérieur.
Largeur, 40 millimètres. Cabinet de M. *Valenciennes.*

51. Vénus anomale. *Venus anomala.* Lamk.

*V. testá ovali-oblongá, anteriùs subangulatá, valdè inœquila-
terá ; striis transversis, latere antico sublamellosis ; dentibus
cardinalibus rectis.*

(2) *Var. testá albá, transversim longiore.*

Habite les mers australes, à la baie dès Chiens marins. Couleur
pâle, un peu rougeâtre vers les crochets; point de lunule;
corselet alongé et bâillant; son côté postérieur est fort court.
Largeur, 35 millimètres ; celle de la variété (2) est de 34.
Mus. n°.

52. Vénus galactite. *Venus galactites.* Lamk.

*V. testá ovato-elongatá, anteriùs subangulatá ; candidá , sub
decussatá ; sulcis longitudinalibus eminentioribus ; dentibus
cardinalibus rectis.*

Mus. n°.

Habite les mers de la Nouvelle - Hollande ; au port du Roi
Georges. Elle a la forme d'une cardite et devient assez
grande ; point de lunule. Largeur, 62 millimètres.

53. Vénus délicate. *Venus exilis.* Lamk.

*V. testá oblongo-ellipticá, tenui , pellucidá , albá, antiquatá :
striis transversis tenuissimis; longitudinalibus obsoletis; ano
nullo.*

Habite.... Petite coquille un peu convexe ; à charnière tri-
dentée, fort petite ; à côté postérieur très court. Largeur,
16 millimètres. Mus. n°.

54. Vénus scalarine. *Venus scalarina.* Lamk.

*V. testá subcordatá , depressá , albidá , obsoletè maculatá ;
sulcis transversis elevatis ; ano lanceolato ; natibus violaceis.*

Mon cabinet.

Habite les mers australes ; ses sillons transverses sont élevés,
un peu séparés, nombreux, marqués de petites taches fauves , en articulations. Le corselet est glabre ; les nymphes
bâillantes. Largeur, 34 millimètres. Elle a des rapports
avec la *V. aphrodine.*

55. Vénus d'Ecosse. *Venus Scotica.* Maton.

V. testá subcordatá, subcompressá; sulcis transversis, parallelis regularibus; margine lœvi.

Venus Scotica. Maton. Act. Soc. linn. 8. p. 81. t. 2. f. 3.

* Montagu. Sup. Britt. Schells. p. 44.

* Dilw. Cat. t. 1. p. 167. n° 20.

Habite l'Océan britannique. Mon cabinet. Communiquée par M. *Macleay.* Coquille petite, blanche, immaculée. Largeur, 16 millimètres.

56. Vénus dorée. *Venus aurea.* Gmel.

V. testá subcordatá, albo-flavicante, transversìm subtiliter sulcatá; striis longitudinalibus inœqualibus; ano ovato.

Venus aurea. Gmel. p. 3288. n° 98. Maton. Act. Soc. linn. 8. p. 90. t. 2. f. 9.

List. Conch. t. 404. f. 249.

Chemn. Conch. 7. t. 43. f. 458.

* Schroter. Einl. t. 3. p. 179. n° 78.

* Dilw. Cat. t. 1. p. 207. n° 112.

* Payr. Cat. p. 5o. n° 84.

Encycl. pl 283. f. 3. a. b.

Habite les côtes d'Angleterre. Mon cabinet. Communiquée par M. *Leach.* Largeur, 35 millimètres. Elle acquiert une teinte orangée à l'intérieur.

57. Vénus virginale. *Venus virginea.* Lin.

V. testá subovatá, anteriùs obtusè angulatá, pallidè fulvá; striis transversis versùs latus anticum majoribus; pube tumidá, subcurvá.

An Venus virginea? Linn. Syst. nat. p. 1134. Gmel. p. 3294. n° 136.

* Schroter. Einl. t. 3. p. 151.

* *Venus edulis.* Chemn. Conch. t. 7. p. 60. t. 43. f. 457.

List. Conch. t. 403. f. 247.

Pennant. Zool. Brit. 4. t. 55. *fig. dextra.*

* Dilw. Cat. t. 1. p. 207. n° 111. *Syn. plerisque exclus.*

(2) *Var. testá albo, rufo, fuscoque variá.*

Venus virginea. Maton. Act. Soc. linn. 8. p. 88. t. 2. f. 8.

Habite l'Océan d'Europe. Mon cabinet. Les espèces avoisinantes rendent, pour moi, très difficile la connaissance de la coquille que Linné a désignée sous le nom de *V. virgi-*

nea. Les fig. de Chemnitz que cite Gmelin, me paraissent étrangères à cette espèce.

58. Vénus marbrée. *Venus marmorata.* Lamk.

> *V. testá ovatá, transversìm sulcatá albo, fulvo rufoque va-riegatá; ano ovali-oblongo, apice fusco-violacescente; pube magná coloratá, lineolatá.*

Habite les mers de l'Erope australe. Elle est blanche à l'intérieur; le corselet et la lunule sont teints d'un fauve ou brun violâtre très marqué. Les crochets sont petits, blancs, un peu en étoile. Largeur, 38 millimètres. Mon cabinet.

59. Vénus ovulée. *Venus ovulæa.* Lam. (1)

> *V. testá oblongo-ovali, tumidá, anteriùs obtusè angulatá, transversìm sulcatá, albidá, intùs flavicante; natibus læ-vibus.*

Habite les mers de la Nouvelle-Hollande, au port du Roi Georges. Elle a quelque chose de la V. virginale; mais elle est grande, renflée, à lunule fauve et oblongue. Elle est obscurément litturée et rayonnée de fauve dans sa partie supérieure. Largeur, 58 millimètres. Mus. n°.

60. Vénus latérisulque. *Venus laterisulca.* Lamk.

> *V. testá subcordatá, rubellá, albido maculosá; sulcis trans-versis, medio obsoletis substriatis; pube rufo maculatá; ano ovali-oblongo.*

Cabinet de M. Valenciennes.

Habite... Elle est blanche à l'intérieur. Je la trouve distincte de toutes celles que je connais. Largeur, 44 millimètres.

61. Vénus belle étoile. *Venus callipyga.* Born. (2)

> *V. testá subovatá, anteriùs subangulatá, transversìm sulcatá, maculis lineolisque rufis pictá; umbonibus stellá albá, an-gulatá notatis.*

---

(1) Lamarck a établi cette espèce avec cun jeune individu, roulé et en partie décoloré, d'une coquille avec laquelle il avait déjà fait un double emploi; nous avons vu, en effet, que la *Venus dorsata* était la même que la *turgida*; celle-ci doit encore y être réunie.

(2) Il est certain, pour nous, que la *Venus callipyga* de

Venus callipyga. Born. Mus. t. 5. f. 1. Gmel. n° 66.
Encycl. pl. 267. f. 6. a. b ?
(2) *Var testâ fulvâ, subimmaculatâ.* Bonann. Recr. 2. f. 62.
Habite les côtes du Portugal. Mus. n°. Mon cabinet. Espèce
remarquable par la tache blanche en étoile angulaire de sa
base. Elle est variée de jaunâtre, de fauve et de blanc. Ses
nymphes sont violettes à l'intérieur. Sa lunule est petite,
alongée. Largeur, 35 à 40 millimètres.

62. Venus grasse. *Venus opima.* Gmel. (1)

*V. testâ subcordatâ, tumidâ, crassâ, lævigatâ, pallidè
fulvâ; ano impresso subcordato; pube lineatâ griseo-cœru-
lescente.*

Born est d'une autre espèce que la coquille à laquelle
Lamarck a donné le même nom dans la collection du Muséum. Cette *callipyga* de Born a la plus grande ressemblance avec une variété de la *Cytherea arabica.* Dilwyn
confirme notre opinion en rapportant cette dernière à la
coquille de Born, observation qui nous a échappée lorsque
nous avons complété la synonymie de la *Cytherea arabica.*
La coquille du Muséum est une véritable vénus que ne
représente pas la figure citée de l'Encyclopédie.

Il sera nécessaire, lorsque l'on aura réuni la *Venus callipyga* de Born à la *Venus arabica* de Chemnitz, de donner
un nom particulier à la coquille du Muséum qui est d'une
autre espèce, cela n'offrira aucune difficulté, car Lamarck,
sur les différences de coloration, a fait trois espèces pour
celle-ci, en comparant les *Venus rimularis* et *flammiculata*
à la *callipyga*; on verra facilement qu'elles ne diffèrent que
par des nuances dans la coloration. Nous ferons remarquer que la variété introduite par Born et appuyée par
une figure de Bonanni, doit être rejetée, car cette figure
représente une coquille orbiculaire, dont les bords sont
crénelés et qui représenterait beaucoup mieux un Pétoncle
qu'une Vénus.

(3) Il sera convenable, par la suite, de rendre à cette
coquille le nom de *Venus pinguis,* que Chemnitz lui donna
le premier, il faudra y joindre la *Venus triradiata* du

Venus opima. Gmel. p. 3279. n° 44.

* Schroter. Einl. t. 3. p. 163. n° 22.

Venus pinguis. Chemn. Conch. 6. p. 335. t. 34. f. 355 —
357.

Encycl. pl. 266. f. 3. a. b.

(2) *Var. testâ umbone maculis albis substellatis picto.*

Encycl. *Ibid.* f. 5. a. b.

* *Venus pinguis.* Dilw. Cat. t. 1. p. 181. n° 51.

* *Venus opima.* Desh. Encycl. méth. vers. t. 3. p. 1121.
n° 23.

* *Venus triradiatu.* Chemn. Conch. t. 6. t. 34. f. 358.

* *Venus triradiata.* Gmel. p. 3279. n° 45.

* Schroter. Einl. t. 3. p. 163. n° 23.

* *Venus triradiata.* Dilw. Cat. t. 1. p. 181. n° 52.

Habite l'Océan indien. Mus. n°. Mon cabinet. Belle espèce,
très distincte, épaisse, lisse, luisante, comme grasse, plus
ou moins renflée, fauve, avec des rayons obscurs, bruns
ou bleuâtres, quelquefois nuls; blanche en dedans, ayant,
sous la charnière du côté postérieur, une callosité aplatie, munie d'une fossette La variété (2) a des taches blanches aux crochets, ou quelques rayons blancs. Largeur,
35 millimètres.

63. Vénus nébuleuse. *Venus nebulosa.* Chemn.

*V. testâ subcordatâ, glabrâ, pallidè fulvâ; lineolis subangu-
latis radiisque fuscis aut cæruleo violaceis; pube anoque
lineatis, cærulescentibus.*

Venus nebulosa. Gmel. p. 3279. n° 46.

Chemn. Conch. 6. t. 34. f. 359—361.

* Schroter. Einl. t. 3. p. 163. n° 24.

* *Venus nebulosa.* Dilw. Cat. t. 1. p. 182. n° 53.

(2) *Var. testâ majore, transversim sulcatâ.*

Habite la mer de l'Inde, à Tranquebar. Mon cabinet. Plus
petite que la précédente, elle y tient par ses rapports; sa
lunule est moins large, un peu relevée au milieu. Largeur,
26 millimètres. La variété (2) est du cabinet de M. *Valenciennes.*

---

même auteur, ainsi que sa *Venus nebulosa*, ces espèces
ayant été faites sur des variétés de coloration de la *Venus
opima.*

64. Vénus phaséoline. *Venus phaseolina*. Lamk.

> *V. testâ ovatâ, tenui transversìm striatâ, griseâ aut pallidè fulvâ, radiatâ; ano ovato; natibus subviolaceis.*

Mon cabinet.

Habite.... Elle est marquetée de petites taches blanches, trigones; rayons étroits, quelquefois obsolètes. Largeur, 32 millimètres.

65. Vénus carnéole. *Venus carneola*. Lamk.

> *V. testâ ovali, transversìm striatâ; striis longitudinalibus tenuioribus; ano lanceolato; natibus violaceis.*

Mon cabinet.

Habite.... Elle est couleur de chair, non maculée. Largeur, 30 millimètres.

66. Vénus fleurie. *Venus florida*. Lamk. (1)

> *V. testâ ovatâ, transversìm striatâ, parvulâ, albo-rufo-spadiceoque variè pictâ; vulvâ brevi; ano oblongo.*

* *Venus florida.* Payr. Cat. p. 51. n° 86.

Venus læta. Poli. Test. 2. tab. 21. f. 1. 2. 3. 4.

Mon cabinet.

Habite la Méditerranée, dans le golfe de Tarente. Petite coquille assez jolie, peu renflée, offrant une multitude de variétés dans la disposition de ses couleurs. Elle est tantôt rayonnée, tantôt sans rayons; le corselet, après l'écusson,

---

(1) Ce n'est pas à cette espèce que Poli a donné le nom de *Venus florida*, mais bien à la *decussata*, comme nous l'avons vu. Nous ne savons pourquoi l'auteur italien a imposé le nom de *Venus læta* à l'espèce qui nous occupe, car elle n'a pas la moindre analogie avec celle que Linné a nommée ainsi. Poli a bien reconnu que cette espèce est très variable quant à la couleur; il est fâcheux que Lamarck n'ait pas tenu compte de cette observation, il aurait évité plusieurs doubles emplois qu'il a faits pour des variétés de cette coquille : c'est ainsi qu'il faudra y joindre et par conséquent supprimer des catalogues, les *Venus bicolor, catenifera* et probablement la *petalina*, la *floridella* et la *pulchella*.

est un peu élevé en carène; elle se rapproche de la V. géographique. Largeur, 26 millimètres.

67. Vénus pétaline. *Venus petalina*. Lamk. (1)

*V. testá ovatá, transversìm, striatá, carneá, uni seu biradiatá;
natibus violaceis.*
An Poli. Test. 2. tab. 21. f. 14. 15 ?
Habite la Méditerranée, dans le golfe de Tarente. Taille et
forme de la précédente; mais à stries très fines et à coloration différente. Mon cabinet.

68. Vénus bédau. *Venus bicolor*. Lamk. (2)

*V. testá ovatá, transversìm longitudinaliterque tenuissimè
striatá, albá; pube uno latere fuscá.*
Mon cabinet. *An* Poli. Test 2. t. 21. f. 3 ?
Habite la Méditerranée. Quoique les deux précédentes aient
quelques stries longitudinales, celle-ci en a davantage; elle
en est sans doute toujours distincte.

69. Vénus floridelle. *Venus floridella*. Lamk.

*V. testá ovatá, depressiusculá, transversìm sulcatá, albidá;
radiis nebulosis, purpureo-violaceis; extremitate anticá
obliquè truncatá.*
Habite.... les mers d'Europe ? Elle est plus grande et très
distincte de la V. fleurie; son écusson est alongé; ses rayons,
d'un violet pâle, vont, en s'élargissant, vers le bord supérieur. Largeur, 36 millimètres. Mon cabinet.

---

(1) Lamarck donne pour cette coquille une synonymie
qui ne lui appartient pas, car la figure citée de Poli représente très exactement la *Donax complanata*, p. 249,
n° 28.

(2) Nous connaissons actuellement trois espèces qui
ont des variétés que l'on pourrait comprendre dans cette
espèce, si on ne faisait attention qu'à la coloration ces
variétés appartiennent à la *Venus geographica*, à la *Venus
aurea*, et à celle-ci *Venus bicolor* qui est une variété de la
florida.

70. Vénus caténifère. *Venus catenifera*. Lamk. (1)

V. testâ ovatâ, transversim sulcatâ, albidâ, radiis quatuor
fuscis catenulatis ornatâ; ano impresso, subcordato.
Habite la Méditerranée. En dedans, elle est tachée d'aurore.
Largeur, 40 millimètres. Cabinet de M. *Dufresne.*

71. Venus gentille. *Venus pulchella*. Lamk.

V. testâ parvulâ ovali, nitidâ; albo-rufo-miniatoque variegatâ;
supernè transversim sulcatâ; umbonibus lœvibus.
Habite la Méditerranée. Largeur, 25 millimètres. Cabinet de
M. *Dufresne.*

72. Vénus sinueuse. *Venus sinuosa*. Lamk.

V. testâ subcordatâ, transversim sulcatâ, pallidè fulvâ; ano
pubeque lituratis; margine sinuoso.
Mon cabinet.
Habite les mers australes. Couleur d'un fauve pâle; lunule
ovale, presque en cœur, brune à sa base; deux rayons obscurs, subarticulés. Largeur, 40 millimètres.

73. Vénus triste. *Venus tristis*. Lamk. (2)

V. testâ subcordatâ, transversim sulcatâ, fulvo-rufescente;
intùs maculâ aurantiâ et margine infero cœruleo.
(2) *Var. testâ radiis interruptis fuscis.* Mus. n°.
Habite les mers de la Nouvelle-Hollande. Elle avoisine la
précédente et en est distincte; elle a une tache aurore sous
les crochets, comme dans la V. dorée. Largeur, 39 millimètres. La variété (2) est rayonnée, et a aussi intérieurement
une tache aurore, mais presque point de bleu à son bord
inférieur. Mon cabinet.

---

(1) Nous avons vu cette coquille dans la collection du
Muséum : c'est une petite variété de la *venus florida.*

(2) L'espèce est bien distincte et ses caractères sont suffisants : une variété de couleur a été prise par Lamarck
pour une espèce particulière; il l'a inscrite sous le nom
de *venus elegantina* : il sera nécessaire de la joindre à
celle-ci.

74. Vénus rimulaire. *Venus rimularis.* **Lamk.** (1)

> *V. testá subcordatá, tumidá, transversim sulcatá, albá vel rufescente, obscuré radiatá; rimá hiante.*

Habite à la Nouvelle-Hollande. Le corselet est courbé, un peu convexe, quelquefois lituré; à l'intérieur elle est blanche, avec une teinte bleue sous les nymphes. Largeur, 50 millimètres. Mus. n°.

75. Vénus vulvine. *Venus vulvina.* **Lamk.**

> *V. testá subcordatá, transversim sulcatá, pallidè fulvá subradiatá; pube convexá; vulvá anoque lividis.*

Habite.... Elle est toute blanche à l'intérieur. Largeur, 41 millimètres. Mus. n°.

76. Vénus vermiculeuse. *Venus vermiculosa.* **Lamk.**

> *V. testá subcordatá, tumidá, transversim striatá, fulvá, lituris rufis aut fuscis subreticulatá.*

Habite les mers de la Nouvelle-Hollande. Elle a extérieurement l'aspect de la V. dorée; mais elle est blanche en dedans, avec une teinte bleue sous les nymphes. Largeur, 36 millimètres. Mus. n°.

77. Vénus flammiculée. *Venus flammiculata.* **Lamk** (2)

> *V. testá ovali, convexá, transversim sulcatá striatáque, pallidè fulvá; flammulis albis radiantibus; vulvá pubeque cærulescentibus.*

Habite la Nouvelle-Hollande. Ses sillons transverses sont striés et, en outre, elle a des stries longitudinales très fines; elle est blanche en dedans et tachée de bleu sous la lunule et le corselet. Largeur, 35 millimètres. Mus. n°.

---

(1) Celle-ci est une variété de la *callipyga*, non de celle de Born, mais de celle nommée de même et à tort par Lamarck, dans la collection du Muséum.

(2) Cette espèce doit être supprimée, Lamarck l'ayant rétablie avec une variété de la *Venus callipyga*, de la collection du Muséum. *Voyez* la note relative à cette dernière espèce.

78. Vénus cônulaire. *Venus conularis*. Lamk. (1)

V. testá conoideá, obliquá, parvulá, cœruleo-purpurascente ;
sulcis transversis elevatis ; ano subnullo.

Habite les mers de la Nouvelle-Hollande, à l'île St.-Pierre-
St.-François. Ses crochets sont pourprés; elle est, à l'inté-
rieur, d'un bleu-violet ou pourpré, comme au dehors.
Largeur, 23 millimètres. Mus. n°.

79. Vénus alongée. *Venus strigosa*. Lamk. (2)

V. testá obliquè conicá, convexá, sulcis elevatis transversis
cinctá, albidá; lineis rufis variis ; vulvá glabrá.
Venus strigosa. Péron.
(1) *Testá albido-fulvá, immaculalá.*
(2) *Var. testá albá lineis rariusculis simplicibus aut in an-*
gulum coadunatis pictá.

Habite les mers de la Nouvelle-Hollande, au port du Roi
Georges. Mus. n°. Elle est blanche à l'intérieur, avec une
tache bleuâtre, plus ou moins apparente au côté antérieur.
Largeur, 40 millimètres; celle de la variété (3) n'est que de
15 millimètres.

80. Vénus aphrodine. *Venus aphrodina*. Lamk. (3)

V. testá obliquè cordatá, transversim densè striatá, nitidá,
griseo-fulvá; ano oblongo, subcordato.
(2) *Var. testá lineolis rufis variè pictá.*

Habite les mers de la Nouvelle-Hollande, à l'île aux Kanguroos et à celle Maria. Elle est blanche en dedans, ayant
souvent une tache bleuâtre au côté antérieur. Largeur, 26
millimètres. Mus. n°.

---

(1) (2) (3) Rapportées en petit nombre, Lamarck fit de
ces coquilles trois espèces ; aujourd'hui qu'elles sont beaucoup plus répandues, il a été possible d'établir une série
unique de variétés, parmi lesquelles viennent se placer
naturellement ces trois espèces de Lamarck; il est donc
nécessaire de les réunir sous un seul nom, et d'y joindre
cinq ou six autres variétés remarquables.

81. Vénus de Péron. *Venus Peronii.* Lamk. (1)

> *V. testá ovato-cordatá, albidá, intùs aurantiá et purpureo-nigricante bimaculatá; sulcis planulatis ; natibus lævibus.*

Habite les mers de la Nouvelle - Hollande, au port du Roi Georges, Espèce très distincte; lunule ovale, violette. Largeur, 36 millimètres. Mus. n°.

82. Vénus aphrodinoïde. *Venus aphrodinoïdes.* Lamk.

> *V. testá subcordatá, obliquè conicá, transversìm dense sulcatá, albidá intùs violaceo maculatá.*

Habite les mers de la Nouvelle-Hollande. Mon cabinet. Elle tient de la *V. Peronii* et de la *V. aphrodina*; mais ses crochets sont plus saillants, ses sillons transverses plus éminents, et son intérieur est fortement taché de violet. Largeur, 36 à 40 millimètres. Mus. n°.

83. Vénus élégantine. *Venus elegantina.* Lamk. (2)

> *V. testá ovato-cordatá, transversìm eleganterque sulcatá, pallidè fulvá, subradiatá; pube lineatá anoque violaceis.*

Habite les mers de la Nouvelle - Hollande. Elle a une tache aurore à l'intérieur, et quelques taches violettes à la charnière. Largeur, 25 à 29 millimètres. Mus. n°.

84. Vénus flambée. *Venus flammea.* Lamk.

> *V. testá subcordatá, transversìm sulcatá, albidá, lineis spadiceis angularibus pictá ; natibus lævibus; ano oblongo.*

Venus flammea. Gmel. p. 3278. n° 38.

Schroter. Einl. in Conch. 3. p. 200. t. 8. f. 12.

* Dilw. Cat. t. 1. p. 174. n° 37.

Habite la Mer Rouge. Mus. n°. Elle est blanche à l'intérieur, avec une légère teinte aurore sous les crochets. Largeur, 30 millimètres.

---

(1) Nous pourrions faire, au sujet de cette espèce et de la suivante, la même observation que sur celles qui précèdent : cette coquille est en effet très variable dans ses couleurs, qui changent avec l'âge. Il sera juste de conserver à l'espèce, le nom du célèbre voyageur qui la rapporta le premier.

(2) Jolie variété de la Vénus triste.

85. Vénus onduleuse. *Venus undulosa.* Lamk.

V. testâ trigonâ, sublævigatâ, albidâ; lineis rufis transversis, undulosis, confertissimis; ano oblongo, rufescente.

Mus. n°.

Habite les mers de la Nouvelle-Hollande, à la baie des Chiens marins, et au port du Roi Georges. *Péron.* Elle a des stries transverses, très fines, et des lignes rousses, ondulées, en zig-zag, très serrées et très délicates. Largeur, 31 millimètres.

86 Vénus naine. *Venus pumila.* Lamk.

V. testâ ovato-rotundatâ, tenui, albido-griseâ, fusco maculatâ aut radiatâ; striis transversis; ano lanceolato.

Habite la Méditerranée, à Cette. Elle est blanche, un peu jaunâtre à l'intérieur. Son corselet est étroit et court. Largeur, 12 millimètres. Cabinet de M. *Defrance.*

87. Vénus ovale. *Venus ovata.* Lamk.

V. testâ ovato-trigonâ, parvulâ, longitudinaliter sulcatâ, striis transversis decussatâ; umbonibus rubellis.

Venus ovata. Maton. Act. Soc. linn. 8. p. 85. t. 2. f. 4.

Habite la Manche, près de Valogne. Cabinet de *M. Defrance.* On ne l'y trouve que fort petite. Largeur, environ 10 millimètres.

88. Vénus souillée. *Venus inquinata.* Lamk.

V. testâ cordato-rotundatâ, tumidâ, albido-lutescente, spurcâ; striis transversis concentricis : longitudinalibus obsoletissimis; natibus lævibus.

An Venus triangularis? Maton. Act. Soc. linn. 8. p. 83.

Habite dans la Manche, à Cherbourg. Cabinet de M. *de Gerville.* Coquille peu commune, de taille médiocre, raccourcie, bombée, à crochets saillants. Largeur, 26 millimètres. Etc. Je passe sous silence beaucoup de Vénus des auteurs, n'ayant pas eu occasion de les voir.

† 89. Vénus fasciée. *Venus fasciata.* Donov.

V. testâ rotundato-trigonâ, compressâ, transversim costatâ; costis latis, depressis; lunulâ ovato-depressâ, tenuissimè striatâ; marginibus tenuissimè crenatis; cardine tridentato, altero bidentato; colore variabili.

Var. α. *Testâ albâ, maculis spadiceis triradiatâ.*
Var. β. *Testâ luteolâ, immaculatâ.*
Var. γ. *Testâ luteolâ, triradiatâ, radiis rubescentibus.*
Var. δ. *Testâ luteolâ, fusco triradiatâ.*
Var. ε. *Testâ luteolâ, rubro multiradiatâ.*
Var. ι. *Testâ rubro fusca, immaculatâ.*
Venus fasciata. Donovan. . 5. t. 170.
Venus paphia. Var. b. Gmel. p. 3268. n° 2.
Schroter. Einl. t. 3. p. 153. n° 1.
Chemnitz. t. 6. p. 290. pl. 27. f. 277. 278.
Encycl. pl. 276. f. 2.
Venus fasciata. Dilw. Cat. t. 1. p. 159. n° 3.
Venus Brongniartii. Payr. Cat. p. 51. n. 88.
Habite l'Océan d'Europe, la Méditerranée, fossile aux envi
rons d'Anvers. Coquille aplatie, subtrigone, variable dans
sa coloration, blanche en dedans, rose ou violacée dans
les crochets; l'impression palléale aune sinuosité posté-
r ieure très petite et triangulaire.

† 90. Vénus paphie. *Venus paphia.* Lin.

V. testâ subcordatâ, trigonâ, transversìm rugosâ; rugis in-
crassatis, pube attenuatis, lamellosis; lunulâ ovato cor-
datâ, depressâ, tenuissimè striatâ, litturatâ vel rubrâ,
marginibus tenuissimè dentatis; testâ alba lineis confertis,
angulatis, undique litturatâ.
Venus paphia. Lin. Syst. nat. p. 1129.
Schroter. Einl. t. 3. p. 110.
Gmel. p. 3268. n° 2.
An. Lister. Conch. t. 279. f. 116?
Bona. Recr. 2. f. 75.
Rumph. Mus. Amb. t. 48. f. 5.
Gualt. Test. t. 85. f. A.
Argenv. Conch. pl. 21. f. B.
Knorr. Verg. t. 2. pl. 28. f. 2. et t. 6. pl. 6. f. 2.
Chemn. Conch. t. 6. p. 287. pl. 27. t. 274 à 276.
Encycl. méth. pl. 275. f. 5. a. b.
Dilw. Cat. t. 1. p. 159. n° 2.
Habite les côtes du Portugal d'après Bonanni, celles de l'A-
mérique, Davila, la Caroline et le Maryland, d'après So
lander.
Coquille trigone, épaisse, solide, cordiforme, chargée de
côtes transverses très larges, épaisses, terminées en lames
minces vers le corselet. Celui-ci souvent rouge ou litturé.

24.

† 91. Vénus thiare. *Venus thiara*. Dilw.

V. testâ ovato-trigonâ, subcordatâ, compressâ, albâ rubro violacescente triradiatâ; lamellis erectis, tenuibus distantibus instructâ; lamellis margine postico depressis et in pube proeminentibus; lunulâ ovatâ depressâ, marginibus tenuissimè crenatis; latere postico intùs violaceo.

Concha Veneris orientalis. Chemn. Conch. t. 6. p. 290. pl. 27. f. 279 à 281.

Gualt. Test. pl. 88. f. D.

Encycl. pl. 275. f. 4. a. b.

Venus thiara. Dilw. Cat. t. 1. p. 162. n° 8.

Habite les mers de l'Inde, Chemnitz. Très jolie coquille, rare dans les collections; elle est ornée de lames très minces, transverses, redressées; elles diminuent de hauteur vers l'angle postérieur et se relèvent en une série de grandes écailles qui entourent le corselet.

† 92. Vénus récente. *Venus recens*. Chemn.

V. testâ ovato-trigonâ, subcordatâ, transversìm tenue striatâ, albo-cinerascente, longitudinaliter fusco triradiatâ, radiis plus minusve latis, obscurioribus; natibus reflexis; lunulâ ovatâ, impressâ, striatâ; marginibus tenuissimè crenulatis.

An Lister. pl. 396. f. 243?

Chemn. Conch. t. 11. p. 229. pl 202. f. 1979.

Dilw. Cat. t. 1. p. 182. n° 55.

Habite les côtes de Coromandel d'après Chemnitz. Cette espèce a beaucoup d'analogie avec la *Venus gallina*, elle est plus transverse, ses stries sont plus lamelleuses et, outre les trois rayons bruns, on découvre sur la coquille une multitude de ponctuations pâles, roussâtres et très petites; l'échancrure de l'impression palléale est petite, étroite, très aiguë.

† 93. Vénus intermédiaire. *Venus intermedia*. Quoy.

V. testâ ovatâ, transversâ, albo-cinerascente, posticè subtruncatâ, transversìm striatâ, striis longitudinalibus tenuissimis decussatâ; latere postico sulcato, sulcis depressis; intùs violaceâ; lunulâ lanceolatâ, angustâ margine interno violaceâ; cardine tridentato; dentibus duobus bifidis.

Quoy et Gaym. *Voy*. de l'Astrol. Moll. pl. 84. f. 9. 10.

Habite la Nouvelle-Zélande. M. Quoy a fait figurer un jeune
individu. Cette coquille est ovale, assez renflée, à test peu
épais; le côté postérieur est couvert de gros sillons larges,
aplatis, tranchants par leur bord inférieur; ils se bifur-
quent à leur extrémité antérieure, et donnent ainsi nais-
sance aux stries transverses qui couvrent le reste de la
coquille : les bords sont entiers.

† 94. Vénus épaisse. *Venus spissa.* Quoy.

*V. testá ovatá, transversá, subœquilaterá, transversim ru-
gosá, albo-fucescente obscurè fusco uni vel biradiatá,
intùs violaceá; umbonibus minimis vix proeminentibus,
lunulá ovatá, oblongá, striatá, marginibus tenuissimè
crenatis.*

Quoy et Gaym. *Voy.* de l'Astrol. Moll. pl. 84. f. 7. 8.
Habite la Nouvelle-Zélande. Coquille ovale, transverse, presque équilatérale, d'un blanc roussâtre, sale au dehors,
avec un ou deux rayons brunâtres, obscurs. A l'intérieur,
elle est blanche au centre et d'un violet foncé sur les bords;
ceux-ci sont très finement crénelés. La lunule est circonscrite par une strie profonde.

† 95. Vénus Zélandaise. *Venus Zeilanica.* Quoy.

*V. testá ovato-cordiformi, turgidá, longitudinaliter costatá ·
transversim lamelloso-striatá, livido-fuscá, intùs lutescente;
latere postico violaceo; lunullá nullá; cardine tridentato;
dentibus duobus bifidis.*

Quoy et Gaym. *Voy.* de l'Astrol. Moll. pl. 84. f. 5. 6.
Habite la Nouvelle-Zélande. Cette espèce se reconnaît à ses
côtes longitudinales, plus grosses sur le côté postérieur,
traversées par des lamelles courtes, plus ou moins régu...
lières; à l'intérieur elle est d'un blanc jaunâtre, avec une
grande tache d'un violet foncé sur le côté postérieur.

† 96. Vénus à grosses côtes. *Venus crassicosta.* Quoy.

*V. testá ovato-transversá, cordiformi, longitudinaliter cos-
tatá; lamellis transversis distantibus, brevibus, instructá;
griseo lutescente, intùs albá, postice violaceá, marginibus
tenuissimè crenulatis.*

Quoy et Gaym. *Voy.* de l'Astrol. Moll. pl. 84. f. 1. 2.
Habite à la Nouvelle-Zélande. Très voisine de la précédente;
elle est ovale, cordiforme, assez épaisse; les côtes son!

égales, arrondies et traversées, à d'assez grandes d istances, de lames courtes et minces, légèrement onduleuses. Le côté postérieur est toujours orné, à l'intérieur, d'une grande tache violette.

OBSERVATIONS SUR LA VENUS DYSERA DE LINNÉ.

Etonné de ce que Lamarck n'avait pas conservé la *venus dysera* de Linné, parmi ses espèces , nous voulio ns réparer cette omission ; ce qui nous a entraîné à des re- cherches dont nous présenterons ici les résultats. Nou s trouvons la *venus dysera* dans la dixième édition du *Systema naturæ* : la figure K de la planche 24 de d'Argenville, sert de type à l'espèce, et trois variétés y sont réunies. Nous avons sous les yeux toutes les figures citées ; nous pouvons dire que ces variétés ne sont pas de la même espèce que le type : la première variété est bien reconnaissable , la seconde ne l'est pas , et la troisième nous paraît la repré- sentation d'un individu roulé de la *venus verrucosa*. Quant à la figure de d'Argenville citée comme type , elle représente d'une manière imparfaite la *venus plicata*. Dans le muséum de la princesse Ulrique , Linné a porté jusqu'à huit le nombre des variétés de la *venus dysera* ; il reproduisit celles que nous venons de citer, et augmenta la confusion en ajoutant des figures de Gualtiéri , qui se rapportent à deux espèces bien distinctes des trois pré- cédentes. Linné reconnut que cette synonymie était dé- fectueuse, et il la réforma en partie dans la douzième édition du *Systema naturæ* ; il revient à trois variétés, qui ne sont pas toutes les mêmes que celles de la dixième édition ; il donne dans la première variété, trois figures de Lister, qui n'ont point la moindre ressemblance ; la première, t. 278, f. 115, représente la *venus cancellata* de Lamarck. Quelques auteurs ont pris cette espèce pour type de la *dysera*. La seconde figure, t. 285, f. 122. Il y à deux espèces sous ce même numéro, dans l'ouvrage de Lister ; la première est exactement la *venus verrucosa*, la seconde est une coquille presque lisse, et il est bien à présumer que ce n'est pas celle-là que Linné a voulu désigner, puisque pour la troisième de ses variétés, il cite une figure de d'Argenville, qui représente aussi la *venus verrucosa*. La trosième figure citée de Lister porte le n° 123, pl. 186; cette figure est une représentation très fidèle de la *venus rugosa* de Lamarck et de la plupart des auteurs. Quant aux autres variétés, nous les connaissons déjà : la figure de d'Argenville de la *venus plicata* est conservée, mais elle ne sert plus de type à l'espèce : il nous semble que nous pouvons rigoureusement conclure de ce qui précède, que Linné a toujours laissé de la confusion dans la synonymie de l'espèce qui nous occupe, et qu'il est impossible de dire à laquelle des sept ou huit espèces mentionnées, le nom de *venus dysera* doit être appliqué. Chemnitz reconnut bien les erreurs de Linné, et choisit arbitrairement une des espèces, qu'il indiqua pour lui conserver le nom de *venus dysera*. Il est certain que par *venus dysera Linnœi*, Chemnitz a voulu désigner une coquille assez commune, à laquelle Lamarck donna le nom de *venus cancellata*. Il est à remarquer que cette espèce choisie par Chemnitz, est celle qui a été le moins mentionnée par Linné. Quoi qu'il en soit, la synonymie que Chemnitz lui donne est très bonne. Puisque pour conserver la *venus dysera* dans les catalogues, il fallait prendre une des coquilles indiquées par Linné, il aurait été convenable de conserver celle si bien caractérisée par Chemnitz. Schroeter ne suivit pas cet exemple, et l'on retrouve beaucoup de confusion dans la synonymie de sa *venus dysera*. Gmelin copia à peu près exactement Schroeter, en augmentant encore la confusion, et c'est dans cet état que Dilwyn et Lamarck trouvèrent la synonymie de l'espèce qui nous occupe. Le premier de ces auteurs, rejetant la synonymie de Linné, et celle des autres auteurs, a donné le nom de *venus dysera*, à deux autres espèces que Linné ne connut probablement pas. Au milieu de cette confusion, il nous semble que Lamarck prit le parti le plus sage en n'admettant plus la *venus dysera*. Après ces observations, quelle que soit la manière d'envisager l'opinion des conchyliologues qui ont cité la *venus dysera* de Linné, à l'état fossile, il est certain pour nous qu'ils ont fait un rapprochement erroné, à moins que de l'établir sur une bonne synonymie, ce qui n'a pas été fait. Cette raison jointe à tout ce qui précède, nous fait préférer l'exemple de Lamarck à tout autre, et en conséquence nous croyons que l'on ne doit plus inscrire comme espèce la *venus dyscra* dans un catalogue bien fait.

Espèces fossiles.

1. Vénus cassinoïde. *Venus cassinoides*. Lamk.

> *V. testá cordatá, obliquâ, compressá, anticè angulatá; sulcis transversis sublamellosis, supernè crebrioribus.*
> * Basterot. Mém. de la Soc. d'hist. nat. de Paris. t. 2. p. 89. no 2. pl. 6. f. 11.
> Mon cabinet.
> Habite... Fossile d'Italie. Elle est aplatie comme la vénus lévantine, et rapprochée de la *venus casina*, par ses lames nombreuses, mais fort peu élevées. On en trouve, près de Bordeaux, une variété moins grande, à lames plus écartées.

2. Vénus paphie. *Venus paphia*. Lamk. (1)

> *V. testá subcordatá, subcompressá, obliquâ; rugis transversis crassissimis.*
> Mon cabinet.
> Habite.... Fossile de Wilminston, dans la Caroline du Nord. *Michaux.*

3. Vénus aratine. *Venus aratina*. Lamk.

> *V. testá subcordatá, trigonoideá; sulcis transversis concentricis; ano cordato; margine interiore crenulato.*
> Mon cabinet.
> Habite.... Fossile de la Touraine. *Lapylaie.* Elle est petite,

---

(1) Quoique voisine de la *venus paphia* de Linné, celle-ci ne peut être regardée comme son analogue fossile, il sera donc convenable de changer ce nom qui peut faire commettre des erreurs.

sillonnée comme la cythérée érycine ou cedo-nulli ; mais elle est moins transverse.

4. Vénus oblique. *Venus obliqua*. Lamk.

V. testá elongato-rotundatá, læviusculá; natibus recurvatis, obliquis, secundis.

Annales du Mus. 7. p. 62. et vol. 9. pl. 32. f. 7.

* Desh. Desc. des Coq. foss. t. 1. p. 140. pl. 23. f. 16. 17.

* *Id.* Encycl. méth. vers. t. 3. p. 1122. n° 30.

Habite... Fossile de Grignon, Pontchartrain.

5. Vénus calleuse. *Venus callosa*. Lamk. (1)

V. testá orbiculato-cordatá, subangulatá; natibus prominulis obliquè incurvis; valvis intùs callosis.

Annales du Mus. 7. p. 130. et vol. 9. pl. 32. f. 6.

Habite.... Fossile de Grignon. Mon cabinet. A l'extérieur, elle est légèrement et inégalement striée en travers.

6. Vénus natée. *Venus texta*. Lamk.

V. testá ovatá, transversá, striis obliquis bifariis delicatissimè cancellatá; ano ovato.

Annales du Mus. 7. p. 130. n° 4. et t. 12. pl. 40. f. 7. a. b.

* Desh. Descript. des Coq. foss. t. 1. p. 144. pl. 22. f. 16. 17. 18.

* *Id.* Encycl. méth. vers. t. 3. p. 1122. n° 27.

Habite... Fossile de Grignon. Mon cabinet.

Etc. Voyez, pour d'autres espèces, la Conchyliologie fossile de *Brocchi,* vol. 2. t. 12. 13. et 14. Voyez aussi la Conchyl. min. de *Swerby,* n°s 4. 12. 24. 27 et 31.

† 7. Vénus mince. *Venus tenuis*. Desh.

V. testá ovato transversá, subœquilaterá, tenui, fragili, translucidá; dentibus cardinalibus tribus.

Desh. Descript. des Coq. foss. des env. de Paris. tom. 1. pag. 143. pl. 23. fig. 8. 9.

Id. Encycl. méth. vers. t. 3. p. 1121. n° 24.

Habite.... Fossile de Vaugirard , près Paris. Coquille très mince et très fragile; trois dents très petites à la charnière; surface extérieure entièrement lisse.

______

(1) Cette coquille est une lucine ; nous l'avons mentionnée dans ce genre, page 233, n° 26.

† 8. Vénus turgidule. *Venus turgidula*. Desh.

V. testâ ovato-obliquâ, tenui, fragili, inæquilaterali, tumidâ, transversim irregulariter tenuissimè striatâ ; lunulâ nullâ ; pube depressâ ; dentibus tribus sublamellosis.

Desh. Descript. des Coq. foss. des env. de Paris. tom. 1. pag. 146. pl. 23. fig. 14. 15.

Id. Encycl. méth. vers. t. 3. p. 1121. n° 25.

Habite.... Fossile de Maulette, près Houdan. Coquille enflée, cordiforme, mince , fragile , couverte de stries très fines , irrégulières. La lunule n'est point marquée.

† 9. Vénus solide. *Venus solida*. Desh.

V. testâ ovato-transversâ , obliquissimâ , maximè inæquilaterâ, lævigatâ, crassâ, solidâ, lunulâ magnâ , ovatâ ; cardine tridentato.

Desh. Descript. des Coq. foss. des env. de Paris. tom. 1. pag. 144. pl. 25. fig. 3. 4.

Id. Encyclop. méthod. vers. t. 3. p. 1122. n° 26.

Habite.... Fossile de Mary , Tancrou , Betz. Petite coquille très oblique, épaisse, solide , subcordiforme , comprimée ; elle est lisse en dessus ; trois petites dents cardinales sur chaque valve. La lunule est grande et ovale , marquée par une strie.

† 10. Vénus petite râpe. *Venus scobinellata*. Lamk.

V. testâ ovato-subtrigonâ, depressâ, striis obliquis granoso-squamosis chlatratâ; umbonibus minimis obliquis; lunulâ magnâ, cordatâ; cardine tridentato; dentibus divaricatis.

Lamk. Ann. du Mus. tom. 7. p. 130. n° 75. et tom. 9. pl. 32. fig. 8. a. b.

Desh. Descript. des Coq. foss. des env. de Paris. tom. 1. pag. 145. pl. 22. fig. 19. 20. 21.

Id. Encycl. méth. vers. t. 3. p. 1122. n° 28.

Habite.... Fossile de Grignon , Parnes, Mouchy, etc. Petite coquille triangulaire , assez solide , comprimée , hérissée de petites papilles disposées très régulièrement en quinconce.

† 11. Vénus enfantine. *Venus puellata*. Lamk.

V. testâ ovato-ventricosâ, tenuissimâ , fragili, transversim tenuissimè striatâ; lunulâ ovatâ, sublanceolatâ; umbonibus minimis obliquis, recurvis.

Lamk. Ann. du Mus. tom. 7. p. 130. n° 6.

Desh. Descript. des Coq. foss. des env. de Paris. t. 1,
p. 145. pl. 25. fig. 5. 6.

Habite.... Fossile à Grignon, la ferme de l'Orme. Coquille
petite, mince, fragile, transparente, ventrue, très oblique,
finement striée en travers; la lunule est grande, ovale,
lancéolée.

† 12. Vénus lucinoïde. *Venus lucinoides*. Desh.

*V. testá rotundatá, tumidá, obsoletè radiatá ; umbonibus
obliquis, minimis ; lunulá ovatá ; cardine bidentato, altero
tridentato, impressione pallii simplici.*

Desh. Descript. des Coq. foss. des env. de Paris. tom. 1.
pag. 146. pl. 23. fig. 12. 13.

Id. Encycl. méth. vers. t. 3. p. 1123. n° 31.

Habite.... Fossile de la Chapelle, près Senlis. Coquille mince,
fragile, très renflée, ayant deux dents cardinales à une
valve et trois à l'autre; elles sont petites et rapprochées ;
les impressions musculaires sont petites, mais l'impression
palléale est simple. Ce pourrait être une lucine.

† 13. Vénus vieille. *Venus vetula*. Bast.

*V. testá ovato-transversâ, inœquilaterâ, transversìm sulca tâ ,
sulcis depressis, irregularibus, umbonibus minimis; lunulá vix
perspicuá ; dentibus cardinalibus tribus divaricatis, conicis
proeminentibus: postico valvœ dextrœ bifido ; marginibus
integris.*

Basterot. Mém. de la Soc. d'hist. nat. de Paris. t. 2. p. 89.
n° 3. pl. 6. f. 7.

Habite...Fossile de Saucats et de Léognan, près Bordeaux, les
faluns de la Touraine. Par sa forme elle se rapproche de
la vénus papilionacée ; ses sillons transverses sont plats ,
peu réguliers ; ils sont tantôt larges , tantôt étroits sur le
même individu. Les bords sont lisses, très entiers.

VÉNÉRICARDE (Venericardia).

Coquille équivalve, inéquilatérale, suborbiculaire,
le plus souvent à côtes longitudinales rayonnantes.

Deux dents cardinales obliques, dirigées du même
côté.

Testa æquivalvis, inæquilatera, suborbiculata; sæpiùs costis longitudinalibus radiantibus.
Dentes duo cardinales obliqui secundi.

OBSERVATIONS. Les *vénéricardes* semblent faire le passage des conques aux cardiacées; elles ont entièrement l'aspect des bucardes, par leurs côtes rayonnantes, et elles tiennent aux conques par leur charnière, qui serait semblable à celle des vénus, si elle avait, sur chaque valve, une troisième dent divergente. Néanmoins, il paraît qu'elles ne diffèrent des cardites que parce qu'elles manquent de dent lunulaire, leurs deux dents obliques représentant la dent latérale des cardites, qui est toujours canaliculée. La lunule de ces coquilles est d'ailleurs toujours enfoncée comme celle des cardites, et plus ou moins apparente.

Presque toutes les *vénéricardes* ne sont connues que dans l'état fossile. Dans les petites espèces, le caractère qui distingue ce genre des cardites n'est pas toujours facile à saisir (1).

---

(1) Dans les observations qui sont à la suite des généralités sur les conques marines, nous avons fait pressentir qu'il serait nécessaire de changer les rapports donnés par Lamarck au genre Vénéricarde, et même de le supprimer pour joindre les espèces qui y sont rassemblées à celles du genre Cardite. Plusieurs raisons d'une grande valeur nous conduisent à ces résultats. Poli, dans son bel ouvrage, a donné les figures des animaux de deux espèces, dont l'une appartient aux cardites, et l'autre aux vénéricardes de Lamarck. La ressemblance de ces animaux dans tous les caractères essentiels prouve, avec la dernière évidence, qu'ils dépendent d'un même genre; ce fait de la ressemblance des animaux sera confirmé par celle des coquilles. Nous voyons que Lamarck a compris, dans ses cardites, des coquilles alongées, transverses, très inéquilatérales, ayant, à la charnière, une ou deux dents très obliques dans la direction du bord supérieur. Sans doute que si toutes les

ESPÈCES.

1. **Vénéricarde à côtes plates.** *Venericardia planicosta.* **Lamk.**

*V. testá obliquè cordatá, crassissimá ; costis planis, integris :
posticis anticisque transversim sulcatis.*
Annales du Mus. vol. 7. p. 55. et vol. 9. pl. 31. f. 10.
* Seba. Mus. t. 4. pl. 106. p. 36.
Knorr. Foss. part. 2. tab. 23. f. 5.
Swerby. Conch. min. n° 9. tab. 50.
(2) *Eudem ? Minor.* Annales du Mus. 9. tab. 32. f. 2
* Desh. Coq. foss. t. 1. p. 149. pl. 24. f. 1. 2. 3.

---

cardites étaient transverses , et que la charnière présentât
quelques caractères particuliers , il aurait été assez rationnel de les séparer, en supposant que les animaux ne soient
pas connus ; mais il n'en est rien, et Lamarck lui-même a
compris parmi les cardites, des coquilles arrondies qui
ont exactement tous les caractères des vénéricardes. En
réunissant toutes les espèces vivantes ou fossiles des deux
genres, en les plaçant dans leurs rapports les plus naturels,
on verra s'établir entre eux un passage tellement insensible , qu'il deviendra impossible de dire où finit le genre
vénéricarde et où commence celui des cardites. Quand on
examine ensuite tous les caractères, on reconnaît la même
ressemblance que dans les formes extérieures. Presque
sans exception, les vénéricardes et les cardites ont des
côtes longitudinales, leur coquille est épaisse et solide, la
lunule est petite, très enfoncée, la charnière est plus ou
moins épaisse selon les espèces, et offre quelques modifications peu importantes, selon que la coquille est arrondie
ou transverse ; elle se compose de deux dents cardinales
sur chaque valve, lorsque la coquille est arrondie ou peu
transverse ; ces deux dents sont obliques : cette obliquité
se remarque même dans quelques espèces tout-à-fait
transverses ; mais dans le plus grand nombre de ces der-

* *Cardita planicosta.* Desh. Encycl. méth. vers. t. 2. p. 198. n° 5.

Habite... Fossile se trouvant en France, en Angleterre et dans l'Italie, en Piémont et à Florence. Le *chama rhomboidea*, Brocc. Conch. 2. p. 523. tab. 16. f. 12, semble une variété de cette espèce ; la lunule est enfoncée et très apparente (1).

---

nières la dent antérieure devient très petite et perpendiculaire à la première : ces différences s'établissent par nuances en passant d'une espèce à l'autre. L'impression palléale est toujours simple dans son contour, et ce caractère important se trouve aussi bien dans les vénéricardes que dans les cardites. Il est nécessaire de rappeler ici que, dans les conques, l'impression palléale n'est jamais simple; on voit postérieurement une inflexion triangulaire, cela annonce que tous les animaux de cette famille sont pourvus postérieurement de deux siphons : les vénéricardes et les cardites n'en ont pas ; les bords du manteau sont libres dans toute leur étendue, comme cela a lieu dans les mulètes. Jusqu'à présent on a regardé, comme d'une grande valeur, l'existence ou l'absence des siphons, la réunion ou la séparation des lobes du manteau, et l'on s'est servi avec avantage de ces caractères pour la formation des familles, si celle des conques, pour être naturelle, ne doit contenir que des animaux siphonés postérieurement, et il est certain que cela doit être ainsi, il devient évident que le genre vénéricarde doit être transporté ailleurs; et comme nous avons vu qu'il se confond avec les cardites, il devra subir les changements de rapports devenus nécessaires pour ce dernier.

(1) Cette coquille est en effet fort commune aux environs de Paris ; on la trouve également en Angleterre, en Belgique, à Valognes ; mais nous ne la connaissons ni du Piémont, ni de l'Italie; il est à présumer que Lamarck a été trompé sur ses localités. Quant au *chama rhomboidea* de Brocchi, elle constitue une espèce très distincte de celle-ci.

2. **Vénéricarde pétonculaire.** *Venericardia petuncularis.* Lamk.

> *V. testá orbiculari, subæquilaterâ; costis convexis, sub-imbricatis : lateralibus muricatis.*
>
> Annales du Mus. 7. p. 58. n° 6.
>
> Venus de l'Oise. *Cambry,* Descript. du dép. de l'Oise, pl. 7 f. 1.
>
> * Desh. Descript. des Coq. foss. t. 1. p. 150. n° 2. pl. 25. f. 1. 2.
>
> * *Cardita petuncularis.* Id. Encycl. méth. vers. t. 2. p. 198. n° 6.
>
> Habite..... Fossile des environs de Beauvais, à Bracheux. Mus. n. Mon cabinet. Elle a la forme d'un peigne sans oreillettes ; sa lunule, très enfoncée, paraît à peine en dehors.

3. **Vénéricardé imbriquée.** *Venericardia imbricata.* Lamk.

> *V. testâ suborbiculatâ ; costis convexis , imbricato-squamosis, nodosis, asperis.*
>
> *Venus imbricata.* Gmel. p. 3277. n° 34.
>
> List. t. 497. f. 52.
>
> Chemn. Conch. 6. t. 30. f. 314. 315.
>
> Encycl. pl. 274. f. 4.
>
> Lamk. Ann. du Mus. 7. p. 56. n° 3. et vol 9. pl. 32. f. 1.
>
> * Desh. Descript. des Coq. foss. t. 1. p. 152. n° 4. pl. 24. f. 4. 5.
>
> * Blainv. Malac. pl. 68. f. 3.
>
> * *Cardita imbricata.* Desh. Encycl. méth. vers. t. 2. p. 199. n° 8.
>
> Habite.... Fossile de Grignon. Mus. n°. Mon cabinet. Très commune. On en trouve une variété à Courtagnon. La vénéricarde tuilée, n° 8 des Annales, me paraît n'être aussi qu'une variété de cette espèce.

4. **Vénéricarde australe.** *Venericardia australis.* Lamk.

> *V. testá suborbiculatâ , minimá , purpureo tinctá ; costis angustis , imbricato-squamosis , subnodosis.*
>
> * Quoy et Gaym. Voy. de l'Astrol. Moll. pl. 78. f. 12 à 14.
>
> Habite les mers de la Nouvelle-Hollande. Largeur, 4 à 5.

millimètres. Je l'ai trouvée dans le sable que renfermait une coquille de cette région. Je crois que c'est l'analogue vivant de la vénéricarde imbriquée, dont je n'ai que des individus très jeunes; elle lui ressemble en petit. Mon cabinet.

5 Vénéricarde côtes aigues. *Venericardia acuticosta*. Lamk.

V. testá suborbiculatá ; costis carinatis , squamoso-dentatis , subasperis.

Annales du Mus. 7. p. 57. n° 4. et t. 9. pl. 35. f. 2.

* Desh. Descript. des Coq. foss. t. 1. p. 153. n° 5. pl. 25. f. 7. 8.

* *Cardita acuticosta*. Id. Encycl. méth. t. 2. p. 200. n° 10.

Habite.... Fossile de Courtagnon. Mon cabinet. Sa lunule est apparente. On la trouve aussi à Grignon.

6. Vénéricarde douce. *Venericardia mitis*. Lamk.

V. testá suborbiculatá ; costis crebris , separatis , compressis , dorso lœvibus : posticis crenulatis.

* Desh. Descript. des Coq. foss. t. 1. p. 153. n° 8. pl. 25. f. 9. 10.

Mus. n°.

Habite.... Fossile des environs de Paris, à *Boves*. Mon cabin.

7. Vénéricarde décrépite. *Venericardia senilis*. Lamk.

V. testá obliquè cordatá , valdè inœquilaterá ; costis magnis , convexis, obsoletè crenatis, muticis.

Annales du Mus. 7. p. 57. n° 5.

Habite.... Fossile des environs d'Augers. *Ménard*. La lunule , très apparente, est en cœur court et enfoncé. Cette coquille a l'aspect d'une cardite, mais elle est une vénéricarde. Mon cabinet.

8. Vénéricarde côtes lisses. *Venericardia lœvicosta*. Lamk.

V. testá obliquè cordatá ; costis convexo - planulatis, dorso lœvibus, lateribus dèntatis.

Mon cabinet.

Habite.... Fossiles des Faluns de Touraine. Largeur, 27 millimètres.

9. **Vénéricarde concentrique.** *Venericardia concentrica.* **Lamk.**

> *V. testá suborbiculatá, depressiusculá; sulcis transversis concentricis, elevato-lamellosis.*
>
> Habite.... Fossile de Chaumont. Brongniart. Petite coquille élégamment sillonnée comme la *Cyth. erycina.* Largeur 13 millimètres. Mon cabinet.

10. **Vénéricarde treillissée.** *Venericardia decussata.* **Lamk.**

> *V. testá suborbiculatá; costis longitudinalibus striisque transversis cancellatá; dentibus cardinalibus divaricatis.*
>
> Annales du Mus. t. 7. p. 59. n° 9. et t. 9. pl. 32. f. 5. a. b.
>
> * Desh. Descr. des Coq. foss. t. 1. p. 159. n° 14. pl. 26. f. 7. 8.
>
> Habite.... Fossile de Grignon. Mon cabinet. Coquille très petite, qui semble se rapprocher des lucines, offrant l'apparence d'une dent latérale.

11. **Vénéricarde élégante.** *Venericardia elegans.* **Lamk.**

> *V. testá suborbiculatá; costis creberrimis, elevatis, compressis, dorso squamoso-serratis.*
>
> *Venericardia elegans.* Annales du Mus. t. 7. p. 59. n° 10. et t. 9. pl. 32. f. 3. a. b. *Mala.*
>
> * Desh. Descr. des Coq. foss. t. 1. p. 157. n° 12. pl. 26. f. 14. 15. 16.
>
> Habite.... Fossile de Grignon. Elle tient de très près à la V. imbriquée; mais ses côtes sont plus étroites, comprimées sur les côtés et serriformes. Mus. n°.

LES CARDIACÉES.

Dents cardinales irrégulières, soit dans leur forme, soit dans leur situation, et en général accompagnées d'une ou deux dents latérales.

Les *cardiacées* se composent d'un petit nombre de genres qui paraissent convenablement rapprochés par

TOME VI. 25

leurs rapports, et forment une famille assez distincte, sous certaines considérations générales.

Ici la charnière n'offre plus trois dents cardinales rapprochées, dont celles des côtés sont divergentes, comme dans les conques, à moins qu'il n'y ait une longue dent latérale, et la plupart de ces *cardiacées* sont des coquilles ventrues, presque toutes munies de côtes longitudinales rayonnantes, et qui offrent en général la forme d'un cœur, lorsqu'elles sont vues antérieurement. Ces coquilles sont équivalves, régulières, quelquefois bâillantes lorsque les valves sont fermées. D'après l'observation de M. *Cuvier*, sur le muscle d'attache de l'animal, j'en écarte les genres tridacne et hippope, qui me semblaient appartenir à cette famille. Elle se réduit maintenant aux cinq genres qui suivent : *bucarde, cardite, cypricarde, hiatelle* et *isocarde*.

[Les genres que Lamarck a réunis dans cette famille, semblent avoir entre eux beaucoup de rapports et constituer un groupe ou une famille naturelle; cependant il n'en est pas tout-à-fait ainsi. Pour juger la question d'une manière convenable, il ne faut pas seulement s'arrêter à l'examen des coquilles, il faut aussi voir les animaux qui les produisent.

Nous croyons qu'il est convenable de prendre le genre Bucarde comme type de la famille des Cardiacées, pour y joindre ceux des genres connus qui ont avec lui assez de ressemblance pour entrer dans la même famille. L'animal des bucardes a un pied assez long, cylindrique, coudé et très bien disposé pour faire un saut ou un mouvement de bascule. Les lobes du manteau sont réunis postérieurement; mais dans la commissure, au lieu de siphons alongés, on n'en trouve que de très courts, et le plus souvent deux perforations qui les remplacent : ces perforations du manteau sont ciliées à leur bord, comme les siphons le sont à leur extrémité libre. Ces siphons ou plutôt ces perforations des bucardes sont tellement courtes, qu'elles n'ont pas de muscles rétracteurs propres, et de là vient que dans les coquilles l'impresion du manteau est simple dans son contour. Si, avec ces premières, données nous examinons les genres compris avec les bucardes dans la famille des cardiacées, nous verrons 1° que les cardites ayant les lobes du manteau essentiellement désunis, et par conséquent n'ayant ni siphons ni perforations, elles doivent sortir de cette famille; 2° que le genre Cypricarde laisse encore du doute, puisque l'animal n'est pas connu. Par la coquille, il se rapprocherait assez des conques, parce que l'impression du manteau est un peu sinueuse postérieurement; quelques espèces par leur charnière se rapprochent un peu de certaines isocardes, de sorte qu'il faut attendre de nouveaux faits pour se décider à l'égard de ce genre; 3° nous avons vu en traitant des solens et des saxicaves que le genre Hiatelle devait être supprimé, puisque la seule espèce qui le constitue a tous les caractères des saxicaves; 4° le genre Isocarde a beaucoup de rapport avec les bucardes, par l'animal, et aussi par la coquille; il se lie à certaines cypricardes grandes et cordiformes, et il pourrait bien avoir plus d'analogie avec les cyprines qu'on ne le suppose habituellement. Il résulte de ce qui précède, que les deux genres, cardites et hiatelle, ne peuvent rester dans la famille des cardiacées. Ce groupe se trouvera donc réduit à trois genres, parmi lesquels celui des cypricardes est encore douteux.]

BUCARDE (Cardium).

Coquille équivalve, subcordiforme, à crochets protubérants, à valves dentées ou plissées en leur bord interne.

Charnières ayant quatre dents sur chaque valve, dont deux cardinales rapprochées et obliques, s'articulant en croix avec leurs correspondantes, et deux latérales écartées, intrantes.

Testa æquivalvis, subcordata ; natibus prominulis : valvis margine interno dentatis vel plicatis.

Cardo, in utráque valvá, dentibus quatuor : duobus cardinalibus approximatis, obliquis, mutuá insertione sesé cruciatìm excipientibus ; duobus lateralibus remotis, insertis.

Observations. Les *bucardes* constituent, parmi les conchifères, un genre nombreux en espèces, fort intéressant, très naturel, bien caractérisé par les dents de la charnière, et qui a été très bien déterminé par *Linnæus.* Ce sont des coquilles marines bivalves, équivalves, presque équilatérales, libres, dans lesquelles la protubérance des crochets est fort remarquable, et qui ont, en général, la forme d'un cœur. Elles sont, effectivement, assez généralement connues sous le nom de *cœurs*, nom qui leur fut donné d'abord par Langius, et ensuite par Dargenville, etc.; mais comme ces auteurs, dans leur déterminaison, n'avaient égard qu'à la forme extérieure de la coquille, ils donnèrent aussi le nom de *cœur* à quantité de coquilles qui ne sont pas du genre *cardium.* Cette considération a engagé *Bruguière* à changer le nom français *cœur*, en celui de *bucarde*, afin d'éviter la confusion introduite principalement par Dargenville.

La plupart des *bucardes* ont, comme les vénéricardes, es peignes, etc., la convexité de leurs valves garnie de côtes longitudinales plus ou moins éminentes et souvent chargées de stries, d'écailles tuilées ou d'épines; mais l'intérieur des valves est en grande partie lisse et n'est sillonné que vers le bord.

Dans toutes les espèces, le ligament des valves est extérieur, très court, et les impressions musculaires, qui sont au nombre de deux, ont peu d'apparence.

L'animal fait sortir, à l'un des côtés de sa coquille, deux tubes inégaux, plus courts en général que ceux des conques et des tellinacées, ciliés à leur orifice ; et à l'autre côté, un grand pied musculeux, en forme de bras, plié ou courbé en faux. Dans quelques espèces, on prétend que l'animal file, lorsqu'il veut s'attacher aux corps marins.

Les *bucardes* vivent ordinairement enfoncées dans le sable, à la proximité des côtes. On en trouve dans toutes les mers connues, et on reconnaît, parmi les fossiles de l'Europe, quelques espèces qui ne vivent maintenant que dans les mers de l'Océan asiatique (1).

ESPÈCES.

Point d'angle particulier sur les crochets, et le côté antérieur au moins aussi grand que le postérieur.

1. Bucarde exotique. *Cardium costatum.* Lin.

> C. *testâ ventricosâ, subglobosâ, subæquivalvi; costis elevatis, carinatis, concavis; latere antico hiante.*
>
> *Cardium costatum.* Lin. Syst. nat. p. 1121. Gmel. p. 3244.
> n° 1. Brug. Dict. p. 224. n° 20.
> List. Conch. t. 327. f. 164.
> Rumph. Mus. t. 48. f. 6.

---

(1) Cuvier, dans la première édition du *Règne animal*, a proposé, sous le nom d'hémicarde, un sous-genre fait aux dépens des bucardes, pour celles des espèces qui sont comprimées d'avant en arrière et qui sont carénées dans leur milieu ; mais ce sous-genre ne peut être admis qu'à titre de section, section que Lamarck a lui-même établie ici.

Gualt. Test. t. 72. fig. D.
Le Kaman. Adans. Sénég. t. 18. f. 2.
* Born. Mus. p. 40.
* Schrot. Einl. t. 3. p. 27.
* Barbut. Verm. p. 28. pl. 3. f. 7.
Chemn. Conch. 6. t. 15. f. 151. 152.
Encyclop. pl. 292. f. 1. a. b. et 293. f. 1. a. b. c.
* Vood. Conch. p. 231. pl. 56. f. 1.
* D'Argenv. Conch. pl. 23. f. A.
* Knorr. Vergn. t. 1. pl. 28. f. 2.
* Fav. Conch. pl. 52. f. B.
* De Roissy. Buff. de Sonnini. t. 6. p. 380. no 2.
* Dilw. Cat. t. 1. p. 109. nº 1.

Habite l'Océan d'Afrique, les côtes de Guinée et du Sénégal. Mus. nº. Mon cabinet. Coquille rare et précieuse, sur-tout lorsqu'on possède les deux valves du même individu. Elle est mince, blanche, avec trois ou quatre des interstices de ses côtes d'un fauve orangé. Inférieurement, elle est presque auriculée. Celle du Muséum est d'une taille extraordinaire. Largeur, 126 millimètres; hauteur, 100.

2. Bucarde des Indes. *Cardium Indicum.* Lamk. (1)

C. testá cordatá, tumidá, subæquilaterali; costis, obtusis; anticis margine serrato - spinosis, posticis squamiferis; lateris anticis aperturá patulá : marginibus profundissimè serratis.

---

(1) Cette belle et précieuse coquille est réellement le type vivant d'une espèce bien connue à l'état fossile, et dont Brocchi a donné une bonne figure sous le nom de *cardium hians*. Le *cardium bardigalinum* de Lamarck est, pour nous, une variété de localité de la même espèce, et c'est dans cette opinion que nous réunissons ces coquilles sous une même dénomination. A l'égard du nom qui doit rester à l'espèce, nous croyons que celui de Brocchi, donné depuis 1814, long-temps avant Lamarck, doit être préféré, non seulement à cause de l'antériorité, mais encore parce que les noms de localités sont, en général, les plus mauvais et que par conséquent celui-ci, *cardium indicum*, disparaîtra de la nomenclature.

* *Cardium hians*. Brocchi. Conch. foss. subap. t. 2. p. 508. no 12. pl. 13. f. 6.

* *Cardium bardigalinum*. Lamarck. An. s. vert. t. 6. p. 18. no 3.

* *Id*. Barterot. Mém. de la Soc. d'hist. nat. de Paris. t. 2. p. 82. no 2. pl. 6. f. 12.

Habite l'Océan des Grandes Indes. Mus. no. On n'en a qu'une valve. Espèce très distincte de la précédente, dont les côtes ne sont point carinées, et qui paraît être l'analogue vivant du *cardium hians* de Brocchi [Conch. 2. t, 13. f. 6.]. Elle est blanche, roussâtre sur les crochets, et teinte de rose sur le côté antérieur. Les côtes de son côté postérieur portent des écailles en cornets, un peu distantes.

3. Bucarde grimacier. *Cardium ringens*. Chemn. (1)

C. testá rotundatá, ventricosá, albidá; margine antico hiante, profundè serrato; costis muticis : anterioribus subcarinatis.

List. Conch. t. 330. f. 167.

Le Mofat. Adans. Seneg. t. 18. f. 1.

Cardium ringens. Chemn. Conch. 6. t. 16. f. 170.

---

(1) Nous avons fait, depuis long-temps, une observation relative à cette espèce et à la précédente. En réunissant les diverses variétés fossiles du *cardium bardigalinum*, dont nous avons pu nous procurer un grand nombre d'individus de Dax et de Bordeaux, nous avons bientôt reconnu, que quelques-unes de ces variétés avaient tellement tous les caractères du *cardium ringens*, qu'il était impossible de les séparer; nous avons également vu que d'autres variétés passaient, par nuances insensibles, au *cardium bardigalinum* tel qu'il a été figuré par M. de Basterot, et de celui-ci au *cardium hians* de Brocchi; de sorte qu'à l'aide des seules variétés fossiles, nous avons établi une série de modifications au moyen desquelles on passe insensiblement du *cardium ringens* au *cardium hians*. Pour nous, ces deux espèces n'en constituent qu'une seule; mais nous désirons, avant de les réunir définitivement, que nos observations soient confirmées par d'autres conchyliologues.

* Gmel. p. 3254. n° 31.
* Schrot. Einl. t. 3. p. 54. n° 5.
* Knorr. Vergn. t. 4. pl. 14. f. 3.
* Fav. Conch. pl. 52. f. F.
* Brug. Encycl. méth. vers. t. 1. p. 125. n° 21.
* Dilw. Cat. t. 1. p. 119. n° 20.
Encycl. pl. 296. f. 3.
Habite les côtes d'Afrique et les mers d'Amérique. Mus. n°. Mon cabinet. Il est teint de rose sur le côté antérieur. Les côtes de ce côté sont élevées en carène obtuse et sillonnées irrégulièrement sur une face.

4. Bucarde asiatique. *Cardium asiaticum*. Chemn.

C. testâ cordatâ, tumidâ; costis parvulis, crebris, punctis eminentibus asperatis; anticis lamelliferis.
Chemn. Conch. 6. p. 160. t. 15. f. 153. 154.
Cardium asiaticum. Brug. Encycl. méth. vers. t. 1. p. 124. n° 19.
Cardium lima. Gmel. p. 3253. n° 30.
* Schrot. Einl. t. 3. p. 52. n° 83.
Encycl. pl. 293. f. 2.
* Dilw. Cat. t. 1. p. 110. n° 2. *Cardium lima.*
Habite l'Océan asiatique, aux îles de Nicobar. Mus. n°. Mon cabinet. Elle est d'un fauve pâle ou blanchâtre, à crochets rougeâtres, et à peine bâillante à son côté antérieur. Les lames de ses côtes antérieures sont sillonnées d'un côté, comme dans le B. poreleux. Lunule lisse, en cœur.

5. Bucarde côtes - menues. *Cardium tenuicostatum*. Lamk.

C. testâ subcordatâ, albidâ; costis creberrimis, muticis; anticis obsoletè imbricatis; natibus roseis.
Mus. n°.
Habite à Timor et à la Nouvelle Hollande. Coquille tout-à-fait close, sans lunule distincte, finement et élégamment munie de côtes. Ses crochets sont lisses. Largeur, 56 millimètres. Elle a jusqu'à 48 côtes. Les individus de la Nouvelle Hollande ont la coquille un peu moins inéquilatérale.

6. Bucarde frangé. *Cardium fimbriatum*. Lamk. (1)

C. testá subcordatá, albidá, margine lamellis cristatis fim-
briatá; costis 36 convexis, muticis, apice tantùm lamelli-
feris; natibus subviolaceis.

Mus. n°.

Habite..... les mers de l'Inde? Elle vient de la collection de
Hollande, et tient à la précédente par ses rapports. La
lunule est ovale, à bords internes renflés, avec une callosité sous les crochets. Les côtes du côté postérieur sont
sans lame à leur extrémité. Largeur, 3o millimètres et
plus.

7. Bucarde brésilien. *Cardium brasilianum*. Lamk.

C. testá obliquè ovatá, lœvigatá, cinereá, intùs spadiceá,
lineis longitudinalibus rufis partim pictá; pube fusco ma-
culatá.

Mus. n°.

Habite les côtes du Brésil, à Rio-Janeiro. *Lalande*. Cette coquille n'offre ni côtes, ni stries longitudinales distinctes,
mais seulement des lignes colorées. Le bord interne est
dentelé. Largeur, 24 millimètres.

8. Bucarde membraneux. *Cardium apertum*. Chemn.

C. testá subcordatá, inœquilaterá, tenuissimá, pallidè fulvá;
latere antico producto, hiante; costis tenuibus acutis, dis-
tinctis: anticis planulatis.

* *Cardium rugatum.* Gronov. Zooph. p. 266. n° 1125. pl. 18.
f. 5.

* Schrot. Einl. t. 3. p. 55. n° 8.

* *Cardium virgineum.* Var. β. Gmel. p. 3253. n° 25.

* *Cardium rugatum.* Dilw. Cat. t. 1. p. 125. n° 31.

Cardium apertum. Chemn. Conch. 6. p. 189. t. 18. f. 181
—183.

Cardium apertum. Brug. Encycl. méth. vers. t. 1. p. 226.
n° 22.

---

(1) La coquille qui, dans la collection du Muséum, porte
ce nom, est certainement un jeune individu du *cardium*
asiaticum, n° 4, et devra lui être ajouté.

Encycl. pl. 296. f. 5. a. b.

Habite.... On le dit de l'Océan asiatique et des côtes de la
Jamaïque. Mon cabinet. Espèce très rare , très distincte.
Crochets lisses, d'un fauve orangé.

9. Bucarde papyracé. *Cardium papyraceum*. Chemn.

C. testá cordatá, fragili , longitudinaliter obsoletè striatá, al.
bidá ; natibus rufo-purpureis; intùs purpureo-maculatá.

Cardium papyraceum. Chemn. Conch. 6. t. 18. f. 184.

* Gmel. p. 3254. n° 32.

* Schrot. Einl. t. 3. p. 55. n° 9.

Cardium papyraceum. Brug. Encycl. méth. vers. t. 1. p. 231.
n° 29.

* Dilw. Cat. t. 1. p. 125. n° 30.

Habite l'Océan des Grandes-Indes. Mon cabinet. Il est plus
petit que le précédent , moins inéquilatéral , tout aussi
mince , à stries longitudinales fines et séparées, et à lunule
grande , ovale. Largeur, 34 millimètres. Il est un peu bâillant au côté antérieur.

10. Bucarde soléniforme. *Cardium bullatum*. Lamk.

C. testá transversè ovatá, fragili, longitudinaliter sulcatá; la-
tere antico producto hiante : margine serrato.

Solen bullatus. Lin. Syst. nat. p. 1115. Gmel. p. 3226.
n° 10.

* Schroter. Einl. t. 2. p. 632.

* *Solen bullatus.* Dilw. Cat. t. 1. p. 69. n° 29.

List. Conch. t. 342. f. 179.

Gualt. Test. t. 85. fig. H.

Chemn. Conch. 6. t. 6. f. 49. 50.

Cardium soleniforme. Brug. Dict. n° 34.

Encycl. pl. 296. f. 6. a. b.

Habite les mers d'Amérique, à Saint-Domingue, la Martinique , etc. Mon cabinet. Elle est blanchâtre, tachetée de
rouge ou de pourpre, à crochets lisses, rougeâtres.

11. Bucarde rare-épine. *Cardium ciliare*. Gmel. (1)

C. testá rotundato-cordatá, tenui, albidá, luteo subzonatá ;
costis triquetris , subcarinatis , aculeatis, interstitiis planis ,
transversè rugosis.

---

(1) Pour nous, les *cardium ciliare* et *aculeatum* ne for-

Cardium ciliare. Gmel. nº 9.

[a] *Testa costis carinatis ; aculeis longiusculis , basi compressis, distantibus.*

Knorr. Vergn. 6. t. 5. f. 5.

Chemn. Conch. 6. t. 17. f. 171. 172.

Encycl. pl. 298. f. 4.

[b] *Var. tuberculis brevioribus obtusioribus : lateris postici cochleariformibus.*

Gualt. Test. tab. 72. fig. C.

Poli. Conch. 1. tab. 16. f. 20.

* Payr. Cat. p. 58. nº 100.

---

ment qu'une seule espèce ; nous avons bien examiné les coquilles , et nous ne trouvons d'autres différences que celles de l'âge. A voir certaines variétés, on serait porté à joindre à ces deux premières espèces les *cardium echinatum, tuberculatum* et *Deshayesii,* Payr. Il y a, en effet, tant de rapports entre toutes ces espèces, qu'après les avoir mises dans un ordre convenable , on les voit passer de l'une à l'autre par des nuances insensibles: cependant nous croyons que l'on peut, quant à présent , conserver deux types, l'un pour le *cardium aculeatum,* auquel le *ciliaire* serait réuni, et l'autre pour le *cardium echinatum,* dans lequel on confondrait les *cardium tuberculatum* et *Deshayesii ,* Payr. D'après ce que nous venons de dire, il n'est point étonnant que la synonymie de ces espèces soit à refaire complètement; ce qui explique aussi pourquoi tous les auteurs, depuis Linné, se sont mutuellement accusés de confusion dans leur synonymie. Pour empêcher cette confusion, il fallait rigoureusement déterminer les caractères spécifiques, ce qui était difficile avant d'avoir étudié les différents âges et les variétés de localités.

Obligé que nous sommes de respecter le travail de Lamarck , il nous est impossible d'améliorer, comme nous l'aurions voulu, la synonymie, puisque , pour établir les espèces convenablement , il faudrait en supprimer trois , et faire des transpositions de synonymie qui ne laisseraient plus rien d'entier du travail de Lamarck sur les cinq espèces qu'il a maintenues dans son catalogue.

* Fossile. Brocch. Conch. Foss. subap. t. 2. p. 5o1. n° 4.

Habite les côtes d'Afrique, celles des îles d'Amérique, etc.
Mon cabinet. La coquille [a] est petite, rare, sur-tout ayant
ses épines conservées. La variété [b] est plutôt tuberculi-
fère qu'épineuse. Cabinet de M. *Valenciennes*. Bruguière a
confondu cette espèce avec la suivante.

12. Bucarde à papilles. *Cardium echinatum*. Lin.

*C. testá cordatá, tumidá, subæquilaterá; costis convexis, lineá
papilliferá exaratis : papillis subtubulosis, cochleariformibus aut spatulatis.*

Cardium echinatum. Lin.

Cardium ciliare. Brug. Dict. n° 11.

[a] *Testa minor; costis dorso subcarinatis: papillis posticalibus cochlearibus.*

List. Conch. t. 324. f. 161. Poli. Test. 1. tab. 17. f. 7. 8.

Chemn. Conch. XI. p. 213. t. 200. f. 1951—1953.

* Broch. Conch. Foss. subap. p. 502. n° 5.

* *Cardium Deshayesii*. Payr. Cat. p. 56. n° 95. pl. 1. f. 33.
34. 35.

* *Fossilis*. Basterot. Mém. de la Soc. d'hist. nat. de Paris.
t. 2. p. 82. n° 4.

* *Fossilis* du bois de Mont. Foss. de Pod. pl. 6. f. 13. 14.

[b] *Testa major; costis dorso planulatis, sulco exaratis : papillis crassioribus ; anticis auriformibus.*

Mull. *Zoologia dan*. tab. 13. etc.

Encycl. pl. 298. f. 3 ?

Da Costa. Brit. Conch. t. 14. f. 2.

Penuant. Zool. Brit. 4. t. 50. f. 37.

Habite les mers d'Europe. Mon cabinet. Espèce assez commune, très différente de celle qui précède. Ses papilles sont
toujours en cornet ou en spatule auriculaire, selon qu'elles
sont sur le côté antérieur ou sur le postérieur.

13. Bucarde fausse-lime. *Cardium pseudo-lima*. Lamk.

*C. testá cordatá, ventricosá, albá; sulcis 38, planulatis, ad
umbones lævibus, tuberculis minimis serialibus medio asperatis.*

Habite.... Grande coquille ventrue, à sillons peu élevés, sans
rides transverses dans les interstices, et qui paraît très distincte de la précédente. Largeur, 110 millimètres. Cabinet
de M. *Dufresne*.

14. Bucarde épineux. *Cardium aculeatum*. Lin.

C. testá subcordatá, obliquatá; costis convexis, lineá exaratis; anticis aculeatis; posticis papilliferis.

Cardium aculeatum. Lin. Gmel. n° 7. Brug. n° 9.

Gualt. Test. t. 72. fig. A. D'Argenv. t. 23. fig. B.

Seba. Mus. 3. t. 86. f. 4. Poli. Test. 1. t. 17. f. 1—3.

Pennant. Zool. Brit. 4. t. 50. f. 37.

Chemn. Conch. 6. t. 15. f. 156.

Encycl. pl. 298. f. 1.

* Payr. Cat. p. 55. n° 93.

Habite l'Océan d'Europe. Mus. n°. Mon cabinet. Coquille commune. Les côtes de son côté postérieur n'ont point d'épines, mais des papilles aplaties sur les côtés.

15. Bucarde hérissonnée. *Cardium erinaceum*. Lamk.

C. testá rotundato-cordatá, subœquilaterá; costis confertis, lineá subinterruptá exaratis; aculeis inflexis numerosis.

Cardium echinatum. Brug. Dict. n° 10.

Seba. Mus. 3. t. 86. f. 3.

Favanne. Conch. t. 52. fig. A. 2.

Chemn. Conch. 6. t. 15. f. 157.

Encycl. pl. 297. f. 5. Poli. Test. 1. t. 17. f. 4—6.

* *Cardium spinosum.* Dilw. Cat. t. 1. p. 115. n° 13.

* Payr. Cat. p. 57. n° 97.

* Fossile. *Cardium echinatum.* Broch. Conch. Foss. t. 2. p. 502. n° 5.

Habite la Méditerranée. Mus. n°. Mon cabinet. Espèce bien distincte de la précédente. Elle est fauve ou blanchâtre. Les côtes de son côté postérieur ont des papilles courtes, comprimées, mucronées très obliquement. Largeur, 77 millimètres.

16. Bucarde tuberculé. *Cardium tuberculatum*. Lin. (1)

C. testá subcordatá, tumidá, albidá, rufo zonatá; costis obtusis, transversè striatis, supernè posticèque nodosis.

Cardium tuberculatum. Lin. Brug. Dict. n° 12.

---

(1) Cette coquille est une variété du *cardium échinatum*. Voir la note du *cardium ciliare*.

List. Conch. t. 329. f. 166. Rumph. Mus. t. 48. f. 11.
Gualt. Test. t. 71. fig. M.
Chemn. Conch. 6. t. 17. f. 173.
Encycl. pl. 3oo. f. 1.
* *Cardium tuberculare.* Sow. Genera of Shells. f. 3
* *Payr.* Cat. p. 55. n° 94.
* *Fossile.* Brocchi. Conch. Foss. t. 2. p. 5o3. n° 6.
Habite la Méditerranée. Mus. n°. Mon cabinet. Il est souvent
sans nodosités.

17. Bucarde tuilé. *Cardium isocardia.* Lin.

*C. testá obliquè cordatá, tumidá; costis confertis, squamiferis;
squamis fornicatis, subimbricatis.*

Cardium isocardia. Lin. Syst. nat. p. 1122. Brug. Dict
n° 8.
* Gmel. p. 3249. n° 12.
* Schroter. Einl. t. 3. p. 38.
* *Cardium sqamosum?* Gmel. p. 3256. n° 44.
* Bonanni. rari. 2. f. 95.
* List. Conch. t. 323. f. 160.
* Gualt. Test. pl. 71. f. N?
* Seba. Mus. t. 3. pl. 86. f. 5.
Rumph. Mus. t. 48. f. 9.
D'Argenv. Conch. t. 23. fig. M.
Favanne. Conch. pl. 52. fig. C. 2.
Born. Mus. p. 39. Vign.
Chemn. Conch. 6. t. 17. f. 174—176.
Encycl. pl. 297. f. 4.
* Dilw. Cat. t. 1. p. 118. n° 17.
[2] *Var. testá minore, breviore.* Seba. Mus. 3. t. 86. f. 13.
Habite les mers d'Amérique. Mus. n°. Mon cabinet. A l'in-
térieur, la coquille est teinte ou tachée de rouge. La va-
riété [2] est de l'Océan atlantique.

18. Bucarde muriqué. *Cardium muricatum.* Lin.

*C. testá cordato-ovatá, albo et purpureo variá; costis ad la-
tera muricatis; costarum tuberculis obliquis.*

Cardium muricatum. Lin. Syst. nat. p. 1123. Brug. Dict.
n° 32.
* Gmel. p. 3250. n° 15.
* Schroter. Einl. t. 3. p. 41.
List. Conch. t. 322. f. 159.

Chemn. Conch. 6. t. 17. f. 177.

Encycl. pl. 297. f. 1.

* Dilw. Cat. t. 1. p. 120. n° 21.

[2] *Var. testâ flavicante.* Chemn. *ibid.* f. 178.

Habite l'Océan américain. Mus. n°. Mon cabinet. La coquille a une tache double et oblongue à l'intérieur.

19. Bucarde anguleux. *Cardium angulatum.* Lamk. (1)

C. *testâ longitudinali, ovatâ, obliquâ, albidâ, supernè purpureo zonatâ; costis 32 dorso angulatis, transversè sulcatis; anteriùs hiante.*

Seba. Mus. 3. tab. 86. f. 6.

Habite.... les mers d'Amérique? Mon cabinet. Les côtes du côté postérieur sont comme crénelées obliquement par des tubercules alongés. Longueur, 68 millimètres. Le Muséum en possède une variété blanche nuée de fauve.

20. Bucarde marbré. *Cardium marmoreum.* Lamk. (2)

C. *testâ ovali, longitudinali, depresso-convexâ, albo aurantio rubroque variâ; costis 32, convexo-planis : posticis transversè sulcatis, subcrenatis.*

List. Conch. t. 331. f. 168.

Cardium Leucostomum. Born. Mus. tab. 3. f. 6. 7.

Chemn. Conch. 6. p. 187. t. 17. f. 179.

Encycl. pl. 297. f. 3.

* *Cardium magnum.* Var β. Gmel. p. 3250. n° 16.

* Schrot. Einl. t. 3. p. 54. n° 6.

* Seba. Mus. t. 3. pl. 80. f. 2?

* Fav. Conch. pl. 52. f. G.

* *Cardium elongatum.* Sow. Genera of Shells. f. 1.

[2] *Var. testâ majore; ano lanceolato, glabro.*

Habite à la Jamaïque. La variété [2] vient de l'île de Ceylan. M. *Maclay.* La coquille, toujours moins grande et

---

(1) La coquille qui, dans la collection du Muséum, porte ce nom, est un grand et bel individu du *cardium rugosum*, n° 23. Nous ne savons s'il en est de même de la coquille de la collection de Lamarck.

(2) Born étant le premier qui ait donné un nom à cette espèce, il sera convenable de le lui restituer et de rejeter par conséquent celui imposé par Lamarck.

autrement colorée que celle de l'espèce suivante, n'a point
ses côtes aplaties et latéralement anguleuses comme elle.
A l'intérieur, elle est blanche , avec une tache jaune sur le
côté antérieur.

21. Bucarde alongé. *Cardium elongatum.* Lamk.

*C. testá oblongá, suboequilaterá , albo luteo aut fulvo variá ;
costis* 40 *planulatis, latere angulatis , serratis : posticis
transversè sulcatis.*

Cardium elongatum. Brug. Dict. n° 26. *Exclusá Synonymiá.*
An Seba. Mus. 3. tab. 86. f. 2 ?

Habite.... les mers d'Amérique? Mon cabinet. Cette espèce ,
beaucoup plus alongée et plus renflée que la précédente,
et que Bruguière a décrite d'après mon cabinet , ayant 40
côtes longitudinales , ne saurait être le *Cardium magnum*
de Linné. A l'intérieur, elle est blanche , avec une tache
pourprée sur le bord du côté antérieur. Longueur, 98 millimètres.

22. Bucarde ventru. *Cardium ventricosum.* Brug.

*C. testá maximá , obliquè cordatá, ventricosá , antice subde-
pressá, costis* 35 *planulis, angulatis, posticis ransversim ;
sulcatis.*

* *Cardium maculatum.* Gmel. p. 3255. n° 38.
* Schroter. Einl. t. 3. p. 59.
Cardium magnum. Born. Mus. tab. 3. f. 5.
Cardium ventricosum. Brug. Dict. n° 25.
Encycl. pl. 299. f. 1.
List. Conch. t. 328. f· 165.
Habite les mers d'Amérique, la côte de Campêche. Mon cabi-
net. Elle est très inéquilatérale. Largeur, 107 millimètres.

23. Bucarde. ridé *Cardium rugosum.* Lamk.

*C. testá ovato-rotundatá inoequilaterá, albidá, immaculatá ;
costis rotundatis, transversè rugosis : lateris anticis squa-
moso-scabris.*

An cardium flavum. Lin.?
Schroet. Einl. in Conch. 2. t. 7. f. 11. a. b.
Card. magnum. Chemn. Conch. 6. p. 196. t. 19. f. 191.
Seba. Mus. 3. t. 86. f. 7 ?
Encycl. pl. 297. f. 2.
[2] *Var. testá minore, suboequilaterá.*

Habite l'Océan indien. Mon cabinet. Espèce tranchée, très
distincte. La coquille est blanche, quelquefois teinte de
fauve ou d'un roux ferrugineux. Ses côtes, au nombre de
28 à 32, sont arrondies, un peu arquées, sillonnées et
comme ridées transversalement. Largeur, 69 millimètres.
Le *cardium regulare*, Brug. Dict. n° 24, n'est qu'une variété de cette espèce. Elle n'est pas réellement équilatérale.
On la dit d'Amérique.

24. Bucarde sillonné. *Cardium sulcatum*. Lamk.

*C. testá oblongá, inæquilaterá, turgidá, flavo-virente, longi-
tudinaliter sulcatá; latere antico lœvi, depresso; margine interiore serrato.*

* Gmel. p. 3254. n° 34.

* *Cardium serratum*. Brug. Encycl. vers. t. 1. p. 229. n° 27.

* Dilw. Cat. t. 1 p. 122. n° 26.

Cardium flavum. Born. Mus. t. 3. f. 8.

Cardium oblongum. Chemn. Conch. 6. t. 19. f. 190.

Encycl. pl. 298. f. 5.

Schroet. Einl. 2. t. 7. f. 12 (1).

* Payr. Cat. p. 58. n° 98.

* Fossile. *Cardium oblongum*. Brocchi. Conch. Foss. t. 2.
p. 503. n° 7.

Habite... la Méditerranée. Mon cabinet. Il avoisine beaucoup l'espèce suivante, mais il est plus grand, plus alongé,
bien sillonné. Crochets lisses et roussâtres. Je rapporte ici
les *card. oblongum* et *card. crassum* de Gmelin. Voy. *card.
flavum*. Poli. Conch. 2. t. 17. f. 9.

25. Bucarde denté. *Cardium serratum*. Lamk. (1)

*C. testá obovatá, inæquilaterá, lœviusculá; sulcis longitudina-
libus obsoletis, ad latus anticum nullis; margine interiore
serrato.*

---

(1) La figure de Schroter nous paraît trop mal faite pour
être rapportée à cette espèce avec certitude. Bruguière a
eu le tort de changer le nom que Chemnitz avait le premier donné à cette coquille, et Lamarck n'a pas réparé
le tort de Bruguière, en imposant un troisième nom à la
même coquille.

(1) Si l'on en croit uniquement la description que

Cardium serratum. Lin.
List. Conch. t. 332. f. 169.
Pennant. Zool. Brit. 4. t. 51. f. 40.
Encycl. pl. 299. f. 2.
Habite l'Océan d'Europe, la Manche. Mus. n°. Mon cabinet.
Il est blanc à l'intérieur.

Linné donne dans le Muséum de la princesse Ulrique du *cardium serratum*, on sera forcé de convenir qu'elle se rapporte beaucoup plus exactement au *cardium lævigatum* de Lamarck, qu'à la coquille à laquelle Lamarck a donné le nom de *cardium serratum*. Comme Linné n'a donné aucune synonymie, il est très difficile de décider la question. Tandis que Lamarck appliquait le nom linnéen à une espèce, Dilwyn le conservait au *cardium lævigatum*. Nous croyons que c'est l'exemple de l'auteur anglais qui doit être suivi de préférence. Il serait possible cependant que les opinions de ces auteurs ne fussent bonnes ni l'une ni l'autre, et que la coquille que connut Linné fût une espèce distincte des deux que nous venons de mentionner. Voici nos doutes à cet égard : Linné, dans le Muséum de la princesse Ulrique, p. 490, n° 44, donne les détails suivants sur le *cardium lævigatum*. *Testa obovata; striis obsoletis longitudinalibus. — Habitus præcedentium (cardium flavum, magnum, muricatum); sed striæ loco sulcorum circiter*, 56. — *Color rufus albo maculatus.* Ces caractères ne peuvent s'appliquer exactement ni au *cardium lævigatum*, tel que Dilwyn l'a compris, ni à la coquille nommée de la même manière par Lamarck. Ils conviennent au contraire en tout à une coquille rare, jusqu'à présent, provenant des côtes du Portugal, et que nous possédons. La figure 3 de la planche 299 de l'Encyclopédie la représente exactement : elle a, en effet, une forme ovale, sa surface montre des stries très effacées, obsolètes et longitudinales; elle a l'aspect des espèces mentionnées et sur-tout du *cardium flavum*, et ayant en effet cinquante-six stries qui se terminent sur le bord en un nombre égal de dentelures. La coquille est rousse en dehors avec des taches nuageuses plus ou moins grandes, d'un blanc assez pur; d'autres fois

26. Bucarde lisse. *Cardium lœvigatum.* Lamk.

C. testâ obovatâ, glabrâ, nitidulâ ; striis longitudinalibus obsoletis.

Cardium lœvigatum. Lin. Brug. Dict. n° 30.

Gualt. Test. t. 82. fig. A.

Knorr. Vergn. 2. t. 20. f. 4. et part. 5. t. 10. f. 7.

Chemn. Conch. 6. t. 18. f. 189.

Encycl. pl. 300. f. 2. *Non bene.*

Habite l'Océan atlantique et américain. Mus. n°. Mon cabinet. Cette coquille offre quelques variétés dans la forme et les couleurs. Les unes sont blanches, avec les crochets roses ou pourprés; d'autres sont pâles ou jaunâtres, avec le côté antérieur teint de pourpre; il y en a qui sont en ovale alongé, et d'autres sont courtes et élargies supérieurement. Toutes sont lisses, à stries à peine visibles. Elles sont tachées ou colorées à l'intérieur.

---

le blanc domine et la coquille est parsemée de petites taches rousses. Après cette recherche sur le *cardium lœvigatum*, il ne sera pas inutile de s'assurer de la même manière ce que c'est que le *cardium serratum* de Linné. Nous prenons, comme la plus complète, la description assez étendue que l'on trouve à la page 491, n° 45 du Mus. Ulri En suivant la description avec le même soin que pour l'espèce précédente, nous voyons qu'elle s'applique avec une rigoureuse exactitude à la coquille que Gmélin a prise pour le vrai *cardium lœvigatum*; ce qui n'est cependant pas exact, comme nous venons de le voir. C'est de cette confusion de Gmélin, que celle de Dilwyn et Lamarck ont pris leur origine. Chemnitz a très bien reconnu le *cardium serratum* de Linné, mais nous ne croyons pas qu'il ait été aussi heureux pour le *lœvigatum.* Schroter, Gmélin, Bruguière, Dilwyn, Lamarck, tout en cherchant à bien déterminer ces espèces de Linné, ont entièrement échoué, puisqu'ils ont substitué le nom d'une espèce à une autre.

On concevra facilement, d'après ce qui précède, qu'il nous est impossible d'améliorer la synonymie; car l'amélioration devrait consister à tout détruire pour tout rétablir, en suivant les indications que nous venons de donner.

26*

27. Bucarde double-raie. *Cardium biradiatum.* Brug.

> C. *testâ ovato-oblongâ, depressâ, albo fulvoque variâ, longi-*
> *tudinaliter striatâ; lateribus purpureo maculatis; intùs radiis*
> *binis purpurascentibus.*

Cardium biradiatum. Brug. Dict. n° 28.

Cardium serratum. Chemn. Conch. 6. t. 18. f. 185. 186.

Encycl. pl. 298. f. 6.

* *Cardium serratum.* Dilw. Cat. t. 1. p. 124. n° 29. *Syn.*
pler. exclus.

Habite l'Océan asiatique, à l'île de Ceylan. Mon cabinet. Jolie
espèce, très distincte.

28. Bucarde double-face. *Cardium æolicum.* Born. (2)

> C. *testâ subcordatâ, gibbâ, albâ, rubro maculatâ; striis ante-*
> *rioribus, posterioribus transversis.*

* Bonan. Rar. 3. f. 91.

List. Conch. t. 314. f. 150.

* *Cardium pectinatum.* Lin. Syst. nat. p. 1124.

* *Id.* Gmel. p. 3253. n° 24.

* *Cardium eolicum.* Born. Mus. p. 48.

* *Cardium eolicum.* Gmel. p. 3254. n° 33.

* *Cardium dispar.* Musch. Mus. Gevers. p. 442. n° 1631.

* Schrot. Einl. t. 3. p. 56. n° 10.

---

(2) Pour quiconque se donnera la peine de lire attentivement la description du *cardium pectinatum* que donne
Linné dans le Muséum de la princesse Ulrique, il restera
prouvé que la coquille que Linné a eue sous les yeux,
était la même que celle nommée plus tard *cardium eolicum.*
Il est vrai que Linné donna, pour synonymie de son *car-*
dium pectinatum, une figure de Gualtiéri, qui représente la
venus pectinata; mais, avec une description aussi exacte, il
fallait simplement supprimer la citation de cette figure;
dès lors le nom de *cardium pectinatum* devenait d'une application très facile. Et nous sommes surpris que Lamarck,
par une substitution fâcheuse, ait donné le nom de *car-*
dium eolicum au *cardium pectinatum* de Linné. Dilwyn
n'a pas fait cette faute et a très bien établi la synonymie
de cette espèce.

Knorr. Vergn. 5. t. 26. f. 2. et t. 27. f. 3.
Chemn. Conch. 6. t. 18. f. 187. 188.
Cardium pectinatum. Brug. Dict. n° 18.
Encycl. pl. 296. f. 4.
* *Cardium pectinatum.* Dilw. Cat. t. 1. p. 129. n° 41.
Habite l'Océan des Grandes-Indes, et, selon Gmelin, à la
Guinée et aux Antilles. Mus. n°. Mon cabinet. Coquille
rare, extraordinaire dans ce genre par la disposition de ses
stries. On la nomme vulgairement *l'orient et l'occident.*

29. **Bucarde pectiné.** *Cardium pectinatum.* Lamk. (1)

C. *testá subcordatá, transversá, albidá; costis 25 transversè
sulcatis; umbonibus flavescentibus.*
An cardium pectinatum ? Lin.
Murr. Fund. Test. tab. 3. f. 18.
Habite la Méditerranée. Mon cabinet. Les sillons qui traversent les côtes sont un peu séparés. Ce bucarde est moin
inéquilatéral que les deux qui suivent, et y tient par ses
rapports. Largeur, 34 à 35 millimètres.

3o. **Bucarde rustique.** *Cardium rusticum.* Lamk. (2)

C. *testá subcordatá, ventricosá, transversá, albidá, supernè
antiquatá; costis 23 transversè sulcatis; latere antico subhiante: intùs livido-fuscescente.*
* Lin. Syst. nat. p. 1124.
* Gmel. p. 3252. n°. 23

---

(1) Il est certain pour nous que cette coquille n'est pas
et *cardium pectinatum* de Linné; ce pourrait être une variété du *cardium edule* (Voyez la note relative au *cardium
eolicum, cardium pectinatum* de Linné).

(2) Nous croyons qu'il sera nécessaire de joindre cette
espèce à la suivante. Nous possédons un grand nombre de
variétés que nous pensions d'abord pouvoir distribuer à
chacune de ces deux espèces; mais ce partage nous fut
impossible, parce que plusieurs de ces variétés offrant à la
fois une partie des caractères de chacunes d'elles, il aurait
fallu les placer au hasard plutôt dans l'un que dans l'autre.
De ce passage insensible, nous avons conclu, comme
nous l'avons fait pour beaucoup d'autres espèces, qu'il
était nécessaire de réunir celles dont il est ici question.

* Schrot. Einl. t. 3. p. 48.

* Born. Mus. p. 49.

* Brug. Encycl. méth. vers. t. 1. p. 222.

An cardium rusticum ? Chemn. Conch. 6. t. 19. f. 197.

Pectunculus.... List. Conch. t. 333. f. 170.

Habite.... Mon cabinet. La coquille que j'ai sous les yeux avoisine beaucoup le *card. edule*, mais en est distincte. Je n'ai pas encore reconnu le *card. rusticum* de Linné. Celui de Poli [Test. 1. tab. 16. f. 5—7.] paraît différent du mien. Largeur, 37 millimètres. La coquille citée de Lister est de la Jamaïque. Le *card. edule* de Poli [Test. 1. tab. 17. f. 11. 12.] n'en diffère pas beaucoup, et néanmoins semble un peu différent de celui de la Manche.

31. Bucarde sourdon. *Cardium edule.* Lin.

C. testâ rotundato-cordatâ, obliquâ, subantiquatâ; sulcis 26 transversè striatis, supernè posticèque crenatis, subimbricatis.

Cardium edule. Lin. Syst. nat. p. 1124. Gmel. p. 3252. n° 20. Brug. Dict. n° 13.

* Schrot. Einl. t. 3. p. 47.

List. Conch. t. 334. f. 171.

* List. Anim. Angl. t. 5. f. 34.

Gualt. Test. tab. 71. fig. F.

* Knorr. Vergn. t. 6. pl. 8. f. 2 et 4.

Da Costa. Brit. Conch. t. 13. f. 6.

Pennant. Zool. Brit. 4. t. 51. f. 40.

Chemn. Conch. 6. t. 19. f. 194. Encycl. pl. 312. f. 2.

* Poli. Test. Sicil. t. 1. pl. 17. f. 12 à 15.

* De Roissy. Buff. de Sonn. Moll. t. 6. p. 380. n° 3.

* Dilw. Cat. t. 1. p. 127. n° 36.

* Blainv. Malac. pl. 70 *bis.* f. 3.

* Payr. Cat. p. 58. n° 99.

* Fossile. Brocchi. Conch. Foss. subap. t. 2. p. 499. n° 1.

*   *Id.   Id.   Cardium clodiense.* n° 2. pl. 63. f. 3.

*   *Id.   Id.   Cardium rusticum.* n° 3.

[2] *Cardium glaucum.* Brug. Dict. n° 14.

Habite l'Océan d'Europe ; commun dans la Manche, sur les côtes de France. Mon cabinet. La variété [2] est de la Méditerranée. Cette espèce est d'une taille moyenne, et même au-dessous. Elle est d'un blanc teint de rouille, et en dedans son côté antérieur est taché de brun.

32. Bucarde du Groënland. *Cardium Groenlandicum.* Chemn.

C. testá subcordatá, tenui, lœvi, griseá, flammulis rufo-fuscis pictá; striis longitudinalibus distantibus, obsoletis, transversis, tenuissimis, confertis; margine subintegro.

Gmel. p. 3232. n° 22. Brug. Dict. n° 17.

Cardium Groenlandicum. Chemn. Conch. 6. t. 19. f. 198.

Encycl. pl. 300. f. 7.

* Schrot. Einl. t. 3. p. 59. n° 15.

* *Cardium edentulum.* Sow. Genera of Shells. f. 2.

* Dilw. Cat. t. 1. p. 129. n° 40.

Habite les côtes du Groenland et les anses de Terre-Neuve. Mon cabinet. M. *Lapylaie.* Grande coquille, mince, grisâtre, presque lisse au dehors, et dont Chemnitz n'a vu qu'un individu jeune. A l'extérieur son aspect est celui d'une mactre. Largeur, 96 millimètres [environ 3 pouces, 9 lignes].

33. Bucarde large. *Cardium latum.* Born.

C. testá transversè ovatá, valdè inœquilaterá, albo flavicante; costis medio muricatis, asperis; natibus violaceis.

Cardium latum. Brug. n° 33. Gmel. p. 3255. n° 36.

* Schrot. Einl. t. 3. p. 57. n° 13.

Knorr. Vergn. 6. t. 7. f. 6.

Born. Mus. tab. 3. f. 9.

Chemn. Conch. 6. t. 19. f. 192. 193.

Encycl. pl. 296. f. 7.

* Dilw. Cat. t. 1. p. 125. n° 32.

* Sow. Genera of Shells. f. 4.

Habite l'Océan asiatique, aux îles de Nicobar et à la côte de Tranquebar. Mon cabinet. Sur le dos de chaque côte, le milieu est occupé par une rangée de petits tubercules qui forment les aspérités de la coquille. Largeur, 47 millimètres.

34. Bucarde crénulé. *Cardium crenulatum.* Lamk. (1)

C. testá cordatá, rotundatá, transversá, subœquilaterá; costis

____

(1) Nous croyons que celui-ci est encore une variété du *cardium edule*, n° 31.

20 *convexo-planulatis, subcrenatis ; rugis transversis, remotiusculis, creniformibus.*

Habite l'Océan d'Europe, dans la Manche. Coquille que
l'on a pu confondre avec le *cardium edule*, mais qui est
moins inéquilatérale, à crénelures plus séparées, et qui
n'est point tachée à l'intérieur. Largeur, 26 millimètres.
Mon cabinet.

35. Bucarde pygmée. *Cardium exiguum*. Gmel.

*C. testá minimá, obliquè cordatá, subangulatá; costis 22 tu-
berculatis; latere, postico brevissimo.*

List. Conch. t. 317. f. 154.
An cardium exiguum ? Gmel. p. 3255. n° 37.
Cardium exiguum. Maton. Act. Soc. linn. 8. p. 61.
* Dorset. Cat. pl. 31. t. 2. f. 11.
* Donov. Brit. Shel. t. 1. pl. 32. f. 3.
* Dilw. Cat. t. 1. p. 114. n° 11.
Habite l'Océan britannique. Mon cabinet. Communiqué par
M. *Leach.*

36. Bucarde nain. *Cardium minutum*. Lamk.

*C. testá minimá, cordato-rhombeá, albá, pellucidá; costis 20
convexis, transversè rugosis.*
Mus. n°.

Habite les mers de la Nouvelle Hollande, au port du Roi
Georges. Taille du précédent.

37. Bucarde rose. *Cardium roseum*. Lamk.

*C. testá minimá, cordato-rotundatá, tenui, albo-roseá; costis
crebris, convexis, transversè striatis muticis.*
Habite dans la Manche, près de Cherbourg. Largeur, 8 millimètres. Cabinet de M. *de France.*

38. Bucarde râpe. *Cardium scobinatum*. Lamk.

*C. testá suborbiculatá, tenui, convexá, albidá, submaculatá;
costis crebris echinato-squamosis, ad umbones lævigatis.*
Habite.... les mers d'Europe? Il a des taches rares, rougeâtres. Largeur, 12 millimètres. Mus. n°.

Crochets carénés ou munis d'un angle ; le côté posté-
rieur souvent plus grand que l'antérieur.

39. Bucarde arbouse. *Cardium unedo.* Lin.

C. testá subcordatá, turgidá, albá, purpureo maculatá; costis
lunulis transversis, elevatis, coloratis.

Cardium unedo. Lin. Syst. nat. p. 1123. Brug. Encycl. méth.
vers. t. 1. p. 214. n° 7. Gmel. p. 3250. n° 14.

List. Conch. t. 315. f. 151.

* Bonan. Rect. Pars. 3. f. 375.

Rumph. Mus. t. 44. fig. F.

Gualt. Test. t. 83. fig. A.

Knorr. Verg. 2. t. 29. f. 2.

* Seba. Mus. t. 3. pl. 86. f. 12.

* Da Costa. Elem. of Conch. t. 6. f. 8.

Chemn. Conch. 6. t. 16. f. 168. 169.

Encycl. pl. 295. f. 4.

* Brooks. Introd. p. 161. pl. 2. f. 19.

* Dilw. Cat. t. 1. p. 119. n° 19.

Habite l'Océan indien. Mus. n°. Mon cabinet. Belle espèce
très distincte. Vulg. la fraise blanche, tachetée de rouge.

40. Bucarde bigarré. *Cardium medium.* Lin.

C. testá subcordatá, turgidá, angulatá, albidá, rufo aut
fusco nebulosá et maculatá ; costis lunulis transversis sub-
elevatis.

[1] Testa rubro aut rufo maculata; costis subasperis.

[2] Testa fusco aut spadiceo marmorata; costis mitioribus.

* Lin. Syst. nat. p. 1121.

* Gmel. p. 3246. n° 6. Var. exclus.

* Schrot. Einl. t. 3. p. 32.

* Bonan. Recr. Pars. 2. f. 94.

* Knorr. Vergn. t. 2. pl. 29. f. 5.

Favanne. Conch. t. 51. fig. I 1 et I 3.

Chemn. Conch. 6. t. 16. f. 162—164.

Encycl. pl. 296. f. 1.

* Born. Mus. p. 48.

* Brug. Encycl. méth. vers. t. 1. p. 213.

* Dilw. Cat. t. 1. p. 113. n° 9.

Habite... l'Océan indien ? Mus. n°. Mon cabinet.

41. Bucarde sans taches. *Cardium fragum.* Lin.

C. testá subcordatá , angulatá , albido-citriná , immaculatá ;
costis tuberculis, lunatis, asperatis.

* Lin. Syst. nat. p. 1123.
* Schrot. Einl. t. 3. p. 39.
* Gmel. p. 3249. n° 13.
* Brug. Encycl. méth. vers. t. 1. p. 212.
* Bonan. Recr. Pars. 3. f. 376.
* Rumph. Amb. t. 44. f. G.
* Gualt. Test. t. 83. f. E.
List. Conch. t. 315. f. 152.
Cardium imbricatum. Born. Mus. tab. 3. f. 3. 4.
Chemn. Conch. 6. t. 16. f. 166. 167.
Encycl. pl. 295. f. 3. a. b. c.
* Dilw. Cat. t. 1. p. 118. n° 18.
Habite l'Océan indien. Mon cabinet. Vulg. la fraise blanche.

42. Bucarde cœur-de-Diane. *Cardium retusum.* Lin.

C. testá cordatá, albá; umbonibus carinatis ; costis dorso
granulatis, ad interstitia punctatis; ano lunari, calloso
intruso.

[1] *Testa penitùs alba.*
Cardium retusum. Lin. Syst. nat. p. 1121. Gmel. p. 3245.
n° 4. Brug. Encycl. méth. vers. t. 1. p. 210. n° 2.
* Schrot. Einl. t. 3. p. 30.
* *Cardium auricula.* Forsk. Faun. Arab. p. 112. n° 52.
* *Id.* Gmel. p. 3253, n° 27.
* Regenfuss. Conch. t. 2. pl. 9. f. 20.
Born. Mus. tab. 3. f. 1. 2.
Chemn. Conch. 6. t. 14. f. 139—142.
Encycl. pl. 294. f. 3. a. b. c. d.
[2] *Testa punctis sanguineis picta.*
Habite l'Océan indien, le golfe Persique, la mer Rouge. Mon
cabinet. Espèce très singulière par sa lunule en saillie dans
une cavité profonde et cordiforme.

43. Bucarde à boursoufflures. *Cardium tumoriferum.* Lamk.

C. testá cordatá, inflatá, subquadrilaterá ; costis omnibus
sublævibus ; ano magno lœvi.
Mus. n°.

Habite l'Océan de la Nouvelle Hollande, à la baie des Chiens-
Marins. Mon cabinet. Il avoisine l'espèce suivante par sa
forme générale; mais ses côtes, même celles de son côté
postérieur, sont presque entièrement mutiques, et sa lunule
n'est point entourée de grosses rides. On lui trouve souvent
des boursoufflures à l'intérieur.

44. Bucarde soufflet. *Cardium hemicardium.* Lin.

*C. testá cordatà, tumidá, subquadrilaterá; costis anticis lœvi-
bus, posticis tuberculato-crenatis; ano cordato, rugis crassis
marginato.*

Cardium hemicardium. Lin. Syst, nat. p. 1121. Gmel. p. 3246.
n° 5. Brug. Encycl. méth. vers. t. 1. p. 211. n° 3.
* Schrot. Einl. t. 3. p. 31.
* Born. Mus. p. 42.
Rumph. Mus. t. 44. fig. H.
Gualt. Test. t. 83. fig. C.
Knorr. Vergn. 6. t. 3. f. 2.
Chemn. Conch. 6. t. 16. f. 159—161.
Encycl. pl. 295. f. 2. a. b. c.
* Dilw. Cat. t. 1. p. 113. n° 8.
* Blainv. Malac, pl. 70 *bis.* f. 4.
Habite la mer des Indes. Mon cabinet. Mus. n°. Cette espèce
est toute blanche, et fort remarquable par son renflement
postérieur.

45. Bucarde cœur-de-Vénus. *Cardium cardissa.* Lin.

*C. testá cordatá, utroque latere convexá; valvarum cariná
dentatá; costis granulatis : posticis eminentioribus.*

Cardium cardissa. Lin. Syst. nat. p. 1121. Brug. Encycl.
méth. vers. t. 1. p. 208. Var. A.
* Schroter. Einl. t. 3. p. 29.
* Gmel. p. 3245. n° 2.
List. Conch. t. 318. f. 155. Rumph. Mus. t. 43. fig. E.
Gualt. Test. tab. 84. fig. B. C. D.
Born. Mus. tab. 2. f. 17. 18.
* D'Argenv. Conch. t. 23. f. I.
* Fav. Conch. t. 51. f. E 2.
Chemn. Conch. 6. tab. 14. f. 143. 144.
* Barbut. Verm. p. 28. t. 3. f. 8.
Encycl. pl. 293. f. 3.
* De Roissy. Buff. de Sonn. Moll. t. 6. p. 379. n° 1.

* Dilw. Cat. t. 1. p. 110. n° 3.
* Sow. Genera of Shells. f. 5.

Habite l'Océan indien. Mus. n°. Mon cabinet. Coq. curieuse. d'une forme élégante, et singulièrement remarquable par l'aplatissement de ses valves en sens contraire des autres bivalves aplaties. Sous ce rapport, on y réunit, comme variétés, les deux espèces suivantes, qui en sont constamment distinctes. Celle-ci est la seule dont les deux côtés soient convexes. Couleur ordinairement blanche ; étendue d'une carène à l'autre, 62 millimètres.

46. Bucarde cœur'- de - Cérès. *Cardium inversum.* Lamk. (1)

C. testá cordatá, valvarum cariná subdentatá ; latere postico concavo, costato, subgranulato ; antico convexo, lœviter sulcato.

Cardium cardissa. Lin. *Cardium cardissa.* Var. D. Brug. Encycl. méth. vers. t. 1. p. 209.
* *Cardium monstrosum.* Gmel. p. 3253. n° 29.
* Schrot. Einl. t. 3. p. 52. n° 2.
Cardium monstrosum. Chemn. Conch. 6. t. 14. f. 149. 150.
Encycl. pl. 295. f. 1. a. b.

Habite la mer des Indes, aux îles de Nicobar. Mon cabinet. Cette coquille, inverse de la suivante, quant au côté concave, n'est point une monstruosité, puisque cette forme se répète dans différents individus. Elle est blanche, quelquefois marquée de linéoles roussâtres, et a son côté antérieur éminemment convexe. Étendue d'une carène à l'autre, 31 millimètres.

47. Bucarde cœur-de-Junon. *Cardium Junoniœ.* Lamk.

C. testá cordatá ; cariná valvarum subintegrá ; latere antico concavo, lœviter sulcato ; postico costato, subgranulato.
* *Cardium cardissa.* Var. β. Lin. Mus. Ulr. p. 484. *Id.* Brug. Encycl. méth. vers. t. 1. p. 208.

---

(1) Chemnitz avait depuis long-temps désigné cette espèce à laquelle il donna le nom de *cardium monstrosum,* que Lamarck aurait dû adopter ; il sera convenable de supprimer le nom de Lamarck, et de lui substituer celui de Chemnitz.

List. Conch i. 3i9. f. i56?

Born. Mus. t. 2. f. i5. i6.

Cardium humanum. Chemn. Conch. 6. t. i4. f. i45. i46.

Encycl. pl. 294. f. i. a. b.

* *Cardium humanum.* Dilw. Cat. t. i. p. iii. n° 4.

* Fav. Conch. pl. 5i. f. E i ?

[2] Chemn. Conch. 6. t. i4. f. i47. i48.

[3] Encycl. pl. 294. f. 2. a. b.

Habite l'Océan indien. Mus. n° Mon cabinet. Cette espèce, tout aussi singulière que les deux précédentes, est en général plus jolie par sa couleur pourprée, ou par les lignes ou les points couleur de sang dont elle est souvent ornée : j'en connais trois variétés remarquables. L'étendue d'une carène à l'autre, dans la plus grande, est de 5o millimètres.

48. Bucarde radié. *Cardium lineatum.* Lamk.

C. testâ cordatâ, carinatâ, anteriùs obliquè truncatâ, tenui, glaberrimâ, albo fulvoque radiatâ; striis transversis undatis.

Cardium lineatum. Gmel. n° 5i.

Habite les mers d'Amérique. Cabinet de M. *de France,* qui la tient de M. *Richard,* après son retour de la Guyane. Espèce très distincte par sa forme et son défaut de côtes externes. Elle est rougeâtre à l'intérieur, sous les crochets. Les côtes paraissent en dedans vers le bord supérieur. Largeur, 26 millimètres.

Espèces fossiles.

i. Bucarde côtes-distantes. *Cardium distans.* Lamk.

C. testâ cordatâ, tumidâ, subœquilaterâ; costis i6 obtusis, lævibus, distantibus.

Mon cabinet.

Habite... Fossile d'Angleterre.

2. Bucarde à papilles. *Cardium echinatum* [b]. Lin. (i)

C. testâ cordatâ, tumidâ, subœquilaterâ; costis planulatis, sulco exaratis: papillis crassis auriformibus.

(i) Cette coquille est en effet l'analogue fossile du *cardium echinatum,* n° i2, à la synonymie duquel nous renvoyons.

Mus. n°. *An card. proboscideum ?* Sowerby. Conch. n° 27. t. 156. f. 1.

Habite..... Fossile de Plaisance. On le trouve aussi dans la Touraine, et près de Bordeaux, où il est toujours plus petit. Mon cabinet.

3. Bucarde de Bordeaux. *Cardium Burdigalinum.* Lamk. (1)

C. testá cordatá, tumidá, subæquilaterali; anticè hiante costis medianis muticis; anticis serrato-spinosis; posticis crenato-squamosis; aperturæ marginibus profundè serratis.

Mon cabinet.

Habite... Fossile des environs de Bordeaux. Coquille voisine du *cardium hians* de Brocchi, et de notre *cardium Indicum*; mais qui paraît un peu distincte de l'une et de l'autre. On en trouve deux variétés : dans l'une les côtes du milieu sont trigones, sans être carénées, et dans l'autre elles sont obtuses.

4. Bucarde poruleux. *Cardium porulosum.* Lamk.

C. testá cordatá, subæquilaterá; margine dentibus ligulatis serrato; costis carinatis, crenulatis, basi porulosis.

Annales du Mus. vol. 6. p. 342. n° 2. et vol. 9. pl. 19 f. 9. a. b.

Cardium porulosum. Brand. Foss. Hant. n°. 99. t. 8. f. 99.

* Seba. Mus. t. 4. pl. 106. f. 47. à 50.

* Sow. Min. Conch. pl. 340. f. 2.

* Desh. Coq. Foss. de Paris. t. 1. p. 169. n° 7. pl. 30. f. 1. 2. 3. 4.

Id. Coq. Caract. p. 22. pl. 5. f. 7. 8.

Habite... Fossile de Grignon. Mon cabinet. Coquille très remarquable par les dents ligulaires de son bord, et par les carènes lamelleuses et poruleuses de ses côtes. Elle tient, par ses rapports, au *card. asiaticum.*

---

(1) Cette espèce est certainement l'analogue fossile du *cardium indicum*, et par conséquent le même que le *cardium hyans* de Brocchi; voyez la synonymie de cette première espèce et la note qui la concerne, ainsi que le *cardium ringens.*

5. Bucarde sulcatin. *Cardium sulcatinum.* Lamk.

C. testá oblongo-ovatá, subœquilaterá, longitudinaliter sul-
catá; ano pubeque lævigatis.

Mus. n°.

Habite.... Fossile de... Cette coquille semble avoisiner notre
card. sulcatum par ses rapports, mais elle est moins grande
et moins inéquilatérale.

6. Bucarde rhomboïde. *Cardium rhomboides.* Lamark. (1)

C. testá cordatá, obliquá, subtransversá; costis 16 distanti-
bus, transversè sulcatis.

Mus. n°.

Habite.... Fossile d'Italie, des environs de Sieune. *Cuvier.*
Largeur, 31 millimètres.

7. Bucarde diluvien. *Cardium diluvianum.* Lamk. (2)

C. testá cordatá, anticè angulatá; costis 14 distantibus, con-
vexis; vulvá elevatá, subcarinatá.

Mus. n°.

Habite..... Fossile d'Italie, des environs de Sienne. *Cuvier.*
Largeur, 80 millimètres.

8. Bucarde serrigère. *Cardium serrigerum.* Lamk. (3)

C. testá rotundato-cordatá, subasperá; costis 30 confertis,
elevatis, dentatis serræformibus : lateris anticè dentibus acu-
tioribus.

---

(1) Pour nous, nous ne voyous dans cette espèce de
Lamarck, qu'une variété sans importance du *cardium
edule,* fossile si abondant en Italie.

(2) Cette espèce a été faite avec un moule intérieur mal
conservé, auquel nous trouvons la plus grande ressemblance avec celui que donnerait le *cardium hians* de Brocchi. Nous croyons donc que cette espèce peut être supprimée du catalogue.

(3) Nous avons fait observer dans notre ouvrage sur les
fossiles des environs de Paris, tom. 1, p. 164, que ce
cardium serrigerum fait un double emploi de la *venéricardia
acuticosta.*

Mus. n°.

Habite.... Fossile de Grignon. Cette coquille paraît avoir des rapports avec notre bucarde aspérule des Annales du Muséum [vol. 6. p. 343] ; néanmoins nous l'en croyons distincte. Largeur, 35 millimètres. On la trouve près de Bordeaux, à côtes un peu plus séparées.

9. Bucarde cœur-de-Tellus. *Cardium Telluris*. Lamk.

C. *testá cordatá , valvarum dorso carinatá,-sulcatá; antico latere planulato; postico convexo; carinis obtusis integris.*

Mon cabinet.

Habite.... Fossile de Saint-Jean-d'Assé, département de la Sarthe , communiqué par M. *Drouet* du Mans. On le trouve aussi près de Chauffour, à deux lieues du Mans. M. *Ménard*. Coquille rapprochée du *cardium cardissa* et des espèces avoisinantes. Étendue d'une carène à l'autre, 26 millimètres.

10. Bucarde aviculaire. *Cardium lithocardium*. Lamk.

C. *testá cordatá, subtrilaterá; valvis dorso carinatis, supernè attenuatis, peracutis; latere antico, sulcis squamiferis asperato; carinis muricatis.*

An cardium lithocardium? Lin. Gmel. p. 3246. n° 5o.

Carlita avicularia. Ann. du Mus. 6. p. 34o. et vol. 9. pl. 19. f. 6. a. b.

Encycl. pl. 3oo. f. 9. a. b.

* *Hippopus? Avicularis.* Sow. Genera of Shells. n° 13. f. 2.

* *Cardium aviculare.* Desh. Coq. foss. de Paris. t. 1. p. 176. n° 14. pl. 29. f. 5. 6.

Habite...Fossile de Grignon et des environs de Paris, à Beyne, à Pontchartrain, et près de Montfort-Lamori. Mon cabinet. Mus n°. On en connaît quelques variétés.

11 Bucarde cymbulaire. *Cardium cymbulare*. Lamk.

C. *testá cordato-elongatá , subtrilaterá; valvis carinatis, supernè attenuato-acutis , utrinque muticis , longitudinaliter sulcatis.*

* Desh. Coq foss. de Paris. t. 1. p. 178. n° 15. pl. 29. f. 11. 12.

Cabinet de M. *de France.*

Habite... Fossile de Valogne, près de Cherbourg et des environs de Paris. Ce n'est peut-être qu'une variété de la précédente; mais elle est plus grande, plus alongée, à valves cymbiformes, mutiques, non muriquées sur leur carène.

12. Bucarde ombonaire. *Cardium umbonare.* Lamk.

C. testá obliquè cordatá; costis 17 transversè striatis; natibus magnis.

Cabinet de M. *Defrance.*

Habite..... Fossile de Sienne, en Italie. Largeur, 16 millimètres.

13. Bucarde de Hill. *Cardium Hillanum.* Sow.

C. testá rotundatá, obliquè cordatá; striis transversis concentricis, confertis; antico latere longitudinaliter sulcato.

Cardium Hillanum. Sowerby. Conch. Min. n° 3. p. 41. t. 14.

Habite.... Fossile d'Angleterre. Cabinet de M. *Defrance.* Largeur, 33 millimètres.

14. Bucarde irlandais, *Cardium hibernicum.* Sow.

C. testá rotundatá; valvis carinatis, sulcatis; lateribus transversim productis, extremitate perviis; postico latere breviore, truncato, medio prominente.

Cardium hibernicum. Sowerby. Conch. Min. n° 15. p. 187. t. 82.

Habite... Fossile d'Angleterre, etc. Cabinet de M. *Defrance.* Cette coquille est si singulière par sa forme générale, que, quelques rapports qu'elle puisse avoir avec les bucardes, et sur-tout avec ceux qui ont les valves carénées, je ne doute nullement qu'on n'en forme un genre particulier, lorsque sa charnière nous sera connue.

Etc. Ajoutez les autres espèces fossiles mentionnées au vol. 6 des Annales du Muséum [p. 342 et suiv.], et celles publiées dans différents ouvrages.

† 15 Bucarde à côtes nombreuses, *Cardium multicostatum.* Broch.

C. testá cordato-obliquá, lateribus lamelloso-tuberculatis, costis numerosis, complanatis; margine profundè crenato, anticè serrato..

Brocchi. Conch. Foss. subap. t. 2. p. 506. n° 9. pl. 13. f. 2.

Basterot. Mém. de la Soc. d'hist. nat. t. 2. p. 83. n° 6. pl. 6. f. 9.

TOME VI.

Habite.... Fossile d'Italie , de Morée , de Bordeaux et des faluns de la Touraine. Belle coquille fossile ayant environ
55 côtes sur lesquelles s'élèvent une lamelle tuberculeuse
caduque.

† 16 Bucarde de Pallas. *Cardium Palassianum.* Bast.

*C. testâ multicostatâ , subœquilaterâ , tenui , fragili; costis
tuberculoso-imbricatis; interstitiis transversè striatis.*
Basterot. Mém. de la Soc. d'hist. nat. de Paris. t. 2. p. 83.
n° 5. pl. 6. f. 2.
Habite.... Fossile de Bordeaux. Coquille mince, cordiforme,
à crochets opposés , peu inclinés , 52 à 54 côtes, fines ,
rapprochées , chargées de petites écailles un peu épaisses ,
tuberculiformes. On voit des stries transverses très fines
entre les côtes.

† 17. Bucarde différente. *Cardium discrepans.* Bast.

*C. testâ cordatâ, inflatâ, subœquilaterâ, longitudinaliter striatâ,
latere antico, rugis inœqualibus instructâ ; rugis undulatis
margine superiore acutis; marginibus serratis.*
Bast. Mém. de la Soc. d'hist. nat. de Paris. t. 2. p, 83. n° 7.
pl. 6. f. 5.
Habite... Fossile de Bordeaux, Dax et les falans de la Touraine. Coquille qui devient presque aussi grande que le
cardium hippopeum des environs de Paris; mais elle en est
bien distincte. Elle avoisine beaucoup le *cardium pectinatum* de Linné (*cardium eolicum*, Born.). Les stries longitudinales se montrent partout, mais les transverses dominent
sur le côté antérieur.

† 18. Bucarde pied-de-cheval. *Cardium hyppopeum.*
Desh.

*C. testâ magnâ , crassâ, globosâ, valdè cordiformi , obliquâ
undiquè longitudinaliter striatâ; margine crenato , anticè
incrassato ; dente cardinali magno , conico in utrâque
valvâ.*
Cardium Gigas. Def. Dict. des Scienc. nat. t. 5.
Desh. Desc. des Coq. foss. de Paris. t. 1. p. 164. n° 1. pl. 27.
f. 3. 4.
Habite... Fossile des environs de Paris. Elle est une des plus

grandes espèces connues dans le genre. Les sillons de la
surface sont petits, peu saillants, nombreux et aboutissent
à un grand nombre de crénelures le long des bords. Sur
chaque valve l'une des dents cardinales est très grosse, conique, un peu en crochet.

† 19. Bucarde agréable. *Cardium gratum.* Def.

*C. testâ rotundatâ, cordiformi, tenui, fragili, multicostatâ;
costis lœvigatis, interstitiis transversìm lamellosis : lamellis
creberrimis; marginibus profundè denticulatis; dente laterali postico magno, compresso, conico, acuto.*

Desh. Descr. des Coq. foss. de Paris. t. 1. p. 165. n° 2. pl. 28.
f. 3. 4. 5.

Habite... Fossile de Parnes, Mouchy, aux environs de Paris.
Coquille fort élégante, mince, fragile, arrondie, cordiforme, ornée d'un grand nombre de petites côtes lisses.
Les interstices sont étroits et on y voit un grand nombre
de petites lamelles très fines et transverses. La dent latérale postérieure est comprimée, mais fort saillante et
pointue.

† 20. Bucarde discordante. *Cardium discors.* Lamk.

*C. testâ ovato-obliquâ, cordiformi, tenui, fragili, politâ; la-
tere postico longitudinaliter tenui-striato, antico obliquè et
transversìm sulcato; sulcis remotis.*

Lamk. Ann. du Mus. t. 6. p. 341. n° 1. et t. 9. pl. 19.
f. 10. a. b.

Def. Dict. des Scienc. nat. t. 5. n° 1.

Desh. Descr. des Coq. foss. de Paris. t. 1. p. 166. n° 3. pl. 28.
f. 8. 9.

Habite... Fossile de Grignon, Parnes, Mouchy, Senlis. Voisin du *cardium colicum* ou *pectinatum*, ainsi que du *discrepans*, mais toujours plus petit et bien distinct de ces
espèces.

† 21· Bucarde aspérule. *Cardium asperulum.* Lamk.

*C. testâ rotundatâ, cordiformi, subobliquâ, subinœquilaterâ,
longitudinaliter crebricostatâ; costis convexis, squamosis;
squamis numerosis, fornicatis, erectis; margine postico profundè denticulato.*

Lamk. Ann. du Mus. t. 6. p. 343. n° 3. et t. 9. pl. 19.
f. 7. a. b.

27*

Desh. Descr. des Coq. foss. de Paris. t. 1. p. 167, n° 4. pl. 27
f. 7. 8. et pl. 30. fig. 13. 14.

Habite.... Fossile de Grignon, Parnes, Mouchy, etc. Très
jolie coquille mince et fragile, très bombée; ses côtes, assez
souvent inégales, sont armées de grandes écailles redressées. Cette espèce est rare.

† 22. Bucarde lime. *Cardium lima.* Lamk.

*C. testá rotundatá, tenuissimá, fragili, tenuissimè striatá; striis
longitudinalibus squamulis minimis numerosissimis instructis ; umbonibus minimis vix proeminentibus.*

Lamk. Ann. du Mus. t. 6. p. 344. n° 7. et t. 9. pl. 20.
f. 2. a. b.

Desh. Descr. des Coq. foss. de Paris. t. 1. p. 167. n°. 5. pl. 27,
f. 1. 2.

Habite... Fossile de Grignon, Parnes, Chaumont, aux environs de Paris, et à Valognes. Petite espèce obronde, très
mince, subdéprimée, ornée de très fines côtes longitudinales, sur lesquelles s'élève un très grand nombre d'é-
cailles très petites et très fines. Elle est voisine du *cardium
obliquum*, mais très distincte.

† 23. Bucarde hibride. *Cardium. hibridum.* Desh.

*C. testá magná, valdè cordatá, æquilaterá, longitudinaliter
costatá ; costis latis, depressis, sulco angusto separatis ; la-
mellá angustissimá, serratá, in sulco decurrente; dente laterali antico magno.*

Desh. Descr. des Coq. foss. de Paris. t. 1. p. 168. n° 6. pl. 28.
f. 1. 2.

Habite... Fossile de Bracheux et d'Abbecourt, près Beauvais.
Celle-ci a beaucoup d'analogie avec le *cardium porulosum*
Elle s'en distingue aussi bien par une plus grande taille
que par la charnière et les lames de la surface elles-mêmes
fort saillantes et jamais poruleuses.

† 24. Bucarde granuleuse. *Cardium granulosum.* Lamk.

*C. testá ovato-rotundatá, obliquè cordatá, inæquilaterá, tur-
giduló, costatá; costis numerosis depressis, in medio punc-
tato-granulosis; interstitiis tenuiter punctatis.*

Lamk. Ann. du Mus. t. 6. n° 6. et t. 9. pl. 19. f. 8. a. b.

Desh. Descr. des Coq. foss. de Paris. t. 1. p. 171. n° 8. pl. 3o.
f. 5. 6. 9. 10.

Habite... Fossile à Grignon, Courtagnon, Senlis, Valmondois, etc. Elle a de l'analogie avec le *cardium latum*, ses côtes étant chargées de petites granulations comme dans cette espèce; mais elle est plus petite, plus arrondie, et la charnière offre des différences constantes et plus importantes.

† 25. Bucarde oblique. *Cardium obliquum*. Lamk.

C. testá cordiformi, rotundatá, subœquilaterá, posticè subangulatá obliquatá; costis numerosis, radiantibus, squamosis; squamis minimis erectis; margine dentato.

Lamk. Ann. du Mus. t. 6. n° 5. t. 9. pl. 29. f. 1. a. b.

Desh. Descr. des Coq. foss. de Paris. t. 1. p. 171. n° 9. pl. 3o.
f. 7. 8. 11. 12.

Habite.... Foss. des environs de Paris, dans presque toutes les localités. Coquille de taille médiocre, obronde, cordiforme, oblique, ayant un assez grand nombre de côtes sur lesquelles s'élèvent de petites écailles : il est rare de rencontrer des individus sur lesquels elles soient conservées.

† 26. Bucarde verruqueuse. *Cardium verrucosum*. Desh.

C. testá rotundatá, cordiformi, turgidá, subœquilaterá, longitudinaliter costatá; costis posticalibus latioribus, alteris alternatim majoribus, majoribus tuberculatis margine serrato, dente laterali postico, minimo.

Cardium asperulum Brong. Vicent. pl. 5. f. 13. a. b.

Desh. Descr. des Coq. foss. de Paris. t. 1. p. 173. n° 10. pl. 29.
f. 7. 8.

Habite.... Fossile de Mouchy, Castelgomberto. La coquille figurée par M. Brongniart sous le nom de *Cardium asperulum*, est actuellement dans la collection du Muséum; ce qui nous a permis de nous assurer qu'elle est exactement semblable à notre espèce et non à celle citée de Lamarck.

† 27. Bucarde demi-striée. *Cardium semi-striatum*. Desh.

C. testá subrotundá, cordiformi, inflatá, posticè subangulatá et tenuissimè longitudinaliter striatá; tuberculis minutissi-

mis in aliquibus interstitiis striarum dispositis; marginibus tenuissimè dentatis; dente cardinali magno.

Desh. Descr. des Coq. foss. de Paris. t. 1. p. 174. n° 11. pl. 29. f. 9. 10.

Habite... Fossile de Parnes et Mouchy. Coquille très facile à distinguer. Elle a des stries fines et nombreuses sur le côté postérieur, seulement dans quelques-uns des interstices il y a de petits tubercules graniformes.

† 28. Bucarde demi-granuleuse. *Cardium semi-granulosum.* Sow.

C. testá subrotundá, cordiformi; latere postico subangulato sulcato; sulcis omnibus granulosis; marginibus tenuè dentatis.

Sowerby. Min. Conch. pl. 144.

Cardium plumstedianum. Id. Min. Conch. pl. 14. *Duœ figuræ in medio tab.*

Desh. Descr. des Coq. foss. des env. de Paris. t. 1. p. 174. n° 12. pl. 28. f. 6. 7.

Habite... Fossile de Bracheux, Abbecourt, Chaumont, Valmondois : environs de Paris; Barton en Angleterre. Espèce curieuse, voisine de celle qui précède. Son côté postérieur a des sillons assez gros, qui tous sont chargés de granulations : le reste de la coquille est lisse.

† 29. Bucarde bossue. *Cardium rachitis.* Desh.

C. testá ovato-oblongá, obliquá, cordiformi, inflatá, gibbosá, costatá; costis numerosis, longitudinalibus depressis, instructis lamellis tenuissimis, arcuatis, transversalibus; umbonibus magnis, obliquis, subspiratis.

Desh. Descr. des Coq. foss. de Paris. t. 1. p. 175. n° 13. pl. 29. f. 1. 2.

Habite.... Fossile à Valmondois, Tancrou, Chaumont. Coquille très remarquable, qui, par ses caractères, se rapproche un peu des cypricardes. Elle est très bossue, et ses côtes très aplaties sont remplies de lamelles très fines, très serrées et transverses.

† 30. Bucarde échancré. *Cardium emarginatum.* Desh.

C. testá elongato-trigoná, infernè attenuatá, cordiformi, dorso acutè angulatá, longitudinaliter costatá; latere postico brevi, plano, hyante; in hyatu margine dentato.

Desh. Descr. des Coq. foss. de Paris. t. 1. p. 178. n° 16. pl. 29.
f. 3. 4.

Habite... Fossile à Valmondois. Cette espèce a de l'analogie
avec le *cardium lithocardium*. Il en diffère par plusieurs
choses essentielles ; le bord antérieur fort épaissi laisse un
large passage qui semble convenir à l'issue d'un byssus.
Cette échancrure ressemble un peu à celle des tridacnes.

CARDITE (Cardita).

Coquille libre, régulière, équivalve, inéquilatérale.
Charnière à deux dents inégales : l'une courte, droite,
située sous les crochets ; l'autre oblique, marginale, se
prolongeant sous le corselet.

*Testa libera, regularis, æquivalvis, inæquilatera.
Cardo dentibus duobus inæqualibus : dente primario
brevi, recto, sub natibus ; altero, obliquo marginali
sub vulvá porrecto.*

OBSERVATIONS. *Bruguière*, dans ses cardites, embrassait
celles dont il s'agit ici, plus, nos cypricardes, et même
l'hiatelle. Maintenant nos *cardites*, réduites aux espèces
qui n'ont que deux dents, dont une est courte, droite,
située sous le crochet, tandis que l'autre est oblique, latérale, marginale et se prolonge sous le corselet, constituent un genre très distinct, mais qui avoisine beaucoup
celui des vénéricardes. Les cardites paraissent, en effet,
tellement dériver des vénéricardes, qu'à l'égard de certaines espèces, il est facile de se tromper dans la détermination de leur genre, si l'on ne fait attention à la direction
des deux dents. Ces dents, quoique inégales en longueur,
sont toutes les deux obliques et dirigées du même côté dans
les vénéricardes, ce qui n'a pas lieu ainsi dans les cardites.
Linné confondait ces coquilles avec les cames ; mais, outre
qu'elles ne sont pas inéquivalves et irrégulières, aucune
d'elles n'est fixée, par sa valve inférieure, sur les corps
marins, comme le sont les cames.

Toutes les *cardites* sont des coquilles marines. La plupart ont un aspect particulier, et semblent des coquilles longitudinales, parce qu'elles ont le côté antérieur fort alongé, et le postérieur très court. On dit que quelques espèces s'attachent aux corps marins par des fils, à la manière des moules et des arches (1).

---

(1) En lisant, dans cet ouvrage, ce que Lamarck a dit des vénéricardes et des cardites, on reconnaît facilement qu'il conservait des doutes sur la valeur de ces deux genres, et qu'il n'ignorait pas la grande analogie qui existe entre eux ; aussi il a cherché à corriger l'ambiguité des caractères par quelques observations ; mais, loin de nous convaincre que les deux genres sont nécessaires, ces observations nous confirment dans l'opinion que nous avons émise (*voyez* la note sur le genre vénéricarde) touchant la nécessité de les réunir. Nous avons exposé, dans la note précitée, les motifs de notre opinion : il nous reste maintenant à examiner si le genre cardite, tel que nous l'entendons, c'est-à-dire contenant les vénéricardes, devra rester dans les rapports que lui donne Lamarck.

Nous avons vu, précédemment, que les zoologistes, à l'exemple de Poli, réunissent, d'un côté, tous les mollusques acéphalés qui ont les lobes du manteau réunis, et d'un autre, ceux qui ont ces lobes complétement séparés. La seule énonciation de ce fait indique que les zoologistes ont donné beaucoup d'importance à ce caractère, et, à tort ou à raison, ils l'ont préféré pour former les grandes divisions. Nous pensons que, dans les mollusques acéphalés, ce caractère étant l'un des plus faciles à observer, et offrant, par sa constance, une importance réelle, il était juste d'en faire un emploi rationnel. Lamarck semble l'avoir négligé, et cependant, entraîné par d'autres caractères naturels, la plupart de ses divisions s'accordent assez bien avec celles qu'il aurait pu faire en se servant des caractères que fournit le manteau. Le principe de la division des mollusques acéphalés, d'après les caractères du manteau, étant une fois adopté, il devient évident que

ESPÈCES.

Coquille subcordiforme ou *ovale*, *plus transverse que longitudinale.*

1. Cardite canelée. *Cardita sulcata*. Brug. (1)

> C. *testá subcordatá, albo-rufo fuscoque tessellatá; costis longitudinalibus convexis, transversìm striatis.*

---

les cardites ne sont pas ici à leur place, car elles ont les lobes du manteau désunis dans toute leur étendue, tandis que les autres mollusques de la même famille ont ces lobes réunis postérieurement et perforés de deux ouvertures : il sera donc convenable de suivre l'exemple de Cuvier et de M. de Blainville, et de rapprocher les cardites des mulètes. Lamarck semblait croire que certaines cardites ont un byssus : quelques individus, gênés dans leur accroissement et devenus irréguliers, ont donné lieu à cette opinion, qui nous paraît sans fondement.

(1) Cette espèce, assez commune dans la Méditerranée, a son analogue fossile en Italie, à Perpignan, etc. Lamarck n'ayant pas reconnu cette analogie, a donné le nom de *cardita etrusca* aux individus fossiles. Il est nécessaire de réunir les deux espèces dans une bonne synonymie. Nous ignorons pourquoi Bruguière a changé le nom donné par Linné à l'espèce : il nous semble qu'il conviendrait de le lui rendre. Il est vrai que sous le nom de *chama antiquata*, Linné confondait deux espèces, mais il aurait suffi de retirer de sa synonymie la *cardita ajar* d'Adanson et dès lors l'espèce dont nous nous occupons aurait été convenablement circonscrite. Au lieu de faire cette rectification, les auteurs ajoutèrent à la confusion, en introduisant, dans la synonymie, des espèces que Linné ne connut pas. Born commença; Chemnitz, Schroter, Gmelin, ne firent que l'accroître, et Bruguière crut pouvoir la réparer en changeant le nom de l'espèce et en rectifiant sa synonymie ; mais il laissa encore échapper quelques fautes. Dilwyn, en ren-

Chama antiquata. Lin. Syst. nat. 12. p. 1138. n° 157. *Exclusa Adansoni synonymia.*

Id. Chemnitz. Conch. 7. p. 108. pl. 48. f. 488. 489. *Synon. plerisque exclus.*

* *Id.* Schrot. Einl. t. 3. p. 234. n° 4.

* Gmel. p. 3300, n° 4. *Synon. plerisque exclusis.*

Id. Poli. Test. t. 2. p. 115. pl. 23. fig. 11 à 19 et 18. 21.

* *Id.* Dilw. Cat. t. 1. p. 215. n° 6.

Cardita sulcata. Brug. Encycl. méth. vers. t. 1. p. 405. n° 3.

Lister. Conch. t. 346. f. 183.

* Bonan. Recr. 2. f. 98.

* Gualt. Ind. Test. pl. 71. f. L.

* *Venericardia sulcata.* Payr. Cat. p. 54.

Fossilis cardita etrusca. Lamk. *Anim. sans vert.* t. 6. p. 23. n° 8.

Cardita sulcatus. Sow. Genera of Shells. fig. 3.

Habite la Méditerranée. Mus. n°. Mon cabinet. Ses côtes sont arrondies et non anguleuses, comme dans celle qui suit.

2. Cardite ajar. *Cardita ajar.* Brug. (1)

C. testâ subcordatâ, rufâ vel albo et fulvo variâ ; costis longitudinalibus compressis, angulatis ; sulcato-tuberculatis ; ano rotundato, impresso.

---

dant à l'espèce son nom linnéen aurait pu lui donner une synonymie plus parfaite, en rejetant les figures qu'il cite de Knorr et de l'Encyclopédie. Il est certain que cette figure de l'Encyclopédie, également citée par Lamarck, mais avec doute, doit être définitivement supprimée, car elle représente très exactement une autre espèce, *cardita bicolor*, n° 10.

(1) Linné confondit cette espèce avec la précédente, et il fut imité en cela par les auteurs jusqu'à Bruguière qui la rétablit dans l'Encyclopédie ; mais Bruguière confondit avec elle deux espèces, l'une fossile (*venericardia imbricata*, Lamk.), et l'autre vivante (*cardita bicolor*, Lamk., n° 10). Après avoir examiné un grand nombre d'individus, nous croyons que la *venericardia pinnula* de M. de Basserot, est l'analogue fossile de l'Ajar d'Adanson. Dilwin, dans

Came ajar. Adans. Sénég. pl. 16. f. 2.

Cardita ajar. Brug. Dict. n° 4. *Syn. plerisque exclusis.*

* Dilw. Cat. t. 1. p. 216. n° 7. *Syn. plerisque exclusis.*

Habite les côtes de l'Afrique, au Sénégal. Mon cabinet. Elle est rousse, à peine tachetée de blanc; mais j'en ai une variété blanche, avec des ondes rougeâtres ou fauves. La lunule est petite. Largeur, 28 millimètres.

3. Cardite enflée. *Cardita turgida.* Lamk. (1)

C. testâ obliquè cordatâ, transversâ, tumidâ; latere postico brevissimo, obtuso; costis longitudinalibus subangulatis, crenatis; ano cordato impresso.

Chama. Chemn. Conch. 7. tab. 48. f. 490. 491.

Encycl. pl. 233. f. 2. *non bene.*

[b] *Var. vulvâ magis elevatâ; costarum crenis crebrioribus.*

Habite l'Océan indien. Mus. n°. Mon cabinet. Elle est plus grande, plus enflée que les deux qui précèdent, et a 18 à 20 côtes longitudinales. Son corselet est large, sa lunule un peu grande, en cœur arrondi avec une petite pointe. Largeur, 40 à 50 millimètres. La variété [b] est d'une taille moins grande.

4. Cardite écailleuse. *Cardita squamosa.* Lamk. (2)

C. testâ parvulâ, obliquè cordatâ, fulvâ; costis compressis squamiferis: squamis fornicatis; ano cordato parvo.

---

son catalogue, a confondu cette espèce avec la *bicolor* de Lamarck.

(1) La coquille qui, dans la collection du Muséum, porte ce nom écrit de la main de Lamarck lui-même, est fort différente des figures citées dans la synonymie. Ces figures, en effet, représentent exactement de grands individus de la *cardita bicolor*, n° 10. Il serait donc convenable, pour éviter toute confusion, de conserver le nom de *cardita turgida* à la coquille du Muséum, laquelle n'a pas encore été figurée, et de transporter la synonymie à la *bicolor* déjà confondue avec les deux espèces précédentes.

(2) Lamarck a donné ce nom à une espèce à laquelle Poli a imposé celui de *chama muricata.* La figure qu'en donne l'auteur italien représente un grand individu de la

Poli. Conch. 2. tab. 23. f. 22.

Habite la Méditerranée, au golfe de Tarente. Mon cabinet. Largeur, 18 millimètres.

5. Cardite gallicane. *Cardita gallicana*. Lamk.

> C. *testâ rhombeo-rotundatâ, obliquâ; costis radiantibus, sub-squamosis, supernè distantioribus; squamis remotiusculis.*

Mon cabinet.

Habite.... Fossile des environs d'Angers. Largeur, 12 millimètres.

6. Cardite intermédiaire. *Cardita intermedia*. Lamk. (1)

> C. *testâ obliquè cordatâ, transversâ; latere postico brevissimo; costis separatis, rotundatis, crenatis : posticis ad latera sulcatis.*

Chama intermedia. Brocchi. Conch. 2. p. 520. t. 12. f. 15.

Habite les mers de la Nouvelle-Hollande. Mus. n°., et se trouve fossile en Italie, près de Sienne. Mus. n°. *Cuvier*.

7. Cardite rudiste. *Cardita rudista*. Lamk.

> C. *testâ obliquè cordatâ, transversâ; costis rotundatis, separatis : anticis squamoso-echinatis ; posticis muticis.*
> * *Chama rhomboidea*. Broc. Conch. Foss. subap. t. 2. p. 523. n° 6. pl. 12. f. 16.

Mus. n°.

Habite...., Fossile d'Italie, près de Sienne. *Cuvier*.

---

cardita trapezia : il sera donc nécessaire de supprimer la *cardita squamosa* et de la réunir à la *trapezia*, dont elle est un double emploi.

(1) Nous avons vu, dans la collection du Muséum, les deux valves de cette espèce, que Lamarck croit vivantes dans les mers de la Nouvelle-Hollande. Elles sont transparentes, lourdes, décolorées, dans un état qui annonce un assez long enfouissement dans le sable. Quant à leur identité avec les individus fossiles d'Italie, elle ne saurait être plus parfaite.

8. **Cardite de Toscane.** *Cardita Etrusca.* Lamk. (1)

> *C. testâ obliquè cordatâ; costis convexo-planis, vix prominu-*
> *lis lœvigatis.*

Mus. n°.

Habite.... Fossile de Sienne, en Toscane. *Cuvier.*

9. **Cardite trapézoïde.** *Cardita trapezia.* Brug.

> *C. testâ trapeziâ, rubente; sulcis longitudinalibus crenulatis.*
> *Chama trapezia.* Mull. Zool. Danic. Prod. p. 247. Gmel.
>   p. 3301.
> * Lin. Syst. nat. p. 1138.
> Schroet. Einl. in Conch. 3. p. 236. tab. 8. f. 17.
> * Chemn. Conch. t. 11. p. 240. pl. 204. f. 2005. 2006.
> *Cardita trapezia.* Brug. Dict. n° 5.
> Encyclop. pl. 234. f. 7.
> * *Chama trapezia.* Dilw. Cat. t. 1. p. 216. n° 8.
> Habite la mer de Norwége, l'Océan européen, la Méditer-
>   ranée. Fossile dans les faluns de la Touraine ou en Si-
>   cile, etc. Mus. n°. Petite coquille rougeâtre, médiocrement
>   renflée, transparente, presque aussi large que longue. Lar-
>   geur, 6 millimètres.

10. **Cardite bicolore.** *Cardita bicolor.* Lamk. (2)

> *C. testâ obliquè cordatâ, albâ, rufo maculatâ; costis angu-*
> *lato-planis , plerisque lœvibus : posticalibus creberrimè*
> *crenatis.*
> * Knorr. Vergn. t. 2. pl. 20. f. 3.
> * Chemn. Conch. t. 7. pl. 48. f. 490. 491.
> * Encycl. méth. pl. 233. f. 2. 3.
> * Brooks. Introd. pl. 3. f. 33.
> * *An eadem?* Valentyn. Verth. pl. 16. f. 30.

Mus. n°.

---

(1) Analogue fossile de la *cardita sulcata*, n° 1. (*Voy.* la note relative à cette espèce.)

(2) La coquille étiquetée par Lamarck dans la collection du Muséum, ne laisse aucun doute, et c'est avec certitude que nous lui donnons sa vraie synonymie: nous avons vu qu'elle avait été confondue avec la *sulcata*, l'*ajar* et la *turgida.*

Habite les mers de la Nouvelle-Hollande,de l'Inde, de la mer
Rouge. Largeur , 44 millimètres.

11. Cardite déprimée. *Cardita depressa.* Lamk.

*C. testâ obliquâ, ovali, depressâ, albâ, subferrugineâ; costis
confertis, convexo-depressis, anticè obsoletis.*
Mus. n°.
Habite.... Du voyage de Péron. Elle a l'apparence de l'état
fossile. Largeur, 35 millimètres.

Coquille plus longitudinale que transverse.

12. Cardite brune. *Cardita phrenetica.* Lamk. (1)

*C. testâ oblongo-ovatâ, supernè compressâ, rotundatâ, latiore;
sulcis longitudinalibus , transversè striatis; margine postico
crenulato.*
An chama semi-orbiculatâ ? Lin. Syst. nat. p. 1138.
* Gmel. p. 3301. n° 6.
* *Chama phrenetica.* Born. Mus. p. 83.
* *Chama cordata.* Var. β. Gmel. p. 3301. n° 8.
* Valentyn. Verthan. pl. 16. f. 27.
Knorr. Vergn. 2. tab. 23. f. 7.
Chemn. Conch. 7. tab. 5o. f. 5o2. 5o3.
Encyclop. pl. 233. f. 4.
Cardita semi-orbiculata. Brug. Dict. n° 10.
Habite la mer Rouge, celle de l'Inde et de la Nouvelle-
Hollande. Mus. n°. Mon cabinet. Espèce très distincte ,
et qui devient assez grande. La coquille est d'un roux
très brun en dedans comme en dehors dans sa partie supé-
rieure ; mais elle est blanche en son côté postérieur , en
dehors et intérieurement. Longueur, 56 millimètres.

13. Cardite grosses-côtes. *Cardita crassicosta.* Lamk.(2)

*C. testâ elongatâ , posticè coarctato-sinuatâ , albâ , purpureo
spadiceoque lineatâ aut maculatâ ; costis crassis , imbri-*

---

(1) La description que Linné donne, dans le Muséum de
la princesse Ulrique, de la *chama semi-orbiculata* est telle
que l'on ne peut douter qu'elle soit exactement la même que
celle-ci; il conviendra donc de lui restituer son nom linnéen.

(2) Cette espèce nous paraît distincte de celle figurée

cato - squamosis : squamis obtusis , superioribus semi-erectis.

An jeson ? Adans. Sénégal. tab. 15. f. 8.

Encyclop.? pl. 234. f. 1. a. b. c.

Habite.... Du voyage de Péron. Mus. n°. Longueur, 55 mil·limètres. Bord interne simplement ondé; dix à douze côtes.

14. Cardite roussâtre. *Cardita rufescens.*

C. testâ oblongâ, posticè coarctato-sinuatâ, fulvo-rufescente; costis 17 , imbricato-squamosis : squamis incumbentibus ; margine undato.

List. Conch. t. 347. f. 185?

Habite.... Mon cabinet. Celle-ci paraît tenir à la précédente, mais elle a des côtes moins grosses, plus nombreuses, et sa couleur n'est pas la même. La description du *cardita pectunculus* de Bruguière , n°., ne se rapporte pas à notre espèce.

15. Cardite mouchetée. *Cardita calyculata.* Lamk. (1)

C. testâ oblongâ, anticè retusâ , albâ ; maculis fuscis lunatis pictâ : costis imbricato-squamosis : squamis fornicatis incumbentibus.

dans l'Encyclopédie; elle a beaucoup plus de ressemblance avec le *jéson* d'Adanson , et elle est pour nous l'analogue vivant de la *cardita crassa,* n° 25 , fossile dans les faluns de la Touraine. La fig. 5 de la planche 234 de l'Encyclopédie la représenterait plus exactement.

(1) Il est certain pour nous que l'on a substitué à l'espèce de Linné une coquille qu'il ne connaissait pas. Si, en effet , on lit attentivement la courte description de son *chama calyculata* dans les 10ᵉ et 12ᵉ éditions du *Systema naturæ,* on voit qu'elle s'accorde très exactement avec les caractères d'une espèce de la Méditerranée, laquelle est la même que la *cardita sinuata* de Lamarck. Il est certain que la synonymie de cette espèce, dans la 12ᵉ édition, est très fautive , puisqu'elle rapporte à une seule trois espèces distinctes; mais il ne faut pas s'arrêter à la seule synony-

Chama calyculata. Lin. Gmel. n° 7.

* Schrot. Einl. t. 3. p. 238.

List. Conch. t. 347. n° 184.

Favanne. Conch. pl. 50. fig. L.

* *Cardita variegata.* Brug. n° 6.

Born. Mus. tab. 5. f. 10. 11.

Chemn. Conch. 7 t. 50. f. 500. 501.

Encyclop. pl. 233. f. 6.

* *Chama calyculata.* Dilw. Cat. t. 4. p. 217.

* *Cardita calyculatus.* Sow. genera of Shells. f. 1. 2.

* Blainv. Malac. pl. 69. f. 1.

Habite l'Océan atlantique, etc. Mus. n°. Mon cabinet. Belle espèce, à laquelle on a eu tort, selon nous, de rapporter le *jeson* d'Adanson. Elle a vingt ou vingt et une côtes écailleuses, qui sont crénelées sur les côtés. Longueur, 50 millimètres.

16. **Cardite raboteuse.** *Cardita subaspera.* **Lamk.** (1)

C. testâ oblongâ, gibbâ, albidâ; costis 23, rufis, imbricato-squamosis: squamis fornicatis, semi-erectis, subacutis; margine crenuto.

---

mie, et ne conserver que celles des figures qui s'accordent avec la description : cet accord ne se montre qu'avec celle de Gualtiéri. Au lieu de rectifier la synonymie de Linné, Chemnitz, Schroter, Dilwyn, etc., ont pris pour type de l'espèce une figure de Lister qui, bien que citée par Linné, n'a cependant point de ressemblance suffisante avec sa description. Bruguière avait raison de vouloir rendre aux espèces confondues leur véritable synonymie, et il conviendra de l'imiter. Nous croyons cependant qu'il a fait une erreur en mettant le *jéson* d'Adanson avec la *cardita calyculata.* Nous pensons que ces deux espèces se distinguent suffisamment. Il nous semble que ces observations conduisent à ce résultat : de substituer le nom de *cardita variegata* donné par Bruguière à la *cardita calyculata* de Lamarck, et celui de *cardita calyculata* à sa *sinuata.*

(1) Nous n'avons pu vérifier, dans la collection de Lamarck, si en effet cette espèce diffère de la *cardita caly-*

Cardita variegata. Brug. Dict. n° 6. *Synonymis exclusis.*

Habite... Mon cabinet. C'est d'après la coquille que je possède , que Bruguière a fait sa description. Je ne connais ni figure, ni autre synonymie qui lui convienne. Longueur , 38 millimètres.

17. Cardite noduleuse. *Cardita nodulosa.* Lamk.

C. *testâ oblongo-trapeziâ, gibbâ, rufo-rubente; costis 16, rotundatis, crenato-nodosis : margine integro.*

* Chemn. Conch. t. 11. pl. 204. fig. 1999 à 2002 ?

* Encycl. pl. 234. f. 1. a. b. c.

Mus. n°.

Habite les mers de la Nouvelle-Hollande, à la baie des Chiens-Marins. Mon cabinet. Ce n'est point le *chama trapezia* de Linné, figuré par *Schroeter.* Longueur, 32 millimètres. On en a, des mers de la Chine, une variété bigarrée de blanc et de roux-brun.

18. Cardite sinuée. *Cardita sinuata.* Lamk.

C. *testâ oblongâ , albidâ ; latere postico sinuato ; costis 18 , imbricato-squamosis; dente laterali subacuto.*

* *Chama calyculata.* Lin. Syst. nat. 12. p. 1138.

* *Cardita calyculata.* Brug. Encycl. méth. vers. p. 408. n° 7. *Exclus. Adansoni synonym.*

* Desh. Encycl. méth. vers. t. 2. p. 201. n°14.

Mus. n°.

Habite..... A l'intérieur, elle a une tache noirâtre vers son sommet. Son côté postérieur a deux sinus , dont un plus profond. Longueur, 28 millimètres.

19. Cardite chambrée. *Cardita concamerata.* Brug.

C. *testâ ovato-oblongâ , albidâ , longitudinaliter costatâ ; costis transversè striatis, subcrenatis; valvis internè camerâ auctis.*

Walch. Naturf. 12. t. 1. f. 5—7.

Chemn. Conch. 7. t. 50. f. 506. a. b. c.

---

culata des auteurs, toujours est-il que la description donnée par Bruguière de la *cardita variegata* s'accorde avec une très grande exactitude à l'espèce nommée à tort *calyculata* par les auteurs. *Voyez* la note sur l'espèce précédente.

* Gmel. p. 3304. n° 16.
Cardita concamerata. Brug. Dict. n° 8.
* *Chama.* n° 3. Schroter. Einl. t. 3. p. 249.
* Dilw. Cat. t. 1. p. 219. n° 15.
Encyclop. pl. 234. f. 6. a. b. c.
Habite l'Océan américain. Mus. n°. Petite coquille fort sin-
gulière par la loge en godet, qui occupe le milieu intérieur
de chaque valve, et qui est due à un repli rentrant de son
bord postérieur. Ce n'est qu'un grand sinus de ce bord
rentré en dedans.

20. **Cardite aviculine.** *Cardita aviculina.* **Lamk.** (1)

> C. *testá ovato-oblongá, albidá; costis imbricato-squamosis
> longitudinaliter sulcatá; squamis superioribus fornicatis
> semi-erectis.*

Mus. n°.

Habite les mers de la Nouvelle - Hollande, à la baie des
Chiens-Marins et à l'île King. Mon cabinet. Elle a des
taches orangées sur ses côtes dans les plus grands individus, et tient à la C. mouchetée; mais ses écailles sont plus
relevées et sa taille est toujours inférieure. Longueur, 22
à 24 millimètres.

21. **Cardite citrine.** *Cardita citrina.* **Lamk.** (2)

> C. *testâ oblongo-spatulatá, lutescente, intùs albá; costis lon-
> gitudinalibus imbricato-squamosis : squamis supremis pos-
> terioribusque erectioribus.*

Mus. n°.

Habite les mers de la Nouvelle-Hollande. Petite coquille d'un
jaune-citron, bien écailleuse, assez jolie et très distincte.
Longueur, 20 millimètres.

22. **Cardite lisse.** *Cardita sublævigata.* **Lamk.** (3)

> C. *testâ ovali-oblongâ, albo et rufo zonatá, subradiatá; striis
> transversis tenuissimis; margine integerrimo.*

---

(1) Espèce très voisine de la *calyculata* des auteurs, et
qui en est peut-être une forte variété de localité.

(2) Il n'existe, dans la collection du Muséum, qu'un seul
individu de cette espèce. Il est jeune, et nous paraît une
variété de couleur de la *cardita crassicosta*, n° 13.

(3) Coquille fort curieuse, ayant des rapports avec la

* Desh. Encycl. méth. vers. t. 2. p. 202. n° 15.
Mus. n°.
Habite... Elle provient de la collection d'Hollande. Véritable
cardite, mais sans côtes longitudinales. Longueur, 18 millimètres.

23. Cardite corbulaire. *Cardita corbularis*. Lamk.

C. testâ ovali, subtrapeziâ, tenui, lævigatâ; latere postico
perparvo; margine integerrimo.
Cabinet de M. *Defrance.*
Habite.... sur des plantes marines, des coralloïdes. Longueur
transversale, 12 millimètres.

24. Cardite lithophagelle. *Cardita lithophagella*. Lam.

C. testâ oblongâ, cylindraceâ, supernè compressâ, tenui,
albidâ; angulo obliquo, obtuso; striis transversis tenuissi-
mis; natibus fulvis.
Mon cabinet.
Habite..... les mers d'Europe? Petite coquille ayant l'aspect
de notre *cypricardia coralliophaga*, mais à charnière de
cardite. Je crois qu'elle habite dans les pierres. Longueur,
17 millimètres.

25. Cardite grossière. *Cardita crassa*. Lamk. (1)

C. testâ oblongâ, posticè subsinuatâ, costis crassis, rotundatis,
imbricato-squamosis : squamis obtusis.
* Desh. Encycl. méth. vers. t. 2. p. 201. n° 12.
* *Id.* Descrip. des Coq. foss. t. 1. p. 181, n°. 1. pl. 30.
f. 17. 18.
Mon cabinet.
Habite.... Fossile de la Touraine. C'est probablement celle
dont parle Bruguière à la suite de sa cardite n° 7. Je lui
trouve plus de rapports avec notre cardite grosses-côtes.
Elle a 16 à 18 côtes non crénelées sur les côtés. Longueur,
52 millimètres.

---

cardita nephretica, par sa forme et par sa charnière avec
les cypricardes, cependant elle n'en a pas tous les caractères. Cette coquille ambiguë est intermédiaire entre les
deux genres.

(1) Nous croyons que cette espèce est l'analogue fossile
de la *cardita crassicosta*, n° 13.

† 26. Cardite hippope. *Cardita hippopea.* Bast.

C. testâ oblongâ, subinæquilaterâ, ovato - transversâ costis radiantibus incrassatis subsquamosis, posticis eminentioribus; lunulâ ovato-cordatâ, minimâ profundâ; cardine angusto; dente exteriore divaricato.

Bast. Mém. de la Soc. d'hist. nat. de Paris. t. 2. p. 79. pl. 5. f. 6.

Desh. Encycl. méth. vers. t. 2. p. 202. n° 15.

Habite..... Fossile de Bordeaux et de Dax. Cette espèce transverse est moins inéquilatérale que la plupart des autres cardites. La dernière côte postérieure est fort saillante, et au-dessous d'elle il y a une dépression dans laquelle on remarque une ou deux petites côtes.

† 27. Cardite de Jouannet. *Cardita Jouanneti.* Desh.

C. testâ transversâ ovatâ, longitudinaliter costatâ; costis planis, latis, apice subgranulosis; cardine unidentato, altero bidentato; marginibus undato dentatis.

Venericardia Jouanneti. Bast. Mém. de la Soc. d'hist. nat. de Paris. t. 2. p. 80. n° 2. pl. 5. f. 3.

Cardita Jouanneti. Desh. Encycl. méth. vers. t. 2. p. 197. n° 4.

Habite... Fossile de Bordeaux, Dax, Touraine et les environs de Vienne, en Autriche. Coquille ovale, transverse, à lunule petite, très profonde, cordiforme, aussi large que haute. Les côtes sont plus saillantes sur les crochets; elles s'aplatissent en s'élargissant vers les bords : ceux-ci sont garnis de crénelures très larges.

† 28. Cardite rude. *Cardita aspera.* Lamk.

C. testâ ovato-elongatâ, subquadrilaterâ, obliquissimâ, inæquilaterâ, multicostatâ; costis convexis, squamosis imbricatis, asperatis; margine crenato.

Lamk. Ann. du Mus. t. 6. p. 340. n° 1. et t. 9. pl. 19. fig. 5. a. b. c.

Cardita asperula. Def. Dict. des scienc. nat. t. 7.

Desh. Coq. foss. de Paris. t. 1. p. 182. n° 2. pl. 30. f. 15. 16.

Habite..... Fossile de Grignon, Bouconviller, Valmondois. Très jolie petite coquille alongée, transverse, très inéquilatérale, tronquée de chaque côté. Elle est ornée de 18 à 20 côtes, convexes, étroites, saillantes, chargées de petites écailles imbriquées. Deux dents cardinales sur une valve, une seule sur l'autre.

CYPRICARDE (Cypricardia).

Coquille libre, équivalve, inéquilatérale, alongée obliquement ou transversalement. Trois dents cardinales sous les crochets, et une dent latérale se prolongeant sous le corselet.

Testa libera, æquivalvis, inæquilatera, obliquè vel transversìm elongata. Cardo dentibus tribus infrà nates, et dente laterali sub vulvá porrectis.

OBSERVATIONS. Les *cypricardes* ressemblent aux cardites par leur forme générale; aussi Bruguière ne les en distingua point. Mais, au lieu d'une seule dent sous les crochets, elles ont trois dents comme les vénus, et néanmoins elles sont munies d'une dent latérale alongée, comme les cardites. Je n'en connais encore aucune qui ait des côtes longitudinales analogues à celles de la plupart des cardites et des bucardes.

[Les cypricardes ressemblent, en effet, par leur forme, aux cardites, cependant, en les examinant avec soin, on voit qu'elles ont plus de rapports avec les bucardes; c'est ainsi que quelques espèces de ce dernier genre perdent la dent latérale antérieure; d'autres, au lieu d'avoir les dents cardinales en croix, les ont presque égales et divergentes, comme dans les vénus. Si l'on vient à réunir dans une seule coquille les deux modifications des bucardes, on a une cypricarde. D'un autre côté, la position des impressions musculaires, leur étendue, l'impression palléale presque simple ou à peine sinueuse postérieurement, le grand espace qu'elle laisse entre elle et le bord, nous font supposer que l'animal des cypricardes a, comme dans les bucardes, les lobes du manteau réunis postérieurement et percés dans la commissure de deux ouvertures inégales.

Quelques espèces de cypricardes vivent à la manière des modioles lithophages; elles s'enfoncent dans la pierre tendre ou dans les masses madréporiques.

Lamarck a compris dans le genre quelques espèces fossiles qui, par leur forme extérieure, s'en rapprochent un

peu, mais qui, par leur charnière, appartiennent au genre
crassine. Ces espèces sont actuellement remplacées par
d'autres également fossiles dépendantdes terrains oolitiques
ou des terrains tertiaires.]

ESPÈCES.

1. Cypricarde de Guinée. *Cypricardia Guinaica.*
Lamk. (1)

> C. *testâ oblongâ, obliquè angulatâ, decussatim striatâ, albo-
> lutescente ; antico latere versùs extremitatem compresso,
> apice rotundato.*
> Chama oblonga. Lin. Syst. nat. p. 1139. Gmel. p. 3302.
> n° 10.
> * Schrot. Einl. t. 3. p. 241.
> Chama guinaica. Chemn. Conch. 7. tab. 50. f. 504. 505.
> Cardita carinata. Brug. Dict. n° 9.
> Encyclop. pl. 234. f. 2.
> * Chama oblonga. Dilw. Cat. t. 1. p. 219. n° 14.
> * Blainv. Malac. pl. 65 bis. f. 6.
> Habite les côtes de Guinée. Mus. n°. Elle a l'aspect d'une
> modiole. Elle est blanche à l'intérieur, mais au dehors elle
> est un peu jaunâtre. Largeur, 60 millimètres.

2. Cypricarde anguleuse *Cypricardia angulata.* Lamk.

> C. *testâ oblongâ, anterius obliquè angulatâ, decussatim
> striatâ; albâ; antico latere obliquè truncato, carinato.*
> * Chama oblonga varietas. Chemn. Conch. t. 11. pl. 203.
> fig. 1993. 1994.
> * Cypricardia oblonga. Sow. gener. of Shells.
> Mus. n°.
> Habite les mers de la Nouvelle-Hollande, à la baie des
> Chiens-Marins. Elle a des sillons transverses, plus gros
> que les stries qui les croisent. Longueur, 36 millimètres.
> Elle est un peu bâillante à la base de son côté antérieur.

---

(1) Linné avait donné le nom d'*oblonga* à cette espèce ;
il sera nécessaire de le lui rendre et de supprimer celui de
Chemnitz imposé plus tard. Dilwyn a confondu en une
seule ces deux premières espèces du genre.

3. Cypricarde rostrée. *Cypricardia rostrata*. Lamk. (1).

> *C. testâ oblongâ, anteriùs obliquè angulatâ, decussatim striatâ, albâ; antico latere producto, attenuato, subrostrato.*
>
> Mus. n°.
>
> Habite les mers de la Nouvelle-Hollande, à l'ile aux Kanguroos. Longueur, 40 millimètres.

4. Cypricarde datte. *Cypricardia coralliophaga*.

> *C. testâ oblongâ, cylindraceâ, tenui, albâ, decussatim striatâ, anteriùs compressâ; striis marginalibus in laminas prominulis.*
>
> *Chama coralliophaga*. Gmel. p. 3395. n° 25.
>
> Chemn. Conch. 10. p. 359. t. 172. f. 1673. 1674.
>
> *Cardita dactylus*. Brug. Dict. n° 13.
>
> Encycl. pl. 234. f. 5. a. b.
>
> *Fossilis* Brocch. Conch. 2. t. 13. f. 10. a. b.
>
> * *Chama coralliophaga*. Dilw. Cat. t. 1. p. 220. n° 17.
>
> * *Coralliophage carditoïde*. Blainv. Malac. pl. 76. f. 3.
>
> Habite les mers de Saint-Domingue, dans les masses madréporiques, les coraux. Mon cabinet. Aspect d'une modiole blanche, mince, un peu transparente; les pointes descrochets pourprées. Longueur, 53 millimètres. On la trouve fossile en Italie.

5. Cypricarde modiolaire. *Cypricardia modiolaris*. Lamk. (2)

> *C. testâ ovali-oblongâ, tumidâ; striis transversis arcuatis; ano ovato impresso.*

---

(1) Celle-ci est une variété de la précédente. Lamarck a établi cette espèce pour un seul individu gêné dans son accroissement et ayant l'extrémité postérieure plus rétrécie. Les caractères essentiels restent les mêmes que dans l'espèce précédente.

(2) Ces trois dernières espèces se trouvent à l'état fossile dans la grande oolite de France et d'Angleterre. Lamarck, qui n'en avait pas vu la charnière, les a rapportées, d'après leur forme, au genre cypricarde; mais, plus heureux, nous

Cabinet de M. *Defrance* et le mien.

Habite.... Fossile des environs de *Caen*. Le côté postérieur,
quoique fort court, fait une bosse avancée et arrondie.
Longueur, 53 millimètres.

6. Cypricarde oblique. *Cypricardia obliqua.* Lamk.

*C. testâ obliquè cordatâ, convexâ, sublœvigatâ ; margine su-
periore rotundato ; striis transversis nullis.*

Habite.... Fossile des Moutiers, route de Caen à Condé-sur-
Noireau. Cabinet de M. *Ménard.* Longeur, 42 millimètres.

7. Cypricarde trigone. *Cypricardia trigona.* Lamk.

*C. testâ cordato - trigonâ, subangulatâ, abbreviatâ ; striis
transversis exiguis; pube lunulâque distinctiusculis.*

Habite... Fossile des mêmes lieux que la précédente. Cabinet
de M. *Ménard.* Longueur et largeur, 24 millimètres.

† 8. Cypricarde oblongue. *Cypricardia oblonga.* Desh.

*C. testâ ovato-transversâ, inæquilaterâ, obliquâ , lœvigatâ ;
umbonibus obliquis, recurvis; cardine angusto, tridentato ;
dente laterali obsoleti.*

Desh. Encycl. méth. vers. t. 2. p. 44. n° 5.

Id. Coq. foss. des env. de Paris. t. 1. p. 185. n° 1. pl. 31.
f. 3. 4.

Habite..... Fossile aux environs de Paris, Parnes, Mouchy,
Chaumont, Retheuil. Elle a de l'analogie avec la *cypricardia cyclopea* de M. Brongniart (Terr. du Vic., pl. 5, f. 12);
mais elle en diffère suffisamment pour être distinguée. Elle
est alongée, transverse, très inéquilatérale, toute lisse,
trois dents divergentes à la charnière ; la dent latérale est
presque entièrement effacée.

† 9. Cypricarde carinée. *Cypricardia carinata.* Desh.

*C. testâ ovato-obliquâ , turgidâ , cordiformi, posticè obliquè
truncatâ, angulatâ, eleganter striatâ; striis tenuibus, trans-*

---

avons des valves séparées dont nous avons dégagé la charnière de la gangue pierreuse, et nous avons reconnu que
ces coquilles avaient tous les caractères des crassines, genre
auquel nous renvoyons.

versis, regularibus ; cardine bidentato, altero tridentato, laterali magno.

Desh. Encycl. méth. vers. t. 2. p. 45. n° 6.

Id. Coq. foss. des env. de Paris. t. 1. p. 186. n° 2. pl. 31. f. 1. 2.

Habite.... Fossile de Chaumont. Belle espèce oblongue, cordiforme, ayant un angle aigu oblique descendant des crochets à l'angle postérieur des valves et limitant tout le côté postérieur ; les stries sont transverses, simples, régulières ; la dent latérale postérieure est fort grosse.

† 10. Cypricarde cordiforme. *Cypricardia cordiformis,* Desh.

C. testá ovato-transversá, inæquilaterá, turgidá, cordiformi, posticè angulatá, lævigatá ; umbonibus magnis, obliquis, recurvis ; cardine bidentato ; dentibus lateralibus magnis ; margine integro, postice subsinuato.

Desh. Encycl. méth. vers. t. 2. p. 44. n° 3.

Habite... Fossile de l'oolite de Caen, de Bayeux, etc. Grande coquille cordiforme, ventrue, que l'on prendrait pour une cucullée, si l'on s'en rapportait uniquement à sa forme extérieure; mais elle a la charnière des cypricardes : la dent latérale postérieure est fort grande.

† 11. Cypricarde corbuloïde. *Cypricardia corbuloides.* Desh.

C. testá parvulá, subtetragoná, turgidá, inæquilaterali, postice angulatá ; umbonibus minimis, obliquis, cardine bidentato ; dente laterali postico, valdè separato, minimo ; marginibus crenulatis.

Desh. Encycl. méth. vers. t. 2. p. 44. n° 4.

Habite.... Fossile aux environs de Caen, de Bayeux et dans la grande formation oolitique. On la trouve aussi en Angleterre. Elle est oblongue, très inéquilatérale, subquadrilatère. Son côté postérieur est tronqué. La lunule est très petite ; deux dents cardinales et une dent latérale postérieure très petite et fort écartée sur chaque valve.

HIATELLE (Hiatella). (1)

Coquille équivalve, très inéquilatérale, transverse. bâillante au bord supérieur. Charnière ayant une petite dent sur la valve droite , et deux dents obliques un peu plus grandes , sur la valve gauche. Ligament extérieur.

Testa œquivalvis , valdè inœquilatera , transversa , margine supero hiante. Cardo dente unico parvo in valvâ dextrâ : dentibus duobus obliquis , paulò majoribus, in sinistrâ. Ligamentum externum.

OBSERVATIONS. Ce genre , établi par *Daudin*, ne m'est pas connu. Néanmoins l'espèce principale sur laquelle on l'a fondé me paraît beaucoup plus voisine des cardites, par ses rapports, que les solens , quoique la coquille soit bâillante.

---

(1) Nous avons eu occasion de parler du genre hiatelle dans une note relative au *solen minutus* (*voy.* page 57 , n° 10). Nous avons fait remarquer que ce *solen minutus* était la même coquille, la même espèce que l'*hiatella arctica*, d'où nous avons conclu, ou à la suppression du *solen minutus*, ou à celle du genre hiatelle. Cette conclusion ressort évidemment du double emploi fait par Lamarck pour une seule espèce de coquille. Maintenant, si nous examinons cette coquille dans tous ses caractères , nous reconnaissons qu'elle est habitée par un animal tout-à-fait semblable aux saxicaves byssifères, et nous voyons, en effet , dans la forme du test, la charnière , les impressions musculaires, celles du manteau, que le *solen minutus* ou *hiatella arctica*, qui est la même espèce, doit venir se placer dans le genre saxicave. Nos observations nous conduisent donc à supprimer à la fois le *solen minutus* et le genre hiatelle.

ESPÈCE.

1. Hiatelle arctique. *Hiatella arctica.*

> *H. testá transversìm oblongá ; antico latere longiore , apice truncato ; valvarum angulis binis muricatis : altero valdè obliquo ; striis transversis.*
>
> *Mya arctica.* Lin. et O. Fabr. Faun. Groenl. p. 407.
>
> *Solen minutus.* Lin. Chemn. Conch. 6. t. 6. f. 51. 52.
>
> *Cardita arctica.* Brug. Dict. n° 11.
>
> Encyclop. pl. 234. f. 4. a. b.
>
> *Hiatella.* Daud. Bosc. Coq. 3. p. 120. t. 21.
>
> Habite les mers du Nord, dans le sable, et se rencontre parmi les fucus. Coquille petite et blanchâtre.

ISOCARDE (Isocardia).

Coquille équivalve , cordiforme , ventrue , à crochets écartés , divergents , roulés en spirale d'un côté. Deux dents cardinales aplaties, intrantes, dont une se courbe et s'enfonce sous le crochet ; une dent latérale alongée , située sous le corselet. Ligament extérieur , fourchu d'un côté.

Testa œquivalvis , cordata, ventricosa ; natibus distantibus , secundis , divaricatis , involutis. Dentes cardinales duo , compressi , intrantes , uno sub natè recurvo ; dens lateralis elongatus , infrà vulvam. Ligamentum externum , hìnc furcatum.

OBSERVATIONS. La grandeur , la forme et la situation des crochets, ainsi que le caractère des dents cardinales , sont si particuliers aux coquilles de ce genre, que j'ai cru devoir les distinguer des cardites, quoiqu'on n'en connaisse encore que très peu d'espèces.

Il n'y a qu'une dent cardinale dans les cardites; on en trouve trois dans les cypricardes ; mais ici l'on en voit deux, dont une offre une disposition singulière. Des quatre espèces que je vais citer, je ne connais que la première. L'animal a ses siphons courts, et le pied assez grand et ovale.

[Linné confondait les coquilles de ce genre parmi les cames, et Bruguière les rangeait au nombre des cardites : elles s'éloignent cependant de l'un et de l'autre genre par des caractères particuliers.

Les isocardes ont, à la vérité, les crochets grands et contournés, comme les cames et les dicérales, mais elles sont régulières et toujours libres, tandis que les vraies cames sont adhérentes et irrégulières. Elles s'éloignent non moins des cardites, autant par la coquille que par l'animal. Ainsi nous avons vu, dans les cardites, les lobes du manteau séparés dans toute leur longueur et dépourvus de siphons. Dans les isocardes les lobes du manteau sont réunis postérieurement et pourvus de deux siphons courts ou plutôt de perforations comparables à celles des bucardes. Sans doute que les isocardes se rapprochent par-là des bucardes, mais lorsque l'on compare le pied des animaux de ces deux genres et la forme des branchies, on reconnaît qu'en effet ils constituent deux genres très distincts. Dans les bucardes le pied est cylindracé, très long, coudé dans le milieu ; ici, au contraire, il est plat, subquadrangulaire et assez court.

Les coquilles du genre isocarde sont fort remarquables et en général faciles à reconnaître, à cause de la grandeur et de la proéminence des crochets. La charnière est particulière à ce genre. Deux dents cardinales, dont la supérieure semble s'enfoncer par son extrémité antérieure dans la cavité cardinale ; l'autre dent est parallèle au bord : elle est aplatie latéralement, oblongue et fort saillante sur le côté postérieur ; et à l'extrémité du corselet s'élève sur le bord une dent latérale assez grosse ; le ligament est alongé, extérieur, étroit, assez saillant : arrivé à l'origine des crochets, il se bifurque, et chacune de ses parties remonte dans une petite goutière, jusqu'à l'extrémité de ces crochets. Les impressions musculaires sont fort écartées, assez grandes, superficielles et réunies par une impression palléale simple.

Il existe un plus grand nombre d'espèces que n'en a
connu Lamarck : on mentionne seulement deux espèces
vivantes et onze ou douze espèces fossiles. Nous avons vu,
dans la collection du Muséum, la coquille à laquelle Lamarck donne le nom d'*isocardia semi-sulcata*. Il est à présumer que le savant professeur l'avait jugée d'après la forme
seulement, ou qu'elle fut ajoutée à son catalogue depuis
sa cécité; car sa charnière et ses divers caractères dénotent
qu'elle appartient, comme nous le verrons, à un genre
particulier.]

ESPÈCES.

1. **Isocarde globuleuse.** *Isocardia cor.* Lamk.

> *I. testâ cordato-globosâ, lœvi, fulvâ ; natibus albidis.*
> *Chama cor.* Lin. Syst. nat. p. 1137. Gmel. p. 3299.
> List. Conch. t. 275. f. 111.
> * Plancus de Conch .pl. 10. f. A.
> * Rumph. Amb. pl. 48. f. 10.
> Gualt. Test. tab. 71. fig. E.
> * Bonna. recreat. 2. f. 88.
> * Seba. Mus. t. 3. pl. 86. f. 1.
> * Knorr. Vergn. t. 6. t. 8. f. 1.
> * Regenfuss. Test. t. 2. pl. 4. f. 32.
> * Fava. Conch. pl. 53. f. G.
> Chem. Conch. 7. t. 48. f. 483.
> Poli. Conch. 2. tab. 23. f. 1. 2.
> Encyclop. pl. 232. f. 1. a. b. c. d.
> *Cardita cor.* Brug. Dict. n° 1.
> * Schroter. Einl. t. 3. p. 228.
> * Montagu. Test. p. 134.
> * Donovan. Test. t. 4. f. 134.
> * Brooks. Introd. pl. 3. f. 33.
> * *Cardium humanum.* Lin. Syst. nat. 10. p. 682.
> * *Chama cor.* Dilw. Cat. t. 1. p. 212. n° 1.
> * *Id.* Olivi. Adriat. p. 114. n° 1.
> * *Isocardia cor.* De Roissy. Buff. de Sonn. t. 6. p. 383. pl.66.
>   f. 5.
> * Blainv. Malac. pl. 69. f. 2.
> * Bulwer sur l'*Isocardia cor* des mers d'Irlande. Zool. Journ.
>   t. 3. p. 357. pl. 15 supplémentaire.
> * Sow. Genera of Shells: f. 1. 2.

* Payr. Cat. pag. Go. n° 1o3.
* *Fossilis imperato*. Mus. p. 581.
*   —   *scilla* de Corp. Mar. Lapid. pl. 16. f. A.
*   —   *moscardo*. Mus. p. 183. f. 1.
*   —   *aldrovande*. Mus. Métal. p. 48o.
*   —   *an eadem spec.? Isocardia fraterna*. Say. Mém.
sur les foss. du Maryland. Journ. de l'Acad. de Phyl. t. 4.
pl. 11. f. 1.
* Desh. Encycl. méth. vers. t. 2. p. 321. n° 1.
[b] *Eadem fossilis; natibus breviusculis*. Mus. n°.
Habite l'Océan d'Europe, la Méditerranée, etc. Mus. n°.
Mon cabinet. Son épiderme, roussâtre, a des stries longitudinales très fines. Le ligament se bifurque, et ses branches divergent en se prolongeant sous chaque crochet. La
variété fossile se trouve en Italie, près de Plaisance, et aux
environs de Bordeaux. On en trouve aussi le moule intérieur d'individus plus petits, à Saint-Jean-d'Assé, au nord
du Mans. M. *Ménard* (1).

2. **Isocarde ariétine.** *Isocardia arietina.* Lamk.

> *I. testá oblongo-cordatá, ventricosá; sulcis longitudinalibus
> profundis, crebris; natibus magnis, in gyros subduplices
> contortis.*

Chama? arietina. Brocchi. Conch. 2. p. 668. t. 16. f. 13.

Habite…. Fossile d'Italie, trouvé dans le Plaisantin. Quoiqu'on n'ait rencontré qu'un fragment de cette coquille,
elle indique assurément l'existence, subsistante ou dé-
truite, d'une véritable espèce de ce genre, et en confirme
l'établissement.

---

(1) Lamarck dit que l'anologue fossile de cette espèce
se trouve non-seulement dans le Plaisantin, mais encore
aux environs de Bordeaux et du Mans. En effet, la coquille fossile du Plaisantin, de la Sicile, de la Morée et des
environs d'Anvers, est tout-à-fait analogue à celle qui vit
dans l'Océan européen; mais il n'en est plus de même
pour la coquille fossile de Bordeaux, pour laquelle il
faudra établir une espèce particulière. Quant à celle du
Mans elle est très différente de l'*isocardiacor;* c'est elle
que M. Defrance a nommée *isocardia bazochiana.*

3. Isocarde des Grandes-Indes. *Isocardia Moltkiana.* Lamk. .

I. testá cordatá, subtrigoná, inœquilaterá, obliquè sulcatá; valvis carinatis; latere antico breviore, depresso, lœvigato.

* Spengler. Berlin Schrift. t. 4. p. 321. pl. 14.

Chama Moltkiana. Chemn. Conch. 7. t. 48. f. 484—487.

Schrot. Einl. 3. p. 248. n° 1.

Cardita Moltkiana. Brug. Dict. n° 2.

Encyclop. pl. 233. f. 1. a. b. c. d.

Chama Moltkiana. Gmel. n° 15.

* *Isocardia Moltkiana.* Desh. Encycl. méth. vers. t. 2. p. 322. n° 2.

* Sow. Genera of Shells. f. 3.

Habite les mers des Grandes-Indes et de la Chine. Par sa forme générale, cette coquille, très rare, approche des bucardes à valves carénées, et néanmoins elle paraît véritablement appartenir au genre des isocardes.

4. Isocarde demi-sillonnée. *Isocardia semi-sulcata.* Lamk. (1)

I. testá cordatá, tenui, subpellucidá, albá, transversim striatá; antico latere longitudinaliter sulcato.

---

(1) Il est à présumer que cette coquille a été ajoutée aux isocardes de Lamarck, depuis la cécité du savant professeur : il faut croire qu'elle a été placée ainsi, parce que l'on n'a fait attention qu'à sa forme extérieure, qui s'approche en effet de celle des isocardes ; car si l'on eût examiné la charnière et les autres caractères essentiels, on eût reconnu que cette coquille n'a rien des isocardes : nous croyons qu'elle se rapproche des myes et des anatines, et qu'elle doit constituer un genre particulier.

Nous avions remarqué depuis long-temps, dans la collection de M. Michelin, une petite coquille fossile des environs de Senlis, qui nous offrit des caractères particuliers, ce qui nous détermina à la comprendre dans un genre que nous nous proposions d'établir dans le groupe des anatines. Ce genre était déjà créé sous le nom de Pé-

Habite les mers de la Nouvelle-Hollande, à l'île St.-Pierre-St.-François. Mus. n°. Elle n'est point fossile, et offre seulement, sur le côté antérieur, 10 sillons longitudinaux fort remarquables. Elle a une dent cardinale recourbée, bilobée, concave en dessus ; et une autre, s'alongeant sous le corselet en forme de lame tronquée à son extrémité latérale. Longueur de la coquille, 24 millimètres.

---

riplome par M. Schumacher, et nous avons dû adopter la dénomination imposée avant nous par l'auteur allemand. Depuis M. De Haan, connu par son travail sur les ammonites et d'autres ouvrages importants, nous fit voir une valve d'une coquille vivante de la Nouvelle-Hollande, et présentant exactement tous les caractères du fossile de M. Michelin ; c'est alors que nous reconnûmes que ces deux espèces ne pouvaient faire partie du genre périplome, et devaient constituer un genre nouveau:

La coquille que nous a communiquée M. De Haan est la même que celle nommée *Isocardia semi-sulcata* par Lamarck. Nous croyons qu'elle doit servir de type à un genre nouveau, pour lequel nous proposons le nom de cardilie *cardilia*, et auquel les caractères suivants conviennent :

Genre CARDILIE. *Cardilia*. Desh.

Caractères génériques. Coquille ovale, oblongue, longitudinale, blanche, cordiforme, ventrue; à crochets grands, saillants; charnière ayant une petite dent cardinale redressée et à côté une fossette; un cuilleron, pour recevoir un ligament intérieur; impression musculaire antérieure, arrondie, superficielle; la potsérieure étant sur une lame mince, horizontale, saillante dans l'intérieur.

Quoique l'animal du genre *cardilia* ne soit pas connu, on peut, au moyen de la coquille seule, établir ses rapports. Deux familles renferment toutes les coquilles ayant le ligament intérieur inséré dans un cuilleron horizontal; dans l'une, celle des anatines, le ligament trouve un appui sur un osselet qui n'est point soudé à la charnière; dans l'autre, celle des mactraeées, cet osselet n'existe pas. Dans la famille des anatines, toutes les coquilles

✝ 5. Isocarde sillonnée. *Isocardia sulcata.* Sow.

*1. testá minimá, rotundatá, inflatá, globulosá, longitudinali-
ter sulcatá; umbonibus magnis remotis.*

Sow. Min. Conch. pl. 295. f. 4.

Habite.... Fossile provenant du canal de Islington, en partie
creusé dans l'argile de Londres. Cette coquille, fort rare à
ce qu'il paraît, est globuleuse, très ventrue, élégamment
sillonnée dans sa longueur. Elle est un peu plus grosse
qu'un gros pois : les crochets sont grands et écartés.

---

sont inéquivalves; elles sont équivalves dans la famille des
mactracées. Bien que nous n'ayons vu, jusqu'à présent,
que des valves séparées de *cardilia*, nous croyons qu'il
n'y a point d'osselet cardinal, et que les valves sont égales.
Ce genre doit donc se placer dans le voisinage des lutraires et non loin des anatines.

Les cardilies sont des coquilles minces, cordiformes,
ovales, oblongues, longitudinales. Leur charnière offre,
vers le bord antérieur, une petite dent cardinale qui se
prolonge au-delà du bord du cuilleron et se relève un peu
en crochet. A côté d'elle et postérieurement est placé le
cuilleron pour le ligament; il est petit, profond, et il est
séparé du bord supérieur par une échancrure triangulaire
assez profonde. Ce qui, à l'intérieur des valves, rend particulièrement les coquilles de ce genre remarquables, c'est
l'impression musculaire postérieure. Une lame presque
horizontale assez large s'avance du fond du crochet en
passant sous le bord cardinal, et vient se terminer vers le
bord postérieur, un peu au-delà du tiers supérieur de sa
longueur. Cette lame, peu épaisse, est adhérente, par un
de ses bords, à la surface interne de la coquille. L'extrémité inférieure de la surface externe donne attache au
muscle postérieur. Nous ne connaissons, dans aucune
autre coquille, une impression musculaire comme celle-ci.
Dans les cucullées on trouve bien quelque chose d'analogue, mais la lame dans ce genre n'est point aussi isolée, et

† 6. **Isocarde concentrique.** *Isocardia concentrica.* Sow.

> *I. testá ovato-oblongá, turgidá, cordiformi, tenui, transver-*
> *sim sulcatá; sulcis regularibus angustis, posticè profundio-*
> *ribus.*
>
> Sow. Min. Conch. pl. 491. f. 1.
>
> Habite.... Fossile de Normandie et de Bulwick, en Angle-
> terre, dans les marnes calcaires nommées cornbrash par
> les Anglais. Cette espèce est ovale, oblongue, à sillons
> transverses, peu épais, réguliers; les crochets sont grands
> et rappellent ceux de l'*isocardia cor.* C'est cette forme de
> crochets qui a déterminé le genre de cette espèce, car on
> n'en connaît pas la charnière.

† 7. **Isocarde oblongue.** *Isocardia oblonga.* **Sow.**

> *I. testá ovato-oblongá, subquadrangulari, inflatá, inœquila-*
> *terá, lœvigatá, postisè dilatatá, anticè angustiore; umbo-*
> *nibus inflatis approximatis.*
>
> Sow. Min. Conch. pl. 491. f. 2.
>
> Habite.... Fossile du calcaire de transition des environs de
> Dublin. Quoique l'on ne connaisse pas la charnière de
> cette coquille et qu'on la trouve dans les terrains coquil-
> lers des plus anciens, on ne peut s'empêcher de l'admettre

---

d'ailleurs elle ne reçoit pas, comme ici, le muscle tout
entier.

Nous ne connaissons que deux espèces que l'on puisse
rapporter à ce genre: l'une est vivante.

Cardilie demi-sillonnée. *Cardilia semi-sulcata.* **Desh.**
(*Isocardia semi-sulcata.* **Lamk.**)

L'autre est fossile.

Cardilie de Michelin. *Cardilia Michelini.* **Desh.**
(*Hemicyclonosta Michelini.* **Desh.**)

Fossiles rares de la collection de M. Michelin, publiés par
lui-même, première feuille, fig. 8, 9.

N'ayant plus ces coquilles sous les yeux, nous ne pouvons en donner une description complète, et nous nous
bornons à les indiquer ici.

parmi les isocardes , car elle en a la forme ; son test est
très mince et son extrémité antérieure plus étroite que la
postérieure.

† 8. Isocarde Parisienne. *Isocardia Parisiensis*. Desh.

*I. testá globulosá , valdè cordiformi, longitudinaliter striatá ;
striis tenuibus , distantibus, convexis, subdepressis, numerosis.*

Desh. Descrip. des Coq. foss. des env. de Paris. t. 1. p. 189.
pl. 30. f. 5.

Id. Encycl. méth. vers. t. 2. p. 322. nº 3.

Habite.... Fossile de Mouchy. Nous avons vu le moule intérieur et quelques fragments de test. Cette espèce est d'un
médiocre volume , ornée de côtes longitudinales très régulières , élégantes, aplaties , semblables à de petits
rubans épais , collés sur une surface plane. Elle est très
rare.

LES ARCACÉES.

*Dents cardinales petites , nombreuses , intrantes , et
disposées, sur l'une et l'autre valve , en ligne , soit
droite, soit arquée , soit brisée.*

La famille des *arcacées* ou polyodontes , est extrêmement remarquable par la charnière des coquilles
qu'elle embrasse. Ces coquilles sont équivalves, régulières , à crochets ordinairement écartés , à ligament
tout-à-fait extérieur, et à impressions musculaires,
latérales. Les unes sont transverses, les autres sont
arrondies. Plusieurs d'entre elles ont leur épiderme
plus ou moins velu. Quelques-uns de ces coquillages se
fixent aux rochers par des fils tendineux que l'animal
y attache, et leur coquille y est plus ou moins bâillante à son bord supérieur.

La plupart des *arcacées* vivent enfouis dans le sable
à peu de distance des côtes, et toutes sont marines.
Néanmoins, les trigonies, que j'avais placées à la fin de

29*

ce tte famille , semblent avoisiner les naïades par leurs
rapports avec la *castalie* , et devoir en être séparées
po ur former une petite famille à part.

Quoique fort nombreuses , les *arcacées* n'ont été
divisées qu'en quatre genres : *cucullée, arche, pétoncle*
et *nucule* , et jusqu'à présent ce nombre a paru suffire.
En voici l'exposition. (1)

---

(1) La plupart des conchyliologues pensent que la famille des arcacées est très naturelle et ne devra subir au-
cuns changements. En effet, les genres qui la composent,
démembrés du grand genre *Arca* de Linné, semblent avoir
les plus grands rapports, et ils sont certainement incontestables entre les cucullées, les arches et les pétoncles.
Les différences qui existent entre eux sont si peu importantes, que l'on adopterait facilement leur réunion en un
seul grand genre naturel. Le genre nucule ne nous paraît
pas aussi bien lié aux précédents; les nucules sont nacrées,
ce qui ne se voit dans aucun des genres que nous venons
de mentionner. Les dents de leur charnière ont une forme
différente, et en général elles sont plus saillantes que celles
des arches et des pétoncles : elles se distinguent mieux encore
par la position du ligament. Dans les trois genres précédents ce ligament est à l'extérieur comme une toile collée
derrière la charnière ; dans les nucules il est interne et
reçu dans un petit cuilleron placé dans l'angle que fait le
bord cardinal. Il est vrai que parmi les nucules on comprend ordinairement plusieurs espèces, dans lesquelles le
ligament est extérieur comme dans les pétoncles : ces
espèces ne sont point nacrées. Peut-être serait-il convenable de retirer ces espèces du genre nucule, de les mettre
parmi les arches ou les pétoncles, et de séparer ainsi les
nucules de la famille des arcacées : cette famille serait alors
très bien caractérisée par la position du ligament et la nature de la charnière. M. Quoy a donné, dans le Voyage de
l'Astrolabe , la figure d'un animal de nucule, placé au-
dessous de celui de la trigonie : on ne peut disconvenir

CUCULLÉE (Cucullæa).

Coquille équivalve, inéquilatérale, trapéziforme, ventrue ; à crochets écartés, séparés par la facette du ligament. Impression musculaire antérieure formant une saillie à bord anguleux ou auriculé.

Charnière linéaire, droite, munie de petites dents transverses, et ayant à ses extrémités deux à cinq côtes qui lui sont parallèles. Ligament tout-à-fait extérieur.

Testa æquivalvis, inœquilatera, trapeziformis, ventricosa; natibus distantibus, areá ligamenti separatis. Impressio muscularis antica, elevata ; margine angulato vel in auriculam producto.

Cardo linearis, rectus, dentibus minimis transversis instructus; utráque extremitate costis 2—5, sibi parallelis. Ligamentum penitùs externum.

OBSERVATIONS. Les *cucullées* tiennent, sans doute, de très près aux arches; mais elles offrent, dans leur forme constante, et sur-tout dans leur charnière, des particularités si remarquables, qu'il nous a paru nécessaire de les distinguer. Ce sont de grosses coquilles très renflées, trapéziformes, à côté antérieur tronqué obliquement, formant un corselet large, cordiforme, aplati, un peu relevé vers son milieu. La charnière est celle des arches ; mais elle se déplace à mesure que la coquille grandit ou vieillit; et laissant à ses extrémités les restes de ses anciens bords, elle donne lieu aux côtes parallèles qui la terminent, ce qu'on ne voit pas dans les arches. Ces côtes singulières sont dans une direction très différente de celle des dents

---

qu'il existe entre eux plus d'analogie qu'on ne l'aurait d'abord supposé; mais il faut dire que l'animal de la nucule représentée, appartient à une espèce dont le ligament est extérieur et qui, par cela même, se rapproche plus que les autres des trigonies. Nous reviendrons sur ces genres dans les notes qui les concernent en particulier.

sériales de la charnière, et ne sauraient être considérées elles-mêmes comme des dents. On remarque, par les espèces fossiles, que ces coquilles prennent beaucoup d'épaisseur en vieillissant, et qu'alors les côtes latérales de leurs charnières sont progressivement plus nombreuses. La facette du ligament s'élargit aussi proportionnellement, et acquiert plus de sillons (1).

ESPÈCES.

1. Cucullée auriculifère. *Cucullœa auriculifera.* Lam. (2)

C. testâ obliquè cordatâ, ventricosâ, decussatim striatâ, fulvâ; cardine utrinque subbicostato.

* *Arca concamerata.* Martini. Besch. Berl. naturf. t. 3. p. 292. t. 7. f. 15. 16.

Arca cucullus. Gmel. p. 3311.

Arca cucullata. Chemn. Conch. 7. t. 53. f. 526. 527.

* Fav. Conch. pl. 51. f. A.
* Davila. Cat. t. 1. pl. 18.

---

(1) Les cucullées diffèrent fort peu des arches, et quoiqu'elles aient un *facies* particulier, il y a quelques espèces de ce dernier genre qui établissent le passage entre lui et le premier. Ce qui distingue le plus essentiellement les cucullées des arches, ce sont les côtes transverses placées aux extrémités de la charnière; ces côtes s'articulent comme le feraient les dents cardinales des arches. Toutes les arches n'ont pas les dents cardinales sur une ligne droite; cette ligne, dans quelques espèces, se courbe aux extrémités, et alors les dents deviennent obliques et dans quelques espèces elles deviennent transverses : ces espèces se rapprochent infiniment des cucullées pour la charnière. C'est en nous appuyant de ces observations, que nous avons manifesté cette opinion, qu'il était convenable de réunir les cucullées aux arches à titre de sous-division.

(2) Martini, en décrivant le premier cette coquille, lui donna le nom d'*arca concamerata*. Il faudra lui restituer cette dénomination et la nommer *cucullœa concamerata*,

* *Cucullœa auriculifera.* Lamk. Syst. des anim. sans vert. p. 116.

* *Id.* De Roissy. Buff. Moll. t. 6. pl. 68. f. 3.

* Sow. Genera of Shells. f. 1. 2.

* Blainv. Malac. pl. 65. f. 4.

* Desh. Encycl. méth. vers. t. 2. p. 35. n° 1.

Arca concamera. Brug. Dict. n° 11.

Encyclop. pl. 304. f. 1. a. b. c. *Bona.*

Habite l'Océan des Grandes Indes. Mus. n°. Mon cabinet. Coquille rare, nommée vulgairement *coqueluchon.* Ses stries longitudinales sont plus fortes que les transverses. Elle est grande, d'un fauve cannelle au dehors, et d'un brun violâtre en dedans, au côté antérieur. Largeur, 96 millimètres.

2. Cucullée crassatine. *Cucullœa crassatina.*

C. testá subcordatá, ventricosá; sulcis longitudinalibus inter-ruptis, interdùm subnullis; auriculo interno brevissimo.

Cucullœa crassatina. Ann. du Mus. 6. p. 338.

* De Roissy. Buf. Moll. t. 6. p. 403. n° 2.

* Knor. Reliq. t. 2. part. 2. pl. B. II. a. f. 4.

* Desh. Encycl. méth. vers. t. 2. p. 35.

* *Id.* Foss. de Paris. t. 1. p. 193. n° 1. pl. 31. f. 8. 9.

Habite..... Fossile des environs de Beauvais. Mus. n°. Mon cabinet. L'impression musculaire antérieure ne forme qu'un angle arqué et saillant. Les côtes cardinales sont au nombre de 4 à 5. Largeur, 98 millimètres.

† 3. Cucullée glabre. *Cucullœa glabra.* Sow.

C. testá subrhomboideá turgidá, cordatá, inœquilaterá; de-cussatìm tenue striatá; latere antico breviore obtuso, pos-tico angulato; cardine brevi; dentibus lateralibus simplici-bus, marginibus integris.

Cucullœa glabra? Park. Organ. rem. t. 3. 171. ex. Sow.

Sow. Min. Conch. pl. 67. f. 1. 2. 3.

Habite..... Fossile de Blackdown, en Angleterre. Elle est subquadrangulaire, oblique, aussi longue que large. Elle est couverte de stries très fines, transverses et longitu-dinales s'entrecroisant régulièrement. La charnière est courte, arquée et les dents terminales sont simples. Cette coquille a autant les caractères des arches que des cu-cullées.

† 4. Cucullée oblongue. *Cucullæa oblonga.* Sow.

C. testâ transversâ ovato-oblongâ, inæquilaterâ, obliquâ, in-
flatâ, cordiformi, longitudinaliter striatâ ; umbonibus mag-
nis valdè separatis ; arca ligamenti latâ, profundè et
multi sulcatâ. cardine in medio subedentulo ; dentibus late-
ralibus tribus ; marginibus simplicibus.

Sow. Min. Conch. pl. 206. f. 1. 2.

Habite..... Fossile de Dundwy, en Angleterre. De Norman-
die et de la Lorraine, dans l'oolite inférieure. Cette espèce
est presque aussi grande que la cucullée crassatine. Elle a
à peu près sa forme. Elle est striée en longueur; les sillons
de sa surface cardinale sont nombreux et les valves réunies;
ils forment des losanges les unes dans les autres.

† 5. Cucullée treillissée. *Cucullæa decussata.* Park.

C. testâ ovato-transversâ, cordiformi, turgidâ, incrassatâ,
inæquilaterâ, obliquâ, decussatìm striatâ ; latere antico
breviore obtuso ; postico subangulato ; umbonibus magnis,
distantibus ; area ligamenti angusta, sulcis raris exarata;
marginibus denticulatis.

Cucullæa decussata. Park. Org. rem. t. 3. 171.

Sow. Min. Conch. pl. 206. f. 3. 4.

Id. Genera of Shells. f. 3.

Habite.... Fossile des environs de Feversham, en Angleterre.
Elle a de l'analogie avec la *glabra*. Elle est très ventrue,
ovale, transverse ; le côté antérieur est court ; la surface
du ligament est étroite, n'a qu'un petit nombre de sillons
écartés. Les dents de la charnière sont presque effacées dans
le milieu.

† 6. Cucullée carinée. *Cucullæa carinata.* Sow.

C. testâ transversâ obliquâ, inæquilaterâ, lævigatâ; latere
antico breviore, obtuso, postico angulato subrostrato.

Sow. Min. Conch. pl. 207. f. 1.

Habite..... Fossile de Black Down, en Angleterre. Coquille
transverse, très oblique, très inéquilatérale, cunéiforme,
lisse ; le côté postérieur est séparé du reste par un angle
assez aigu, lequel aboutit à l'extrémité postérieure prolongée un peu en bec; le côté antérieur est fort court.

† 7. Cucullée fibreuse. *Cucullæa fibrosa.* Sow.

C. testâ ovatâ, obliquâ, turgidâ, inæquilaterâ, striis elevatis, longitudinalibus ornatá; latere antico obtuso, brevi; umbonibus brevibus.

Sow. Min. Conch. pl. 207. f. 2.

Habite..... Fossile de Black Down, en Angleterre. Elle est ovale, très oblique, très inéquilatérale et chargée de stries longitudinales saillantes ; le bord cardinal est court ; les crochets sont écartés et peu saillants.

ARCHE. (Arca.)

Coquille transverse , subéquivalve , inéquilatérale ; à crochets écartés, séparés par la facette du ligament. Charnière en ligne droite , sans côtes aux extrémités , et garnie de dents nombreuses sériales et intrantes. Ligament tout-à-fait extérieur.

Testa transversa , subæquivalvis , inœquilatera ; natibus distantibus , areá ligamenti separatis. Cardo linearis , rectus ad extremitates non costatus : dentibus numerosis , serialibus , confertis , alternatim insertis. Ligamentum externum.

OBSERVATIONS. Les *arches,* réduites au caractère plus resserré que je leur assigne, sont des coquilles marines, très faciles à reconnaître par la forme particulière de leur charnière. Elles constituent, dans la réunion de leurs espèces, un groupe naturel qui se détache nettement des autres groupes de cette famille , et leur étude en devient plus facile.

Linné fut le premier qui établit les principes d'une bonne classification des coquillages ; mais il ne put alors que former un dégrossissement essentiel. Maintenant, par l'accroissement assez considérable de nos collections, la science a des besoins nouveaux auxquels il convient de satisfaire avec mesure.

Les coquilles auxquelles j'ai conservé le nom d'*arche* sont transverses, en général, très-inéquilatérales, presque rhomboïdales, remarquables la plupart par l'écartement de leurs crochets. Lorsqu'on les renverse, et qu'on les pose sur leur bord supérieur, elles présentent l'aspect d'un navire, sur-tout les espèces qui sont les plus alongées transversalement, ce qui leur a valu le nom qu'elles portent. Ces coquilles sont souvent bâillantes à leur bord supérieur, parce que l'animal fait sortir, par cette ouverture, des fils tendineux qui l'attachent aux rochers.

L'écartement des crochets donne lieu à une facette externe, plane ou en vallon, de figure rhomboïdale plus ou moins alongée, et sur laquelle s'applique le ligament des valves. Cette facette est marquée de sillons qui forment des losanges quand les valves sont réunies. A l'intérieur, les deux impressions musculaires sont apparentes sur les côtés.

L'animal des arches n'offre point de siphons saillants au dehors; son corps est muni d'un pédoncule comprimé, terminé par des filets tendineux qui s'attachent aux rochers. Poli, Test. 2, p. 129. t. 24.

Les *arches* vivent dans le voisinage des côtes, les unes enfoncées dans le sable, les autres au dehors. Plusieurs d'entre elles ont la coquille recouverte d'un épiderme écailleux ou velu. Il y en a qui, quoique ayant les valves semblables pour la forme, en ont une qui dépasse l'autre, au bord supérieur.

[L'organisation des arches est connue depuis la publication du bel ouvrage de Poli sur les Mollusques des Deux-Siciles : il a fait l'anatomie de l'animal de l'*arca Noë*; il serait à souhaiter maintenant que l'on fît connaître de la même manière celui d'une espèce parfaitement close, de l'*arca antiquata*, par exemple. L'animal a une forme extérieure qui se rapproche beaucoup de celle de la coquille elle-même : les lobes de son manteau sont désunis dans toute leur longueur; ils sont minces et laissent vers leur partie moyenne un petit bâillement correspondant à celui de la coquille; le corps est assez épais. De la partie moyenne de la masse abdominale s'élève un pied très court, épais, tronqué, et offrant dans sa troncature une masse ovale et assez considérable d'une matière cornée, compacte, qui remplaçant le byssus soyeux de plusieurs autres mollusques, sert à la fois à l'attacher et à fermer le bâillement des val-

ves dans lequel il passe. De chaque côté du corps on voit
dans presque toute la longueur de l'animal, deux branchies
presque égales , composées de filaments détachés très fins
et très flexibles. A la partie antérieure du pied et de la masse
abdominale se voit une fente transverse d'une médiocre
étendue, ayant de chaque côté deux lèvres peu saillantes, mais
prolongées jusque sur les parties latérales du corps : cette
fente est l'ouverture buccale, et ces lèvres les palpes labiales.
L'animal a deux muscles adducteurs qui l'attachent à sa
coquille : ils sont écartés, et à chaque extrémité, le postérieur
est le plus considérable. Ce mollusque est également pourvu
de muscles propres au pied, et ces muscles puissants laissent
sur la surface interne et supérieure une impression particulière beaucoup plus grande que dans la plupart des autres
animaux de cette classe. L'ouverture buccale donne dans un
œsophage étroit et assez long, à côté duquel et s'ouvrant à
sa partie inférieure, existe une petite poche alongée dans laquelle est contenu un petit stylet corné. Cet œsophage aboutit à un estomac fort petit, globuleux , dans les parois duquel on remarque de grands cryptes par lesquels le foie qui
l'enveloppe, verse le produit de sa sécrétion. L'intestin est
grêle, ne fait qu'un seul circuit pour gagner la ligne dorsale et médiane, passe derrière le muscle rétracteur postérieur, et se termine par un anus renversé en bas. Les organes de la circulation ont une disposition toute particulière dans les arches, fort différente de ce qui est connu
dans les autres mollusques acéphalés. Dans presque tous
les mollusques de cette classe, le cœur a un seul ventricule
embrassant le rectum et placé dans la ligne dorsale et médiane de l'animal. Dans les arches, le dos de l'animal étant
fort large, les branchies fort écartées à leur insertion sur les
parties latérales du corps , il existe pour chaque paire de
branchies un ventricule et une oreillette, c'est-à-dire que
dans ce genre il y a deux cœurs. Le système nerveux est fort
considérable : on en voit les principales branches sur la surface interne du muscle rétracteur postérieur.

Si l'on compare cette organisation à celle des pétoncles,
il y a des différences suffisantes pour justifier la séparation

des deux genres; mais en serait-il de même si l'on connaissait l'animal des arches sans byssus ?]

ESPÈCES.

Bord supérieur non crénelé en dedans.

1. Arche bistournée. *Arca tortuosa.* Lin.

> *A. testá tortá, parallelipipedá, striatá; valvis obliquè carinatis; natibus parvis, recurvis.*
>
> *Arca tortuosa.* Lin. Syst. nat. p. 1140. Gmel. p. 3305. nº 1.
> * Schrot. Einl. t. 3. p. 258.
> * Bonn. Recr. Supl. f. 27. 28.
> Rumph. Mus. t. 47. fig. K.
> Gualt. Test. t. 95. fig. B. 1. 2. 3.
> D'Argenv. Conch. t. 19. fig. I.
> * Klein. Ostr. t. 8. f. 16.
> Knorr. Vergn. 1. t. 23. f. 3.
> * Fav. Conch. pl. 51. f. G. 2.
> Chemn. Conch. 7. t. 53. f. 524. 525.
> * Barbut. Conch. pl. 7. f. 1.
> * Dilw. Cat. t. 1. p. 225. nº 1.
> * Blainv. Malac. pl. 65 *bis.* f. 1.
> Brug. Dict. nº 1. Encyclop. pl. 305. f. 1. a. b.
> Habite l'Océan indien. Mus. nº. Mon cabinet. Coquille singulière, précieuse, recherchée dans les collections. Les valves, réunies, ne ferment qu'incomplétement au bord supérieur de leur côté court. L'une d'elles est plus carénée que l'autre.

2. Arche demi-torse. *Arca semi-torta.* Lamk.

> *A. testá semi-tortá, dilatatá, oblongo-ellipticá, striatá; valvis obsoletè carinatis, extremitatibus rotundatis; natibus recurvis.*
>
> * Fav. Conch. pl. 51. f. G. 1.
> Mus. nº.
> Habite les mers de la Nouvelle-Hollande, à la terre de Diémen. *Péron.* Elle est plus large, moins carénée et moins torse que la précédente, et n'est point tronquée à l'extrémité de son côté long. Largeur, 91 millimètres. Sa charnière, quoique en ligne droite, se courbe un peu à ses extrémités.

3. Arche de Noé. *Arca Noe.* Lin.

A. testá oblongá, striatá, apice emarginatá; natibus remo-tissimis, incurvis; margine hiante.

Arca Noe. Lin. Syst. nat. p. 1140. Gmel. p. 3306. n° 2. Brug. Dict. n° 2.

* Bona. Recreat. 2. f. 32.

* Gualt. Test. pl. 87. f. H.

Rumph. Mus. t. 44. fig. P.

* D'Argenv. Conch. t. 23. f. G.

* Knorr. Vergn. t. 1. pl. 16. f. 1. 2.

* Fava. Conch. pl. 51. f. D. 4.

* Regenf. Conch. t. 1. pl. 12. f. 73.

Chemn. Conch. 7. t. 53. f. 529.

* Born. Mus. p. 88. Vign. p. 86. f. 6.

* Schrot. Einl. t. 3. p. 260.

* Pennant. Zool. Brit. t. 4. p. 215.

* Olivi. Zool. Adriat. p. 115. n° 1.

* Montagu. Test. p. 139.

Encyclop. pl. 303. f. 1. a. b. c.

* De Roissy. Buff. Moll. t. 6. pl. 68. f. 2.

* Dilw. Cat. p. 226. n° 2.

* Sow. Genera of Shells. f. 1.

* Blainv. Malac. pl. 65. f. 2.

* Payr. Cat. pl. 60. n° 104.

[b] *Eadem striis areæ crebris, angulato-flexuosis.* Mus. n°.

[c] *Eadem areá cardinali albo maculatá; striis rarioribus.* List. Conch. t. 368. f. 208.

Poli. Test. 2. tab. 24. f. 1. 2.

Encyclop. pl. 305. f. 2. a. b.

* *Fossilis.* Brocchi Conch. subap. t. 2. p. 475.

Habite les mers d'Europe, l'Océan atlantique, etc. Mus. n°. Mon cabinet. Coquille commune, très connue. Elle est sillonnée longitudinalement, et rayée en zigzags d'un roux ferrugineux rembruni. On en a de différentes tailles, for-mant de légères variétés.

4. Arche tétragone. *Arca tetragona.* Poli. (1)

A. testá transversá, oblongo-quadratá, decussatim striatá;

---

(1) Chemnitz confondait cette espèce avec la précédente;

valvis costâ obliquâ eminente; margine hiante , ad latera subcrenato.

* Gualt. Test. pl. 87. f. G ?

* *Arca Noe.* Var. Chemn. Conch. t. 7. pl. 54. f. 533.

Arca tetragona. Poli. Conch. 2. t. 25. f. 12. 13.

An arca navicularis ? Brug. Dict. n° 4.

Encyclop. pl. 308. f. 3.

* Dilw. Cat. t. 1. p. 227. n° 4. *Arca navicularis.*

* *Arca tetragona.* Payr. Cat. p. 61. n° 105.

Habite la Méditerranée et l'Océan atlantique. Mus. n°. Mon cabinet. Elle est toujours moins alongée , moins grande que l'arche de Noé, treillissée, à sillons granuleux, et d'un roux nué de brun. A l'intérieur, elle est brune ou bleuâtre. Ses crochets sont un peu voûtés.

5. Arche grands-crochets. *Arca umbonata.* Lamk.

A. testâ transversim oblongâ , ventricosâ , angulato-sinuatâ, decussatim substriatâ; umbonibus magnis, arcuatis; latere postico brevissimo.

List. Conch. t. 367. f. 207.

* Gualti. Test. pl 87. f. I.

* Le Mussole. Adans. Seneg. pl. 18. f. 9.

* *Fossilis. Arca biangula.* Bast. Mém. de la Soc. d'his. nat. de Paris. t. 2. p. 75. n° 1.

Habite les mers de la Jamaïque. Mus. n°. Elle est très bâillante au bord supérieur. Largeur, 50 millimètres.

6. Arche sinuée. *Arca sinuata.* Lamk. (1)

A. testâ ovali, utroque latere obtusâ, obliquè angulatâ; margine superiore sinuato , hiante.

Mus. n°.

Bruguière la distingua et lui donna le nom d'*arca navicularis.* Quelques années après, Poli ne connaissant pas sans doute le travail de Bruguière, proposa pour la même coquille le nom d'*arca tetragona.* Il sera juste, à cause de son antériorité, de conserver à cette espèce le nom que Bruguière lui imposa. L'analogue fossile de cette espèce se trouve en Italie.

(1) Coquille ayant beaucoup de rapport avec l'*arca Helbingii,* n° 24, et qui n'est peut-être qu'une forte variété.

Habite à la Nouvelle-Hollande. Elle a des stries treillissées. Largeur, 36 millimètres.

7. Arche noisette. *Arca avellana.* Lamk.

A. testá ovatá, ventricosá, abbreviatá, decussatìm striatá ; pube cordatá; natibus arcuatis.

Mus. n°.

Habite les mers de la Nouvelle-Hollande, à l'île Saint-Pierre-Saint-François. Elle est petite, renflée, nucléi-forme, blanchâtre, tachée de brun à l'intérieur. Largeur, 19 millimètres.

8. Arche cardisse. *Arca cardissa.* Lamk.

A. testá nucleiformi, transversìm cordatá; valvis dorso cari-natis ; natibus subnullis; areá cardinali rhombeá, planá.

Mon cabinet.

Habite dans la Manche, près de *Quimper.* Petite coquille inéquilatérale, d'une forme extraordinaire pour ce genre. Posée sur l'extrémité en pointe de son côté alongé, elle a une forme analogue à celle du *cardium cardissa*, mais sans crochets apparents. Ainsi, sa base est aplatie, avec une facette cardinale en losange, et sa partie supérieure est convexe et bâillante en son bord. Largeur, 15 millimètres.

9. Arche ventrue. *Arca ventricosa.* Lamk. (1)

A. testá ovato-transversá, ventricosá, decussatìm striatá, anteriùs compresso-acutá, emarginatá; posteriùs obtusis-simá ; natibus fornicatis.

Rumph. Mus. t. 44. fig. L.

Chemn. Conch. 7. t. 53. f. 530.

An arca imbricata? Brug. Dict. n° 3.

---

(1) D'après les individus de cette espèce qui sont dans la collection du Muséum, nous pensons qu'elle devra être supprimée des catalogues et se placer parmi les variétés de *l'arca Noe* : elle n'en diffère que par sa forme; elle est plus courte et proportionnellement plus enflée. Nous croyons que c'est à tort que Lamarck donne pour elle la synonymie actuelle : aucune des figures citées n'a une ressemblance suffisante; *l'arca imbricata* de Bruguière ne lui convient

Habite les mers de l'Inde. Mus. n°. [Elle a beaucoup de rapports avec l'arche de Noé ; mais elle est plus courte, très
ventrue, à crochets voûtés, et plus blanche postérieure
ment. Largeur, 70 millimètres. Coquille bâillante.

10. **Arche rétuse.** *Arca retusa.* **Lamk.** (1)

> *A. testâ ovali, ventricosâ, utroque latere obtusâ; decussatim*
> *striatâ, sulcis longitudinalibus subimbricatis; areâ cardi-*
> *nali glabrâ, fuscâ.*
> Chemn. Conch. 7. t. 54. f. 532.
> Habite à Timor. Mus. n°. Mon cabinet. Coquille fort diffé-
> rente de l'espèce qui précède, et toujours moins grand.
> Largeur, 40 millimètres. Coquille bâillante.

11. **Arche sillonnée.** *Arca sulcata.* **Lamk.**

> *A. testâ ovatâ, posteriùs obtusissimâ, anteriùs obliquè trun-*
> *catâ, integrâ; sulcis longitudinalibus transversè striatis,*
> *subcrenatis.*
> Mus. n°.

---

pas davantage, car la description de cet auteur, si remarquable pour sa précision, s'accorde fort bien avec les caractères de l'*arca umbonata*, n° 5. Si ces observations sont justes, comme nous le croyons, il sera convenable de restituer
à l'*arca umbonata* de Lamarck le nom d'*arca imbricata* que
Bruguière le premier lui a donné. Il faudra supprimer l'*arca
ventricosa* et transporter sa synonyme à l'*arca umbonata* ou
imbricata, puisque c'est la même coquille portant ces deux
noms. Cette coquille habite au Sénégal, dans l'Océan de
l'Inde, la Mer rouge, et son analogue fossile se trouve aux
environs de Bordeaux, de Dax, d'Angers et dans les falluns
de la Touraine. C'est cet analogue que M. de Bastoret, dans
son mémoire sur les fossiles de Bordeaux, a confondu avec
l'*arca biangula*, et lui a donné le même nom.

(1) Nous ne savons si la coquille de la collection de Lamarck constitue une espèce particulière; ce que nous pouvons assurer après un examen attentif, c'est que la coquille
qui dans la collection du Muséum porte ce nom, est un
vieil individu de l'*arca tetragona*, n° 4.

Habite les mers de la Nouvelle-Hollande. Elle est nuée d'un
roux-brun sur un fond blanchâtre ; crochets peu écartés.
Largeur, 38 millimètres. Coquille bâillante.

12. Arche ovale. *Arca ovata.* Gmel. (1)

*A. testâ ovatâ, in medio depressâ, subsinuatâ, decussatim
striatâ ; epiderme pullâ, squamosâ ; margine hiante.*

Arca ovata. Gmel. p. 3307. n° 6.

Arca nivea. Chemn. Conch. 7. t. 54. f. 538.

* Schrot. Einl. t. 3. p. 280. n° 4.

Encyclop. pl. 309. f. 3.

Habite la Mer Rouge. Mus. n°. Grande et large coquille,
blanche, à épiderme brun, écailleux. Point de lunule. Largeur, 86 millimètres.

13. Arche barbue. *Arca barbata.* Lin.

*A. testâ oblongâ, transversâ, depressâ, subsinuatâ, decussa-
tim striatâ ; striis longitudinalibus granulatis, epiderme
barbatis ; margine subclauso.*

Arca barbata. Lin. Syst. nat. p. 1140. Gmel. p. 3306.
n° 3. Brug. n° 8.

* Schrot. Einl. t. 3. p. 262.

Bonan. Recr. 2. f. 79.

Gualt. Test. t. 91. fig. F.

D'Argenv. Conch. t. 22. fig. M.

Knorr. Vergn. 2. t. 2. f. 7.

Chemn. Conch. 7. t. 54. f. 335.

Encyclop. pl. 309. f. 1.

Poli. Conch. 2. t. 25. f. 6. 7.

* Olivi. Zool. Adriat. p. 215. n° 2.

* Payr. Cat. p. 61. n° 106.

* Dilw. Cat. t. 1. p. 229. n° 9.

---

(1) Cette coquille a la plus grande ressemblance avec
l'arca Helbingii, n° 24, et nous pensons qu'elle en est une
variété de localité. Nous appuyons notre opinion sur l'examen de nombreuses variétés qui prouvent le peu de valeur
des caractères sur lesquels ces espèces ont été distinguées.
Si l'on veut conserver cette espèce, il conviendra de lui
rendre le nom d'*arca nivea* que lui donna Chemnitz long-
temps avant Gmélin.

* Born. Mus. p. 89.

* Roissy. Buff. Moll. t. 6. p. 400.

* Blainv. Malac. pl. 65. f. 1.

* *Fossilis.* Brocchi. Conch. foss. t. 2. p. 476. n° 2.

Habite les mers d'Europe. Mus. n°. Mon cabinet. Coquille commune, blanchâtre vers le milieu, et d'un roux-brun sur les côtés. Les crochets sont peu écartés.

14. Arche brune. *Arca fusca.* Brug.

A. testâ ovato-oblongâ, utroque latere rotundatâ, decussatim striatâ, fuscâ; natibus approximatis, albo radiatis; margine subclauso.

* *Arca barbata.* Var. β et γ. Gmel. p. 3307.

* Schrot. Einl. t. 3. p. 279. n° 2.

List. Conch. t. 231. f. 65.

Gualt. Test. t. 90. fig. B.

Chemn. Conch. 7. t. 54. f. 534.

Arca fusca. Brug. Dict. n° 10.

* D'Avila. Cat. t. 1. pl. 7. f. R.

Encyclop. pl. 308. f. 5.

* Dilw. Cat. t. 1. p. 231. n° 14.

* *Arca bicolorata.* Chemn. Conch. t. 11. p. 243. pl. 204. f. 2007.

* *Id.* Dilw. Cat. t. 1. p. 230. n° 11.

Habite les mers de Madagascar et à la Barbade. Mus. n°. Mon cabinet. Vulgairement, *l'amande rôtie.* Elle est d'un roux très brun, et n'est point déprimée et sinuée dans sa partie moyenne, comme la précédente.

15. Arche de Magellan. *Arca Magellanica.* Chemn.

A. testâ transversim oblongâ, curvâ, decussatim striatâ, supernè medio coarctatâ; latere postico attenuato, breviore; margine hiante.

* Gmel. p. 3311. n° 24.

* Schrot. Einl. t. 3. p. 281. n° 5.

Arca Magellanica. Brug. Dict. n° 7.

Chemn. Conch. 7. t. 54. f. 539.

Encyclop. pl. 309. f. 4.

* Dilw. Cat. t. 1. p. 229. n° 8.

Habite au détroit de Magellan. Mon cabinet. Coquille blanche ou un peu ferrugineuse, à épiderme très écailleux, d'un brun-noir. Les crochets obliques et fort rapprochés. Largeur, 55 millimètres.

16. **Arche de Saint-Domingue.** *Arca Domingensis.*
Lamk. (1)

> *A. testâ transversim oblongâ, decussatìm striatâ; antico latere producto, subacuto, granoso; natibus approximatis.*
> List. Conch. t. 233. f. 67.

Habite l'Océan des Antilles, à Saint-Domingue. Mon cabinet. Elle est d'un rouge-brun, nuée de fauve blanchâtre, et un peu bâillante au bord supérieur, où elle n'a que quelques crénelures obscures, sans constance. Largeur, 33 millimètres. Elle paraît différente de l'*arca reticulata* de Gmelin.

17. **Arche lactée.** *Arca lactea.* **Lin.**

> *A. testâ ovali subquadratâ; sulcis longitudinalibus transversim striatis; laterum extremitatibus obtusis; areâ cardinali profundè cavâ.*
> * *Arca lactea.* Lin. Syst. nat. p. 1141.
> * Gmel. p. 3309. n° 15.
> * Schrot. Einl. t. 3. p. 265. n° 6.
> * Brug. Encycl. méth. vers. t. 1. p. 105.
> List. Conch. t. 235. f. 69.
> Pennant. Zool. Brit. 4. t. 58. f. 59.
> * *Arca modiolus.* Poli. Test. t. 2. pl. 25. f. 20. 21. 22.
> * Dilw. Cat. t. 1. p. 236. n° 24.
> * *Arca Quoyi?* Payr. Cat. p. 62. n° 109. pl. 1. f. 40 à 43.
> * *Fossilis. Arca nodulosa.* Brocchi. Conch. Foss. t. 2. p. 478. pl. 11. f. 6. a. b. c.

Habite l'Océan européen. Mon cabinet. Elle est blanche, transparente, non crénelée au bord supérieur. Largeur, 12 à 24 millimètres. Épiderme velu.

18. **Arche trapézine.** *Arca trapezina.* **Lamk.** (2)

> *A. testâ ovatâ, subtrapeziâ, depressâ, pellucidâ; sulcis longitudinalibus transversim striatis; umbonibus lœvibus.*

---

(1) Cette espèce devra disparaître du catalogue, car elle est la même que l'*arca squamosa,* n° 35. Après vérification nous avons reconnu qu'elle pouvait à peine former une variété.

(2) Espèce peu distincte de l'*arca Helbingii.* En est-ce encore une variété ?

30*

Mus. n°.

Habite les mers australes, à Timor et à l'île King. Mon cabinet. Facette cardinale concave, un peu étroite. Largeur, 34 millimètres.

19. Arche pistache. *Arca pistachia.* Lamk. (1)

A. testâ ovatâ, decussatìm striatâ, extùs griseâ, intùs fusco-nigricante ; natibus proximis.

Mus. n°.

Habite les mers australes, à Timor et à l'île King. Ses valves sont striées à l'intérieur. Largeur, 21 millimètres.

20. Arche pisoline. *Arca pisolina.* Lamk.

A. testâ minimâ, obovatâ, ventricosâ, decussatìm striatâ ; striis longitudinalibus eminentioribus ; natibus approximatis.

Mus. n°.

Habite les mers de la Nouvelle-Hollande. Elle est nacrée à l'intérieur. Largeur, 6 ou 7 millimètres. Sa coupe approche de celle de l'arche lactée.

21. Arche cancellaire. *Arca cancellaria.* Lamk.

A. testâ ovali, subquadratâ, intùs extùsque fusco-violaceâ ; sulcis longitudinalibus transversè striatis, granosis; natibus approximatis.

Cabinet de M. Defrance.

Habite... Sa coupe approche encore de celle de l'arche lactée; mais elle est plus inéquilatérale, à crochets plus obliques. Largeur, 22 millimètres. Elle a des rapports avec l'*arca pistachia*, et vient peut-être des mers australes.

22. Arche callifère. *Arca callifera.* Lamk.

A. testâ ovali-oblongâ, utroque latere rotundatâ ; fusco violacescente ; sulcis longitudinalibus transversè striatis ; cardinis extremitatibus gibboso-callosis.

Cabinet de M. Defrance.

Habite.... Ses crochets sont obliques, peu saillants, rapprochés. Largeur, 21 millimètres.

---

(1) Celle-ci diffère très peu de l'*arca fusca* : elle est plus petite, et les valves sont d'un beau brun-noir à l'intérieur.

23. Arche irudine. *Arca irudina.* Lamk.

> *A. testá ovali, tumidá, decussatim striatá, anteriùs et supernè squámosá; natibus approximatis, obliquis.*

Cabinet de M. Defrance.

Habite.... Elle a presque l'aspect de l'*irus* à l'extérieur. Largeur, 18 à 22 millimètres.

Bord supérieur crénelé en dedans.

24. Arche blanche. *Arca Helbingii.* Brug. (1)

> *A. testá transversá, anteriùs productá, posteriùs truncatá; sulcis longitudinalibus crenulatis, anticè duplicatis; margine hiante.*

* Lister. Conch. pl. 229. f. 64.

* Gronov. Zoophi. pl. 18. f. 7.

* *Arca Jamaicensis.* Gmel. p. 3312. n⁰ 28.

* Schroter. Einl. t. 3. p. 282. n⁰ 8. *Id.* p. 288. n⁰ 21.

Arca Helbingii. Brug. Dict. n⁰ 5.

Arca candida. Chemn. Conch. 7. t. 55. f. 542.

Arca candida. Gmel. p. 3311. n° 26.

* *Arca candida.* Dilw. Cat. t. 1. p. 228. n° 6.

Habite les côtes de Guinée, celles du Brésil, etc. Mus. n°. Mon cabinet. Ses crochets sont peu écartés; son épiderme est fort écailleux; son bord est médiocrement crénelé. Largeur, 52 millimètres.

25. Arche esquif. *Arca scapha.* Lamk. (2)

> *A. testá transversim oblongá, ventricosá, multicostatá; costis sulco divisis; umbonibus obliquis rufescentibus.*

---

(1) En examinant un grand nombre de variétés de cette espèce et en les comparant à l'*arca ovata* et à l'*arca trapezia*, on voit disparaître peu à peu et par nuances insensibles les caractères peu importants sur lesquels ces espèces ont été établies; aussi nous croyons qu'il sera nécessaire par la suite de réunir ces espèces en une seule à laquelle on conservera le nom d'*arca nivea*.

(2) L'*arca scapha* se distingue très bien de la suivante en prenant pour type le grand et bel individu de la Col-

Chemn. Conch. 7. p. 201. t. 55. f. 548.

Encyclop. pl. 3o6. f. 1. a. b.

[b] *Var. costis pluribus indivisis; natibus minùs remotis.*

Habite les mers de l'Inde, et ailleurs celles des climats chauds. Mus. n°. Mon cabinet. Grande coquille toujours alongée, en forme de navire, et que l'on a confondue avec la suivante. Elle a 29 à 34 côtes; les arcuations de ses crochets sont fort obliques. Largeur, 109 millimètres.

26. **Arche anadara.** *Arca antiquata.* **Lin.** (1)

A. testâ transversâ, obliquè cordatâ, ventricosâ, multicostatâ; costis 27, transversè striatis, muticis : posticis bifidis.

Arca antiquata. Lin. Gmel. n° 16. Brug. n° 12.

Gualt. Test. t. 87. fig. B. Adans. Sénég. t. 18. f. 7.

Poli. Test. 2. t. 25. f. 14 et 15.

Chemn. Conch. 7. p. 205. t. 55. f. 549.

Encyclop. pl. 3o6. f. 2. a. b.

Habite l'Océan indien, les côtes d'Afrique, la Méditerranée. Mus. n°. Mon cabinet. Coquille blanche, renflée, moins alongée transversalement que la précédente, à crochets moins obliques, à côtes plus simples, moins nombreuses.

---

lection du Muséum. Cette coquille est assez mince, blanche, et ses côtes, sur-tout celles du côté antérieur, sont étroites, fort saillantes, et toutes sont divisées en deux parties égales par un sillon étroit mais presque aussi profond que les intervalles des côtes. Il est certain qu'aucune des figures citées dans les auteurs ne représente cette espèce; aussi il sera nécessaire de supprimer toute la synonymie, et de faire de la variété une espèce particulière parfaitement distincte de celle-ci et de toutes les autres du même genre.

(1) Nous sommes convaincu que depuis Linné, deux espèces au moins ont été confondues sous cette dénomination d'*arca antiquata*; elles se distinguent cependant avec facilité : l'une, plus transverse, a la surface cardinale toujours sillonnée en losanges lorsque les valves sont réunies (Gualtieri, Test. pl. 87, f. B. Chemn; Conch. t. 7, pl. 55 f. 549? Encyclop. pl. 3o6, f.) L'autre ayant le test plus épais, les côtes plus plates, plus larges et striées, n'a jamais de sillons sur la surface cardinale. Cette dernière étant la plus com-

27. Arche rhomboïde. *Arca rhombea.* Born.

A. testá cordatá, multicostatá; costis transversim striatis; na-
tibus incurvatis remotis.

* Born. Mus. p. 90.
* Gmel. p. 3314. nᵒ 39.
* Schrot. Einl. t. 3. p. 284. nᵒ 13.
* Lister. Conch. pl. 239. f. 75.
Rumph. Mus. t. 44. f. N.
Gualt. Test. 87. f. A.
* Fav. Conch. pl. 51. f. C. 3.
Arca rhombea. Brug. Dict. nᵒ 14.
Chemn. Conch. 7. t. 56. f. 553. a. b.
Encyclop. pl. 307. f. 3. a. b.
* Dilw. Cat. t. 1. p. 233. nᵒ 19.
Habite l'Océan indien. Mus. nᵒ. Elle tient de très près à la
suivante ; mais elle a ses crochets plus écartés et ses côtes
sans tubercules.

28. Arche grenue. *Arca granosa.* Lin.

A. testá cordatá, ventricosá, costatá; umbonibus prominenti-
bus, subrectis, incurvis; costis tuberculatis aut crenatis.

[a] *Testa costis 25 s 26, umbonibus magnis.*
* Lin. Syst. nat. p. 1142.
* Schrot. Einl. t. 3. p. 268.
* Gmel. p. 3310. nᵒ 18.
* Rumph. Amb. t. 44. f. K.
* D'Argenv. Conch. pl. 27. f. C.
List. Conch. t. 244. f. 79.
Gualt. Test. t. 87. fig. E.

---

mune, la plus anciennement connue, conservera sans doute
le nom d'*arca antiquata.* Nous y rapportons les figures suivantes qui la représentent le mieux (Gualt. Test. pl. 87 f.
C. Chemn. Conch. t. 7. pl. 55 f. 548. Encyclop. pl. 306. f.
2. Gronov. Zooph. pl. 18. f. 13.) Nous ferons remarquer
que la coquille figurée par Poli et que Lamarck cité dans
la synonymie, constitue une espèce distincte des deux
autres. Celle-ci, qui habite la Méditerranée, est l'analogue
vivant de l'*arca diluvii.* L'*arca antiquata* de Brocchi n'est
pas non plus un véritable *antiquata*, mais l'*arca diluvii*
analogue fossile de l'espèce figurée par Poli.

Favan. Conch. t. 51. fig. C. 1.

Encyclop. pl. 307. f. 1. a. b.

* Sow. Genera of Shells. f. 2.

[b] *Testa costis 18 ad 20; natibus remotiusculis; costarum tuberculis distantibus.*

List. Conch. t. 241. f. 78.

Knorr. Vergn. 6. t. 34. f. 2.

Arca granosa. Lin. Gmel. n° 18.

Chemn. Conch. 7. t. 56. f. 557.

[c] *Testa costis 18 ad 20; natibus magis approximatis; costis crenatis.*

Habite l'Océan indien et américain. Mus. n°. Mon cabinet. Cette espèce offre des variétés que l'on pourrait distinguer. Elles se rapprochent néanmoins par de grands rapports.

29. Arche auriculée. *Arca auriculata.* Lamk.

A. testá cordatá, ventricosá, multicostatá; costis crenulatis; umbonibus obliquis; antice emarginatá.

Mus. n°.

Habite l'Océan indien. Mon cabinet. Elle tient à l'arche rhomboïde; mais ses crochets sont peu écartés, et elle ne devient pas aussi grande. Largeur, 42 millimètres.

30. Arche inéquivalve. *Arca inæquivalvis.* Brug. (1)

A. testá obliquè cordatá, ventricosá, inæquivalvi, multicostatá; costis planulatis, sublœvibus.

Arca inæquivalvis. Brug. Dict. n° 16.

* Schrot. Einl. t. 3. p. 284.

Chemn. Conch. 7. t. 56. f. 552.

Encyclop. pl. 305. fig. 3. b.

* *Arca indica.* Var. Dilw. Cat. t. 1. p. 235.

Habite l'Océan indien. Mus. n°. Mon cabinet. Coquille blanche, toujours mince, à valves semblables, mais dont une dépasse l'autre au bord supérieur et au côté antérieur. Largeur, 60 millimètres. La facette qui sépare les crochets est toujours très distincte.

---

(1) Cette espèce est différente de l'*arca indica* de Gmelin, avec laquelle quelques auteurs, et Dillwyn particulièrement, l'ont confondue. Nous ferons remarquer que, dans son *Genera*, M. Sowerby a donné le nom d'*arca inæquivalvis* à l'*arca brasiliana* de Lamarck, n° 33.

31. Arche indienne. *Arca indica*. Gmel.

> *A. testâ ovatâ, inœquivalvi, multicostatâ; costis mediis sulco
> divisis; natibus proximis; areâ nullâ.*
> *Arca indica.* Gmel. n° 27. *Varietate exclusâ.*
> * Schrot. Einl. t. 3. p. 282.
> Chemn. Conch. 7. t. 55. f. 543.
> List. Conch. t. 232. f. 66.
> * Dilw. Cat. t. 1. p. 234. n° 21. *Var. exclusa.*
> Habite l'Océan indien. Mon cabinet. Coquille miuce, très
> distincte de la précédente, et d'unc moindre taille.

32. Arche larges-oôtes. *Arca senilis*. Lin.

> *A. testâ obliquè cordatâ, tumidâ; umbonibus maximis; costis
> latis, muticis, subduodenis.*
> *Arca senilis.* Lin. Syst. nat. p. 1142. Gmel. p. 3309. n° 17.
> Brug. n° 15.
> List. Conch. t. 238. f. 72.
> Gualt. Test. t. 87. fig. D.
> Le Fagan. Adans. Sénég. t. 18. f. 5.
> Chemn. Conch. 7. t. 56. f. 554—556
> * D'Argenv. Conch: pl. 23. f. K.
> * Fav. Conch. pl. 51. f. C. 2.
> Encyclop. pl. 308. f. 1. a. b.
> * Dilw. Cat. t. 1. p. 234.
> Habite l'Océan américain, les côtes d'Afrique. Mus. n°.
> Mon cabinet. Coquille épaisse, bien connue, et facilement
> distincte. Elle est blanche, et se colore en vieillissant.
> Elle a 8 côtes, plus grandes que les autres dans sa partie
> moyenne.

33. Arche du Brésil. *Arca Brasiliana*. Lamk.

> *A. testâ cordatâ, anteriùs subangulatâ, albo-rufescente, mul-
> ticostatâ; costis anticis muticis; posticis crenulatis.*
> * *Arca inœquivalvis.* Sow. Genera of Shells. f. 3.
> Cabinet de M. Defrance.
> Habite les côtes du Brésil, à Rio-Janeiro. Largeur, 35 milli-
> mètres.

34. Arche corbicule. *Arca corbicula*. Gmel.

> *A. testâ ovatâ, subtrapeziâ, albâ; sulcis longitudinalibus
> transversim striatis; areâ cardinali angustiusculâ.*

List. Conch. t. 234. f. 68.
* Gmel. p. 3310. n° 19.
* Schrot. Einl. t. 3. p. 285. n° 15.
* Klein. Ostr. pl. 10. f. 43. 44. *Ex Listero.*
Chemn. Conch. 7. t. 56. f. 559.
Encyclop. pl. 309. f. 5.
Arca aculeata. Brug. Dict. n° 17.
* *Arca corbula.* Dilw. Cat. t. 1. p. 235. n° 22.
Habite les mers du Cap de Bonne-Espérance et celles de l'Inde. Mon cabinet. Je ne lui vois point de piquants. Ses crochets sont médiocrement écartés. Largeur, 28 millimètres.

35. Arche écailleuse. *Arca squamosa.* Lamk. (1)

A. testá ovato-cuneatá, cancellatìm striatá; natibus tumidis approximatis; pube obliquá, imbricato-sqamosá.
An arca reticulata? Gmel. n° 25.
Habite les mers de la Nouvelle-Hollande, à l'île King. Mus. n°. Largeur, 21 millimètres. La coquille de *Lister*, Conch. t. 233. f. 67, et celle de *Chemnitz*, Conch. 7. t. 54. f. 540, en approchent, mais en sont au moins des variétés.

36. Arche de Cayenne. *Arca Cayenensis.* Lamk.

A. testá ovali-obliquá, pectiniformi, luteo-rufescente, radiatim costatá; costis angulato-planis, muticis, numerosis.
Mon cabinet.
[2] *Var. testá obliquè cordatá; costis subcrenatis.*

---

(1) Cette espèce est sans aucun doute la même que l'*arca Domingensis*, n° 16: il faudra les réunir sous une seule dénomination. C'est encore la même qui, à l'état fossile, est inscrite sous le nom d'*arca clathrata*, n° 6. Nous avions d'abord pensé que cette espèce était la même que la *reticulata* de Chemnitz et Gmélin; mais nous avons reconnu qu'elle constituait une bonne espèce voisine de l'*Helbingii* par ses rapports, et à laquelle ne convenait nullement la figure 67, pl. 233 de Lister, citée par ces auteurs dans leur synonymie. Pour introduire l'*arca reticulata* dans le catalogue, il sera nécessaire d'en supprimer la citation de Lister, et pour conserver la *squamosa* de Lamarck, il faudra y joindre l'*arca Domingensis* et l'*arca clathrata*.

Habite les mers de la Guyane. Communiquée par M. *Richard*. Son côté antérieur est large, obliquement arrondi. Elle a au moins 3o côtes, et est sillonnée à l'intérieur. Largeur, 29 millimètres. La variété [b] est bien moins large, et pourrait être distinguée.

37. Arche bisillonnée *Arca bisulcata*. Lamk.

A. testâ transversim oblongâ, antice angulatâ, longitudinaliter sulcatâ; sulcis transversè striatis, alternis minoribus.
Mon cabinet.
[2] *Var. sulcis pluribus crenulatis.*
Habite les mers de la Guyane et du Brésil. Elle est d'un blanc jaunâtre ou roussâtre; son bord interne est obscurément crénelé. Largeur, 3o millimètres.

† 38. Arche ciliée. *Arca lacerata*. Lin.

A. testâ transversâ, fuscâ, subovatâ, depressâ; striis longitudinalibus ciliato-laceratis, granulatis, inœqualibus; margine subcrenato, clauso; areâ cardinali angustissimâ.
Arca lacerata. Lin. Mus. Tessin. p. 116. n° 2. pl. 16. f. 1.
Seba. Mus. t. 3. pl. 88. f. 13.
Chemnitz. Conch. t. 7. p. 189. pl. 54. f. 536. 537.
Schrot. Einl. t. 3. p. 280. n° 3.
Brug. Encyclop. méth. vers. t. 1. p. 101. n° 9.
Arca barbata. Var. δ. Gmel. p. 3307. n° 3.
Fav. Conch. pl. 51. f. C. 5.
Encyclop. méth. pl. 309. f. 2.
Arca lacerata. Dilw. Cat. t. 1. p. 229. n° 10.
Habite les mers de l'Inde. Espèce voisine de la *barbata*. Elle est très inéquilatérale. La surface cardinale du ligament est si étroite, que les crochets se touchent. Elle est brune, sous un épiderme verdâtre. Des poils alongés de cet épiderme sont disposés à des distances régulières sur des stries longitudinales rayonnantes.

† 39. Arche réticulée. *Arca reticulata*. Chemn.

A. testâ ovato - rhomboideâ, subcompressâ, decussatim striatâ, albidâ; striis œqualibus, umbonibus minimis, approximatis; areâ ligamenti angustâ, tenuè sulcatâ; marginibus crenatis.
Arca reticulata. Chemn. Conch. t. 7. p. 193. pl. 54. f. 540.
Id. Gmel. p. 3311. n° 25.

Schrot. Einl. t. 3. p. 3311. n° 6.
Dilw. Cat. t. 1. p. 237. n° 25.
Habite les mers de l'Inde. Coquille voisine de l'*arca Helbingii*. Il ne faut pas confondre avec elle l'espèce figurée par Lister. Cette figure de Lister représente l'*arca Domingensis* et l'*arca squamosa* qui sont de la même espèce, mais toujours différente de celle-ci. L'arche réticulée est ovale, subrhomboïde, très inéquilatérale, treillissée par des stries assez fines. Elle est blanche sous un épiderme brun.

† 40. **Arche de Gaimard.** *Arca Gaimardi.* **Payr.**

> *A.* *testâ parvâ, quadratâ, ventricosâ, albidâ, æquilaterâ, cordiformi, cancellatìm striatâ; natibus recurvis, approximatis; areâ cardinali profundâ.*

Payr. Cat. des Moll. de Corse. p. 61. n° 108. pl. 1. f. 36—39.
Habite la Méditerranée, l'île de Corse, la Sicile. Petite coquille blanche, quadrilatère, équilatérale, couverte d'un fin réseau de stries longitudinales et transverses. Elle est enflée, cordiforme; ses crochets sont grands, opposés, et la surface cardinale forme une goutière étroite et profonde.

Espèces fossiles.

1. **Arche esquif.** *Arca scapha.* **Lamk.**

> *A.* *testâ transversìm oblongâ, ventricosâ, multicostatâ; costis planulatis; umbonibus obliquis.*

Mus. n°.
Habite à Timor, dans l'état de demi-fossile.

2. **Arche du déluge.** *Arca diluvii.* **Lamk.** (1)

> *A.* *testâ ovato-transversâ, ventricosâ, albâ, multicostatâ; costis planulatis, transversè striatis; areâ declivi, sulcis tribus quatuorve instructâ; margine crenato.*
>
> * *Arca antiquata.* Poli. Test. t. 2. pl. 25. f. 14. 15.
> * Gualt. Ind. Test. pl. 87. f. B ?

---

(1) Nous avons cru autrefois que toutes les coquilles nommées ainsi par Lamarck appartenaient à une seule espèce; un nouvel examen nous a convaincu que cet auteur en avait confondu trois sous la même dénomination : l'une, dont le type vivant est connu, a été figurée par Poli sous

* Fossilis. *Arca antiquata*. Brocchi. Conch. Foss. t. 2.
  p. 477. n° 4.

Vivante dans la Méditerranée, la Mer Rouge. Fossile à
  Asti, Parme, Sienne, en Sicile, à Perpignan.

Arca diluvii. Annales du Mus. 6. p. 219.

[a] *Testa tumida, subinæquivalvis.*

[b] *Testa æquivalvis.*

Habite..... La coquille [a] se trouve fossile, près de Plaisance. M. *Cuvier*. Largeur, 55 millimètres. La coquille [b]
  se trouve fossile et de différentes tailles, à Sienne en Italie,
  près de Turin, aux environs de Bordeaux et dans la Touraine. Mus. n°. Mon cabinet. Elle a 32 à 36 côtes.

3. Arche à deux angles. *Arca biangula*. Lamk.

> *A. testá transversìm oblongá, decussatim striatá; striis gra-*
> *nulato-squamosis; antico latere biangulato, producto:*

Arca biangula. Annales du Mus. 6. p. 219. et vol. 9. pl. 19.
  f. 2. a. b.

* *Arca Branderi?* Sow. Min. Conch. pl. 276. f. 1. 2.

* Desh. Descrip. des Coq. foss. t. 1. p. 198. n° 1. pl. 34.
  f. 1—6.

Habite..... Fossile de Grignon. Mus. n°. Largeur, 35 millimètres et plus.

4. Arche scapuline. *Arca scapulina*. Lamk. (1)

> *A. testá oblongo-ovatá, transversá, medio sinuato-coarctatá;*
> *sulcis longitudinalibus confertis subgranulatis.*

---

le nom d'*arca antiquata* : c'est celle que Brocchi a citée à
l'état fossile, sous cette dénomination fautive. Nous lui
conserverons le nom d'*arca diluvii*. Nous ne connaissons
la seconde espèce qu'à l'état fossile; on la rencontre aux
environs ds Bordeaux, à Saint-Léger près Nantes. La troisième se trouve particulièrement dans les faluns de la
Touraine; elle se distingue par un angle postérieur et la
surface cardinale lisse et sans sillons, tandis que cette surface a un grand nombre de sillons fins dans la seconde, et
deux ou trois fort écartés dans la première. Les variétés
indiquées par Lamarck ne correspondent pas aux trois espèces que nous signalons.

(1) Lamarck réunit ici deux espèces très distinctes, et

Arca scapulina. Annales du Mus. 6. p. 221. et vol. 9. pl. 18.
f. 10. a. b.

* Desh. Descrip. des Coq. foss. t. 1. p. 216. n° 22. pl. 33.
f. 9. 10. 11.

Arca barbatula. Annales du Mus. 6. p. 219. n° 3.

Habite..... Fossile de Grignon. Mus. n°. Mon cabinet. Des individus plus grands m'avaient fait distinguer, comme espèce, l'*arca barbatula* citée, qui n'en est qu'une variété d'âge. Largeur, 34 millimètres.

5. Arche interrompue. *Arca interrupta.* Lamk.

A. testá ovato-oblongá, transversá, depressá, longitudinaliter sulcatá; cardine interrupto, paucidentato; natibus contiguis.

Arca interrupta. Annales du Mus. 6. p. 220.

* Desh. Descrip. des Coq. foss. t. 1. p. 213. n° 19. pl. 32.
f. 19. 20.

Habite..... Fossile de Parnes, aux environs de Paris. Mon cabinet.

6. Arche grillée. *Arca clathrata.* Def. (1)

A. testá ovato-transversá, depressá, cancellatìm striatá; antico latere obliquo; natibus approximatis.

Mon cabinet.

* Lister. Conch. pl. 487. f. 43. *Fossilis.*

* Def. Dict. nat. t. 2. suppl. p. 115.

* Basterot. Mém. de la Soc. d'hist. nat. de Paris. t. 2. p. 75.
n° 3. pl. 5. f. 12.

Habite..... Fossile des environs d'Angers. M. *Ménard.* Largeur, 20 millimètres.

---

dont il avait bien saisi les caractères dans ses mémoires sur les fossiles de Grignon. L'*arca scapulina* est une très petite coquille, de trois ou quatre lignes de largeur; la *barbatula* a toujours plus d'un pouce. Cette confusion, sans doute involontaire, est le résultat de quelque dérangement dans les notes manuscrites de Lamarck, aveugle pendant que cette partie de son ouvrage s'imprimait.

(1) Voy. la note relative à l'*arca squamosa*, n. 35.

7. Arche étroite. *Arca angusta.* Lamk.

A. testá transversim oblongá, angustatá, depressiusculá, decussatim striatá ; natibus approximatis.

Annales du Mus. 6. p. 220. n° 4. et vol. 9. pl. 19. f. 4.

* Desh. Descrip. des Coq. foss. t. 1. p. 201. n° 4. pl. 32. f. 15. 16.

Habite.... Fossile de Grignon. Mus. n°. Mon cabinet.

8. Arche quadrilatère. *Arca quadrilatera.* Lamk.

A. testá transversá, oblongo-quadratá, medio sinuato-depressá ; striis decussatis : longioribus eminentioribus.

Annales du Mus. 6. p. 221. n° 7. et vol. 9. pl. 19. f. 1.

* Desh. Descrip. des Coq. foss. t. 1. p. 203. n° 7. pl. 34. f. 15. 16. 17.

Habite..... Fossile de Grignon et des environs de Paris, en divers lieux. Cabinet de MM. *Defrance* et *Dufresne.*

9. Arche mytiloïde. *Arca mytiloides.* Broc.

A. testá oblongá, glaberrimá, obsoletè longitudinaliter striatá ; valvis in medio compressis.

Arca mytiloides. Brocch. Conch. 2. p. 477. t. 11. f. 1. a. b.

Habite..... Fossile de Plaisance et des environs de Turin. Mus. n°. Largeur, 90 millimètres.

† 10. Arche pectinée. *Arca pectinata.* Broc.

A. testá subrhombeá, anteriùs depressá, posteriùs rotundatá ; costis complanatis circiter trigentá, profundo sulco discretis ; margine intùs serrato ; areá ligamenti angustá, tenue striatá.

Brocchi. Conch. Foss. subap. t. 2. p. 476. n°. 3. pl. 10. f. 15.

Arca diluvii. Bast. Mém. de la Soc. d'hist. nat. t. 2. p. 76. n° 4.

Habite..... Fossile de l'Astesan et du Plaisantin. Coquille particulière par son aspect et très différente de l'*arca diluvii* avec laquelle M. Basterot l'a confondue. Elle est transverse, inéquilatérale, fort oblique ; les côtes sont nombreuses, aplaties, peu convexes ; la charnière est étroite, les dents du milieu sont effacées ; la surface du ligament est fort rétrécie, et l'on y remarque quelques stries irrégulières.

† 11. Arche de Breislak. *Arca Breislaki.* **Bast.**

> *A. testá transversá, valdè obliquá, longitudinaliter sulcatá ;
> sulcis simplicibus, complanatis; cardine angustissimo; den-
> tibus confertis , tenuibus umbonibus approximatis ; areá
> ligamenti angustá , margine crenato.*

Bast. Mém. de la Soc. d'hist. nat. de Paris. t. 2. p. 76. n° 6.
pl. 5. f. 9.

Habite.... Fossile à Dax et à Bordeaux. Petite coquille oblongue , transverse , inéquilatérale , fort oblique. Les côtes
sont simples . aplaties , peu convexes ; la charnière très
étroite est garnie d'un très grand nombre de dents fines
et très serrées ; la surface du ligament est très étroite ;
aussi, quoique peu proéminents, les crochets sont très rapprochés.

† 12. Arche cardiforme. *Arca cardiformis.* **Bast.**

> *A. testá subtrapeziá, inflatá, cordiformi; costis numerosis gra-
> nulatis ; umbonibus magnis, obliquis ; areá cardinali pro-
> fundá , tenui, striatá; dentibus cardinalibus confertissimis
> tenuibus.*

Basterot. Mém. de la Soc. d'hist. nat. t. 2. p. 76. n° 5. pl. 5.
f. 7.

Habite.... Fossile de Bordeaux et de Dax. Coquille très ventrue, cordiforme, ayant beaucoup de rapports avec l'*arca
rhombea.* Son côté postérieur est subtronqué; son bord est
crénelé profondément, et la surface du ligament a des stries
fines en lozanges.

† 13. Arches à côtes plates. *Arca planicostata.* **Desh.**

> *A. testá transversá, elongatá , subquadrilaterá , anticè rotun-
> datá, posticè subangulatá ; costis planis bipartitis , longi-
> tudinalibus, striis transversis decussantibus; cardine angusto,
> pauci-dentato; areá ligamenti angustá, tenuè striatá.*

Desh. Descrip. des Coq. foss. de Paris. t. 1. p. 204. n° 8.
pl. 32. f. 1. 2.

Habite.... Fossile des environs de Paris, à Mouchy, Parnes ,
Grignon , Senlis . Valmondois. Coquille ovale , oblongue,
inéquilatérale , ayant la charnière droite très mince , sur-
tout dans le milieu. Les dents sont petites et peu nombreuses ; la surface du ligament forme une gouttière étroite
assez profonde , couverte de fines stries en losanges , lorsque les valves sont réunies.

† 14. Arche barbatule. *Arca barbatula.* Lamk.

*A. testâ ovato-oblongâ, subdepressâ, angustâ, posticè su-
bangulatâ, tenuiter striatâ; striis numerosis, approximatis,
granulosis, anterioribus bipartitis, posticis distantibus ;
margine integro, hyante.*

Lamk. Annales du Mus. t. 6. p. 219. n° 3. et t. 9. pl. 19. f. 3.

Id. *Arca scapulina.* Var. Anim. sans vert. t. 6. p. 46. n° 4.

An eadem ? Brand. Foss. haut. p. 8. f. 106.

Desh. Descrip. des Coq. foss. de Paris. t. 1. p. 205. n° 9.
pl. 32. f. 11. 12.

Habite.... Fossile des environs de Paris. Commune dans les
calcaires grossiers, Grignon, Parnes, Courtagnon, etc.
Espèce ovale ; transverse, très distincte de l'*arca scapulina*, avec laquelle Lamarck l'a confondue dans son dernier oavrage. Elle est moins grande que l'*arca barbata*,
et elle a avec elle de l'analogie.

† 15. Arche cucullaire. *Arca cucullaris.* Desh.

*A. testâ ovatâ, inæquilaterâ, posticè latiore, obliquâ, longi-
tudinaliter striatâ; striis tenuissimis, regularibus, æqualibus, aliquando clathratis ; cardine angusto, recurvo ; dentibus anterioribus longitudinalibus, posticis transversalibus;
areâ ligamenti angustissimâ; margine integro.*

Desh. Desc. des Coq. foss. de Paris. t. 1. p. 206. n° pl. 33.
f. 1—3.

Habite.... Fossile des environs de Paris, à Parnes. Coquille
transverse, très oblique, élargie postérieurement, couverte
de stries fines et régulières. La charnière est des plus singulières. Elle est courte et très étroite ; les dents antérieures
sont longitudinales, les postérieures transverses. Cette
espèce participe ainsi des caractères des arches et des cucullées.

† 16. Arche rude. *Arca rudis.* Desh.

*A. testâ ovato-oblongâ, obliquissimâ, depressâ, irregulari,
incrassatâ, gibbosâ, longitudinaliter rugosâ, costatâ ;
costis clathratis, squamosis ; cardine subrecto ; dentibus
medio obsoletis, alteris obliquis ; areâ ligamenti magnâ,
obliquâ, tenuissimè multistriatâ.*

Desh. Descrip. des Coq. foss. de Paris. t. 1. p. 210. n° 15.
pl. 33. f. 7. 8.

Habite.... Fossile des environs de Paris, à Valmondois, les
faluns de la Touraine, d'Angers, Valognes, etc. Grande
et belle coquille ayant, par sa forme, les plus grands rapports avec l'*arca Helbingii*, dont elle n'est peut-être qu'une
forte variété. La surface du ligament forme un angle profond lorsque les valves sont réunies.

† 17. Arche filigrane. *Arca filigrana*. Desh.

*A. testâ ovatâ, depressâ, gibbosulâ, irregulari, decussatâ;
striis longitudinalibus numerosis, granulosis; latere postico
angulo separato, costis tribus quatuorve granoso squamosis
sulcato; cardine paucidentato; areâ ligamenti angustissimâ
striatâ; marginibus crenatis.*

Desh. Descrip. des Coq. foss. de Paris. t. 1. p. 212. n° 17.
pl. 33. f. 15. 16. 17.

Habite.... Fossile des environs de Paris, la ferme de l'Orme,
Chaumont. Coquille déprimée, quelquefois un peu bossue
et irrégulière. Ses stries sont nombreuses, fines, granuleuses et quelquefois divisées en deux à leur partie inférieure. La surface du ligament est étroite, finement striée
et forme un angle rentrant lorsque les valves sont réunies.

† 18. Arche modioliforme. *Arca modioliformis*. Desh.

*A. testâ ovato-transversâ, angustâ, elongatâ, gibbosâ, valdè
inæquilaterâ, obliquâ, modioliformi, longitudinaliter
striatâ; striis anterioribus elevatis, posticis undatis, depressis, distantioribus; cardine in medio interrupto, edentulo,
extremitatibus paucidentato.*

Desh. Descrip. des Coq. foss. de Paris. t. 1. p. 214. n° 20.
pl. 32. f. 5. 6.

Habite.... Fossile des environs de Paris, Rétheuil, Maulle,
Valmondois. Elle est alongée, étroite, très inéquilatérale.
Les crochets sont presque terminaux et le rétrécissement
du côté antérieur rappelle la forme des modioles. Les
dents médianes de la charnière sont effacées; les latérales
sont obliques et peu nombreuses; l'espace du ligament est
étroit, profond et sillonné.

PÉTONCLE (Pectunculus).

Coquille orbiculaire, presque lenticulaire, équivalve, subéquilatérale, close. Charnière arquée, garnie de dents nombreuses, sériales, obliques, intrantes; celles du milieu étant obsolètes, presque nulles. Ligament extérieur.

Testa orbiculata, sublenticularis, æquivalvis, subæquilatera, clausa. Cardo arcuatus; dentibus numerosis, obliquis, serialibus, alternatìm insertis : medianis obsoletis, subnullis. Ligamentum externum.

OBSERVATIONS. Les *pétoncles* avaient été confondus avec les arches par *Linné* et les naturalistes qui l'ont suivi. Ils s'en rapprochent, en effet, par la considération des dents nombreuses et sériales de leur charnière, et par celle de leur ligament extérieur. Néanmoins, comme ces coquillages offrent, dans leur forme générale et même dans leur charnière, des caractères communs, très-propres à les distinguer, il nous a paru convenable d'en former un genre particulier, qui semble très naturel, puisqu'il détache un groupe toujours distinct et assez nombreux en espèces.

On distingue aisément les *pétoncles* des arches, non-seulement par la forme orbiculaire des ces coquilles, mais principalement parce que leur charnière est arquée, c'est-à-dire, en ligne courbe, et non droite comme celle des arches. Leurs dents sont aussi moins nombreuses, moins serrées et plus grossières. Leur coquille n'est jamais bâillante, et l'animal ne l'attache point aux rochers par des filets tendineux. Il paraît que cet animal a un pied sécuriforme, lobé transversalement. Il n'offre point de trachées saillantes.

Quoique les crochets des *pétoncles* soient en général peu écartés, ils sont néanmoins toujours séparés par une facette externe, étroite, creusée en vallon, et qui donne attache à un ligament extérieur. Cette facette externe, munie de ses

3ı*

sillons anguleux, les distingue essentiellement des nucules, celles-ci ayant leur ligament en partie intérieur, et
n'offrant point de facette entre les crochets.

Les *pétoncles* sont des coquilles marines, qui semblent
se rapprocher des peignes par leur forme, par leur bord
interne toujours crénelé, et souvent par des côtes longitudinales rayonnantes. Plusieurs espèces sont susceptibles
d'acquérir avec l'âge une épaisseur quelquefois très considérable. Beaucoup de ces coquillages changent de forme
en vieillissant, ce qui rend leurs espèces difficiles à déterminer. C'est sans doute à cette difficulté qu'il faut attribuer l'imparfaite détermination de ces espèces, et la confusion de leur synonymie, telles au moins qu'elles me paraissent dans les ouvrages que j'ai consultés et qui en trai-
tent; et c'est sur-tout à l'égard des espèces les plus com-
munes et les plus anciennement connues, que la difficulté
de reconnaître à quels objets se rapportent les déterminations publiées, est devenue pour moi inextricable. L'*arca
glycimeris* est dans ce cas, et bien d'autres. Je suis donc
forcé de donner des noms nouveaux aux espèces que je
ne puis rapporter aux déterminations existantes, et je re-
grette que le plan de cet ouvrage m'interdise les descriptions qui seraient nécessaires, n'ayant presque point de
bonnes figures à citer.

[Si, dans quelques points importants, l'organisation des
pétoncles diffère de celle des arches, dans d'autres elle a
beaucoup d'analogie. Les pétoncles n'ayant point de byssus vivent librement, et ont un pied taillé à peu près
comme le tranchant d'une hache; lorsque l'organe est
contracté, le bord paraît simple, mais lorsque l'animal le
dilate, sa partie inférieure offre un disque oblong circonscrit par un bord aigu : ce disque, ressemble beaucoup
à celui sur lequel marchent les gastéropodes. Les branchies sont formées de longs filaments, comme dans les arches ; la masse abdominale est considérable, et c'est dans
toute sa longueur que le pied est attaché. L'ouverture
buccale est entre la partie antérieure de la masse abdominale et le muscle rétracteur antérieur; elle est en fente

transverse entre deux lèvres qui se prolongent de chaque côté du muscle et remontent jusque près de la base des branchies. L'œsophage est long et étroit, et il n'a point de stylet corné; il aboutit à un estomac pyriforme, d'où sort un intestin grêle cylindrique, fort long, qui, après avoir fait plusieurs circonvolutions, vient gagner la partie médiane et dorsale de l'animal, passe derrière le muscle adducteur postérieur, se contourne pour suivre sa surface et aboutir vers son bord inférieur où il se termine en un anus flottant.

Le cœur est simple; un seul ventricule embrasse le rectum; les oreillettes sont très grandes, et elles ne versent pas le sang aux branchies par leur bord, mais elles se terminent antérieurement par deux vaisseaux qui se recourbent en arrière pour fournir un petit vaisseau à chacun des filets branchiaux.]

ESPÈCES.

Des sillons longitudinaux, distants; souvent en outre des stries fines, soit transverses, soit longitudinales.

1. **Pétoncle large.** *Pectunculus glycimeris.* (1)

> *P. testâ orbiculatâ, transversâ, subæquilaterâ, longitudina-liter sulcatâ et striatâ, seniore turgidâ, crassissimâ; zonis transversis obscuris.*

---

(1) En recherchant dans les travaux de Linné l'origine de cette espèce, on voit que, dans la 10ᵉ édition du *Systema naturæ*, il y rapportait celles des figures des auteurs qui paraissent le mieux la représenter. Cependant on peut, dans cette première synonymie, distinguer deux espèces, l'une représentée par Gualtieri, pl. 72., fig. G, et l'autre, dans le même ouvrage, pl. 82, fig. C. D.

On remarque encore, dans la même synonymie, une figure de Rumphius, si mal faite, qu'il est impossible d'affirmer si elle se rapporte à cette espèce ou à toute autre. En décrivant la coquille dans le Muséum de la princesse Ulrique, Linné rectifia la synonymie; il la réduisit à la figure

An arca glycimeris? Lin. Gmel. n° 35. Brug. Dict. n° 3o.
Gualt. Test. t. 82. fig. C. D. E.
List. Conch. t. 247. f. 82 ? *Sulci longitudinales omissi.*

---

de Rumph, et à la fig. G. de Gualtieri. Par la courte description dans laquelle il dit que la coquille a des stries transverses obsolètes; qu'elle est blanche en dedans, flammulée de roux en dehors, et que les flammules se réunissent quelquefois en fascies transverses, il donne le moyen de reconnaître d'une manière exacte ce qu'il entend par *arca glycimeris.* En appliquant ces caractères, ainsi que celui du nombre des dents cardinales, ils ne peuvent convenir qu'à la coquille inscrite actuellement dans les catalogues sous le nom de *pectunculus pilosus.* Il nous paraît évident que, pour cette espèce, une substitution de nom a été faite. L'examen de la synonymie de la douzième édition du *Systema naturæ* nous confirme dans cette opinion, car Linné ajoute une figure de Bonanni représentant le *pectunculus pilosus*; il ajoute aussi le *vovan* d'Adanson, dont la description se rapporte aussi à cette dernière espèce. Linné, dans le même ouvrage, caractérise pour la première fois l'*arca pilosa*; et il nous paraît que cette espèce a été établie avec une variété peu importante de la première, car il dit qu'elle est blanche en dedans, et il y rapporte cependant une figure de Bonanni, représentant avec assez de fidélité le *pectunculus glycimeris* des auteurs. Si Linné avait lu ce que Bonanni dit de cette coquille, il se serait assuré qu'elle n'est pas blanche en dedans, et peut-être que cette indication aurait pu lui faire distinguer deux bonnes espèces. Ces deux espèces existent en effet; mais, comme elles ont quelques caractères communs, elles ont été facilement confondues. En faisant quelques rectifications à la synoymie linnéenne, il aurait été possible de conserver les dénominations proposées par l'auteur du *Systema naturæ.* Mais les auteurs qui ont suivi, ont augmenté la confusion, non-seulement, comme l'a fait Chemnitz, en transportant le nom linnéen d'une espèce à l'autre, mais encore en distribuant à chacune d'elles la synonymie d'une ma-

Knorr. Vergn. 6. t. 14. f. 3.
Poli. Test. 2. t. 25. f. 19.
Chemn. Conch. 7. t. 57. f. 564?

nière fautive. Born, dans le Muséum, a bien distingué *l'arca pilosa*, en rectifiant la synonymie de Linné, et cette synonymie se rapporte à l'espèce nommée aujourd'hui *pectunculus glycimeris*. Tous les auteurs, du moins tous ceux que nous avons pu consulter, ont confondu, comme Chemnitz, les variétés des deux espèces, et ont consacré la substitution de leurs noms. Poli, Bruguière, Dilwyn, n'ont pas été exempts des mêmes erreurs, et Lamarck lui-même, dans l'embarras qu'il a éprouvé, n'ayant pas remonté à la source de la confusion, n'a pu la réparer. Les deux espèces sont, il est vrai, assez difficiles à distinguer : l'une, *l'arca glycimeris*, Linn., est lenticulaire, déprimée, blanche en dedans; la surface du ligament est plus petite, plus étroite, et les stries transverses sont plus apparentes; l'autre, *l'arca pilosa*, Linn., est plus enflée; elle est brune, treillissée par des stries égales; elle est blanche à l'intérieur, avec une grande tache brune sur le côté postérieur. Il serait possible que, par la suite, ces caractères distinctifs, paraissant actuellement suffisants aux conchyliologues, devinssent d'une moindre importance; car nous supposons que, lorsque toutes les variétés des deux espèces seront connues et étudiées avec soin, on ne trouvera plus de caractères pour les séparer. Autrefois, Lamarck avait donné le nom de *pectunculus pulvinatus* à une espèce des environs de Paris; ici il a confondu sous le même nom plusieurs espèces, parmi lesquelles nous avons reconnu l'analogue fossile de *l'arca pilosa* de Linné. Cette erreur de Lamarck a été cause de celle des géologues, qui ont cité le *pectunculus pulvinatus* presque partout dans les terrains tertiaires, tandis que cette espèce ne se rencontre réellement que dans le terrain parisien : ce sera donc à *l'arca pilosa* qu'il faudra, à l'avenir, rapporter le *pectunculus pulvinatus*, cité à Dax, à Perpignan, dans les faluns de la Tourraine, ceux d'Angers, en Italie, en Sicile, en Morée, etc.

* *Arca undata.* Id. pl. 57. f. 560.
* *Arca marmorata.* Id. f. 563.
* Encyclop. pl. 310. f. 3.
[b] *Var. testâ subinœquilaterâ, albo-flavescente, fulvo zonatâ.*
Pennant. Zool. Brit. 4. t. 58. f. 58.

Habite la Méditerranée et l'Océan atlantique. Mon cabinet. Ses crochets sont à peine obliques, les intervalles entre les sillons longitudinaux sont striés longitudinalement. Cette coquille devient très grande et très épaisse avec l'âge. Largeur d'un vieil individu, 102 millimètres. La variété [b] se trouve dans la Manche (1).

2. Pétoncle flammulé. *Pectunculus pilosus.*

P. testâ orbiculato-ovatâ, tumidâ, decussatim striatâ; natibus obliquis; epiderme fuscâ, pilosâ.

[a] *Testa gibba, fusco fulvoque nebulosa; margine supero irregulari, producto.*

List. Conch. t. 240. f. 77.
Poli. Test. 2. tab. 26. f. 77.
* Born. Mus. p. 92.
* Knorr. Vergn. t. 2. pl. 23. f. 6.
* Gualt. Test. pl. 73. f. A.
* Sow. Genera of Shells. f. 1.
Chemn. Conch. 7. t. 57. f. 565. 566.
Encyclop. pl. 310. f. 2.

[b] *Testa suborbiculata, tumida, albida, flammulis rufis picta; margine supero rotundato, subregulari.*

Arca pilosa. Lin.
Gualt. Test. t. 72. fig. G.
Poli. Test. 2. tab. 25. f. 17. 18.
* *Fossilis. Arca pilosa.* Brocchi. Conch. Foss. t. 1. p. 487. n° 16.

---

(1) Il existe dans la collection du Muséum un individu très grand de l'*arca pilosa* de Linné; il vient du golfe de Tarente; il est tout-à-fait identique, pour la taille et tous les caractères, au grand pétoncle fossile du Plaisantin, auquel Brocchi a justement donné le nom linnéen. Ce grand pétoncle fossile a été confondu par plusieurs auteurs avec le *pectunculus pulvinatus.*

* *Pectunculus pulvinatus*. Bast. Mém. de la Soc. d'hist. nat.
t. 2. p. 77. n° 2.
* *Pectunculus pulvinatus*. Var. *Tourinensis* et *Pyrenaicus*.
Brongn. Vicent. p. 77. pl. 6. f. 15. 16. a. b.
* *An eadem species ?* Sow. Genera of Shells. f. 2.
Habite la Méditerranée et l'Océan atlantique. Mus. n°. Mon
cabinet. Son épiderme velu n'est point ce qui distingue
cette espèce; beaucoup d'autres l'ont aussi. Elle est moins
transverse que la précédente ; ses crochets sont plus obliques , et elle devient plus gibbeuse , plus irrégulière en
vieillissant; alors elle acquiert aussi beaucoup d'épaisseur;
enfin elle a une grande tache d'un roux-brun à l'intérieur.
Largeur, 78 millimètres.

3. Pétoncle ondulé. *Pectunculus undulatus*. Lamk.

> *P. testá orbiculato-ovatá , tumidá , inæquilaterá , anticè an-*
> *gulatá, albá ; maculis rufis undatis per series transversas ;*
> *natibus rectè incurvis.*
> *An arca undata.* Lin.? Gmel. n° 32. Brug. n° 29.
> Habite..... l'Océan d'Amérique ? Mon cabinet. Je ne connais
> aucune figure qui exprime les traits de cette coquille. Ses
> sillons longitudinaux sont bien apparents. Ses taches on-
> duleuses sont nombreuses, petites et par zones fréquentes.
> Corselet grand , ovale , avec des raies rousses transverses.
> Largeur, 38 millimètres.

4. Pétoncle marbré. *Pectunculus marmoratus.* Lamk. (1)

> *P. testá lenticulari , subæquilaterá , convexo-depressá , de-*
> *cussatim subtilissimè striatá , albidá ; flammulis subangula-*
> *tis, flavis rufis aut spadiceis, per fascias inæquales digestis.*
> *Arca marmorata.* Gmel. n° 40.
> Chemn. Conch. 7. t. 57. f. 563.
> Habite l'Océan d'Europe et américain. Mon cabinet. Elle
> n'est point rare , et offre des variétés dans la couleur et
> la quantité de ses taches. Largeur, 50 à 60 millimètres.
> Mus. n°.

---

(1) D'après la collection du Muséum et la figure de Chemnitz, cette espèce serait faite avec un jeune individu du
pectunculus glycimeris. Nous croyons qu'il sera nécessaire
de la supprimer du catalogue.

5. Pétoncle écrit. *Pectunculus scriptus.* **Lamk.** (1)

> *P. testá orbiculari, convexo-depressá, decussatim striatá, albidá, lineis angulatis fulvis pictá.*
>
> *Arca scripta.* Born. Mus. p. 93. tab. 6. f. 1. a.
> List. Conch. t. 246. f. 80.
> * Schrot. Einl. t. 3. p. 289. n° 25.
> * Dilw. Cat. t. 1. p. 243. n° 39.
> Brug. Dict. n° 33. Encyclop. pl. 311. f. 8.
> Habite à la côte de Saint-Domingue. Mon cabinet. Largeur, 45 millimètres.

6. Pétoncle pennacé. *Pectunculus pennaceus.* **Lamk.**

> *P. testá orbiculari, tumidá, decussatim striatá, albá; maculis spadiceis longitudinalibus fasciculatis ; natibus ligamenti extremitate anticá inflexis.*
>
> *An arca decussata ?* Lin. Syst. nat. p. 1142. Gmel. p. 3310. n° 20.
> Arche tachetée. Brug. Dict. n° 26.
> Knorr. Vergn. 5. t. 30. f. 3. *Bona.*
> Chemn. Conch. 7. t. 57. f. 561 ? Encyclop. pl. 310. f. 5?
> * Schrot. Einl. t. 3. p. 270.
> * Dilw. Cat. t. 1. p. 239. n° 31.
> Habite la mer des Indes. Mon cabinet. Espèce remarquable par la nature de ses taches, et sur-tout par les crochets qui ont leur pointe dirigée tout-à-fait à l'extrémité antérieure du ligament, de manière que ce ligament est entièrement hors de l'intervalle qui les sépare. La lunule est en cœur, avec des raies rousses transverses. Largeur, 50 millimètres.

7. Pétoncle rougeâtre. *Pectunculus rubens.* **Lamk.** (2)

> *P. testá orbiculari, convexá, striis tenuissimis decussatá, pallidè rubente maculosá, multizonatá.*

---

(1) Nous croyons que celui-ci est une variété de l'*arca pilosa*, Linn., *pectunculus pilosus*, Lamk.; cependant, d'après la description de Bruguière, faite sur l'individu de la collection Lamarck, cette coquille aurait quelques caractères propres à la faire distinguer.

(2) La figure citée de l'Encyclopédie représente exactement l'*arca glycimeris* de Linné.

Encyclop. pl. 3ıo. f. 3 ?

Habite..... Je la crois étrangère aux mers d'Europe. Coquille
grande, rougeâtre, à taches petites, nombreuses, plus fon-
cées, et à facette cardinale très étroite. Elle a une grande
tache d'un roux-brun à l'intérieur. Largeur, 68 millimètres. Mon cabinet.

8. Pétoncle anguleux. *Pectunculus angulatus.*
Lamk. (1)

P. testâ subcordatâ, ventricosâ, anteriùs angulatâ, longitu-
dinaliter sulcatâ et striatâ ; areâ ligamenti breviusculâ.
Arca angulosa. Gmel. p. 3315. nº 41. Brug. nº 28.
List. Conch. t. 245. f. 76.
Chemn. Conch. 7. t. 57. f. 567.
* Dilw. Cat. t. 1. p. 240. nº 34.
Habite les mers d'Amérique. Mon cabinet. Taille médiocre ;
couleur roussâtre, nuée de blanc. Quoique éminemment
sillonnée et striée longitudinalement, elle a des stries
transverses très fines. Largeur, 44 millimètres. Une grande
tache roux-brun à l'intérieur.

9. Pétoncle étoilé. *Pectunculus stellatus.* Lamk.

P. testâ orbiculato-cordatâ, fulvâ ; natibus albo-stellatis ;
striis longitudinalibus remotiusculis.
Bonan. Recr. 2. f. 62.
Arca stellata. Brug. Dict. nº 32.
* *Venus stellata.* Gmel. p. 3289. nº 104.
* *Venus.* Schrot. Einl. t. 3. p. 181. nº 87.
* Dilw. Cat. t. 1. p. 242. nº 38 (2).
Habite l'Océan atlantique, les côtes du Portugal. Mon cabi-
net. Largeur, 44 millimètres.

10. Pétoncle pâle. *Pectunculus pallens.* Lamk.

P. testâ lenticulari, inœquilaterâ, decussatim striatâ, sulcis
longitudinalibus eminentioribus ; natibus approximatis, ad
nullum latus obliquatis.

---

(1) Dilwyn rapporte à cette espèce le vovau d'Adanson ;
mais nous croyons que cette coquille a beaucoup plus de
ressemblance avec le *pectunculus pilosus.*

(2) Les observations judicieuses de Bruguière sur cette

Arca pallens. Lin. Syst. nat. p. 1142. Gmel. p. 3311. n° 22.
Schroet. Einl. in Conch. 3. p. 270. t. 9. f. 1.
* Brug. Encyclop. méth. vers. t. p. 112.
* Dilw. Cat. t. 1. p. 246. n° 33.
Habite l'Océan indien. Mon cabinet. Coquille d'assez petite
taille, blanche, nuée ou tachetée de violet très pâle. Largeur, 27 millimètres. J'en ai une variété plus colorée, à
crochets un peu moins rapprochés, obscurément obliques,
et qui vient du golfe de Tarente.

11. **Pétoncle violâtre.** *Pectunculus violacescens.*
Lamk. (1)

*P. testá orbiculato-cordatá, tumidá, griseo rubroque viola-
cescente; sulcis longitudinalibus distantibus; pube ovatá,
fuscá.*
* Payr. Cat. p. 63. n° 112. pl. 2. f. 1.
* *Fossilis. Arca insubrica.* Brocc. Conch. foss. t. 2. p. 492.
n° 19. pl. 11. f. 10.
Mon cabinet.
[2] *Var. natibus albo maculatis.* Mus. n°.
Habite la Méditerranée. Belle coquille qui tient un peu du
pétoncle velu, mais qui en est distincte par sa forme et sa
coloration. Elle est d'un gris-de-lin violâtre, marquée de
sillons bien séparés, que croisent des stries transverses très
fines, à peine apparentes. La variété [2], d'après un individu du cabinet de M. *Defrance,* vient des îles d'Hières.
Largeur, 58 millimètres.

12. **Pétoncle zonal.** *Pectunculus zonalis.* **Lamk.**

P. testá cordatá, tumidá, fulvá; zonis fuscis undato-sinuosis

---

espèce prouvent qu'il est impossible de savoir d'une manière positive à laquelle des espèces actuellement répandues dans les collections, la description de Linné convient.
Les contradictions qui s'y trouvent, auraient dû empêcher
Schroter d'appliquer ce nom à une espèce : au reste, nous
présumons qu'elle a été établie avec un jeune individu du
pectunculus violacescens.

(1) Lamarck a nommé l'analogue fossile de cette espèce,
pectunculus transversus, n° 5, de sorte que déjà cette coquille a reçu trois noms.

*pictá; natibus albo-maculatis; striis longitudinalibus distan-
tibus simplicissimis.*

Bonan. Recr. 2. f. 63.

Habite la mer de Cadix. Mon cabinet. Jolie coquille, qui n'est
point treillissée par des stries transverses, élégamment
zonée de fauve et de brun, toute blanche à l'intérieur,
inéquilatérale, et dont les crochets ne sont point obliques.
Largeur, 49 millimètres.

13. Pétoncle striatulaire. *Pectunculus striatularis.* Lamk.

*P. testá ovato-cordatá, transversá, albido-rufescente; striis
longitudinalibus tenuibus numerosissimis; natibus subobli-
quis; epiderme fuscá, holosericeá.*

Mus. n°.

Habite les mers de la Nouvelle-Hollande, au port du Roi-
Georges. Bord interne crénelé, comme dans les autres.
Coquille blanche à l'intérieur, avec une grande tache d'un
roux-brun- Largeur, 31 millimètres.

14. Pétoncle nummaire. *Pectunculus nummarius.* Lamk. (1)

*P. testá lenticulari, subauritá, transversìm striatá, albidá,
pallidè pictá; natibus medianis.*

An arca nummaria? Lin. Gmel. n° 37. Brug. n° 34.

Habite la Méditerranée. Mon cabinet. Ses sillons longitudinaux fins et séparés s'aperçoivent un peu. Elle a des nébu-
losités fauves ou rougeâtres. Largeur, 16 millimètres.
Voyez l'Encyclop. pl. 311. f. 4. Sans sillons apparents.

Des côtes longitudinales, en saillie et rayonnantes, avec ou sans stries transverses.

15. Pétoncle marron. *Pectunculus castaneus.* Lamk.

*P. testá orbiculatá, subœquilaterá, castaneá, albo maculatá;
costis crebris longitudinaliter striatis, infernè obsoletis.*

Arca œquilatera. Gmel. p. 3311. n° 21.

Chemn. Conch. 7. t. 57. f. 562.

Encyclop. pl. 11. f. 2.

---

(1) Nous n'avons pu nous assurer si cette espèce est la
même que l'*arca nummaria* de Linné.

* Schrot. Einl. t. 3. p. 286. n° 16.

* Dilw. Cat. t. 1. p. 240. n° 32.

Habite... les mers d'Amérique? Mus. n°. Largeur, 42 millimètres. Elle est blanche à l'intérieur; les crochets ne sont
pas obliques, ni dans les suivantes.

16. Pétoncle pectiniforme. *Pectunculus pectiniformis.* Lamk.

*P. testâ lenticulari, subauritâ, depresso-convexâ, albâ, fusco
maculatâ; costis crassis, transversè striatis; natibus parvis,
rectè inflexis.*

Arca pectunculus. Lin. Syst. nat. p. 1142. Gmel. p. 3313.
n° 33. Brug. p. 111. n° 25.

* Schrot. Einl. t. 3. p. 273.

List. Conch. t. 239. f. 73.

Gualt. Test. t. 72. fig. H.

Chemn. Conch. 7. t. 58. f. 568. 569.

* D'Arg. Conch. pl. 24. f. B.

* Fav. Conch. pl. 53. f. K? D. 6.

* Brook. Intr. p. 73. pl. 3. f. 37.

* *An cardium Amboinense?* Gmel. p. 3255. n° 43.

* *Id.* Schrot. Einl. t. 3. p. 62. n° 27.

* Dilw. Cat. t. 1. p. 239. n° 29.

* Blainv. Malac. pl. 65. f. 3.

Encyclop. pl. 311. f. 5.

Habite l'Océan asiatique et américain. Mus. n°. Mon cabinet.
Largeur, 40 à 50 millimètres. Vulgairement le peigne sans
oreilles.

17. Pétoncle petites côtes. *Pectunculus pectinatus.* Lamk.

*P. testâ lenticulari, depresso-convexâ, albidâ aut albo-rufes-
cente, maculis subquadratis pictâ; costis numerosis, parvulis, transversè striatis.*

Arca pectinata. Gmel. p. 3313. n° 34.

* Schrot. Einl. t. 3. p. 287. n° 19.

* Lister. Conch. t. 243. f. 74?

* Fav. Conch. pl. 53. f. D. 7?

Chemn. Conch. 7. tab. 58. f. 570 et 571.

Encyclop. pl. 311. f. 6.

* *Arca pectunculus.* Var. Brug. n° 25.

* *Arca pectinata.* Dilw. Cat. t. 1. p. 239. n° 30.

[2] *Eadem testá candidá; maculis rufis.*

Habite les mers d'Amérique. Mon cabinet. Cette espèce est toujours moins grande et à côtes plus nombreuses que la précédente. Elle offre des variétés élégamment parquetées de petites taches d'un roux-brun. La variété [2] vient du Brésil. Cabinet de M. *Defrance.*

18. Pétoncle rayonnant. *Pectunculus radians.* Lamk.

P. testá suborbiculari, transversá, inœquilaterá, rufá ; umbonibus albissimis ; costis tenuibus, longitudinaliter striatis , creberrimis.

[b] *Var. costis latioribus.*

Habite les mers de la Nouvelle-Hollande. Espèce très distincte. Largeur, 33 millimètres. Cabinet de M. *Defrance.* La variété [b] est au Muséum.

19. Pétoncle vitré. *Pectunculus vitreus.* Lamk.

P. testá orbiculari , planulatá , subauritá , tenui , pellucidá, longitudinaliter costatá ; costis transversè striatis ; cardine fracto angulato.

Mus. n°.

Habite les mers australes ? Du voyage de *Péron.* Espèce extrêmement remarquable, et qui semble avoir la charnière des nucules, mais offrant la facette intermédiaire des pétoncles pour le ligament extérieur. Coquille mince, transparente , blanche, avec de petites taches rares, aurores. Ses côtes sont presque granuleuses. Sa charnière est formée de deux lignes droites, séparées sous les crochets , disposées en angle presque droit , ayant chacune 12 à 15 dents obliques. Largeur, 35 millimètres. Crochets petits , non obliques.

† 20. Pétoncle à stries nombreuses. *Pectunculus multistriatus.* Desh.

P. testá œquivalvi, compressiusculá, longitudinaliter multi et tenuè striatá , rubicundá , intùs fuscá ; natibus incurvis ; margine planato, integerrimo.

Arca multistriata, Forsk. Descr. anim. p. 123.

Id. Chemn. Conch. p. 240. pl. 58. f. 573.

Id. Brug. Encyclop. méth. vers. t. 1. p. 118.

Arca striata. Gmel. p. 3308.

Schrot. Einl. t. 3. p. 244. n° 41.

Dilw. Cat. t. 1. p. 244. n° 41. *Arca multistriata.*

Habite la Mer Rouge. Petite coquille orbiculaire, très comprimée, subéquilatérale, chargée de stries fines, légèrement onduleuses. Sur les intervalles on voit des stries transverses extrêmement fines ; les bords sont très entiers et l'espace du ligament est très étroit, brun, rougeâtre en dehors, quelquefois brun en dedans.

Espèces fossiles.

1. **Pétoncle élargi.** *Pectunculus pulvinatus.* **Lamk.** (1)

P. testá orbiculatá, transversá, subœquilaterá; sulcis striisque longitudinalibus costellas simulantibus ; natibus parvis medianis.

Pectunculus pulvinatus. Annales du Mus. 6. p. 216. n° 2. et t. 9. pl. 18. f. 9. a. b.

* Def. Dict. sc. nat. t. 39. p. 223. *Synon. exclus.*

* Desh. Coq. carac. pl. 5. f. 9. 10.

* *Id.* Descrip. des Coq. foss. t. 1. p. 219. n° 1. pl. 35. f. 15. 16. 17.

[2] *Idem, testá majore, crassiore, obscurè zonatá* [de Dax].

[3] *Idem, testá maximá, latissimá, subobliquá* [d'Italie].

Habite.... Fossile de Grignon, de Courtagnon, des environs de Beauvais, de la Touraine; le même, variété [2], est commun près de Bordeaux, de Dax, etc.; le même, variété [3], se trouve en Italie, dans le Piémont et à Sienne. M. *Cuvier.* Ce pétoncle, régulier et presque symétrique, est celui qui acquiert avec l'âge les plus grandes dimensions. Je le crois l'analogue du *P. glycimeris.* Il a jusqu'à 136 millimètres de largeur.

2. **Pétoncle cœur.** *Pectunculus cor.* **Lamk.** (2)

P. testá obliquè cordatá, tumidá, subinœquilaterá; sulcis longitudinalibus distinctiusculis; umbonibus subturgidis.

---

(1) Voyez, pour cette espèce, la note relative au *pectunculus glycimeris.* Voyez aussi *Descript. des Coq. caract. des terrains*, pag. 27.

(2) L'*arca insubrica* de Brocchi est l'analogue fossile du *pectunculus violacescens*, et il diffère du *pectunculus cor*, avec lequel il ne faut pas le confondre.

[a] *Testa læviuscula ; margine superiore rotundato.*

[b] *Testa subovali ; margine superiore medio paululùm
   producto.*

An arca insubrica ? Brocch. Test. 2. p. 492. t. 11. f. 10.

Habite..... Fossile des environs de Bordeaux. Mus. n°. Mon
   cabinet. Il est moins grand et plus inéquilatéral que
   celui qui précède. Je le crois l'analogue du *P. pilosus.*
   La variété [b] vient du Montmarin, près de Rome.
   Mus. n°. M. *Cuvier. Voyez* le *nota* des Annales, vol. 6.
   p. 217.

3. Pétoncle ovoïde. *Pectunculus obovatus.* Lamk.

*P. testá obovatá, convexá, subœquilaterá, crassissimá; mar-
   gine superiore rotundato.*

* *An eadem ?* Wolfart. Hist. nat. Hassiœ inf. pl. 4. f. 15. 16.
Mon cabinet.

Habite.... Fossile du Weissenstein, près de Cassel. On ne lui
   aperçoit point de stries longitudinales. Longueur, 55 millimètres. Il est un peu moins large.

4. Pétoncle planicostal. *Pectunculus planicostalis.* Lamk. (1)

*P. testá ovato-orbiculatá, subinœquilaterá; costellis crebris,
   planulatis, uno latere angulatis, radiantibus ; striis transversis obsoletis.*

Pect. terebratularis. Annales du Mus. 6. p. 216.

* Desh. Descrip. des Coq. foss. t. 1. p. 221. n° 2. pl. 35.
   f. 10. 11. *Exclusá Lamarkii varietate.*

* *Id.* Encyclop. méth. vers. t. 3. p. 742. n° 5.

[2] *Var. testá subtransversá, majore; costis obsoletis.*

Pectunculus Joersianus. Le Sueur.

Habite.... Fossile de Pontchartrain, aux environs de Paris et

---

(1) Dans les Annales du Muséum, Lamarck avait donné
le nom *d'angusticostatus* à ce pétoncle, et le distinguait du
terebratularis, dont il diffère en effet d'une manière notable. Ici il réunit les deux espèces et il leur donne le
même nom dans la collection du Muséum. Nous croyons
nécessaire de rejeter cette dernière opinion du savant professeur pour adopter celle qu'il publia la première.

des environs de Beauvais. Mus. n°. Mon cabinet. Largeur,
32 millimètres. La variété [2] se trouve à Joueurs, près
d'Étrechi, route d'Étampes.

5. Pétoncle transverse. *Pectunculus transversus.* Lamk. (1)

*P. testá transversìm ellipticá , tumidiusculá, subœquilaterá;
sulcis longitudinalībus remotis, strias exiles transversas decussantibus.*

Mus. n°.

Habite.... Fossile de Plaisance. Il a quelque chose de la forme
du *P. glycimeris* ; mais il est plus transverse et en est distingué par ses stries. Largeur, 38 millimètres.

6. Pétoncle nudicarde. *Pectunculus nudicardo.* Lamk. (1)

*P. testá transversìm ellipticá, tumidá; cardine medio edentulo,
ad extremitates paucidentato.*

Mus. n°.

Habite.... Fossile de... Largeur, 52 millimètres. Par sa forme,
il semble n'ètfe qu'une variété du *P. pulvinatus.* Cependant
ses stries transveres supérieures sont très ondulées , et on
lui aperçoit des sillons longitudinaux qui ne sont point
striés dans le même sens, dans leurs intervalles. La charnière d'ailleurs est singulière.

7. Pétoncle subconcentrique. *Pectunculus subconcen- tricus.* Lamk.

*P. testá subovali , rotundatá, convexá, longitudinaliter
striatá ; supernè sulcis aliquot transversis concentricis distantibus.*

An pectunculus decussatus ? Sowerby. Conch. Mus. n° 5.
t. 27.

---

(1) C'est encore l'analogue fossile du *pectunculus violacescens.* (Voyez la note de cette espèce.)

(2) Nous pensons que cette espèce a été faite avec un
vieil individu du *pectunculus cor,* n° 2, fossile des environs
de Dax et de Bordeaux.

Habite.... Fossile de Coulaines, près du Mans. M. *Ménard*. Mon cabinet. Il n'a que quelques sillons d'accroissement dans sa partie supérieure, qui traversent ses stries longitudinales, et conserve des vestiges d'une couleur roussâtre. Largeur, 28 à 3o millimètres.

8. Pétoncle monnoyer. *Pectunculus* nummiformis. Lamk.

P. testá lenticulari, inauritá, læviusculá ; striis transversis concentricis striisque longitudinalibus simultaneis vel separatìm instructá.

An Brocch. Test. 2. tab. 11. f. 8 ?

Habite.... Fossile de la Touraine ; on le trouve aussi à Grignon. Mon cabinet. Toujours de petite taille, il semble l'analogue du *pectunculus nummarius* ; mais il n'est pas auriculé, et varie beaucoup.

9. Pétoncle pygmée. *Pectunculus pygmœus*. Lamk. (1)

P. testá, orbiculari, subœquilaterá, depresso-convexá, minimá ; striis transversis concentricis strias longitudinales decussantibus.

Mon cabinet.

Habite.... Fossile de Grignon. Largeur, 9 millimètres.

Etc. Ajoutez le *P. nuculatus*. Annales, 6. p. 217. et vol. 9. pl. 16. f. 8.

† 10. Pétoncle déprimé. *Pectunculus depressus*. Desh.

P. testá rotundatá, obliquá, inœquilaterali, depressissimá, scutiformi, longitudinaliter obsoletè costatá ; umbonibus minimis, oppositis, approximatis ; cardine angusto multidentato ; areá ligamenti minimá, abbreviatá.

Desh. Descript. des Coq. foss. des env. de Paris. t. 1. p. 222. pl. 35. fig. 13. 14.

---

(1) **Nous** n'avons jamais pu avoir connaissance d'une espèce distincte à laquelle ces caractères convinssent, tandis que nous avons trouvé, à Grignon et ailleurs, un grand nombre de jeunes individus du *pectunculus pulvinatus* auxquels ils s'appliquent très exactement.

Id. Encyclop. méth. vers. t. 3. p. 742. n° 4.

Habite... Fossile de Valmondois et Betz aux environs de Paris. Coquille arrondie, oblique, inéquilatérale, très déprimée. La charnière est étroite et les dents qui la garnissent sont petites, nombreuses et rapprochées.

† 11. **Pétoncle de l'Oise.** *Pectunculus dispar.* Def.

P. testá rotundatá, subœquilaterá, subventricosá, posticè subangulatá, longitudinaliter sulcatá; sulcis planiusculis, eleganter decussatis; cardine angustissimo, multidentato; marginibus crenulatis. Desh.

Def. Dict. des Scienc. nat. art. Pétoncle.

Desh. Descript. des Coq. foss. des env. de Paris. t. 1. p. 223. pl. 35. fig. 7. 8. 9.

Id. Encyclop. méth. vers. t. 3. p. 743. n° 6.

Habite.... Fossile aux environs de Paris, à Parnes, Chaumont, Mouchy. Espèce bien distincte, ayant le test mince, couvert de petites côtes longitudinales très aplaties, ce qui n'empêche pas toute la surface d'être ornée d'un fin réseau de stries longitudinales et transverses presque égales. Elle est enflée et arrondie, presque équilatérale.

† 12. **Pétoncle à côtes étroites.** *Pectunculus angusticostatus.* Lamk.

P. testá orbiculatá, convexá, scutiformi, longitudinaliter costatá; costis æqualibus, rotundatis, transversìm substriatis; umbonibus recurvis, minimis; cardine valdè arcuato, multidentato.

Lamk. Ann. du Mus. t. 6. p. 216. n° 1. et t. 9. pl. 18. fig. 6. a. b.

Var. [b] Desh. *Testá costis angustis ornatá, transversìm creberrimè striatá.*

Pectunculus costatus. Sow. Minér. Conch. t. 1. pl. 27. fig. 2.

Desh. Descript. des Coq. foss. des env. de Paris. t. 1. p. 234. pl. 34. fig. 20. 21.

Id. Encyclop. méth. vers. t. 3. p. p. 743. n° 7.

Habite..... Fossile des environs de Paris, à Versailles, à Pontchartrain, à Étampes, de Valognes, département de la Manche. En Angleterre à Barton. Espèce très distincte de toutes celles connues. Elle a des côtes longitudinales régulières, plus ou moins larges, selon les variétés, avec des stries transverses entre elles, et plus ou moins apparentes, selon les individus.

† 13. Pétoncle nuculé. *Pectunculus nuculatus.* Lamk.

P. testá ovato-transversá, obliquatá, inæquilaterali, trans-
versim tenuissimè striatá; striis erectis, lamellosis, denticu-
latis; margine cardinali lato, paucidentato; marginibus
integris. Desh.

Lamk. Ann. du Mus. t. 6. p. 217. n° 5. et t. 9. pl. 18. fig. 8.
a. b. *Mala.*

Desh. Descript. des Coq. foss. des env. de Paris. t. 1. p. 225.
pl. 36. fig. 1. 2. 3.

Id. Encyclop. méth. vers. t. 3. p. 744. n° 8.

Habite..... Fossile de Grignon. Très petite coquille ayant à
peine trois millimètres de large. Sa surface est couverte
d'un grand nombre de stries lamelleuses, redressées, crénelées. La charnière est large, ayant un petit nombre de
dents obliques.

† 14. Pétoncle nain. *Pectunculus nanus.* Desh.

P. testá ovato-elongatá, ventricosá, obliquá, inæquilaterá,
minimá, tenui, fragili, radiatìm costatá, transversìm latè
striatá; cardine subrecto, angustissimo; marginibus crenu-
latis.

Desh. Descript. des Coq. foss. des env. de Paris. t. 1. p. 226.
pl. 36. fig. 4. 5. 6.

Id. Encyclop. méth. vers. t. 3. p. 744. n° 9.

Habite.... Fossile des environs de Paris, à Grignon, Parnes,
Mouchy. Elle est un peu plus grande que la précédente.
Elle est mince, bombée; ses côtes sont petites, longitudinales et traversées par un petit nombre de stries. Le
bord cardinal est très étroit, presque droit; les dents
postérieures sont très obliques; les antérieures longitudinales.

† 15. Pétoncle granulé. *Pectunculus granulosus.* Lamk.

P. testá orbiculatá, lenticulari, convexo-depressá, subæqui-
laterali, decussatìm striatá; striis longitudinalibus, angus-
tioribus, granulosis; cardine interrupto foveá triangulari
ligamenti.

Lamk. Ann. du Mus. t. 6. p. 217. n° 4. et t. 9. pl. 18.
fig. 6. a. b.

Desh. Descript. des Coq. foss. des env. de Paris. t. 1. p. 227.
pl. 35. fig. 4. 5. 6.

Id. Encyclop. méth. vers. t. 3. p. 745. n° 10.

Habite..... Fossile des env. de Paris, à Grignon, Parnes, Mouchy, Senlis. Il est petit, lenticulaire, orné de stries granuleuses ; très curieux pour sa charnière. Le ligament étant reçu dans une petite cavité triangulaire nettement circonscrite dans l'espace oblique des crochets : cette disposition rapproche cette coquille des nucules.

NUCULE (Nucula).

Coquille transverse, ovale-trigone ou oblongue, équivalve, inéquilatérale. Point de facette entre les crochets. Charnière linéaire, brisée, multidentée, interrompue au milieu, par une fossette ou un cuilleron oblique et saillant : à dents nombreuses, s'avançant souvent comme celles des peignes. Crochets contigus, courbés en arrière. Ligament marginal, et en partie interne, inséré dans la fossette ou le cuilleron de la charnière.

Testa transversa, ovato-trigona vel oblonga, œquivalvis, inœquilatera. Area intermedia nulla. Cardo linearis, fractus, medio foveá vel cochleá obliquè productá interruptus : dentibus numerosis, subacutis, sœpè ut in pectinibus productis. Nates contigui, posticè inflexi. Ligamentum marginale, partim internum, foveá aut cochleá cardinali insertum.

OBSERVATIONS. Ce n'est pas seulement par la considération de leur charnière brisée ou en ligne anguleuse, que les *nucules* ont mérité d'être distinguées des arches et des pétoncles, mais c'est sur-tout par celle de leur ligament qui est en partie intérieur, et à la fois par leur défaut de facette intermédiaire, qui manque nécessairement dans ces coquillages. Ainsi, les *nucules*, véritablement rapprochées des pétoncles et des arches par leurs rapports, en sont éminemment distinctes; et formant, par la situation du ligament de leurs valves, une transition évidente aux *trigonies*, elles lient ces dernières à la famille des arcacées.

Les *nucules* sont de petits coquillages marins, à coquille trigonoïde, plus ou moins nacrée à l'intérieur, et dont on connaît quelques espèces dans l'état frais ou vivant, et plusieurs dans l'état fossile. En conduisant aux trigonies, qui sont pareillement nacrées à l'intérieur, elles annoncent le voisinage des *nayades*. Je n'ai pas cru devoir faire un genre séparé de celles qui ont le bord entier.

[Quoiqu'il existe dans la Manche et dans la Méditerranée une espèce de nucule assez abondamment répandue, cependant l'animal de ce genre était resté inconnu jusque dans ces derniers temps, que M. Quoy, dans le voyage de l'Astrolabe, en fit représenter une assez grande et fort curieuse. L'animal, comme Lamarck l'avait prédit, a beaucoup d'analogie avec celui des pétoncles et des arches : il a le pied comprimé latéralement, et fendu à son bord libre, de manière à ce qu'il peut le dilater en disque pour marcher en rampant. Les lobes du manteau sont désunis dans toute la longueur de leur bord inférieur. La masse abdominale est peu épaisse, et le pied y est attaché dans toute sa longueur ; de chaque côté, et en haut, se trouvent les branchies : elles sont presque aussi longues que tout l'animal, et fort étroites. D'après la figure elles semblent composées de filaments détachés, comme dans les arches et les pétoncles. En avant de la masse abdominale et tout près du muscle abducteur antérieur, se trouve la bouche, de chaque côté de laquelle on voit une paire de palpes très étroites, et très alongées de chaque côté de la masse viscérale : ces palpes sont foliacées à leur surface interne. Quant à l'organisation intérieure elle n'est point connue ; mais on peut dire d'avance qu'elle doit avoir beaucoup de ressemblance avec celle des pétoncles.

Lorsque Lamarck publiait cette partie de son ouvrage, on ne connaissait encore qu'un très petit nombre d'espèces vivantes ou fossiles, qui appartinssent au genre nucule. M. Sowerby, dans le *Mineral conchology*, en figura plusieurs fossiles fort curieuses ; il en ajouta quelques-unes de vivantes dans son *Genera*, mais c'est à M. Cuming que l'on doit d'en avoir fait connaître le plus : il les a décrites dans les Procedings de la Société zoologique de Londres, et les a fait figurer dans les Illustrations conchyliologiques que publie M. Sowerby. Il en a inscrit trente-quatre espèces vivantes : nous en connaisons trente-cinq fossiles de divers terrains ; et ce genre qui paraissait peu considérable, rassemble actuellement un fort grand nombre d'espèces.

ESPÈCES.

[*Dans l'état frais ou vivant.*]

1. Nucule lancéolée. *Nucula lanceolata*. Lamk.

> *N. testá transversim longissimá, tenui, fragili, hyaliná; antico latere lanceolato, obtusiusculo : postico æquè longo, latiore obtuso.*
>
> * Sow. Genera of Shells. f. 1.
> * Cuming. Conch. Illust. genre *nucula*. pl. 1. f. 1.
> Mon cabinet.
>
> Habite..... Coquille rarissime, la plus grande et la plus singulière de ce genre, chaque valve ayant presque la forme d'une lame de lancette ou de scalpel. Sa charnière est à peine sensiblement coudée ; son bord supérieur est légèrement arqué et entier, comme dans les quatre qui suivent.

2. Nucule rostrée. *Nucula rostrata*. Lamk.

> *N. testá transversá, oblongá, convexiusculá, tenui, transversim striatá; antico latere longiore, attenuato, rostrato.*
>
> * *Arca rostrata*. Martini. Besch. Berlin. naturfo. t. 3. p. 296. pl. 7. f. 17. 18.
> * Gmel. p. 3308. n° 8.
> * Montagu. Conch. supp. p. 55. pl. 27. f. 7.
> * *Arca fluviatilis*. Schrot. Flusc. p. 187. pl. 9. f. 2.
> * Schrot. Einl. t. 3. p. 283. n° 11.
> * Fav. Conch. pl. 80. f. E.
> *Arca rostrata*. Brug. n° 23.
> Chemn. Conch. 7. t. 55. f. 550. 551.
> * De Roissy. Buff. t. 6. p. 411. n° 2.
> * Dilw. Cat. t. 1. p. 245. n° 43. *Arca rostrata*.
> * *Nucula fluviatilis*. Sow. Genera of Shells. f. 3.
> * *Id*. Cuming. Conch. Illustr. Genre Nucule. p. 2. n° 10.

Encyclop. pl. 3o9. f. 7. a. b.

Habite la mer Baltique, les côtes de la Norwége. Mon cabinet.
On la connaît dans l'état fossile.

3. Nucule sillonnée. *Nucula pella.* Lamk.

*N. testá transversim ovatá, subtriangulari, anteriùs acutá,
tenui, pellucidá; sulcis transversis regularibus.*

Arca pella. Lin. Syst. nat. p. 1141. Gmel. p. 33o7. n° 5.
Brug. n° 21.

* Schrot. Einl. t. 3. p. 264.

Chemn. Conch. 7. tab. 55. f. 546.

Encyclop. pl. 3o9. f. 9.

* Dilw. Cat. t. 1. p. 237. n° 27.

* *Nucula pella.* Sow. Genera of Shells. f. 4.

* *Id.* Cuming. Conch. Illustr. Genre *Nucula.* p. 2. n° 8.
pl. 2. f. 6.

* *Id.* Payr. Cat. p. 64. n° 114.

Habite la Méditerranée. Mus. n°. Cabinet de M. *Dufresne.*
Sa taille ordinaire est petite; néanmoins celle de l'exemplaire du Muséum est assez grande. Largeur, 21 millimètres. Cette coquille est assez élégamment sillonnée.

4. Nucule de Nicobar. *Nucula Nicobarica.* Lamk.

*N. testá transversá, ovato-ellipticá vel ovato-oblongá, an-
ticè subangulatá, tenui, pellucidá; laterum extremitatibus
obtusis.*

* *Arca lævigatá.* Spingler. Cat. rais. pl. 1. f. 10. 11.

* Shrot. Einl. t. 3. p. 281. n° 7.

* *Arca lævigatá.* Dilw. Cat. t. 1. p. 237. n°. 26.

* *Nucula Nicobarica.* Cuming. Conch. Illustr. Genre *Nucula.*
pl. 2. f. 4.

[a] *Testa ovato-elliptica.* Cabinet de M. *Dufresne.*

[b] *Testa ovato-oblonga.*

Arca Nicobarica. Brug. Dict. n° 20,

Arca pellucida. Gmel. p. 33o8. n°. 7.

Chem. Conch. 7. t. 54. f. 541. litt. a. b.

Encyclop. pl. 3o9. f. 8.

Habite l'Océan indien. Cabinet de MM. *Dufresne* et *Defrance.* Largeur de la coquille [a], 25 millimètres.

5. Nucule oblique. *Nucula obliqua.* Lamk.

*N. testá obliquè ovatá, subellipticá, tenui, pellucidá, lœvius-
culá; margine integerrimo.*

* Cuming. Conch. Illus. Genre *Nucula.* pl. 3. f. 21.
Mus. n°.

Habite les mers australes , au Cap aux Huîtres. *Péron.* Forme
de la suivante, mais plus oblique , et à bord comme dans
celles qui précèdent. Largeur, 11 millimètres.

6. Nucule nacrée. *Nucula margaritacea.* Lamk.

*N. testâ obliquè ovatâ , trigonâ, lœviusculâ ; dentibus cardi-
nalibus rectis , acutis ; margine crenulato.*

* *Arca nucleus.* Lin. Syst. nat. p. 1143.

* Pennant. Zool. Brit. t. 4. p. 217. n° 7.

* Schrot. Einl. t. 3. p. 277.

* Gmel. p. 3314. n° 38.

* Donovan. Conch. t. 2. pl. 63.

* Montagu. Test brit. p. 141.

* Dorset. Cat. p. 37. pl. 12. f. 6.

* Brooks. Intr. p. 73. pl. 3. f. 36.

Chemn. Conch. t. 7. p. 241. pl. 58. f. 574.

Arca margaritacea. Brug. Encycl. méth. vers. t. 1. p. 109.
n° 22.

* *Nucula margaritacea.* Lamk. Syst. des Anim. sans vert.
1801. p. 115.

* *Glycimeris argentea.* Dacosta. Brit. Conch. p. 170. pl. 15.
f. 6.

* *Tellina adriatica.* Gmel. p. 3243. n° 83.

* *Donax argentea.* Gmel. p. 3265. n° 15.

* Bona. Recr. p. 2. f. 34. *Pessima.*

* Petiver. Gaz. pl. 17. f. 9.

* Gualt. t. 88. f. R.

Encycl. pl. 311. f. 3. a. b.

* Olivi. Zool. Adriat. p. 116. *Arca nucleus.*

* Poli. Test. pl. 25. f. 8. 9.

* *Nucula margaritacea.* De Rossy. Buff. t. 6. p. 410. pl. 68.
f. 5.

* *Arca nucleus.* Dilw. Cat. t. 1. p. 244. n° 42.

* *Nucula margaritacea.* Blainv. Malac. pl. 75. f. 5.

* Payr. Cat. p. 64. n° 113.

* Sow. Genera of Shells. f. 7.

* Cuming. Conch. Illust. Genre *Nucula.* p. 4. n° 26.

* Desh. Encycl. méth. vers. t. 3. p. 633. n° 1.

* *Fossilis.* Lamk. Ann. du Mus. t. 6. p. 125. n° 1. et t. 9.
pl. 18. f. 5. a. b.

* *Arca nucleus*. Brander. Foss. haut. p. 40.
* *Id*. Brocchi. Conch. foss. t. 2. p. 480.
* Def. Dict. sc. nat. t. 55.
* *An eadem spec.* ? Basterot. Mém. de la Soc. d'hist. nat. t. 2. p. 78. n° 2.
* Desh. Descrip. des Coq. foss. t. 1. p. 231. pl. 36. f. 15—20.

Habite l'Océan européen, à Cherbourg, sur les côtes d'Angleterre et dans la mer du Nord. Mus. n°. Mon cabinet. On la trouve fossile en divers lieux de la France, et on en a de différentes tailles. C'est la seule espèce connue vivante dont le bord soit crénelé (1).

† 7. Nucule crénifère. *Nucula crenifera*. Cuming.

N. testâ elongatâ, lanceolatâ, lævigatâ, tenuissimè longitudinaliter striatâ ; marginibus dorsalibus carinatis ; carinis concinnè crenulatis.

Cuming. Proc. of the Zool. Soc. part. 2. 1832. p. 197.
Id. Conch. Illustr. Genre *Nucula*. p. 2. n° 4. pl. 1. f. 3.

Habite sur les côtes de Colombie. Espèce très remarquable, voisine de la *Nucula lanceolata*. Elle a des stries longitudinales très fines, et le bord dorsal aigu et cariné a les carènes finement crénelées.

† 8. Nucule polie. *Nucula polita*. Cuming.

N. testâ oblongâ, anticè rostratâ, albâ, epidermide virescente, politâ ; margine dorsali anticâ lœvi ; striis nonnullis obliquis anticis.

Cuming. Proc. of the. Zool. Soc. part. 2. 1832. p. 198.
Id. Conch. Illustr. Genre *Nucula*. p. 3. n° 16. pl. 2. f. 11.

Habite à Panama. Coquille assez grande, voisine de la *rostrata*, mais moins inéquilatérale ; son extrémité postérieure se termine par un bec fort aigu. Elle a quelques stries antérieures obliques, et elle est couverte d'un épiderme verdâtre.

---

(1) Nous avons ajouté une figure très mauvaise de Bonanni, parce que la description supplée à ce qui lui manque, et indique clairement l'*arca nucleus*. Nous avons dû ajouter aussi la *tellina adriatica* de Gmel faite sur cette figure de Bonanni.

† 9. Nucule costellée. *Nucula costellata.* Cuming.

> *N. testâ oblongâ, tenui, anticè rostratâ, acuminatâ, costis duabus dorsalibus approximatis, crenulatis; costellis acutis concentricis, totam superficiem tegentibus.*

Cuming. Proc. of the Zool. Soc. part. 2. 1832. p. 198.

Id. Conch. Illustr. Genre *Nucula.* p. 3. nº 13. pl. 2. f. 8.

Habite Panama. Coquille transverse, inéquilatérale, terminée postérieurement par un long bec, à l'extrémité duquel aboutit une côte dorsale finement crénelée. La surface est chargée de petites côtes transverses régulières ; l'épiderme est brun verdâtre.

† 10. Nucule bossue. *Nucula gibossa.* Cuming.

> *N. testâ oblongâ, gibbosâ, anticè acuminato-rostratâ, longitudinaliter sulcatâ ; dorso antico depresso, marginibus centralibus elevatis.*

Cuming. Proced. of the Zool. Soc. part. 2. 1832. p. 198.

Id. Conch. Illustr. Genre *Nucula.* p. 3. nº 14. pl. 2. f. 9.

Habite les mers du Pérou, près des rivages. Elle est subéquilatérale, terminée postérieurement par un bec large, auquel se termine une petite côte dorsale qui circonscrit le corselet. Elle est plissée transversalement et ses sillons médians sont les plus gros.

[*Dans l'état fossile.*]

1. Nucule rostrale. *Nucula rostralis.* Lamk. (1)

> *N. testâ transvesâ, oblongâ, anteriùs attenuato-rostratâ ; umbonibùs tumidis; pube lanceolatâ concavâ.*

Mon cabinet.

Habite... Fossile de la Bourgogne. Elle paraît être l'analogue de la N. rostrée. Longueur transversale, 22 millimètres.

2. Nucule échancrée. *Nucula emarginata.* Lamk. (2)

> *N. testâ ovatâ; striis transversis, obliquis; latere antico productiore, attenuato, angulato, emarginato.*

---

(1) Cette coquille a en effet de la ressemblance avec la *nucula rostrata*, mais elle en diffère constamment par de bons caractères : elle provient des argiles du Lias.

(2) Espèce bien distincte de la *nucula pella*, et que l'on

* *Arca interrupta.* Poli. Test. pl. 25. f. 4. 5.

* *Nucula emarginata.* Payr. Cat. p. 65. n° 115.

* Bast. Mém. de la Soc. d'hist. nat. t. 2. p. 77. n° 1.

An arca pella? Brocch. Test. 2. p. 41. t. 9. f. 5. a. b.

Habite.... Fossile des environs de Bordeaux. Mon cabinet. Ce n'est point l'*arca pella* de Linné, quoique son bord supérieur soit entier. Elle est un peu rostrée antérieurement, avec une échancrure. Largeur, 7 à 9 millimètres.

3. Nucule deltoïde. *Nucula deltoidea.* Lamk.

N. testâ triangulari, inflatâ; latere antico obliquè truncato, acuto; postico breviore rotundato; pube planâ.

N. deltoidea. Annales du Mus. 6. p. 126. et vol. 9. pl. 18. f. 5.

* Desh. Descrip. des Coq. foss. t. 1. p. 136. pl. 37. f. 22—25.

* *Id.* Encycl. méth. vers. t. 3. p. 635. n° 5.

* Sow. Min. Conch. p. 554. f. 1.

[b] *Var. striis tenuissimis decussatis.*

Habite... Fossile de Grignon. Mon cabinet.

4. Nucule de Plaisance. *Nucula Placentina.* Lamk.

N. testâ majusculâ, ovato-transversâ, obliquâ, longitudina- liter striatâ, intùs margaritaceâ; margine crenulato.

Mus. n°.

Habite..... Fossile des environs de Plaisance. Mon cabinet. On la trouve aussi près de Rome, au Montmarin. Largeur, 25 millimètres.

Etc. Ajoutez la N. nacrée fossile et la N. striée des Annales, vol. 6. p. 125. *Voyez* les espèces figurées dans l'ouvrage de M. *Brocchi*, vol. 2. pl. 11. f. 3 et 4. Enfin *voyez* celles de M. *Sowerby*, Conch. min. n° 31. tab. 180, et n° 33. tab. 192.

† 5. Nucule ovalaire. *Nucula ovata.* Desh.

N. testâ ovatâ, depressâ, lœvigatâ, margaritaceâ; latere an- tico, rotundato, inflexo; umbonibus minimis, acutis, anticè

---

ne mentionna d'abord qu'à l'état fossile, les auteurs ayant oublié sans doute la bonne figure de Poli, qui la décrit sous le nom d'*arca interrupta.* Depuis Poli, elle a été re- trouvée également vivante en Corse par M. Payraudeau.

reflexis ; cochleá angustá , profundá , simplioi dente cardi-
nali adjuncto.

An Nucula lœvigata ? Sow. Miner. Conch. pl. 192. fig. 1. 2.

Desh. Descript. des Coq. foss. des env. de Paris. t. 1. p. 230.
pl. 36. fig. 13. 14.

Id. Encycl. méth. vers. t. 3. p. 634. n° 2.

Habite..... Fossile aux environs de Paris, à Mouchy et à Va-
logues, département de la Manche. Elle est assez grande,
ovale, déprimée, toute lisse ; sa lunule est circonscrite par
un sillon et saillante dans le milieu ; sa surface est lisse.
Elle se rapproche de la *Nucula margaritacea.*

† 6. Nucule fragile. *Nucula fragilis*. Desh.

N. testá ovato-transversá , obliquá , depressá, lœvigatá ,
intùs margaritaceá; latere antico brevi, lunulato; lunulá
productá; cochleá cardinali angustá , dente destitutá; car-
dine angustissimo ; dentibus minimis.

Desh. Descript. des Coq. foss. des env. de Paris. t. 1. p. 234.
pl. 36. fig. 10. 11. 12.

Id. Encycl. méth. vers. t. 3. p. 635. n° 3.

Habite..... Fossile à Abbecourt et à Noailles près Beauvais.
Elle se rapproche de la *Nuc. margaritacea.* Elle est plus
déprimée et beaucoup plus oblique. Le bord cardinal est
plus étroit, les dents plus petites et il n'y a point une dent
cardinale à côté du cuilleron.

† 7. Nucule striée. *Nucula striata*. Lamk.

N. testá ovato-transversá, anticè angulatá, depressá, regula-
riter et tenuè striatá; lunulá lanceolatá, margine cardinali
angulatá; dentibus serialibus acutissimis.

Lamk. Ann. du Mus. t. 6. p. 162. n° 2. et t. 9. pl. 18.
fig. 4. a. b.

Def. Dict. des Scien. nat. art. Nucule.

Desh. Descript. des Coq. foss. des env. de Paris. t. 1. p. 236.
pl. 42. fig. 4. 5. 6.

Id. Encycl. méth. vers. t. 3. p. 635. n° 4.

Habite...... Fossile des environs de Paris , à Grignon , Mouchy, Parnes, Chaumont, Courtagnon. Elle est transverse,
presque équilatérale , très régulièrement striée en travers ;
la lunule est étroite, lancéolée. Cette coquille est blanche,
non nacrée à l'intérieur et de petite taille : six à huit millimètres de large.

LES TRIGONÉES.

Dents cardinales lamelliformes, striées transversalement.

D'après les réflexions de M. *Valenciennes*, aide-naturaliste du Muséum, et fort instruit dans les sciences zoologiques, je forme, sous le nom de *trigonées*, une petite famille qui ne se trouve point indiquée dans mon tableau de la classe (vol. 6. p. 13), mais qui lie en quelque sorte celle des arcacées à celle des nayades.

Les *trigonées* embrassent des coquilles libres, régulières, équivalves, inéquilatérales, munies de côtes, soit longitudinales, soit transverses, et singulières par les dents de leur charnière, qui sont lamelleuses et striées transversalement. Ces stries élevées et transverses représentent les dents lamelleuses et transverses des arcacées ; mais ici elles sont sur des lames séparées, au lieu d'être sur la charnière même.

Je ne rapporte à cette petite famille que deux genres, savoir : les *trigonies* et la *castalie*. Le premier comprend des coquilles marines, parmi lesquelles la seule espèce vivante connue a les crochets un peu écorchés ; le second embrasse une coquille qui paraît fluviale, et très voisine des nayades.

[Cette famille des trigonées fut créée avant que l'on connût l'animal des trigonies, et avant que l'on eût observé en France les nombreuses et étonnantes modifications que subissent, dans diverses localités, les espèces d'*Unio*. Si ces observations eussent fait partie du domaine de la science, Lamarck, sans aucun doute, aurait conservé sa première opinion, qui était de réunir le genre trigonie à ceux de la famille des arcacées, et de mettre les castalies parmi ceux de la famille des nayades. C'est à cette première opinion de Lamarck,

que l'on est forcé de revenir aujourd'hui, à moins de
saisir les faibles nuances qui séparent les trigonies
des nucules, et de faire de ce premier genre une famille particulière; car les castalies ont tant de rapports
avec les unios, qu'il est impossible de les en séparer.
On pourra voir dans les notes relatives aux genres de
la famille des nayades, par quelle série d'observations
nous avons été conduit à regarder comme nécessaire
actuellement la réunion des genres qu'elle renferme en
un seul fondé sur des caractères naturels.]

TRIGONIE. (Trigonia.)

Coquille équivalve, inéquilatérale, trigone, quelquefois suborbiculaire ; dents cardinales oblongues,
aplaties sur les côtés, divergentes, sillonnées transversalement : dont deux sur la valve droite, sillonnées de
chaque côté, et quatre sur l'autre valve, sillonnées
d'un seul côté. Ligament extérieur, marginal.

*Testa œquivalvis, inœquilatera, trigona, interdùm
suborbicularis. Dentes cardinales oblongi, lateribus
compressi, divaricati, transversìm sulcati : quorum
duo in valvulá dextrá utroque latere sulcati ; in alterá
valvulá quatuor, uno tantùm latere sulcati. Ligamentum externum, marginale.*

OBSERVATIONS. Le genre des *trigonies* fut établi par *Bruguière*, d'après l'examen d'un individu fossile dont il par-
vint à voir la charnière de l'une de ses valves, de celle qui
n'a que deux dents ; et il ne sut point que la valve gauche
en avait quatre, disposées par paires, et dans une situation
propre à recevoir entre elle les deux dents de l'autre valve.
Depuis, nous avons eu occasion de compléter le caractère
des *trigonies*, le voyage de M. *Péron* à la Nouvelle Hollande nous ayant fait connaître une espèce vivante, quoique appartenant à une division particulière du genre.

Les *trigonies* sont des coquilles régulières, libres, très inéquilatérales, qui, par leur aspect, semblent tenir un peu des cardites et des bucardes, mais, néanmoins, paraissent voisines de la famille des arcacées. Ces coquilles se rapprochent des *nayades* par les rapports qu'elles ont avec la castalie.

La plupart des espèces de ce genre ne sont connues que dans l'état fossile : ce sont des coquilles trigones, anguleuses, sillonnées ou tuberculeuses au dehors, et qui sont du nombre des coquilles *pélagiennes*, c'est-à-dire qui ne vivent que dans les grandes profondeurs de la mer. On les trouve, en effet, toujours fossiles, avec les gryphées, les ammonites, etc., dans les terrains schisteux ou d'ancienne formation, et dans les argiles des lieux montagneux. Ces coquilles trigones et anguleuses paraissent former une division particulière dans le genre ; et il faudra les distinguer de celles qui ont une forme presque orbiculaire, à la manière des peignes, et dont on a un exemple dans l'espèce vivante rapportée par *Péron*. Celle-ci, qui est très nacrée, paraît moins pélagienne que les trigonies fossiles.

[Quoique la découverte d'une trigonie vivante faite par Péron, ait rendu la détermination des rapports du genre plus facile, il restait cependant encore des doutes qui ne pouvaient être éclaircis que par l'inspection de l'animal. M. Quoy, pendant son dernier voyage, ayant eu la bonne fortune de le rencontrer, l'a fait représenter dans l'Atlas zoologique, qu'il a publié : les zoologistes pourront ainsi compléter la connaissance d'un genre curieux et important. L'animal a la forme générale de la coquille ; les lobes de son manteau sont désunis dans les trois quarts de leur circonférence. Épaissi sur les bords, il offre dans cette partie des ondulations en nombre égal à celui des côtes de la coquille : son bord est très finement cilié. La masse viscérale est peu considérable. A sa partie antérieure, est fixé un pied d'une structure très singulière : il est très alongé, fort étroit, et courbé en coude dans le milieu comme celui des bucardes ; mais il en diffère essentiellement en ce que sa première partie, celle qui s'attache à la masse abdominale, est creusée en dessous, d'une large gouttière triangulaire dans laquelle la seconde partie du pied peut être reçue. Cette seconde partie n'est point arrondie, elle est triangulaire et son bord inférieur, comme dans les pétoncles et les nucules, peut se dilater en un disque étroit, sur lequel il est à présumer que l'animal peut ramper. La structure du pied dans les trigonies, fait supposer qu'elles ont deux sortes de locomotions, l'une en sautant comme font les bucardes, et l'autre en rampant, ou en creusant un sillon dans le sable. L'ouverture de la bouche est petite, garnie d'une lèvre assez saillante, terminée de chaque côté par de petites palpes labiales beaucoup plus courtes que dans les nucules et les pétoncles; une paire de feuillets branchiaux est de chaque côté du corps; mais nous ignorons s'ils sont formés de filaments désunis comme dans les nucules, les arches et les pétoncles. Bien que l'on n'ait point encore de détails sur l'organisation intérieure de cet animal, ce qui en est connu suffit pour déterminer, d'une manière assez rigoureuse, la place du genre dans la méthode; il est évidemment voisin des nucules; et la discussion des zoologistes s'élevera sur ce point de savoir s'il dôit faire partie de la famille des arcacés ou constituer à lui seul une petite famille dans le voisinage de celle-là.]

ESPÈCES.

1. **Trigonie pectinée.** *Trigonia pectinata.* Lamk.

> *T. testâ suborbiculatâ, radiatim costatâ, intùs margaritaceâ; costis elevatis, verrucosis, subasperis; margine plicato.*
> *Trigonia margaritacea.* Annales du Mus. 4. p. 355. pl. 67. f. 2.
> * *Trigonia margaritacea.* Sow. Genera of Shells. f. 1. 2.
> * Desh. Encycl. méth. vers. t. 3. p. 1048. n° 1.
> * Blainv. Malac. pl. 70. f. 1.
> * Quoy et Gaym. Voy. de l'Astrol. Moll. pl. 78. f. 1—4.
> Habite les mers de la Nouvelle-Hollande, à l'île King, et ailleurs. Mus. n°. Coquille précieuse, découverte par *Péron;* véritable *trigonie,* mais d'une section particulière

du genre. Elle a , au dehors , l'aspect d'un peigne sans oreillettes. Largeur , 42 à 46 millimètres. Ç'est la seule espèce vivante connue.

2. **Trigonie scabre.** *Trigonia scabra.* **Lamk.**

> *T. testâ ovato-trigonâ, anteriùs productâ, multicostatâ; costis transversis tuberculato-scabris ; tuberculis crebris , parvis; prominulis.*
>
> Encycl. pl. 237. f. 1. a. b. c. d.
> * Brong. Géol. de Paris. pl. 9. f. 5.
> * Desh. Descript. des Coq. caract. p. 35. pl. 13. f. 45.
> *Trigonia spinosa?* Sowerby. Conch. Min. n° 16. p. 196. t. 86 (1).
> Habite..... Fossile de Saint-Paul-Trois-Châteaux , département du Puy-de-Dôme. M. *Ménard.* Mon cabinet. Le corselet a aussi des rides transverses, mais à tubercules plus petits.

5. **Trigonie crénelée.** *Trigonia crenulata.* **Lamk.**

> *T. testâ ovato-trigonâ, anteriùs productâ, multicostatâ; costis transversis, arcuatis , obliquè crenatis ; crenis oblongis creberrimis.*
>
> Habite.... Fossile des environs du Mans. Cabinet de M. *Ménard.* Coquille voisine de la précédente ; mais , au lieu de tubercules élevés, ses côtes sont chargées de crénelures alongées et transverses.

4. **Trigonie rude.** *Trigonia aspera.* **Lamk.**

> *T. testâ ovato-trigonâ , subcompressâ , anteriùs productâ ; costis transversis, remotis, tuberculato-asperis; pube elevato-carinatâ, lœvigatiore.*
>
> Encycl. pl. 237. f. 4. a. b. c.
> * *Trigonia clavellata.* Zieten. Petrif. pl. 58. f. 3.
> * Zuingeri. Act. Helvetica. t. 3. pl. 8. f. F.
> Habite.... Fossile de.... Mus. n°. Les tubercules de ses côtes sont peu serrés , inégaux, presque pointus. Le corselet offre deux lignes longitudinales un peu scabres, sur chaque valve.

---

(1) Cette *trigonia spinosa* de Sowerby est une espèce bien distincte de la *scabra.*

5. Trigonie dédale. *Trigonia dœdalea.* Sow.

> *T. testá ovato-rhombeá, subangulatá, depressiusculá ; lateris antíci tuberculis hemisphœricis majusculis , per series transversas ; tuberculis posticalibus minoribus , per series varias.*

Trigonia dœdalea. Sowerby. Conch. m. n° 16. p. 198. t. 88.
Park. 3. t. 12. 1 6.

Habite..... Fossile de Coulaines, près du Mans. Cabinet de M. *Ménard.* Je n'en ai vu qu'un fragment, mais il suffisait.

6. Trigonie noduleuse. *Trigonia nodulosa.* Lamk.

> *T. testá ovato-trigoná   anteriùs productá; costis transversis , remotis , tuberculato-nodosis : tuberculis crassiusculis , obtusis ; pube supernè elevao-carinatá.*

* Luid. Lithoph. pl. 9. f. 700.
* Lister. Conch. pl. 502. f. 56 ?
Encycl. pl. 237. f. 2. a. b.
Trigonia clavellata ? Sowerby. Conch. m. n° 16. p. 197. t. 87.

Habite..... Fossile de Courtagnon. Mus. n°. Mon cabinet. *Voyez* Knorr. Petrif. suppl. V. a. pl. 173. f. 5. Coquille commune dans les collections. Elle est nacrée à l'intérieur.

7. Trigonie navire. *Trigonia navis.* Lamk.

> *T. testá ovato-trigoná , anteriùs producto-compressá ; costis longitudinalibus tuberculato-nodosis ; areá posticá planulatá, puppiformá, transversè costatá.*

Encycl. pl. 237. f. 3. et pl. 238. f. 4.
Knorr. Petrif. suppl. V. c. tab. 175. f. 1.
* Zieten. Petr. pl. 58. f. 1.
[b] *Eadem testœ areá posticá medio elevatiore.*
Habite..... Fossile de Gundershofen. Mus. n°. Mon cabinet. La variété [b] est du cabinet de M. *Ménard.*

8. Trigonie à côtes. *Trigonia costata.* Lamk.

> *T. testá ovato-angulatá, trigoná ; costis transversis, lœvibus ; pube magná , longitudinaliter sulcatá , supernè carinatá , altiore.*

* Lister. Conch. pl. 5o1. f. 55.
* Luid. Lithoph. pl. 9. f. 714.
* Zuingeri. Acta. Helvet. t. 3. pl. 8. f. D.
* Zieten. Petrif. pl. 58. f. 5.
Encycl. pl. 238: f. 1. a. b.
Knorr. Petrif. part. 2. B. I. a. pl. 17. f. 7.
Trigonia costata. Sowerby. Conch. m. n⁰ 16. t. 85.
[b] *Var. testæ latere postico lunulá impressá prædito* (1).
Encycl. pl. 238. f. 2. a. b. c.?
* *Trigonia elongata.* Sow. Min. Conch. p. 431. f. 1. 2. 3.
* Sow. Genera of Shels. f. 3.
Habite..... Fossile de.... On la dit des environs du Hâvre.
Mus. n⁰. Mon cabinet. Elle n'est point rare dans les col-
lections.

9. Trigonie sillonnaire. *Trigonia sulcataria.* Lamk.

*T. testá trigoná , subcuneatá, anteriùs productá , attenuato-
compressá; sulcis posticis transversis , anticis longitudinalibus; pube transversim striatá.*
Mon cabinet et celui de M. *Ménard.*
Habite.... Fossile de Coulaines, près du Mans. M. *Ménard.*
Espèce commune et de taille médiocre. Largeur , 3o millimètres au plus.

10. Trigonie sinueuse. *Trigonia sinuosa.* Lamk. (2)

*T. testá ovato-angulatá , trigoná; lateris antici costis trans-
versis lævibus , sinuoso-angulatis; pube lævigatá.*
* Def. Dict. des Scienc. nat. t. 55. p. 296.
Habite.... Fossile de.... Cabinet de M. *Defrance.* Très distincte du *T. costata.*

---

(1) Nous croyons que de cette variété on pourra faire une
espèce , comme l'a proposé M. Sowerby, sur-tout lorsque
l'on aura pu examiner la charnière, et si cette partie offre
avec celle de la *trigonia costata* des différences suffisantes.

(2) D'après cette caractéristique et ce qu'ajoute M. Defrance dans l'ouvrage précité , nous pensons que cette espèce pourrait être la même que la *trigonia angulata,* Sow.
Min. Conch. pl. 5o8. fig. 1.

11. Trigonie ridée. *Trigonia rugosa.* Lamk. (1)

T. testá cvato-trigoná, depressá, subangulatá ; costis transversis rugœformibus; lateris antici lœvibus, postici subtuberculosis.

Park. 3. t. 12. f. 11.

* Def. Dict. des Scienc. nat. t. 55. p. 296.

Habite.... Fossile des environs de Caen. Cabinet de M. Defrance. Elle est encore très distincte du *T. costata.*

12. Trigonie flexueuse. *Trigonia flexuosa.* Lamk.

T. testá sublongitudinali, ovatá, angulatá; lateris antici costis confertis, transversis, arcuatis, propè latus posticum angulato-flexuosis.

Habite....Fossile des environs du Mans, au coteau de Gazonfier. M. *Ménard.*

13. Trigonie crassatelline. *Trigonia crassatellina.* Lamk. (2)

T. testá trigoná, depressá; sulcis transversis plicato-angulatis, scalariformibus; margine crenulato.

Habite..... Fossile de.:... Cabinet de M. *Defrance.* Elle a extérieurement l'aspect d'une crassatelle; mais sa charnière bien apparente décide son genre. Largeur, 21 millimètres.

14. Trigonie cardissoïde. *Trigonia cardissoides.* Lamk. (2)

T. testá cordatá, lateribus depressá; valvis dorso in carinam planulatam elevatis; natibus prominentibus subremotis.

---

(1) M. Defrance croit que cette espèce a été faite pour une variété de la *trigonia costata.*

(2) M. Defrance fait observer que cette coquille, dont il a vu la charnière, n'est pas du genre trigonie, mais de celui des crassines : nous ne savons à quelle espèce de ce dernier genre il faudra la rapporter.

(3) Cette coquille n'est pas du genre trigonie, comme l'a cru Lamarck, ni de celui des cardites, comme le suppose M. Sowerby : elle n'a exactement les caractères d'aucun

* *Opis cardissoïde.* Blainv. Malac. pl. 70 *bis.* f. 1.
* *Cardita lunulata.* Sow. Min. Conch. pl. 232. f. 1. 2.
Cabinet de M. *Defrance.*

des genres connus, et nous croyons que M. Defrance a bien fait d'en créer un particulier pour elle, et quelques autres espèces également fossiles dans les terrains oolitiques. M. Defrance propose le nom d'Opis pour son nouveau genre; et nous croyons qu'il doit être adopté. M. Defrance n'ayant eu à sa disposition qu'un seul individu mal conservé de ce genre, ne peut le caractériser complétement. Étant parvenu à vider entièrement une valve, et à dégager sa charnière de manière à la rendre aussi nette que celles des coquilles vivantes, nous pourrons suppléer aux renseignements insuffisants donnés par M. Defrance.

Genre OPIS. *Opis.* Defrance.

Caractères génériques. Coquille cordiforme, à crochets grands et saillants, le côté postérieur séparé de l'antérieur par un angle ou une carène; charnière large ayant sur la valve droite une grande dent comprimée un peu oblique, pyramidale, et à côté et postérieurement une cavité étroite et peu profonde, ayant les bords parallèles; sur la valve gauche, une grande cavité conique pour recevoir la dent de la valve opposée, et à côté une dent peu saillante alongée le long du bord postérieur; ligament extérieur; impression palléale simple; impressions musculaires superficielles, arrondies.

OBSERVATIONS. Les Opis sont des coquilles fort singulières que, sur leur forme extérieure, on pourrait prendre pour des bucardes de la section des hémicardes; elle sont en effet plus longues que larges, très cordiformes. Dans l'une des espèces les crochets dominent une grande cavité lunulaire, semblable à celle du *cardium retusum*. La charnière n'est pas semblable sur les deux valves : la valve droite présente sur le bord antérieur une grande dent un peu oblique, comprimée latéralement et en pyramide

Habite.... Fossile de ...: Sa forme singulière se rapproche un peu de celle du *cardium cardissa*, et chaque valve ressemble à un cabochon comprimé sur les côtés. Néanmoins son côté postérieur est moins aplati que l'antérieur. Je n'ai vu qu'une valve : elle a une dent cardinale aplatie, saillante, à stries lâches, et, à côté, un espace vide pour la dent de l'autre valve.

---

triangulaire. Derrière elle, et le long du bord postérieur se montre une cavité peu profonde, subtrigone, étroite, elle doit recevoir une dent peu saillante de la valve gauche. A côté de cette dent sur le bord antérieur, cette valve gauche a une grande cavité triangulaire pour recevoir la dent de la valve opposée : nous n'apercevons aucune trace de dents latérales antérieures ou postérieures. Le ligament est extérieur; il était fixé sur des nymphes très courtes et peu saillantes : l'impression palléale est simple. D'après ces caractères, il est assez facile d'établir les rapports du genre, d'un côté, avec les astartés, et d'un autre, avec les cypricardes ou les cardites.

Nous ne connaissons encore que deux espèces dans ce genre : il est à présumer qu'une petite coquille, figurée par M. Philips dans son Illustration de la Géologie du Yorkshire, pl. 11, fig. 39, sous le nom de *Cardita similis*, constitue une troisième espèce.

1. Opis cardissoïde. *Opis cardissoides*. **Def.**

Trigonia. Lamk.

2. Opis semblable. *Opis similis*. Desh.

Cardita similis. Sow. Min. Conch. pl. 232. f. 3.
  Idem. Philips. Géol. Illustr. pl. 3. f. 23.
Fossile d'Angleterre et de France. La lunule n'est point enfoncée.

Espèces fossiles dont le genre est ici supposé, mais dont la charnière n'est pas connue. (1)

15. Trigonie enflée. *Trigonia inflata.* Lamk.

> *T. testâ trigonâ, turgidâ, anteriùs productâ, cuneatim compressâ, sublœvigatâ, posteriùs retusâ; areâ posticâ maximâ, cordatâ.*
>
> Bourguet. Pétrif. tab. 25. f. 153.
>
> [b] *Var. testâ minore, anticè cuneatâ; areâ posticali obliquè sulcatâ; marginibus crenulatis.*
>
> Habite.. .. Fossile des environs du Mans. La variété [b] se trouve à Saint-Jean-d'Assé, à quatre lieues du Mans. M. *Ménard.* Mon cabinet. L'une et l'autre offrent quelques côtes longitudinales obsolètes sur le côté antérieur. Mus. n°.

16. Trigonie arquée. *Trigonia arcuata.* Lamk.

> *T. testâ trigonâ, longitudinali, arcuatâ; costis longitudinalibus obsoletis, sulcos transversos decussantibus; natibus compressis.*
>
> Mon cabinet.
>
> Habite.... Fossile de.... Son côté postérieur est arqué en relief; l'antérieur l'est en creux, et ne s'avance en carène que vers l'extrémité du corselet. Longueur, 42 millimètres.

† 17. Trigonie aliforme. *Trigonia alœformis.* Sow.

> *T. testâ triangulari, anticè rotundatâ, posticè proboscideâ, rostratâ, obliquè costatâ; costis nodulosis; apice obliquo, acuto; ano angulato, striato, bipartito.*
>
> Sowerby. Min. Conch. tab. 215.
>
> Parkinson. Org. rem. t. 3. p. 176. tab. 12. fig. 9.
>
> Def. Dict. des Scienc. nat. t. 55. p. 297.
>
> Desh. Descript. des Coq. carac. p. 33. pl. 10. fig. 6 et 7.
>
> Knorr. Reliq. Diluv. p. II. pl. B. I. d. f. 1.
>
> Habite..... Fossile dans la craie inférieure, en France, dans les départements de l'Eure et de l'Orne, à Rouen, à Sauces,

---

(1) Le genre de ces espèces est aujourd'hui connu; elles dépendent de celui nommé *pholadomye* par M. Sowerby. Voyez page 63 de ce volume.

près Rethel, etc., en Angleterre, dans plusieurs localités.
Elle est prolongée en bec du côté postérieur ; ses côtes sont
finement granuleuses, ce qui la rapproche de la *T. scabra*.

† 18. **Trigonie bossue.** *Trigonia gibbosa.* **Sow.**

> *T. testá ovato-subtrigoná, tumidá, gibbosá, inæquilaterá,*
> *sublævigatá, aliquandò irregulariter granosá; ano magno,*
> *angulo obtuso, separato.*
>
> Sowerby. Min. Conch. pl. 235.
> Var. β. Sow. *Testá latiore; rugis transversalibus undato-*
> *granosis.*
> Id. Loc. cit. pl. 236.
> Desh. Descript. des Coq. carac. p. 37. pl. 10. fig. 8.
> Habite..... en Angleterre, à Tisbury, en Wiltshire. Coquille
> ovale, subtrigone, épaisse, enflée, presque lisse, ou irrégu-
> lièrement et obscurément granuleuse. Elle a un peu l'aspect
> d'une pholadomye ; mais elle a la charnière des trigonies,
> d'après M. Sowerby.

CASTALIE. (Castalia.)

Coquille équivalve, inéquilatérale, trigone ; à crochets écorchés, recourbés postérieurement. Charnière
à deux dents lamelleuses, srtiées transversalement :
l'une postérieure écartée, raccourcie, subtrilamellée ;
l'autre antérieure, alongée, latérale. Ligament extérieur.

Testa æquivalvis, inæquilatera, trigona ; natibus
decorticatis, posticè inflexis. Cardo dentibus duobus
lamellosis, transversè striatis : unus posticus, remotus,
abbreviatus, subtrilamellatus ; alter anticus, longitu-
dinalis, lateralis. Ligamentum externum.

OBSERVATIONS. Je me trouve forcé de présenter comme
type d'un genre particulier, une coquille singulière ayant
l'apect d'une trigonie, et les dents de la charnière lamelleuses et striées transversalement, tantôt sur l'une de leurs
parois, et tantôt sur les deux comme celles des trigonies ;
mais ces dents lamelliformes sont, en nombre et en disposition, différentes de celles des trigonies, et plus rappro-

chées de celles des mulettes. Cette coquille, néanmoins, ne saurait être associée ni à l'un ni à l'autre de ces deux genres; elle paraît moyenne entre eux, forme une sorte de transition de l'un à l'autre; et comme elle semble fluviatile, elle indique que les trigonées forment une transition des arcacées aux nayades. (1)

ESPÈCES.

1. Castalie ambiguë. *Castàlia ambigua.*

    * *Mulette castalie.* Blainv. Malac. pl. 67. f. 4.
    * *Unio ambiguus.* Sow. Genera of Shells. pl. 1. f. 2.
    Habite..... Cabinet de M. le marquis *de Drée*, provenant de la collection d'Hollande. Coquille ovale, trigone, enflée, rétuse, et en cœur antérieurement, munie de côtes longitudinales planulées, transversalement striées, et qui n'at-

---

(1) Lorsque l'on ne connaissait qu'un très petit nombre d'espèces du grand genre des mulettes, avant que l'on eût découvert en Amérique toutes ces étonnantes modifications de formes dont les coquilles de ce genre sont susceptibles, il était possible de créer des genres pour certaines de ces modifications. Alors, ces types isolés dans les collections semblaient offrir des caractères naturels : l'insuffisance des matériaux justifie très bien la création de genres dont les naturalistes voient actuellement l'inutilité. Celui des castalies et quelques autres dont nous parlerons bientôt, a été proposé par Lamarck pour une coquille qui paraissait, il y a vingt ans, fort différente des mulettes alors connues, mais qui se lie, aujourd'hui à ce genre par plusieurs espèces ayant des caractères propres à servir de passage d'un genre à l'autre sans qu'il soit possible rationnellement de déterminer une limite entre eux. Il devient nécessaire d'envisager ces genres avec d'autres éléments d'observations, de les supprimer ou de les modifier selon les besoins de la science. Celui dont nous nous occupons pourra disparaître sans inconvénient, et le petit nombre d'espèces qu'il contient réunies en une petite section du grand genre mulette.

teignent point le bord supérieur. Son épiderme est brun, son bord très entier, et l'intérieur offre une nacre très brillante. Largeur, 42 millimètres. [On sait actuellement que cette coquille et quelques autres espèces voisines, vivent dans les eaux douces du Pérou et du Chili.]

LES NAYADES.

Coquilles fluviatiles dont la charnière est tantôt munie d'une dent cardinale irrégulière, simple ou divisée, et d'une dent longitudinale qui se prolonge sous le corselet : et tantôt n'offre aucune dent quelconque, ou est garnie dans sa longueur de tubercules irréguliers, granuleux.

Impression musculaire postérieure composée. Les crochets écorchés, souvent rongés.

Les *nayades* sont très distinguées, par leur charnière et par les animaux qu'elles comprennent, des conques fluviatiles dont il a été déjà fait mention dans l'exposition des conques : elles composent une petite famille particulière, qui paraît tenir de très près aux trigonées, et devoir les suivre.

Ce sont des coquillages d'eau douce, qui vivent dans les rivières, les étangs et les lacs. Leur coquille est libre, régulière, équivalve, inéquilatérale, toujours transverse, et munie d'un épiderme verdâtre, rembruni, et qui manque sur les crochets où il est constamment rongé ou détruit. Les impressions musculaires de ces coquilles sont latérales, bien séparées; mais ce qui les distingue des autres conchifères dymiaires, c'est qu'ici l'impression musculaire du côté postérieur est composée de deux ou trois impressions distinctes et inégales.

L'animal de ces coquillages n'a point de tube ou siphon saillant en dehors. Son pied est une lame

alongée transversalement et arrondie, qu'il fait sortir
entre les valves , et qui lui sert à se déplacer. Sa coquille se tient en partie enfoncée dans la vase , ayant
ordinairement ses crochets en bas ou moins à découvert.
Je ne rapporte à cette famille que quatre genres :
savoir : *mulette* , *hyrie* , *anodonte* et *iridine*. En voici
l'exposé. (1)

———

MULETTE. (Unio).

Coquille transverse , équivalve , inéquilatérale , libres ; à crochets écorchés , presque rongés. Impression
musculaire postérieure composée.

———

(1) La famille des nayades devra subir des changements
notables, par suite des nouvelles observations acquises à la
science : ces observations sont le résultat des recherches des
naturalistes Américains, qui ont fait connaître un grand
nombre d'espèces très remarquables par leur forme et les
modifications de leur charnière. C'est au moyen d'une série
plus complète d'espèces que l'on s'est aperçu que, depuis les
mulettes dans lesquelles la charnière est très épaisse, on
pouvait passer par degrés insensibles aux anodontes dans
lesquelles il n'existe plus de charnière articulée; c'est ainsi
que la ressemblance dans les animaux des deux genres,
annoncée par Poli et si facile à vérifier journellement, devant conduire à leur réunion , on y est entraîné par d'autres faits surabondants en quelque sorte tirés des coquilles
seules. En continuant les mêmes observations sur le genre
hyrie, et tous ceux successivement démembrés des mulettes
(dipsas, alasmodonte, symphynote, amblémide, obliquaire,
etc.) on arrive pour tous à des résultats semblables à ceux
obtenus pour les anodontes, c'est-à-dire que des animaux
semblables pour l'organisation, habitent des coquilles dont
les modifications sont nombreuses, aussi tous les caractères
saisis par les naturalistes pour la séparation des genres, se
sont trouvés successivement combinés, enchaînés avec ceux

Charnière à deux dents sur chaque valve : l'une cardinale, courte, irrégulière, simple ou divisée en deux, substriée; l'autre alongée, comprimée, latérale, se prolongeant sous le corselet. Ligament extérieur.

---

des mulettes proprement dites de telle manière, qu'il a été impossible de leur conserver de la valeur, après un examen quelque peu attentif. Nous pourrions prendre pour exemple celui des genres qui est considéré comme l'un des mieux caractérisés. Le genre symphynote est fondé sur ce caractère remarquable, que les deux valves sont soudées entre elles le long du bord supérieur : cette soudure se fait au moyen d'appendices aliformes qui recouvrent ordinairement le ligament. Si ce caractère singulier se présentait dans des coquilles ayant une charnière constante, on pourrait admettre ce genre, mais il n'en est rien, car il y a des symphynotes anodontes, des symphynotes à charnière de mulettes proprement dites, et des symphynotes alasmodontes; il y en a même qui offrent quelques-unes des autres combinaisons qui servent à lier les mulettes aux autres genres.

Ce que nous venons de dire peut rigoureusement s'appliquer non-seulement aux symphynotes, mais encore, et sans exception à tous les genres proposés par M. Rafinesque ou d'autres naturalistes.

En résumant les éléments de la question, on peut dire, tous les animaux observés jusqu'à présent dans les divers groupes des mulettes, et les genres qui ont été établis à leurs dépens, étant semblables, toutes les modifications des coquilles se nuançant par degrés insensibles, de telle sorte qu'il est impossible de saisir les limites naturelles de ces modifications, nous concluons que tout ce grand ensemble ne peut et ne doit former qu'un seul genre constituant à lui seul la famille des nayades.

Jusqu'à présent nous n'avons pas mentionné un genre que Lamarck a compris dans sa famille des nayades. Il était impossible de prévoir, pour les iridines, des rapports

Testa transversa , œquivalvis , inœquilatera , non affixa, natibus decorticatis , suberosis. Impressio muscularis postica composita.

Cardo dentibus duobus in utrâque valvâ : dens cardinalis unicus, brevis , irregularis, simplex aut bipartitus , substriatus ; alter elongatus , compressus , lateralis , infrà pubem productus. Ligamentum externum.

---

plus naturels, avant que la connaissance de l'animal eût prouvé que les prévisions à son égard étaient fausses. L'animal dont il est question ayant les lobes du manteau réunis postérieurement, tandis que dans les mulettes , les anodontes, etc., ces lobes sont désunis dans toute leur longueur, il doit être éloigné de la famille des nayades, tout le temps que les naturalistes donneront une grande importance à ce caractère , et fonderont sur lui les principales divisions de la classification.

Nous avions le projet, après avoir examiné les espèces de mulettes et d'anodontes de la collection du Muséum, de mettre en accord la synonymie, et de donner ainsi la concordance des noms de Lamarck avec ceux des auteurs américains : il ne nous a pas été possible de le faire pour un assez grand nombre d'espèces. Des envois considérables de mulettes et d'anodontes ayant été adressés au Muséum, on s'empressa de les mettre en ordre, et on rejeta tous les individus de l'ancienne collection qui pouvaient être remplacés par de plus beaux; on ne fit malheureusement pas attention que les cartons sur lesquels ils étaient fixés, portaient le nom spécifique écrit de la main de Lamarck , et qu'en les ôtant on perdait le moyen de vérifier à l'avenir la validité des espèces établies dans ces genres difficiles par ce grand naturaliste.

M. Lea, qui s'est beaucoup occupé des mulettes de l'Amérique, a publié plusieurs Mémoires sur ce genre, dont les espèces sont singulièrement multipliées dans ce pays. M. Lea, aussi bien que d'autres naturalistes américains, a cherché à mettre de l'accord dans la synonymie et de rap-

OBSERVATIONS. Le genre *mulette*, établi par *Bruguière*, comprend des conchifères fluviatiles que Linné confondait avec les myes, quoique celles-ci soient des coquilles marines très différentes par leur forme, leur charnière, la position de leur ligament, et l'animal qu'elles enveloppent.

Les *mulettes* ressemblent extérieurement aux anodontes, qui sont aussi des coquillages d'eau douce, et y tiennent de très près par leurs rapports; mais elles acquièrent ordinairement beaucoup d'épaisseur, et c'est sur-tout par leur charnière qu'elles en sont éminemment distinctes. Chaque valve présente une dent cardinale courte, qui est ordinairement simple sur la valve gauche, et divisée en deux lobes sur la valve droite; en outre, une dent latérale alongée, comprimée, canaliculée, qui se prolonge sous le corselet, et occupe un grand espace, en dessous, le long du bord inférieur de ce côté. Ces deux dents de chaque valve s'articulent entre elles, lorsque la coquille est fermée. (1)

---

porter aux espèces figurées celles mentionnées par Lamarck dans cet ouvrage. Nous croyons que M. Lea a fait quelques erreurs indépendantes de sa volonté, et par suite de l'impossibilité où il se trouvait d'examiner la collection du Muséum de Paris. Malheureusement, comme nous venons de le dire, il n'existe plus maintenant dans cette collection les moyens de vérification. Malgré cette imperfection, qu'il ne pouvait empêcher, le travail de M. Lea se recommande à l'attention des naturalistes par des observations judicieuses, des descriptions exactes et la représentation d'un grand nombre d'espèces nouvelles très intéressantes.

(1) Ces renseignements sur les mulettes sont aujourd'hui insuffisants : l'animal est tout-à-fait semblable à celui des anodontes, et les coquilles seules offrent des différences ; soit dans leur épaisseur, soit dans le mode de leur articulation en charnière; mais nous avons vu que ces caractères étaient pour ces genres de peu d'importance, car on voit dans une grande série d'espèces la charnière des mulettes s'amincir peu à peu, les dents cardinales s'effacer, se réduire

Le test des *mulettes* est formé d'une nacre en général
très brillante, et, au dehors, il est recouvert d'un épiderme verdâtre ou brun, qui manque sur les crochets,
ceux-ci étant toujours comme écorchés et plus ou moins
cariés. Enfin, au-dessus de la dent latérale, la lame du
bord de la coquille offre une troncature ou un sinus qui
paraît recevoir l'extrémité ou une portion du ligament.

Ces coquillages vivent dans les rivières d'Europe et dans
celles des deux Indes ; ils se tiennent enfoncés dans la vase,
ayant leurs crochets tournés en bas, et plusieurs d'entre
eux fournissent d'assez belles perles. Plusieurs aussi ont
leurs valves un peu bâillantes et mal closes.

Ce qui se montre dans tous les genres où nos collections
se sont bien enrichies, savoir, que les espèces se nuancent
et se fondent les unes dans les autres dans le cours de

à une simple inflexion du bord, qui elle-même disparaît à
son tour, et laisse le bord simple et entier; comme dans
les anodontes proprement dites. D'autres modifications se
présentent encore : on voit dans les mulettes proprement
dites une dent posterieure, alongée, étroite reçue entre deux
lamelles de la valve opposée. Cette dent, dans certaines espèces, s'épaissit et reste très courte; dans d'autres, elle diminue et finit par disparaître, tandis que la dent cardinale
antérieure a persisté : c'est alors que l'on arrive, par une seconde série des mulettes, aux alasmodontes (nom donné
aux espèces ayant la dent antérieure seulement). Dans une
troisième série, on observe la disparition graduelle de la
dent cardinale antérieure, tandis que la postérieure persiste.
Une quatrième série offre d'autres modifications : la dent
antérieure, quelquefois simple dans certaines mulettes, se
charge de sillons et semble comme hachée dans d'autres
espèces. Ces sillons, en persistant dans les espèces qui ont
la charnière étroite, donnent lieu à la dent décomposée
en lamelles rayonnantes des hyries. Lorsque les sillons existent de chaque côté des dents cardinales, soit antérieure
soit postérieure, on a la modification propre au genre
castalie.

TOME VI. 34

leurs variations, se fait ici encore plus fortement remarquer qu'ailleurs, et confirme ce que j'ai dit de l'*espèce* dans
ma *Philosophie zoologique* et autres ouvrages : aussi la détermination des espèces du genre mulette est-elle très difficile.

ESPÈCES.

Dent cardinale courte, épaisse, non en crête, et substriée.

1. **Mulette sinuée.** *Unio sinuata.* Lamk. (1)

> U. testá ovato-oblongá, supernè coarctato-sinuatá, crassá ;
> natibus subprominulis ; dente cardinali crasso, lobato,
> striato dente postico magno.

---

(1) Nous avons signalé plusieurs fois le peu de soin que
les auteurs ont mis pour reconnaître avec précision les espèces de Linné. Nous avons fait remarquer que sous un
nom linnéen était inscrite une espèce que le célèbre auteur
du *Systema naturæ* ne connut pas : cette altération a eu
lieu sur-tout lorsque deux espèces voisines ont assez de caractères communs pour que la phrase caractéristique de
Linné, ou plutôt sa synonymie, convînt assez bien à
toutes deux. Cette confusion s'établit d'autant mieux que
l'on néglige ordinairement quelques indications très utiles
pour arriver à une détermination plus exacte de l'espèce :
c'est ce qui est arrivé pour le *mya margaritifera* de Linné.
Si l'on consulte la douzième édition du *Systema naturæ*
et les divers ouvrages cités dans la Synonymie ; si l'on recherche dans la *Fauna suecica*, on a bientôt reconnu à
quelle coquille convient le nom de *mya margaritifera*.
Cette coquille, connue de Linné, se trouve sur-tout dans
le nord de l'Europe, et elle est très abondante dans les
eaux douces de la Norwége. Tous les auteurs, jusqu'à
Draparnaud, avaient bien reconnu l'espèce de Linné, et
il aurait suffi d'apporter quelques rectifications à leur synonymie ; mais Draparnaud ayant cru reconnaître la *mya*
margaritifera dans une coquille du Rhin, lui imposa le

* Fav. Conch. pl. 62. f. F.
* *Unio margaritiferus.* Nils. Moll. Sueciæ. p. 103. nᵒ 1.
Syn. plerisque exclus.
* De Blainv. Malac. pl. 67. f. 3.
Draparn. Hist. des Moll. p. 132. pl. 10. f. 8. 18. 19.
Encycl. pl. 248. f. 1. a. b.
Habite dans le Rhin, la Loire et les autres grandes rivières
du continent européen tempéré et austral. Mus. nᵒ. Mon
cabinet. Coquille grande, épaisse, pesante, et ayant une
forte dépression sinueuse dans sa partie supérieure. Lon-
gueur transversale, 140 à 145 millimètres.

2. **Mulette alongée.** *Unio elongata.*

> *U. testá transversìm oblongá, curvá, anteriùs obtusè angu-
> latá, supernè subcoarctatá; natibus depressis; dente cardi-
> nali parvulo subconico.*

* *Mya margaritifera.* Lin. Syst. nat. p. 1112.
* Muller. Verm. p. 210.
* Pennant. Zool. Brit. 1812. t. 4. pl. 46. f. 2.
* Schröt. Fluss. Conch. p. 168. pl. 4. f. 2.
* *Id.* Einl. t. 2. p. 606.
* Born. Mus. p. 21.
* Chemn. Conch. t. 6. p. 15. pl. 1. f. 5.
* *Dacosta.* Brit. Conch. p. 225. pl. 15. f. 3.
* Gmel. p. 3219. nᵒ 4.
* Barbut. Verm. p. 18. pl. 2. f. 2.
* Encycl. méth. pl. 249. f. 5.

---

nom de Linné. Lamarck, en cherchant à compléter la synonymie de l'espèce de Draparnaud, s'aperçut bien que le
nom ne lui convenait pas, en proposa un autre, mais lui
attribua une synonymie qui appartient presque tout entière à la *margaritifera.* N'ayant pas retrouvé dans la mulette *margaritifère* de Draparnaud l'espèce de Linné, il
inscrivit celle-ci sous le nom d'*unio elongata*, la considérant sans doute comme une espèce que Linné n'avait pas
connue. Ainsi, en rectifiant les erreurs et la synonymie,
on pourrait conserver le nom d'*unio sinuata* à la *margaritifera* de Draparnaud, et restituer à l'*unio elongata*, qui est
la vraie *mya margaritifera* de Linné, son nom linnéen.

34*

* Lister. Anim. Angl. suppl. pl. 1. f. 1.
* *Id.* Conch. pl. 149. f. 4.
* Knorr. Vergn. t. 4. pl. 25. f. 2.
* *Unio margaritifera,* Jeune. Drap. Moll. de France. pl. 11. f. 5.
* Roissy. Buff. de Sonn. Moll. t. 6. p. 322. n⁰ 3. Exclus. Draparn. Syn.
* *Mya margaritifera.* Dilw. Cat. t. 1. p. 52. n° 29.
* *Unio margaritifera.* Pfeiff. Syst. anord. pl. 5. f. 11.
* *Unio elongatus.* Nils. Moll. Suec. pl. 106. n° 2.
* *Unio margaritifera.* Kickx. Syn. Moll. Brabantiæ. p. 82. n° 101.
* Turton. Manual of Shells. p. 19. n° 9. pl. 2. f. 9.

Habite dans les rivières de l'Angleterre, et probablement du nord de l'Europe. Mus. n°. Mon cabinet. Elle est, proportionnellement, plus étroite, plus alongée et moins sinueuse que la précédente ; ses crochets sont surbaissés, et sa dent cardinale petite. C'est peut-être l'*unio margaritifera* de Linné.

3. Mulette dent épaisse. *Unio crassidens.* Lamk.

U. testá ovali, tumidá, crassá, posticè rotundatá, anticè angulis binis ternisve subsinuosá ; dente cardinali crassissimo lobato, angulato, striato.

[a] *Testa sub epiderme albo-rubens, iridea; latere antico obliquè truncato.* [Du Mississipi.] List. Conch. t. 150. f. 5.

[b] *Testa subepiderme albo-rubens; latere antico magis attenuato, obtuso.* [Du lac Érié.]

[c] *Testa sub epiderme albida, subiridea, anteriùs attenuato-rotundata.*

Unio crassa. Encycl. amér. Conch. tab. 1. f. 8.
* *Unio cuneatus.* Barnes. Sillim. journal.

Habite l'Amérique septentrionale, dans le Mississipi, l'Ohio, et plusieurs lacs. Mon cabinet pour la coquille [a]. Mus. n°. pour les coquilles [a et b]. Espèce à coquille épaisse, dont la nacre est très belle, sur-tout dans les coquilles [a et b]. Largeur de la coquille [a], 105 millimètres.

4. Mulette du Pérou. *Unio Peruviana.* Lamk.

U. testá ovatá, crassá, posteriùs brevissimá ; antico latere plicis pluribus undatis sinuoso ; umbonibus tumidis ; dente cardinali crasso, striato.

Encycl. pl. 248. f. 7.

* *Unio undulatus.* Barnes. Sillim. journ. t. 6. p. 120. pl. 2.

* *Unio undulatus.* Say. Amér. Conch. pl. 16.

* *Unio multiplicatus.* Lea. Observ. 2ᵉ part. p. 80. pl. 4.

Habite au Pérou, dans les rivières. Mus. nᵒ. Mon cabinet.
 Dombey. Belle espèce, remarquable par ses plis ondés,
 obliques et nombreux. Largeur, 109 millimètres.

5. Mulette à plis rares. *Unio rari-plicata.* Lamk. (1)

 *U. testá ovatá, subalatá, crassá; antico latere plicis obliquis
 raris sinuoso; pube elevatá, compresso-carinatá.*

* *Unio plicatus.* Barnes. Sillim. journ. t. 6. p. 120. nᵉ 3.
 pl. 4. fig. 3.

* Desh. Encycl. méth. vers. t. 2. p. 578. nᵒ 1.

Mus. nᵒ.

Habite la rivière de l'Ohio. *Michaud.* Elle tient de la précédente, et en est très distincte. Largeur, 62 millimètres.

6. Mulette pourprée. *Unio purpurata.* Lamk.

 *U. testá ovato-ellipticá, tumidá, anteriùs subbiplicatá, intùs
 viridi-violaceo purpureoque tinctá; dente laterali crenulato.*

An List. Conch. t. 155. f. 10 ?

* *Unio ater.* Lea. Observ. on Gen. *Unio.* p. 40. pl. 7. f. 9.

* *Unio lugubris.* Say. Amér. Conch. pl. 43.

* *Unio atra.* Desh. Encycl. méth. vers. t. 2. p. 582. nᵒ 10.

Habite (le Mississipi)..... Je la crois des grandes rivières de
 l'Afrique. Mus. nᵉ. Mon cabinet. Belle et grande coquille
 à nacre pourprée avec des taches irrégulières d'un vert
 violâtre, sur-tout sous les crochets. Largeur de mon
 exemplaire, 139 millimètres. La dent cardinale est épaisse,
 mais de taille médiocre. L'autre dent est très finement
 crénelée.

7. Mulette ligamentine. *Unio ligamentina.* Lamk. (2)

 *U. testá ovali, tumidá, sub epiderme candidá; ligamento
 subduplici : unico externo detecto; altero intrà natem et
 cardinem obtecto.*

---

(1) Nous croyons que cette espèce est la même que celle
nommée *unio heros* ou *unio plicata* par les auteurs américains.

(2) Lamarck a pris pour un caractère spécifique une dis-

Mus. n°.

Habite la rivière de l'Ohio. *A. Michaud.* La coquille a sur
chaque valve un angle obtus au côté antérieur. Son test
est très blanc. Son corselet est un peu élevé en carène.
Dent cardinale fort épaisse. Largeur, 77 millimètres.

8. Mulette oblique. *Unio obliqua.* Lamk.

*U. testâ sublongitudinali, ovato - rotundatâ , obliquâ , sub
epiderme candidâ ; ligamento subduplici; dente cardinali
crasso , sulcato , bipartito.*

* *Unio undulatus.* Barnes. Sillim. journ. t. 6. p. 121. pl. 5.
f. 4.

Mus. n°.

Habite la rivière de l'Ohio. *A. Michaud.* Distincte de la précédente par sa forme ; elle est renflée vers les crochets ,
déprimée vers l'autre extrémité , bisillonnée sur le côté
antérieur. Longueur apparente, 61 millimètres.

9. Mulette rétuse. *Unio retusa.* Lamk. (1)

*U. testâ rotundatâ , tumidâ , intùs violaceâ; natibus retusis ,
erosis ; dente laterali breviusculo.*

Mus. n°.

Habite les rivières de la Nouvelle - Écosse. *A. Michaud.*
Test épais ; épiderme d'un vert jaunâtre ; dent cardinale
grossière, sillonnée, divisée en deux. Longueur apparente,
47 millimètres.

10. Mulette sillon rare. *Unio rari-sulcata.* Lamk.

*U. testâ ovato-rhombeâ; fusco-lutescente, intùs violacescente;
sulcis transversis, elevatis, distantibus.*

---

position du ligament qui se trouve dans presque toutes les
mulettes, soit par suite d'une maladie, soit à cause de la
vieillesse; la charnière s'altère peu à peu, et la matière calcaire est remplacée par une substance cornée peu solide,
semblable à celle d'un ligament décomposé. Au reste, cette
espèce a beaucoup d'analogie avec l'*unio multiradiata*,
Lea , qui en est très probablement un très jeune individu.

(1) Celle-ci est très probablement la même que l'*unio
incurvis* de Say.

Habite dans le lac Champlain. Cabinet de M. *Dufresne*. Ses rapports la rapprochent de la suivante ; mais son bord supérieur n'en a point le rétrécissement en sinus. Largeur, 50 millimètres.

11. Mulette resserrée. *Unio coarctata*. Lamk. (1)

> *U. testâ ovato-oblongâ, convexo-depressâ, anteriùs subangulatâ, supernè coarctato-sinuatâ; intùs livido-purpurascente.*
>
> * Desh. Encycl. méth. t. 2. p. 581. n° 8.
>
> [2] *Var. epiderme radiis longitudinalibus obliquis pictâ.*
>
> Habite la rivière d'Hudson. Cabinet de M. *Valenciennes*. C'est l'analogue, étranger et en moindre taille, de notre *U. margaritifera*, que Klein nomme *dichonca crassissima*, tab. 10. n° 47. Mais l'espèce américaine est médiocrement épaisse, plus déprimée, et assez distincte.

12. Mulette purpurescente. *Unio purpurascens*. Lamk.

> *U. testâ ovato-oblongâ, convexâ, anteriùs subangulatâ, supernè depressâ, medio subsinuatâ; intùs purpurascente.*
>
> *Unio purpureus.* Encycl. amér. Conch. pl. 3. f. 1.
>
> [b] *Var. testâ tenui, intùs albo-rubescente.*
>
> [c] *Var. testâ crassiore, intùs albidâ.*
>
> * Barnes. Sillim. journ. t. 6. p. 264. n° 16.
>
> * Desh. Encycl. méth. vers. t. 2. p. 581. n° 9.
>
> Habite les rivières de l'État de New-Yorck. Cabinet de M. *Valenciennes*. Cette espèce avoisine la précédente par ses rapports, et en est distincte. La variété [b] est du lac Sarratoga, et la variété [c] du lac Champlain. *Le Sueur.* Mus. n°.

13. Mulette rayonnée. *Unio radiata*. Lamk.

> *U. testâ obovatâ, convexo-depressâ, tenuissimè transversim striatâ; antico latere latissimo; epiderme flavicante, longitudinaliter radiatâ.*
>
> *Mya radiata.* Gmel. p. 3220.
>
> * *Mya.* Schrot. Einl. t. 2. p. 614. n° 1.
>
> * *Mya radiata.* Dilw. Cat. t. 1. p. 51. n° 25. *Synon. Chemnitzii et Encycl. exclusis.*

---

(1) Ne serait-ce pas l'*unio gibbosa* des auteurs américains?

    * Desh. Encycl. méth. vers. t. 2. p. 581. n° 7.

    List. Conch. t. 152. f. 7?

    Unio ochraceus. Encycl. amér. Conch. pl. 2. f. 8.

    [b] *Var. testâ majore, paulò crassiore, anteriùs magis pro-
ductâ.*

    Habite le lac Sarratoga. Cabinet de M. *Valenciennes.* Lar-
geur, 60 millimètres. Cette coquille est mince. La variété
[b] vient du lac Saint-Georges. On l'a prise pour une variété de l'*Unio purpurea.* Largeur, 77 millimètres. *Le
Sueur.* Mus. n°.

14. Mulette bréviale. *Unio brevialis.* Lamk.

    *U. testâ transversim ovatâ, anteriùs obsoletè angulatâ; latere
postico breviore rotundato.*

    Habite à l'île de France. M. *Mathieu.* Mus. n°. Cabinet de
M. *Valenciennes.* Largeur, 63 millimètres.

15. Mulette rhombule. *Unio rhombula.* Lamk.

    *U. testâ ovato-rhombeâ, transversìm striatâ, anteriùs undato-
angulatâ, obliquè rotundatâ; natibus retusis.*

    [b] *Var. testâ paulò breviore.*

    Habite au Sénégal, dans les rivières. Mon cabinet. Dent car-
dinale sillonnée. Coquille rougeâtre intérieurement. Largeur, 65 millimètres. La variété [b] vient de la rivière
Hudson des États-Unis. Cabinet de M. *Valenciennes.*
Largeur, 50 millimètres.

16. Mulette carinifère. *Unio carinifera.* Lam.

    *U. testâ ovato-rhombeâ, subdepressâ, tenui, intùs purpureo-
violaceâ; pube elevatâ, compresso-carinatâ; dente cardinali
parvulo, striato.*

    Habite la rivière Hudson de l'État de New-Yorck. Cabinet
de M. *Valenciennes.* Très distincte de l'*U. purpurea.* Largeur, 52 millimètres.

17. Mulette géorgine. *Unio georgina.* Lamk.

    *U. testâ oblongo-ovatâ, transversim striatâ, intùs cærules-
cente; pube compresso-carinatâ; dente çardinali parvo,
striato.*

    Habite le lac George. Cabinet de M. *Valenciennes.* Elle n'a
rien de bien remarquable, et cependant je n'ai pu l'associer à d'autres. Largeur, 59 millimètres.

18. Mulette massue. *Unio clava*. Lamk.

U. testá sublongitudinali, oviformi, infernè tumidá, obtusá;
postico latere brevissimo; dente laterali prœlongo.

[b] *Var. testá versùs extremitatem lateris antici sensim de-*
pressá, magis attenuatá.

* *Unio modioliformis*. Say. Amér. Conch.

Habite dans le lac Érié. *Michaud* fils. Mus. n°. Test très
blanc. Longueur apparente, 72 millimètres. La variété [b]
vit dans la rivière de la Nouvelle-Écosse. Mus. n°. Longueur apparente, 53 millimètres.

19. Mulette droite. *Unio recta*. Lamk.

U. testá transversim elongatá, angustá, convexá, anteriùs
subangulatá; latere antico striis longitudinalibus obliquis,
remotis, obsoletis.

* *Unio prœlongus*. Barnes. Sellim. journ. t. 6. p. 261. n° 13.
pl. 14. f. 11.

Mus. n°.

Habite le lac Érié. *Michaud.* Elle a presque la forme du
mytilus lithophagus. Son test est blanc, recouvert d'un
épiderme brun noirâtre. Largeur, 100 millimètres.

20. Mulette naviforme. *Unio naviformis*. Lamk.

U. testá transversim oblongá, rectá, anteriùs angulatá, com-
pressá subemarginatá; sulcis transversis latis; lateris antici
undulatis.

Unio cylindricus. Encyclop. amér. Conch. pl. 4. f. 3 ?

* Desh. Encycl. méth. vers. t. 2. p. 580. n° 5.

Habite la rivière de l'Ohio. *Michaud* fils. Mus. n°. Elle a
presque la forme de l'arche de Noé. Largeur, 75 millimètres. Le corselet est comprimé en carène.

21. Mulette glabre. *Unio glabrata*. Lamk.

U. está transversim oblongá, anteriùs subangulatá, intùs li-
vidá; dente cardinali parvulo, crasso, diviso.

Mus. n°.

Habite la rivière de l'Ohio. *Michaud.* Ses stries transverses
sont menues; son côté antérieur est un peu dilaté et s'ar-
rondit obliquement à l'extrémité. Largeur, 70 millimètres.
Elle n'a rien de remarquable, et néanmoins elle est distincte
des autres.

22. Mulette grand nez. *Unio nasuta.* Lamk.

U. testâ transversim oblongâ, angustâ, anteriùs angulatâ, obliquè attenuatâ, curvâ; margine superiore sinubus binis.
* *Unio gibbosus.* Barnes. Sillim. journ. t. 6, p. 262. n° 14. pl. 12. f. 12.
An unio nasutus? Encycl. amér. Conch. pl. 4. f. 1.
Habite le lac Érié. *Michaud.* Mus. n°. Coquille violàtre à l'intérieur. Largeur, 64 millimètres.

23. Mulette ovale. *Unio ovata.* Lamk.

U. testâ ovatâ, subtumidâ, lateribus subhiante; epidermc lutescente; umbonibus prominulis.
[b] *Var. testâ radiis longitudinalibus pictâ.*
Unio ovatus. Encycl. amér. Conch. pl. 2. f. 7.
* *Unio ventricosus.* Barnes. Sillim. journ. t. 6. p. 267. n° 20. pl. 14. f. 14.
* *Unio subovatus.* Lea: Observ. sur le genre *Unio*, 2e part. pl. 18. f. 46.
* *Unio occidens?* Lea. Loc. cit. 1re part. p. 49. n° 14. pl. 10. f. 16.
* *Unio ventricosus.* Say. amér. Conch. pl. 52.
Habite la rivière Susquehana et Mankauks. *Michaud.* Mus. n°. La variété [b] vit dans le lac Saint-George, le lac Érié, etc. *Le Sueur.* Mus. n°. Coquille d'une épaisseur médiocre, assez enflée, un peu ondée sur le côté antérieur, avec des stries presque lamelleuses. Largeur, 75 à 78 millimètres.

24. Mulette arrondie. *Unio rotundata.* Lamk.

U. testâ elliptico-rotundatâ, infernè ventricosâ, sub epidermc splendidè margaritaceâ; cardine arcuato.
Habite..... Cabinet de M. *Daudebard,* et celui de M. *Faujas.* Coquille rare, d'une forme singulière pour le genre, et dont la nacre est argentée, légèrement teinte de rose, irisée et très brillante. Largeur, 78 millimètres. Elle a un pli sur le côté antérieur.

25. Mulette littorale. *Unio littoralis.* Lamk.

U. testâ latè ovatâ, subquadratâ, pube sulco marginali utrinque distinctâ; natibus rugosis.
Unio littoralis. Syst. des Anim. sans vert. p. 114.

Mya rhomboidea. Schroet. Fluss. tab. 2. f. 3.

Draparn. p. 133. n° 3. pl. 10. f. 20.

Encycl. p. 248. f. 2.

Act. Soc. Lin. 8. tab. 3. a. p. f. 3!

* De Roissy. Buff. Moll. t. 6. p. 321. n° 2.

* Brard. Hist. des Coq. des env. de Paris. pl. 8. f. 6.

* *An eadem species? Unio littoralis.* Pfeiffer. Syst. anord. p. 117. n° 4. pl. 5. f. 12.

* Desh. Encycl. méth. vers. t. 2. p. 580. n° 6.

Habite dans les rivières de France. Commune dans la Seine. Mon cabinet. Coquille assez épaisse, striée et même sillonnée transversalement. Épiderme très brun. Largeur, 66 millimètres.

26. Mulette demi-ridée. *Unio semi-rugata.* Lamk.

U. testá ovatá, tenui, viridi-lutescente, obscurè radiatá; umbonibus rugis, transversis, undatis, subinterruptis.

Habite.... Mus. n°. Mon cabinet. Elle a l'aspect extérieur de l'*Unio corrugata*; mais elle en est distincte et un peu plus grande. Largeur, 40 millimètres.

17. Mulette naine. *Unio nana.* Lamk.

U. testá transversá, subellipticá, transversìm rugosá; rugis umbonorum angulato-flexuosis, subinterruptis; cardinis dentibus crassis, breviusculis.

Habite dans la Franche-Comté. Cabinet de M. *de Ferussac.* Largeur, 15 à 16 millimètres.

28. Mulette ailée. *Unio alata.* Lamk.

U. testá magná, ovato-trigoná, transversìm striatá; pube in alam maximam elevatá: valvis margine connatis; ligamento occultato.

Unio alatus. Say. Encycl. amér. Conch. pl. 4. f. 2.

* Barnes. Sillim. journal. t. 6. p. 260. n° 12.

* *Symphynota alata.* Lea. Observ. sur le genre *Unio.* p. 62. n° 3.

* *Unio alatus.* Sow. Genera of Shells. f. 5.

* Desh. Encycl. méth. vers. t. 2. p. 583. n° 14.

Habite dans les lacs Champlain, Saint-Georges, etc. Mus. n°. M. *Le Sueur.* Mon cabinet. Ici comme ailleurs, dans ce genre, le ligament est en dehors de la charnière; néanmoins, comme les valves sont connées au bord inférieur de l'aile du corselet, M. *Le Sueur,* qui a observé cette réunion, pense qu'on doit former un genre particulier avec cette coquille. Nos *hyries* auraient-elles une pareille réunion à la carène de leur corselet? Au reste, elles sont auriculées, et diffèrent de la mulette ailée par leur dent postérieure.

29. Mulette délodonte. *Unio delodonta.* Lamk.

U. testá ovatá, anteriùs obtusè angulatá; dente cardinali crassiusculo, compresso, subdiviso.

Habite..... Mon cabinet. Elle diffère de toutes celles que j'ai mentionnées. Elle est ovale, un peu renflée, et offre à l'intérieur une nacre argentée, assez brillante. Par sa dent cardinale, il semble qu'elle appartienne autant à la seconde division qu'à cette première. Largeur, 76 millimètres.

30. Mulette dent cannelée. *Uuio sulcidens.* Lamk.

U. testá oblongo-ovatá, depressiusculá, anteriùs subbiangulatá, intùs purpurascente; dente cardinali basi interná multisulcatá.

Habite dans une rivière du Connecticut [M. *Le Sueur*], et dans la rivière Schunglkill. M. *Wanuxem.* Mus. n°. Mon cabinet. Espèce assez remarquable par les sillons de sa dent cardinale, et sur-tout par ceux de sa base interne. Largeur de celle du Connecticut, 80 millimètres. Elle est moins pourprée à l'intérieur. Largeur de l'autre, 56 millimètres. Nacre d'un violet pourpré.

Dent cardinale courte, comprimée, relevée et souvent en crête.

31. Mulette rostrée. *Unio rostrata.* Lamk. (1)

U. testá transversìm elongatá, anteriùs attenuato-rostratá, extremitate subtruncatá.

---

(1) Cette espèce a la plus grande ressemblance avec la suivante, et quand on observe avec soin les nombreuses variétés d'un même type, on est porté à croire qu'il est convenable de réunir en une seule les deux espèces que Lamarck sépare ici, et que les auteurs ont adoptées d'après lui.

* Desh. Encycl. méth. vers. t. 2. p. 586. n° 21.
* Lister. Conch. pl. 147. f. 2.
* *Unio tumidus.* Nills. Moll. Suec. p. 77.
* *Unio rostrata.* Michaud. Sup. au Drap. p. 108. n° 4. pl. 16.
 f. 25.
* Pfeiff. Syst. anord. p. 114. n° 1. pl. 5. f. 8.
* Kickx. Moll. Brab. p. 83. pl. 1. f. 17. 18.

Habite dans le Rhône et dans les grandes rivières de l'Allemagne, de la Silésie, etc. Mus. n°. Mon cabinet. Elle est
 plus alongée, plus lancéolée antérieurement que la suivante,
 et en diffère sur-tout parce que le bord de la petite carène
 de son corselet est droit et ne fait point angle. Largeur,
 99 millimètres.

32. Mulette des peintres. *Unio pictorum.* Lamk.

*U. testá ovato-oblongá, anteriùs rhombeo-attenuatá, extre-
 mitate obtusè acutá; natibus subverrucosis.*

* Muller. Hist. verm. p. 212.
* Swammerd. Bibl. nat. pl. 10. f. 6. 7.
* La Moule des rivières. Geoffroy. Coq. p. 142. pl. 2.
* Lister. Anim. angl. pl. 2. f. 30.
* *Id.* Conch. pl. 147. f. 3. et 146. f. 1.
* *Mya pictorum.* Pennant. Brit. Zool. 1812. t. 4. p. 162.
 pl. 46. f. 1.

Mya pictorum. Lin. Syst. nat. p. 1112. Gmel. p. 3218.
Bonan. Recr. 2. f. 40. 41.
Gualt. Test. tab. 7. fig. E.
Mya angustata. Schroet. Fluss. t. 4. f. 6.
Encycl. pl. 248. f. 4.
Sturm. Faun. 6. n° 2. pl. a. b. c.

[b] *Var. natibus undato-rugosis, subtuberculosis.*
* Dacosta. Brit. Conch. p. 228. pl. 15. f. 4.
* Born. Mus. p. 20.
* Schrot. Einl. t. 2. p. 604.
* Dorset. Cat. p. 28. pl. 12. f. 4.
* Wood. Conch. p. 104. pl. 19. f. 3. 4.
* *Mya angustata.* Schrot. fluss. Conch. p. 184. pl. 3. f. 3.
* *Mya pictorum.* Dilw. Cat. t. 1. p. 49. n° 23.
* De Roissy. Buff. Moll. 6. p. 320. n° 1. pl. 64. f. 4.
* Chemn. Conch. t. 6. pl. 1. f. 6?
* D'Arg. Conch. pl. 27. f. 10. n° 4.
* Drap. Conch. pl. 11. f. 1. 2. 4. *Exclusa.* Var. β.

* *Unio pictorum.* Nills. Moll. Suec. p. 111. n° 5.
* Pfeiff. Syst. anord. p. 115. n° 2. pl. 5. f. g. 10.
* Brard. Coq. des env. de Paris. p. 226. pl. 8. f. 1.
* Poiret. Coq. du départ. de l'Aine. Prod. p. 104. n° 3.
* *Mysca pictorum.* Turton. Man. p. 20. n° 11. f. 11.
* Kickx. Moll. Brab. p. 84. n° 104.
* Blainv. Malac. pl. 67. f. 2.
* *Unio ovalis.* Sow. Genera of Shells. f. 1.
* Desh. Encycl. méth. vers. t. 2. p. 586. n° 20.
Mya ovalis. Montagu. *Mya ovata.* Maton. n° 10.
Habite en France, dans les rivières. Mus. n°. Mon cabinet.
Elle est toujours moins grande, moins alongée que celle
qui précède. Sa nacre est argentée, brillante. La variété [b]
est obscurément rayonnée.

33. Mulette obtuse. *Unio batava.* Lamk.

*U. testá ovatá, tumidá, è viridi lutescente, radiatá; latere
postico brevissimo: antico obliquè curvo, extremitate rotundato.*

* *Mya batava.* Dilw. Cat. t. 1. p. 49. n° 22. *Exclus. ple-
risque synonym.*
* *Unio pictorum.* Var. β. Drap. Moll. pl. 11. f. 3.
* *Unio batava.* Pfeiff. Syst. anord. p. 119. pl. 5. f. 14.
* Nills. Moll. Suec. p. 112. n° 8.
* *Mysca batava.* Turton. Manual. p. 20. n° 10. pl. 2.
f. 10.
* *Mysca ovata.* Id. *Loc. cit.* n° 12. pl. 2. f. 12.
* *Unio batava.* Kickx. Moll. Brab. p. 85. n° 105. f. 19.
* Desh. Encycl. méth. vers. t. 2. p. 584. n° 15.
Schröet. Fluss. tab. 3. f. 5.
Encycl. pl. 248. f. 3. *Mya batava ?* Maton. n° 8.
Habite dans la Seine, etc. Mon cabinet. Elle offre quelques
variétés d'âge, mais elle est très obtuse aux extrémités de
ses côtés, et devient plus épaisse que la précédente.

34. Mulette ridée. *Unio corrugata.* Lamk. (1)

*U. testá ovato-rhombeá, tenui, viridi; umbonibus rugosis;
rugis angulato-flexuosis, sublongitudinalibus.*

---

(1) Il est impossible aujourd'hui d'établir une espèce de
mulette pour celles qui ont des rides sur les crochets, car

[a] *Testa viridis, pubis carinâ lœvigatâ.*
Mya corrugata. Mull. Verm. p. 214. Gmel. p. 3221. n° 15.
* Schrot. Einl. t. 2. p. 617. n° 8.
* *Mya corrugata.* Dilw. Cat. t. 1. p. 52. n° 30.
Chemn. Conch. 6. t. 3. f. 22.
Encycl. pl. 248. f. 8. a. b.
[b] *Testa fulvo-virescens ; pubis carinâ rugosâ.*
Mya rugosa. Gmel. p. 3222. n° 32.
Chemn. Conch. 10. t. 170. f. 1649.
Encycl. pl. 248. f. 6.
* *Mya rugosa.* Dilw. Cat. t. 1. p. 53. n° 31.
Habite les rivières de l'Inde, à la côte de Coromandel. Mon
cabinet pour les deux coquilles. On peut les séparer; mais
je les regarde comme variétés l'une de l'autre. La coquille
tout-à-fait développée est arrondie, rhomboïdale. Largeur,
42 millimètres.

35. Mulette noduleuse. *Unio nodulosa.* Lamk.

*U. testâ ovatâ, tenui, virente, obscurè radiatâ, anteriùs an-
gulatâ; natibus rugoso-nodosis, subverrucosis.*
Mya nodosa. Gmel. n° 23.
Chemn. Conch. 10. tab. 170. f. 1650.
Encycl. pl. 248. f. 9
* *Mya nodosa.* Dilw. Cat. t. 1. p. 54. n° 33.
Habite le lac Champlain d'Amérique. Cabinet de M. *Va-
lenciennes.* Elle est moins alongée que la variété [b] de
l'*unio pictorum*, qui a aussi ses crochets tourmentés et no-
duleux.

36. Mulette variqueuse. *Unio varicosâ.* Lamk.

*U. testâ ovato-rhombeâ, tenui, fusco-virente, radiatâ; na-
tibus rugis, crassis, undatis, variciformibus.*

---

un grand nombre d'espèces offrent ce caractère dans le
jeune âge, et le conservent dans la vieillesse lorsque les
crochets ne sont pas rongés, comme cela arrive le plus
souvent. Donnant trop d'importance à ce caractère, il n'est
pas surprenant que Lamarck ait confondu ici deux espèces,
et qu'il soit difficile de les reconnaître. Les figures de Chemnitz sont insuffisantes, et celles de l'Encyclopédie qui en
sont la copie, ne peuvent les suppléer.

Habite la rivière de Schuglkill, près de Philadelphie. **M.** *Wa-*
nuxem. Mon cabinet. Elle se trouve aussi dans le lac Champlain. Cabinet de **M.** *Valenciennes.*

37. Mulette grenue. *Unio granosa.* Brug.

U. testâ obovatâ, convexo-depressâ, fusco-rufescente, anticè
latiore rotundatâ; striis obliquis graniferis ; granis con-
fertis.

Unio granosa. Brug. Journ. d'Hist. nat. 1. p. 107. pl. 6.
f. 3. 4.

Encycl. pl. 249. f. 2. a. b.

* Desh. Encycl. méth. vers. t. 2. p. 582. n° 12.

Habite dans les rivières de la Guyane. Mus. n°. Mon cabinet.
Coquille mince, d'un blanc bleuâtre à l'intérieur. Largeur,
36 millimètres.

38. Mulette aplatie. *Unio depressa.* Lamk.

U. testâ ovato-oblongâ, depressâ, tenui, intùs cœrulescente ;
laterum extremitatibus rotundatis.

* Lesson. Voy. de la Coquille Moll. pl. 15. f. 55?

Habite dans les rivières de la Nouvelle-Hollande. Mus. n°.
Mon cabinet. Épiderme brun. Largeur, 52 millimètres.

39. Mulette de Virginie. *Unio Virginiana.* Lamk.

U. testâ ovato-rhombeâ, tenui, rufo-fucescente, radiatâ; liga-
mento partim interno.

Habite la rivière de Potowmac, en Virginie. Mon cabinet. La
dent latérale est séparée de la cardinale par deux sinus
que remplit le ligament. Largeur, 60 millimètres. Aspect
extérieur de l'*Unio radiata.*

40. Mulette jaunâtre. *Unio luteola.* Lamk.

U. testâ oblongo-ovatâ, tenui, subpellucidâ, luteo-virente,
radiatâ ; latere antico majore, latiore, rotundato.

Habite la rivière Susquehana et celle Mohancks, dans les
États-Unis. Mus. n°. Le ligament passe entre le crochet et
la charnière. Largeur, 69 millimètres.

41. Mulette marginale. *Unio marginalis.* Lamk.

U. testâ ovato-oblongâ, subrhombeâ, tenui, intùs cœrules-
cente; fasciis transversis marginalibus ; dente cardinali
parvo compresso.

Encycl. pl. 247. f. 1. a. b. c.

[b] *Var. testâ minore, breviore.*

* Desh. Encycl. méth. vers. t. 2. p. 587. n° 23.

Habite au Bengale, dans les rizières. Son épiderme est brun, avec quelques bandes transverses, fauves ou jaunâtres, rapprochées du bord supérieur. La variété [b] vient de l'île de Ceylan. Largeur, 75 millimètres. Mon cabinet.

42. Mulette étroite. *Unio angusta.* Lamk.

U. testâ transversim oblongâ, angustâ, subsinuatâ; anteriùs angulis duobus obsoletis; laterum extremitatibus rotundatis.

An. List. Conch. t. 147. f. 3?

Habite..... Mus. n°. Épiderme brun jaunâtre. Elle est un peu striée longitudinalement sur la dépression de sa partie moyenne. Largeur, 61 millimètres.

43. Mulette de Bourgogne. *Unio manca.* Lamk.

U. testâ transversim oblongâ; natibus depressis; dente laterali sinistro duplicato seu profundè canaliculato.

Habite en Bourgogne, dans la Drée. Cabinet de M. *de Ferussac*, qui l'a nommée *Unio manca*. Elle a l'aspect de notre *Unio elongata*; mais elle est plus petite, et a sa dent cardinale comprimée, striée d'un côté, et sa dent latérale gauche profondément canaliculée. Largeur, 73 millimètres.

44. Mulette enflée. *Unio cariosa.* Say.

U. testâ obovatâ, tenui, inflatâ, subvesicali; antico latere latissimo, rotundato; dente laterali breviusculo.

Unio cariosus. Say. Encycl. amér. Conch. pl. 3. f. 2.

[2] *Var. testâ minore, anticè subproductiore.*

Habite le lac Érié et dans les rivières de l'État de New-Yorck. Mus. n°. M. *Le Sueur*. La variété [2] se trouve dans la rivière Schuylkill. M. *Wanuxem*. Mon cabinet. Espèce remarquable par sa forme vésiculaire.

45. Mulette bâtarde. *Unio spuria.* Lamk.

U. testâ ovato-rhombeâ, convexâ, transversim striatâ; epiderme fusco-lutescente; natibus obsoletè rugosis.

* *Mya spuria.* Gmel. p. 3222.

* Encycl. pl. 249. f. 3?

An Schroet. Einl. in Conch. 2. p. 617. t. 7. f. 5?

Habite..... les régions australes de l'Asie ? Du voyage de *Baudin.* Mus. n°. Elle est distincte de la précédente. Largeur, 48 millimètres.

46. Mulette australe. *Unio australis.* Lamk.

U. testâ transversìm ovatâ, medio subsinuatâ ; extremitatibus lateralibus rotundatis ; dente cardinali parvo, compresso, subacuto.

Habite à la Nouvelle-Hollande. Mus. n°. Largeur, 55 millimètres.

47. Mulette anodontine. *Unio anodontina.* Lamk.

U. testâ transversìm oblongâ, anteriùs productâ ; natibus retusis ; cardinis dentibus angustis, vix prominulis.

Habite dans la Virginie. Mon cabinet. Le peu de saillie des dents de sa charnière pourrait la faire prendre pour une anodonte, si on n'y donnait de l'attention. Coquille droite. Largeur, 60 millimètres.

48. Mulette suborbiculée. *Unio suborbiculata.* Lamk.

U. testâ orbiculato-trigonâ, ventricosâ, anteriùs obsoletè angulatâ ; dente postico diviso, multistriato.

* *Unio glebulus.* Say. amér. Conch. pl. 34.

Habite..... les eaux douces des climats chauds ? Cabinet de MM. *Daudebard* et *Faujas.* Belle espèce, très singulière par sa forme, et dont la nacre, fort brillante, est d'un blanc rougeâtre et irisée. Largeur, 80 millimètres.

† 49. Mulette sandale. *Unio calceola.* Lea.

U. testâ inæquilaterali, transversâ, aliquantulùm cylindraceâ, tenuiter rugatâ ; dente cardinali proeminente.

Lea. Observ. sur le Genre *Unio.* p. 7. pl. 3. f. 1.

Habite l'Ohio. Petite coquille subtrapézoïde, mince et couverte d'un épiderme d'un vert foncé, avec quelques rayons pâles. Elle est blanche en dedans. Sa dent latérale est très étroite et à peine distincte du bord, tandis que sa dent cardinale est fort saillante, assez épaisse et pyramidale. Cette coquille sert d'intermédiaire entre les Mulettes proprement dites et les Alasmodontes.

† 5o. **Mulette lancéolée.** *Unio lanceolata.* Lea.

> *U. testâ transversìm elongatâ , compressâ, posticè subangu-*
> *latâ; valvulis tenuibus; umbonibus vix proëminentibus;*
> *dente cardinali acuto , obliquo.*

Lea. Observ. sur le genre *Unio.* p. 8. n° 2. pl. 3. f. 2.
Desh. Encycl. méth. vers. t. 2. p. 585. n° 18.

Habite la rivière de Tarboroug , Amér. sept. Petite coquille oblongue , étroite, transverse , très inéquilatérale , subanguleuse postérieurement. Elle est revêtue d'un épiderme jaune brunâtre. Elle est blanche en dedans. Sa charnière est très étroite. Ne serait-ce pas le jeune âge de l'*Unio anodontoides* de Say?

† 51. **Mulette donaciforme.** *Unio donaciformis.* Lea.

> *U. testâ inæquilaterali , transversâ, cuneatâ , rugatâ : dente*
> *cardinali proeminente; umbonibus posticè angulatis; margine*
> *dorsali posteriori, subcarinatâ.*

Lea. Observ. sur le genre *Unio.* p. 9. n. 3. pl. 4. f. 3.

Habite l'Ohio, Amér. sept. Coquille subovale , transverse , subéquilatérale, subrostrée postérieurement. Son épiderme est vert jaunâtre, obscurément rayonné. Elle est blanche en dedans. Sa charnière étroite offre deux dents cardinales sur la valve gauche, s'entre-croisant.

† 52. **Mulette ellipsoïde.** *Unio ellipsis.* Lea.

> *U. testâ figuram ellipseos habente, longitudinali, ventricosâ;*
> *valvulis crassis , umbonibus ferè terminalibus; dentibus*
> *grandibus et distinctis.*

Lea. Observ. sur le genre *Unio.* p. 10. n° 4. pl. 4. f. 4.
Say. Amér. Conch. pl. 14.

Habite l'Ohio. Coquille ovalaire; épaisse, cordiforme , ayant les crochets presque terminaux. Son épiderme est brun verdâtre, avec quelques linéoles vertes, onduleuses sur le côté postérieur ; la nacre intérieure est d'un beau blanc , l'impression musculaire antérieure est petite et très profonde , les deux dents cardinales sont très obliques, presque parallèles et dans la direction du bord supérieur.

† 53. **Mulette arrosée.** *Unio irrorata.* Lea.

> *U. testâ inæquilaterali, sub-orbiculatâ, longitudinali, tuber-*
> *culatâ, rugosâ, longitudinaliter uni-sulcatâ ; dente laterali*
> *abruptè terminante.*

35*

Lea. Observ. sur le genre *Unio*. p. 11. n° 5. pl. 5. f. 5.
Desh. Encycl. méth. vers. t. 2. p. 579. n° 3.
Habite l'Ohio. Coquille plus longue que large, épaisse, cordiforme, plissée par des accroissements épais et présentant un petit nombre de tubercules écrasés. Sous un épiderme jaune verdâtre, on remarque des rayons formés d'une multitude de petits points d'un vert foncé. La nacre est blanche ; la charnière est fortement arquée, au point de rendre ses deux parties presque parallèles.

† 54. Mulette rouillée. *Unio rubiginosa*. Lea.

U. testâ inœquilaterali, transversâ, posticè subbiangulari, anticè rotundatâ; valvulis subcrassis; natibus proeminentibus, recurvis, posticè subangulatis; dente cardinali magno laterali crasso ; margaritâ salmonis colore.

Lea. Observ. sur le genre *Unio*. p. 41. n° 8. pl. 8. f. 10.
Habite l'Ohio. Belle coquille inéquilatérale, ovale, presque aussi longue que large, subbianguleuse postérieurement, ayant le bord postérieur sinueux. Elle est couverte d'un épiderme brun clair, et à l'intérieur sa nacre est d'une couleur jaune rougeâtre ochracée. La charnière est très épaisse.

† 55. Mulette hétérodonte. *Unio heterodon*. Lea.

U. testâ rhomboido-ovatâ, inœquilaterali, ventricosâ; valvulis tenuibus ; dentibus cardinalibus compressis, latis; dentibus lateralibus subcurvatis; dente laterali valvulœ dextrœ, duplici ; natibus proeminentibus ; ligamento sub-brevi ; margaritâ albâ.

Lea. Observ. sur le genre *Unio*. p. 42. n° 9. pl. 8. f. 11.
Habite l'étang de Schuylkill. Amér. sept. Petite coquille ovale, oblongue, transverse, inéquilatérale, à crochets très petits, arrondie antérieurement, subanguleuse du côté postérieur, épiderme vert foncé, nacre blanche, charnière étroite. La dent antérieure lamellaire, très comprimée ; la postérieure courte et lamelliforme.

† 56. Mulette sillonnée. *Unio sulcata*. Lea.

U. testâ sub-ellipticâ, inœquilaterali, ventricosâ, sub-emarginatâ; valvulis crassis; natibus ferè terminalibus; dentibus cardinalibus lateralibusque magnis, et duplicibus in valvulis ambabus ; margaritâ purpureâ.

Lea. Observ. sur le genre *Unio*. p. 44. n° 10. pl. 8. f. 12.

Say. Amér. Conch. pl. 5.

Habite l'Ohio. Cette espèce ressemble, par sa forme, à l'*Unio ellipsis*. Elle est ovale, oblongue, très inéquilatérale, cordiforme. Elle est brune en dehors et chargée de gros sillons d'accroissement ; sa nacre est d'un beau rose pourpré peu foncé ; la dent postérieure est courte et épaisse ; les dents cardinales sont fortement découpées par des sillons profonds.

† 57. Mulette planulée. *Unio planulata*. Lea.

U. testá inœquilaterali, ovato-elliptica, transversá complanatá per umbones à natibus usque ad marginem inferiorem, maculis quadratis radiatim pictá; natibus prominulis; dente cardinali parvo, laterali magno, crasso, curvato; margaritá sub-cœruleo-albá.

Lea. Observ. sur le genre *Unio*. p. 45. n° 11. pl. 9. f. 13.

Unio phaseolus. Say. amér. Conch. pl. 22.

Habite l'Ohio. Coquille ayant à peine deux pouces de large. Elle est ovale, oblongue, déprimée, inéquilatérale, oblique, à crochets peu saillants ; son épiderme est verdâtre et laisse apercevoir un petit nombre de rayons formés de taches d'un vert foncé. Les valves sont épaisses, blanches en dedans ; la charnière est épaisse et solide ; la dent postérieure est très courte.

† 58. Mulette circulaire. *Unio circulus*. Lea.

U. testá, circulari, ventricosá, subœquilaterali ; valvulis crassis ; natibus prominulis ; dentibus cardinalibus lateralibusque magnis ; ligamento brevi crassoque; margaritá albá et iridescente.

Lea. Observ. sur le genre *Unio*. p. 47. n° 12. pl. 9. f. 14.

Habite l'Ohio et plusieurs autres rivières de l'Amérique septentrionale. Coquille singulière, arrondie, très épaisse, globuleuse, cordiforme. Son épiderme est brun. Elle est blanche en dedans, avec une tache rosée pâle vers le milieu. La charnière est très arquée, épaisse et la dent postérieure est fort courte.

†59. Mulette multi-rayonnée. *Unio multi-radiata*. Lea.

U. testá elliptica, inœquilaterali, ventricosá, multi-radiatá; valvulis tenuibus; natibus prominulis; dentibus cardinalibus

*erectis , et in valvulis ambabus duplicibus ; lateralibus
lamelliformibus et abruptis ; margaritâ cœruleo-albâ.*

Lea. Observ. sur le genre *Unio.* p. 48. n° 13. pl. 9. f. 15.

Habite l'Ohio. Celle-ci est ovale , transverse, déprimée , à
test épais et solide. Son épiderme est vert jaunâtre, au-
dessous duquel il y a un assez grand nombre de rayons
d'un vert foncé. La nacre est d'un blanc pur ; les crochets
sont très petits et obliques ; le côté postérieur est un peu
anguleux. Si la figure de M. Lea est fidèle, comme nous le
pensons, cette espèce serait le jeune âge de l'*Unio liga-
mentina*, Lamk. n° 7.

† 60. Mulette en hache. *Unio securis.* Lea.

*U. testâ subtriangulari , inæquilaterali , per umbones valdè
complanata ; valvulis crassis ; natibus elevatis, recurvatis ;
compressissimisque ; dente cardinali magno, laterali crasso,
ligamento breviusculo, crassoque ; margaritâ albâ et iridescente.*

Lea. Observ. sur le genre *Unio.* p. 51. n° 15. pl. 11. f. 17.
Desh. Encycl. méth. vers. t. 2. p. 578. n° 2.

Habite l'Ohio. Très belle espèce, subtriangulaire, comprimée,
ayant le test très épais et solide. Elle est inéquilatérale.
Ses crochets très obliques sont peu saillants. L'épiderme
est d'un jaune-brun. Il laisse apercevoir plusieurs rayons
étroits formés de petites taches subarticulées, d'un vert-
brun très foncé. La nacre intérieure est blanche, la charnière est large , et les dents sont très épaisses et sillonnées
profondément.

‡ 61 Mulette Iris. *Unio Iris.* Lea.

*U. testâ angulato-ellipticâ , inæquilaterali , sub-ventricosâ ;
valvulis tenuibus ; natibus prominulis ; dente cardinali in
valvulâ sinistrâ , duplici , in dextrâ sub-bifido , parvo ,
erecto ; dentibus lateralibus longis tenuibusque ; margaritâ
sub-cœruleo albâ.*

Lea. Observ. sur le genre *Unio.* p. 53. n° 16. p. 11. f. 18.

Habite l'Ohio. Coquille d'une petite taille , rappelant l'*Unio
batava* par sa forme. Elle est oblongue, oblique, d'un vert
foncé et rayonné de brun. Les rayons sont étroits : en dedans sa nacre est d'un jaune pâle irisé. La charnière est
très étroite. La dent antérieure de la valve gauche est

bifide , redressée. La dent postérieure est mince et peu
saillante.

† 62. Mulette zigzag. *Unio zigzag.* Lea.

*U. testá ovatá, inæquilaterali, ventricosá; valvulis subcrassis;
dentibus cardinalibus magnis , erectis ; lateralibus curvatis;
natibus prominulis ; radiis ex lineis angulatis compositis ;
ligamento brevi crassoque ; margaritá albá.*

Lea. Observ. sur le genre *Unio.* p. 54. n° 17. pl. 12. f. 19.

Habite l'Ohio. Petite espèce remarquable par sa coloration.
Elle est d'un vert brunâtre et ornée d'un grand nombre
de linéoles brunes en zigzag et formant quelques rayons
obscurs ; elle est ovale, oblongue ,transverse, blanche en
dedans ; sa dent postérieure est courte : l'antérieure est
grosse et saillante.

† 63. Mulette élargie. *Unio patula.* Lea.

*U. testá ovatá, compressá , cuneiformi , inæquilaterali , obli-
quá , transversá ; umbonibus compressis ; valvulis subcrassis ; natibus subterminalibus ; dente cardinali parvo ; laterali longo et sub-curvato ; margaritá albá.*

Lea. Observ. sur le genre *Unio,* p. 55. n° 18. pl. 12. f. 20.

Habite l'Ohio. Coquille ovale, oblongue, transverse, aplatie,
cunéiforme, inéquilatérale, très oblique. Son épiderme est
brun foncé , verdâtre, interrompu par des fascies transverses jaunâtres. Les valves sont épaisses , d'une nacre
blanche et brillante. La dent postérieure est très épaisse
et peu alongée ; la dent cardinale de la valve gauche est
profondément bilobée.

† 64. Mulette capigliolo. *Unio capigliolo.* Payr.

*U. testá ovato-ellipticá, compressiusculá ; epiderme transver-
sìm plicatá, extùs flavaque viridifuscescente ; latere antico
maximo, subangulato ; postico brevissimo, rotundato ; natibus valdè decorticatis ; intùs albido-cærulescente ; dente
cardinali triangulari , crenulato , crasso.*

Payraudeau. Cat. des Annel. et Moll. de l'île de Corse. p. 66.
n° 117. pl. 2. f. 4.

An eadem ? *Unio pictorum.* Var. Poli. Test. pl. 9. f. 5.

Habite l'île de Corse , la Sicile , l'Italie, dans les rivières et
les ruisseaux. Coquille ovale, oblongue, obtuse à ses extrémités , transverse , très inéquilatérale , à crochets petits ,

d'un brun verdâtre, non rayonnée. Nacre blanche ou jaunâtre. Deux dents cardinales sur la valve gauche; la première plus saillante, très comprimée, lamelliforme; une seule épaisse, conique sur la valve droite.

† 65. Mulette de Turton. *Unio Turtoni.* Payr.

U. testâ transversim elongatâ, tenui, olivaceâ; utroque latere hiante; antico longiore, attenuato ; umbonibus tumidis ; natibus subintegris ; striis transversis exilissimis ; intùs albâ; dente cardinali parvo , compresso.

Payraudeau. Cat. des Annelides et Moll. de l'île de Corse. p. 65. nº 116. pl. 2. f. 2. 3.

An eadem species ? Unio requienii. Mich. Suppl. à Drap. pl. 16. f. 24.

Habite l'île de Corse, la Sicile, le lac de Côme en Italie. Nous croyons que c'est une variété de l'espèce que Poli a décrite sous le nom de *Mya pictorum* (pl. 9. f. 6. 7). Coquille ovale, transverse, oblongue, subanguleuse postérieurement, brune en dehors, blanc bleuâtre en dedans, quelquefois jaunâtre. Elle est mince, fragile; sa charnière est très étroite.

⊦ 66. Mulette du Nil. *Unio Nilotica.* Caill.

U. testâ ovato-oblongâ, subdepressâ, striatâ fusco-virente, anticè obtusâ, posticè obscurè angulatâ, intùs purpureâ ; cardine bidentato, angusto, recurvo.

Caillaud. Voy. à Méroé. t. 2. pl. 61. f. 8. 9.

Desh. Encycl. méth. vers. t. 11. p. 583. nº 17.

Var. β. Nob. *Testâ angustiore, umbonibus rugis, undulatis, ornatis.*

Habite le Nil et les eaux douces du Sénégal. Coquille ovale, oblongue, transverse, renflée, ayant le corselet un peu saillant. L'épiderme est d'un brun-vert foncé. La nacre est rose en dedans. La dent cardinale de la valve droite est fort saillante et comprimée : celle de la gauche est courte et bifide; la variété a des plis en zigzag sur les crochets.

† 67. Mulette Égyptienne. *Unio Egyptiaca.* Caill.

U. testâ ovato-oblongâ, inæquilaterâ, turgidâ, latere postico lato . dilatato; cardine angusto, bidentato ; lamellâ posti-

cali angustissimâ, acutâ; epidermide fusco-viridi, subra-
diato; margaritâ albo-roseâ.

Var. testâ minore, posticè dilatatâ, subalatâ, nigricante.

Caillaud. Voy. à Méroé. t. 2. pl. 61. fig. 6. 7.

Desh. Encycl. méth. vers. t. 11. p. 587. n° 22.

Habite le Nil, les eaux douces d'Égypte et celles du Sénégal. Coquille ovale, oblongue, enflée, subéquilatérale,
couverte d'un épiderme vert-brun, rayonnée de jaunâtre.
Les valves sont minces, fragiles, d'un rose pâle, irisé de
bleu. La charnière est presque linéaire, et les dents très
comprimées et assez longues, sont lamelliformes.

† 68. Mulette mytiloïde. *Unio mytiloides*. Desh.

U. testâ elongatâ, transversâ, obliquâ, inæquilaterali, in-
flatâ virescente, intùs albâ, margaritaceâ; cardine biden-
tato, altero unidentato; lamellâ posticali, angustâ, trun-
catâ.

Encycl. pl. 249. fig. 4.

Desh. Encycl. méth. vers. t. 11. p. 585. n° 19.

Habite.... Petite coquille renflée, très transverse, subcylindrique, très courte antérieurement et ayant un peu la
forme des moules de la section des modioles. Son épiderme est d'un vert pâle. Sa nacre intérieure est blanche.
La dent cardinale de la valve droite est grosse et pyramidale.

† 69. Mulette raboteuse. *Unio confragosa*. Say.

U. testâ ovato-transversâ, subæquilaterâ, tumidâ, anticè
rotundatâ, posticè obliquè truncatâ subangulatâ, obliquè
rugosâ et irregulariter sulcatâ; umbonibus tumidis tuber-
culato-rugosis; cardine angusto; dente postico obsoleto,
antico valvâ sinistrâ bipartito.

Alasmodonta confragosa. Say. Amér. Conch. pl. 21.

Habite le Bayou-Tèche, Louisiane, le Mississippi, à la Nouvelle-Orléans. Espèce très curieuse, assez grande, enflée,
ovale. Ses crochets saillants sont couverts de rides et de
tubercules irréguliers, et sur le côté postérieur on voit de
gros sillons obliques, irréguliers ainsi que des petits plis.
Les valves sont minces, blanches en dedans. La dent postérieure manque à la charnière.

† 70. Mulette monodonte. *Unio monodonta*. Say.

U. testâ oblongâ, transversâ, soleniformi in medio arcuatâ, compressâ, utroque latere obtusâ, extùs nigrescente, intùs albo-lividâ; umbonibus minimis, compressis ; cardine angusto dente anteriore unico, simplici in utrâque valvâ; dente postico nullo.

Sey. Amér. Conch. pl. 6.

Habite le Wabash. Coquille alongée, transverse, soléniforme, très inéquilatérale, arquée dans sa longueur, obtuse à ses extrémités. Elle est couverte d'un épiderme noir, écailleux. En dedans, elle est d'un blanc bleuâtre avec des taches livides. Il n'y a qu'une seule dent cardinale, conique, obtuse, courte, sur une valve : point de dent postérieure, mais un ligament très fort s'étend sur presque tout le bord supérieur.

† 71. Mulette triangulaire. *Unio triangularis*. Barnes.

U. testâ ovato-trigonâ, convexâ, tumidâ, posticè valdè truncatâ, obsoletè sulcatâ, anticè lœvigatâ, subangulatâ; virescente radiatâ, intùs albâ; cardine bidentato, altero unidentato ; dente posticali brevi ; dentibus striatis.

Barnes. Sillim. Journ. t. 6. p. 272. pl. 13. f. 17.

Unio cuneatus. Swain. Till. Mag. décembre 1823.

Unio triangularis. Say. Amér. Conch. pl. 4.

Habite l'Ohio. Espèce remarquable par sa forme et ses caractères, qui participent de ceux des Mulettes et des Castalies. Elle est triangulaire, presque inéquilatérale, très bombée et cordiforme. Son côté postérieur est court, tronqué, presque plat et pourvu de quelques sillons aplatis. L'épiderme est jaunâtre, mince, et laisse apercevoir des taches et des rayons étroits d'un vert foncé. Les dents de la charnière sont striées, mais moins régulièrement que dans les Castalies.

† 72. Mulette tellinoïde. *Unio dehiscens*. Say.

U. testâ oblongâ, angustâ, compressâ, tenui, hiante inæquilaterâ, anticè obtusâ, posticè angulato-truncatâ; epiderme virescente, viridi eleganter radiatâ, intùs albo-violacescente; umbonibus minimis ; cardine edentulo angusto.

Say. Amér. Conch. pl. 24.

Habite le Wabash river. Petite coquille, fort remarquable par sa forme et ses caractères. Elle a l'apparence d'une Telline ou d'une Psammobie. Elle est alongée, transverse, bâillante, comprimée, mince. Le côté postérieur est obli-

quement tronqué et bianguleux; l'épiderme est très fin,
d'un jaune verdâtre, et laisse apercevoir un grand nombre
de rayons d'un beau vert foncé. A l'intérieur, la coquille
est blanche vers les bords, pourprée dans les crochets. La
charnière est très étroite, linéaire et sans dents, ou plutôt
ne montre que de très faibles rudiments de charnière:
Cette coquille constitue le dernier terme du passage des
mulettes aux anodontes, et elle pourrait aussi bien faire
partie de ce dernier que de celui-ci.

† **73. Mulette petite-aile.** *Unio tetralasmus.* Say.

> *U. testá ovato-oblongá, transversá, inæquilaterá, tenui, tu-
> midá, anticè obtusá, posticè subrostratá, supernè com-
> pressá, sinuosá, brevialatá; margine superiore inferiore pa-
> rallelo; epiderme nigro-virescente, interiore albo; cardine
> angusto, interrupto.*

Say. Amér. Conch. pl. 23.

Habite le Bayou Saint-John, près la Nouvelle-Orléans. Belle
espèce oblongue, transverse, inéquilatérale, ayant ses
bords supérieur et inférieur presque parallèles; le côté
antérieur est obtus, le postérieur subrostré. Une sinuosité
sépare, à la partie supérieure et postérieure, une petite
aile comprimée. La coquille est enflée, à test mince, recouvert d'un épiderme d'un vert noirâtre foncé; la charnière très étroite est interrompue dans le milieu.

† **74. Mulette abrupte.** *Unio abrupta.* Say.

> *U. testá ovato-quadratá, turgidá, cordiformi, crassá ponde-
> rosá, posticè truncatá, obliquissimá, intùs rubrá, extùs epi-
> dermi fusco indutá; cardine incrassato valdè arcuato; dente
> anteriore magno bipartito, posteriore brevi.*

Say. Amér. Conch. pl. 17.

Habite le Wabash-river, où elle est commune. Coquille subquadrangulaire, très oblique, ventrue, cordiforme, épaisse,
pesante. Son épiderme est jaunâtre. La surface extérieure
est étagée par des accroissements irréguliers et espacés.
A l'intérieur, elle est d'un rouge un peu briqueté. Sa charnière est épaisse, fortement arquée. La dent cardinale de
la valve gauche est bilobée.

† **75. Mulette subridée.** *Unio subtenta.* Say.

> *U. testá ovato-oblongá, transversá, obliquá inæquilaterá,*

*arcuatâ utrâque extremitate obtusâ, transversìm striatâ,
posticè rugis obsoletis divaricatis ornatâ, epidermi viridi,
indutâ, intùs luteolâ cardine arcuato ; dente postico
brevi.*

Say. Amér. Conch. pl. 15.

Habite les eaux douces de la Caroline du Sud. Cette mulette
est ovale, oblongue, transverse, déprimée, un peu arquée
dans sa longueur, obtuse à ses extrémités. L'épiderme est
vert brunâtre; l'intérieur est jaune; les bords sont blancs;
la charnière assez étroite a une dent postérieure courte et
épaisse. La dent antérieure est peu saillante et bilobée sur
la valve gauche.

† 76. Mulette déclive. *Unio declivis.* Say.

*U. testâ transversâ, inæquilaterâ, obliquâ, depressâ, anticè
obtusâ, posticè obliquè truncatâ, rostratâ, margine superiore compressâ, intùs albâ vel pallidè roseâ, extùs epiderme nigro virescente indutâ; cardine angusto; dente cardinali minimo bilobato in utrâque valvâ.*

Say. Amér. Conch. pl. 35.

Habite le Bayou-Tèche, Louisiane. Cette espèce a quelques
rapports avec l'*Unio purpurascens.* Elle est moins comprimée; elle est ovale, oblongue, transverse. Ses crochets
ne sont point saillants sur le bord ; son côté postérieur,
obliquement tronqué, se termine par un angle assez aigu.
Une dépression limite le corselet qui se relève en aile. La
charnière est très étroite; la dent antérieure est très petite
et fort inégale.

† 77. Mulette interrompue *Unio interrupta.* Say.

*U. testâ oblongâ, transversâ, inæquilaterali, posticè angu-
latâ, obliquè truncatâ et corrugatâ, epiderme nigro, intùs
violaceâ, cardine crasso; dente anteriore magno, valvâ dextrâ inæqualiter trilobato, sinistrâ bilobato; dente postico
prælongo.*

Unio interruptus. Say. Transyl. Journ. t. 4. p. 525.

Id. Amér. Conch. pl. 33.

Unio trapezialis. Lea. Observ. sur le genre *Unio*, 2ᵉ part.
p. 70. pl. 3. f. 1.

Habite le Boyou-Tèche, Louisiane. Cette espèce est alongée,
transverse, élargie postérieurement, obliquement tronquée
de ce côté, obtuse antérieurement, très inéquilatérale, un

angle obtus descendant du crochet, sépare le côté supérieur
et postérieur. On remarque sur ce côté quelques grosses
côtes obliques, et cinq ou six autres plus grosses sont placées sur la partie de la coquille comprise entre l'angle
postérieur et le milieu. La surface extérieure est couverte
d'un épiderme noir; à l'intérieur, la nacre est d'un violet
obscur. La dent cardinale de la valve droite est en trois
parties très inégales; la médiane est grande, conique,
épaisse, profondément sillonnée. Les deux latérales sont
très petites.

† 78. Mulette de Deshayes. *Unio Deshaysii*. Michaud.

U. testâ elongato-transversâ, tumidiore anticè obtusâ, posticè
subangulatâ, latiore infernè subsinuatâ; epiderme luteo-
viridi indutâ, intùs albo-cærulescente; cardine angustìs-
simo; dente antico valvâ sinistrâ unico, prælongo, depresso,
in dextrâ proeminentiore, lamelloso; dente posticali præ-
longo lamelloso.

Michaud. Complément de Draparn. p. 167. pl. 16. f. 26
et 30.

Habite en Bretagne, à Quimper. Coquille oblongue, transverse, renflée, très inéquilatérale, ayant les crochets peu
saillants. Son côté antérieur est obtus; le postérieur est
plus large et terminé par un angle; l'épiderme est mince,
d'un jaune verdâtre; la nacre est blanche et bleuâtre; la
charnière très étroite offre des dents antérieures, petites
et lamelliformes; la postérieure est grande, saillante et fort
mince.

† 79. Mulette de Roissy. *Unio Roissyi*. Michaud.

U. testâ oblongâ, atrâ, rugosâ, crassâ, tumidâ, undique
hiante, anteriùs obtusè angulatâ, posteriùs latiore supernè
arcuatâ; intùs carneo-cæruleo-margaritaceâ, viridi macu-
latâ; natibus depressis, decorticatis; dente cardinali crasso,
parvo, subacuto, laterali subnullo.

Michaud. Compl. de Drap. p. 112. pl. 16. f. 27. 28.

Habite Tour-la-Ville, près Cherbourg. Nous avons reproduit textuellement la phrase caractéristique de M. Michaud, et nous avons aperçu, comme lui, qu'il existait
quelques différences entre cette coquille et l'*Unio elon-*
gata ou plutôt *margaritifera* de Linné; pour nous qui
avons sous les yeux un très grand nombre d'individus et

de variétés de diverses localités , nous pensons que l'*Unio Roissyi* n'est qu'une des nombreuses variétés de l'*Unio margaritifera* de Linné.

† 8o. Mulette lisse. *Unio lœvissima.* Desh.

> *U. testá ovato-triangulari , inæquilaterali , transversim rugosá, subventricosá; valvulis tenuissimis, supernè bi-alatis, ante et post nates connatis ; dentibus cardinalibus et lateralibus lineam curvatam facientibus ; natibus prominulis ; ligamento celato; margaritá purpured et iridescente.*

Symphynota lœvissima. Lea. Observ. sur le genre *Unio.* p. 58. n° 1. pl. 13. f. 23.

Habite l'Ohio. Grande et belle coquille , voisine de l'*Unio alata* par ses caractères. Elle est ovale , transverse, très oblique, mince , fragile, médiocrement bombée. Les crochets sont roses ; le reste est couvert d'un épiderme vert , très lisse; à l'intérieur, la nacre est d'un beau rose; la charnière est presque droite : elle est très simple , très étroite et n'offre que les rudiments de celle des mulettes ; au dessus de la charnière le bord supérieur se rélève en deux ailes , dont la postérieure est la plus grande. Au bord supérieur de ces ailes les deux valves se soudent de telle sorte que pour les séparer , il faut non-seulement rompre le ligament, mais encore briser le test dans l'endroit de sa soudure.

† 81. Mulette bi-ailée. *Unio bi-alata.* Desh.

> *U. testá ovato-triangulari, inæquilaterali, transversim rugosá, subventricosá; margine dorsali bi-alatá ; valvulis tenuibus, ante et post nates connatis ; natibus et alœ posterioris basi apiceque undulatis ; natibus haud prominentibus; dente lamelliformi unico in valvulá utráque; ligamento celato ; margaritá tenui et iridescente.*

Symphynota bi-alata. Lea. Observ. sur le genre *Unio.* p. 59. pl. 14. f. 24.

Habite... Espèce voisine de la précédente, mais ayant les ailes du bord supérieur beaucoup plus saillantes. La coquille est plus mince , d'un blanc verdâtre ou jaunâtre en dedans, d'un vert-brun en dehors. A la base de l'aile postérieure on remarque quatre ou cinq gros plis très courts; la charnière se rapproche plus encore de celle des anodontes que celle de la précédente espèce, car elle est réduite en une petite côte courbe , simple, le long du bord.

† 82. Mulette aplatie. *Unio complanata.* Desh.

U. testá ovato-triangulari , inæquilaterali , transversìm rugosá, compressá; valvulis crassis ; margine posteriori dorsali alatá connatáque ; dente unico cardinali in valvulá utráque ; plano irregulari calloso sub ligamento ; natibus compressis , sub-prominulis ; ligamento celato ; margaritá albá , iridescenti.

Alasmodonta complanata. Barnes. Sillim. Journ. t. 6. p. 278. n° 3. pl. 14. f. 22.

Symphynota complanata. Lea. Observ. sur le genre *Unio.* p. 62. n° 4.

Habite le Fox-river, le Wisconsan , l'Ohio. Grande et belle coquille très aplatie, ayant la charnière des alasmodontes et offrant aussi le caractère des symphynotes. Elle est subquadrilatère, presque aussi longue que large, tronquée postérieurement. Son aile postérieure est grande et sillonnée ; les crochets sont aplatis , très entiers. La coquille est couverte d'un épiderme noir. Elle est , en dedans , d'une nacre argentée.

† 83. Mulette délicate. *Unio gracilis.* Barnes.

U. testá subtriangulari-ovatá , inæquilaterali transversìm rugosá , subcompressá; valvulis tenuibus fragilibusque ; margine posteriori dorsali subalatá , connatáque ; dente cardinali in valvulá dextrá elevato , recurvo; natibus sub-prominulis; ligamento celato; margaritá violaceo-purpureá et iridescente.

Barnes. Sillim. Journ. t. 6. p. 274. n° 27.

Unio fragilis. Swainson, Zool. Illustr. t. 3. octob. 1823.

Id. Desh. Encycl. méth. vers. t. 2. p. 587. n° 24.

Habite l'Ohio. Coquille mince , fragile , assez déprimée , ayant l'aile postérieure fort courte. Elle est ovale, oblongue , rétrécie antérieurement, très large du côté postérieur , très inéquilatérale. Son épiderme est d'un vert jaunâtre et brunâtre; sa nacre est d'un rose pourpré très pâle; la charnière est très étroite; la dent antérieure est presque nulle; la postérieure est plus saillante, mais très mince.

† 84. Mulette élégante. *Unio concinna.* Sow.

U. testá ovato-oblongá , transversá , inæquilaterá , antice attenuatá, posticè rotundatá, transversìm irregulariter rugosá ; umbonibus acutis , minimis ; dente postico brevi , crasso, anteriore obsoleto.

Sow. Min. Conch. pl. 223. f. 1. 2.

Habite.... Fossile dans l'oolite inférieure , à Cropredy, près Banbury, en Oxfordshire. Coquille épaisse, solide, ovale, oblongue , transverse. Elle est peu profonde ; sa charnière est large , courbée dans sa longueur ; la dent antérieure est obsolète ; la postérieure est courte, épaisse et subitement tronquée ; la nymphe est peu alongée.

† 85. Mulette hybride. *Unio hybrida.* Sow.

U. testá ovato-transversá, subtrigoná, inæquilaterá, obliquá, antiquatá , anticè obtusá, posticè subangulatá , supernè arcuatá ; umbonibus minimis , lunulá profundá incombentibus.

Sow. Min. Conch. pl. 154.

Habite..... Fossile dans les calcaires anciens du Nottinghamshire , en Angleterre. On ne connaît pas la charnière de cette coquille , et on ne la rapporte au genre *Unio* que parce qu'elle se trouve dans les terrains houillers, et parce qu'elle a la forme et l'aspect extérieur de plusieurs espèces vivantes du même genre. Ses crochets sont courts et inclinés sur une lunule assez profonde.

HYRIE. (Hyria.)

Coquille équivalve, obliquement trigone , auriculée , à base tronquée et droite. Charnière à deux dents rampantes : l'une, postérieure ou cardinale , divisée en parties nombreuses, divergentes , les intérieures étant les plus petites ; l'autre, antérieure ou latérale , étant fort longue, lamellaire. Ligament extérieur , linéaire.

Testa æquivalvis , obliquè trigona , auriculata , basi truncatá , rectá. Cardo dentibus duobus repentibus ; dens posticus vel cardinalis , multipartitus ; partibus internis minoribus ; alter, anticus vel lateralis, lamellaris , prælongus. Ligamentum externum , lineare.

Observations. Les *hyries*, distinctes des mulettes par leur forme générale et par leur dent cardinale, sur-tout celle de la valve droite, offrent une transition de ces dernières aux anodontes, par les dipsas de M. *Leach*. Ce sont des coquilles rapprochées des avicules par leur forme, et qui vivent probablement dans des lacs exotiques, plutôt que dans des rivières. Elles ont intérieurement les impressions musculaires latérales des nayades, et une nacre très brillante. Leur dent cardinale ou postérieure est divisée en plis nombreux et lamelleux, dont les intérieurs sont très-petits : elle semble offrir un paquet de lames divergentes et très inégales. Cette dent composée est plus rampante qu'élevée, et se dirige toujours vers le côté postérieur de la coquille, au lieu de s'élever perpendiculairement au plan de la valve. (1)

ESPÈCES.

1. Hyrie aviculaire. *Hyria avicularis.*

> H. *testâ umbonibus natibusque lævigatis ; auriculis magnis, caudatìm productis, subacutis.*
>
> * *Mya syrmatophora.* Gronov. Zooph. p. 260. n° 1093. pl. 18. f. 1.

---

(1) Ce que nous avons dit dans les notes relatives à la famille des nayades, et au genre mulette en particulier, nous dispense d'entrer dans beaucoup de détails à l'égard du genre hyrie. On sait actuellement que c'est dans les rivières de l'Amérique méridionale, que ces coquilles se trouvent, et lorsqu'on les compare à certaines espèces d'unio d'autres localités, on reconnaît facilement, comme nous l'avons déja dit, des nuances qui lient insensiblement les deux genres ; l'*unio glebulus*, par exemple, ayant la dent antérieure découpée, pourrait être convenablement placé parmi les hyries, si sa forme avait avec elles plus d'analogie. Nous le répétons, nous croyons qu'il sera convenable de supprimer le genre dont nous nous occupons pour le réunir à celui des mulettes.

* *Id.* Schrot. Einl. t. 2. p. 620.
* *Id.* Dilw. Cat. t. 1. p. 54. n° 34.
* *Moulette ridée.* Blainv. Malac. pl. 67. f. 1.
* *Unio avicularis.* Desh. Encycl. méth. vers. t. 2. p. 583. n° 13.
* *Hyria syrmatophora.* Sow. Genera of Shells. f. 1.
* *Paxyodon ponderosus.* Schum. Essai d'une classif. des Coq. pl. 11. f. 2.

Mya syrmatophora. Gmel. p. 3222.

[b] *Var. testâ transversim abbreviatâ ; natibus prominentio-ribus.*

List. Conch. t. 160. f. 16.

Habite..... Mon cabinet. Épiderme vert-brun ; stries transverses très fines ; angle du côté antérieur très oblique ; oreillettes terminées en pointes : la postérieure fort alongée. Largeur, 110 millimètres. La variété [b] vient du cabinet de Lisbonne. Je la crois du Brésil. Elle est plus raccourcie, à angle antérieur moins oblique, à oreillettes moins prolongées. Mus. n°. Largeur, 76 millimètres.

2. Hyrie ridée. *Hyria corrugata.*

H. testâ trigonâ ; umbonibus longitudinaliter rugosis ; rugis anticis crassioribus subdivisis ; auriculis brevibus ; anticâ obtusâ.

Encycl. pl. 247. f. 2. a. b.

[b] *Var. auriculâ anticâ basi sinuosâ, subplicatâ.*

* Sow. Genera of Shells. f. 2.

Habite..... Mus. n°. Mon cabinet. Espèce fort remarquable et tranchée. Stries transverses moins fines, presque semblables à des sillons. Largeur, 90 millimètres.

Etc. Ajoutez le *mya variabilis.* Maton. Act. soc. Linn. X. p. 327. tab. 24. f. 4. 5. 6. 7.

ANODONTE. (Anodonta.)

Coquille équivalve, inéquilatérale, transverse. Charnière linéaire, sans dent. Une lame cardinale, glabre, adnée, tronquée ou formant un sinus à son extrémité antérieure, termine la base de la coquille.

Deux impressions musculaires écartées, latérales sub-
géminées. Ligament linéaire extérieur, s'enfonçant
à son extrémité antérieure, dans le sinus de la lame
cardinale.

*Testa æquivalvis, inæquilatera, transversa. Cardo
linearis edentulus. Lamina cardinalis glabra, adnata,
anticè truncata aut sinu desinens, testæ basim termi-
nat. Impressiones musculares duæ, remotæ laterales,
subgemellæ.Ligamentum lineare externum, extremitate anticâ in sinu laminæ cardinalis demissum.*

OBSERVATIONS. Les *anodontes*, que Linné confondait avec
les moules, et que Bruguière a reconnues, sont des coquilles fluviatiles à valves ordinairement très-minces, et
qui acquièrent un assez grand volume. Elles ont de si
grands rapports avec les mulettes, que, sans la considération de leur charnière, on ne saurait les en distinguer.
Comme les mulettes, leur test est nacré, et, en dehors,
il est recouvert d'un faux épiderme mince, verdâtre, souvent un peu rembruni ; leurs crochets sont pareillement
écorchés, comme rongés, toujours obliques, et en partie
dirigés vers le côté postérieur. Mais ce qui les distingue
éminemment, c'est qu'ici la dent cardinale et la dent latérale
des mulettes ont tout-à-fait disparu, et que la charnière
n'offre plus qu'un bord interne uni, qu'une espèce de
lame adnée ou appliquée sous la nymphe, qui se termine
antérieurement par une troncature ou un sinus. C'est dans
ce sinus ou dans le petit espace que laisse cette troncature
que l'extrémité antérieure du ligament vient s'enfoncer ;
c'est aussi tout ce qui reste ici de commun avec la charnière
des mulettes et des hyries.

Ces coquillages vivent dans les eaux douces des étangs
et des lacs, et s'enfoncent plus ou moins dans la vase de
leur fond.

L'animal des *anodontes* offre deux ouvertures tubiformes, courtes, qu'il forme avec l'extrémité postérieure de
son manteau, et qui sont garnies de petits filets tentacu-

36*

laires (1). Il n'a point de byssus, et, pour se déplacer, il fait sortir, entre ses valves, un pied très grand, comprimé, qui ressemble à une plaque presque arrondie et musculeuse. Il est hermaphrodite et semble vivipare, car les œufs passent entre les branchies, où l'on trouve les petits avec leur coquille toute formée.

Les valves des *anodontes* étant, en général, grandes, creuses, très-minces et légères, servent, dans la France boréale, à écrémer le lait et à prendre le fromage.

ESPÈCES.

Point d'angle distinct à l'extrémité postérieure de la ligne cardinale.

1. **Anodonte dilatée.** *Anodonta cygnea.* Lamk.

> *A. testâ ovatâ, fragili, posticè dilatatâ, rotundatâ; sulcis transversis inœqualibus; natibus retusi s.*
>
> *Mytilus cygneus.* Lin. Syst. nat. p. 1158. Gmel. p. 3355. nᵒ. 15.
> * Schrot. Einl. t. 3. p. 440.
> * Mull. Hist. vers. t. 2. p. 208.
> * Geoffr. Coq. p. 139. nᵒ 1. pl. 2.
> * Lister. Anim. Angl. App. t. 1. f. 3.
> * *Id.* Conch. t. 156. f. 11.
> Gualt. Test. tab. 7. fig. F. *Bona.*
> Pennant. Brit. Zool. 4. t. 67. f. 78.
> Schroet. Fluss. tab. 1. f. 1.

---

(1) Les anodontes, pas plus que les mulettes, n'ont pas, comme le croyait Lamarck, deux ouvertures tubiformes an manteau. Dans ces mollusques, les lobes du manteau sont séparés dans toute leur longueur, ce qui les distingue éminemment de ceux des familles précédentes dans lesquels il existe en effet des siphons ou des perforations postérieures. Lamarck a très bien saisi, au reste, toute l'analogie qui existe entre les mulettes et les anodontes; mais il n'a pas conclu, comme nous le faisons actuellement, que les deux genres dussent être réunis en un seul.

* De Roissy. Buff. Moll. t. 6. p. 316. n° 1.
* Drap. Moll. de France. pl. 11. f. 6. pl. 12. f. 1.
* *Mytilus cygneus*. Dilw. Cat. t. 1. p. 315. n° 33.
* *Anodontites cygnea*. Poirret. Prod. p. 108. n° 1.
* Brard. Hist. des Coq. p. 234. pl. 10.
* Peiff. Syst. anord. p. 111. pl. 6. f. 4.
* Kickx. Moll. Brab. p. 80. n° 99.
* Turton. Manual. p. 17. n° 8. pl. 1. f. 8.
* Blainv. Malac. pl. 66. f. 1.

Habite les lacs et les étangs de l'Europe. Mus. n°. Mon cabinet. Espèce commune. Coquille grande, très mince, large ou dilatée postérieurement et supérieurement, ayant le sinus de la lame cardinale fort petit. Nacre très argentée. Largeur, 177 millimètres.

2. Anodonte des canards. *Anodonta anatina*. Lamk.

A. testá ovato-oblongá, fragili, posticè rotundatá, anticè subangulatá; sulcis transversis inœqualibus; natibus retusis.

Mytilus anatinus. Lin. Syst. nat. p. 1158. Gmel. p. 3355. n° 16.
* List. Conch. pl. 153. f. 8.
* Lister. Anim. Angl. pl. 2. f. 29.
Gualt. Test. tab. 7. fig. E.
* Mull. Verm. Hist. t. 2. p. 207.
* Schrot. Fluss. Conch. pl. 1. f. 2.
* Chemn. Conch. t. 8. pl. 86. f. 763.
* Schrot. Einl. t. 3. p. 442.
* Brooks. Introd. p. 86. pl. 4. f. 49.
* *Anodonta anatina*. Drap. Moll. de France. pl. 12. f. 2.
* Poirret. Prodr. p. 109. n° 2.
* *Mytilus anatinus*. Dilw. Cat. t. 1. p. 317. n° 36.
* Pfeiff. Syst. anord. p. 112. pl. 6. f. 2.
* Sow. Genera of Shells. pl. 1. f. 1. 2.
Pennant. Zool. Brit. t. 68. f. 79.
Draparn. Hist. des M. pl. 11. f. 6. et pl. 12. f. 1 (1).

Habite en Europe, dans les étangs, les rivières. Mon cabinet.

---

(1) C'est par erreur sans doute que Lamarck cite ici cette figure de Draparnand, car elle représente très exactement l'espèce précédente, *anodonta cygnea*.

Aussi commune que la précédent ; elle n'est jamais aussi dilatée qu'elle postérieurement.

3. Anodonte sillonnée. *Anodonta sulcata.* Lamk.

A. testá ovato-oblongá, fragili, transversìm sulcatá, posteriùs rotundatá ; antico latere producto, biangulato subrhombeo ; natibus retusis.

Anodonta marginata? Encycl. amér. Conch. pl. 3. f. 5.
An Schroet. Fluss. t. 2. f. 1 ?
Encycl. pl. 202. f. 1. a. b.

Habite le lac Ladoga et les rivières des États-Unis. Mon cabinet. Coquille extrêmement voisine de la précédente par ses rapports. Néanmoins ses sillons sont plus marqués, mieux espacés ; les deux angles et la forme subrhomboïde de son côté antérieur suffisent pour la faire reconnaître. Largeur, 181 millimètres.

4. Anodonte fragile. *Anodonta fragilis.* Lamk.

A. testá angustè ovatá, tenui, fragilissimá, anteriùs rhombeocompressá ; sulcis transversis remotis ; natibus prominulis, undato-rugosis.

Habite les lacs de Terre-Neuve. M. *Lapylaie.* Mon cabinet. Son côté postérieur est arrondi, court. Ses crochets sont un peu saillants au-dessus de la base cardinale. Largeur, 68 millimètres.

5. Anodonte large. *Anodonta cataracta.* Say.

A. testá tenui, fragili, latè ovatá, posteriùs rotundatá, anteriùs compresso-carinatá, biangulatá ; natibus subprominulis rugulosis.

Anodonta cataracta. Encycl. amér. Conch. pl. 3. f. 4.

Habite la rivière Hudson, aux États-Unis. Cabinet de M. *Valenciennes.* Elle est obscurément rayonnée, et sa lame cardinale n'offre qu'un léger sinus. Largeur, 85 millimètres.

6. Anodonte rougeâtre. *Anodonta rubens.* Lamk. (1)

A. testá ovato-rotundatá, crassá, rubente ; epiderme fuscá ; cardine arcuato ; sulcis transversis obsoletis.

---

(1) Nous avons vu l'animal de cette espèce. M. Caillaud

Encycl. pl. 201. f. 1. a. b.

* Caillaud. Voy. à Meroé. t. 2. pl. 60. f. 12.

* *Iridina rubens*. Desh. Encycl. méth. vers. t. 2. p. 320. n° 2.

Habite au Sénégal. Mon cabinet. Espèce remarquable, à test assez épais et rougeâtre. Le sinus de la lame cardinale forme un angle aigu et profond. Largeur, 60 millimètres.

7. **Anodonte crêpue.** *Anodonta crispata.* **Lamk.**

> *A. testá oblongo-ovatá, subdepressá, tenui, medio coarctatá; costellis longitudinalibus confertis, planulatis, transversim sulcato-crispis.*

Encycl. pl. 203. f. 3. a. b.

Habite.... dans les rivières des régions australes? Du voyage de *Baudin*. Mus. n°. Mon cabinet. Son épiderme offre sur le milieu et presque sur le côté postérieur, des côtes rayonnantes, aplaties, traversées par des sillons arqués, fréquents et ondés. Cet épiderme est d'un brun fauve. Largeur, 51 millimètres.

8. **Anodonte uniopside.** *Anodonta uniopsis.* **Lamk.**

> *A. testá oblongo-ovatá, anteriùs subangulatá, transversìm striatá; lamellá cardinali crassiusculá, posticè callo prominulo terminatá.*

Habite..... les régions australes? Du voyage de *Baudin*. Mus. n°. Son épiderme est brun. Ses crochets sont un peu saillants; le ligament passe entre les crochets et la charnière. Teinte bleuâtre à l'intérieur, vers le bord. Largeur, 57 millimètres.

9. **Anodonte de Pensylvanie.** *Anodonta Pensylvanica.* **Lamk.**

> *A. testá ovatá, convexo-depressá, tenui, anteriùs subangulatá; natibus prominulis, varicoso-rugosis.*

Habite la rivière de Schuglkill, près de Philadelphie. M. *Wanuxem*. Elle est petite, mince, fragile, à nacre intérieure

---

l'a trouvé dans le Nil et a bien voulu nous le communiquer. Nous lui avons reconnu tous les caractères principaux des iridines. Cette coquille devra donc désormais faire partie du genre iridine de Lamarck.

bleuâtre vers le bord. Largeur , 5o millimètres. Mon cabinet. Ce n'est peut-être qu'une variété de l'*A. cataracta* n° 5; mais son côté postérieur est proportionnellement moins large.

1o. Anodonte mitoyenne. *Anodonta intermedia.* Lamk. (1)

A. testâ ovatâ, subradiatâ, posticè brevi, rotundatâ; pube elevatâ, compresso-carinatâ ; natibus retusis.

Chemn. Conch. 8. t. 86. f. 763.

Schroet. Fluss. tab. 1. f. 2.

Encycl. pl. 2o1. f. 2.

[b] *Var. testâ minore; radiis nullis.*

Schroet. Fluss. t. 1. f. 3

Habite en France dans la Loire, etc. Cabinet de M. *Dufresne.* La variété [b] se trouve dans la Seine. Mon cabinet. Cette coquille semble intermédiaire entre l'*A. anatina* et l'*A. trapezialis.* Elle mérite d'être distinguée. A l'extérieur , elle a presque l'aspect, mais plus en petit , de la suivante. Largeur, 121 millimètres. Le sinus de sa lame cardinale est petit et médiocre.

Un angle distinct à l'extrémité postérieure de la ligne cardinale.

11. Anodonte trapéziale. *Anodonta trapezialis.* Lamk.

A. testâ ovatâ, fragili ; pube elevatâ , compresso-alatâ ; basi posticâ angulo terminatâ ; natibus prominulis.

Chemn. Conch. 8. t. 86. f. 762.

---

(1) Nous avons voulu constater sur un grand nombre d'individus de diverses localités, si, en effet, quelques-uns offraient des caractères constants suffisants pour l'établissement d'une bonne espèce. Nous dirons que nous avons bien trouvé des jeunes individus de l'*anodonta cygnœa* et de l'*anodonta anatina* se rapportant à la description et aux figures mentionnées ici, d'où nous avons conclu sur ces seules observations que cette espèce pouvait être supprimée et sa synonymie reportée aux deux espèces que nous venons de citer.

Schroet. Fluss. tab. 3. f. 1 (1).

Encycl. pl. 205. f. 1. a. b. *Optima.*

Habite..... des eaux douces étrangères à celles de l'Europe ? Mus. n°. Mon cabinet. Coquille grande, mince, à épiderme d'un vert jaunâtre, et qui paraît avoir été confondue avec l'*A. cygnea*, quoiqu'elle soit très différente. Sa base est en ligne droite, se termine postérieurement par un angle. Le sinus de sa lame cardinale est grand, et forme un angle rentrant, aigu. Largeur, 140 millimètres.

12. Anodonte exotique. *Anodonta exotica.* Lamk. (2)

A. testâ ovato-oblongâ, transversim sulcatâ, basi posticâ angulo terminatâ; sinu cardinali magno; natibus prominentibus.

Habite..... les rivières de l'Inde ? Mon cabinet. Belle espèce à épiderme d'un vert-brun, et qui, sous une forme plus alongée, tient à la précédente par ses rapports. A l'intérieur, elle offre une nacre brillante, argentée et irisée. Largeur, 148 millimètres.

13. Anodonte glauque. *Anodonta glauca.* Lamk.

A. testâ ovatâ, tumidâ, fragili, obsoletè radiatâ, anteriùs compresso-alatâ; epiderme glauco-virente; natibus prominulis.

A. glauca. Valenciennes.

Habite en Amérique, dans des eaux douces voisines d'Acapulco. Collection de MM. le baron de *Humboldt* et *Bonpland.* Belle espèce, très distincte, à coquille mince, très fragile. Largeur, 98 millimètres. Mon cabinet.

14. Anodonte sinueuse. *Anodonta sinuosa.* Lamk.

A. testâ ovali, transversè striatâ, supernè coarctatâ; lineâ cardinali undato-sinuosâ; natibus prominulis, lævigatis, violaceo maculatis.

---

(1) Selon nous, cette figure de Schroter ne représente pas l'espèce : elle convient beaucoup mieux à une variété que nous connaissons de l'*anodonta cygnæa.*

(2) Cette belle et grand espèce, remarquable par l'épaisseur et la solidité de ses valves, ne vient pas des rivières de l'Inde, comme le supposait Lamarck, mais de celles de l'Amérique méridionale, du Pérou particulièrement.

Encycl. pl. 203. f. 2. a. b.

Habite..... Cabinet de **M.** *Daudebard.* Espèce remarquable
par sa ligne cardinale courbe et sinueuse, par le ligament
qui passe sous les crochets, et par sa nacre brillante, argentée et irisée. Le sinus de sa lame cardinale est assez
grand, mais ne forme point un angle rentrant. Largeur, 85
millimètres.

15. Anodonte des Patagons. *Anodonta Patagonica.* Lamk.

*A. testâ obovatâ, anteriùs angulatâ, ad pubem compresso-
carinatâ; striis sulcisque transversis concentricis; lateribus
rotundatis.*

Encycl. pl. 203. f. 1. a. b.

Habite dans l'Amérique, les rivières de la Plata et celles du
pays des Patagons. Mus. n°. Mon cabinet. Crochets un
peu saillants. Épiderme d'un vert jaunâtre ou rembruni.
Sinus de la lame cardinale en angle aigu et rentrant. Largeur, 72 à 80 millimètres.

IRIDINE. (Iridina.)

Coquille équivalve, inéquilatérale, transverse, à
crochets petits, recourbés, presque droits. Impression
musculaire comme dans les anodontes.

Charnière longue, linéaire, atténuée vers le milieu,
tuberculeuse dans sa longueur, presque crénelée : à
tubercules inégaux, fréquents. Ligament extérieur,
marginal.

[Animal oblong, transverse, assez épais, jaunâtre
ayant les lobes du manteau réunis postérieurement,
et prolongés en deux tubes inégaux, très courts. Pied
comprimé, tranchant, bouche petite, ovale, transverse, ayant de chaque côté une paire de palpes un
peu coriaces, oblongues, striées à leur surface interne.
Les branchies grandes, presque égales, réunies entre
elles postérieurement au dessous du pied.]

Testa æquivalvis, inæquilatera, transversa ; natibus parvis, subrectè inflexis. Impressiones musculares ut in anodontis.

Cardo longus, linearis, versùs medium, attenuatus, per longitudinem tuberculosus, subcrenatus, tuberculis inæqualibus crebris. Ligamentum externum, marginale.

OBSERVATIONS. Assurément l'*iridine* est si voisine des anodontes par ses rapports, que *Bruguière* a pu être autorisé à l'y réunir; mais sa charnière tuberculeuse dans toute sa longueur, est en cela si singulière, que j'en ait fait le type d'un genre particulier. La coquille qui y a donné lieu a le test assez épais, d'une nacre brillante, rougeâtre, surtout à l'intérieur, et qui réfléchit les couleurs de l'iris (1).

ESPÈCE.

1. Iridine exotique. *Iridina exotica.* Lamk.

    * Desh. Mém. de la Soc. d'hist. nat. t. 3. pl. 1.
    * *Iridina nilotica.* Sow. Zool. jour. n° 1. pl. 2.
    * *Anodonta exotica.* Blainv. Malac. pl. 66. f. 2.

---

(1) En jugeant le genre Iridine d'après sa coquille, les auteurs qui ont suivi Lamarck étaient justement autorisés à le regarder comme un double emploi inutile du genre anodonte. On devait s'attendre à la justification de cette opinion lorsque l'on viendrait à connaître l'animal de ce genre. Jusque dans ces derniers temps les iridines étaient très rares dans les collections et payées fort cher par les amateurs; on supposait qu'elles habitaient les grands fleuves de la Chine. M. Caillaud, dans son voyage à Méroé, le découvrit en assez grande abondance dans le Nil, et ayant eu le soin de recueillir quelques individus dans l'alcool, il les rapporta en France, et nous en fit l'abandon dans l'intérêt de la science. Nous étions alors persuadé comme M. de Férussac et la plupart des auteurs, que le genre dont il est question

* Caill. Voy. à Meroé. t. 2. pl. 60. f. *

* Le Mutel. Adans. Voy. au Sénég. pl. 17. f 21.

* *Iridina exotica.* Desh. Encycl. méth. vers. t. 2. p. 319. n° 1.

* *Iridina elongata.* Sow. Genera of Shells. f. 1.

---

devait être réuni aux anodontes, et nous nous attendions à trouver un animal semblable à celui bien connu de ce genre. Aussi nous avons été fort étonné en trouvant dans la coquille un animal différent de ce que nous l'avions supposé : nous avons dit que les mulettes et les anodontes ont les lobes du manteau séparés dans toute leur longueur. Dans les iridines il en est autrement; les lobes du manteau sont réunis postérieurement, et se terminent par deux tubes courts n'ayant pas, comme dans les premières familles des acéphalés, un muscle rétracteur propre des siphons; voilà donc un animal ayant une coquille, semblable à celles des anodontes, et offrant dans ses caractères essentiels des différences très notables avec tous les animaux de la famille des nayades. Ayant fait une anatomie complète de l'animal de l'iridine rapportée par M. Caillaud, elle est devenue le sujet d'un mémoire publié parmi ceux de la Société d'histoire naturelle de Paris. Nous avions annoncé à la fin de ce travail qu'une autre coquille également rapportée par le même voyageur et dont nous avions l'animal sous les yeux, devait constituer un genre nouveau. Mais la différence avec les iridines consistant en ce que les lobes du manteau se réunissent dans une moindre partie de leur longueur, nous pensons que cette coquille doit faire partie actuellement du même genre. Elle n'était point nouvelle pour la conchyliologie : Lamarck l'a fait connaître sur le nom d'*anodonta rubens.* Quant au reste de l'organisation, les iridines diffèrent très peu de mulettes ; elles ont un pied grand et comprimé, linguiforme, coudé; une masse abdominale assez considérable, de chaque côté de laquelle se trouvent les feuillets branchiaux. La bouche et les palpes labiales diffèrent peu de celles des mulettes; l'intestin est proportionnellement plus alongé et forme des cour-

Enc. cl. pl. 204 [*bis*]. f. 1. a. b.
Habite..... les rivières des climats chauds. Mon cabinet. Coquille transversalement oblongue, à stries longitudinales

---

bures plus grandes ; le cœur et les oreillettes sont semblables dans les deux genres.

Une question se présente à l'occasion des iridines : jusqu'à présent les zoologistes ont donné aux formes du manteau une grande importance pour la classification ; les autres caractères ont été considérés par eux, comme de moindre valeur, et ils ne les ont fait entrer que pour déterminer les familles ou les genres. Ce qui a lieu dans l'iridine, vient infirmer d'une manière notable la règle établie, puisqu'elle offre cette singulière combinaison, d'un animal très voisin des mulettes par les principaux organes intérieurs, et se rapprochant des conques fluviatiles ou marines par la disposition de son manteau. Il est donc, en réalité, fort difficile de classer rationnellement le genre qui nous occupe ; car si on le maintient, à l'exemple de Cuvier, à la suite des mulettes et des anodontes, il est évident que certains rapports sont rompus, puisque dans ces genres les lobes du manteau sont séparés. Si, en suivant notre première opinion, on place les iridines dans la familles des conques fluviatiles, les rapports seront peut-être plus exactement observés ; mais il restera dans l'organisation profonde des animaux des différences assez considérables pour rompre certaines analogies que nous avons signalées entre les mulettes et cet animal.

Lamarck avait fondé le caractère extérieur des iridines sur un accident qui ne se montre guère que dans les vieux individus : la charnière reste simple comme celle des anodontes dans ceux qui sont jeunes, et dans ce cas il n'y a véritablement aucune différence entre les coquilles des deux genres. Il est à remarquer cependant que dans celles des iridines que nous connaissons actuellement, il existe à la partie antérieure de la coquille deux impressions musculaires beaucoup plus grandes qu'elles ne le sont habituellement dans les anodontes.

très fines sur le test même, à bords latéraux arrondis, et à crochets un peu saillants au-dessus de la charnière. Largeur, 138 millimètres.

LES CAMACÉES.

Coquille inéquivalve, irrégulière, fixée. Une seule dent grossière ou aucune à la charnière. Deux impressions musculaires séparées et latérales.

Il est assurément bien singulier de trouver, parmi les conchifères dimyaires, c'est-à-dire, parmi les coquillages qui ont deux muscles d'attache bien séparés et latéraux, des coquilles inéquivalves, irrégulières et fixées elles-mêmes sur les corps marins, comme les huîtres, les spondyles, et plusieurs autres conchifères monomyaires. Ce fait montre que nulle part la nature ne passe brusquement d'un ordre de chose à un autre, sans laisser quelque traces de celui qu'elle abandonne, et même sans en offrir encore quelques-unes au commencement du nouvel ordre qu'elle établit.

Ainsi, les *camacées* semblent indiquer le voisinage des conchifères monomyaires, par leur coquille inéquivalve, et doivent par conséquent terminer les dimyaires; tandis que les tridacnées, en commençant le second ordre de la classe, rappellent par leur coquille équivalve et régulière, qu'elles tiennent encore quelque chose des conchyfères dimyaires.

Les *camacées* ont le ligament extérieur, et quelquefois enfoncé irrégulièrement vers l'intérieur; par leur charnière, elles ont quelque analogie avec les bénitiers ou tridacnées; enfin ces coquilles irrégulières sont souvent lamelleuses et hérissées de pointes; et ont leurs crochets toujours inégaux, quelquefois grands et contournés. L'animal n'a que des siphons courts, désunis.

Les coquillages dont il s'agit sont fixés sur les rochers, les coraux, et souvent les uns sur les autres. Ceux que l'on connaît, ne sont pas encore fort nombreux, et je ne les divise qu'en trois genres, *dicérate*, *came* et *éthérie*, dont voici l'exposé. (1)

---

(1) Plusieurs observations peuvent être faites sur la famille des *camacées* composée actuellement de trois genres. Nous pensons qu'elle devra subir des modifications assez importantes. C'est ainsi qu'en comparant les jeunes *dicérates* aux *cames*, on n'aperçoit point de différences notables; mais il faut ajouter qu'à mesure que les coquilles de ce premier genre vieillissent, les caractères de la charnière s'exagèrent de plus en plus, sans cependant s'altérer au point d'être entièrement dissemblables avec ce qu'ils étaient dans le jeune âge. On peut donc dire en réalité que les *dicérates* ne sont que des *cames* exagérées dans leur volume, leur épaisseur, la proéminence de leurs crochets et la grandeur des dents cardinales. Il n'y aurait donc aucun inconvénient à réunir en un seul les deux genres, et de former pour chacun d'eux une section qui aurait ainsi moins de valeur qu'un genre établi pour chacune d'elles.

Les *éthéries* ont été pendant long-temps le sujet de doutes sur la place qu'elles doivent occuper dans la série zoologique. Lamarck croyait que ces curieuses coquilles vivaient dans la mer. Il les supposait marines, mais propres à l'embouchure des fleuves. Il était réservé à M. Caillaud de lever toutes les incertitudes à cet égard; il annonça avoir trouvé des *éthéries* dans le haut Nil, au dessus des cataractes. Depuis, le même genre a été retrouvé dans d'autres grands fleuves de l'Afrique centrale, et entre autres dans le Niger à plus de cent lieues de son embouchure. M. Caillaud n'avait pu, pendant son séjour en Egypte, se procurer l'animal de ce genre curieux; mais il ne manqua pas de le solliciter de personnes qu'il connaissait en position de l'obtenir. La plupart des zoologistes avaient adopté sur ce genre l'opinion de Lamarck. Cuvier, en le mentionnant

DICÉRATE. (*Diceras.*)

Coquille inéquivalve, adhérente ; à crochets coniques, très grands , divergents , contournés en spirales irrégulières. Une dent fort grande, épaisse, concave , subauriculaire, en saillie dans la plus grande valve. Deux impressions musculaires.

---

pour la première fois, donna une nouvelle opinion , et le plaça dans la famille des *ostracées* entre les *pernes* et les *arondes.* La connaissance de la coquille seule ne justifie que difficilement cette opinion du savant zoologiste. Aussi sans adopter celle de Lamarck que nous croyons pouvoir modifier, nous avons cependant rejeté celle de Cuvier. Quoique les *étheries* soient irrégulières, adhérentes et pourvues, comme les *cames,* de deux muscles adducteurs, nous avons pensé qu'elles avaient les lobes du manteau complétement séparés, et par conséquent sans tubes et sans siphons. Dès lors nous en avons fait une petite famille particulière du second ordre des *acéphalées dimyaires sans siphons* : elle est comprise dans le deuxième sous-ordre renfermant des coquilles irrégulières, et elle n'est point éloignée de la famille des nayades faisant partie du 2ᵉ sous-ordre. Cette distribution méthodique , et ces rapports nouveaux établis pour le genre qui nous occupe, étaient publiés dans l'Encyclopédie long-temps avant que l'on connût l'animal du genre. Les demandes de M. Caillaud eurent enfin leur succès : il obtint plusieurs exemplaires , bien conservés dans la liqueur , de l'animal de l'*éthérie du Nil.* M. Rang en fit la description dans les Annales du Muséum, et nous avons vu avec plaisir se réaliser nos prévisions ; ainsi il n'a point les lobes du manteau réunis, il est dépourvu de siphons, et il a beaucoup de ressemblance, quant aux autres caractères extérieurs, avec les animaux des mulettes et des anodontes. En concluant de ce qui précède, on voit qu'il devient nécessaire de séparer les *éthéries* de la famille des *camacées.*

*Testa inæquivalvis, adhærens; natibus conicis, maxi-
mis , divaricatis, in 'spiras irregulares contortis. Dens
maximus , crassus, concavus, subauricularis, in valvâ
majore prominens. Impressiones musculares duæ.*

OBSERVATIONS. La *dicérate*, par sa forme extérieure, rappelle en partie l'idée de l'isocarde ; mais celle-ci est une
coquille régulière, libre, équivalve, et en est d'ailleurs
très distinguée par le caractère de sa charnière. C'est des
cames proprement dites qu'il faut rapprocher la dicérate,
et c'est même parmi les espèces de ce genre que *Bruguière*,
qui a connu cette coquille, a cru pouvoir la ranger. Cependant elle diffère tellement des cames par sa charnière
et ses crochets singuliers, qu'elle nous a paru devoir constituer un genre à part dans la même famille. Il y a apparence que, pendant la vie de l'animal, la coquille était
fixée, et qu'elle n'adhérait aux corps marins que par un
petit espace de l'une de ses valves, peut-être à la manière
des gryphées. Je ne connais encore qu'une seule espèce de
ce genre, et seulement dans l'état fossile.

ESPÈCES.

1. **Dicérate ariétine.** *Diceras arietina.* **Lamk.**

> Annales du Mus. vol. 6. p. 3oo. pl. 55. f. 2. a. b.
> Sauss. Voyage des Alpes. 1. p. 190. pl. 11. f. 1—4.
> Favanne. Conch. pl. 80. fig. 8.
> *Chama bicornis.* Brug. Dict. n° 8.
> * De Roissy. Buff. Moll. t. 6. p. 197. pl. 61. f. 2.
> * Desh. Encycl. méth. vers. t. 2. p. 87. n° 1.
> * Sow. Genera of Shells. f. 1.
> * Blainv. Malac. pl. 70. f. 4.
> Habite.... Fossile du mont Salève, et des environs de Saint-
>   Mihiel, dans la ci-devant Lorraine. Cabinet de M. *Gilet-
>   Laumont.*
> *Nota.* On trouve dans le département du Calvados, et dans
>   celui de la Sarthe, à Cherré, près de la Ferté-Bernard,
>   des moules intérieurs d'une *dicérate* qui pourrait être une
>   espèce, car tous sont constamment de plus petite taille, et
>   n'ont point l'empreinte que la cavité de la D. ariétine aurait
>   dû leur laisser.

2. Dicérate gauche. *Diceras sinistra*. Desh.

D. testá oblongá, cordiformi, postice subangulatá; umbonibus minimis, inversis; cardine obliquè bidentato.

Desh. Dict. class. d'hist. nat. atlas. n° 8. f. 1. a. b. c.

Id. Encycl. méth. vers. t. 2. p. 88. n° 2.

Habite.... Fossile des environs de Saint-Mihiel, dans l'oolite supérieure. Coquille différente de la précédente, non-seulement par la charnière, mais encore par les valves. La valve droite est ici la plus grande et celle qui est adhérente, tandis que c'est la gauche dans la première espèce.

CAME. (Chama.)

Coquille irrégulière, inéquivalve, fixée ; à crochets recourbés, inégaux. Charnière à une seule dent épaisse, oblique, subcrénelée, s'articulant dans une fossette de la valve opposée. Deux impressions musculaires distantes, latérales. Ligament extérieur enfoncé.

Testa irregularis, inæquivalvis, adhærens; dentibus incurvis, inæqualibus. Cardo dente unico crasso, obliquo, tuberculato, in fossulá valvæ oppositæ inserto. Impressiones duæ musculares distantes, laterales. Ligamentum externum depressum.

OBSERVATIONS. Linné avait réuni, dans son genre *chama*, des coquilles trop disparates pour que cette association puisse être conservée, car elle réunissait des coquilles régulières et équivalves avec d'autres qui sont inéquivalves et irrégulières, des coquilles libres avec des coquilles fixées sur les corps marins, enfin des coquilles qui ont deux muscles d'attache bien séparés avec d'autres qui n'en ont qu'un seul. *Bruguière* ayant senti les inconvénients de cette association, a refait le genre *chama* de Linné, et a réservé ce nom générique aux espèces à coquille irrégulière, inéquivalve, adhérente, et qui n'a qu'une dent à la charnière.

Ainsi les *cames* sont des coquilles irrégulières, grossières, raboteuses, écailleuses ou épineuses, dont les valves sont très inégales, et dont la charnière n'offre qu'une dent épaisse, oblique, transverse, comme calleuse, et en général crénelée ou sillonnée. Les deux crochets sont courbés en dedans, fort inégaux, et l'un des deux seulement est en saillie à la base de la coquille.

D'après ces caractères, l'isocarde, les cardites, les cypricardes, les tridacnées, etc., ne sont plus et ne doivent plus être des *cames*.

Ces dernières vivent ordinairement à une petite profondeur dans la mer. On les trouve toujours attachées par leur plus grande valve aux rochers, aux coraux, ou groupées les unes sur les autres d'une manière très variée. Sauf les espèces qui sont écailleuses ou lamelleuses, elles offrent rarement des couleurs brillantes. Leurs rapports les rapprochent, d'une part, de la *dicérate*, et, de l'autre, des *éthéries* (1).

ESPÈCES.

Crochets tournant de gauche à droite.

1. **Came feuilletée.** *Chama lazarus.* **Lamk.** (2)

> *Ch. testâ imbricatâ; lamellis dilatatis, undato-plicatis, sublobatis, obsoletè striatis.*

---

(1) Ce n'est pas seulement par la coquille que les cames se distinguent des genres environnants, l'animal a aussi des caractères propres, et il suffit pour s'en assurer de jeter les yeux sur le bel ouvrage de Poli. L'animal est moins irrégulier que la coquille, il est cordiforme, les deux lobes de son manteau se réunissent postérieurement, et l'on voit dans la commissure, deux siphons très courts ciliés comme ceux des isocardes. Sur la masse abdominale s'élève un petit pied cylindracé, tronqué, coudé; la bouche est petite et accompagnée de chaque côté d'une paire de palpes subquadrangulaires et obliquement tronqués. Tous les individus d'une même espèce sont adhérents par la valve du même côté, et les crochets s'enroulent dans la même direction.

(2) Nous avons à faire plusieurs observations sur cette espèce. Inscrite pour la première fois par Linné dans la

37*

Seba. Mus. 3. tab. 88. f. 8.

Knorr. Vergn. 1. tab. 8. f. 1.

Favanne. Conch. pl. 43. fig. A 1, et A 2.

Chama macerophylla. Chemn.Conch. 7. tab. 52. f. 514. 515.

Encycl. pl. 196. f. 4. 5.

* *Chama gryphoides.* Brug. Encycl. méth. vers. t. 1. p. 388. n 2. *Syn. plurib. exclus.*

* *Id.* Dilw. Cat. t. 1. p. 221. nº 19. *Syn. plur. exclus.*

* *Chama lazarus.* Sow. Genera of Shells. f. 3.

Habite l'Océan américain. Mus. nº. Mon cabinet. Vulgaire-ment le *gâteau feuilleté.* Coquille commune dans les col-lections, et que l'on a confondue avec la suivante. Elle n'est point tachée, mais elle est tantôt entièrement rouge-pourpre, et tantôt presque uniquement jaunâtre.

2. **Came cornes-de-daim.** *Chama damœcornis.* **Lamk.**

Ch. testá imbricatá; lamellis profundè lobatis; lobis elongatis, dorso longitudinaliter sulcatis, apice furcatis.

* *Chama lazarus.* Linn. Syst. nat. p. 1139.

10ᵉ édit. du *Systema naturæ*, on trouve dans la synonymie des figures qui ne représentent pas l'espèce à laquelle Lamarck et d'autres auteurs attribuent le nom linnéen ; ces figures représentent le *chama damœcornis* de Lamarck. La courte description donnée plus tard dans le Muséum de la princesse Ulrique, confirme la synonymie précédemment citée; seulement nous observerons que Linné, parmi les figures qu'il indique dans Séba, comprend un véritable spondyle. Cette erreur est répétée dans la douzième édi-tion du *Systema naturæ*; mais lorsqu'elle est rectifiée il ne peut plus y avoir le moindre doute sur l'espèce, car la description et les figures s'accordent parfaitement. Cette observation avait été faite avant nous par Schroter et la plupart des auteurs qui ont suivi Linné. Quant à l'es-pèce en elle-même, tous les auteurs jusqu'à Lamarck ont été d'accord pour donner avec Linné le nom de *chama lazarus* à la coquille nommée *chama damœcornis* par La-marck. Cette subtitution fâcheuse sera d'autant plus facile à réparer, que Chemnitz avait très bien distingué le *chama lazarus* de Lamarck, et lui avait donné le nom de *macero-phylla* qu'il conviendra de lui conserver.

* Rumphius. Amb. pl. 48. f. 3.

Seba. Mus. 3. tab. 88. f. 12. et tab. 89. n° 6. 9 et 11.

* D'Argenv. Conch. pl. 20. f. F. K.

* Valentyn. Abhand. pl. 13. f. 4.

Favanne. Conch. pl. 43. fig. A 3. A 4. et pl. 44. fig. A 1. A 2.

Chemn. Conch. 7. t. 51. f. 507—509.

Born. Mus. t. 5. f. 12—14.

* Schrot. Einl. t. 3. p. 242.

* Gmel. p. 3302. n° 11.

* Brug. Encycl. méth. vers. t. 1. p. 387. n° 1.

Encycl. pl. 197. f. 1. a. b. c.

* De Roissy. Buff. Moll. t. 6. p. 193. n° 2.

* Dilw. Cat. t. 1. p. 221. n° 18.

* *Chama damæcornis.* Sow. Genera of Shells. f. 1.

Habite l'Océan des Grandes-Indes. Mus. n°. Mon cabinet. Belle espèce, recherchée dans les collections, blanche avec des taches roses pourprées à la base des lames.

3. Came gryphoïde. *Chama gryphoides.* Lin. (1)

Ch. testá imbricatá, submuricatá; lamellis brevibus, adpressis, plicatis, fornicatis, subasperis.

---

(1) Les figures citées par Linné dans la synonymie de cette espèce sont toutes si mauvaises, qu'il est impossible avec les coquilles sous les yeux, de déterminer celles auxquelles le nom peut convenir, et ici il n'y a pas de description qui puisse suppléer aux figures. Outre ce fâcheux inconvénient, Linné a ajouté celui de confondre dans cette espèce une coquille qui en est bien distincte, décrite et figurée par Adanson sous le nom de Jataron. Les auteurs qui suivirent tentèrent bien quelques rectifications, mais aucun ne réussit, laissant toujours le Jataron comme type principal de l'espèce. Quelques-uns ajoutèrent même à la confusion, en introduisant dans la synonymie des espèces que Linné ne connut pas. Bruguière ordinairement si exact, et Dillwyn lui-même, qui tous deux ont cherché à améliorer la nomenclature de Linné, ont échoué à l'égard de cette espèce, et il suffit pour s'en convaincre de vérifier, comme nous l'avons fait, toute leur synonymie. On comprendra, d'après cela, qu'il nous est impossible

Chama gryphoides. Lin. Gmel. nº 12. Brug. nº 2.
List. Conch. t. 212. f. 47. et t. 215. f. 51.
Gualt. Test. t. 101. fig. C. D. E.
Poli. Test. 2. t. 23. f. 3.
Chemn. Conch. 7. t. 51. f. 510—513.
Encycl. pl. 197. f. 2. a. b. c.
* Came feuilletée. Blainv. Malac. pl. 70. f. 2.
Habite la Méditerranée, l'Océan américain ? Mus. nº. Mon
    cabinet. Le bord interne de la coquille n'est point crénelé
    sur les côtés.

4. Came crénelée. *Chama crenulata.* Lamk.

*Ch. testá subimbricatá, muticá, longitudinaliter rugosá; rugis
inæqualibus, variis; margine crenato.*

[a] *Testa rugis mediis crassis, planulatis, brevibus, subinterruptis.*

Jataronus. Adans. Seneg. pl. 15.
Encycl. pl. 196. f. 2. a. b.
[b] *Var. testá rugis plerisque gracilibus, sulciformibus, squa-
mulosis.*
Encycl. pl. 196. f. 2. a. b.
Habite les côtes d'Afrique, celles du Sénégal, sur les rochers.
    Mon cabinet. Coquille rougeâtre , ayant sur le côté anté-
    rieur deux côtes interrompues, calleuses.

5. Came unicorne. *Chama unicornis.* Brug. (1)

*Ch. testá lamellosá; lamellis valvæ superioris adpressis; nate
valvæ majoris elongatá, intortá, valdè productá.*

---

d'ajouter à la synonymie de Lamarck, à moins que de ré-
former d'abord ce qui a été fait par ses devanciers, ce que
nous ne pouvons faire ici.

(1) Il est facile de comprendre que les cames vivant attachées sur des corps fort irréguliers, participent souvent de
cette irrégularité, et nous l'avons remarqué dans les espèces fossiles aussi bien que dans les vivantes. L'une des
irrégularités qui se répètent le plus habituellement est l'a-
longement du crochet de la valve fixée. Lorsque, pour s'attacher, l'animal a rencontré un corps long et étroit, il cherche à assurer sa solidité en multipliant les points d'adhérence, et il y parvient en alongeant son crochet par son

Chama unicornis. Brug. Dict. n° 3.

Gualt. Test. tab. 101. fig. F. et G.

Schroet. Einl. 3. tab. 8. f. 18.

Chama cornuta. Chemn. Conch. 7. t. 52. f. 519. 520.

Encycl. pl. 196. f. 6.

Habite..... On la dit de la Méditerranée, des mers de l'Inde et d'Amérique. Mon cabinet. La valve supérieure est mutique.

6. Came fleurie. *Chama florida.*

Ch. testá suborbiculari, imbricatá, albo luteo roseoque variá; squamulis fornicatis per series transversas longitudinalesque dispositis ; margine integro.

* *An eadem ?* Chama cornuta. Var. Chemn. Conch. t. 7 pl. 52. f. 518.

Habite les mers de Saint-Domingue. Mus. n°. Probablement cette came, fort jolie par ses couleurs, sur-tout dans les jeunes individus, a été confondue avec la C. griphoïde. Elle me paraît différente.

7. Came limbule. *Chama limbula.* Lamk.

Ch. testá semi-orbiculari, obliquè fixá, submuticá, crassá limbo interno violaceo.

[b] *Var. valvá minore gibbá.*

Habite les mers de la Nouvelle - Hollande. *Péron.* La variété [b] vient de l'Ile de France. M. *Mathieu.* Mus. n°. En dessous, sur-tout dans sa jeunesse, cette coquille est un peu écailleuse.

8. Came rouillée. *Chama æruginosa.* Lamk.

Ch. testá suborbiculari, rufo-rubente ; valvá majore subtùs foliaceá ; alteræ valvæ squamis minimis, fornicatis ; margine integro.

---

accroissement. Ce phénomène n'a pas lieu pour une espèce seulement ; nous l'avons vu se reproduire dans plusieurs, et nous pensons qu'il peut se présenter dans toutes. On concevra maintenant qu'il n'est point rationnel d'établir, comme on l'a fait, une espèce sur ce caractère unique ; aussi, en examinant plusieurs coquilles portant ce nom dans les collections, nous avons reconnu en elles des variétés de la came gryphoïde et de la feuilletée.

Habite à Timor et à la baie des Chiens-Marins. Mus. n°.
Elle correspond à la C. gryphoïde, dont elle est distincte.

9. Came aspérelle. *Chama asperella*. Lamk. (1)

Ch. testâ imbricatâ, albidâ, squamulis fornicatis sursùm ele-
vatis echinatâ ; margine crenulato.

[b] *Var. ? testâ squamulis brevioribus, subdecumbentibus.*

Habite...... les mers australes ? Mus. n°. La variété [b] vient
de la baie des Chiens-Marins.

10. Came treillissée. *Chama decussata*. Lamk.

Ch. testâ subglobosâ, decussatìm striatâ, squalidâ; striis trans-
versis versùs marginem eminentioribus.

Habite l'Océan indien. Mon cabinet. Communiquée par le
professeur *Vahl*. Elle est ventrue, globuleuse; de la taille
d'une petite prune. Le bord non crénelé.

Crochets tournant de droite à gauche.

11. Came arcinelle. *Chama arcinella*. Lin.

Ch. testâ subcordatâ; costis longitudinalibus spinosissimis ,
costarum interstitiis excavato-punctatis ; ano cordato.

Chama arcinella. Lin. Syst. nat. p. 1139. Gmel. p. 3303.
n° 14. Brug. n° 9.

* Born. Mus. p. 85.

* Schrot. Einl. t. 3. p. 246.

* Bona. Rect. 3. f. 336.

* Lister. Conch. pl. 355. f. 192.

* Davila. Cat. t. 1. pl. 17. f. T.

Knorr. Vergn. 4. t. 14. f. 1. et 6. t. 36. f. 1. 2.

Chemn. Conch. 7. tab. 52. f. 522. 523.

Encycl. pl. 197. f. 4. a. b.

* Fav. Conch. pl. 52. f. E.

* Dilw. Cat. t. 1. p. 224. n° 25.

* Sow. Genera of Shells. f. 2.

Habite l'Océan américain , etc. Mus. n°. Mon cabinet. Coquille blanche, quelquefois teinte de rose, et très épineuse.
On ne distingue sa plus grande valve que parce que son
crochet est un peu plus élevé que celui de l'autre.

---

(1) Celle-ci vient de la Méditerranée, et elle est l'analogue vivant du *chama echinulata* fossile, n° 5. Il faudra donc
ces deux espèces.

12. Came rayonnante. *Chama radians*. Lamk.

> *Ch. testâ rotundatâ, crassâ, obliquè affixâ, albo et rufo radia-*
> *tâ; lamellis brevissimis, confertis, adpressis; margine integro.*
> Favanne. Conch. pl. 80. fig. **D.**
> Chemn. Conch. 9. tab. 116. f. 992.
> Encycl. pl. 196. f. 3.
> Habite.... l'Océan des Grandes-Indes ? Mon cabinet. Ce n'est
> pas le *chama sinistrorsa* de *Bruguière ;* je ne la possédais
> pas alors. Cette coquille, très rare, a la dent cardinale très
> obtuse, à peine saillante.

13. Came cristelle. *Chama cristella*. Lamk.

> *Ch. testâ semi-orbiculari , obliquè affixâ , albâ , aurantio*
> *maculatâ; squamis transversis , remotis , plicœformibus;*
> *margine crenulato.*
> List. Conch. t. 213. f. 48 ? et Klein. Ost. t. 12. f. 86?
> Chemn. Conch. 9. t. 116. f. 993 ?
> Habite l'Océan des Grandes-Indes. Mon cabinet. Cette espèce
> et l'arcinelle sont les seules, tournant de droite à gauche,
> que je possédais lorsque *Bruguière* consulta ma collection.
> Celle-ci est très distincte de la précédente. Elle est en
> crête, et a sa valve supérieure aplatie.

14. Came blanchâtre *Chama albida*. Lamk. (1)

> *Ch. testâ semi-orbiculari , obliquè affixâ , glabrâ ; lamellis*
> *transversis , undiquè adpressis.*
> Habite la mer de Java. Mus. n°. *Leschenault*. Couleur, blanc
> jaunâtre. Longueur, 45 millimètres.

---

(1) Cette coquille, très curieuse, est devenue pour **M.**
Sowerby le type d'un genre très intéressant auquel il a
donné le nom de *cleidothœrus*. Sa charnière contient à l'intérieur un osselet caduc retenu par des parties du ligament et s'étendant d'une valve à l'autre. Nous avons fait
remarquer dans d'autres genres de la famille des myaires
et voisins des anatines, ainsi que dans les anatines elles-
mêmes, un osselet cardinal retenu seulement par le ligament; dans ces genres , cet osselet est régulier et symétrique. Ici, appartenant à une coquille adhérente, irrégulière
et inéquivalve , il n'a point la même régularité , quoiqu'il
remplisse les mêmes fonctions dans la charnière. Quoique,
sous ce rapport, le nouveau genre de M. Sowerby ait beau-

15. Came rudérale. *Chama ruderalis*. Lamk.

Ch. testâ orbiculari, lamellosâ, albidâ, roseo tinctâ; lamellis partim elevatis, valvæ majoris undato-plicatis.

coup d'analogie avec ceux que nous venons de mentionner, on ne peut cependant les rapprocher dans une même famille; on ne peut voir là que la répétition d'un même phénomène, aux deux extrémités de l'embranchement des acéphales dimyaires. Ce genre nouveau, fondé sur une seule espèce que Lamarck ne put convenablement juger, puisqu'il n'en connut pas les caractères principaux, est caractérisé de la manière suivante par M. Sowerby.

Genre CLEIDOTHÈRE. *Cleidothærus.*

Caractères génériques. Animal inconnu. Coquille inéquivalve, irrégulière, adhérente; une dent cardinale conique sur la valve libre reçue dans une fossette de la valve opposée. Un osselet calcaire alongé, recourbé, retenu dans des impressions profondes de chaque valve par un ligament convexe; deux impressions musculaires sur chaque valve, l'antérieure très alongée; la postérieure arrondie. Impression palléale simple, ligament externe.

OBSERVATIONS. On ne peut contester l'analogie de ce genre avec celui des cames. La valve droite qui est la plus grande est adhérente comme dans les cames sénestres; le test est subnacré, solide, et avant d'avoir ouvert la coquille ou en l'examinant lorsqu'elle est dépourvue de l'osselet, on la prendrait pour une came. La charnière est proportionnellement plus réduite que dans les coquilles de ce genre, mais cependant assez semblable, puisqu'on y trouve une petite dent sur la petite valve reçue dans une cavité correspondante de la valve opposée. L'osselet est assez gros, alongé, courbé et retenu par ses extrémités dans le fond des crochets de chaque valve au moyen d'un ligament particulier; le ligament principal est externe et comme dans les cames.

Une seule espèce est actuellement connue. Lamarck lui a donné le nom de *chama albida;* elle devra prendre celui de

Cleidothærus Albidus.

Cleidothærus Chamoides. Sow. *Genera.* of Shells. f. 1. 2. 3.

[b] *Var. testá lamellis brevioribus subcrispis ; valvá minore convexiusculá.*

Habite les mers australes. Mon cabinet. La variété [b] vient du port Jackson. Mus. n°.

16. Came safranée. *Chama croceata.* Lamk.

Ch. testá suborbiculari, croceá; squamulis albidis prominulis subasperá ; valvá minore convexá.

Habite.... les mers des climats chauds ? Mon cabinet. Bord interne entier. Couleur d'un jaune roussâtre à l'intérieur, avec les impressions musculaires très blanches et arquées.

17. Came du Japon. *Chama Japonica.* Lamk.

Ch. testá ovato-rotundatá, convexá, rubente; valvá majore nate subsinistrá ; infernè sulcis longitudinalibus granulosis.

Habite les mers du Japon. Mus. n°. Petite coquille, dont la valve supérieure est comme operculaire, à sillons transverses concentriques, et à crochet sans saillie. Largeur, 12 millimètres.

Coquilles fossiles.

1. Came lisse. *Chama lœvigata.* Lamk.

Ch. testá sinistrorsá, obliquè fixá, lœvigatá; valvá minore planá, subconcavá.

Habite.... Fossile de.... Mon cabinet. Je ne connais aucune came vivante qui puisse être l'analogue de cette coquille ; ainsi c'est une espèce distincte.

2. Came gryphine. *Chama gryphina.* Lamk. (1)

Ch. testá sinistrorsá, imbricatá; squamis valvæ minoris, inœqualibus, plerisque adpressis; margine partim crenulato.

* Knorr. Mon. Dil. t. 2. pl. D. 3. f. 3. 4.
* *Chama sinistrorsa.* Brocch. Conch. foss. subap. t. 2. p. 519. n° 3.

---

(1) Nous connaissons l'analogue vivant de cette espèce ; il vit dans les mers de Sicile. L'espèce n° 3 est une variété de celle-ci, tandis que les valves citées des environs d'Angers appartiennent à une autre espèce.

[b] *Var. testá curvá, latere postico fixá.*

Habite..... Fossile du Piémont, colline de Lastesan. Mus. n°. Cette coquille paraît tenir du *Ch. gryphoides* ; néanmoins son grand crochet tourne de droite gauche. On en trouve des valves supérieures aux environs d'Angers. M. *Ménard.*

3. Came à mantelet. *Chama lacernata.* Lamk.

Ch. testá... valvá minore planulatá, subantiquatá; lacernulis transversis, margine incrassatis et undatis, dorso longitudinaliter striatis.

Habite..... Fossile du mont Marius, près de Rome. M. *Cuvier.* Mus. n°. Je n'ai vu que la valve supérieure. Le crochet tourne à droite.

4. Came turgidule. *Chama turgidula.* Lamk.

Ch. testá rotundatá, turgidá, dextrá; valvá minore convexá, imbricatá: lamellis brevibus decumbentibus, dorso striatis.

* Seba. Mus. t. 4. pl. 106. f. 55. 56.
* *Chama rustica.* Desh. Coq. foss. de Paris. t. 1. p. 149. n° 5. pl. 37. f. 7. 8. pl. 38. f. 4.

Habite..... Fossile de..... Mus. n°. Mon cabinet. Taille médiocre.

5. Came hérissonnée. *Chama echinulata.* Lamk. (1)

Ch. testá ovali, tumidá, squamulis plurimis subtubulosis echinulatá.

Habite...... Fossile des environs de Plaisance, en Italie.

6. Came unicornaire *Chama unicornaria.* Lamk. (2)

Ch. testá subimbricatá, squamis inœqualibus, fornicatis, semierectis asperá; nate valvœ majoris productá.

Habite..... Fossile des environs de Plaisance. Mus. n°. C'est au moins une variété de la came unicorne.

---

(1) Celle-ci est l'analogue fossile de la *chama asperella*, n° 9, vivant actuellement dans la Méditerranée.

(2) Cette espèce a été faite pour une variété à grands crochets de la *chama gryphina*, n° 2. Il faudra donc désormais réunir en une seule les trois espèces suivantes, *chama gryphina, lacernata* et *unicornaria.*

7. **Came lamelleuse.** *Chama lamellosa.* **Lamk.**

> *Ch. testá ovato-rotundatá, transversìm plicatá; plicis con-*
> *centi   , acutis, fimbriatis, lamelliferis; lamellis den-*
> *tatis.*

Annales du Mus. 8. p. 348. n° 1. et t. 4. pl. 23. f. 3. a. b.
Chama squamosa. Brand. Foss. t. 7. f. 86.
Chama lamellosa. Chemn. Conch. 7. t. 52. f. 521.
Chama rugosa. Brug. Dict. n° 5.
Encycl. pl. 197. f. 2. a. b. c.
* Desh. Coq. foss. de Paris. t. 1. p. 247. n° 3. pl. 37.
f. 1. 2.
* Sow. Genera of Shells. f. 4.
Habite..... Fossile de Grignon. Mus. n°. Mon cabinet. Les
plis transverses, sur-tout les supérieurs, portent des lames
linéaires, dentées sur les côtés et canaliculées en dessus.

8. **Came en éperon.** *Chama calcarata.* **Lamk.**

> *Ch. testá, orbiculatá; plicis transversis acutis distantibus :*
> *superioribus spinis prœlongis, canaliculatis, radiatìm echi-*
> *natis.*

* Seba. Mus. t. 6. pl. 106. f. 53. 54.
* *Chama punctata.* Brug. Encycl. méth. vers. t. 1. p. 392.
n° 6.
* Desh. Coq. foss. des env. de Paris. t. 1. p. 246. n° 2.
pl. 38. f. 5. 6. 7.
Annales du Mus. 8. p. 349. et t. 14. pl. 23. f. 4. a. b.
Encycl. pl. 197. f. 3. a. b.
Habite..... Fossile de Grignon. Mus. n°. Mon cabinet. Les
épines manquent dans la figure citée de l'encyclopédie.

† 9. **Came géante.** *Chama gigas.* **Desh.**

> *Ch. testá ovato-rotundatá, gibbosá, crassá, foliaceá, lœvi-*
> *gatá; lamellis numerosis, concentricis, latis, irregulariter*
> *sectis; dente cardinali magno, sulcato.*

Desh. Descript. des Coq. foss. de Paris. t. 1. p. 245. n° 1.
pl. 37. fig. 5. 6.
Habite..... Fossile à Parnes, Chaumont, dans le bassin de
Paris. Elle est la plus grande espèce que nous connaissions à l'état fossile. Elle est couverte de lames concentriques, saillantes, minces, onduleuses, non découpées, en
épines ou en lanières : ces lames sont lisses, ainsi que la
surface de la coquille elle-même; les impressions musculaires sont grandes.

† 10. **Came pesante.** *Chama ponderosa.* **Desh.**

> *Ch. testá orbiculatá, incrassatá , irregulari, convexá , multi-*
> *lamellatá , intùs lœvigatá; lamellis valvœ inferioris brevi-*
> *bus , simplicibus , valvœ superioris longioribus laceris , pli-*
> *catis; dente cardinali magno , valdè sulcato.*

Desh. Descript. des Coq. foss. de Paris. t. 1. p. 248. no 4.
pl. 37. fig. 9. 10.

Habite..... Fossile aux environs de Paris, à Valmondois, An-
[illegible], Betz. Ces valves acquièrent, avec l'âge, une
épaisseur remarquable; l'inférieure a des lames peu saillantes et simples ; la supérieure les a plus nombreuses,
plus saillantes , découpées à leur bord et finement plissées. Les dents de la charnière sont épaisses , solides, sillonnées : les crochets sont peu proéminents.

† 11. **Came sillonnée.** *Chama sulcata.* **Desh.**

> *Ch. testá ovato-orbiculatá, convexá, turgidá, profundá,*
> *transversìm sublamellosá , longitudinaliter multisulcatá;*
> *lamellis irregularibus , brevissimis; sulcis undulatis , nume-*
> *rosis, convexis; dente cardinali oblongo, brevi, sulcato.*

Desh. Descript. des Coq. foss. de Paris. t. 1. p. 250. n° 6.
pl. 37. fig. 8. 9.

Habite..... Fossile aux environs de Paris, à Chaumont. Coquille orbiculaire profonde, ayant la valve inférieure étagée
par des accroissements , et ornée de sillons longitudinaux
assez réguliers. La valve supérieure est sillonnée sur le
côté antérieur. Les lames sont transverses; les sillons sont
longitudinaux.

† 12. **Came substriée.** *Chama substriata.* **Desh.**

> *Ch. testá suborbiculatá, subtùs convexá, insuper planulatá,*
> *multilamellatá ; lamellis magnis, tenuissimis , papyraceis,*
> *substriatis ; umbonibus minimis, vix productis ; dente car-*
> *dinali minimo , oblongo , transversali.*

Desh. Descript. des Coq. foss. de Paris. t. 1. p. 250. n° 7.
pl. 37. fig. 1. 2. 3.

Habite... Fossile aux environs de Paris, à Senlis. Cette espèce
est d'une taille médiocre , arrondie , chargée de lames
transverses , minces , élégantes , et finement striées en
dessus. La valve inférieure est très concave ; la supérieure
est aplatie et son crochet n'est point proéminent; les bords
des valves sont très entiers sans la moindre crénelure.

† 13. **Came fines lames.** *Chama pãpyracea.* **Desh.**

> *Ch. testã suborbiculatã, subcordiformi, lœvigatã, lamellosã;*
> *lamellis raris, tenuibus, latis, papyraceis, transversalibus*
> *fragilissimis; cardine unidentato; dente minimo, apice le-*
> *viter crenato; marginibus integris.*

Desh. Descript. des Coq. foss. de Paris. t. 1. p. 251. n° 8.
pl. 37. fig. 3. 4.

Habite...... Fossile aux environs de Paris, à Valmondois.
Elle a beaucoup d'analogie avec la came substriée. Elle
est pourvue de lames concentriques très minces, saillantes,
lisses. Le reste de la coquille est également lisse; à l'intérieur, les valves, vers le centre sur-tout, sont très finement ponctuées.

ETHERIE. (Etheria.)

Coquille irrégulière, inéquivalve, adhérente; à
crochets courts, comme enfoncés dans la base des valves.
Charnière sans dent, ondée, subsinuée, inégale. Deux
impressions musculaires distantes latérales, oblongues.
Ligament extérieur, tortueux, pénétrant en partie
dans la coquille.

Testa irregularis, inœquivalvis, adhœrens, natibus
brevibus, basi testœ sub immersis. Cardo edentulus,
undatus, subsinuosus, inœqualis. Impressiones muscu-
lares duœ, distantes, laterales, oblongœ. Ligamentum
externum, contortum, intùs partìm penetrans.

[Animal oblong, assez variable dans sa forme, aplati
latéralement, ayant les lobes du manteau désunis dans
toute leur longueur; deux lames branchiales inégales,
de chaque côté, en forme de croissant, fortement
striées et réunies entre elles au-dessous de la terminaison du pied, de manière à former avec le manteau
un canal borgne, dans lequel se termine l'anus. Bouche
grande, ovalaire, accompagnée de chaque côté d'une
paire de palpes labiales demi-circulaires, soudées par
leur côté supérieur et striées sur leur surface interne.
Un pied grand, épais, oblong et oblique.]

OBSERVATIONS. Les *éthéries* sont des coquilles très rares, peu connues, et qui avaient échappé aux recherches des naturalistes voyageurs, parce qu'elles sont attachées sur les rochers à une assez grande profondeur dans la mer. On les prendrait, au premier aspect, pour des huîtres, à cause de leur forme irrégulière ; mais elles tiennent aux cames par leurs rapports, offrant comme elles deux impressions musculaires séparées et latérales, et ne s'en distinguant, en effet, que parce qu'elles n'ont point de dent à leur charnière. Elles sont d'ailleurs bien plus nacrées et plus brillantes à l'intérieur que les cames, et leur test est entièrement feuilleté comme celui des huîtres. La plupart sont d'une assez grande taille, et toutes sont fixées par leur valve inférieure. On leur voit, à l'intérieur, des boursoufflures singulières, inégales, bulliformes, mais qui paraissent accidentelles. Enfin, il y en a qui ont une callosité subcylindrique, qui est comme incrustée dans la base de la coquille, sans former de saillie à l'intérieur (1).

----

(1) Nous avons déjà donné quelques renseignements sur ce genre dans la note qui est à la suite des observations générales sur la famille des camacées, et nous avons vu que M. Caillaud avait été le premier à faire connaître ce fait intéressant, que les espèces qui en dépendent vivent dans les eaux douces. M. de Férussac ayant recueilli les renseignements rapportés par M. Caillaud, publia dans le premier volume des *Mémoires de la Société d'histoire naturelle*, une notice intéressante à ce sujet, dans laquelle il revit avec soin les espèces d'éthéries proposées par Lamarck, les rectifia en les fondant sur des caractères observés sur un plus grand nombre d'individus ; il réduisit les quatre espèces de Lamarck à deux seulement, et en ajouta une troisième, à laquelle il donna le nom du savant voyageur auquel on en doit la découverte. Depuis cette notice de M. de Férussac, nous avons traité du même genre dans l'*Encyclopédie méthodique*, et nous avons constaté ce fait curieux que, dans ce genre, les individus d'une même espèce adhèrent indistinctement par l'une ou l'autre valve, ce qui n'a pas lieu dans les cames ou les huîtres ; et nous

donnons la preuve de ce fait en montrant deux valves droites soudées dans toute leur longueur, ce qui ne pourrait
être sans cette faculté des animaux de s'attacher par l'une
ou l'autre valve. Pendant un voyage au Sénégal, M. Rang
fit des observations intéressantes sur les éthéries, qui vivent à plus de deux cents lieues de l'embouchure dans le
fleuve Sénégal. Il s'entendit avec M. Caillaud, qui venait de
recevoir l'animal de l'éthérie du Nil, pour publier en commun leurs observations; ce qu'ils firent en effet, et donnèrent un Mémoire plein d'intérêt dans lequel cet animal
est décrit pour la première fois. Ce Mémoire fait partie du
recueil des *Mémoires du Muséum d'histoire naturelle*.

L'animal des éthéries est très voisin de celui des mulettes. Les lobes du manteau sont désunis dans toute leur
longueur; ils n'ont par conséquent ni tubes ni siphons.
Au-dessous du pied, les branchies du côté droit se réunissent à celles du côté gauche dans la ligne médiane, et laissent au-dessous d'elles un assez large canal dans lequel
l'anus aboutit. Cette disposition se montre la même dans
les mulettes. Les feuillets branchiaux sont inégaux, fortement striés et festonnés à leur bord libre; la bouche est
assez grande, et accompagnée de chaque côté d'une paire
de palpes semblables à celles des mulettes. Enfin, ce qui est
très singulier dans un animal qui vit attaché, il est pourvu
d'un pied fort grand, comparable, pour la forme et la position, à celui des mulettes. Lorsque l'on examine des coquilles de ce genre dont le ligament n'est point rompu,
on reconnaît qu'il n'est pas tout-à-fait intérieur ou sub-
intérieur comme celui des huîtres, mais qu'il a complètement la structure des ligaments extérieurs. C'est quand les
coquilles sont jeunes que l'on reconnaît le plus facilement
la structure du ligament. Il y a deux impressions musculaires, toujours bien distinctes dans les vieux individus;
mais dans les jeunes, il arrive quelquefois que l'on ne peut
en distinguer qu'une seule. C'est sur un individu dans cet
état particulier que M. de Férussac a établi son genre *mul-
lérie*, qu'il est impossible actuellement de conserver. Quant

ESPÈCES.

Une callosité oblongue dans la base de la coquille.

1. Ethérie elliptique. *Etheria elliptica.* **Lamk.** (1)

> E. *testá ellipticá, complanatá, versùs apicem dilatatá; natibus vix remotis.*
> Annales du Mus. vol. 10. p. 401. pl. 29. et pl. 31. f. 1.
> * Blainv. Dict. des sc. nat. art. Éthérie. Malac. pl. 70 *bis.* f. 2.
> * Desh. Dict. class. d'Hist. nat. art. Éthérie.
> * *Id.* Encycl. méth. vers. t. 2. p. 120. n⁶ 1.
> * *Etheria Lamarkii.* Féruss. Mém. de la soc. d'Hist. nat. t. 1. p. 359.
> * *Id.* Rang. et Caill. Mém. du Mus. troisième série. t. 3. p. 143.
> Habite..... la mer des Grandes-Indes ? Cabinet de M. *Faujas.* Grande coquille, l'une des plus belles et des plus brillantes que je connaisse.

2. Ethérie trigonule. *Etheria trigonula.* **Lamk.**

> E. *testá subtrigoná, gibbosulá, supernè basique attenuatá; nate inferiore productiore, remotissimá.*
> Annales du Mus. 10. p. 403. tab. 30. et tab. 31. f. 2.
> * Blainv. Dict. des Sc. nat. art. Éthérie.
> * Desh. Encycl. méth. vers. t. 2. p. 120. n° 2.
> Habite.... la mer des Grandes-Indes ? Cabinet de M. *Faujas.*

---

aux crénelures de la charnière dont parle M. de Férussac, nous avons vu sur l'individu même que cet auteur a eu dans les mains quelques petites cassures résultant, à ce qu'il nous a paru, de ce que la coquille ayant été prise avec l'animal, on a séparé les valves en attaquant le ligament avec un instrument tranchant.

(1) M. de Férussac réunit en une seule ces deux premières espèces de Lamarck en leur donnant le nom de ce grand naturaliste. Nous croyons que cet exemple doit être suivi; il sera donc nécessaire de réunir toute la synonymie.

Point de callosité incrustée dans la base de la coquille.

3. Ethérie semi-lunaire. *Etheria semi-lunata.* Lamk. (1)

> E. *testá obliquè ovatá, semi-rotundatá, gibbosulá ; latere*
> *postico recto; natibus secundis, subæqualibus.*
> * *Etheria plumbea.* Fér. Mém. de la Soc. d'Hist. nat. t. 1.
> p. 359.
> * *Id.* Rang. et Caill. Mém. du Mus. troisième série. t. 3.
> p. 144.
> Annales du Mus. 10. p. 404. tab. 32. f. 1. 2.
> * Blainv. Dict. des Sc. nat. Éthérie.
> * Desh. Encycl. méth. vers. t. 2. p. 121. n° 4.
> * Sow. Genera of Shells. Genre Éthérie.
> * Var. Spinosa. *Etheria Carteroni.* Michelin. Mag. de Conch.
> Première livraison. pl. 1.
> Habite sur les rochers des côtes de l'île de Madagascar ? Mon
> cabinet. Elle est moins grande que les deux précédentes.

4. Ethérie transverse. *Etheria transversa.* Lamk.

> E. *testá ovato-transversá, perobliquá, subgibbosá; natibus*
> *inæqualibus.*

---

(1) M. de Férussac a également réuni avec juste raison
en une seule ces deux espèces. Lamarck n'avait vu qu'un
très petit nombre d'individus, et ignorant entièrement
leur extrême variabilité, il avait cru bien faire en établissant
les espèces d'après la forme. Il est certain que si l'on voulait aujourd'hui suivre la même indication, on établirait
une espèce pour chaque individu. Ces variations ne se bornent pas à la forme, car M. Rang fait judicieusement observer qu'il y a dans une même espèce des individus épi-
neux et d'autres qui ne le sont pas, et ce caractère a des
nuances si insensibles, qu'il est impossible de lui accorder
la moindre importance. C'est en utilisant cette observation que M. Rang réunit *l'etheria tubifera* de Sowerby à
l'etheria Caillaudi, Fer., et *l'etheria Corteroni* de M. Michelin à *l'etheria plumbea*, Fer. Nous croyons que c'est à
cette dernière espèce qu'il faudra rapporter le genre *mulleria.*

Annales du Mus. 10. p. 406. tab. 32. f. 3. 4.

* Blainv. Dict. des Sc. nat. art. Éthérie.

* Desh. Encycl. méth. vers. t. 2. p. 121. n° 5.

* Junior. Nob. *Mulleria*. Fér. Mém. de la Soc. d'Hist. nat. t. 1. p. 368.

* *Mulleria*. Sow. Genera of Shells. f. 1. 2.

Habite sur les rochers maritimes de l'île de Madagascar. Mon cabinet.

† 5. Ethérie de Caillaud. *Etheria Caillaudi.* Férus.

E. testâ ovato-oblongâ, extùs virescente, intùs argenteâ; um-bonibus magnis, prœlongis, acutis.

Férus. Mém. de la Soc. d'hist. nat. t. 1. p. 359. n° 2.

Caill. Voy. à Méroé. t. 2. p. 51. f. 1. 2. 3.

Desh. Encycl. méth. vers. t. 2. p. 121. n° 3.

Rang. et Caillaud. Mém. du Mus. troisième série. p. 144. pl. 6. pour l'animal.

Var. A. *Testâ ovata tubifera.*

Etheria tubifera. Sow. Zool. Jour. t. 1. p. 523. pl. 19.

Var. β. *Testa longiore, umbone valvœ majoris, longissimo, intùs septis foliaceis diviso.*

Habite le Haut Nil et ses affluents. Coquille très commune, alongée, ayant quelquefois, avec l'âge, le talon de la valve adhérente, d'une longueur extraordinaire ; mais il n'a-lourdit pas beaucoup la coquille, car il est rempli de cloi-sons très minces, irrégulières, assez distantes, résultant des accroissements.

FIN DU SIXIÈME VOLUME.

TABLE

DES

MATIÈRES CONTENUES DANS CE VOLUME.

FIN DE LA TABLE.